Journal

für

die Baukunst.

In zwanglosen Heften.

Herausgegeben

von

Dr. A. L. Crelle,
Königlich-Preufsischem Geheimen-Ober-Baurathe, Mitgliede der Königlichen Academie der Wissenschaften zu Berlin und Correspondenten derjenigen zu Neapel.

Fünfter Band.

In 4 Heften.

Mit 21 Kupfertafeln.

Berlin,
bei G. Reimer.

1832.

Inhalt des fünften Bandes.

Erstes Heft.

Zweites Heft.

Drittes Heft.

Viertes Heft.

Journal
für
die Baukunst.

In zwanglosen Heften.

Herausgegeben

von

Dr. A. L. Crelle,
Königlich-Preufsischem Geheimen-Ober-Baurathe, Mitgliede der Königlichen Academie der Wissenschaften zu Berlin und Correspondenten derjenigen zu Neapel.

Fünfter Band.

Erstes Heft.

Mit 5 Kupfertafeln.

Berlin,
bei G. Reimer.

1831.

1.
Durch Erfahrung bewährte Vorschläge zur Verbesserung der Fenster in Gebäuden.

(Von dem Herrn Bau-Inspector *Schulze* zu Halle.)

Es giebt mancherlei Vorschläge zur Verbesserung der gewöhnlichen Stubenfenster. Auch ich habe seit einer langen Reihe von Jahren meine Aufmerksamkeit auf diesen Gegenstand gerichtet, und erlaube mir, meine Erfahrungen darüber mitzutheilen, und die Fenster, welche ich für die zweckmäſsigsten erkenne, zu beschreiben.

Gewöhnlich macht man in den bessern Häusern sogenannte doppeltgefalzte oder überfalzte Fenster, deren Flügel einen doppelten Absatz haben, wie (Taf. 1. Fig. 1. und 2.), wo der Querschnitt des Seiten- und Unterschenkels *a* und des Rahmens *b* vorgestellt ist. Wenn ein solches Fenster genau paſst, so werden die einwärts gehenden Fugen doppelt bedeckt.

Die Hauptsache war bei diesen Fenstern immer der Anschlag, d. h. die senkrechte Fläche, welche der Flügel beim Anschlage an den Rahmen berührt; denn es ist klar, daſs, sobald der Rahmen genau anliegt, keine Luft durchdringen kann. Daſs aber gegentheils der Einschlag, d. h. diejenigen Flächen, welche nach dem Innern des Rahmens gekehrt sind, durchaus nicht ganz dicht aufeinander passen dürfen, wenn das Fenster bequem soll geöffnet und wieder verschlossen werden können, ist eben so klar.

Da nun bei neuen Fenstern das trokene Holz, woraus sie verfertigt sind, stets aufquillt, so müssen die Rahmen, wenn die Fenster häufig geöffnet werden, nachgehobelt werden. Trocknet das Holz alsdann von Neuem zusammen, so werden natürlich die eingehenden Fugen zu groſs, und der Verschluſs ist nun dem Anschlage allein überlassen. Die Fensterwirbel und der übrige Beschlag leiden ferner durch die Anstrengungen, welche sie, wenn die Flügel verquollen sind, erfahren, geben bald nach, und drücken dann den Rahmen nicht mehr fest auf die Anschlagfläche an. Auch werfen sich die Fensterschenkel leicht, und es ist also sehr schwierig, diese Art Fenster in gutem dichten Verschlufs zu erhalten, wie es die Erfahrung täglich lehrt.

Seit einigen Jahren sind als besser vorgeschlagen die sogenannten Patentfenster (Fig. 3.) des Herrn Bau-Inspector Sachs zu Berlin. Obgleich nicht zu leugnen, dafs diese Fenster Vorzüge vor den ältern haben, so hangt doch von der genauen Arbeit viel ab, und wenigstens eine Unvollkommenheit haben sie ebenfalls. Dehnen sich nemlich die Rahmen aus, oder quellen sie auf, wie vorhin gesagt, so drücken sich die äufsern schrägen Flächen der im Rahmen befindlichen Falze, und die Leisten *a* an den Flügeln, auseinander, und weichen, nach Maafsgabe des Aufquellens, nach aufsen aus. Dann aber müssen, wie bei den gewöhnlichen Fenstern, Wirbel und Hespen stark angestrengt werden und bald nachgeben. Die Wirbel widerstehen, weil sie stark sind, eher als die Hespen, und jene drängen zum Nachtheil der letztern die Flügelschenkel, an welchen sie angebracht sind, um so stärker nach aufsen, so dafs sich dieselben biegen. Weil ihnen aber die Federkraft mangelt, so bleiben sie, nachdem sie wieder eingetrocknet sind, in der Gestalt und Lage, die sie angenommen haben, und es mufs nun nothwendig eine Fuge entstehen, die den Wind durchläfst, was dann Nachhülfe erfordert. Aufserdem sind diese Patentfenster nur füglich für gröfsere Gebäude geeignet und in gewöhnlichen Bürgerhäusern nicht gut anwendbar. Wenden die Arbeiter nicht sehr grofsen Fleifs auf Falze und Leisten, die sich, wenn sie fertig sind, nicht gut genau untersuchen lassen, ob sie gut oder schlecht schliefsen, so bleibt die Güte der Fenster, wie bei den gewöhnlichen, auch nur auf den guten und dichten Anschlag beschränkt.

Die Erwägung dieser Nachtheile, und dafs man in der Regel nicht auf eine völlig tüchtige Arbeit rechnen kann, hat mich auf folgende Art von Fenstern gebracht.

Der Rahmen, in welchen die Fenster einschlagen, erhält statt des Falzes blofs eine unter einem Winkel von 20 Grad steigende Schräge, wie der Durchschnitt *a* Fig. 4. und 5. zeigt. Der Flügel erhält, wie der Durchschnitt des Schenkels *d* und des Mittelstabes *c* zeigt, eine gleiche Schräge, so dafs die beiden schrägen Flächen auf einander passen, wenn das Fenster verschlossen ist. Quellen nun die Fenster auf, so dafs die Hölzer sich ausdehnen, so gehen die Flügel nicht mehr ganz inden Rahmen hinein, nach (Fig. 6. und 7.), was aber nichts schadet, weil die schrägen Flächen, indem beide Hölzer quellen, immer aufeinander passen, und das stärkere Holz des Rahmens dem schwächern des Flügels, und umgekehrt, gegenübersteht, auch im Flügel, wie im Rahmen, jeder Theil um so viel mehr quillt, als der ihm gegenüber stehende weniger. Der Überschlag *d* an den Flügeln, der blofs deshalb angebracht ist, damit man die Fugen von innen nicht sehe, wird nun beim Aufquellen der Flügel nicht mehr an den Rahmen anschlagen; was aber durchaus nichts schadet.

Um nun dem Übelstande, dafs Luft eindringe, zu begegnen, und damit die Wirbel die Flügel stets andrücken, und sogar dann noch, wenn das Holz so stark aufgequollen ist, dafs sie nicht mehr über die Flügelhölzer greifen, ihre Dienste nicht versagen mögen, bediene ich mich eines andern und zwar folgenden Beschlags. *a* (Fig. 8.) ist etwa der dritte Theil einer 2 Zoll im Durchmesser haltenden, hier von vorn dargestellten Scheibe, von Eisen oder Messing, welche auf der Stirn die Form eines Keils hat, wie in (Fig. 9.) zu sehen. Ihre innere Seite steht senkrecht auf einer Welle *b*; die äufsere Seite ist gegen die innere geneigt; die Scheibe ist unten $1\frac{1}{2}$ Linie und oben $2\frac{1}{2}$ Linien dick. Die Welle *b* (Fig. 9.), an deren vorderm Ende ein Handgriff oder Dreher *c* angebracht ist, ist etwa $\frac{3}{8}$ Zoll, an dem Ende *d* aber, mit welchem sie durch den Vorderschenkel des Flügels gesteckt wird, nur etwa $\frac{1}{4}$ Zoll dick. Da wo sie durch das Holz geht, ist sie mit einer Schraube *e* befestigt, die durch eine Unterlage *d* von Blech abgehalten wird, in das Holz einzudringen. Eine solche Scheibe von Blech liegt auch innerhalb bei *g*; beide Scheiben sind bündig in das Holz eingelassen.

Diese Wirbel werden an dem vordern Schenkel an derselben Stelle angebracht, wo man sonst die Wirbel oder Knebel anmacht. Auf dem Mittelstück des Rahmens aber wird die in (Fig. 10.) von vorn und (Fig. 11.) von der Seite vorgestellte Vorrichtung angebracht, hinter welche sich die keilförmige Scheibe, wenn die Fenster geschlossen sind, so stellt, wie die punctirten Linien zeigen. *h* ist eine etwa $1\frac{1}{2}$ Zoll lange, $\frac{5}{8}$ Zoll breite Platte, mit zwei Stützen *i*, an welchen Füfse oder Lappen *k* angebracht sind, die durch Schrauben *l* an dem Mittelstück des Rahmens befestigt, und ganz in das Holz eingelassen werden. Die Platte *h* ist, nach (Fig. 11.) von der Seite gesehen, ebenfalls keilförmig, und ihre Schräge dem Fenster zugekehrt. Sie mufs der Scheibe entgegengesetzt, oben $1\frac{1}{2}$ Linien und unten 2½ Linien dick sein, so daſs ihre schiefe Fläche und die der Scheibe genau aufeinander passen. Wenn die Fenster nun vollständig verschlieſsbar sind, wird der Beschlag so angebracht, daſs, wenn das Fenster verschlossen ist, die Keilscheiben beider Flügel einander gerade gegenüber stehen; quellen die Fenster, so treten sie heraus und die Wirbel können nun nicht mehr so weit hineingetrieben werden. Sie müssen aber, weil die beiden gegen einander stehenden Keile um zwei Linien abgeschrägt sind, um volle zwei Linien heraustreten, ehe der Wirbel seine Dienste versagt, welches nur selten der Fall ist. Man kann auch den Scheiben und Keilen sogar noch eine halbe Linie mehr Schräge geben, so daſs dann ¼ Zoll Spielraum vorhanden ist. Im äuſsersten Falle des starken Aufquellens können die Schrauben etwas nachgelassen werden, so daſs sich die Platte etwas vom Rahmen entfernt; oder man kann am untern Theile der Platte ein Gelenk machen, was aber nicht nöthig ist.

Man sieht leicht, daſs dieser Beschlag den Vortheil hat, die Fensterflügel stets fest in den Rahmen einzudrücken, so daſs die schräge Fläche desselben, das Holz mag schwinden oder quellen, immer fest aufliegen muſs. Auch kann man die schrägen Flächen, ohne Nachtheil für das Öffnen oder Schlieſsen der Fenster, mit Ölfarbe anstreichen, wodurch das Holzwerk besser gegen die Wirkung der Luft und des Wassers geschützt und länger erhalten, der Verschluſs durch diese Zwischenlage aber auch inniger gemacht wird.

Um aber auch zugleich die an dem hintern Flügelrahme befindlichen Theile des Beschlags gegen Beschädigung und gegen das Auseinanderpressen zu bewahren, indem dieselben, wenn sie nicht übermäſsig stark sind, durch die Kraft des Keilverschlusses herausgedrängt werden könnten, wenn der stehende Theil des Rahmens ebenfalls nach innen abgeschrägt wäre, mache man hier eine Kehlleiste, wie sie der Durchschnitt (Fig. 12.) vorstellt. Diese abgerundete Form scheint für den Zweck am geeignetesten zu sein, da sie weder die Flügelschenkel noch die Rahmen am unrechten Orte schwächt, und gleichwohl, wenn das Holz quillt, eine zum Verschlusse hinreichende Fläche des einen, auf die des andern drücken muſs.

Die auf diese Weise eingerichteten Fenster haben den Vortheil, daſs man sie zu jeder Jahreszeit, selbst wenn die Fensterscheiben dick mit Eis belegt sind, öffnen kann, in sofern man nur die Vorsicht beobachtet, die einander berührenden Flächen mit Seife zu bestreichen, welches nöthig ist, weil sonst die Ölfarbe so aufeinander geprefst wird, dafs sie zum Bindemittel zwischen Flügel und Rahmen wird. Jedoch ist die Seife nur so lange nöthig, bis die Ölfarbe alt geworden und völlig trocken ist.

Dafs durchaus kein Luftzug zwischen dem Holze durchdringen kann, wenn die Arbeit sonst nur einigermafsen genau ist, läfst sich leicht einsehen. Die Anordnung ist aber so einfach, dafs sie bei weitem leichter ausführbar sein dürfte, als andere Einrichtungen, besonders die oben erwähnten Patentfenster. Auch ist es hier sehr gut sichtbar, ob die Arbeit gut gefertigt ist oder nicht, weil nichts versteckt liegt.

Damit kein Wasser durch die Fugen dringen könne, wenn die Flügel aufgequollen und etwas zurückgetreten sind, erhalten sie, wie bei andern Fenstern, unten den sogenannten Wasserschenkel, so dafs das Wasser möglicher Weise nur noch in den Winkeln neben dem untern Schenkel der Flügel einen Zugang findet. In den Winkeln am Rahmen ist solches wegen der dortigen Falze nicht gut möglich, wie die Erfahrung es lehrt; in den Winkeln am Mittelstab hingegen hat es sich zuweilen gezeigt. Ganz ist das Wasser hier, wie bei andern Fenstern, nicht abzuhalten. Man könnte mit gleichem Erfolge wie bei den Patentfenstern einen Blechstreifen einlegen. Das der Erfahrung zufolge geringe Eindringen des Wassers kann aber auch besser durch einige, schräg in den Rahmen, und auf die Wasserschenkel, vom Mittelstab abwärts gezogene geringe Furchen abgehalten werden, und dieses Gegenmittel ist besser als der das Übel doch nicht ganz abwendende Blechstreifen.

Bei der bisherigen Beschreibung ist ein feststehender Mittelstab vorausgesetzt. Ist der Mittelstab beweglich, so kann man wie folgt verfahren.

Im Allgemeinen zuerst ist zu bemerken, dafs Fenster mit aufgehendem Mittelstabe immer weniger dauerhaft sind und weniger gut schliefsen, als wenn der Mittelstab feststeht. Wo möglich mufs man also den Mittelstab unbeweglich machen. Sind die Fenster $3\frac{1}{2}$ Fufs im Lichten weit, so ist auch der Mittelstab nicht im Wege, wenn zwei Personen neben einander durch das Fenster sehen wollen. Soll indessen der Mittelstab durchaus beweglich eingerichtet werden, so kann es zwar auf die bekannte Weise dadurch geschehen, dafs er mit einem der Fenster-Flügel verbunden wird; indessen ist es rathsam, ihn ganz für sich bestehend dergestalt und so anzuordnen, daſs er mittelst zwei innerer, am beweglichen Stock angebrachter Riegel (Fig. 13. und 14. *a*, *a*), und auf die daselbst vorgestellte Weise befestiget wird, während zwischen dem untern Rahmholze und dem Querstabe nach auſsen sich erweiternde Schrägen bei *a* verhindern, daſs die Kraft der Keilwirbel an den Flügeln ihn nicht hineinziehe, sondern daſs er vielmehr seitwärts durch die doppelt gegeneinander laufenden Schrägen *bac* in seiner Lage festgehalten werde. Hieraus entsteht weiter keine Beschwerde, als daſs der Mittelstab für sich weggenommen und wieder eingesetzt werden muſs, was aber, verglichen mit dem Vortheile der gröſsern Dauer und des festeren Verschlusses der Fenster, nicht in Verhältniſs zu stellen ist, und also besser sein dürfte.

Ein feststehender Mittelstab kann bei den Patentfenstern gar nicht Statt finden, weil er zu breit wird und zu viel Licht rauben würde. Der bewegliche Mittelstab ist mit den Flügeln schon $4\frac{1}{8}$ Zoll auſsen und innen breit. Bei der oben beschriebenen Art von Fenstern dagegen ist der Mittelstab, er mag fest oder beweglich sein, mit den Flügeln nur 4 Zoll inwendig und 2 Zoll auswendig breit.

Die Kosten des beschriebenen Fensters können, wenn der Gebrauch derselben erst allgemeiner und den Arbeitern geläufig geworden ist, nicht gröſser sein, als die der gewöhnlichen Fenster. So lange aber die Arbeit neu und ungewöhnlich ist, wird man dafür, weil sich nachläſsige Arbeit daran leichter entdecken läſst, 1 bis $1\frac{1}{4}$ Silbergroschen auf den Flächenfuſs Fenster mehr bezahlen müssen. Auch ist natürlich der Beschlag eines solchen Fensters theuerer, als der gewöhnliche, und es kostet ein guter eiserner Beschlag von der beschriebenen Art, $1\frac{2}{3}$ bis 2 Rthlr., folglich 1 Rthlr. mehr, als der gewöhnliche Beschlag. Der Beschlag von Messing kostet noch $1\frac{2}{3}$ Rthlr. mehr, als der eiserne.

Bei dieser Gelegenheit mag noch Einiges über das gesagt werden, was überhaupt zur Güte der Fenster gehört, und von den Mitteln, den Mängeln derselben vorzubeugen, oder ihnen abzuhelfen.

Eine der Unannehmlichkeiten bei den Fenstern ist die durch dieselben veranlaſste Nässe. Es schlagen sich bekanntlich bei kaltem Wetter die Dünste im Zimmer an den kalten Glasscheiben nieder, und sammeln sich zuletzt in flieſsenden Tropfen, welche im Winter gefrieren. Mehren sich nun diese Tropfen oder das Eis schmilzt, so flieſsen sie in Masse an dem Fenster hinunter auf das Fensterbrett, wo sie dann neben dem

Fenster in die Wand dringen, oder in das Zimmer fließen, wenn sie nicht aufgefangen, oder sonst unschädlich gemacht werden. Rinnen nach außen, welche das Wasser in das Freie hinausleiten, haben die Unannehmlichkeit, daß sie im Winter die Kälte in das Zimmer führen, und wenn sie zufrieren, ihre Dienste versagen. Ein besseres Mittel ist, in der Mitte der Fensterbrüstung, unter dem Fensterbrett, einen Kasten zu machen, in welchem sich das Wasser sammmeln kann. Das Fensterbrett muß dann dergestalt ausgehöhlt werden, daß die vom Fenster abfließende Feuchtigkeit nach der Mitte des Bretts zusammenfließen kann. Das Brett muß zu diesem Ende, wenn es 4 Fuß lang ist, wenigstens $\frac{3}{4}$ Zoll tief ausgehöhlt werden, und in die Öffnung, welche das Wasser in den unter ihr befindlichen, 5 bis 6 Zoll breiten, 4 bis 5 Zoll langen und $1\frac{1}{4}$ bis $1\frac{1}{2}$ Zoll hohen, bei *b* (Fig. 15.) sichtbaren Kasten leitet, muß eine um eine Linie nach unten vorstehende Hülse von Zinkblech gesetzt werden, damit sich das Wasser nicht seitwärts am Brette vertheilen, und den Wänden nachtheilig werden könne. (Fig. 15.) zeigt den Querschnitt und (Fig. 16.) die Ansicht dieser Einrichtung. Damit das Wasser nicht neben dem Fensterrahmen durchdringen könne, ist es rathsam, dem Brette einen Absatz zu geben, auf welchem das Fenster ruht, wie bei *c* (Fig. 15.) zu sehen. Das Brett kann auch über die ganze Breite der Fensterbrüstung gehen.

Noch besser ist es aber, die Fenster so einzurichten, daß daran gar kein Wasser sich sammeln kann. Dieses geschieht, wenn man doppelte Scheiben einsetzt, die in den Flügeln mit Kittfalzen von innen und außen verdichtet werden. Diese Scheiben können $1\frac{1}{2}$ bis höchstens 2 Linien von einander entfernt eingesetzt werden, damit nicht zu viel Luft eingeschlossen werde, weil sonst die in derselben enthaltene Feuchtigkeit wieder die äußern Scheiben trübt. Auch müssen die doppelten oder zweiten Scheiben zu einer Zeit eingesetzt werden, wo die Luft wenig mit wäßrigen Theilen geschwängert ist, was ein Luftfeuchtigkeitsmesser (Hygrometer) anzeigt. Die Erfahrung hat gelehrt, daß sich auf solchen Fenstern nie Eis anlegt, ja, daß selbst bei der strengsten Kälte, nur am untern Rande der Scheiben eine geringe Feuchtigkeit sich ansetzt. Die eingeschlossene Luft hält (als schlechter Wärmeleiter) sehr wirksam die Kälte ab und hat, selbst in diesem geringen Raume, eine nach der verschiedenen Höhe verschiedene Temperatur, denn wäre es nicht so, so würde sich die ganze Scheibe zugleich mit Feuchtigkeit überziehen.

Wie vortheilhaft solche Fenster mit doppelten Scheiben, besonders in Zimmern sind, in welchen starke Ausdünstungen entstehen, und wo die sich ansetzende, an den gewöhnlichen einfachen Fenstern gefrierende Nässe das Eindringen des Tageslichts verwehrt, ist nicht zu verkennen. Sie bleiben stets durchsichtig und halten zugleich sehr wirksam die Wärme in den Zimmern zusammen.

Setzt man dergleichen doppelte Scheiben in die oben beschriebenen Rahme, die auch im Winter stets geöffnet und gereinigt werden können, so wird man sehr gute und zweckmäfsige Fenster erhalten. Sie werden die gebräuchlichen doppelten Fensterrahmen ersparen, aber noch wirksamer gegen den Zudrang der Kälte und für die Erhaltung der Wärme der Zimmer sein, weil in den doppelten Fensterrahmen die äufsern Scheiben doch gefrieren und bei anhaltender Kälte nicht abthauen, ohne dafs die innern geöffnet werden, so dafs bei kalten Tagen die Zimmer sehr verdunkelt sind, was bei den Fenstern mit doppelten Scheiben nicht der Fall ist.

Die Vorhänge, mit welchen man gewöhnlich die unteren Scheiben bedeckt, kann man zwischen die doppelten Scheiben setzen, wo sie gegen Schmutz und Nässe gesichert sind und also der wiederholten Reinigung nicht bedürfen. Die beliebten gemalten Drathgitter sehen, zwischen die doppelten Scheiben gesetzt, besonders gut aus.

Halle, im Februar 1831.

2.
Über die Berechnung des Werths (Taxirung) der Gebäude.

(Von *N. N.*)

1.

Die Berechnung oder Schätzung des Werths der Gebäude kommt bekanntlich oft vor und ist ein für die bürgerlichen Verhältnisse nicht unbedeutender Gegenstand. Sie ist nöthig bei Käufen, Hypothecirungen, Gewährleistungen, Erbschafts-Theilungen, Versicherung gegen Feuer-Schaden u. s. w., und der Werth der Gebäude macht öfters einen großsen Theil wenn nicht das ganze Vermögen eines Grund-Besitzers aus. Gleichwohl scheint es, daſs die Principien, nach welchen solche Taxen verfertigt werden, noch sehr schwankend sind und keinesweges auf einigermaſsen erschöpfenden Untersuchungen des Gegenstandes beruhen. Bald schätzt man bloſs in Pausch und Bogen, bald nach mehr oder weniger willkürlichen Verhältnissen zu den Baukosten, bald nach willkürlichen, ungleichen Ansätzen für die einzelnen integrirenden Theile eines Gebäudes, u. s. w., von welchen Methoden jedoch schwerlich zureichend rechtfertigende Gründe anzugeben sein möchten. Bei Processen über ein Grund-Eigenthum, welches theilweise oder ganz in Gebäuden besteht, sind dem Richter die Taxen der Baukunst-Verständigen etwas Positives, über welches sein Urtheil sich nicht erstreckt. Sind nun diese Taxen mehr oder weniger willkürlich: so ist es auch das rechtskräftige Urtheil des Richters, so genau und gesetzlich es sonst sein mag. Das Eigenthum, und zwar in bedeutendem Maaſse, kann also mehr oder weniger durch die Werthschätzung der Gebäude, bloſs nach Gewohnheit und Herkommen, gefährdet werden, und es kann diesem oder jenem Theile, ohne vorsätzliche Schuld des Entscheidenden, bedeutendes Unrecht geschehen. Selbst bei Käufen, Verbürgungen und Versicherungen können bedeutende Verluste entstehen, durch nicht angemessene Werthschätzung der Gegenstände.

Es scheint daher wohl der Mühe werth, die Principien, nach welchen dabei nach der Natur der Sache zu verfahren sein möchte, einer weitern Untersuchung zu unterwerfen, und zu versuchen, dieselben etwas fester zu begründen. Der gegenwärtige Aufsatz ist ein solcher Versuch; und wenn gleich weit entfernt, die folgenden Bemerkungen und Resultate für vollkommen richtig und entscheidend zu halten, besonders in so fern es darauf ankam, alle Umstände, die in Betracht gezogen werden mufsten, berücksichtigt zu haben, so glauben wir doch, dafs sich der Gegenstand der Natur der Sache gemäfs betrachten lasse, und dafs dann wenigstens keine bedeutenden Fehlgriffe vorkommen können. Die Aufgabe soll so wenig als möglich verwickelt gestellt und ihre Auflösung möglichst einfach und verständlich gegeben werden.

Man wird damit anfangen müssen den Werth neuer Gebäude zu untersuchen. Der Werth alter Gebäude wird sich daraus des weiteren ergeben. Insbesondere mag aber nur von Wohn- und Gewerbs-Gebäuden, Landwirthschafts-Gebäude mit eingeschlossen, die Rede sein. Es findet sich vieles zu der gegenwärtigen Untersuchung in der Abhandlung des Herrn Mondot de Lagorce „Über Kosten-Ersparung beim Bauwesen" Band 4. Heft 2. S. 146. des gegenwärtigen Journals der Baukunst und in den zusätzlichen Bemerkungen zu jener Abhandlung S. 172. vorgearbeitet, worauf verwiesen wird.

2.

Zuerst ist zu bemerken, dafs der Werth eines Capitals lediglich von der Rente abhängt, die es abwirft, oder abwerfen kann. Besteht das Capital in Geld, Geld-Papier, Geld-Metall oder anderen, jeden Augenblick gegen Geld zu vertauschenden Gegenständen von bestimmtem Geld-Werthe, so ist der Werth dieses Capitals gleichsam noch unbestimmt; er hangt davon ab, wie das Capital angelegt wird, und von der Höhe der Rente, die sich davon ziehen läfst. Hat aber Jemand für ein Geld-Capital ein Gebäude erbaut, so ist der Werth des Capitals nun schon bestimmter gegeben, in so fern die Rente, die das Gebäude tragen wird, mehr oder weniger feststeht. Der Werth des Gebäudes, in Geld ausgedrückt, ist aber nicht mehr nothwendig derjenigen Summe gleich, die der Bau, nebst Grund und Boden, gekostet hat; er ist höher oder niedriger, je nachdem es der Ertrag des Gebäudes gegen diejenige Rente ist, die das Capital, vielleicht auf andere Weise angelegt, hätte tragen können

3.

Will Jemand für ein Geld-Capital, welches er entweder besitzt oder zu leihen gedenkt, ein Gebäude bauen, und zunächst wissen, ob sein Vorhaben vortheilhaft sei oder nicht, so wird er wie folgt rechnen müssen.

Er muſs nicht bloſs darauf rechnen, daſs ihm der Ertrag des Gebäudes die gewöhnlichen Zinsen seines Capitals gewähre, sondern der Ertrag muſs merklich höher sein. Er muſs

Erstlich die üblichen Zinsen des Capitals abwerfen, und sogar eigentlich nicht bloſs die gewöhnlichen Zinsen, die sich durch Verleihen auf Hypotheken, oder durch Staats-Papiere fast ohne Mühe erlangen lassen, sondern höhere Zinsen, zur Vergütigung der übernommenen Mühe und des Risico's, letzteres, in so fern es nach den Umständen gröſser ist, als bei anderem Ertrag-Gewinn.

Zweitens muſs der Ertrag die jährlichen gewöhnlichen Unterhaltungs-Kosten abwerfen.

Drittens, eine jährliche Summe, um damit, und durch Zins vom Zinse, die Kosten der in längeren Zwischenräumen wiederkehrenden Haupt-Reparaturen aufzuhäufen.

Viertens, eine jährliche Summe, um das Bau-Capital selbst, nach Abzug des Werths der beim Verfall übrig bleibenden alten Bau-Materialien, mit Ausschluſs des Werths von Grund und Boden und von etwaigen Berechtigungen, auf gleiche Weise aufzuhäufen.

Fünftens, die von dem Gebäude dem Staate und der Commune zu zahlenden jährlichen Steuern, wozu auch die Kosten der Versicherung gegen Feuer-Schaden gezogen werden können.

Man sieht, daſs auf diese Weise der Ertrag des Gebäudes den Betrag der gewöhnlichen Zinsen bedeutend übersteigen muſs, und daſs der Erbauer Schaden haben würde, wenn er bloſs auf diese rechnen wollte. Schon darin liegt ein wesentlicher Unterschied zwischen dem Verleihen von Capitalien auf Zinsen, und der Anlage auf Bauen, daſs bei letzterer das Capital sich verzehrt, bei ersterem nicht. Verleiht man ein Capital auf Zinsen, so bleibt es, und muſs zurückgezahlt werden; baut man dafür ein Gebäude, so findet beim Verfall desselben eine vollständige Zurückzahlung nicht Statt. Die Anlage auf Bauen ist in diesem Betracht mehr derjenigen auf Leibrenten, als der auf gewöhnliche Zinsen zu vergleichen.

4.

Es bezeichne nun, wie in der oben benannten Abhandlung:

a die Kosten des Baues;

$r-1$ die jährlichen Zinsen vom Capital 1;

a die jährlichen gewöhnlichen Unterhaltungs-Kosten;

v den Werth der alten Materialien beim Verfall;

n die Zahl der Jahre, welche das Gebäude dauert;

E die Kosten einer Haupt-Reparatur;

m die Zahl der Jahre von einer Haupt-Reparatur bis zur andern, wo für m eine in n aufgehende ganze Zahl angenommen wird; ferner noch

b die Kosten von Grund und Boden;

s den jährlichen Betrag der Steuern; und endlich

z den Gesammt-Betrag des jährlichen Ertrages.

Alsdann sind

1. $(a+b)(r-1)$ die Zinsen des Anlage-Capitals.
2. Die jährlichen Unterhaltungs-Kosten sind e.
3. Um die Kosten E einer Haupt-Reparatur in m Jahren durch Zins von Zins aufzuhäufen, ist eine jährliche Zahlung $E\frac{r-1}{r^m-1}$ nöthig; denn wenn man die jährliche Zahlung durch x bezeichnet, so ist die Summe bis zu welcher die erste Zahlung x am Ende des ersten Jahres, bis zum Schlusse des $m$ten Jahres anwächst xr^{m-1}, diejenige Summe bis zu welcher die Zahlung x am Ende des zweiten Jahres, bis zum Ende des $m-1$ten Jahres anwächst xr^{m-2} u. s. w.; also ist zusammen

$$E = x(r^{m-1}+r^{m-2}+r^{m-3}\ldots\ldots+1) = x\frac{r^m-1}{r-1},$$

woraus $x = E\frac{r-1}{r^m-1}$ folgt.

4. Um auf gleiche Weise das Anlage-Capital a (nicht $a+b$), nach Abzug des Werths v der alten Materialien beim Verfall, und der Kosten E einer (der letzten) nicht mehr Statt findenden Haupt-Reparatur, auf welche schon in (3.) gerechnet ist, aufzuhäufen, ist eine jährliche Rente $(a-v-E)\frac{r-1}{r^n-1}$ nöthig.

5. Die jährlichen Steuern sind s.

Zusammen genommen also ist

$$z = (a+b)(r-1)+e+E\frac{r-1}{r^m-1}+(a-v-E)\frac{r-1}{r^n-1}+s,$$

oder

$$1. \quad z = \frac{r-1}{r^n-1}\left[(a+b)r^n-(b+v)+E\frac{r^n-r^m}{r^m-1}\right]+e+s.$$

Dieser Ausdruck differirt um etwas von demjenigen (1.) in der angeführten Abhandlung (S. 175.), weil daselbst die Kosten b von Grund und Boden und der Betrag der Steuern s nicht besonders berücksichtigt sind.

5.

Wirft das Gebäude einen geringern Ertrag ab als z, so ist das aufgewendete Capital $a+b$ mit Schaden, wirft es mehr ab, mit Vortheil angelegt. In Fällen, wo das Gebäude keinen Ertrag abwirft, wie z. B. wenn dasselbe bloſs zum Vergnügen oder zur Pracht bestimmt ist, muſs man in der Haushaltungs-Rechnung das angelegte Capital als eine jährliche Ausgabe, die z gleich ist, in Anschlag bringen. In Fällen wo der Ertrag sich nicht direct schätzen läſst, z. B. weil er in dem Ertrage eines ganzen Besitzthums verflochten ist, wie etwa bei einem einzelnen, oder bei mehreren Landwirthschafts-Gebäuden, muſs man einen jährlichen verhältniſsmäſsigen Betrag z für den Gegenstand als Ausgabe ansetzen.

6.

Es fragt sich nun weiter: welchen Werth hat für den Besitzer ein so eben fertig gewordenes neues Gebäude, welches ihn die Summe a zu erbauen und für Grund und Boden die Summe b, also zusammen $a+b$ gekostet hat? Dieser Werth ist, wie oben bemerkt, keinesweges nothwendig grade der Summe $a+b$ gleich, sondern er richtet sich nach dem Ertrage des Gebäudes. Verkaufte der Erbauer des Gebäudes dasselbe genau für die Summe $a+b$, so würde er auf den möglichen Vortheil Verzicht thun, und der Käufer würde den möglichen Verlust übernehmen. Die Summe $a+b$ ist vielmehr auf Speculation angelegt, und das Gebäude, auf dessen Ertrag der Erbauer dieselbe richtete, hat nothwendig für ihn denjenigen Capital-Werth, der den reinen Ertrag auch auf anderem Wege gewährt haben würde; der aber, welcher das Gebäude durch Kauf an sich bringt, kauft nicht ein Capital, sondern eine Rente, die so lange dauert, als das Gebäude stehen wird, nemlich n Jahre, und aus welcher er, um während dieser Zeit den Genuſs der Rente zu haben, die Kosten der gewöhnlichen und der Haupt-Reparaturen des Gebäudes bestreiten, auch die auf dem Gebäude ruhenden Lasten tragen muſs. Die Kauf-Summe, welche er zahlen kann, beläuft sich also auf den

Werth einer Leibrente auf n Jahre von der Höhe des reinen Ertrages des Gebäudes, das heifst: einer Rente, die nicht allein die üblichen Zinsen des Capitals, sondern auch aufserdem noch einen Zuschufs abwerfen mufs, aus welchem, durch Zins von Zins, das Capital in n Jahren wieder aufgehäuft werden kann. Denn hätte der Käufer, statt das Gebäude zu kaufen, die Kaufsumme auf n Jahre verliehen, so würde er während dieser Zeit die üblichen Zinsen und nach Verlauf derselben das Capital zurück erhalten haben. Jedoch geht von derjenigen Summe, die aus der $n$jährigen Rente wieder aufgehäuft werden mufs, der Werth v der beim Verfall des Gebäudes übrig bleibenden alten Materialien und der Werth b von Grund und Boden ab, weil dieser Werth beim Verfall noch vorhanden ist; desgleichen auch der aufgehäufte Kosten-Betrag der letzten, nicht mehr Statt findenden Haupt-Reparatur, mit welchem es sich eben so verhält.

Der reine jährliche Ertrag des Gebäudes findet sich, wenn man von seinem Brutto-Ertrage z die jährlichen Unterhaltungs-Kosten e, die Steuern und Lasten s und den jährlichen Zuschufs zu Haupt-Reparaturen, $E\frac{r-1}{r^m-1}$, abzieht. Er ist also gleich

$$2.\quad z-e-s-E\frac{r-1}{r^m-1}.$$

Nun sei der Kauf-Preis, welcher für das neue Gebäude bezahlt werden kann, gleich A, so sind die gewöhnlichen jährlichen Zinsen desselben, die zunächst der reine Ertrag des Gebäudes gewähren mufs, $(r-1)A$; das Capital aber, welches zugleich aus dem reinen Ertrage nach n Jahren wieder aufgehäuft worden sein mufs, ist $A-v-b-E$, weil, wie oben bemerkt, beim Verfall des Gebäudes, der Werth v der alten Materialien, der Werth b von Grund und Boden, und die Kosten E der letzten, nicht mehr Statt findenden Haupt-Reparatur zur theilweisen Zurückzahlung des Capitals vorhanden sind. Dieses Capital $A-v-b-E$ in n Jahren aufzuhäufen, ist ein jährlicher Ertrag $(A-v-b-E)\frac{r-1}{r^n-1}$ nöthig, und dieser Ertrag, zusammen mit den Zinsen $(r-1)A$, mufs dem reinen Ertrage des Gebäudes gleich sein. Es mufs also

$$(A-v-b-E)\frac{r-1}{r^n-1}+(r-1)A=z-e-s-E\frac{r-1}{r^m-1}$$

sein, woraus

$$3.\quad A=(z-e-s)\frac{r^n-1}{r^n(r-1)}+\frac{b+v}{r^n}-E\frac{r^n-r^m}{r^n(r^m-1)}$$

folgt.

Dieses ist der Preis, welchen der Käufer eines neuen Gebäudes für dasselbe bezahlen kann, und folglich der Werth, welchen dasselbe für den Erbauer hat.

Ist der Ertrag z des Gebäudes grade so grofs, dafs er die Zinsen der Anlage-Kosten, die Unterhaltungskosten und Lasten und das Amortisations-Quantum des Anlage-Capitals deckt, so giebt der Ausdruck (1.) seinen Werth. Nimmt man diesen Werth von z an, und setzt ihn in den Ausdruck (3.), so erhält man

$$A = (a + b) r^n - (b + v) + E\left(\frac{r^n - r^m}{r^m - 1}\right)\frac{1}{r^n} + \frac{b + v}{r^n} - E\frac{r^n - r^n}{r^n (r^m - 1)},$$

oder

$$4. \quad A = a + b;$$

das heifst: der Preis A, welchen alsdann der Käufer des neuen Gebäudes für dasselbe zahlen kann, ist den Kosten a der Erbauung desselben, nebst den Kosten b von Grund und Boden gleich; wie es auch sein mufs. Allein der Brutto-Ertrag z des Gebäudes ist nicht nothwendig grade so grofs, wie er nach (1.) sein mufs, damit der Ertrag des Baues dem des angewendeten Capitals durch anderweite Anlage desselben gleich komme. Er kann gröfser oder kleiner sein; und nach Verhältnifs hat dann auch das Gebäude einen andern Werth als die Anlage-Kosten $a + b$, nemlich denjenigen, den der Ausdruck (3.) für ein beliebiges z giebt.

7.

Es ist in (§. 4.) bei der Berechnung desjenigen Ertrages z, welchen ein Gebäude abwerfen mufs, wenn das Anlage-Capital die üblichen Zinsen tragen, und denjenigen Theil davon, der bis zum Verfall des Gebäudes verzehrt wird, soll amortisiren können, also für den Fall, wenn der Vortheil der Unternehmung des Baues demjenigen des Ausleihens auf gewöhnliche Zinsen gleich ist, angenommen worden, dafs die Amortisation oder Wieder-Aufhäufung des Anlage-Capitals durch die ganze Zeit der Dauer des Gebäudes fortgesetzt werde. Die Aufhäufung des Capitals würde auch in der That, im Fall der Ertrag des Gebäudes das in (§. 4.) berechnete Minimum nicht übersteigt, nicht anders geschehen können, in so fern nicht etwa der Eigenthümer geringere Zinsen sich berechnete, so dafs daraus ein Überschufs über das Minimum entstände.

Übersteigt dagegen der wirkliche Ertrag des Gebäudes das im (§. 4.) berechnete Minimum, so kann der Überschufs vom Besitzer auf zweierlei Art benutzt werden; nemlich: entweder blofs als Erhöhung seiner Einkünfte, die er zu mehrerer Behaglichkeit verwendet, oder um welche er seinen jährlichen Ausgabe-Etat vermehrt, oder, wie in dem oben erwähnten Zusatze zu der Abhandlung des Herrn Mondot de Lagorce gedacht ist, zu einem jährlichen Fonds, um eher als bis zum Verfall des Gebäudes das Anlage-Capital wieder aufzuhäufen. Die zweite Art der Verwendung des Überschusses hat, wie in dem oben erwähnten Zusatze bemerkt, große Vortheile, weil der reine Ertrag des Gebäudes, sobald das Anlage-Capital wieder aufgehäuft und dadurch abgetragen ist, um den ganzen Betrag der Zinsen zunimmt, und folglich ansehnlich steigt. Es liegt darin der Haupt-Grund, warum es vortheilhafter ist, dauerhaft, wenn auch theurer, als leicht und wohlfeil zu bauen, weil diese Benutzungs-Art des Überschusses, zum Vortheil für die Folgezeit und die Nachkommen und Erben besonders, und in der Regel nur dann möglich ist, wenn der Bau eine lange Dauer hat. Diese zweite Benutzungs-Art ist in der That so vortheilhaft, daſs sie selbst dann, wenn der Ertrag des Gebäudes das Minimum nicht übersteigt, noch rathsam für den Besitzer sein wird; er wird wohl thun, sich für den Anfang selbst geringere Zinsen zu berechnen, um nur einen Überschuſs zu gewinnen, aus welchem das Anlage-Capital möglichst bald möge wieder aufgehäuft werden können; denn es bleiben ihm nachher immer noch die vollen Zinsen als reiner Gewinn. Die Benutzungs-Art hat den Nutzen jeder Aufhäufung eines Capitals durch Zins von Zinsen, vermittelst eines, vielleicht nur geringern jährlichen Beitrages oder Zurücklegens von Ersparnissen; sie ist aber hier noch um so leichter möglich, weil einestheils die Rente eines Gebäudes meistens umwandelbarer ist als viele andere, anderntheils aber hier es nicht sowohl darauf ankommt, ein neues Capital, welches nocht nicht da war, aufzuhäufen, als vielmehr nur ein schon verbrauchtes, von Andern oder aus eigener Casse geliehenes abzutragen, wozu in der Regel der Antrieb stärker und dauernder ist; endlich aber auch weil die Früchte der Ersparnisse, die in dem Gewinn der ganzen reinen Rente von Gebäuden bestehen, sicherer und stabiler zu sein pflegen, als wenn vielleicht das aufgehäufte Capital erst zu einer andern, neuen Unternehmung angelegt werden müſste.

So wesentlich aber auch die beiden Benutzungs-Arten eines etwaigen Überschusses des Ertrages eines Gebäudes von einander verschieden sein mögen: so haben sie doch auf die obige Ausmittelung des Werths eines neuen Gebäudes in (§. 6.) weiter keinen Einfluſs, sondern die Verschiedenheit ist gerade dadurch schon berücksichtigt, daſs in den Ausdruck (3.) des Werths des Gebäudes nicht sowohl das Minimum des Ertrages, sondern der wirkliche Ertrag z eingeführt ist; denn eben dadurch, daſs der Erbauer eines Gebäudes, dessen Ertrag das Minimum übersteigt, vermittelst des Überschusses an Ertrag die oben erwähnten Vortheile der frühern Aufhäufung oder Abtragung des Anlage-Capitals für sich zu erzielen und zu gewinnen im Stande ist, bekommt das Gebäude für ihn einen höheren Capital-Werth, als er darauf verwendet hat. Der Käufer muſs ihm diese Vortheile durch den höhern Kaufpreis bezahlen. Verkaufte er sein Gebäude bloſs für die Summe die es ihn gekostet hat, so würde er dem Käufer jene Vortheile gratis überlassen; denn dieser würde derselben dann eben sowohl theilhaftig zu werden im Stande sein, als der Erbauer. Anders aber als auf die obige Weise kann er die Vortheile auch nicht anschlagen, nemlich nicht anders, als durch diejenige Erhöhung des Kaufpreises, welche macht, daſs nun der Käufer die mehrgenannten Vortheile, wenn der Zinsfuſs sonst stehen bleibt, und er nicht etwa geringere Zinsen sich berechnen will, nicht mehr zu erlangen vermag, indem der reine Ertrag, wie es der obigen Berechnung des höhern Kauf-Preises zum Grunde liegt, nunmehr nur noch das Minimum für diesen höhern Kauf-Preis beträgt. Dieses ist daraus klar, daſs, wenn man einen Augenblick annimmt, das Gebäude hätte den Erbauer selbst den höhern Kaufpreis gekostet, der Ertrag wirklich nur auf das Minimum sich belaufen würde, so daſs alsdann die andere vortheilhafte Benutzung des Ertrages, ohne Verminderung des Ansatzes der Zinsen, nicht mehr möglich sein würde.

Die Verschiedenheit der Benutzungs-Art des Ertrages eines Gebäudes kommt also bei der Schätzung seines Werthes nicht anders als oben geschehen in Betracht, und ist in der obigen Berechnung berücksichtigt.

8.

Es mag, ehe wir weiter gehen, zuvor ein Beispiel zu den obigen Rechnungen gegeben werden.

I. *a*) Es baue Jemand ein Gebäude, welches ihn 25000 Thaler kostet; der Grund und Boden koste 5000 Thaler. Die jährlichen Unterhaltungskosten mögen 50 Thaler betragen; die Kosten einer Haupt-Reparatur, dergleichen alle 25 Jahre vorkommen mögen, 1000 Thaler. Das

Gebäude möge 200 Jahre stehen, der Werth der alten Materialien beim Verfalle mag 2000 Thaler; die jährlichen Steuern, mit Einschluſs der Versicherungs-Kosten gegen Feuer-Schaden, mögen 200 Thaler, und der Zinsfuſs mag 5 Procent sein. Alsdann ist

$$a=25000,\quad b=5000,\quad e=50,\quad v=2000,\quad s=200,$$
$$E=1000,\quad n=200,\quad m=25,\quad r=1{,}05.$$

Dieses in den Ausdruck (I. §. 4.) gesetzt, giebt, wenn man die Potenzen von r aus der Tafel in der Abhandlung des Herrn M. de Lagorce (S. 149.) nimmt

$$z=\frac{0{,}05}{17329}\left[30000\,.\,17330-7000+1000\,.\,\frac{17327}{2{,}39}\right]+250, \text{ oder}$$
$$z=1771 \text{ Thaler.}$$

Dieses ist das Minimum des Ertrages, welchen das Gebäude abwerfen muſs; es beträgt von dem Anlage-Capital der 30000 Thaler statt 5, beinahe 6 Procent.

b) Nimmt man an, daſs das Gebäude nur 100 Jahre stehen werde, daſs die jährlichen Unterhaltungskosten 75 Thaler, und die Kosten einer Haupt-Reparatur, die alle 20 Jahre wiederkehren mag, 1500 Thaler betragen, während das Übrige bleibt; so ist $n=100$, $m=20$, $e=75$ und $E=1500$, und alsdann

$$z=\frac{0{,}05}{130{,}6}\left[30000\,.\,131{,}6-7000+1500\,\frac{129}{1{,}65}\right]+275, \text{ oder}$$
$$z=1828 \text{ Thaler;}$$

was schon über 6 Procent des Anlage-Capitals ausmacht.

c) Stände das Gebäude nur 50 Jahre, und es wäre alle 10 Jahr eine Haupt-Reparatur nöthig, die 2000 Thaler kostet, während die jährlichen Unterhaltungs-Kosten 100 Thaler betragen, was z. B. bei einem, etwa aus Holz und leicht gebauten Gebäude von dieser Gröſse wohl anzunehmen ist, so ist $n=50$, $m=10$, $e=100$, $E=2000$ und

$$z=\frac{0{,}05}{10{,}47}\left[30000\,.\,11{,}47-7000+2000\,\frac{9{,}84}{0{,}63}\right]+300, \text{ oder}$$
$$z=2057 \text{ Thaler;}$$

was beinahe 7 Procent der Anlage-Kosten beträgt.

II. Gesetzt nun der wirkliche Ertrag z des Gebäudes wäre 2000 Thaler jährlich, so ist der Werth desselben nach dem Ausdruck (3. §. 6.):

a) In dem Falle (I. *a*.):

$$A = 1750.\frac{17329}{17330.0,05} + \frac{7000}{17330} - 1000.\frac{17327}{17330.2,39}, \text{ oder}$$

$A = 34582$ Thaler;

statt der Anlage-Kosten von 30000 Thalern.

b) In dem Falle (I. *b*.):

$$A = 1725.\frac{130,6}{131,6.0,05} + \frac{7000}{131,6} - 1500.\frac{129}{131,6.1,65}, \text{ oder}$$

$A = 33400$ Thaler;

statt 30000 Thaler.

c) In dem Falle (I. *c*.):

$$A = 1700.\frac{10,47}{11,47.0,05} + \frac{7000}{11,47} - 2000.\frac{9,84}{11,47.0,63}, \text{ oder}$$

$A = 28922$ Thaler;

statt 30000 Thaler.

9.

Wenn die Zahl n der Jahre, auf welche die Dauer des Gebäudes gerechnet wird, einigermafsen bedeutend ist, so ist der aus dem Ertrage desselben zur Wieder-Aufhäufung des Anlage-Capitals nöthige jährliche Zuschufs $(a - v - E)\frac{r-1}{r^n - 1}$ (§. 4. 4tens) sehr gering. Er beträgt z. B. in dem Falle des vorigen Paragraphs jährlich:

a) für eine 200jährige Dauer des Gebäudes nur $22000\frac{0,05}{17329} = 0,063$ Thlr.;

b) wenn angenommen wird, dafs das Gebäude 100 Jahre dauern werde, nur $21500\frac{0,05}{130,6} = 8,2$ Thaler;

c) bei vorausgesetzter 50jähriger Dauer des Gebäudes erst ist er bedeutend und beträgt $21000.\frac{0,05}{10,47} = 100,3$ Thaler.

Gleicher Weise ist, bei der Berechnung des Werths eines neuen Gebäudes, derjenige Theil des Ertrages $(A - v - b - E)\frac{r-1}{r^n - 1}$ (§. 6.), welcher sich auf die Wieder-Aufhäufung des Anlage-Capitals bis zum Verfalle bezieht, bei einer längern Dauer des Bauwerks nur gering. Er beträgt in dem obigen Beispiele:

a) Im ersten Falle, bei 200jähriger Dauer des Gebäudes,

$$26582.\frac{0,05}{17329} = 0,075 \text{ Thaler.}$$

b) Im zweiten Falle, für eine 100jährige Dauer $24900.\frac{0,05}{130,6} = 9,5$ Thlr.

c) Im dritten Falle, bei vorausgesetzter 50jähriger Dauer ist er erst bedeutend und beträgt $19922.\frac{0.05}{10,47} = 95,1$ Thaler.

Man kann daher, wenn die Dauer eines Gebäudes etwa auf 100 Jahre und darüber anzunehmen ist, den auf die Wieder-Anhäufung des Anlage-Capitals sich beziehenden Theil der Rechnung füglich aus der Acht lassen, wodurch sich die obigen Ausdrücke vereinfachen lassen. Man findet alsdann in (§. 5.) für das Minimum des Ertrages eines neuen Gebäudes:

$$5. \quad z = \left(a + b + \frac{E}{r^m - 1}\right)(r - 1) + e + s,$$

und in (§. 6.), für den Werth eines neuen Gebäudes:

$$6. \quad A = \frac{z - e - s}{r - 1} - \frac{E}{r^m - 1}.$$

Hiernach das obige Beispiel berechnet, findet man für das Minimum des Ertrages:

I. *a*) Im ersten obigen Falle, bei 200jähriger Dauer des Gebäudes,

$$z = \left(30000 + \frac{1000}{2,39}\right) 0,05 + 250 = 1770,9 \text{ Thaler},$$

welches von den obigen 1771 Thaler nur unmerklich abweicht.

b) Im zweiten Falle, bei 100jähriger Dauer des Gebäudes,

$$z = \left(30000 + \frac{1500}{1,65}\right) 0,05 + 275 = 1820 \text{ Thaler},$$

statt der obigen 1828 Thaler, welches ebenfalls noch keine bedeutende Differenz ist.

c) Erst im dritten Falle, bei 50jähriger Dauer des Gebäudes, giebt der vereinfachte Ausdruck:

$$z = \left(30000 + \frac{2000}{0,63}\right) 0,05 + 300 = 1957 \text{ Thaler};$$

welches von den obigen 2057 Thalern bedeutend abweicht.

Der Werth des Gebäudes wäre nach dem einfacheren Ausdrucke (6.), in dem obigen Beispiele:

II. *a*) Im ersten Falle, bei 200jähriger Dauer des Gebäudes,

$$A = \frac{1750}{0,05} - \frac{1000}{2,39} = 34581,6 \text{ Thaler},$$

statt der obigen 34582 Thaler; welche Abweichung nicht merklich ist.

b) im zweiten Falle, bei 100jähriger Dauer des Gebäudes, findet man

$$A = \frac{1725}{0,05} - \frac{1500}{1,65} = 33591 \text{ Thaler},$$

statt der obigen 33400 Thaler; welche Abweichung auch noch nicht sehr bedeutend ist.

c) Erst im dritten Falle, bei 50jähriger Dauer des Gebäudes, giebt der einfachere Ausdruck:

$$A = \frac{1700}{0,05} - \frac{2000}{0,63} = 30683 \text{ Thaler},$$

statt der obigen 28922 Thaler; welche Abweichung bedeutend ist.

10.

Man könnte überhaupt zweifeln, ob der Ersatz des Anlage-Capitals durch einen jährlichen Zuschufs, vermittelst dessen das Capital durch Zins von Zinsen aufgehäuft werden soll, obgleich unstreitig theoretisch richtig, practisch ausführbar sei und ob danach gerechnet werden dürfe. In der That wird schwerlich eine geringe jährliche Zahlung eine bedeutende Reihe von Jahren hindurch, am wenigsten ein Jahrhundert lang, und darüber, wenn auch wirklich die ganze Zeit hindurch ein Gebäude im Besitz des ersten Erbauers uud seiner Erben bleibt, regelmäfsig zurückgelegt werden; auch ist es kaum möglich, eben so regelmäfsig, und zumal anfänglich von geringen Summen, die Zinsen herbeizuschaffen. Hierauf ist aber zu erwiedern: dafs doch einmal wirklich während der Dauer des Gebäudes, das Anlage-Capital, wenn es nicht verloren gehen soll, wieder herbeigeschafft werden mufs, und auch wirklich, besonders dann, wenn es auf den WiederAufbau ankommt, herbeigeschafft wird, es geschehe nun durch regelmäfsiges oder nicht regelmäfsiges Zurücklegen, oder durch andere Speculationen. In Fällen, wo die Wieder-Herbeischaffung nicht durch regelmäfsiges Zurücklegen geschieht, liegt aber der Erwerb aufser der Berechnung des Gegenstandes, um welchen es sich handelt, und das was diesen betrifft, kann immer nur so gerechnet werden, als wenn der nöthige Zuschufs wirklich regelmäfsig zurückgelegt würde. Man kann immer nur berechnen, was regelmäfsig geschehen müfste, nicht, was wirklich geschieht.

In dieser Rücksicht ist es auch besser, nach den vollständigen, statt nach dem abgekürzten Ausdrücken zu rechnen, zumal da die Ersparung an Rechnung nicht bedeutend ist.

11.

Es ist noch die Frage: ob und in wie fern man bei der Schätzung des Werths, selbst eines neuen Gebäudes, der nach dem Ausdrucke

(7. §. 6.) von dem Ertrage des Bauwerks, von den Kosten seiner jährlichen Unterhaltung und der Haupt-Reparaturen, von dem Werth des Grund und Bodens und der alten Materialien beim Verfall, von dem Steuer-Betrage und vom Zinsfufs, auf viele Jahre der Zukunft im Voraus angesetzt, abhängt, die Veränderlichkeit dieser Dinge, oder, was dasselbe ist, die Veränderlichkeit des Geld-Werths in Anschlag bringen müsse. Diese Berücksichtigung würde eine sehr bedeutende Veränderung des Resultats zur Folge haben, weil der Geld-Werth in der That sehr veränderlich ist. Seit 50 Jahren ist z. B. der Arbeits-Lohn in vielen Gegenden beinahe um 100 Procent gestiegen, so dafs auch das Bauen jetzt weit mehr Geld kostet, als ehedem, und zwar, wenn auch nicht 100 Procent mehr, indem wegen Vervollkommnung der Verarbeitungs-Methoden des rohen Materials, einzelne Gegenstände auch wiederum für weniger Geld zu haben sind als früher, so doch vielleicht 50 und 60 Procent mehr; auch hat sich der Zinsfufs und der Ertrag der Gebäude nach Verhältnifs fortwährend geändert, und es ist möglich, dafs das Bauen nach 50 und 100 Jahren vielleicht wieder doppelt so viel Geld koste, als jetzt; oder auch, dafs es nur halb so viel kosten werde, dafs der Zinsfufs und der Ertrag viel höher, oder auch dafs er niedriger sein werde, je nachdem mehr oder weniger Geld und Tauschmittel vorhanden, und der Umlauf derselben wird befördert oder gehemmt worden sein.

Auf diese Frage ist zu antworten, dafs bei Taxen, die bei der Veränderung des Besitzers eines Gebäudes vorkommen, z. B. bei Käufen, Tausch und Vererbungen, die Veränderlichkeit des Geld-Werths durchaus nicht in Betracht kommt, sondern dafs hier nur nach dem actuellen Geldwerth gerechnet werden kann, weil nach der Natur des Kaufs, und überhaupt des Erwerbs eines Eigenthums, der Erwerber nothwendig auch das Risico von Verlust des vorigen Besitzers, so wie die diesem zustehende Aussicht auf Gewinn, mit übernimmt. In Fällen dagegen, wo der Besitz nicht auf eine andere Person übergeht, z. B. bei Hypothecirungen, Gewährleistungen, Brandschäden-Versicherungen, und dergleichen, mufs bei den Taxen der Gebäude allerdings auf die Veränderlichkeit des Geld-Werths Rücksicht genommen werden, so wie auch auf die Veränderungen des absoluten Werths der Gebäude selbst, der sich ebenfalls mit dem zunehmenden Verfalle derselben verändert. Dieses geschieht dann durch neue Taxen, die von Zeit zu Zeit aufgenommen werden müssen, so wie sich der Geldwerth und der absolute Werth der Gegenstände verändert. Auf neue Gebäude hat aber dieses letztere, und folglich die Veränderlichkeit des Geldwerths, niemals Einfluſs.

12.

Die Anwendung des Ausdrucks des Werths eines neuen Gebäudes (3. §. 6.) ist aber in anderer Rücksicht Einschränkungen unterworfen.

Der Werth A eines neuen Gebäudes hängt nemlich, nach diesem Ausdrucke, vorzüglich von dem Ertrage z des Gebäudes ab, keinesweges von der Summe a, die es zu erbauen gekostet hat. Dieses ist auch vollkommen richtig, in allen Fällen, wo es auf die Schätzung des wirklichen gegenwärtigen Werths eines Eigenthums, nemlich desjenigen Werths ankommt, den dasselbe auch für Andere hat, nicht auf die Schätzung des Betrages der Mittel, durch welche es von dem gegenwärtigen Besitzer erworben wurde, also bei Käufen, Vererbungen, Tausch und Gewährleistungen. Hier wäre es sehr unrichtig, statt nach dem Ertrage, nach den Baukosten zu rechnen; denn z. B. zwei ganz gleiche Gebäude, in einer und derselben Stadt, die also gleich viel zu erbauen kosteten, können einen sehr verschiedenen Ertrag, und folglich einen sehr verschiedenen Werth haben, je nachdem sie in einer entfernten Vorstadt, oder in der bewohntesten und gewerbreichsten Gegend des Orts stehen; oder, weil in diesem Beispiele der Unterschied in der Verschiedenheit der Kosten des Grund- und Bodens liegen kann: selbst zwei Gebäude, die gleich viel zu erbauen kosteten, und die in der nemlichen Gegend einer Stadt, dicht neben einander stehen, können, nach der Verschiedenheit ihrer Zwecke und ihrer Einrichtung, einen sehr verschiedenen Ertrag, und folglich sehr verschiedenen Werth haben.

In den vorhergenannten Fällen muſs man also den Werth der Gebäude keinesweges nach den Baukosten, sondern, der obigen Formel gemäſs, nach dem Ertrage berechnen. Läſst sich der Ertrag nicht direct finden, weil z. B. das Gebäude ein integrirender Theil eines ein Ganzes bildenden Eigenthums ist, z. B. ein einzelnes Öconomie-Gebäude eines Landgutes, und also sein Ertrag unabgesondert in dem Ertrage des Gutes enthalten ist, so muſs man die Baukosten in Anschlag bringen, aber nicht unmittelbar, sondern der Ertrag z muſs, im Verhältniſs der Baukosten, nach demjenigen Zinsfuſse berechnet werden, den das Gut überhaupt abwirft. Kann oder will der Eigenthümer diesen Zinsfuſs nicht bestimmen, so muſs derselbe geschätzt werden, und nur erst dann, wenn die Schätzung den gewöhnlichen, oben durch r bezeichneten Zinsfuſs ergiebt, sind es die Baukosten selbst, welche den Werth des neuen Gebäudes, nach Hinzuthun des Werths von Grund und Boden, ergeben.

13.

Es giebt indessen Fälle, wo man nicht nach dem Ertrage, sondern, gerade umgekehrt, nach den Baukosten rechnen muſs: zum Beispiel bei Brandschäden-Versicherungen. Hier ist den Assecuradeurs der Ertrag gleichgültig; denn der Zweck der Assecuranz ist: dem Eigenthümer eines Gebäudes, nicht den Werth seines Grundstücks, sondern die Summe, welche es ihn zu erbauen gekostet hat, oder, im Fall er nicht der Erbauer, sondern schon ein nachfolgender Besitzer ist, diejenige Summe zu versichern, für welche er das Gebäude, wenn es vom Feuer verzehrt werden sollte, in denselben Zustand wie es ist, wieder herzustellen im Stande sein möge. Wollte die Assecuranz-Casse die Versicherungs-Summe nach dem Werth der Gebäude ansetzen, so würden allerhand Übelstände entstehen. Würden z. B. die beiden obigen Gebäude, die dicht neben einander standen, und gleichviel zu erbauen kosteten, aber sehr verschiedenen Ertrag, und folglich sehr verschiedenen Werth hatten, nach dem Ertrage, also zu verschiedenen Summen versichert, so würde, im Falle die Versicherungs-Summe des einen die Baukosten überstiege, der Eigenthümer desselben einen unbilligen Gewinn haben, sobald sein Gebäude abbrennt, der andere aber, wenn seine Versicherungs-Summe geringer wäre, als die Baukosten, unbilliger Weise Schaden leiden. Für Brand-Versicherungs-Cassen also ist der Werth neuer Gebäude den Baukosten, und zwar mit Ausschluſs der Kosten des Grund und Bodens, weil derselbe nach dem Brande übrig bleibt, gleich; jedoch geht von den Baukosten der Werth der nach dem Brande übrig bleibenden Materialien ab, welcher durch v_1 bezeichnet werden mag. Der Werth eines neuen Gebäudes ist also in in diesem Falle bloſs:

$$5. \quad A_1 = a - v_1.$$

Und zwar ist diese Summe die höchste, welche die Casse versichern kann. Es wird aus ihr, wenn etwa das Gebäude nicht ganz abbrennt, natürlich nur so viel bezahlt, als die Herstellung in den vorigen Zustand kostet. Auch müssen die Taxen der Gebäude, wegen Versicherung gegen Feuer-Schaden, von Zeit zu Zeit erneuert werden, weil der Werth der

Gebäude, auch in so fern er nach den Baukosten geschätzt werden mufs, sich verändert, und zwar natürlicher Weise abnimmt, so wie die Gebäude dem Verfalle näher kommen; wovon weiter unten. Die Assecuranz-Cassen dürfen daher die Versicherungs-Summen, auch für neue Gebäude, nur auf eine bestimmte Zeit, nach den Umständen nur auf 5 bis 10 Jahre, annehmen, mit der Bedingung, dafs der Werth der versicherten Gebäude dann von Neuem taxirt werde.

Übrigens versteht es sich, dafs Brand-Assecuranz-Cassen immer nur unter der Bedingung Baukosten versichern können, dafs das versicherte Gebäude wieder aufgebaut werde, und dafs sie nur in so fern die versicherten Summen zahlen können, als der Wieder-Aufbau wirklich erfolgt; denn betrachtete man die versicherten Summen blofs als eine Vergütigung des Brand-Schadens, so würden einestheils die Beiträge sich bald vermindern, anderntheils würden die Versicherungs-Cassen eigentlich einen Kauf übernehmen, ohne den erkauften Gegenstand benutzen zu können, folglich im Nachtheil sein. Auch kann eine Brand-Versicherungs-Casse nur einen verhältnifsmäfsigen Theil der versicherten Summe zahlen, wenn das Gebäude mit geringeren Kosten wieder aufgebaut wird, als das abgebrannte neu gekostet haben würde; dagegen keine höhere Summe, als die versicherte, wenn es kostbarer wieder erbaut wird, weil sie sonst in beiden Fällen wiederum im Nachtheil sein, der Versicherte aber einen Vortheil haben würde, für welchen er der Casse keinen Ersatz geleistet hat.

14.

Wir kommen nunmehr zu der Schätzung des Werths alter Gebäude.

Dieselbe hat, zunächst in Fällen, wo es auf denjenigen Werth eines Gebäudes ankommt, den dasselbe für Andere als den Besitzer hat, also bei Käufen, Tausch, Vererbungen, Hypotheken u. s. w. keine Schwierigkeit. Das Haupt-Prinzip ist: dafs das Gebäude denselben Werth hat, wie eine Rente, die seinem *reinen* Ertrage gleich ist, und die eben so viele Jahre dauert, als das Gebäude noch stehen kann. Der Werth des Gebäudes wird daher auf demselben Wege, und auf dieselbe Weise gefunden, wie nach (§. 6.) der Werth eines neuen Gebäudes; man darf blofs statt der Zahl n, der Jahre, welche das neue Gebäude dauern wird, diejenige Zahl von Jahren, welche das alte Gebäude noch zu stehen hat, und welche ν sein mag, setzen. Bezeichnet man daher den Werth des alten Gebäudes durch B, so ist nach (§. 6. Ausdr. 3.)

$$6.\quad B=(z-e-s)\frac{r^{\nu}-1}{r^{\nu}(r-1)}+\frac{b+\nu}{r^{\nu}}-E\frac{r^{\nu}-r^{m}}{r^{\nu}(r^{m}-1)}.$$

Dieser Ausdruck ist indessen nur dann richtig, wenn der Werth für den Käufer gerade m Jahre vor der nächsten Haupt-Reparatur geschätzt wird, das heifst: entweder unmittelbar nach dem Neubau, oder nachdem so eben der Besitzer eine Haupt-Reparatur hat machen lassen. Steht eine solche Reparatur näher bevor, so ist eine Vervollständigung des Ausdrucks nöthig. Man setze nemlich: der Käufer müsse die nächste Haupt-Reparatur, statt nach m Jahren, schon nach μ Jahren machen lassen, so kann er bis dahin, durch den zu Haupt-Reparaturen auf den Ertrag berechneten jährlichen Fonds $E\frac{r-1}{r^{m}-1}$ (2. §. 6.), noch nicht die volle Summe E, sondern nur erst die Summe $E\frac{r-1}{r^{m}-1}\cdot\frac{r^{\mu}-1}{r-1}=E\frac{r^{\mu}-1}{r^{m}-1}$ aufhäufen, und es wird daher nach μ Jahren an den Kosten der nächsten Haupt-Reparatur noch die Summe $E-E\frac{r^{\mu}-1}{r^{m}-1}=E\frac{r^{m}-r^{\mu}}{r^{m}-1}$ fehlen. Um diese Summe noch in μ Jahren aufzuhäufen, ist bei der Werthschätzung, μ Jahre vorher, eine Summe x, von solchem Betrage nöthig, dafs $x r^{\mu}=E\frac{r^{m}-r^{\mu}}{r^{m}-1}$, woraus $x=E\frac{r^{m}-r^{\mu}}{(r^{m}-1)r^{\mu}}$ folgt. Diese Summe x geht natürlich von der Kauf-Summe oder vom Werthe B des Gebäudes ab; also ist eigentlich

$$B=(z-e-s)\frac{r^{\nu}-1}{r^{\nu}(r-1)}+\frac{b+v}{r^{\nu}}-E\frac{r^{\nu}-r^{m}}{r^{\nu}(r^{m}-1)}-E\frac{r^{m}-r^{\mu}}{(r^{m}-1)r^{\mu}},\text{ oder}$$

$$7.\quad B=(z-e-s)\frac{r^{\nu}-1}{r^{\nu}(r-1)}+\frac{b+v}{r^{\nu}}-E\frac{r^{\nu}-r^{\mu}}{r^{\nu-m+\mu}(r^{m}-1)}.$$

Dieser Ausdruck ist vollständig, und pafst immer, zu welcher Zeit auch, während der Dauer des Gebäudes, der Werth desselben geschätzt werden mag. Ist $\mu=m$, das heifst: geschieht die Schätzung grade m Jahre vor einer Haupt-Reparatur, oder so eben nachdem eine solche geschehen ist, so geht der Ausdruck, wie gehörig, in denjenigen (6.) über. Setzt man $\mu=m$ und $\nu=n$, so geht der Ausdruck, wie es sein mufs, in denjenigen (3. §. 6.) des Werths neuer Gebäude über, weil es immer nur auf die Dauer des Gebäudes, auf welche gerechnet werden kann, ankommt. Setzt man $\nu=0$, und folglich auch $\mu=0$, für den Zeitpunct des gänzlichen Verfalls des Gebäudes, so giebt der Ausdruck

$$B = b + v,$$

also den Werth des Gebäudes gleich demjenigen von Grund und Boden und von den übrig bleibenden Materialien; wie es sein muſs. Der Ausdruck paſst daher allgemein und gleichmäſsig für alte und neue Gebäude, in Fällen wo es auf den effectiven, oder auf denjenigen Werth eines Gebäudes ankommt, welchen ein Käufer dafür zahlen kann.

15.

Dieser Werth ist, während der Zeiträume, die zwischen die Haupt-Reparaturen fallen, noch in gewissem Betracht von demjenigen, welchen das Gebäude für den actuellen Besitzer hat, verschieden. Wenn nemlich z. B. $m-\mu$ Jahre nach einer Haupt-Reparatur verstrichen sind, so hat der Besitzer, aus dem zu den Haupt-Reparaturen bestimmten Theile $E\frac{r-1}{r^m-1}$ des Ertrages, zu der nächsten Haupt-Reparatur einen Fonds

$$F = E\frac{r-1}{r^m-1}\cdot\frac{r^{m-\mu}-1}{r-1}, \text{ oder}$$

$$8. \quad F = E\frac{r^{m-\mu}-1}{r^m-1}$$

aufgehäuft, welcher baar vorhanden ist; wenigstens wird derselbe, nach den Grundsätzen der Rechnung, als baar vorhanden betrachtet. Träte nun etwa der Verkäufer diesen baaren Fonds dem Käufer ab, so könnte letzterer um eben so viel mehr für das Gebäude bezahlen. Der Kauf-Preis würde also in diesem Falle

$$B_1 = (z-e-s)\frac{r^\nu-1}{r^\nu(r-1)} + \frac{b+v}{r^\nu} - E\frac{r^\nu-r^\mu}{r^{\nu-m+\mu}(r^m-1)} + E\frac{r^{m-\mu}-1}{r^m-1},$$

das heiſst

$$9. \quad B_1 = (z-e-s)\frac{r^\nu-1}{r^\nu(r-1)} + \frac{b+v}{r^\nu} - E\frac{r^\nu-r^m}{r^\nu(r^m-1)}$$

sein. Da aber der aufgesammelte Fonds F aus dem Ertrage des Gebäudes hervorgegangen ist, so kann man ihn wirklich als zu demjenigen Werth desselben gehörig, oder als einen integrirenden Theil desjenigen Werthes betrachten, den das Gebäude, nicht sowohl für den Käufer, als für den actuellen Besitzer hat. Der Ausdruck (9.) stimmt mit dem Ausdrucke (6.) überein und μ kommt darin gar nicht vor.

Will man daher wissen, welchen Preis ein Käufer für ein Gebäude zahlen kann, das noch ν Jahre zu stehen hat, so muſs man nach der Formel (7.) rechnen. Den Werth dagegen, welchen das nemliche

Gebäude für den **actuellen Besitzer** hat, giebt der Ausdruck (6. oder 9.). Für die Zeit-Puncte, unmittelbar nach dem Neubau, oder nach einer Haupt-Reparatur, wo $\mu = m$ ist, geben die beiden Ausdrücke (7. und 9.), wie gehörig, das Nemliche.

16.

Wir wollen zuerst wieder die beiden Ausdrücke (7. und 9.) auf ein Beispiel anwenden, und zwar auf das obige (§. 8. II.), im zweiten Falle (*b*.). Es wird also ein Gebäude angenommen,

dessen jährlicher Ertrag 2000 Thaler $= z$ beträgt:
die jährlichen Unterhaltungs-Kosten sind, $e = 75$ Thlr.;
die jährlichen Steuern $s = 200$ Thlr.;
die Kosten einer Haupt-Reparatur $E = 1500$ Thlr.;
die Zeit von einer Haupt-Reparatur bis zur andern ist $m = 20$ Jahre;
der Werth der alten Materialien beim Verfall ist $v = 2000$ Thlr.;
der Werth von Grund und Boden, $b = 5000$ Thlr.;
die Zahl der Jahre von dem Augenblicke der Schätzung bis zum Verfall ist ν;
die Zahl der Jahre von der Schätzung bis zur nächsten Haupt-Reparatur ist μ.

Für dieses Beispiel geben die Ausdrücke (7. und 9.) Folgendes:

Jahre vor dem Verfall.	Kauf-Preis B des Gebäudes.	Werth B_1 des Gebäudes für den actuellen Besitzer.
100	33400 Thlr.	33400 Thlr.
90	32707 - -	33280 - -
80	33085 - -	33085 - -
70	32194 - -	32767 - -
60	32228 - -	32228 - -
50	30830 - -	31405 - -
40	30027 - -	30027 - -
30	27341 - -	27914 - -
20	24123 - -	24123 - -
10	17628 - -	18201 - -
5	12864 - -	13846 - -
0	7000 - -	8500 - -

Man darf sich über die Unregelmäfsigkeit der Abnahme des **Kauf-Preises**, und dafs z. B. 80 Jahre vor dem Verfalle sogar ein **höherer**

Kauf-Preis für das Gebäude bezahlt werden kann, als 90 Jahre vor dem Verfalle, nicht verwundern. Sie kommt daher, daſs 80 Jahre vor dem Verfalle vom Eigenthümer so eben eine Haupt-Reparatur besorgt und bezahlt worden ist, während dieselbe, wenn das Gebäude 90 Jahre vor dem Verfalle verkauft wird, dem Käufer innerhalb 10 Jahren bevorsteht, und der dazu aus dem Ertrage des Gebäudes theilweise bereits aufgesammelte Fonds dem Verkäufer verbleibt, und von ihm zurückbehalten wird. Die Zahlen, welche den Werth B_1 des Gebäudes für den actuellen Besitzer angeben, haben daher auch diese Unregelmäſsigkeit nicht. Beim Verfalle selbst kann der Käufer nur den Werth des Grundes und Bodens und der alten Materialien bezahlen; und dieser beträgt, nach der Voraussetzung, 7000 Thlr. Für den actuellen Besitzer kommen dagegen zu diesen 7000 Thlr. noch die in den letzten 20 Jahren, zu der nun nicht mehr auszuführenden Haupt-Reparatur, aus dem Ertrage des Gebäudes nach der Voraussetzung aufgesammelten 1500 Thlr. hinzu, so daſs für ihn der Werth B_1 des Gebäudes beim Verfalle 8500 Thlr. beträgt.

17.

Der Werth eines Gebäudes und der Kauf-Preis hängen, wie die Ausdrücke (7. und 9.) zeigen, nicht von den Baukosten, sondern nur von dem Ertrage ab. Läſst sich dieser Ertrag nicht unmittelbar angeben, weil z. B. das Gebäude ein Theil eines ein Ganzes bildenden Eigenthums ist, so muſs man, wie in (§. 12.) bemerkt, zwar die Baukosten in Anschlag bringen, aber nicht unmittelbar, sondern erst den Ertrag nach demjenigen Zinsfuſs berechnen, den die Besitzung überhaupt abwirft. Wird dieser Zinsfuſs nicht gegeben, so muſs man ihn schätzen.

Dieses Verfahren beruht auf der Voraussetzung, daſs der Erbauer des Gebäudes dasselbe so angeordnet haben werde, wie es dem Bedürfnisse und den Kräften des Etats seines Besitzthums gemäſs ist, und diese Voraussetzung zu machen haben Käufer und Verkäufer gleiche Ursache.

Die Berechnung des Ertrages nach den Baukosten geschieht nach dem Ausdrucke (1. §. 4.). Derselbe giebt, wenn man den Zinsfuſs, den die Besitzung im Ganzen abwirft, durch ϱ bezeichnet:

$$10. \quad z = \frac{\varrho - 1}{\varrho^n - 1}\left[(a+b)\varrho^n - (b+v) + E\frac{\varrho^n - \varrho^m}{\varrho^m - 1}\right] + e + s.$$

Setzt man diesen Werth von z in den Ausdruck (7. und 9.), so erhält man:

$$B = \left[(a+b)\varrho^n - (b+v) + E.\frac{\varrho^n - \varrho^m}{\varrho^m - 1}\right]\frac{\varrho-1}{r-1}.\frac{r^\nu - 1}{(\varrho^n-1)r^\nu} + \frac{b+v}{r^\nu} - E\frac{r^\nu - r^\mu}{r^{\nu-m+\mu}(r^m-1)},$$

$$B_1 = \left[(a+b)\varrho^n - (b+v) + E.\frac{\varrho^n - \varrho^m}{\varrho^m - 1}\right]\frac{\varrho-1}{r-1}.\frac{r^\nu - 1}{(\varrho^n-1)r^\nu} + \frac{b+v}{r^\nu} - E\frac{r^\nu - r^m}{r^\nu(r^m-1)};\text{ oder}$$

11. $$B = a.\frac{\varrho-1}{r-1}.\frac{\varrho^n}{r^\nu}.\frac{r^\nu-1}{\varrho^n-1} + b.\frac{r^\nu(\varrho-1)+r-\varrho}{(r-1)r^\nu} + \frac{v}{r^\nu}\left(1 - \frac{\varrho-1}{r-1}.\frac{r^\nu-1}{\varrho^n-1}\right) + \frac{E}{r^\nu}\left[\frac{(\varrho^n-\varrho^m)(\varrho-1)(r^\nu-1)}{(\varrho^m-1)(r-1)(\varrho^n-1)} - \frac{r^\nu-r^\mu}{r^{\mu-m}(r^m-1)}\right],$$

12. $$B_1 = a.\frac{\varrho-1}{r-1}.\frac{\varrho^n}{r^\nu}.\frac{r^\nu-1}{\varrho^n-1} + b.\frac{r^\nu(\varrho-1)+(r-\varrho)}{(r-1)r^\nu} + \frac{v}{r^\nu}\left(1 - \frac{\varrho-1}{r-1}.\frac{r^\nu-1}{\varrho^n-1}\right) + \frac{E}{r^\nu}\left(\frac{(\varrho^n-\varrho^m)(\varrho-1)(r^\nu-1)}{(\varrho^m-1)(r-1)(\varrho^n-1)} - \frac{r^\nu-r^m}{r^m-1}\right).$$

Diese Ausdrücke geben den Werth B eines alten Gebäudes, welchen dasselbe für einen Käufer hat, und seinen Werth B_1 für den Eigenthümer selbst, in Fällen, wo sich der Ertrag nicht anders als nach den Baukosten a berechnen läſst. Man muſs diese Baukosten nicht nach den Preisen derjenigen Zeit, in welcher das Gebäude erbaut wurde, sondern nach Preisen zur Zeit der Schätzung, anschlagen, weil, aus den oben bemerkten Gründen, in der Rechnung vorausgesetzt werden darf, daſs sich die Preise nicht verändern.

Die Fälle, wo man, um den Ertrag zu finden, auf die Baukosten zurückgehen muſs, werden übrigens selten sein; auch wird man meistens der Wahrheit eben so nahe, und näher kommen, wenn man lieber auf irgend eine Weise den Ertrag zu schätzen und contradictorisch festzustellen sucht, in welchem Falle man dann nach den Ausdrücken (7. und 9.) rechnen muſs. Besonders wird man dann besser an dem Ertrage sich halten, wenn des Gebäude, in Verhältniſs zu seinem Ertrage, ungemein kostbar erbaut ist, und es auf die Ausmittelung eins Kauf- oder Verbürgungs-Werths, oder desjenigen Werths ankommt, den dasselbe für andere Personen als den Eigenthümer hat. Diese können sich, wenn sie nicht etwa das nemliche individuelle Interesse an einem sehr kostbaren Baue, etwa der Pracht oder einer anderen Liebhaberei wegen, haben, als der Eigenthümer, immer nur nach dem Ertrage richten, und danach den Kauf- oder Bürgschafts-Werth abmessen.

18.

Brand-Versicherungs-Cassen werden den Werth alter Gebäude, und zwar aus den in (§. 13.) angegebenen Gründen, nach den Baukosten, auf folgende Weise schätzen müssen.

Die Baukosten eines Gebäudes sind für sie ein Capital, welches dem Eigenthümer während der Dauer des Gebäudes, durch den Ertrag desselben, in Form einer unveränderlichen Rente, bis auf den Werth der nach dem Verfall übrig bleibenden alten Materialien, zurückgezahlt wird; denn wenn das Gebäude, unmittelbar nachdem es vollendet worden, abbrennt, so kann und mufs die Feuer-Versicherungs-Casse offenbar die ganzen Herstellungs-Kosten bezahlen; also, wenn das Gebäude ganz abbrennt, die sämmtlichen Bau-Kosten, nach Abzug des Werths der übrig bleibenden Materialien. Brennt dagegen das Gebäude unmittelbar vor dem Verfalle ab, so kann die Casse gar nichts vergütigen; denn das Gebäude hatte alsdann nur noch den Werth der alten Materialien, die dem Eigenthümer bleiben: der ganze Betrag des übrigen Capitals ist ihm schon durch den Ertrag zurückgezahlt worden; wenigstens mufs solches angenommen werden; mithin hat dann die Versicherungs-Casse ihm nichts zu ersetzen, auch nicht zum Wieder-Aufbau: denn der Eigenthümer würde in jenem Falle das Gebäude für seine Kosten allein haben wieder aufbauen müssen, auch wenn es nicht abgebrannt wäre. Brennt das Gebäude in irgend einem Zeit-Puncte zwischen dem Neubau und dem Verfall ab, so kann die Casse dem Eigenthümer nur denjenigen Theil der Anlage-Kosten bezahlen, der ihm durch die Ertrags-Rente noch nicht ersetzt worden ist, keinesweges die ganzen Wieder-Erbauungs-Kosten, weil sonst der Eigenthümer, statt des alten Gebäudes, ohne eignen Zuschufs, ein neues bekommen, und also gegen die übrigen Mitglieder des Versicherungs-Verbandes, die durch die Casse repräsentirt werden, im Vortheil sein würde. Immer kann übrigens die Casse, wie schon oben (§. 13.) bemerkt, nur dann das versicherte Quantum zahlen, wenn das abgebrannte Gebäude wieder aufgebaut wird, und zwar nicht weniger kostbar, als das abgebrannte war. Wird es wohlfeiler wieder erbaut, so kann sie nur einen verhältnifsmäfsigen Theil zahlen; wird es kostbarer erbaut als es war, *nicht mehr* als die ganze Summe. Brennt das Gebäude nicht ganz ab, so kann sie nur denjenigen Theil der versicherten Summe zahlen, den die Herstellungs-Kosten von denen des gänzlichen Neubaues ausmachen.

Um diese Grundsätze in Zeichen auszudrücken, mufs man zuerst diejenige unveränderliche Rente x suchen, durch welche die ursprüngliche Ausgabe a für den Bau des Gebäudes, nach Abzug des Werths v der beim

Verfalle übrig bleibenden Materialien, also das Capital $a-v$, während der n Jahre die das Gebäude stehen kann, dem Eigenthümer zurückgezahlt wird. Diese Rente ist

$$13. \quad x=(a-v)\frac{r^n(r-1)}{r^n-1};$$

denn die gewöhnlichen Zinsen des Capitals $a-v$ betragen $(a-v)(r-1)$, und zu diesen ist, um das Capital in n Jahren wieder aufzuhäufen, noch ein jährlicher Zuschufs $(a-v)\frac{r-1}{r^n-1}$ nöthig; und beides zusammen macht das obige x aus. Gesetzt nun: das Gebäude brenne $n-m$ Jahre nach seiner Erbauung ab, so hätte müssen, in den m Jahren, die es noch zu stehen hatte, diejenige Summe, welche die Versicherungs-Casse vergütigen kann, durch das was die Rente x aufser den Zinsen gewährt, aufgehäuft werden können. Da nun diese Rente x in n Jahren einem Capitale $a-v$ gleichkommt, so dafs $a-v=x\frac{r^n-1}{r^n(r-1)}$, so ist sie auf m Jahre einem Capitale

$$a_1=x.\frac{r^m-1}{r^m(r-1)}$$

gleich; folglich ist dieses Capital

$$a_1=(a-v)\frac{r^n(r-1)}{r^n-1}.\frac{r^m-1}{r^m(r-1)}=\frac{r^{n-m}(r^m-1)}{r^n-1}.$$

Oder, anders betrachtet: der zur Wieder-Aufhäufung des Capitals $a-v$, in n Jahren aufser den Zinsen bestimmte jährliche Fonds war $(a-v)\frac{r-1}{r^n-1}$. Durch denselben ist in den $n-m$ Jahren, welche das Gebäude gestanden hat, ein Capital $(a-v)\frac{r-1}{r^n-1}.\frac{r^{n-m}-1}{r-1}=(a-v)\frac{r^{n-m}-1}{r^n-1}$ aufgehäuft worden. Es fehlt also noch an dem Capitale $a-v$ die Summe

$$a-v-(a-v)\frac{r^{n-m}-1}{r^n-1}=(a-v)\frac{r^n-r^{n-m}}{r^n-1},$$

oder $(a-v)\frac{r^{n-m}(r^m-1)}{r^n-1}$; und dieses ist die Summe a_1, wie oben. Also ist

$$14. \quad a_1=(a-v)\frac{r^{n-m}(r^m-1)}{r^n-1}$$

diejenige Summe, welche die Brand-Versicherungs-Casse m Jahre vor dem Verfalle zahlen kann, in so fern das Gebäude gänzlich abbrennt. Für $m=n$, also für ein neues Gebäude, giebt der Ausdruck (14.) $a=a_1-v$, und für $m=0$, oder für den Zeitpunct des Verfalls, $a_1=0$; wie gehörig.

Brennt das Gebäude nicht ganz ab, sondern ist zur Wiederherstellung nur die Summe $a-v_1$ nöthig, so kann die Casse nur die Summe $a_1 . \frac{a-v^1}{a-v}$ zahlen. Bezeichnet man daher diese Summe, wie oben, durch A_1, so ist

$$15. \quad A_1 = (a-v_1)\frac{r^{n-m}(r^m-1)}{r^n-1}.$$

Wird endlich das Gebäude wohlfeiler erbaut als es war, und zwar für die Summe a_1-v, so kann die Casse nur die Summe $A_2 = \frac{a^1-v^1}{a-v^1}$ zahlen; folglich ist allgemein:

$$16. \quad A_2 = (a_1-v_1)\frac{r^{n-m}(r^m-1)}{r^n-1};$$

wo nun a_1-v_1 die wirklichen Wiederherstellungs-Kosten des Gebäudes bezeichnet, in so fern sie geringer sind, als diejenigen, die nöthig sein würden, das Gebäude wieder in den Zustand, in welchem es ursprünglich neu war, zu versetzen. Die Baukosten a werden immer nach den Preisen zur Zeit der Schätzung, nicht nach den Preisen jener Zeit, in welcher das Gebäude erbaut wurde, angeschlagen, weil sich der Werth des Gebäudes, und die Schadloshaltung bei einem Brande, nach den gegenwärtigen, nicht nach den frühern Preisen richten mufs. Deshalb schon mufs auch die Schätzung der zu versichernden Summen von Zeit zu Zeit, etwa alle 10 Jahre, von neuem berechnet werden.

19.

Der Beitrag zur Brand-Versicherungs-Casse kann billigerweise nicht fortwährend von den ganzen Herstellungs-Kosten bezahlt werden, sondern nur von derjenigen Summe, die äufsersten Falls die Casse vergütigt, wohl aber von dieser, ohne Rücksicht darauf, dafs das Gebäude vielleicht nicht ganz abbrenne; denn das Maafs des Schadens in diesem Falle läfst sich nicht voraussehen, und das Risico, welches die Casse für den Fall des gänzlichen Brandes übernimmt, mufs ihr vergütigt werden, was um so mehr billig ist, da die Beiträge in der Regel, und auch wie es sich gehört, nur nach der Summe der wirklichen Schäden abgemessen werden. Der Beitrag mufs also von der Summe (14.), nemlich von

$$a_1 = (a-v)\frac{r^{n-m}(r^m-1)}{r^n-1}$$

bezahlt werden. Diesen Beitrag, der stetig sich verändert, und zwar abnimmt, so wie das Gebäude älter, also m kleiner wird, könnte man nach dem Ausdruck (14.) auf die ganze Dauer des Gebäudes **berechnen**. Besser aber wird es sein, ihn auf einen bestimmten Zeitraum, etwa auf die obigen 10 Jahre sich **gleich** bleiben zu lassen, weil dann nicht allein die noch bevorstehende Dauer des Gebäudes um so sicherer, sondern auch, wie billig, die Veränderung der Preise der Dinge in Rechnung gebracht werden kann. Man muſs bei dieser Anordnung von den Beiträgen, am Ende des bestimmten Zeitraums, das arithmetische Mittel nehmen.

Eigentlich müſste man noch die gleichsam periodische Ab- und Zunahme des Werthes eines Gebäudes, unmittelbar vor und nach den Haupt-Reparaturen, in Rechnung bringen. Es würde indessen zu schwierig für die Assecuradeurs sein, davon Kenntniſs zu nehmen: und von dem Risico, welches durch Beiseitsetzung dieser Rücksicht für die Casse entsteht, kann man annehmen, daſs es in der Masse sich hebe.

20.

Wir wollen wieder von der Werth-Berechnung eines Gebäudes für die **Brandschaden-Versicherung** ein Beispiel geben, und zwar an dem obigen Gebäude (§. 8.) in dem zweiten Falle (*b*.). Dasselbe sollte 25000 Thlr. zu erbauen kosten, und der Werth der alten Materialien beim Verfalle sollte 2000 Thlr. betragen. Wir wollen, der Kürze wegen, den Fall, daſs das Gebäude **ganz** abbrenne, und daſs das Übrigbleibende **immer** 2000 Thlr. werth sei, voraussetzen. Die Dauer des Gebäudes vom Neubau bis zum Verfalle mag 100 Jahre sein. Alsdann ist $a = 25000$, $v = 2000$, $n = 100$, und man findet nach dem Ausdrucke (14.) Folgendes:

Jahre vor dem Verfalle.	Werth des Baues.	Summe welche für das Gebäude versichert werden kann.
100	23000 Thlr.	22944 Thlr.
90	22888 - -	22798 - -
80	22708 - -	22597 - -
70	22396 - -	22165 - -
60	21935 - -	21544 - -
50	21154 - -	20520 - -
40	19885 - -	18850 - -
30	17816 - -	16130 - -
20	14445 - -	11698 - -
10	8951 - -	6984 - -
5	5018 - -	2509 - -
0	0 - -	0 - -

21.

Die obigen Resultate zeigen, dafs der Werth eines Gebäudes in den meisten Fällen nach dem Ertrage und nach seiner Dauer zu berechnen ist. Der Ertrag läfst sich meistentheils recht gut schätzen, die Dauer im Voraus zwar weniger sicher, besonders auf eine längere Zahl von Jahren hinaus: aber die Buchstaben-Ausdrücke zeigen auch, dafs ein Unterschied von einigen Jahren, zumal auf eine längere Dauer, nur einen geringen Unterschied des Werths ausmacht, so dafs man also durch die obigen Ausdrücke dem wahren Werthe meistens sehr nahe kommen kann.

Aus der bedeutenden Abweichung der obigen Berechnungs-Verfahren von den gewöhnlichen, sieht man übrigens, dafs die gewöhnlichen Methoden der Taxirung von Gebäuden wohl eine nähere Untersuchung und Überlegung erfordern. Wir überlassen es Denen, die sich für diesen Gegenstand interessiren, die Untersuchung, wenn es ihnen nöthig scheint, weiter zu verfolgen und zu vervollkommnen.

3.
Grundzüge der Vorlesungen in der Königl. Bau-Academie zu Berlin über Strafsen- Brücken- Schleusen- Canal- Strom- Deich- und Hafen-Bau.

(Fortsetzung von No. 2. Bd. 3. Hft. 1., No. 16. Bd. 3. Hft. 3., No. 20. Bd. 3. Hft. 4., No. 6. Bd. 4. Hft. 1. und No. 15. Bd. 4. Hft. 3.)

(Von Herrn Dr. *Dietlein* zu Berlin.)

Zweiter Theil.
Fünfter Abschnitt.
Vom Strombau.
Vom Strombau überhaupt.

544. Unter Strombau soll hier der Inbegriff der Bauwerke verstanden werden, welche entweder in dem Bette fliefsender Gewässer, oder in und an deren Ufern angelegt werden, um den nachtheiligen Wirkungen dieser Gewässer auf ihren Rinnsaal entgegen zu wirken. Bauwerken, durch welche ein Theil eines fliefsenden Gewässers zu einem bestimmten Zwecke nutzbar gemacht wird, wie Canäle, Mühl-Gerinne und dergleichen, oder durch welche ein sonst gar nicht oder nur wenig zu benutzender Landstrich eines höhern Culturgrades fähig gemacht wird, wie Eindeichungen, Entwässerungen und Bewässerungen u. s. w. sind andere Abschnitte gewidmet.

545. Die nachtheiligen Wirkungen der fliefsenden Gewässer (die hier, von jetzt an, allgemein Flüsse heifsen mögen) sind hauptsächlich folgende:

1) Veränderung des Bettes, und zwar durch Abbruch des Ufers, bald an der einen, bald an der andern Seite, und die damit unzertrennlich verbundene Erhöhung des Grundbettes, bald an dem einen, bald an dem andern Ufer, oder auch zwischen beiden, welche letztere so weit gehen kann, dafs Inseln entstehen.

2) Überschwemmung der zu beiden Seiten des Flusses liegenden Ländereien, in so fern dieselben nicht durch Deiche geschützt sind.

546. Gegen die Veränderung des Bettes eines Flusses werden im Allgemeinen folgende Mittel angewendet:

a) Uferbefestigungen oder Deckwerke, wenn blofs das angegriffene Ufer gegen weiteren Abbruch geschützt werden soll; sie können aus Bollwerken, Futtermauern, Steinvorwürfen, oder Faschinenwerken bestehen.

b). Buhnen, wenn das im Abbruch liegende Ufer so lang ist, dafs Deckwerke zu kostbar wären; oder wenn zugleich auf den Abtrieb des anlandenden Ufers, oder auf Vertiefung des Grundbettes gewirkt werden soll.

c) Coupirungen oder Sperrbuhnen, wenn der Flufs eine Insel gebildet hat, und die Strömung durch den einen Arm, wenigstens noch bei mäfsig hohem Wasserstande, ganz abgeschnitten werden soll.

d) Überfälle, welche von den Sperrbuhnen nur darin verschieden sind, dafs noch ein Theil des Wassers des Flusses darüber hinströmen kann.

Coupirungen und Überfälle können von Stein, von Holz (Stammholze und geschnittenem Holze) oder von Faschinen erbaut werden.

547. Überschwemmungen können in der Regel nur durch hinreichend hohe und feste Deiche abgehalten werden, in so fern die Ufer selbst nicht hoch genug sind. Indessen läfst sich die Höhe des Wasserstandes eines Flusses noch durch Vertiefung seines Bettes (jedoch nur selten auf die Dauer) vermindern; sodann auch, und mit gröfserem Erfolge, dadurch, dafs man dem Flusse eine möglichst gerade Richtung giebt, also in der Regel durch Durchstiche, so dafs, wenigstens an einzelnen Stellen, sowohl die Ausdehnung als die Dauer der Überschwemmungen geringer wird*).

*) Der Zweck des Flufs- und Strom-Baues ist in der Regel eben sowohl: die Fluthen möglichst schnell und unter möglichst niedrigem Wasserstande abzuführen, als gegentheils den Flufs, bei gewöhnlichem und niedrigem Wasserstande, möglichst beinahe bordvoll zu erhalten. Die Fluthen sucht man schnell und leicht fortzuschaffen, damit sie nicht die Ufer und Deiche beschädigen und das angrenzende Terrain überschwemmen; letzteres in so fern die Überschwemmungen nicht etwa wesentlich nützlich sind, wie z. B. beim Nil in Egypten, wo dann die nöthigen Bauwerke vorhanden sein müssen, um von der Überschwemmung nur den Vortheil, nicht den Schaden zu haben; das gewöhnliche und niedrige Wasser dagegen mufs man suchen nicht zu tief sinken zu lassen, und es also gleichsam zurückhalten, entweder der Schiffahrt wegen, nemlich um beständig hinreichend tiefes Fahrwasser zu haben, oder auch nur, um das angrenzende Terrain nicht auszudörren. Gegen die letzte Regel wird häufig gefehlt, und man glaubt öfters nichts Besseres thun zu können, als das Gewässer eines Flusses nur ohne Unterschied recht schnell fortzuschaffen, was aber meistens unrichtig ist; denn die Natur hat die Flüsse zum Nutzen des Landes geschaffen, und sie sind gleichsam die Lebens-Adern desselben, die man nicht austrocknen soll.

Anm. d. Herausg.

Von den Quellen und von der Entstehung der Flüsse.

548. Ein **Strombett** ist ein Canal, den gewöhnlich die Natur selbst ausgehöhlt hat, um das Wasser mehrerer Quellen, und einen Theil des Niederschlages, der aus der Atmosphäre auf die Oberfläche der Erde fällt, ins Meer zu führen. Vermöge des natürlichen Abhanges der Erdoberfläche gelangen die Gewässer, entweder unmittelbar in den Strom, oder mittelbar, durch **Flüsse** (insbesondere), oder durch **Bäche**, oder **Sturzbäche**, die sich in den Strom ergiefsen, so dafs die Wassermenge, die derselbe führt, fortwährend, nach seiner Ausmündung hin, gröfser wird. Betrachtet man die Strombetten näher, so sieht man leicht, dafs sie nach und nach durch die Wirkung der fliefsenden Gewässer gebildet worden sind. Die Oberfläche der Erde verändert sich, besonders an den Stellen, die höher als die Meeres-Oberfläche liegen, beständig. Durch Regengüsse wird ein Theil des Erdreichs, welches die Höhen bedeckt, in die Thäler und in Bäche oder in Sturzbäche herabgeschwemmt; diese führen es den Flüssen, diese den Strömen, und diese endlich dem Meere zu, wo es zu Boden fällt. Am Ende werden alle Höhen verschwinden, das Meer wird sich erhöhen, und die ganze, oder wenigstens der gröfsere Theil der Oberfläche der Erde wird mit Wasser bedeckt sein *).

549. In früheren, oder vielmehr, in den frühesten Zeiten, hatten die Ströme noch nicht ihre jetzigen grofsen Ausmündungen. Die Flüsse und Bäche waren nur Sturzbäche, durch welche das in den hochliegenden Thälern aufgehäufte Wasser seinen Ausflufs suchte. Hierdurch entstand eine Menge von Seen im Innern des Festlandes; die vom Meere am entferntesten liegenden flossen, so wie ihre Becken zu voll wurden, und sie das Wasser nicht mehr zu fassen vermochten, in die niedriger liegenden Behälter ab; diese leerten sich wieder in die folgenden, u. s. f. bis zum Meere. Die Verbindung des einen Behälters mit dem andern wurde durch eine mehr oder minder reifsende Strömung eröffnet, und der auf diese Weise zerrissene Boden stellte den Anfang eines Bettes dar, welches sich immer mehr erweiterte, und welches so bis zum Meere fort gehen mufste, wo alles von oben herabfliefsende Wasser zusammen kam.

---

*) Das letztere möchte zu bezweifeln sein; denn von dem abgespülten Lande wird das Meer nicht ausgefüllt, und selbst, wenn man annimmt dafs die Wassermasse im Meere unveränderlich sei, nicht bedeutend in die Höhe getrieben werden. Auch wirft das Meer durch seine Bewegung wieder Sand und Erde an diese oder jene Ufer.
Anm. d. Herausg.

550. Durch die Aushöhlung der Flufsbetten mufsten, aus hydrostatischen und hydraulischen Gründen, Quellen zum Vorschein kommen, die früher nicht hatten ausfliefsen können. Die Wassermenge, welche jede solche Quelle einem Flusse zuführte, mufste immerfort abnehmen, bis der Behälter, aus dem sie kam, geleert war. Erhielt der Behälter keinen Zuflufs mehr, so mufste dann die Quelle ganz versiegen; aber in den meisten Fällen sammelte sich in einem solchen Behälter Wasser, welches zuerst in der Atmosphäre in Dampfform vorhanden war, hierauf, und sobald es mit hinlänglich kalten Berggipfeln in Berührung kam, in den tropfbarflüssigen Zustand zurückkehrte, und sich zum Theil in die Erde und unter deren Oberfläche abwärts zog, zum Theil auf derselben herunterflofs; und dann lieferte die Quelle, wegen des steten Kreislaufs in der Natur, fortwährend eine sich mehr oder weniger gleichbleibende Wassermenge.

551. Nachdem also die höher liegenden Behälter abgeflossen waren, mufste es bald dahin kommen, dafs, wenigstens so lange der hygrometrische Zustand der Atmosphäre sich nicht ändert, in jedem Querschnitte des Flusses, die Abflufsmenge der Zuflufsmenge gleich wurde, und dafs dieser Zustand, welcher Beharrungsstand des Flusses heifsen soll, nur durch Veränderung der Zuflufsmenge, oder durch Hinderung oder Beförderung des Abflusses gestört werden konnte.

552. Jeder Flufs wird aber auch die Gestalt seines Bettes so lange verändern, als seine Geschwindigkeit grofs genug ist, um die Theile, aus welchen die Wände und der Boden des Bettes bestehen, abzulösen und mit fortzuführen. Ist solches an irgend einer Stelle der Fall, so erweitert sich hier das Bette; die losgerissenen Theile der Wände werden so lange mit fortgeführt, bis die Geschwindigkeit des Wassers nicht mehr dazu hinreicht, wo sie alsdann auf den Boden niederfallen. Ist aber an irgend einer Stelle das Bette so beschaffen, dafs es durch die Wirkung des durch dasselbe fliefsenden Wassers nicht verändert wird, so ist der Zustand des Bettes an dieser Stelle derjenige, den man Beharrungsstand des Bettes nennen kann.

553. Derjenige Zustand des Flusses, bei welchem sowohl er selbst, als auch sein Bette, im Beharrungsstande sind, mag vollkommener Beharrungsstand heifsen.

554. Wird der Beharrungsstand des Flusses so unterbrochen, dafs eine Anschwellung entsteht, so sind die Ursachen davon entweder Regen-

güsse, Schmelzen des Schnees, und dergleichen oberhalb, oder sie sind seinem Laufe entgegengerichtete Ströme, Eisstopfungen und dergleichen unterhalb. Im ersten Falle mufs der Flufs eine gröfsere Wassermenge abführen, und dies ist nur durch Vergröfserung der Geschwindigkeit in einem einmal vorhandenen Querschnitte und durch Vergröfserung des Querschnitts selbst, oder vielmehr, da das erste meistens ohne das andere nicht Statt findet, nur durch beide zugleich möglich. Dazu gehört aber eine gewisse Zeit, und während dieser Zeit hört der Beharrungsstand auf. Im zweiten Falle wird der Abflufs gehindert; die deshalb gegen den Beharrungsstand mehr erforderliche Druckhöhe mufs durch Aufstau erzeugt werden, und bis solches geschehen, hört ebenfalls der Beharrungsstand auf.

555. Zu den Anschwellungen eines Flusses kann man auch die rechnen, wenn sich in ihn ein anderer Flufs oder Bach ergiefst; allein von solchen Anschwellungen, welche dauernde genannt werden können, während die vorigen periodische oder vorübergehende heifsen, braucht hier nicht weiter die Rede zu sein, weil von jeder Einmündung an, der folgende Flufstheil als ein neuer Flufs angesehen werden kann, wenigstens in Beziehung auf die Umstände, auf welche es hier ankommt.

Von den Überschwemmungen und Eisgängen.

556. Ein Flufs überschwemmt die seinem Ufer zunächst liegenden Ländereien, in so fern sie nicht höher liegen, oder durch Deiche geschützt sind, sobald sich der Wasserspiegel über die Ufer erhebt. Das letztere aber geschieht, entweder, wenn die Wassermenge so zunimmt, dafs sie im eigentlichen Bette nicht mehr Raum hat; oder wenn der Abflufs ganz oder zum Theil gehemmt wird; oder wenn beides zugleich der Fall ist. Es ist aus der Hydraulik bekannt, dafs ein Gewässer nur dann in einem Canale abfliefsen kann, wenn seine Oberfläche, nach der Seite des Abflusses hin einen gewissen Abhang hat; dafs die Geschwindigkeit des fliefsenden Wassers, unter übrigens gleichen Umständen, um so gröfser ist, je stärker der Abhang ist; dafs zur Hervorbringung einer gewissen Geschwindigkeit, in irgend einem Querschnitte von gegebenen Abmessungen, eine auch von diesen Abmessungen abhängige Druckhöhe gehört, und dafs die Wassermenge, welche durch irgend einen Querschnitt des Flusses in einer Secunde strömt, dem Producte aus dem Inhalte des Querschnitts in die mittlere Geschwindigkeit gleich ist. Nimmt nun die Wassermenge, welche vor einem Querschnitte ankommt, zu, so wird sie, wenn der Querschnitt

unverändert bleiben soll, eine gröfsere Geschwindigkeit annehmen müssen; dazu gehört aber eine Vergröfserung der Druckhöhe, und diese kann nur durch Aufstau oberhalb des Querschnitts hervorgebracht werden. Läge auf dem Wasserspiegel eine feste Decke, und wären die Wände des Bettes fest genug, um von dem durchströmenden Wasser nicht angegriffen zu werden; wäre z. B. das Flufsbett eine aus Bohlen bestehende Röhre, so würde das Wasser vor ihrer obern Mündung so lange aufgestaut werden, bis der Aufstau die erforderliche Geschwindigkeit hervorgebracht hätte, und dann würde alles wieder im Beharrungstande sein. Aber bei einem Flusse ist der Wasserspiegel unbedeckt; jeder Querschnitt erhöht sich, wegen Erzeugung der Vermehrung der Geschwindigkeit, in dem unterhalb zunächst auf ihn folgenden, um etwas, und so nimmt im ganzen Flusse sowohl der Abhang der Oberfläche als die Wassertiefe so lange zu, bis der Beharrungsstand eintritt, in so fern der vergröfserte Zuflufs gleichförmig ist, und die Ufer so hoch sind, dafs der neue Wasserspiegel dieselben nicht überschreitet *).

557. Ist aber das Letztere an einer oder an mehreren Stellen der Fall, so strömt ein Theil des Wassers über die Ufer, und die Erhöhung des Wasserspiegels und die Vergröfserung des Abhanges nehmen nicht mehr so stark zu, als vorher. Ist gar das Wasser längs eines Deiches geflossen, und dieser dann durchbrochen, so dafs ein Theil des Wassers in die dahinter liegende Niederung stürzen kann, so wird der Wasserspiegel im Flusse, sowohl unterhalb, als gleich oberhalb des Deichbruchs, sinken: unterhalb, weil durch jeden Querschnitt nun weniger Wasser fliefst, als vorher: gleich oberhalb, weil zur Abführung der geringeren Wassermenge im Flusse nur noch eine kleinere Geschwindigkeit, also auch nur weniger Durckhöhe erforderlich ist.

558. In beiden obigen Fällen setzt gewöhnlich der Flufs einen Theil der Sinkstoffe ab, die er bis dahin mit sich fortgeführt hat, und

*) So verhält es sich in regelmäfsigen Flufsbetten; auch kann allerdings eine Vermehrung der Geschwindigkeit nur allein durch Vermehrung der Druckhöhe oder durch Aufstau hervorgebracht werden; allein es folgt nicht allgemein, dafs deshalb in dem Querschnitte **selbst**, in welchem die Geschwindigkeit zunimmt, oder **unmittelbar** oberhalb desselben, ein Aufstau entstehen müsse; derselbe kann auch eine bedeutende Strecke oberhalb liegen. So z. B. kann hinter einem Wehre oder einem Eisschutz, oder hinter einer Bank quer durch den Strom, das Wasser durch Aufstau oberhalb, mit vergröfserter Geschwindigkeit durch die Querschnitte unterhalb getrieben werden, ohne dafs dort der Wasserspiegel sich hebt. **Anm. d. Herausg.**

es entstehen Häger, oder wohl gar Inseln. An der niedrigen Uferstelle, oder am Deichbruche, erweitert sich nemlich plötzlich das Bette, und die Geschwindigkeit des Wassers wird hier kleiner, als oberhalb. Je gröfser die Geschwindigkeit eines fliefsenden Wassers ist, desto gröfsere Steine, Sandkörner, Erdtheile u. s. w. kann es mit sich fortreifsen (m. s. Du Buat's „Grundlehren der Hydraulik," übers. von Kosmann. Berlin 1796, Bd. I. §. 71.). Vermindert sich daher seine Geschwindigkeit plötzlich, so mufs es die groben Sinkstoffe fallen lassen, und zwar bis zu um so feineren, je gröfser die Abnahme der Geschwindigkeit ist. Von diesem Umstande wird in der Abtheilung über Regulirung der Ströme weiter die Rede sein *).

55. Was Eisgang heifst, ist bekannt. Er entsteht auf folgende Weise. Wenn sich im Winter auf einem Flusse eine Eisdecke bildet, so vermindert sich zugleich in der Regel der Zuflufs, weil durch den Frost wenigstens ein Theil des Wassers der Bäche und Quellen, die denselben liefern, zurückgehalten wird, und anstatt des Regens Schnee fällt **). Erhält sich der Schlauch unter der Eisdecke während des Winters voll Wasser, so wird die Decke, selbst in breiten Gewässern, wo das Eis sich allein durch den Zusammenhang seiner Theile unter sich und mit den Ufern nicht mehr würde halten können, von dem Wasser getragen. Sinkt aber der Wasserspiegel unter der Eisdecke, so sinkt diese durch ihr Gewicht nach, sobald die Ufer nicht etwa sehr wenig von einander entfernt sind; das Eis zerbricht dann in Tafeln, bleibt aber gewöhnlich auf dem gesunkenen Wasserspiegel liegen und friert wieder zusammen. Tritt nun Tauwetter ein, so vermehrt sich der Zuflufs; die Geschwindigkeit in der geschlossenen Röhre unter der Decke mufs gröfser werden, und dazu gehört eine gewisse Druckhöhe. Diese bildet sich durch Auf-

*) Nicht blofs wenn die Geschwindigkeit eines Flusses plötzlich abnimmt, sondern auch wenn solches allmälig geschieht, und selbst wenn sie unverändert die nemliche bleibt, wird der Strom, in so fern er nur Sinkstoffe mit sich führt, einen Theil davon absetzen; denn nimmt die Geschwindigkeit ab, sei es plötzlich oder allmälig, so vermindert sich immer die Kraft die Sinkstoffe fortzureifsen, und ein Theil davon mufs niedersinken; bleibt die Geschwindigkeit dieselbe, so wird dennoch ein Theil der Sinkstoffe durch die Unebenheit des Bettes, und vermöge der Ungleichheit der Geschwindigkeit in den Krümmungen, und dergleichen, zurückgehalten.
Anm. d. Herausg.

**) Auch weil der Niederschlag zur Zeit des Frostes, wegen verminderter Ausdünstung, geringer ist. Anm. d. Herausg.

stau oberhalb, und erzeugt einen Druck von unten gegen die Eisdecke, der am Ende so grofs werden mufs, dafs er dieselbe zerbricht und hebt, worauf dann das Eis, anfänglich in gröfseren, hernach in immer kleinern Tafeln, vom Strome fortgeführt wird. So lange die Tafeln frei schwimmen können, thun sie keinen andern Schaden, als dafs sie die Ufer und die im Strome liegenden Bauwerke abreiben; allein sobald sie in ihrem Fortgange gehindert werden, drücken die nachfolgenden die vor ihnen befindlichen herab, oder schieben sich unter sie, und so entsteht häufig eine Eisstopfung, die endlich quer durch den ganzen Flufs gehen und den Abflufs fast gänzlich hindern kann. Dann mufs der Wasserspiegel oberhalb sich heben, und zwar so lange, bis entweder der hydrostatische Druck so grofs wird, dafs er den Eisdamm zu zersprengen im Stande ist, oder bis ein Übersturz entsteht, der stark genug ist, die obersten Schollen mit fortzuführen, und dadurch nach und nach den Damm zu zerstören *).

560. Sind oberhalb der Eisstopfung die Ufer hoch, und nicht weit von einander entfernt, so wird die erforderliche Druckhöhe bald entstehen; im entgegengesetzten Falle steht der Eisdamm länger fest, und die Ländereien am Flusse werden immer weiter überschwemmt. Das auf sie tretende Wasser hat, als Stauwasser, schon anfänglich eine geringere Geschwindigkeit, welche nach und nach noch immer mehr abnimmt. Das Wasser läfst seine Sinkstoffe fallen, und wenn dieselben keine fruchtbaren Theile enthalten, so werden dadurch die überschwemmten Ländereien verdorben, oder wenigstens verschlechtert. Zugleich nimmt die Geschwindigkeit des Wassers unterhalb der Eisstopfung ab. Auch hier müssen also Sinkstoffe zu Boden fallen; das Grundbett erhöht sich, und es entstehen Häger oder Inseln, die oft sehr nachtheilig sind, und nicht immer von dem nach Durchbrechung des Eisdammes entstehenden starken Strome wieder fortgeführt werden.

561. Die Eisdämme entstehen nicht allein da, wo sich das Bette plötzlich bedeutend verengt, sondern auch da, wo die Geschwindigkeit

*) Dafs das Wasser oberhalb des Eisschutzes sich hebe (welches allerdings des gehemmten Abflusses wegen nothwendig geschieht), wäre nicht einmal nöthig, um einen Druck zu erzeugen. Auch dafs das Wasser unterhalb sinkt, erzeugt einen Druck. Der Druck entsteht also durch Anschwellung oberhalb und Senkung unterhalb zugleich.

Übrigens kann eine Eisstopfung auch durch Grund-Eis entstehen, ohne dafs die Eisdecke zerbrochen wäre, und die Schollen sich zusammenschieben. Eine solche Stopfung ist noch viel gefährlicher. Anm. d. Herausg.

des Wassers bedeutend abnimmt, also auch da, wo sich das Bette plötzlich erweitert, und in Strom-Krümmen. Der erste Fall ist nur dann gefährlich, wenn die Öffnungen, durch die das Eis gehen muſs, so klein sind, daſs sie den gröſseren Schollen keinen Durchgang gestatten, wie bei Brücken mit zu kleinen Öffnungen, weshalb bei solchen Öffnungen auch auf die Gröſse der zu erwartenden Eisschollen Rücksicht genommen werden muſs. In den beiden andern Fällen sind Eisstopfungen auch von kleinern Schollen zu fürchten. Was darüber zu bemerken, wird in der Abtheilung von Regulirung der Ströme vorkommen.

562. Hier ist noch zu erinnern, daſs es nothwendig ist, Bauwerke, mit welchen die Eisdecke zusammenhängt, kurz vor dem zu erwartenden Eisgange loszueisen, damit das Wasser sie nicht mit dem Eise zu heben trachten möge, was nachtheilig für ihre Festigkeit sein würde.

Von den hydrometrischen Arbeiten.

563. Soll irgendwo ein Landbauwerk aufgeführt werden, so ist in der Regel der Zweck desselben genau bestimmt, und auch die Stelle, die es einnehmen soll, durch Umstände, die wenig oder gar nicht in das Gebiet der Baukunst gehören; der Baumeister hat nur noch den Grund und Boden, und allenfalls die nächsten Umgebungen zu berücksichtigen. Dies ist bei Strombauwerken nicht immer, und sogar beinahe nur selten der Fall. Der Zweck solcher Werke ist zwar gegeben, kann aber meistens nur allgemeiner ausgedrückt werden, als bei Landbauten; und auſserdem haben häufig ziemlich entfernte Fluſsstellen, ober- und unterhalb, starken Einfluſs auf die Anlage, so daſs schon ein bedeutender Theil des Flusses und seiner Umgebung genau bekannt sein muſs, wenn die Anordnung zweckmäſsig soll gemacht werden können.

564. Zu dieser Kenntniſs des Flusses gelangt man durch Arbeiten, welche **hydrometrische** heiſsen und folgende sind:

1) die Aufnahme einer Stromkarte;
2) die Ausmitteluug des Gefälles und Abhanges;
3) die Aufnahme von Quer- und Längenschnitten;
4) die Ausmittelung der Wassermenge, welche auf der Geschwindigkeit in den einzelnen Theilen jedes Querschnitts beruht *).

*) Es kommt noch die stets und lange fortgesetzte Beobachtung der Veränderungen des Stromes, also der Höhe und Ausdehnung seiner Anschwellungen, und die

565. Von der **Aufnahme einer Stromkarte** ist hier nur zu erwähnen, dafs sie sich stets bis zur Grenze der höchsten bekannten Überschwemmung erstrecken mufs. In der Regel wird die Linie, welche diese Grenze bildet, nur ungefähr angegeben werden können, wenigstens aber doch in einzelnen Puncten genau, die dann in der Karte bemerkt werden müssen. Zwischenpuncte finden sich durch das Nivellement der Querprofile, wovon hernach die Rede sein wird.

566. Die **Ausmittelung des Gefälles und Abhanges** geschieht durch Nivelliren. Da die dazu nöthigen Arbeiten hier als bekannt vorausgesetzt werden, so sind nur einige Vorsichtsmaafsregeln für den gegenwärtigen besonderen Zweck zu bemerken nöthig.

567. Es ist schon früher gesagt worden, dafs jede Veränderung im Zuflusse eine Veränderung, nicht allein der Tiefe eines fliefsenden Gewässers, sondern auch des Abhanges seiner Oberfläche hervorbringt. Solche Veränderungen sind während des Nivellirens um so mehr, und in um so gröfserem Maafse zu befürchten, je entfernter die Endpuncte des Nivellements von einander liegen, also je mehr Zeit zu der Messung nöthig ist; und wenn man, so wie man am Ufer fortgeht, neben jeden Stationspfahl einen Nivellementspfahl so tief in das Bett einschlüge, dafs sein Kopf mit dem Wasserspiegel gleich wäre, und dann die Pfahlköpfe nivellirte, so würde man, wenn man von oben nach unten ginge, und der Zuflufs unterdessen abnähme, das Gefälle zu grofs, wenn aber der Zuflufs zunähme, zu klein, und am Ende wohl gar negativ finden; umgekehrt würde es sich verhalten, wenn man von unten nach oben ginge. Um dies zu vermeiden, bedient man sich der **Pegel** *).

568. Ein **Pegel** ist ein Maafsstab, der an der Seite irgend eines im Flufsbette befindlichen, als unverrückbar anzusehenden Körpers, z. B. eines Brückenpfeilers, einer Futtermauer, eines eingerammten Pfahls und

---

Beobachtung seiner Wirkungen auf die Ufer und das Bette hinzu. Die Wasserhöhen werden an den Pegeln beobachtet, und es werden darüber Tabellen geführt, die man auch bildlich durch sogenannte Scalen darstellen kann. Die Verschiedenheit der Geschwindigkeit kann nur selten gemessen werden. Die Wirkungen auf Ufer und Bette machen sich schon durch den entstandenen oder bevorstehenden Schaden bemerkbar. Die Veränderung der Gestalt des Strombettes und der Ufer mufs von Zeit zu Zeit in die Stromkarte eingetragen werden. Anm. d. Herausg.

*) Die Pegel sind, wie oben bemerkt, insbesondere zur Beobachtung der Veränderungen der Wasserhöhen des Stroms nothwendig. Anm. d. Herausg.

dessen Theile, von irgend einem Puncte an, aufwärts fortlaufende Nummern haben. Jenen Anfangspunct, welchen man den Nullpunct nennt, nimmt man gewöhnlich in der Oberfläche des kleinsten bekannten Wasserstandes an; doch ist solches nicht unbedingt nöthig. Solche Pegel (die an keinem Flusse, in welchem fortwährend Strombaue ausgeführt werden müssen, fehlen sollten) setzt man um so näher an einander, je genauer man den Abhang des Wasserspiegels bei jedem Wasserstande kennen lernen will. Mifst man dann durch ein Nivellement längs des Ufers, und durch Quer-Nivellements nach den Pegeln hin, die Höhe der Nullpuncte der Pegel gegeneinander, und bemerken verschiedene Beobachter gleichzeitig, wie hoch das Wasser an jedem Pegel steht, so läfst sich das Gefälle des Wasserspiegels, je von einem Pegel bis zum andern, so genau als es die Vollkommenheit der Instrumente erlaubt, für jeden beliebigen Wasserstand finden.

569. Wird fortwährend täglich der Wasserstand an jedem Pegel beobachtet, so lassen sich daraus Wasserstands-Tafeln aufstellen, die eine Übersicht der Veränderungen der Höhe des Wasserspiegels geben. Solche Tabellen sind an den schiffbaren Flüssen des Preufsischen Staates vorgeschrieben, und sollten an keinem bedeutenden Flusse fehlen *).

570. Zum Nivellement eines Flusses müfsten aber so viel Pegel gesetzt werden, dafs es nicht möglich sein würde, fortwährend die Wasserstände an jedem einzelnen zu beobachten. Man behält daher nur diejenigen an den merkwürdigsten Puncten, z. B. an den Ober- und Unter-Häuptern von Schleusen, an Brückenpfeilern, und überhaupt an bedeutenden Bauwerken bei, wo Aufseher angestellt sind, welche die Wasserstands-Tabellen besorgen können. Die übrigen, nur für die Dauer des Nivellements gesetzten Pegel, nennt man Interims-Pegel **).

---

*) Sie sind, durch Scalen versinnlicht, einer der sichersten und nothwendigsten Anhalte für den Strombaumeister, weil es ganz vorzüglich auf die Höhe des Wassers zu den verschiedenen Zeiten des Jahres, und in den verschiedenen Gegenden des Stroms ankommt. Anm. d. Herausg.

**) Man mufs aber ja nicht etwa mit dem Setzen der Strom-Pegel, wo noch keine vorhanden sind, warten, bis etwa einmal der Strom nivellirt werden kann. Die Strom-Pegel sind nöthiger und wichtiger. In der That existiren längst, und selbst zum Teil seit Jahrhunderten, Pegel an Strömen, welche noch nie nivellirt wurden, und an deren Nivellement man noch kaum denken konnte. Anm. d. Herausg.

571. Wäre der Wasserspiegel nach der Breite des Flusses, normal auf seine Mittellinie, oder auch auf den Stromstrich (die Linie, in welcher die schnellsten Stromfäden fliefsen), genau wagerecht, so wäre das Nivellement an einem Ufer hinreichend; da solches nicht der Fall ist, so mufs, wenn es auf grofse Genauigkeit ankommt, auf beiden Seiten nivellirt werden. Auch im Stromstrich ist der Wasserspiegel zuweilen höher als an den Seiten; allein die darauf sich beziehenden Messungen sind bei breiten Strömen so unsicher, dafs darauf in der Regel nicht Rücksicht genommen werden kann *).

572. Die Ausmessung der Querschnitte geschieht am besten beim allerniedrigsten Wasserstande, weil dann der Flufs auch die geringste Breite hat. Die Querschnitte bei bordvollem und beim höchsten Wasserstande werden hernach durch Quer-Nivellements vervollständiget, wobei man, je von den durch das Längen-Nivellement festgelegten Stationspuncten an den Ufern, ausgeht. Sind Sand- und Kiesbänke, oder auch Inseln vorhanden, so werden auch diese durch das Quer-Nivellement gemessen. Die Messung der Tiefe im fliefsenden Wasser selbst aber geschieht am besten an einem quer über den Flufs gespannten Seile, welches in kleinere oder gröfsere Theile (von 1, 3, 5, etc. Ruthen) getheilt, und dessen Theilpuncte, auf eine leicht erkennbare Art, z. B. durch farbige Läppchen, bezeichnet sind. Das Seil wird, bei kleinen Flüssen, ohne weiteres von einem Ufer bis zum andern ausgespannt, bei breiteren aber, durch festgeankerte Kähne oder Schiffe, in angemessenen Entfernungen unterstützt, und dann werden die Tiefen an den durch die einzelnen Abtheilungen des Seils angegebenen Stellen gemessen, und der Unterschied zwischen der Länge des bald mehr bald weniger gespannten Seils, und der auf andere Weise genau gemessenen Breite des Flusses wird auf die einzelnen Abtheilungen gleichförmig vertheilt.

*) Die Abweichungen des Wasserspiegels von der horizontalen Linie, in den Querschnitten, die senkrecht auf den Stromstrich stehen, sind so geringe, dafs daran dem Baumeister nur wenig liegen kann. Will man sie ausmessen, so mufs es wohl durch Nivelliren quer über den Strom geschehen; der Vergleich der langen Nivellements-Linien zu beiden Seiten möchte zu wenig Sicherheit gewähren; wenigstens müssen die beiderseitigen Nivellements durch Quer-Messungen verbunden werden. Man nivellirt mehr zu gegenseitiger Prüfung der Messung auf beiden Seiten des Stroms, desgleichen auch, um die Höhe der Puncte an den Ufern, worauf es ankommt, bequemer zu finden. Stromstrich nennt man übrigens auch die Linie, in welcher der Strom am tiefsten ist. Anm. d. Herausg.

573. Zur Ausmessung der Wassertiefe bedient man sich einer Stange, an deren unteres Ende eine kreisrunde, etwa 1 Fuſs im Durchmesser haltende, ungefähr 3 Zoll dicke hölzerne Scheibe, horizontal befestigt ist, oder, in gröſserer Wassertiefe, auch eines Seils, dessen Abtheilungen durch Knoten oder durch Läppchen bezeichnet sind, und das an seinem untern Ende ein Gewicht trägt, welches um so beträchtlicher, und zugleich von um so geringerem Volumen sein muſs, je gröſser die Geschwindigkeit des Flusses ist.

574. Bemerkt man bei diesen Messungen zugleich die Tiefe im Stromstriche, so läſst sich, wenn das Gefälle der Oberfläche bekannt ist, auch ein Längenschnitt zeichnen. Hierbei bedient man sich zu den Höhen eines bedeutend gröſseren Maaſsstabes, als zu den Längen, weil sonst, besonders der Abhang des Wasserspiegels, in der Zeichnung fast unmerkbar sein würde.

575. Ausmittelung der Wassermenge. Aus der Hydraulik ist bekannt, daſs die Wassermenge, welche durch irgend einen Querschnitt eines Flusses in Einer Zeitsecunde strömt, durch das Product aus dem Flächen-Inhalte des Querschnitts in die in demselben Statt findende Geschwindigkeit ausgedrückt wird, vorausgesetzt, daſs diese an jeder Stelle des Querschnitts die nemliche ist. Das Letztere ist in einem Flusse keinesweges der Fall; die den Wänden des Bettes zunächst flieſsenden Theile der Flüssigkeit werden durch Adhäsion und Cohäsion mehr zurückgehalten als die weiter entfernten, der Wirbel, Widerströme u. s. w. nicht zu gedenken, und die Geschwindigkeit ist in jedem Theile jedes Querschnitts verschieden (die Gleichheit einzelner Geschwindigkeiten unter einander thut der Allgemeinheit der Behauptung keinen Eintrag). Indessen läſst sich für jeden Fluſs eine mittlere Geschwindigkeit finden, von der Gröſse, daſs, wenn sie überall im Querschnitt Statt fände, durch denselben in Einer Zeitsecunde eben so viel Wasser flieſsen würde, als mit den verschiedenen Geschwindigkeiten wirklich hindurch flieſst. Um eine solche mittlere Geschwindigkeit aus den Abmessungen des Querschnitts und dem Abhange zu finden, in so fern diese Abmessungen auf einen nicht zu geringen Theil der Länge des Flusses unverändert dieselben bleiben, haben Du Buat, Prony, Eytelwein u. A. Formeln gegeben; indessen finden die Voraussetzungen, worauf solche beruhen, in vielen Fällen, bei

natürlichen Flufsbetten nicht Statt. Will man daher die Wassermenge eines Flusses ausmitteln, so mufs man auf folgende Weise verfahren.

576. Zuvörderst messe man die Geschwindigkeit in verschiedener Tiefe unter der Oberfläche, in lothrechten Linien, deren Länge bei der Ausmessung der Gestalt eines Querschnitts ausgemittelt worden ist, oder wenigstens abwechselnd, in einer der gedachten Linien um die andere. Die Tiefe, in welcher die Geschwindigkeit gemessen worden ist, wird allemal aufgeschrieben.

577. Hierauf berechne man, wie folgt, zunächst die mittlere Geschwindigkeit in jeder Tiefenlinie (Perpendiculaire).

Man stelle sich (Taf. II. Fig. 115.) die Tiefenlinie nach irgend einem Maafsstabe aufgetragen, und in der Zeichnung die Abstände vom Wasserspiegel, in welchen die Geschwindigkeiten gemessen worden sind, angegeben vor. Diese Abstände sehe man als Abscissen an, ziehe durch ihre Endpuncte rechtwinklige Ordinaten und trage darauf die zugehörigen, gemessenen Geschwindigkeiten. Die Figur, welche von der gebrochenen Linie durch die Endpuncte der Ordinaten, von den beiden äufsersten Ordinaten und von der Tiefenlinie begrenzt wird, heifst Stromscale der Tiefenlinie; und wenn statt der gebrochenen Linie eine damit beinahe zusammenfallende gerade ($a\,b$), oder stetige krumme Linie angenommen wird, so heifst die Scale gerade, parabolisch, logarithmisch u. s. w., je nachdem man statt der gebrochenen Linie eine gerade, eine Parabel, eine logarithmische Linie u. s. w. gesetzt hat.

578. Vermittelst solcher Stromscalen hat man geglaubt, die Gestalt derselben für eine bestimmte Tiefenlinie durch unmittelbare Messung einer einzigen oder höchstens zweier Geschwindigkeiten in verschiedenen Tiefen bestimmen zu können. Dafs aber eine oder die andere Art von Linie genau mit der Wirklichkeit übereinstimmende Ergebnisse liefere, hat keinen haltbaren Grund, und wer es behauptet, täuscht sich selbst, aus zu grofsem Vertrauen auf einzelne Beobachtungen. Bis genauere und überzeugendere Versuche, als die bis jetzt bekannten, angestellt worden sein werden, bleibt man daher am besten bei der geradlinigen Stromscale, weil sie die einfachste ist. (M. s. über diese letztere Eytelwein's „Handbuch der Mechanik und Hydraulik" §. 133.)

579. Um nun die mittlere Geschwindigkeit der Tiefenlinien zu finden, braucht man nur den Flächeninhalt der Stromscale zu berechnen und durch die Tiefenlinie zu dividiren *).

580. Die auf solche Weise gefundene mittlere Geschwindigkeit in irgend einer Tiefenlinie sehe man nun als die mittlere für denjenigen Theil des Querschnitts an, der zwischen zwei lothrechten Linien, dem Wasserspiegel und dem Umfange des Bettes liegt. Multiplicirt man den Inhalt dieses Theils des Querschnitts mit der zugehörigen mittleren Geschwindigkeit, so erhält man, ziemlich genau, die in Einer Zeitsecunde durch denselben fliefsende Wassermenge, und wenn man alle Producte für die einzelnen Theile des Querschnitts addirt, die ganze Wassermenge des Flusses.

581. Dividirt man dann ferner die ganze Wassermenge durch den Flächeninhalt des Querschnitts, so erhält man die mittlere Geschwindigkeit des Flusses selbst **).

582. Im Vorhergenden ist vorausgesetzt, dafs man die Geschwindigkeit des Wassers, in einer beliebigen Tiefe, genau zu messen im Stande sei. Dazu giebt es mehrere Instrumente, und man findet die vorzüglichsten, wenigstens ihren wesentlichsten Theilen nach, in Eytelwein's Handbuch d. Mech. beschrieben. Alle, mit Ausschlufs des Woltmannschen hydrometrischen Flügels, messen entweder nur die Geschwindigkeit des Wassers in der Oberfläche, oder sie beruhen auf der noch nicht in's Klare gebrachten Theorie des Stofses bewegter flüssiger Körper; die Geschwindigkeits-Messungen dürften daher nur mit dem erwähnten Woltmannschen Flügel anzustellen sein. Die Theorie dieses Instru-

*) Man braucht aber nicht etwa die oben beschriebene Figur wirklich zu zeichnen, sondern darf nur die halbe Summe zweier auf einander folgenden, in einem und demselben Loth gemessenen Geschwindigkeiten mit ihrem Abstande von einander multipliciren, die verschiedenen Producte addiren, und die Summe derselben durch die Länge des ganzen Loths dividiren: so bekommt man, nach der obigen Vorschrift, die mittlere Geschwindigkeit. Welche Curve übrigens die Geschwindigkeiten eines Flusses in einerlei Loth bildlich repräsentire, läfst sich nicht sagen, da diese Curve wohl in jedem Loth eine andere, und öfters sehr unregelmäfsig sein möchte.
Anm. d. Herausg.

**) Dadurch hat man nun aber nur gefunden, wie viel Wasser ungefähr mit den ausgemessenen Geschwindigkeiten durch den gemessenen Querschnitt fliefsen würde. Geschwindigkeit und Querschnitt ändern sich indessen fortwährend, und zwar nicht etwa um ein Weniges, sondern selbst häufig um ein sehr Vielfaches.
Anm. d. Herausg.

ments ist etwas verwickelt (m. s. Woltmann's „Theorie und Gebrauch des hydrometrischen Flügels," Hamburg 1790, und Eytelwein's Abhandlung, in den Denkschriften der Berliner Academie der Wissenschaften von 1816 und 1817); allein sein Gebrauch ist so einfach, dafs er hier angegeben werden kann, nachdem vorher die Einrichtung des Instruments im Allgemeinen beschrieben sein wird. (M. s. Taf. II. Fig. 116.)

583. An eine Axe (*ab*) von polirtem Stahle sind zwei andere rechtwinklig sich schneidende Ruthen (*cde*), ebenfalls von polirtem Stahle, und an diese vier kleine Flügel von Messing so befestigt, dafs die Ruthen mit der Axe rechte Winkel, die Ebenen der Flügel aber mit der Axe Winkel von etwas über 45 Grad machen. Die Axe ist ungefähr 1 Fufs lang und 3 Linien dick; die Ruthen sind 1 Fufs lang und an der Axe 2, an den Enden 1 Linie dick, die Flügel sind etwa 3 Zoll breit und 2 Zoll hoch. Die Axe hat an dem einen Ende einen Zapfen, in der Nähe des andern einen Hals, womit sie in zwei Lagern liegt, die sich in einem Gestelle befinden, dessen Figur ein unregelmäfsiges Sechseck ist; alles ist so sorgfältig gemacht, dafs sich die Axe fast ohne Reibung drehen kann. An der Axe befindet sich, nahe an ihrer Mitte, eine kurze Schraube ohne Ende (*f*), die in ein darunter befindliches, messingenes, gezahntes Rad (*g*), von ungefähr 6 Zoll Durchmesser, greift, welches so eingerichtet ist, dafs bei jedem ganzen Umgange der Axe ein Zahn (auch wohl zwei) fortgeschoben werden. Dieses Rad läuft in zwei eisernen Lagerstücken, welche auf der, nach den Flügeln zugekehrten Seite, um einen kleinen, durch einen Schenkel des Gestelles gehenden Bolzen beweglich sind, auf der andern aber, vermittelst eines daran befestigten Öhres an einer Schnur (*hk*) hängen, durch deren Anziehen nach oben die Zähne des Rades in das Schraubengewinde gedrückt werden, welches sie, beim Nachlassen der Schnur, theils durch das eigene Gewicht des Rades und der Lagerstücke, theils durch eine auf die letzteren drückende, an dem Gestelle befestigte Feder (*l*) getrieben, verlassen, so dafs der Umlauf der Flügel dann keinen Einflufs mehr auf den Umlauf des Rades hat. Das Gestell greift vermittelst zweier, mit demselben aus Einem Stücke bestehender, federnder Gabeln (*m*, *n*) um eine Stange, und wird an diese durch zwei Schraubenbolzen, mit Flügelmuttern, in jeder beliebigen Tiefe unter dem Wasserspiegel befestigt. Die vorerwähnte Schnur, vermittelst welcher die Lagerstücke mit dem Rade gegen die Schraube ohne Ende ge-

drückt werden, geht durch mehrere, an die gedachte Stange befestigte, messingene Ringe, und die Stange wird, über dem Wasserspiegel, zwischen zwei festgebundene Kähne und über dieselben gelegte Balken eingeklemmt, unterhalb aber mit einem eisernen Fuſse bis ins Grundbette gestoſsen, oder, wenn solches nicht angeht, durch diagonale, von den Vordertheilen der Kähne ausgehende Schnuren, in unveränderlicher senkrechter Richtung festgehalten. Die Axe, an welcher die Ruthen befestigt sind, muſs genau in die Richtung des Stromes gestellt werden. Diese läſst sich in der Regel an dem Schaume auf der Oberfläche leicht erkennen; im Nothfalle läſst sich leicht, nahe über oder unter dem Instrumente, ein Steuerbrett anbringen, wodurch das Werkzeug, nachdem es versenkt worden, die erforderliche Richtung erhält.

584. In Beziehung auf die Anwendung des Instruments ist zuvörderst zu erinnern, daſs nach mechanischen und hydraulischen Sätzen, die hier als bekannt vorausgesetzt werden dürfen, ein Flügel dieselbe Anzahl von Umläufen, in einem gewissen Zeitraume, z. B. in einer Minute, vollbringt, das Instrument mag an derselben Stelle stehen bleiben, und das Wasser daran an allen Seiten vorbeiströmen, und mit seiner Geschwindigkeit die Vorderseite der Flügel, eigentlich deren Projection auf eine auf die Axe normale Ebene, treffen: oder das Wasser mag stillstehen, und das Instrument sich darin, mit der nemlichen Geschwindigkeit, in entgegengesetzter Richtung fortbewegen, vorausgesetzt, daſs die Axe, um welche sich die Flügel drehen, im ersten Falle in der Richtung des flieſsenden Wassers, im andern in der des bewegten Instruments liege. Dies zugegeben *), so ist klar, daſs das strömende Wasser während eines Umlaufs der Flügel einen eben so groſsen Weg zurücklegen wird, als das Instrument während eines solchen Umlaufs im stillstehenden Wasser, und es wird daher nur die zuletzt genannte Länge ausgemittelt werden dürfen. Dazu braucht man nur das Instrument in stillstehendem Wasser (und zwar, um den Einfluſs der Trägheit der Masse der Axe, der Ruthen und der Flügel, so viel als möglich wegzuschaffen, langsam und recht gleichförmig) eine gemessene Strecke von 100 bis 200 Fuſs, in der Richtung seiner Axe fortzubewegen, die Zahl der während der Bewegung vollbrachten Umläufe, ver-

---

*) Es beruht wohl nicht auf Sätzen der Mechanik, sondern auf Voraussetzungen, die nicht weiter zu demonstriren sind. Anm. d. Herausg.

mittelst des mit numerirten Zähnen versehenen Rades und eines am Gestelle festen Zeigers, zu merken, und dann den vom Instrumente zurückgelegten Weg durch die Zahl der Umläufe zu dividiren. Es versteht sich, dafs das Verfahren einige Mal wiederholt werden mufs, um einen Mittelwerth des während einer Umdrehung von dem Instrumente zurückgelegten Weges zu finden, weil alsdann die unvermeidlichen Fehler wenigstens zum Theil ausgeglichen werden.

585. Ist nun auf diese Weise das, was man den Werth einer Umdrehung nennen kann, ausgemittelt, so braucht man nur, nachdem das Instrument an die Stelle, wo die Geschwindigkeit gemessen werden soll, gebracht worden ist, das Zahnrad, dessen Stellung gegen den Zeiger man vorher bemerkt hat, durch Anziehung der Schnur eingreifen zu lassen, und nach Verlauf einer bekannten Zeit, z. B. einer Minute, die Schnur los zu lassen, das Instrument aus dem Wasser zu nehmen, und nachzusehen, wie viel Zähne des Rades, während der Dauer der Beobachtung, beim Zeiger vorbei gegangen sind. Daraus ergiebt sich die Zahl der während dieser Zeit vollbrachten Umläufe, also auch die Länge des Weges, welchen das an dem Instrumente vorbeiströmende Wasser zurückgelegt hat; dividirt man dann noch diesen Weg durch die Zahl der während der Beobachtung verflossenen Zeitsecunden, so erhält man die gesuchte Geschwindigkeit.

586. Könnte man während einer hohen Fluth dergleichen Beobachtungen anstellen, so liefse sich auch die Fluth-Wassermenge eines Flusses unmittelbar ausmitteln; allein selten wird die Stärke der Strömung und die Tiefe des Wassers solches erlauben; auch läfst es der Zweck der hydrometrischen Arbeiten nur in einzelnen Fällen zu, so lange mit den Beobachtungen zu warten, bis ein dem höchsten wenigstens nahe kommender Wasserstand eintritt.

587. Es bleibt also hierbei nichts weiter übrig, als sich mit einem Näherungswerthe zu begnügen, nach der Voraussetzung, dafs sich in unregelmäfsigen Flufsbetten, eben wie in regelmäfsigen, die mittlere Geschwindigkeit wie die Quadratwurzel aus dem Inhalte des Querschnitts und aus dem Abhange, und umgekehrt wie die Quadratwurzel aus dem Umfange des Querschnitts des benetzten Theils des Bettes verhält (Eytelwein's Mech. und Hydr. §. 127.), was freilich nicht in aller Schärfe Statt findet. Wäre der Abhang, bei dem Wasserstande, bei welchem die Mes-

sung geschehen, dem bei dem höchsten gleich, so würde sich die Geschwindigkeit wie die Quadratwurzel aus dem Inhalte des Querschnitts und umgekehrt wie die Quadratwurzel aus dem Umfange des benetzten Theils des Bettes verhalten; allein, wie vorhin bemerkt, nimmt der Abhang bei Anschwellungen zu. Weifs man von zwei Puncten, oberhalb und unterhalb des Querschnitts, in welchem die Geschwindigkeit gemessen worden, dafs sie im höchsten bekannten Wasserspiegel gelegen haben, so läfst sich auch der Abhang beim hohen Wasserstande finden, und also die mittlere Geschwindigkeit bei letzterm ziemlich genau ausmitteln. Sind aber solche Puncte nicht bekannt, so mufs man sich damit begnügen, die mittlere Geschwindigkeit, welche im wirklich gemessenem Querschnitte gefunden worden, in dem Verhältnisse der Quadratwurzel aus dem Quotienten des Querschnitts durch den Umfang des benetzten Theils des Bettes, zu vergröfsern, und dann noch etwas zuzugeben, um die bei dem höchsten Wasserstande Statt findende Geschwindigkeit zu erhalten *).

---

*) Statt solcher künstlichen Berechnungen, die am Ende nur mehr oder weniger auf Hypothesen beruhen, und bei welchen für die unbekannten Maafse noch zuletzt nach blofser Schätzung Etwas zugegeben werden mufs, wie es im Text heifst, wird man wohl, wenn man die Wassermenge eines Flusses bei Fluthen, wo sie immer vorzüglich wird verlangt werden, wissen will, der Wahrheit noch eben so nahe kommen, wenn man, wenigstens einigermafsen genau, hie und da die Geschwindigkeit des hohen Wassers, wenn auch nur in der Oberfläche und durch schwimmende Körper, zu beobachten sucht, und dieselbe theilweise mit dem Querschnitte der Fluth, der sich durch Nivelliren ausmessen läfst, sobald nur der Wasserstand bemerkt worden ist, multiplicirt. Jedenfalls ist zu wünschen, dafs wenigstens die Wasserhöhen bei hohen Fluthen beobachtet werden, wozu die Pegel dienen. Meistens wird indessen die Berechnung der Wassermenge der Flüsse und Ströme, sowohl bei gewöhnlichem als bei hohem Wasser, dem Strombaumeister keinen sehr sichern Anhalt gewähren, weil die weitern Folgerungen daraus nicht minder unsicher und schwankend sind, als die Berechnung selbst.

Im Allgemeinen sind die hydrotechnischen Messungen gewöhnlich noch eben so unvollkommen, als zum Theil die Art, ihre Resultate vorstellig zu machen; die wichtigeren aber sind eben so schwierig, als die Mittel sich ihrer zu bedienen.

Häufig begnügt man sich mit einer sogenannten Stromkarte, in welcher höchstens hin und wieder einige, bei diesem oder jenem Wasserstande gemessene, Tiefen eingeschrieben sind. Ein Äufserstes ist es, wenn Beobachtungen der Wasserhöhen, an Meilen weit von einander entfernten Pegeln vorhanden sind. Die Geschwindigkeit des Wassers, besonders bei Fluthen, ist fast niemals durch unmittelbare Messungen bekannt. Die gewöhnlichen Stromkarten zeigen auch wohl blofs die Oberfläche des Wassers, bei irgend einem mittleren Wasserstande, dessen Höhe öfters nicht einmal angemerkt ist, und sie sind dann obendrein wohl noch auf eine so wunderliche Weise gezeichnet, dafs sie sogar ein unrichtiges Bild von dem Strome geben, indem man, statt irgend einer Andeutung der Verschiedenheit der Tiefe,

Vom Baue mit eingeworfenen Steinen und Faschinen überhaupt, mit Rücksicht auf den Bau mit Sinkstücken.

588. In §. 546. sind die vier hauptsächlichsten Arten von Strombauen genannt, und es ist bemerkt worden, dafs Deckwerke entweder Bollwerke, oder Futtermauern, oder Steinvorwürfe, oder Faschinenwerke sind; Sperrbuhnen und Überfälle aber aus Steinen, oder aus Stamm- und geschnittenem Holze, oder aus Faschinen aufgeführt werden können. Über die Construction der Buhnen ist noch nichts gesagt.

589. Vom Bau der Bollwerke und Futtermauern, und von der Construction hölzerner und steinerner Überfälle ist bereits am Schlusse des zweiten Abschnitts die Rede gewesen. Die Buhnen, wenigstens solche, die in Flüssen (nicht am Seeufer) angelegt werden, können nicht wohl anders als entweder aus eingeworfenen Steinen bestehen, oder Faschinenwerke sein, oder auch wohl aus Sinkstücken gemacht werden, weil sie bei etwaiger Vertiefung des Grundbettes müssen nachsinken können, ohne ihren innern Zusammenhang zu verlieren. Da man sich aufserdem aber auch, wie bemerkt, zu Deckwerken, Sperrbuhnen und Überfällen häufig

---

den Wasserschlauch durch dicke, häfslich aussehende und nichts bedeutende Schattirungen, als eine runde blaue Röhre vorstellt. Solche Stromkarten nutzen aber offenbar gar wenig, und können sogar den Strombaumeister, in seinen Entwürfen, durch die unrichtige Vorstellung, die sie von dem Strom geben, irre leiten. Die Zeichnung der blofsen Oberfläche eines Stroms giebt in der That von demselben nur eine höchst unvollkommene Vorstellung. Ein Strom ist nicht etwa eine blofse Fläche, auch nicht etwa blofs ein Körper von bestimmter Ausdehnung, auch nicht blofs ein Körper, der sich mit einer gewissen Geschwindigkeit bewegt, sondern ein flüssiger Körper, dessen Theile verschiedene, und sehr verschiedene Geschwindigkeiten haben, dessen Ausdehnung sehr unregelmäfsig ist, der selten, auch nur einigermafsen, einem gegrabenen Canale gleicht, und dessen Ausdehnung und Gestalt sich fortwährend verändert. Die Breite der Oberfläche ändert sich, vom Einfachen wohl bis auf das Zehnfache, die Tiefe bis zum Doppelten und Dreifachen, die Geschwindigkeit eben so, der Wasser-Ergufs in manchen Strömen wohl bis auf das Hundertfache. Von einem solchen Körper kann offenbar eine Zeichnung der Gestalt der blofsen Oberfläche des Wasserspiegels, zu einer gewissen Zeit, schwerlich irgend eine Vorstellung geben. Doppelt wunderlich ist dann, bei so grofser Unvollkommenheit einer solchen Stromkarte, noch jene, vorhin erwähnte, seltsame, aber nur zu allgemeine Gewohnheit der dicken nichts bedeutenden Schattirungen, die recht gemacht zu sein scheinen, der Karte vollends noch ihren Sinn zu benehmen. Man tadelt mit Recht an Karten, die vor hundert und mehrern Jahren gezeichnet wurden, die Gewohnheit, Berge und Häuser darin halb perspectivisch zu zeichnen: gleichwohl aber hat diese alte Gewohnheit doch noch Sinn und Bedeutung, und die Darstellung erregt wenigstens keine gerade zu unrichtige Vorstellung. Die Schattirung der Ströme dagegen giebt, wie oben bemerkt, sogar ein unrichtiges Bild ihres Gegenstandes. Warum will man denn nicht endlich diese seltsame Zeichder eingeworfenen Steine oder der Faschinen bedient, so soll von diesen beiden Bauarten erst im Allgemeinen die Rede sein, und dabei auch der Sinkstücke gedacht werden.

590. Der Bau mit eingeworfenen Steinen ist höchst einfach. Die Steine werden auf der Baustelle, aus Schiffen, oder vom Ufer aus ins Wasser geworfen, bis das Werk den Wasserspiegel erreicht hat. Von da an wird es regelmäfsig und im Verbande aufgeführt, nachdem man dem unter Wasser befindlichen Theile Zeit gelassen hat sich zu setzen. Es ist klar, dafs die eingeworfenen Steine keine lothrechte Wand bilden können; es mufs daher, gleich beim Einwerfen der einzelnen Lagen, auf die Böschung Rücksicht genommen werden, welche die Wände, entweder nach statischen Gesetzen von selbst annehmen, oder welche aus andern Gründen Statt finden soll, wobei leicht zu sehen ist, dafs im letzten Falle die Böschung nur flacher sein kann, als im ersten. Nachdem vor dem Anfange des Baues die Tiefe gemessen und bestimmt worden ist, welche Gestalt man dem aus dem Wasser hervorragenden Theile des Werkes geben will, und wie grofs der Böschungswinkel sein soll oder sein wird,

---

nungs-Art verbannen? Ein solches Festhalten an einer offenbar üblen Gewohnheit ist in der That kaum begreiflich; um so weniger, da das Bessere und Richtigere bei andern Gewässer-Karten wirklich schon nicht ungebräuchlich ist. Bei Meer- und Hafen-Karten pflegt man schon längst das Wasser, in dem Verhältnifs wie es tiefer ist, dunkler zu färben. Warum thut man nicht endlich das Nemliche bei den Strom-Karten. Der Fall, der Zweck und der Nutzen sind ganz dieselben. Das Einschreiben der Tiefe des Wassers giebt kein Bild des Körpers. Sind dagegen die tiefen Stellen dunkler gefärbt, so wird man mit einem Blick übersehen, wo der Stromstrich liegt, wo die Tiefe sich dem Ufer nähert und es anzugreifen droht, wo Gefahr entstehen will, und so weiter; und der Strom-Baumeister wird leicht und schnell übersehen, was er zu wissen braucht, und es besser erfahren als durch so manche künstliche Rechnungen. Man mache doch wenigstens erst diese so leicht mögliche Verbesserung, und man wird schon etwas gewonnen haben.

Geschwindigkeits-Messungen sind schwierig, besonders bei hohem Wasser. Man suche aber wenigstens die Geschwindigkeit bei Fluthen in der Ober-Fläche zu beobachten. Merkt man dann noch fleifsig die Wasserhöhe an den Pegeln, und die Ausdehnung des Flusses bei verschiedenen Wasserständen, und zeichnet sie in die Karte, während man zugleich die Veränderungen der Ufer und Inseln, von Zeit zu Zeit, wie es in den bessern Karten, welche mit Quadraten bezogen sind, geschieht, durch aufgeklebte einzelne Quadraten vorstellig macht, so wird wenigstens das Nothwendigere gethan sein.

Der practische Strom-Baumeister wird sich übrigens immer nur mehr nach langjährigen Beobachtungen des Stroms im Allgemeinen, seines Verhaltens und seiner Wirkungen richten können. Diese Erfahrungen werden ihn sicherer leiten, als alle Berechnungen, und selbst Messungen einzelner Zustände des Stroms.

Anm. d. Herausg.

läfst sich die Gestalt desjenigen Theils des Grundbettes ausmitteln, welcher vom Fufse des Werkes bedeckt werden wird (wobei auf das Einsinken in weichen Boden, gerechnet werden mufs); sie läfst sich auf der Baustelle, entweder im Flusse selbst, durch eingeschlagene Pfähle oder Stangen, oder durch Stangen, die auf den Ufern, in die Verlängerung der Grenzen gesetzt werden, abstecken. Dann wird die erste Lage Steine so eingeworfen, dafs sie den Grund möglichst gleichförmig bedeckt, die Tiefe wird von neuem gemessen, und der Umfang der folgenden Schicht danach, und nach dem bestimmten Böschungswinkel bezeichnet, und so fortgefahren, bis man den Wasserspiegel erreicht hat, wobei die kleineren Steine so weit als möglich von den Seitenflächen entfernt, und die gröfseren möglichst plattenförmig zur Bildung der äufsern Flächen genommen werden, weil grofse, platte Steine nicht so leicht vom Strome fortgeführt werden, als kleine, würfelähnliche. Hierauf wartet man ab, dafs das Werk sich setze, und wirft, wenn es geschehen, immer wieder Steine nach, gleicht darauf die Oberfläche ab, giefst allenfalls Wassermörtel ein, und führt dann den übrigen Theil, in gehörigem Verbande, trocken, oder in Mörtel, auf.

591. Der Bau mit Faschinen ist, im Wesentlichen, nicht viel weniger einfach, als der mit eingeworfenen Steinen, indem Faschinen, d. h. Reisbündel, durch Belastung mit Stoffen, deren eigenthümliches Gewicht gröfser ist, als das des Wassers, auch nur nach und nach, neben und über einander, bis zum Grundbette versenkt werden, womit man so lange fortfährt, bis das Werk den Wasserspiegel erreicht hat, von wo an dasselbe, in einem genaueren Verbande, als unter demselben möglich war, beendigt wird. Indessen erfordert die Versenkung der Faschinen mehr Vorsichtsmaafsregeln, als die der Steine, weil sie, ehe sie mit Sinkstoffen belastet werden, schwimmen: deshalb ist der Bau mit Faschinen schwieriger, als der mit Steinen *).

592. Zum Faschinenbau gehören folgende Materialien: 1) Faschinen; 2) Bindeweiden; 3) Würste; 4) Pfähle; 5) Erde; 6) Werkzeuge und Geräthschaften.

*) Es ist dabei gar Vieles zu beobachten. Man sehe darüber vor Allem die vortreffliche Schrift von Eytelwein, unter dem Titel „Practische Anweisung zur Construction der Faschinenwerke etc."

Anm. d. Herausg.

593. Faschinen sind Reisbündel, welche aus ziemlich geraden Baumzweigen, die am Stamme nicht viel über einen Zoll stark, und so lang als die Faschinen selbst sind, verfertigt werden. Am besten sind Weiden und Pappeln; indessen nimmt man dazu allenfalls auch anderes Holz.

Man legt die Stamm-Enden der Zweige zusammen, so dafs die Faschinen am Stamm, zusammengeprefst, 1 Fufs Durchmesser bekommen. Hierauf wird, 1 Fufs vom Stamm-Ende, ein Band von Reisern, und 3 bis 4 Fufs davon, ein zweites umgelegt, so dafs die fertige Faschine 9 bis 10 Fufs lang, am Stamm-Ende 1 Fufs, und in der Mitte etwa 8 Zoll dick ist.

594. Bindeweiden sind Bänder von zusammengedrehten, dünnen Weiden- oder Pappeln-, oder auch Birken-Reisern. Sie werden etwa so gebraucht, wie die Strohseile beim Binden der Garben, und es mufs insbesondere das Schlofs recht fest gemacht werden.

595. Würste sind lange dünne Faschinen, welche aus schlankem Reise, gewöhnlich von Weiden oder Pappeln, und wenn dergleichen nicht zu haben sind, von Birken oder Ellern, etwa 5 Ruthen lang, 4 bis 5 Zoll dick gebunden werden, und von 8 Zoll zu 8 Zoll ein Band erhalten. Sie werden nicht, wie die Faschinen, auf der Erde gebunden, sondern auf einer Wurstbank.

Diese entsteht, wenn auf 5 Ruthen lang, oder wenn die Würste länger werden sollen, auf noch mehr Ruthen, auf ebenem Boden, alle 2 Fufs, Kreuze von eingeschlagenen Pfählen setzt, die einander $1\frac{1}{2}$ Fufs über der Erde begegnen, und daselbst mit Bindeweiden zusammen gebunden werden.

Auf eine solche Wurstbank wird das Reis so vertheilt, das nicht zu viel Stamm-Enden neben einander zu liegen kommen, und hierauf werden die Bänder umgelegt.

596. Die Pfähle, zur Befestigung der Faschinen und Würste, werden 4 Fufs lang, $1\frac{1}{2}$ bis 2 Zoll stark, aus Holz, welches sich gerade spalten läfst, verfertigt.

Zu den Spreutlagen und Rauchwehren, welche weiter unten noch besonders beschrieben werden, nimmt man gegen 3 Fufs lange Pfähle. Diese macht man gern aus $1\frac{1}{2}$ Zoll starken Weiden-Zweigen, im Frühling oder Herbst, damit sie auswachsen. Sind Eisgänge zu fürchten, so bedient man sich, wo möglich, der Hakenpfähle, mit 3 bis 4 Zoll langen Haken. In Ermangelung solcher Pfähle kann man hölzerne Nägel quer durch das obere Ende der Pfähle stecken, oder statt Eines Pfahles ihrer zwei, gekreuzt einschlagen.

597. Erde wird gebraucht, um die einzelnen Faschinenlagen zu belasten, bis sie versinken. Sind die Faschinen grün und stark belaubt, so ist grober Sand am besten; sind sie trocken, so nimmt man fette Klei-Erde und Rasen. Wäre nur Sand vorhanden, so mufs man wenigstens die erste Faschinenlage mit fettem Erdreiche zu belasten suchen, damit der übrige Sand nicht so leicht fortfällt.

Die oberste Erdschicht jedes Faschinenwerks mufs aus fettem Boden bestehen, damit die Weidenreiser in der Krone gut auswachsen. Erd-Arten, die im Wasser schwimmen, z. B. Torf und Moor-Erde, sind zu Faschinenwerken nicht tauglich.

598. Werkzeuge und Geräthschaften zum Faschinenbau sind: *a*) Äxte; *b*) Beile; *c*) Faschinenmesser; *d*) Spaten mit eisernen Schuhen; *e*) Schlägel; *f*) Karren mit unbeschlagenen Rädern; *g*) Karrdielen; *h*) Rüstböcke; *i*) Handrammen; *k*) Pflanzleinen; *l*) Faschinenlehren; *m*) Maafsstäbe, nebst Sinkblei zum Messen der Tiefen; *n*) Bootshaken; *o*) Wagen und Kähne zum Transport der Materialien; *p*) Kähne, auf jeder Baustelle wenigstens einen, zur Rettung von Arbeitern und Materialien, die etwa in's Wasser fallen.

599. Man legt nun gewöhnlich die einzelnen Faschinen, auf der Baustelle selbst, in einzelnen Reihen neben einander, zugleich aber, theils mit den Ufern, oder den schon früher versenkten Lagen, theils unter einander verbunden, wie es in der Folge näher angegeben werden wird.

600. Setzt man aus mehreren Lagen von Faschinen einen einzigen Körper zusammen, der in der Regel von prismatischer Form gemacht wird, so erhält man ein Sinkstück; und da aus solchen Sinkstücken Faschinenwerke öfters ganz oder zum Theil zusammen gesetzt werden, so soll sogleich hier die Beschreibung der Construction eines Sinkstückes folgen, und zwar nach Wiebeking's „Wasserbaukunst, Band I., 2te Aufl. §. 193. 194." Man findet Beschreibungen davon auch in: Schulz „Beiträge zur hydraulischen Architectur;" in Woltmann's „Beiträge zur hydr. Arch. Band IV. S. 74.—77.;" in Crelle's „Journal f. d. Baukunst. Band II. Heft 4. S. 470.—476.," die mit der folgenden verglichen werden mögen.

601. Ein Sinkstück wird gewöhnlich nicht auf der Baustelle selbst, sondern nahe dabei auf dem Ufer verfertigt. Wo Fluth und Ebbe Statt findet, so dafs das Sinkstück bei der Fluth zum Schwimmen kommt, indem es specifisch leichter ist als Wasser, während der Ebbe aber festliegt, wird es auf höheren Gerüsten gebaut; sonst aber auf Balken, die gegen den Wasserspiegel abhängig liegen, oder nach Vollendung des Sinkstücks abhängig gelegt werden können, und von welchen es dann, wie von einem Werfte, in's Wasser gelassen werden kann. Zuweilen wird indessen auch das Sinkstück auf einer Art von Flofs erbauet, wovon weiter unten das Nähere. Man baut ein Sinkstück nicht leicht über 72 Fufs lang und 36 Fufs breit, und nicht leicht unter 24 Fufs lang und 20 Fufs breit.

602. Zuerst sucht man nahe bei der Baustelle einen schicklichen Platz aus, wo das Sinkstück verfertigt, und hernach bei hohem Wasser flott gemacht, und von da auf die Baustelle gebracht werden kann. Ist ein solcher Platz nicht vorhanden, so mufs das Ufer danach abgegraben werden.

603. Alsdann wird zuerst das unterste Rostwerk gemacht. (Man sehe die Figur zu der §. 600. erwähnten Stelle in Crelle's Journal für d. Bauk.) Dasselbe besteht aus kreuzweis über einander gelegten, und von Mitte zu Mitte 3 Fufs von einander entfernten Würsten. Damit bei der Versenkung auf das Grundbette keine Höhlungen entstehen, müssen diejenigen Würste, welche quer auf die Richtung des Flusses zu liegen kommen, die untersten sein. Da wo die Würste sich kreuzen, werden sie mit zwei starken Bändern von Weiden zusammengebunden. Aufserdem wird rund um den Rost, in jedem Kreuzungspuncte, so wie auch inwendig im Rostwerke, alle 9 Fufs (nach der Länge und Breite gerechnet) ein kleines Seil von $\frac{1}{2}$ bis $\frac{3}{4}$ Zoll im Umfange befestigt. Diese Seile müssen so lang sein, dafs sie, nachdem das Sinkstück seine bestimmte Dicke von 4 bis 6 Fufs erhalten hat, noch um die Stellen, wo lothrecht über den untern, die auf die Oberfläche des Sinkstücks liegenden Würste sich kreuzen, gelegt und angezogen werden können, wodurch dann das obere Rostwerk mit dem untern verbunden wird. Die Seile innerhalb müssen an Pfähle (Lunt-Pfähle genannt) befestigt werden, die in die Kreuzungen gesteckt werden, damit, wenn das Sinkstück seine volle Dicke erreicht hat, die Enden der Seile an die Kreuzungen des obern Rostwerks gebunden werden können. Die Seile am Rande des Rostes werden auswärts auf den Boden gelegt. Wenn das Sinkstück sehr grofs werden soll, so

werden an den untersten Rost auch noch Seilträger befestigt, statt derer aber auch allenfalls Kränze von Weidenreisern genommen werden können. Bei kleineren Sinkstücken geschieht solches bloſs im obersten Roste; in beiden Fällen werden sie in solcher Entfernung von den Enden befestigt, daſs das Sinkstück an den durch dasselbe gezogenen Seilen in wagerechter Lage gehalten werden kann.

604. In gewöhnlichen Fällen ist das auf die beschriebene Weise verfertigte untere Rostwerk hinreichend. Wenn aber ein Sinkstück insbesondere dazu dienen soll, zu hindern, daſs der lose Grund ausgewaschen werde, so wird an der untern Seite, zwischen je zwei unterste Würste, noch eine starke Stange befestigt, um zu verhindern, daſs das Rohr, womit die untersten Würste belegt werden, noch ehe die sie kreuzenden darauf kommen, sich durchbiege.

605. Ist der unterste Rost auf diese Weise verfertigt, so wird mit dem Auflegen der Faschinen an einer von denjenigen parallelen Seiten angefangen, mit denen gleichlaufend die untersten Würste liegen, und zwar so, daſs die Faschinen mit den obern Würsten einerlei Richtung bekommen. Diese erste Faschinenlage wird mit den Stamm-Enden nach auſsen gelegt, und so, daſs sie 9 Zoll über die Wurst hervorsteht. Die zweite Faschinenlage wird 3 Fuſs eingezogen, so daſs sie mit den Stamm-Enden auf die folgende Wurst zu liegen kommt, und gleichfalls die Spizzen nach innen hat. Auf gleiche Weise werden die folgenden Lagen jedes Mal 3 Fuſs eingezogen, und die Spitzen kommen immer wieder nach derselben Seite zu, wie in den vorigen Lagen. Auf diese Art wird fortgefahren, bis die Spitzen die gegenüberliegende äuſserste Wurst erreicht haben. Alsdann wird auf diese letzte Wurst noch eine Faschinenlage gelegt, jedoch mit den Stamm-Enden nach auſsen. Hierauf kommt über die zweite Wurst, also 3 Fuſs weiter nach innen, eine zweite Faschinenlage, ebenfalls mit den Spitzen einwärts gekehrt, und so fort, bis auch bei dieser zweiten Überdeckung, über jede Wurst, auſser über die drei letzten, die Stamm-Enden einer Faschinenlage getroffen sind. Bei dieser Art, die Faschinen zu legen, kommen die Stamm-Enden alle oben und die Spitzen unten hin, was nöthig ist, damit sich das Sinkstück recht dicht auf den Boden lege.

606. Auf die zwei ersten Faschinen-Lagen werden wieder zwei andere auf ganz ähnliche Weise gelegt, nur daſs ihre Richtung die der

vorigen rechtwinklig schneidet; und so wird fortgefahren, bis das Sinkstück die bestimmte Dicke erhalten hat. Die letzte oder oberste Decke wird so gelegt, dafs die Spitzen oben und die Stamm-Enden unten hin treffen, damit das oberste Stockwerk überall gleich aufliegen könne. Deshalb mufs die Überdeckung in der Mitte des Sinkstücks angefangen, und so lange mit jeder Lage jedesmal 3 Fufs zurückgegangen werden, bis die Stamm-Enden 9 Zoll über die äufsersten Würste gekommen sind.

607. Dann wird der oberste Rost, der dem untersten gleich ist, so aufgelegt, dafs die ersten Würste quer über die Faschinen gehen.

608. Überall, wo zwei Würste des obersten Rostes sich kreuzen, wird ein kleiner Pfahl eingeschlagen, der aber nicht länger sein darf als das Sinkstück dick ist, um es nicht an den Boden des Bauplatzes festzunageln und es nicht zu hindern, dafs es den Boden, auf den es gesenkt werden soll, überall berühre. Rundum das Sinkstück herum, und da, wo im untersten Roste die früher beschriebenen Seile befestigt sind, läfst man die Pfähle einen halben Fufs über die Würste hervorstehen, und befestigt dann die Seile an die Pfähle, nachdem sie um die obersten Würste kreuzweis geschlagen und fest angezogen sind. Noch werden, zur bessern Verbindung des Ganzen, durch den obersten Rost, auf jede Quadratruthe etwa zehn Pfähle eingeschlagen.

609. Nachdem das Sinkstück so weit fertig ist, kann es mit der nächsten Fluth flott gemacht, und was daran noch fehlt, wenn es schon schwimmt, in Ordnung gebracht werden. Man kann es nun bei niedrigem, d. h. bei stillstehendem Wasser, ehe die Fluth wieder eintritt, versenken.

610. Um das Sinkstück völlig fertig zu machen, werden die sogenannten **Gangborde** verfertigt, die aus zwei hohen Flechtzäunen bestehen, welche, der eine auf die äufserste, der andere auf die zweite Wurst, also drei Fufs von einander entfernt zu stehen kommen; die Zaunpfähle werden in die Würste gesteckt. Diese Zäune dienen, das Belastungs-Material, durch welches das Stück versenkt werden soll, einzuschliefsen und festzuhalten.

611. Endlich werden an den vier Ecken, 9 Fufs von jeder äufsern Seite entfernt, zusammen 30 bis 40 Pfähle eingeschlagen, um daran die Ankerseile zu befestigen, vermittelst welcher das Sinkstück gegen den Strom gehalten und auf die bestimmte Stelle gezogen wird, wo es versenkt werden soll.

612. Wo nur leichte Erde und feiner Sand zu haben sind, die vom Strome fortgeführt werden können, und wo man also gezwungen ist, das Sinkstück bloſs mit Steinen zu belasten, um es zu versenken, bringt man schon überall zwischen die verschiedenen Faschinenlagen Sand, oder ein anderes schweres, jedoch wohlfeileres Material als Steine, um das Sinkstück, welches hierdurch zugleich mehr Dichtigkeit und Festigkeit erhält, indem der Strom das Material zwischen dem Holze zusammenpreſst, schon etwas zu belasten, was indessen nicht weiter gehen darf, als daſs das Stück noch so eben schwimmt.

613. Wenn nun das Sinkstück nach der Stelle, auf welcher es versenkt werden soll, und wo die Tiefen vorher genau gemessen, und deren Grenzen durch ausgesteckte Linien genau bestimmt werden müssen, gebracht worden ist: so nimmt man es gewöhnlich zwischen vier, mit Ziegelschutt, oder mit grobem Sande, oder Kieseln, oder Bruchsteinen beladene Fahrzeuge, deren Gröſse sich nach der Gröſse und dem Gewicht des Sinkstücks in so fern richten muſs, daſs solches, während es belastet wird, einige Zeit durch die an den Schiffen angebrachte Senklinie gehalten werden kann (Kiesel- und grober Flugsand sind sehr gut zu gebrauchen, weil sie durch die obere Lagen hindurch rieseln und jeden Zwischenraum ausfüllen. In Holland, wo grober Grand und kleine Steine nicht angetroffen werden, muſs man sich gewöhnlich des Ziegelschuttes bedienen). Vier andere Fahrzeuge nehmen die Ankertaue, welche an die auf dem Sinkstücke, 9 Fuſs von den Rändern, an den vier Ecken eingeschlagene Pfähle befestigt sind, und so wird das Stück genau über die Stelle gebracht, die es einnehmen soll. Jedes Fahrzeug nimmt alsdann zwei Senkleinen, welche durch die Ringe im Umfange des Rostes gezogen und an die Bolder an beiden Enden des Schiffs befestigt sind. Auſserdem geben die Fahrzeuge sich ein sogenanntes Scheerseil, wodurch sie noch unbeweglicher auf ihren Plätzen liegen bleiben, und woran auch zugleich die kleineren, mit Ballast beladenen Fahrzeuge ihre Taue befestigen können, um auf ihren bestimmten Plätzen auch dann noch auszuladen, wenn das Stück bereits nicht mehr sichtbar ist.

614. Nachdem so viel Fahrzeuge, als Raum finden, mit dem Ballast, womit das Stück belastet werden soll, um dasselbe sich versammelt haben, wird es allmälig b e l a s t e t, wobei aber noch einige Menschen dar-

auf stehen bleiben, um das Belastungs-Material zu vertheilen, und besonders dafür zu sorgen, dafs die Ecken hinlänglich belastet werden.

615. Die Senkseile bleiben an den vier grofsen Fahrzeugen selbst dann noch fest, wenn schon einige kleinere Fahrzeuge über das Stück wegfahren, um ihren Ballast gleichförmig zu vertheilen; worauf die Senkseile von dem immer schwerer werdenden Sinkstücke stark angezogen werden. An jedes solches Senkseil wird ein geübter, erfahrener Arbeiter gestellt, der das eine Ende des Seils, welches blofs Ein Mal um einen der Bolder des Fahrzeuges geschlungen ist, in der Hand hält, während das andere am Fahrzeuge selbst befestiget ist. Wenn auf diese Weise Alles in Bereitschaft ist, wird das Zeichen zum Versenken durch einen Ruf gegeben. Alle Fahrzeuge fangen dann zugleich an, ihre Ladung auf das Sinkstück zu werfen, und die Arbeiter, welche an den Senkseilen stehen, lassen dieselben mehr oder weniger nach, je nachdem das Stück an ihrer Seite sinkt, was an den Pfählen, die in seinen Umring eingesteckt sind, bemerkt werden kann.

616. Senkt sich das Stück nach der einen Seite mehr als nach der andern, so werden die Zugseile an jener Seite straff angezogen, um das Stück so viel als möglich zu halten. Damit aber die Fahrzeuge, von welchen aus man die Seile anzieht, nicht etwa schief unter Wasser gedrückt werden, mufs darin Ballast liegen, den man, nach Erfordern, als Gegengewicht vertheilt.

617. Auf diese Weise wird das Stück in kurzer Zeit an seine Stelle und auf den Grund gebracht. Die vier grofsen Schiffe bleiben indessen noch vor Anker und an ihren Scheerseilen liegen, während die kleineren noch eine Ladung Ballast holen, und auf das Stück ausladen, damit es recht fest auf den Grund gedrückt werde, und von der Fluth nicht aufwärts getrieben werden könne. Endlich werden die Senkseile von den Schiffen gelöset und aus den Ringen des Sinkstücks gezogen; die Anker, woran die Schiffe lagen, werden gelichtet, und die Versenkung des Sinkstücks ist vollendet.

618. Solche Sinkstücke können auch, auf einer Art von Flofs, auf dem Wasser gebaut werden. Das Flofs wird aus Holz-Stämmen zusammengesetzt, die wenig von einander entfernt, mit ihren Enden auf Querstücken liegen, und daran festgebunden sind. Es wird von zwei, an seinen beiden langen Seiten liegenden Fahrzeugen getragen, indem man über

die Fahrzeuge Balken legt, welche an die dem Flosse entgegengesetzten Borde, mittelst Ringe, die darin festgeschraubt sind, befestigt werden, damit die Fahrzeuge nicht umgeworfen werden, wenn das auf dem Flosse liegende Sinkstück eintaucht. An die Querstücke werden Kränze, aus zähen Weiden- oder Tannen-Wurzeln, befestigt; desgleichen auch an die über die Schiffe gelegten Balken. Durch je zwei Kränze wird ein Seil gezogen, welches zugleich durch den zugehörigen Halte-Ring geht. Sobald das Stück auf dem Flosse fertig und belastet ist, also zu sinken anfängt, werden die durch die Ringe und Kränze gehenden Seile nachgelassen und endlich unter dem Sinkstücke hervorgezogen, wenn dasselbe nur noch in seinen Senkseilen hängt, worauf dann das Sinkstück, wie vorhin, weiter versenkt wird.

619. Das Verfahren, Sinkstücke auf einer festen schiefen Ebene zu bauen, und ins Wasser zu lassen, ist in der §. 600. angeführten Stelle von „Crelle's Journal für die Baukunst" beschrieben.

620. Soll die Ebene, auf welcher das Sinkstück gebaut wird, während des Baues wagerecht liegen, und erst hernach Abhang bekommen, so bedient man sich dazu einer sogenannten Wippe. Sie wird, für die gröfsten Sinkstücke, 6 Ruthen lang, $4\frac{1}{2}$ Ruthen breit, auf folgende Art verfertigt. (M. s. Taf. II. Fig. 117.)

Auf einen auf Pfählen (*a*) ruhenden Holm (*b*) werden Ankerbalken (*c*) aufgekämmt, deren hinteres Ende vermittelst Ankerpfähle (*d*) befestiget ist. Auf den Ankerbalken liegt eine viereckige Welle (*e*), die, wo sie auf die Balken (*c*) trifft, abgerundet ist. Auf dieser Welle liegen Querbalken (*f*, *g*), die man in der Mitte, der Höhe nach, verdoppelt, indem man sie durch eiserne Ringe und Bolzen mit Sattelhölzern (*g*) verbindet, welche auf die Welle gekämmt und durch Eisen mit derselben verbunden werden. Auf den Querbalken liegen wieder andere schwächere Balken (*h h*), nach der Länge, und darauf ein Belag (*k k*) von Bohlen oder Halbholz. Auf diesen Belag sind, der Breite nach, 10 Reihen Knaggen (*l*, *l*), jede von 21 Paaren, befestiget, welche 210 Walzen, von 1 Fufs lang und 3 bis 4 Zoll Durchmesser, zu Zapfenlagern dienen. Auf jeder Querreihe Walzen liegt eine Reihe Bretter (*m m*), die auf der Landseite eine Knagge (*n*) hat, durch welche ein Seil geht, damit die Bretter, nachdem das Sinkstück heruntergelassen ist, wieder aus dem Wasser gezogen werden können. Auf den 21 Brettreihen wird dann das Sinkstück wie früher beschrieben verfertigt. Um zu verhindern, dafs die Wippe nicht eher, als bis das Sinkstück fertig ist, umgedrückt werde, legt man Taue um die Querbalken der Wippe und die Ankerbalken.

621. Ist das Sinkstück fertig, so treten die dabei beschäftigt gewesenen Arbeiter (etwa 30 Mann) auf die Landseite der Wippe. Die Taue, welche das hier liegende Ende der Querbalken mit den Ankerbalken verbinden, werden gelöset; die Arbeiter gehen nach dem Wasser zu, und das Sinkstück gleitet allmälig auf den Rollbrettern hinab, und wird flott. Hierauf wird es durch Taue an das Ufer befestigt, und, sobald es angeht, an Ort und Stelle geführt, und auf die bereits beschriebene Art versenkt.

622. Die Sinkstücke werden zu Meer- und Strom-Bauten, vorzugsweise da, wo Ebbe und Fluth Statt findet, gebraucht. Man führt damit die Werke bis zur Höhe des niedrigsten Wassers auf. Es werden zwei, drei oder mehrere Sink-Stücke im Verbande, und mit Absätzen, zu den Böschungen, auf die oben beschriebene Art übereinander versenkt. Die Unebenheiten, welche bleiben, nachdem das Werk bis zum niedrigsten Wasser aufgeführt ist, werden mit einzelnen Faschinenlagen ausgeglichen, und nun wird weiter, mit Schichten von 1 Fufs dick, bis zur erforderlichen Höhe gebaut.

623. In Flüssen, deren Geschwindigkeit nicht bedeutend ist, lassen sich Sinkstücke dadurch auf ihre Stelle bringen, dafs man einige Pfähle in den Flufs rammt, zwischen welchen das Stück versenkt wird. Ist die Geschwindigkeit gröfser, so mehren sich die Schwierigkeiten beträchtlich. Wie man sie in solchen Fällen überwinden könne, findet sich in „Crelle's Journal für die Baukunst" Band I. Heft 2. S. 101. beschrieben.

624. Ehe ein zweites Sinkstück versenkt wird, mufs immer mit einer Peilstange die Lage des zuletzt versenkten Stücks genau untersucht werden, damit das folgende die richtige Lage bekomme. Das Fahrzeug, auf welchem es geschieht, mufs vor Anker liegen, damit man sicher hin und her rücken könne. Von dem Fahrzeuge aus wird, wenn eine Ecke des fest liegenden Stücks durch Sondirung gefunden ist, ein hinreichend schwerer, an einem Seile befestigter Stein hinabgelassen; das Seil wird angezogen, und ein Schwimmer, oder eine Tonne daran befestigt, u. s. w., an allen vier Ecken. Die Tonnen zeigen dann an, wo die Ecken des Sinkstücks liegen. Ist die Tiefe nicht zu grofs, und der Boden des Flusses

oder des Meeres nicht zu fest, so können dicht neben den vier Ecken des bereits festliegenden Stücks, von dem Fahrzeuge aus Pfähle mit der Handramme eingeschlagen werden *).

625. Anstatt der Sinkstücke bedient man sich auch wohl zuweilen der **Senkfaschinen**, d. h. langer Faschinen, von 2 bis 3 Fuſs im Durchmesser, die nur im Umfange aus Reisholz bestehen, innerhalb aber mit Steinen, Kies, oder dergleichen angefüllt sind. Solche Senkfaschinen werden auf groſsen Fluſsfahrzeugen, oder auf Prahmen, oder auf Flössen, die neben der Baustelle vor Anker liegen, verfertigt und in's Wasser gestürzt. Auf den Prahm oder das Floſs werden nemlich runde Holzstämme gelegt, und daneben, etwa 2 Fuſs von einander, lange Wurstbänder. Quer über die letztern breitet man Reisholz aus, und darauf die Füllmasse. Auf diese legt man wieder Reiser, und dann werden die Bänder zusammengezogen, und die Schlösser gemacht. Hierauf werden die Stämme am hintern Ende zugleich in die Höhe gehoben, so daſs die Senkfaschine ins Wasser gleitet, und so wird fortgefahren, bis die Faschinen die Oberfläche des Wassers erreicht haben.

626. Es ist leicht zu sehen, daſs die Senkfaschinen den Sinkstücken, und auch den gewöhnlichen Faschinen sehr nachstehen, weil es fast unvermeidlich ist, daſs hohle Räume und durchgehende Öffnungen in den Werken bleiben. Man sollte sich ihrer daher nur so selten als möglich bedienen. Indessen wollen doch mehrere Hydrotecten sie da gebraucht wissen, wo es darauf ankommt, eine Öffnung, wenigstens gröſstentheils, so schnell als möglich zu verschlieſsen, wenn hernach nur schnell genug, vor den aus Senkfaschinen bestehenden Körper, groſse Massen Erde oder dergleichen geworfen werden können, die, wenn man sie allein versenkte, vom Strome fortgerissen werden würden; es soll des-

*) Die Sinkstücke sind nicht etwa bloſs ausschlieſslich, da wo Ebbe und Fluth Statt findet, nützlich, sondern man kann sich ihrer auch mit Nutzen zu Bauwerken in Flüssen, die in ein **sehr** tiefes Wasser zu liegen kommen, und besonders da, wo der Boden sich während des Baues durch den Strom bedeutend vertieft, desgleichen zu Befestigungen eines Bodens, dessen weitere Vertiefung man verhindern, oder den man erhöhen will, bedienen: also zu Coupirungen von Strömen und Deichbrüchen, zur Befestigung und Erhöhung des Bodens von Strom-Armen, aus welchen man das Wasser theilweise wegtreiben will, zur Befestigung und Sicherung von Brücken-Pfeilern und Quai-Mauern u. s. w.; der Boden muſs nur nicht etwa gar zu uneben und zu hart zugleich sein. Anm. d. Herausg.

halb hier noch Einiges von der Verfertigung der Senkfaschinen gesagt werden *).

627. Eine Senkfaschine mufs so fest gebunden werden, dafs sie sich durchaus nicht trennen kann. Durch gewöhnliche Wurstbänder würde die Faschine, selbst wenn die Bänder nur 6 Zoll von einander entfernt wären, nicht die erforderliche Festigkeit erhalten. Man bedient sich daher mit Vortheil der sogenannten Fischerzügel, welche die Fischer zum Festhalten ihrer Netze und Fahrzeuge gebrauchen. Ein solcher Zügel wird aus frisch geschnittenen Weidenreisern, von 3 bis $3\frac{1}{2}$ Linien dick und 3 bis 4 Fufs lang, auf folgende Weise verfertigt.

628. Es wird ein 4 Zoll starker Pfahl, zwei Fufs tief in den Boden geschlagen, oben gespalten, und in den Spalt ein kleiner Keil gelegt, um ihn offen zu halten. Darauf legt ein Arbeiter ein in zwei Zweige auslaufendes Weidenreis in den Spalt, steckt zwischen die Zweige ein zweites Reis und dreht alle drei Reiser ein oder zweimal mit beiden Händen um, nimmt dann die gedrehten Reiser, jedoch so, dafs sie einen Winkel bilden, unter den linken Arm, steckt durch die Öffnung zwei Reiser, die er mit der rechten Hand fafst, dreht hernach alle Reiser von Neuem, nimmt sie wieder getheilt unter den Arm, und fährt so fort, bis das Band die verlangte Länge hat, worauf es, an seinem Ende, damit es nicht aufspringe, einen Knoten erhält.

629. Sind nun so viele Zugbänder, als zu einer Senkfaschine nöthig, $1\frac{1}{2}$ bis 2 Fufs von einander entfernt, neben die Hölzer, von welchen die Faschinen abgleiten sollen, gelegt worden: ist das Reisholz, welches den Mantel der Füllmasse bildet, darüber ausgebreitet, die aus Steinen bestehende Füllmasse, und darauf wieder Reisholz gelegt: so wird zuerst das mittelste Zugband angelegt, und nachdem die Nebenzugbänder angebracht sind, nochmals durch einen Knebel, den man nach geschehenen Umdrehungen darin stecken läfst, nachgezogen. Durch das Anziehen einiger Zugbänder neben den zuerst gelegten wird nemlich die Senkfaschine noch fester, und also das erste Band wieder locker.

630. Zum Anziehen und Schürzen eines Zugbandes werden zwei Arbeiter auf jeder Seite der Faschinen angestellt. Zwei andere Arbeiter

---

*) Die Senkfaschinen sind insbesondere da nützlich, wo es vorzugsweise auf die Schnelligkeit der Ausführung ankommt, also in Nothfällen, im Kriege, und dergleichen.
Anm. d. Herausg.

drücken die Faschine so viel als möglich zusammen; jeder der vorigen beiden ergreift das Ende des Zugbandes, welches an der ihm entgegengesetzten Seite liegt, stemmt sich mit den Füfsen gegen die Senkfaschine, und zieht das Band mit aller Kraft an. Einer der zuerst erwähnten hält die beiden Theile des zusammengezogenen Bandes, da wo sie sich kreuzen, auf der Oberfläche der Senkfaschine fest zusammen, während die, welche das Band angezogen haben, die Enden zweimal umdrehen. Die beiden so zusammen gedrehten Enden des Zugbandes werden nun so gelegt, dafs sie eine runde Öffnung bilden, durch welche ein etwa 1 Fufs langer, vorn zugespitzter Knebel geht, dessen eines Ende auf dem Zugbande liegt, während das andere darunter eingeklemmt ist. Mit diesem Knebel werden hierauf, wo möglich, zwei Umdrehungen gemacht, während die Enden des Bandes von einem Arbeiter festgehalten werden. Den Knebel richtet ein Arbeiter in die Höhe und steckt, vermittelst desselben, die umgewundenen Theile des Bandes zwischen diese und die äufsersten Reiser durch, zieht den Knebel heraus und die übrig bleibenden Enden des Zugbandes nach verschiedenen Seiten.

631. Zum Schnüren eines solchen Zugbandes sollen, nach Wiebeking's Angabe, 4 Arbeiter 3 Minuten Zeit gebrauchen, und in einem Tage 6 Senkfaschinen, von 24 Fufs lang, 3 Fufs dick, verfertigen können.

632. Die Strombauwerke mögen nun zusammengesetzt sein, aus welchen von den vorbeschriebenen und früher benannten Materialien man will: immer werden sie, in der folgenden Abtheilung, als in den Flufs gelegte Körper angesehen werden können, die so fest sind, dafs das daran vorbei fliefsende Wasser den Zusammenhang ihrer Theile nicht aufheben kann, wenn es auch den Grund, auf welchem die Werke liegen, anzugreifen, nemlich wegzuspühlen vermag *).

*) Ein heftiger Strom kann das Belastungs-Material aus der Böschung der aus losen Faschinen gebauten Werke herausspühlen. Deshalb können solche Werke, ohne weitere Verstärkung, keine sehr flache Böschung erhalten. Im starken Strome ist es vortheilhaft, die Böschung mit Ziegelmassen, die eigens dazu gebrannt werden können, zu bedecken. Sie widerstehen dem Strome vorzüglich stark, und die Böschung kann dann auch flacher sein. Statt der Ziegelmasse kann man auch eckige Steine nehmen, welche aber weniger gut sind.

Anm. d. Herausg.

Von den Wirkungen der verschiedenen Strombaue.

633. Eine Theorie der Strombauwerke kann nicht wohl mehr sein, als eine Zusammenstellung von Sätzen über den Zusammenhang der Wirkungen und Ursachen bei diesem Gegenstande, mit Beweisen der aufgestellten Behauptungen; die Beweise können, wenigstens bei dem jetzigen Zustande der Hydraulik, besonders in Beziehung auf die Bewegung des Wassers in unregelmäfsigen Flufsbetten, nur vorzüglich aus der Erfahrung genommen werden, weil blofse Formeln am Ende, wenigstens grofsentheils, nur auf nicht völlig sichern Vordersätzen beruhen, und also nicht hinreichen *).

634. Eine Theorie der beschriebenen Art liefse sich nun auf zweierlei Art geben, entweder:

a) indem man die verschiedenen Fälle aufsuchte, wo Strombauwerke nöthig sind, jeden Fall als eine Aufgabe ansähe und von jedem Auflösung und Beweis gäbe, oder:

b) indem man die verschiedenen bekannten Arten von Strombauwerken zeigte, die Aussage der Wirkungen, die jedes unter gewissen Umständen hat, als Lehrsatz ansähe, und jedem Lehrsatze einen Beweis hinzufügte **).

635. Bei der ungeheueren Mannigfaltigkeit der Umstände, wo Strombauwerke nöthig sind, würde nun zwar eine Theorie derselben, auf die eine oder die andere Art, wenn sie irgend umfassend sein sollte, sehr weitläufig werden; indessen lassen sich, bei dem Gange Litt. *b*. die nothwendigsten Sätze leichter herausgreifen, als bei dem andern; daher soll hier im Allgemeinen danach verfahren werden. Kennt man die Wirkungen der verschiedenen Arten von Strombauwerken, in den gewöhnlichsten Fällen, so wird man auch finden können, welches Werk unter gegebenen Umständen zweckmäfsig sein werde; obgleich sich die Wirkungen fast nie vollkommen und mit unbedingter Gewifsheit vorhersehen lassen.

---

*) Blofse Formeln würden hier wohl nicht blofs völlig unzureichend, sondern auch sogar schädlich und gefährlich sein, weil sie Anlafs geben können, dafs eine Menge Geld für kostbare Wasserbauwerke unnütz verloren geht, und dafs noch obendrein Zerstörungen aller Art angerichtet werden. Anm. d. Herausg.

**) Eine solche mathematische Zurüstung könnte aber leicht zu Formeln verführen, oder wenigstens der Strombaukunst eine nicht passende Form geben. Daher wird wohl mit Recht diese Anordnung im Texte aufgegeben.

Anm. d. Herausg.

636. Deckwerke haben fast gar keinen Einflufs auf diejenigen Theile des Flufsbettes, die sie nicht unmittelbar berühren, da sie den Querschnitt des Flusses fast gar nicht, oder wenigstens nicht merklich, beschränken, also die mittlere Geschwindigkeit des Wassers fast gar nicht verändern. Sie dienen blofs zum Schutze eines abbrüchigen Ufers und es ist daher von ihnen hier nichts weiter zu bemerken *).

637. Dagegen haben die Buhnen einen bedeutenden Einflufs, sowohl auf den Flufs, als auf sein Bett, der also näher betrachtet werden mufs.

638. Eine Buhne ist ein Bauwerk, welches vom Ufer ab in das Strombette hineingelegt ist, und einen Damm bildet, der an einem Ende mit dem Ufer zusammenhängt. Der an das Ufer stofsende Theil der Buhne heifst Wurzel; das entgegengesetzte Ende, welches am weitesten in den Flufs tritt, Kopf; und die Linie in welcher der Wasserspiegel die Ebene der dem Strome entgegengekehrten Seitenböschung schneidet, **Streichlinie.**

639. Die Buhnen lassen sich eintheilen in:

a) **Schutzbuhnen**, welche ein Ufer gegen ferneren Abbruch bewahren und an demselben Anlandung hervorbringen sollen;

b) **Treibbuhnen**, welche vorzüglich das gegenüberliegende Ufer angreifen und wegtreiben sollen;

c) **Schöpfbuhnen**, welche einen gewissen Theil des Wassers auffangen, und in den einen der an ihren beiden Seiten liegenden Arme des Flusses leiten sollen;

d) **Rauschbuhnen**, deren je zwei, einander gegenüber, an beiden Ufern angelegt werden, um die Breite des Fahrwassers zu vermindern, und die Tiefe in der Mitte zu vergröfsern **).

640. Alle diese Arten von Buhnen werden auf gleiche Weise erbaut; der Unterschied zwischen denen *a* und *b* ist sehr unbestimmt, weil öfters die Zwecke beider Arten durch eine und dieselbe Buhne erreicht

---

*) Sie wirken zwar meistens nicht direct auch auf Theile des Flusses, die sie nicht unmittelbar berühren, können aber doch in vielen Fällen indirect darauf wirken. Wenn man nemlich ein Ufer, welches bis dahin vom Flusse angegriffen wurde, durch ein Deckwerk schützt, so dafs der Flufs seine Eingriffe in dasselbe nicht weiter fortsetzen kann, so kann es sehr wohl sein, dafs sich seine Angriffe nunmehr auf angrenzende Theile des Ufers, oder sogar auf gegenüberliegende Stellen richten.
Anm. d. Herausg.

**) Eine Buhne kann aber Schutzbuhne, Treibbuhne, Schöpfbuhne und Rauschbuhne zugleich sein, oder doch auf mehr als eine dieser Benennungen zugleich Anspruch machen. Öfters ist sie auch wohl keines von Allen. Anm. d. Herausg.

werden; es müssen also im Folgenden beide als gleichbedeutend angesehen werden. Von *c* und *d* wird weiter unten die Rede sein.

641. Die Wirkungen der Schutz- und Treibbuhnen sind verschieden, je nachdem:

α) die Krone einer solchen Buhne ganz über dem Wasserspiegel liegt, was bei kleinem Wasser der Fall ist, oder

β) ganz unter dem Wasserspiegel, wie bei Hochgewässern.

642. In dem Falle *β* ist ferner zu unterscheiden, ob:

A) das Wasser über die Ufer tritt, wenn es über die Krone der Buhne strömt, und dann der Querschnitt sich bedeutend erweitert; oder ob:

B) solches nicht der Fall ist.

Dies läfst sich allgemein so ausdrücken:

A) ob, sobald der Wasserspiegel die Krone der Buhne übersteigt, der Querschnitt des Flusses so bedeutend zunimmt, dafs die Buhne nur einen geringen Theil desselben versperrt; oder

B) ob dann die Buhne einen bedeutenden Theil des Querschnitts des Flusses einnimmt.

643. Aufserdem kommt es noch darauf an, welche Richtung die Buhne gegen den Stromstrich hat, wobei hauptsächlich drei Fälle zu unterscheiden sind; nemlich:

A) wenn die Richtung der Buhnen mit der des Stromstrichs einen rechten Winkel macht; in welchem Falle sie perpendiculair oder senkrecht heifst (Taf. II. Fig. 118.);

B) wenn die stromaufwärts gekehrte Seite der Krone der Buhne, mit der Richtung des darauf zu fliefsenden Theils des Flusses einen spitzen Winkel macht; in welchem Falle die Buhne declinant heifst (Taf. II. Fig. 119.);

C) wenn der eben gedachte Winkel stumpf ist, in welchem Falle man die Buhne inclinant nennt (Taf. II. Fig. 120.).

644. Bei der Auseinandersetzung der Wirkungen, welche die Schutz- und Treibbuhnen unter den verschiedenen vorerwähnten Umständen haben können, sollen die Materialien, aus welchen die Wände des Flufsbettes bestehen, nicht besonders berücksichtigt werden, um die Zahl der einzelnen zu betrachtenden Fälle möglichst zu beschränken*).

(Die Fortsetzung im folgenden Hefte.)

*) Die Beschaffenheit der Wände des Flufsbettes kann aber von grofsem Einflufs auf die Wirkung der Buhnen sein. Anm. d. Herausg.

4.

Bemerkungen beim Bau der Brücke über die Dordogne bei Souillac.

(Vom Herrn *Vicat.* Aus dem *Recueil de planches de l'école des ponts et chaussées* tom. 2. 1827, gezogen von dem Herrn Dr. *Dietlein.*)

Gründung der Pfeiler.

Vorläufige Bemerkung.

Das bewegliche Grundbett der Dordogne *) besteht aus Bruchstücken von Granit, porösen Laven und Basalt, welche vom Strome fortwährend an einander gerieben, und dadurch in Sand, Kies und Kiesel verwandelt werden. Diese Bestandtheile des Grundbettes kommen in verschiedenen Verhältnissen gemengt vor, und liegen auf einem sehr harten Kalkfelsen, der an Stellen, wo der Fluſs durch unzerstörbare Hindernisse gezwungen wird, sein Bett zu vertiefen, nackt sich zeigt, auch zuweilen in den Untiefen sichtbar ist, gewöhnlich aber 3 bis 4 Meter unter der Aufschwemmung, und 5 bis 7 Meter unter dem kleinsten Sommerwasserstande liegt.

Der Lauf der Dordogne ist ganz regellos, und ändert sich, so oft das Wasser die Ufer übersteigt. Das eine Ufer ist flach, während das entgegengesetzte so lange weicht und abbricht, bis nichts mehr davon vorhanden ist; dann dienen die Berge, welche das Thal einschlieſsen, zur Begrenzung. Da alsdann der Abbruch auf dieser Seite nicht weiter fortgehen kann, so wird nun wieder das angeschwemmte Land gegenüber angegriffen und der Fluſs kehrt nach und nach wieder zurück, bis er durch ein neues Hinderniſs gezwungen wird, eine neue Richtung anzunehmen.

Der Kalkgrund hat weder eine zusammenhangende, noch eine gleichförmige Oberfläche; gewöhnlich zeigt er sich in der Gestalt einzelner unregelmäſsiger Tafeln, die man für groſse Steinblöcke halten könnte, deren Lage der Zufall bestimmte. Aber der Mangel an Zusammenhang

---

*) Sie flieſst bei Bordeaux in die Garonne. Souillac liegt im Dep. Lot zwischen Limoyes und Cahors auf der Straſse von Paris nach Toulouse.

ist nur scheinbar; denn die Tafeln sind nur die Gipfel eines vollen, zusammenhangenden Felsens, und liegen bald wagerecht, bald abhängig; bald in einerlei, häufiger aber in verschiedenen Ebenen. Die Zwischenräume sind 1 bis 7 Meter tief, und bald den Löchern beim Wurmfraſs ähnlich, bald kreisförmig oder elliptisch; zuweilen nehmen sie einen gröſsern Theil der Oberfläche ein, als die Gipfel.

Wenn bei einer Anschwellung das Wasser 5,6 M. über dem niedrigsten Stande steht, so beträgt seine Geschwindigkeit im Stromstriche 5 bis 6 Meter in der Secunde. Das Wasser wäscht dann, überall wo es ein Hinderniſs findet, das Grundbette bis zum Felsen aus; die ganze Aufschwemmung ist in Bewegung, und die groſsen Kiesel verursachen, indem sie auf dem unebenen Boden fortgeschoben werden, ein dumpfes Geräusch, welches man deutlich vernimmt.

Gewöhnlich schwillt die Dordogne in der Mitte des Octobers durch Regen an; im März schmilzt der Schnee in den Gebirgen der Auvergne plötzlich, und dadurch entstehen furchtbare Überschwemmungen, deren Folgen die Grundbesitzer an den Ufern alle Jahre zu beklagen haben. Dem Ungestüme des Stroms kann dann Nichts widerstehen; die Schiffahrt hört auf, selbst stromab. Einige Rüstpfähle, von 20 Zoll im Quadrat, die man im Winter von 1822 zu 1823 stehen lassen zu dürfen geglaubt hatte, weil sie in eine Kluft des Felsens gedrungen waren, wurden unmittelbar über dem Grunde abgebrochen.

So ist der Fluſs beschaffen, über welchen jetzt bei Souillac eine steinerne Brücke von 7 gedrückten Bogen, jeder von 22 Meter weit, erbaut wird.

Das Conseil der Brücken und Chausséen hat wegen der Schwierigkeiten des Baugrundes, der von Meter zu Meter verschieden ist, und weil die Fundamentirung durchaus in einem Zeitraume von 6 Monaten geschehen muſste, so wie wegen der Unmöglichkeit, das Wasser über einem Felsen voll Löcher und Spalten auszuschöpfen u. s. w., unsern Vorschlag genehmigt: einen Versuch mit Kasten ohne Boden zu machen. Wir sagen: einen Versuch zu machen; denn über die Art und die Einzelnheiten der Ausführung war Nichts bestimmt. Je nach dem Schlusse der Bauzeit hatten wir über die Ergebnisse zu berichten.

Die Geschichte eines Baues zerfällt gewöhnlich in zwei Abschnitte: der eine handelt von dem Gelungenen, der andere von den Fehlern.

Der zweite ist, mit Aufrichtigkeit gegeben, vielleicht noch interessanter, als der erste; wenigstens ist er es für uns in Einzelnheiten gewesen, bei Ereignissen, wo der Mensch im Kampfe mit den Naturkräften unterlag. Die Lehren, welche unglückliche Erfahrungen geben, prägen sich tief ein; günstige Erfolge erzeugen Selbstvertrauen und leicht Dünkel; und von diesem bis zur Verwegenheit und den Katastrophen, die daraus hervorgehen können, ist nur ein Schritt.

Aus diesen Bemerkungen erhellt leicht, in welcher Absicht wir das Folgende unsern Kunstgenossen zur Beurtheilung vorlegen.

Erste Arbeit.

Ausbaggerung in grofsen Massen. Dieselbe geschah mit der sogenannten De Lonce'schen Maschine mit Eimern (Taf. III. Fig. 1. 2.), und hatte nicht die geringste Schwierigkeit, so lange man über den höchsten Gipfeln des Felsens blieb; nur wurde bemerkt, dafs die Kettenglieder sehr genau mit einander verbunden sein und schnell durch andere ersetzt werden mufsten, sobald sie zu sehr schlotterten. Sonst legten sich zwischen den Rollen und dem Kiese die Eimer zuweilen auf die Seite, mitunter sogar auf die Rückwand, und wurden zerrissen oder zusammengedrückt. Die gewöhnlichen Kettenglieder sind zu enge, wenn sie mehr als 7 Meter unter dem Gerüste durchgehen sollen. Man könnte sie, durch Veränderung ihrer Gestalt leicht vergröfsern, ohne die Kette schwerer zu machen. Dadurch würde das Drehen derselben verhindert werden und die Übelstände fielen weg.

Trafen die Eimer mit ihren Schnäbeln auf Felsspitzen, so bemerkte man es am Widerstande in den Handgriffen der Kurbeln; dann mufste man, um nicht alles zu zerreifsen, die Ruthen heben und die Baggermaschine weiter rücken. Zuweilen hing auch die Felsspitze nur schwach an der Masse, gab dem Angriffe des Eimers nach, und blieb in demselben hangen, so dafs nicht selten Stücke von zwei Centnern und von sonderbarer Gestalt gehoben wurden. Fiel der Stein vom Eimer ab, so legte ein Taucher eine Schlinge um denselben; der Stein wurde dann herausgezogen, und in ein plattes Fahrzeug gebracht.

Vollendung des Baggerns. Man erachtet leicht, dafs nach dem vorläufigen Baggern der Boden das Ansehn eines mit grofsen Furchen durchzogenen Kiesfeldes hatte. Der Felsen war noch nicht entblöfst und die Hauptschwierigkeit also noch nicht gehoben. Die Taucherglocke schien hier gute Dienste leisten zu können, und man liefs eine solche, nach den lithographirten Zeichnungen von der zu Cherbourg befindlichen verfertigen. Der Versuch damit mifslang aber gänzlich. Wegen des unsichern und zusammengesetzten Spiels der Luftfässer mufste man die untern Ränder der Maschine 0,4 M. über den Felsgipfeln im Grundbette halten; der innere Raum war nur zum Theil wasserfrei, und der Taucher stand immer bis zur Mitte der Schenkel im Wasser, was ihn sehr angriff. Man bediente sich daher dieser Glocke nicht weiter, nicht weil sie ganz unbrauchbar gewesen wäre, sondern vielmehr, weil sie nicht die dringend nothwendige Schnelligkeit gewährte. Wir haben hernach, jedoch schon zu spät, Gelegenheit gehabt, die Englische Taucherglocke zu sehen, deren man sich zu Bordeaux bedient hat; mit dieser würden wir unsern Zweck vollkommen erreicht haben.

Die Zeichnungen (Taf. III. Fig. 3. 4.) stellen das Mittel dar, dessen wir uns bedient haben, die hervorspringenden Theile der Oberfläche des Felsens so weit als möglich zu reinigen. Auf der Oberfläche wurde eine lange und schwere Schaufel, aus fest miteinander verbundenen, schmalen, eisernen Platten bestehend, welche einen Rechen bildeten, hin und her bewegt. Diese Schaufel hatte einen Stiel von Eichenholz, und wurde vermittelst einer Erdwinde fortbewegt, aufserdem aber durch Arbeiter in der gehörigen Lage gehalten, gehoben, sobald sie hängen blieb, u. s. w.; was den Felsen bedeckte, wurde nach dem tiefsten Puncte des eingeschlossenen Raumes hingetrieben, und von da, vermittelst einer Baggermaschine mit Eimern, wie aus einem Sumpfe, gehoben.

Der Sand und feinere Kies wurde vollends noch durch einen Besen von Faschinen fortgeschafft, der an der Stelle der Schaufel angebracht wurde, und den man flufsabwärts bewegte, um die Wirkung des Stroms zu benutzen, welche im Sommer zwar schwach, aber doch noch sehr behülflich war.

Zweite Arbeit.

Zu Ende der ersten Arbeit waren die ebenen und die hervorspringenden Theile des Felsens entblöfst; auf den rauhen, und an allen Seiten mit Hervorragungen umgebenen Stellen blieb aber immer noch eine Lage Kies zurück von 0,2 bis 0,5 Meter dick, nach den Unebenheiten. Die

Vertiefungen enthielten nichts als Kies und Kiesel, mit ein wenig Sand gemengt. Diese Lagen, von der Schaufel mehrmals durchfurcht, liefsen sich zusammendrücken.

Wir haben oben bemerkt, dafs die Höhlungen des Felsens zuweilen mehr Fläche einnahmen, als die vollen Theile, und dafs sie häufig nicht regelmäfsig auf einander folgten, sondern, dafs bald jene alle oberhalb, diese alle unterhalb lagen: bald jene auf der rechten, diese auf der linken Seite der Einfassung. Man sieht aber, wie nothwendig es sei, den Widerstand überall gleich zu machen, damit sich das Mauerwerk nicht ungleich setze. Sucht man ein Gemenge von Kieseln und Kies durch den Stofs zusammenzupressen, so weichen die durch Aneinanderreiben abgerundeten und geschliffenen Stücke unter dem Stofse seitwärts; bringt man dagegen zwischen dieselben eine andere, mäfsig harte Materie, welche sich in eckige Bruchstücke von beliebiger Gröfse theilen läfst, so ist es anders. Kalkbruchstein eignet sich dazu vollkommen; er legt sich wie ein Kitt zwischen die runden Körper, und hält sie fest.

Man entschied sich also (Taf. III. Fig. 5. 6.), die Stellen, wo der Felsen nicht nackt war, im Allgemeinen mit einer 0,2 bis 0,3 Meter hohen Lage von Bruchsteinstücken zu bedecken und dieselben überall mit einem gufseisernen, 650 Kilogramme schweren Rammklotze zu rammen, der am Ende eines eichenen Stiels befestigt war, welcher mit dem Beschlage 200 Kilogrammen wog.

Diesen Rammklotz liefs man, vermittelst einer Zugramme, auf jede Stelle 30 Mal lothrecht hinabfallen. Nach Einer solchen Hitze war der Boden um 0,25, an einigen Stellen bis 0,38 Meter zusammengeprefst. Ein Visitir-Eisen, welches neben der gerammten Stelle bis zum Grunde hinabgelassen und lothrecht gehalten wurde, zeigte keine Erhebung der darunter liegenden Stoffe an.

Auf den so zubereiteten Grund wurde nun der Béton geschüttet, und von den Wänden eines Kastens ohne Boden zusammengehalten, wie weiter unten beschrieben werden wird.

Dritte Arbeit.

Verbindung, Aufrichtung und Versenkung des Kastens ohne Boden. Gauthey sagt in seinem „*Traité des ponts*" von den Kasten ohne Boden im Wesentlichen nichts weiter, als: man solle recht gerade Baumstämme lothrecht dicht nebeneinander stellen, durch Gurtungen und Riegel sie miteinander verbinden, und sorgen, daſs die untern Seiten der Wände des Kastens sich genau an die Unebenheiten der Oberfläche des Grundes anschlieſsen; die ganze Verbindung solle man auf einem von Tonnen getragenen Flosse aufstellen, und sie dadurch, daſs man die Tonnen nach und nach ablöset, versenken. Da aber in solchen Dingen allgemeine Vorschriften nicht zureichen, indem die ganze Schwierigkeit in der Ausführung liegt, so verlangt der ausführende Baumeister Einzelheiten durch Schrift oder Zeichnung, und in dieser Beziehung läſst das genannte, sonst vortreffliche Werk, viel zu wünschen übrig.

Der Kasten ohne Boden (Taf. V. Fig. 18. 19. 20.), dessen man sich hier bediente, hatte zum wagerechten Querschnitt ein Rechteck, mit einem Dreieck an jeder kleinern Seite. Drei Reihen doppelter Riegelhölzer wurden durch 22 lothrechte Ständer, welche gleich weit von einander entfernt und mit den Riegelhölzern verbolzt waren, wagerecht, und in unveränderlicher Entfernung von einander gehalten. Jeder Ständer reichte 2 Meter über die oberste Reihe Riegelhölzer hinaus, und in dieser Höhe war an jedem ein daran sich anschlieſsender Nebenständer angebracht. In den in die Wand fallenden Seitenflächen der Nebenständer, und in der Oberfläche der Riegelhölzer, worauf sie standen, befanden sich Falze, in welche gewöhnliche Fallschützen gebracht werden konnten, durch die man den ganzen obern Theil der Wände des Kastens wasserdicht verschlieſsen konnte.

Durch einander berührende, zwischen die drei übereinander liegenden doppelten Reihen Riegelhölzer gebrachte Pfähle, wurden die Wände des Kastens ohne Boden vollends geschlossen. Bei diesen Wänden müssen das fest mit einander verbundene Gerippe und die beweglichen, davon unabhängigen Stücke unterschieden werden. Anker aus plattem, auf die hohe Kante gestelltem Stabeisen verhindern das Ausweichen der Wände. Die Verbindung der dreieckigen Theile mit dem viereckigen wurde durch Biegelbänder verstärkt.

Das Gerippe des Kastens wurde über der Stelle des Grundwerks selbst zusammengesetzt oder gerichtet, und zwar nach (Taf. IV. Fig. 7. 8.) vermittelst eines Steben-Rüstbodens in der Höhe des Wasserspiegels, der in drei Tagen beendigt werden konnte. Auf dem Hauptrüstboden, welcher längere Zeit beibehalten wurde, brachte man, jedem Ständer des

Gerippes des Kastens gegenüber (Taf. IV. Fig. 9. 10.), eine Welle an; die um diese Wellen geschlungenen Seile wurden an Haken gehängt, die an den Fuſs der Ständer gebolzt waren; alle Seile wurden gleich stark angespannt; der Nebenrüstboden wurde weggenommen, indem man die Muttern an den obern Enden der eisernen Stangen, an welche er hing, alle zugleich zurückdrehete, und dann hing das Gerippe des Kastens an 22 Wellen. Es wog 21221,98 Kilogrammen. Auf ein gegebenes Zeichen lieſsen 88 Arbeiter die Wellen um eine Viertelumdrehung nach, und in 5 Minuten war das Gerippe so tief versenkt, daſs die obersten Ringelhölzer im Wasserspiegel lagen. Dann wurden die Schützen in die Falzen gebracht und die Fugen kalfatert. Diese Arbeit erforderte drei bis vier Tage.

Hierauf lieſs man das Gerippe bis auf die durch Zeichen vorausbestimmte Tiefe hinab. Nun hing das ganze System bloſs an den um die Wellen geschlungenen Seilen, und man konnte es bloſs mit der Hand 0,2 bis 0,3 Meter weit nach allen Seiten wagerecht verschieben. Man prüfte nochmals die auf dem Hauptgerüste gezogenen Mittellinien, lieſs damit die des Kastens zusammenfallen, und stellte diesen dadurch fest, daſs man, anstatt der Seile, eichene Hölzer anbrachte, die wagerecht an die Rüstpfähle gebolzt, und in die Ständer des Gerippes gezapft waren (Taf. IV. Fig. 9. *b* und 10. *b*). Dann wurden die einander berührenden Pfähle zwischen die Riegelhölzer des Gerippes gebracht und so weit eingerammt, bis sie den Felsen berührten, was keine Schwierigkeit hatte.

Ein Taucher machte die Haken los, und wickelte darauf die Seile von den Wellen ab.

Vierte Arbeit.

Zubereitung und Versenkung des Bétons. Unsere Kasten enthielten im Durchschnitt 420 Cubikmeter (Taf. IV. Fig. 11. 12.). Zu ihrer Füllung waren 15 Tage Zeit nöthig und 120 Arbeiter, die ununterbrochen beschäftigt waren, den Béton zuzubereiten, auf die Baustelle zu bringen, und ihn in's Wasser zu lassen.

Die Bestandtheile des Bétons sind:

Granit-Sand	0,39 Cub. Met.
Kiesel und Kies	0,66 - -
Hydraulischer Kalkteig . . .	0,26 - -
Zusammen	1,31 Cub. Met.

Diese geben an Béton = 1,00 Cubikmeter.

Der hydraulische Kalk ist von der besten Art und übrigens sehr mager; denn beim gewöhnlichen Löschen erhält man aus 1 Cubikmeter gebrannten Kalks nur 1 Cubikmeter gelöschten Kalk. Der Kalk wird auf dem Bauplatze selbst in einem großen Ofen gebrannt, der auf Kosten der Baukasse erbaut ist. Jeden Abend wird nicht mehr als der Bedarf für den folgenden Tag gelöscht. Um den Brunnen und die Kalkgrube herum sind 30 kleine, 2 Meter lange, 1,2 M. breite, mit Platten gepflasterte, nur auf zwei Seiten geschlossene Tennen symmetrisch und regelmäßsig angeordnet. Zu jeder Tenne gehören zwei Schaufeln, eine Hacke, vier gußseiserne Stampfen, 4,4 Kilogr. schwer, und zwei Zuber, in der Gestalt von Eimern, und 0,07 Cubikmeter groß. An jeder Tenne arbeiten vier, und an der Kalkgrube, bei dem Messen des Kalks, zwei Mann. Drei Personen, an jeder Abtheilung eine, führen die Aufsicht. Sie untersuchen die Beschaffenheit des Kalks vor der Mischung mit Sand, die des Mörtels, ehe die Kiesel hinzugethan werden, die Richtigkeit der Mischungsverhältnisse u. s. w. Jede Abtheilung Arbeiter verfertigt nur $\frac{1}{3}$ Cubikmeter Masse auf ein Mal. Die Mischung geschieht durch Stampfen, damit der Teig so hart als möglich sei. Das Tagewerk ist genau bestimmt. Keine Abtheilung darf mehr als $1\frac{1}{3}$ und weniger als 1 Cubikmeter liefern. Lierfert sie weniger, so sind die Arbeiter nicht thätig genug gewesen; liefert sie mehr, so ist der Mörtel nicht sorgfältig genug gemischt worden.

Man hat zur Versenkung des Bétons sehr künstliche Kasten, mit beweglichem Boden, Klinken mit Federn und dergl., sogar solche, deren Boden sich in zwei oder vier Klappen theilt, erfunden; aber kaum möchten sie ihren Zweck besser erfüllen, als der einfache Kippkasten, dessen wir uns bedienten. Nachdem man diesen Kasten gefüllt hat, schlägt man darin den Béton noch etwas fest (*on massive le béton*), läßt den Kasten hinab, und dreht ihn dann durch einen kleinen Ruck um, worauf er sich ausleert. Der herausgefallene Béton bildet eine vierseitige, abgekürzte Pyramide, die auf ihrer größsern Grundfläche steht. Ein mäßsiger Druck reicht hin ihn auszubreiten; und so wird er so wenig als möglich ausgewaschen.

Die Versenkung von Béton, welcher keine Puzzolane enthält, ist sehr schwierig. Geschieht sie nicht vorsichtig, so erhält man unfehlbar, anstatt einer gleichartigen Masse, auf einander folgende Lagen von Kieseln, Sand, magerem Béton und reinem Kalk; denn in dieser Ordnung trennen sich die einzelnen Stoffe, während sie im Wasser hinabsinken, wenn sie nicht gehörig eingeschlossen werden, und zumal wenn der Béton weich oder nicht hinlänglich geschlagen ist.

Man darf nie Lagen von Béton versenken, die dicker sind als 0,4 Meter. Ist eine Lage fertig, so läfst man, wenn es angeht, den Strom den darüber sich bildenden dünnen Überzug von Kalkmilch abspülen, worauf dann die folgende Lage begonnen wird. Einige Baumeister haben es für nöthig gehalten, den versenkten Béton zusammenzupressen. Dies ist aber überflüssig und sogar nachtheilig. Der Béton verdichtet sich von selbst, so sehr als man es nur wünschen kann. Das Zusammenstoſsen spült nur den Kalk aus, und macht mithin den Béton zu mager. Alles was geschehen darf, ist, jede einzelne versenkte Masse durch leichtes Pressen, aber ohne Stoſs, auszubreiten, oder niederzudrücken. Es ist nicht überflüssig, diese anscheinend unbedeutende Regel zu beachten, weil davon der günstige Erfolg der Gründung in Kasten wesentlich abhängt.

Fünfte Arbeit.

Ausschöpfen des Wassers und Legen des Rostbelages. Hierbei ist nichts besonders Merkwürdiges vorgekommen (Taf. V. Fig. 13. 14.). Man hat nur bemerkt, daſs der Béton sich zwar nicht an das Holz anhängt, aber doch so genau an dasselbe sich anlegt, daſs das Durchsikern des Wassers gehemmt wird. Dieses hatten wir auch schon in einem andern merkwürdigen Falle wahrzunehmen Gelegenheit gehabt. Es sollte nemlich ein eingeschlossener Raum, in welchem 244 Pfähle durch beweglichen Kies gerammt waren, 2 Meter unter dem Sommerwasser, trocken gemacht werden.

Dies geschah sehr leicht, indem man den Grund mit einer 0,6 Meter dicken Lage Béton bedeckte. Zwischen dem Holze und dem Mörtel drang nicht das geringste Wasser durch. Es scheint, daſs solches bei der von dem verstorbenen Gauthey fundamentirten Schleuse zu Digoin nicht der Fall gewesen sei. Wahrscheinlich war dort die schlechte Beschaffenheit des Bétons Schuld daran.

Sechste Arbeit.

Prüfung der Festigkeit des Bétons. Die Figuren (16. und 17. Taf. V.) stellen den Bétonkörper vor, wie er mit einem Gewichte von 2500000 Kilogrammen belastet war, welches Gewicht dem eines Pfeilers und eines Bogens der Brücke gleich ist. Die Erfahrung hat gelehrt, daſs der sorgfältig zubereitete, und mit Vorsicht eingeschüttete Béton, nach zehn Monaten beinahe unpreſsbar zu werden anfängt. Man hat in der That an dem Roste des dritten Pfeilers, welcher 10 Monate nach der Versenkung des Bétons belastet wurde, nur ein allgemeines und gleichförmiges Setzen von 0,005 Meter bemerken können: bei dem zweiten Pfeiler, wo man mit der Belastung nur 8 Monate gewartet hatte, betrug, unter übrigens gleichen Umständen, die Senkung 0,025 Meter.

Man hat nicht ohne Überraschung wahrgenommen, daſs die Zusammenpressung, von 0,00 bis auf 0,024 Met. beinahe gerade im Verhältnisse der Belastung zunahm, was anzudeuten scheinen konnte, daſs man von der absoluten Grenze der Zusammenpressung noch weit entfernt gewesen sei, als man mit der Verstärkung der Belastung aufhörte. Da indessen der Erfolg der Belastung vom Alter des Bétons abhangt, und zwei oder drei Monate mehr seine Festigkeit bedeutend vergröſsern, so hat man für die Zukunft nichts zu fürchten.

Der Kosten wegen muſste das Mauerwerk der Belastung jedes Pfeilers so wenig hoch als möglich sein. Wir haben deshalb, um eine breitere Grundfläche zu bekommen, Balken übereinandergelegt, die an beiden Seiten allmählig immer weiter ausgriffen. Die Ersparung vergütigt indessen vielleicht die Übelstände nicht. (Fig. 15. Taf. V.) zeigt, wie Hölzer, die erst einmal gebraucht worden waren, schon unter der Hälfte der Last sich gekrümmt hatten.

Obgleich daraus nur einige unbedeutende Risse im Mauerwerke der Belastung entstanden waren, so ist es doch vielleicht besser, die über einander gelegten Balken höher anzubringen, und durch Säulen zu unterstützen.

Der obere Theil der Belastung bestand aus einem groſsen Kasten, dessen Wände von gleich weit von einander entfernten Riegelhölzern und Zangen zusammengehalten wurden. Dieser Kasten wurde mit Sand, Kies und Kieseln aus dem Fluſsbette gefüllt. Um ihn auszuleeren, wurden, unterhalb in den Wänden, an mehreren Stellen Öffnungen gemacht. Der Kies fiel groſsentheils durch sein eignes Gewicht heraus; was übrig blieb, wurde links und rechts herausgeworfen, und vom Strome fortgeführt.

Besondere Beobachtungen.

Bei zwei Pfeilern fand das Baggern eigenthümliche Schwierigkeiten. Da der Ort des Pfeilers durch eine Anhägerung vom Flusse getrennt war, so stand das Wasser im Kasten mit dem strömenden nicht in Verbindung, und die schlammigen Theile, welche dem Bagger entschlüpften, konnten nicht weggeschafft werden. Wegen Ausbleibens der Zahlungen, zwischen der dritten und der vierten Arbeit, mufste 6 Monate mit dem Bau innegehalten werden. Ein schlammiges Frühlingswasser erschwerte nun das erste Baggern, und der Felsen war beinahe 1 Meter hoch mit Schlamm bedeckt, als der Kasten versenkt werden sollte. Die Fische, welche während des Baues des Stirnpfeilers gestorben waren, und die faulenden Vegetabilien, machten, dafs dieser Schlamm einen unerträglichen Geruch verbreitete; sobald man ihn im Geringsten bewegte, stiegen daraus, in grofsen Blasen, schädliche Dünste in die Höhe (wasserstoffhaltiger Kohlenstoff und Wasserstoffperphosphorid), so dafs die Taucherglocke gar nicht anwendbar war. Man bediente sich der Faschinenbesen, von denen oben die Rede war, mit Erfolg, um einen Theil dieser Stoffe nach einem Sumpfe zu treiben, aus welchem sie, vermittelst der Baggermaschine mit Eimern, nach und nach ausgeschöpft wurden. Aber durch die Bewegung des Besens und der Eimer wurde ein grofser Theil des Schlammes wieder verdünnt, der sich dann am Tage schwimmend erhielt und des Nachts wieder zu Boden sank. Endlich entschlofs man sich, den Kasten zu versenken, und den von ihm eingeschlossenen Schlamm mit einer weiten Pumpe auszuschöpfen, die im innern Raume des Kastens umhergeführt wurde. Dadurch gelang es, die hervorragenden Stellen des Felsens ziemlich frei zu machen; der wenige Schlamm, welcher auf dem Boden der Vertiefungen liegen geblieben war, zog sich in die Zwischenräume der Bruchsteine, welche gestampft wurden.

Beim ersten Pfeiler vom rechten Ufer an, zeigten sich Schwierigkeiten anderer Art, da der Grund durch die Wirkung des durch eine Buhne erzeugten reifsenden Stroms entblöfst worden war. Die erste und zweite Arbeit waren hier nicht nöthig; aber die Rüstpfähle konnten auch nicht in den dichten Felsen gerammt werden; man mufste daher die Vorrichtung zur dritten Arbeit auf einen schwimmenden Rüstboden setzen, der auf mehreren kleinen Schiffen lag. Bieser Boden hob und senkte sich fortwährend in lothrechter Richtung, theils wegen der täglichen Veränderung des Wasserstandes im Flusse, theils wegen der Bewegungen der Arbeiter. So gelang es nur mit Mühe, den Kasten zu versenken, und ihn genau zu stellen.

Fehler bei der Gründung des einen Pfeilers.

Der Grund, auf welchem der erste Pfeiler, vom linken Ufer an (der zuerst gegründete), zu stehen kommen sollte, bestand, im untern Drittheil der Länge, aus einem Felsen, dessen Oberfläche eben, und vollkommen wagerecht war. Der übrige Theil, oben, bestand nur aus einigen Felsspitzen, mit sehr tiefen, von kleinen Kieseln oder Kies ausgefüllten Zwischenräumen. Man versuchte, darin, nach der Tiefe abgeschrägte und an das untere Ende aufgepropfter Stücke befestigte Pfähle zu rammen; da dieselbe aber auf Bänke trafen, deren Oberfläche bedeutend gegen den Horizont abhing, so neigten sie sich seitwärts und bogen den eisernen Bolzen, der sie mit dem aufgepfropften Stücke verband, so daſs es unmöglich war, sie einzurammen, und der Versuch damit gefährlich wurde. Auf das oben (zweite Arbeit) beschriebene Mittel, den Grund zu befestigen, war man noch nicht gekommen; der Taucher zeigte, durch einige lose Blöcke getäuscht, an, daſs er an mehreren Stellen Felsen finde; durch das Visitireisen lieſs sich seine Angabe nicht widerlegen; die Jahreszeit war vorgerückt, und man muſste irgend einen Entschluſs fassen. Man rechnete also auf die Unpreſsbarkeit des Kieses, und entschloſs sich, etwas zu voreilig, den Béton einzuschütten. Im folgenden Jahre wurde die Festigkeit desselben geprüft (6te Arbeit). Die Belastung hatte beinahe $\frac{2}{3}$ ihres Gewichts erreicht, als man die Höhe der äuſsersten Enden des Rostbelages genau untersuchte. Das Nivellement zeigte eine Senkung am obern Ende von 0,023 Met., und am untern Ende, unerwarteter Weise, eine Erhebung von 0,003 Met. Man untersuchte hierauf sogleich auf das sorgfältigste alle Fugen des Mauerwerks der Belastung (welche auf der äuſsern Seite mit Mörtel verstrichen waren). Es fand sich nicht der geringste Riſs, und es folgte also, daſs sich die ganze Bétonmasse stromaufwärts geneigt, und also, gleich als wäre sie ein einziger Felsblock, um eine, ungefähr um ein Drittheil der Länge vom untern Ende entfernte Quer-Axe gedreht hatte. Es war kaum begreiflich, daſs das Hintertheil des Pfeilers, wie es wirklich der Fall war, den Grund nicht berühren, sondern frei über demselben schweben sollte, und dafs es nur durch die Cohäsion der Masse in dieser Lage erhalten wurde. Die Belastung betrug zu dieser Zeit 1702686 Kilogr. Der Béton war erst 10 Monate alt.

Man fuhr indessen fort, die Belastung schleunig zu verstärken, und wir erwarteten nicht ohne Besorgnifs den endlichen Erfolg der Bewegungen. Auf einmal zeigten sich Sprünge in den Seitenflächen, die sich fast plötzlich, und auf eine erschreckende Weise, erweiterten; der Holzverband krachte; alles schien zu Grunde gehen zu müssen.

Die Bétonmasse war nun zerbrochen, und hatte sich in zwei Blöcke getrennt. Der kleinere Theil, am untern Ende, war in seine frühere Lage zurückgekehrt, hatte aber doch, auf seine ganze Länge 0,008 M. Neigung behalten. Der andere, frei gewordene Theil hatte sich am Bruche um 0,015 Met. und am obern Ende um 0,166 Met. gesenkt.

Nachdem sich die Bétonmasse auf diese Weise getheilt hatte, blieb darauf noch 8 Monate lang ein Gewicht von 2554041 Kilogr. liegen, ohne dafs sich weiter eine Bewegung gezeigt hätte. Nach der Quere blieb alles wagerecht.

Auf unsern Bericht ordnete das Conseil der Brücken und Chausséen an:

1) Dafs die beiden Blöcke durch Eingiefsen von Béton in die Fugen miteinander verbunden werden sollten; 2) dafs in der ersten Schicht der reinen Mauer des Pfeilers ein eiserner Reif von 0,06 Met. im Quadrat dick eingelassen werden sollte, um der unzureichenden Bindung des eingegossenen Béton's zu Hülfe zu kommen; 3) dafs die künftige Belastung des Grundwerkes durch eine cylindrische Höhlung zwischen den Gewölbwinkeln um 219449 Kilogr. vermindert werden sollte; 4) dafs der Steinwurf stromaufwärts verstärkt werden sollte.

Durch diese Vorsichtsmaafsregeln werden in der That fernere Unfälle abgewendet werden, und die Spuren des erfolgten Unfalles werden verschwinden. Aber man sieht leicht, wie übel es gewesen wäre, wenn man den Pfeiler, mit den beiden darauf ruhenden Gewölben, aufgeführt hätte, ohne die Festigkeit des Grundwerks vorher durch die vorläufige Belastung zu prüfen.

Ehe wir die oben beschriebene merkwürdige Erfahrung gemacht hatten, war uns über die Festigkeit eines Baugrundes aus Sand oder Kies nichts weiter bekannt, als was der erfahrene Gauthey („*Traité de la construction des ponts,*" B. II. S. 176. — 178.) sagt. Es heifst daselbst: „man könne selbst dann in einem Kasten ohne Boden fundamentiren, wenn der Felsen mit Sand oder Kies bedeckt sei, weil man die Wände eines solchen Kastens schliefse etc.;" und weiterhin: „dafs Sand und Kies beinahe unprefsbar wären, und dafs man daher ohne Gefahr darauf bauen könne, wenn anders keine Unterspülung des Bodens zu fürchten sei."

Aus dem Obigen geht aber hervor, dafs der bewegliche Kies allerdings prefsbar ist. Seine einzelnen Theile sind es freilich nicht, aber sie können durch einen starken Druck in eine andere Lage gebracht und verschoben werden, so dafs die Summe der Zwischenräume nun kleiner ist, als vorher.

Wir glauben nicht, dafs man die Absicht verkennen werde, aus welcher wir die obigen Einzelnheiten mitgetheilt haben. Jede bemerkenswerthe Thatsache ist eine Wahrheit, die dem Publico angehört. Ein Baumeister, der aus Eigenliebe, oder andern Gründen, Fehler zu verhüllen suchen wollte, deren Beschreibung nützlich sein kann, würde sich ein schlechtes Verdienst um seine Kunstgenossen und um das allgemeine Beste erwerben.

5.

Bemerkungen zu Gesundheits-Regeln beim Bauwesen.

(Vom Herrn Architecten *Aristide Vincent* zu Paris *).)

(Aus dem *Journal du génie civil.*)

I. (4ter Band, Juni-Heft 1829.)

Gröfse der Zimmer. Breite der Strafsen. Schädliche Gase.

Obgleich die Gesundheitsregeln für Gebäude und für die Anlage der Städte den Ärzten sehr wohl bekannt sind, und sie mehrere gute Abhandlungen darüber geschrieben haben, so sind diese Regeln doch den Architecten, selbst denjenigen, welchen die Polzei der Bauwerke obliegt, beinahe unbekannt, obgleich ihnen diese Kenntnifs wesentlich nöthig wäre. Daher sind meistens die darauf sich beziehenden Verbesserungen an Gebäuden nicht ihr Werk, sondern das der Administratoren, die aber, vermöge ihrer Stellung, nicht so gut als die Architecten beurtheilen können, was noch zu thun übrig wäre. Deshalb schreiten denn die Verbesserungen auch nur sehr langsam fort, trotz der Klagen der Ärzte und anderer Gelehrten, die sich mit diesem Gegenstande beschäftigen. Niemand liest ihre Werke, und ihre Regeln werden nicht befolgt. Hätten die Architecten auch nur allgemeine Kenntnisse der Physik und Chemie, so würden sie die Nützlichkeit der Gesundheitsregeln zu schätzen, und ihre Kunst

---

*) Diese Abhandlung, welche der Herr Verfasser fortsetzt, bringt einen Gegenstand zur Sprache, der wohl noch nicht so sorgfältig erwogen ist, als es seine Wichtigkeit verdient; in der That, was kann wichtiger sein, als die Erhaltung der Gesundheit und des Lebens! und die Einrichtung der Wohnungen hat daran einen bedeutenden Theil. Man baut Wohnungen, zum Schutz gegen die Strenge der Witterung, und zum behaglichen Aufenthalt, also zu dem Zwecke, das Leben und die Gesundheit zu fristen. Warlich aber sind zuweilen die Wohnungen diesem Zwecke so wenig förderlich, dafs oft die Frage ist, ob die dauernde Unannehmlichkeit des Aufenthalts in denselben, nicht fast eben so nachtheilig sei, als die theilweise Beschwerlichkeit des Aufenthalts in freier Luft. Der Gegenstand der Abhandlung ist also unstreitig von dem gröfsten Interesse. Der Herausgeber dieses Journals wollte schon, ehe ihm der gegenwärtige Aufsatz zu Gesichte kam, seinerseits einige Bemerkungen über diesen Gegenstand machen. Er wird diesen Bemerkungen jetzt die gegenwärtige Abhandlung vorhergehen und seine Bemerkungen ihr folgen lassen.

Anm. d. Herausg.

auch in diesem Puncte zu verbessern wissen *). Unglücklicher Weise aber meint man gewöhnlich, daſs es, um Architect zu sein, hinreiche, mehr oder weniger sauber zeichnen zu können; man überläſst es den sogenannten Constructeurs und Ingénieurs, sich, wenn es ihnen beliebt, auf wissenschaftliche Kenntnisse zu legen. In der That wird in den Werkstätten und in der Bau-Academie (zu Paris), bis auf die neueste Zeit, fast nur das architectonische Zeichnen gelehrt, und die meisten dort gebildeten Architecten verstehen nichts anders.

Einige Ideen über einen so wichtigen Gegenstand, als die Gesundheit der Bewohner unserer Hauptstadt (Paris), werden also vielleicht nicht ganz ohne Nutzen sein.

Die Respiration ist gewissen Bedingungen unterworfen, ohne welche die Lebensthätigkeit bald leidet. Damit die Luft, aus 79 Theilen Stickstoff und 21 Theilen Sauerstoff bestehend, sich zur Respiration eigene, muſs sie rein sein; ist sie mit gewissen Gas-Arten gemengt, so wird sie schädlich und sogar tödtlich. Zu den schädlichen Gas-Arten gehören Schwefel-Wasserstoff-Gas, salzsaures, schwefelsaures, kohlensaures Gas u. s. w., welche sämmtlich, da wo Menschen wohnen, anzutreffen sind. Vorzüglich befinden sich diese zerstörenden Stoffe in engen Straſsen, wo eine Menge Menschen zusammengedrängt sind.

Ein starker und gesunder Mensch verbraucht ungefähr 800 Liter Sauerstoff, d. h. er athmet 3,8 Cub. Meter gewöhnliche Luft in 24 Stunden ein, und macht sie irrespirabel: er athmet dagegen 800 Liter kohlensaueren Gases aus. Einmal Athmen verschlechtert die (eingeathmete) Luft um $\frac{2}{100}$, zweimal Athmen um $\frac{4}{100}$ oder $\frac{1}{25}$. Die für eine Person zur Respiration erforderliche Menge Luft wird also in 24 Stunden wenigstens 25 mal 3,8 Cub. Meter oder 95 Cub. Meter, und in 1 Stunde 4 Cub. Meter betragen. Zur Annehmlichkeit würde zweimal, und selbst vier mal mehr nöthig sein.

In einem Programm, welches der sehr ehrenwerthe Herr B. Desportes, Verwalter der ersten Abtheilung der Civil-Hospitäler zu Paris, dem General-Conseil für den Bau eines Hospitals für Wahnsinnige vorge-

*) Der Herr Verfasser spricht natürlich von den Architecten zu Paris. Man nennt dort Architecten diejenigen, welche sich bloſs mit dem Häuser-Bau aller Art beschäftigen. Die ganze übrige Baukunst ist das Geschäft der Ingenieurs.

Anm. d. Herausg.

legt hat, erinnert derselbe, dafs die Gröfse der Kranken-Säle nicht nach ihren Dimensionen allein, sondern auch nach der Zahl der Kranken, welche darin wohnen, abzumessen sei, nemlich nach der Menge Luft, welche die Kranken athmen. So ist der 400 Fufs lange Saal St. Landry im Hôtel-Dieu, wegen seiner geringen Höhe und der Menge der Betten, nur klein. Herr Desportes verlangt für Zellen einzelner Menschen 24 Cub. Meter zum Einathmen taugliche Luft, und für Schlafzimmer, welche 24 Menschen fassen, für jeden 48 Cub. Meter Luft. Nach der obigen Berechnung ist diese Luft-Menge nicht hinreichend, zumal in einem Hospitale, weil das Einathmen allein 95 Cub. Meter in 24 Stunden erfordert. Man müfste annehmen, dafs das Fehlende durch die Thüren und Fenster zugeführt werde, was aber ohne Gefahr für die Kranken nicht geschehen darf. Bringt man aufserdem noch die krankhaften Ausdünstungen, welche bei Leidenden stärker sind als im gesunden Zustande, in Rechnung, so folgt, dafs die obige Masse der zum Einathmen nöthigen Luft noch vergröfsert werden mufs.

Viele Ärzte legen nicht genug Gewicht auf die der Luft beigemischten thierischen Ausdünstungen. Der berühmte Italienische Arzt Morgagni hat folgende einfache Vorrichtung angegeben, das Dasein animalischer Materien in der Luft zu erkennen und ihre Menge zu schätzen. In einem niedrigen Saale, in welchem die Luft verdorben ist, hängt man eine hohle, mit Eis gefüllte Glaskugel, und unter derselben eine Schale oder einen andern Recipienten auf. Da die Luft immer mit einer gewissen Menge Wasser in Dampfform gefüllt ist, so wird sich dieser Wasserdampf auf der kalten Fläche der Kugel condensiren und das niedergeschlagene Wasser in dem Recipienten sammeln. Läfst man nun essigsaures Blei darauf wirken, so werden sich die in der Luft befindlichen thierischen Stoffe absondern und können geschätzt werden. Ihre Masse ist viel gröfser, als man glauben sollte. Ein anderes Werkzeug, von Herrn Clément-Desormes, ist noch wirksamer. Es besteht aus einem Cylinder mit doppeltem Mantel, der äufsere von Holz, der innere von Glas. Diesen Cylinder füllt man, wie vorhin, mit Eis; der Dampf, der in der Atmosphäre verbreitet ist, condensirt sich, und die Luft, welche sich in Folge ihrer Erkältung verdichet, strömt nach unten. Dann kann man die Geschwinkeit dieses Luftstroms messen, und hieraus und aus dem bekannten Inhalt der Ausflufs-Öffnung den Cubik-Inhalt der in einer gewissen Zeit ausgeströmten Luft berechnen. Auf das durch die Verdichtung entstandene Wasser läſst man nun wieder essigsaures Blei wirken und findet aus dem Producte die Menge der animalischen Substanzen, welche sich in einer bestimmten Menge Luft aufgelöset befanden.

Es wäre gut, solche Versuche häufig in Hospitälern, Gefängnissen, Theatern und an andern Orten, wo sich viele Menschen befinden, anzustellen. Man würde daraus sehen, wie nöthig es sei, diesen Gebäuden geräumigere Verhältnisse und wirksamere Mittel zur Luftreinigung zu geben. Der Typhus, und andere ansteckende Krankheiten in Gefängnissen und ähnlichen Orten, haben keinen andern Grund als das Dasein eines Übermaſses animalischer Ansteckungsstoffe, welche sich aus den Körpern einer zu groſsen Menge Menschen in einem zu engen Raume entwickeln, wo die verdorbene Luft nicht hinreichend erneuert werden kann *). Man sieht daraus, wie nöthig es ist, die Luft, auch in Versammlungs-Zimmern und Tanzsälen, wo die Hitze oft so groſs, und ihr Sauerstoffgehalt so gering ist, daſs die Lampen und Kerzen nur noch röthlich und schwach brennen, zu erneuern. Man ist öfters weit davon entfernt, daran zu denken, wie nachtheilig diese verdorbene Luft auf die Gesundheit wirkt, und daſs die Anwesenden unbedingt sterben müſsten, wenn die Fenster und Thüren gänzlich verschlossen wären.

Man nehme einen 8 Meter langen, 8 Meter breiten und 3,5 Meter hohen Saal, der also 224 Cub. Meter Luft enthält. In diesem Saale seien 50 Personen anwesend. Nun sterben Thiere, wenn $\frac{1}{3}$ des Sauerstoffs in der Luft, welche sie einathmen, verbraucht ist. Es wären also im obigen Falle nur 75 Cub. Meter Luft zu verathmen nöthig. Oben haben wir aber gesehen, daſs ein Mensch in 24 Stunden 800 Liter Sauerstoff oder 3,8 Cub. Meter Luft einathmet; die 50 Personen verathmen also 74 Cub. Met. Luft in 9 Stunden und 28 Minuten, und nach Verlauf dieser Zeit müssen sie umkommen. Aber schon lange vorher werden sie sich unwohl befinden, und nach und nach verscheiden. Nach 9 Stunden wird es unmöglich sein, daſs ein Wesen in diesem Saale noch leben kann.

---

*) Nur kann auch in der äuſsern freien Luft selbst, der krankheiterzeugende Stoff liegen. Anm. d. Herausg.

**) In der Voraussetzung nemlich, daſs der Saal luftdicht verschlossen ist. Anm. d. Herausg.

Man wird einwenden, daſs die Gemächer **nie** luftdicht verschlossen sind. Die eindringende Luftmenge steht indessen gewiſs nicht im richtigen Verhältniſs zu der verbrauchten. Damit die Luft immer gesund und angenehm sei, müſsten in jeder Stunde 4 Cub. Meter einströmen, welches das Minimum der zur Untersuchung der Respiration gerade erforderlichen Luftmenge wäre.

Die verdorbene Luft und die Hitze in Tanzsälen macht, daſs unsere Bälle, anstatt der Gesundheit zuträglich zu sein, wie sie es in Folge der körperlichen Bewegung sein müſsten, ihr im Gegentheil nachtheilig sind. Ein fortgesetzter Aufenthalt in einer, weder hinreichend dichten, noch hinreichend reinen Luft, kann Schlagflüsse hervorbringen, indem das Blut heftig nach dem Kopfe getrieben wird, woraus starke Kopfschmerzen und eine Müdigkeit entsteht, die viel gröſser ist, als wenn man sich die nemliche Bewegung in freier Luft gemacht hätte. Dazu kommt noch, daſs der plötzliche Übergang aus der heiſsen Temperatur in die Kälte, in sehr leichten Kleidern, schwere Krankheiten nach sich ziehen kann.

So nützlich eine reine und lebenskräftige Luft für unsere Existenz ist: so verderblich ist eine dünne und vordorbene Luft. Eine allgemeine Erschlaffung bemächtigt sich des ganzen Körpers, die Verdauung leidet, die Farbe wird bleich und bleifarben, und der geringste Anlaſs hat einen krankhaften Zustand zur Folge. Darum ist gegentheils die Gesichtsfarbe der Landleute frisch; die unverdaulichsten Nahrungsmittel machen ihnen keine Beschwerde, sie können die härteste Arbeit ertragen, und Krankheiten sind unter ihnen seltener als in den Städten. Doch auch nicht alle Landleute genieſsen, einer dauerhaften Gesundheit. Diejenigen welche sumpfige Gegenden bewohnen, wo die Luft mit mehr oder weniger gefährlichen Gas-Arten angefüllt ist, sind hager, blaſs, kränklich, kraftlos, und unterscheiden sich oft von den Bergbewohnern, welche von den Ausdünstungen der Sümpfe, die nur einige Meter hoch steigen, und, auſser bei heftigen Winden, an derselben Stelle bleiben, nicht heimgesucht werden.

Da reine Luft und Licht die Haupt-Elemente der Gesundheit sind, so ist es wesentlich nöthig, sie in den Städten so reichlich als möglich zuzulassen, und die Häuser so zu bauen, daſs sie im Verhältniſs zur Zahl ihrer Bewohner hinreichend Luft erhalten. Gewöhnlich geschieht gerade das Gegentheil; denn in den lebhaftesten Stadtvierteln sind die **Straſsen am engsten**, die Häuser am höchsten, und die Stockwerke am niedrigsten. Es ist sehr unrecht, nur den Werth der Häuser und des Terrains zu berücksichtigen, statt daſs man auch auf das mehr oder weniger lebhafte Treiben auf den Straſsen sehen sollte. So z. B. würde die Rue-neuve-des-petits-champs, die Rue Vivienne, u. s. w., selbst 13 Meter breit, wegen der dortigen Menge von Wagen und Menschen, noch zu eng sein. In so volkreichen Stadtvierteln sollten die Straſsen nicht unter 20 Meter breit sein, weil das Gedränge doch noch immer ziemlich stark ist und wegen der Höhe der Häuser die Sonnenstrahlen nicht bis auf die Straſse dringen können, auch die Luft nicht frei circuliren kann.

Eben so wäre es durchaus nöthig, ein Minimum für die Höhe der Gemächer festzusetzen, weil in den neuern Gebäuden die Gemächer so enge sind, daſs weder hinreichende Luft noch Licht hineinkommt. Thut man dieser gefährlichen Sucht der Zusammendrängung nicht Einhalt, so werden wir bald nur Wohnungen wie die Tonne des Diogenes haben. Es wäre durchaus nothwendig, daſs ein polizeiliches Gesetz verböte, die Stockwerke niedriger als drei Meter zu bauen, die Halbgeschosse aber gänzlich untersagte. Der Privat-Vortheil berücksichtigt nicht den Vortheil des Publicums. Ständen die Straſsen und Plätze nicht unter dem Schutze der Commune, so würden auch sie bald von den angrenzenden Häusern in Besitz genommen werden. Auch daſs die Einwohner sich nicht in ungesunde Winkel zusammendrängen, muſs die Commune verhindern, eben wie sie ihnen verbietet, die offne Straſse zu verbauen. Es ist nicht zu verkennen, daſs die Bewohner von Stadtvierteln, wo die Straſsen enge, schmutzig, feucht, und wahre Schlupfwinkel ansteckender Krankheiten sind, elend aussehen und am Kropf und Drüsen leiden. In Paris ist das letztere fast bei allen Kindern der Fall. Die Unregelmäſsigkeit und Krümme der Straſsen verhindert den freien Durchzug des Windes, und macht die Luft stillstehend und unrein. Die geraden Straſsen, welche den Winden freien Zutritt verstatten, und die breiten Straſsen, wo das Licht bis zu den untersten Stockwerken dringen kann, sind die gesünderen, besonders wenn sie starkes Gefälle haben und vom Wasser bespült werden, um den Koth und Unrath, der gewöhnlich in der Nähe der Rinnsteine liegen bleibt, fortzuschaffen.

Viele meinen die Luft der Zimmer zu reinigen, wenn sie diese durchräuchern oder Blumen hineinstellen. Aber sie irren sich. Denn die Blumen saugen den Sauerstoff aus der Luft ein und hauchen dafür Kohlensäure aus. Das wahre und rechte Mittel, die Luft zum Einathmen tauglich zu machen, ist, sie häufig zu erneuern.

Andere beachten nicht die Gefahr, wenn sie in zu kleinen und zu fest verschlossenen Gemächern Kohlen verbrennen. Folgende Berechnung wird die Gefahr näher zeigen.

Ein Zimmer sei 4 Meter lang, 3 Meter breit und 3 hoch, also 12 Quadr. Meter in der Grundfläche und 36 Cub. Met. an Inhalt groſs. In einer Stunde verbraucht ein Mensch 0,158 Cub. Met. Luft. Die Luft, welche er verbrauchen darf, bis der Rest nicht mehr respirabel ist, beträgt also $\frac{36}{3}$ oder 12 Cub. Met. Diese 12 Cub. Met. Luft sind aber nöthig, um 1,33 Kilogrammen Kohlen zu verbrennen (denn zum Verbrennen von 1 Kil. Kohlen gehören 9 Cub. Met. Luft), was nur ein sehr mäſsiges Feuer ist, wie auf einem Küchenheerde.

Die Kohlensäure schadet noch der Gesundheit weniger als andere Gas-Arten; wenigstens bringt erst eine gröſsere Menge derselben schädliche Wirkungen hervor. In London, wo man viel fette Steinkohlen brennt, bildet der Rauch derselben eine so dicke, feststehende Wolke über der Stadt, daſs man von den benachbarten Höhen nur die hindurchragenden Spitzen der Kirchthürme sieht. Gleichwohl scheint die Gesundheit der Bewohner nicht darunter zu leiden. Seit zwei Jahren brennt man weniger fette Kohlen. Zu Paris hat Herr Clément gefunden, daſs die Luft bei einem gewöhnlichen Winde nur $\frac{1}{6000000}$ Kohlensäure enthält. Ein anderer Chemiker fand zu Genf $\frac{1}{3000}$.

Das Wasserstoffgas ist bei weitem gefährlicher. Vor etwa 30 Jahren wurde Herr Clément von Herrn Chaussier ersucht, die Ursachen des Todes einer Frau zu untersuchen, welche in einer Badewanne auf die Weise gebadet hatte, daſs der Kopf allein frei war, und welche augenblicklich gestorben war, als man Schwefelwasserstoffgas in die Wanne geleitet hatte. Herr Clément steckte ein Kaninchen in eine Blase, so daſs nur sein Kopf daraus hervorragte und verschloſs die Blase sorgfältig. Er brachte Schwefelwasserstoff in die Blase, und das Kaninchen starb auf der Stelle. Von einem andern Kaninchen band er darauf nur eine Pfote in die Blase ein, und auch dieses starb alsbald. Es folgt also, daſs das Wasserstoffgas Thiere, selbst durch die Poren tödten kann, um so mehr also durch das Athmen. Später hat Herr Thénard diese Versuche wiederholt und gefunden, dafs die Wirkung des Gases mit der Gröfse des Thieres in Verhältnifs steht, und dafs ein Pferd stirbt, wenn die Luft, die es einathmet, $\frac{1}{800}$ ihres Volumens geschwefelten Wasserstoffgases enthält. Ein Englischer Chemiker fand, dafs ein Zusatz von $\frac{1}{100}$ geschwefelten Wasserstoffgases hinreicht, um Pflanzen zu tödten; sie vertrocknen nicht, sondern die Wirkung ist narkotisch, sie scheinen einzuschlafen; $\frac{1}{10000}$ Gas wirkt schon nachtheilig auf sie, ohne dafs der Geruch sich merklich änderte.

Die Abtrittgruben enthalten viel Schwefelwasserstoffgas. Dieses Gas ist die Ursache der vielen krankhaften Zufälle und oft des Todes der Arbeiter bei der Ausbesserung solcher Gruben. Der Chlor-Kalk zerstört das Schwefel-Wasserstoffgas. Wenn er nicht mit Säure verbunden ist, greift er animalische und vegetabilishe Stoffe nicht an, er färbt auch die Lackmufs-Tinctur nicht roth; bläset man aber mit dem Munde darauf, so saugt der Kalk die Kohlensäure begierig ein; darauf trennt sich das Chlor und färbt die Tinctur. Es wäre zu wünschen, dafs man die Luft in den Abtrittgruben zuvor damit reinigte, ehe man die Arbeiter hineinsteigen läfst, deren Gesundheit sonst in die gröfste Gefahr kommt. Ein Polizei-Gesetz sollte die Hauseigenthümer anhalten, ihre Gruben, ehe sie darin arbeiten lassen, gegen Ansteckung zu sichern. Die Kosten sind nicht bedeutend, denn 100 Kilogrammen Chlorkalk von 72 Graden, kosten ungefähr nur 55 Franken. Man würde dadurch häufige Unglücksfälle verhüten.

Durch $\frac{1}{200000}$ Salzsäure können junge Bäume in wenigen Tagen getödtet werden, wie es im südlichen Frankreich, da wo Soda fabricirt wird, geschieht. Es bilden sich dort Wolken von salzsaurem Gase, welche in einiger Entfernung niederfallen und die ganze Vegetation zerstören.

Die Mittel gegen die schädlichen Gasarten beruhen auf dem Ersatz der verbrauchten Luft durch frische, und sind zweierlei Art. Entweder Maschinen, welche die Luft in Bewegung setzen, oder Heitz-Vorrichtungen, welc hedie Luft gleichzeitig erwärmen und in Bewegung setzen. Wir werden davon in einem zweiten Artikel sprechen.

II. (5ter Band, October-Heft 1829.)

Fortsetzung. Erneuerung der Luft. Anwendung des Chlorkalks um schädliche Gase zu zerstören.

Eine neuere Maafsregel der Bau-Polizei zu Paris veranlafst mich, zunächst die Bemerkung meines vorigen Aufsatzes wegen zu geringer Höhe der Zimmer in Wohnhäusern zu wiederholen. Der Herr Präfect der Seine hat nemlich vor kurzem die Erlaubnifs gegeben, zwei Strafsen von 30 Fufs breit zu bauen, mit Häusern von nur 45 Fufs hoch. Diese Maafsregel ist zwar gut, aber nicht hinreichend. Die unbarmherzigen Bauspeculanten werden Mittel finden, die Wohlthat der Maafsregel zu vereiteln. Indem sie die Stockwerke niedriger machen, werden sie gerade den entgegengesetzten Erfolg hervorbringen, den der Herr Präfect beabsichtigte. Die nach allen Seiten verengten Zimmer werden nicht mehr grofs genug sein, um die zur Respiration der Bewohner nöthige Luft zu fassen, zumal wenn ihrer viele zusammen wohnen. Es wird also noch durchaus nöthig sein, vorzuschreiben, dafs die Stockwerke inwendig wenigstens 3 Meter hoch sein müssen. Diese Vorschrift wird um so heilsamer sein, da gerade diejenigen Häuser, welche die meisten Stockwerke und die kleinsten Zimmer haben, von Handwerkern, und am stärksten bewohnt sind. Ohne Einmischung der Bau-Polizei wird hier keine Änderung erfolgen. Der Eigenthümer berechnet nur die Einkünfte seines Hauses; er vergröfsert sie, wenn er die Gemächer kleiner, also ihrer mehrere macht. Die Zinsen, welche sein Capital trägt, liegen ihm mehr am Herzen, als die Gesundheit und das Wohlsein seiner Miether. Er kümmert sich wenig darum, wenn nur seine Wohnungen vermiethet sind. Die Mehrzahl der Eigenthümer wird niemals dahin zu bringen sein, besser zu bauen, wenn sich nicht die Bau-Polizei der Miether annimmt, und der Habsucht der Eigenthümer und der Speculanten Schranken setzt.

Es ist in der That unumgänglich nöthig, dafs die Gesetze der Strafsen-Polizei den Einsichten und Gebräuchen unserer Zeit angepafst werden. Es sind neue und angemessene Verordnungen nöthig; und wenn dieselben von unterrichteten Männern entworfen werden, so wird sich das Bauen wesentlich verbessern und die Baumeister werden gezwungen werden, auf die vorhandenen Vervollkommnungen ihrer Kunst Rücksicht zu nehmen, und auf neue zu denken.

Unstreitig ist die Straſsen-Ordnung noch sehr unvollkommen; z. B. auch rücksichtlich der Ausräumung der Abtrittgruben, wozu man sich durchaus antimephitischer Pumpen bedienen sollte, die wirksamer und für die Hausbewohner weniger unangenehm sind, als das Ausräumen mit den gewöhnlichen Eimern und Butten. Öfters dauert das Ausräumen mehrere Nächte, und es giebt wohl nichts Lästigeres und Widrigeres als den verpesteten Geruch in den benachbarten Häusern. Die Bewohner würden fliehen müssen, wenn das Ausräumen länger dauerte. Man sollte durchaus die Haus-Eigenthümer und die Abtritt-Räumer anhalten, den Dunst vor und während der Ausräumung unschädlich zu machen. Jedermann weiſs, wie leicht und wenig kostspielig solches möglich ist; denn von dem Chlorkalk kosten zu Paris 100 Kil. nur 80 Franken und zum Theil nur 54 Franken*).

Ich gedachte so eben in dieser Hinsicht unserm verehrten Polizei-Präfecten Vorschläge zu machen, als wir ihn, gerade zu der Zeit, wo wir anfingen die Früchte seiner Bemühungen und seiner Fürsorge zu ernten, verloren. Ohne Zweifel würde er das Anliegen in Erwägung gezogen, und die Unannehmlichkeit für die Einwohner und die Gefahr der Arbeiter bei der Ausbesserung der Abrittgruben würde aufgehört haben.

Im gegenwärtigen Aufsatze will ich mich noch mit der Erneuerung der Luft in Gemächern, die nöthig ist, um ihr die zum Einathmen erforderliche Reinheit zu erhalten, beschäftigen.

Das erste Mittel ist, die Fenstern an zwei entgegengesetzten Seiten eines Gemaches zu öffnen. Der Zug führt die durch das Athmen der Bewohner und durch die animalischen Ausflüsse, vielleicht nach mehrstündigem Verschluſs, verdorbene Luft hinweg**). Ist das bewohnte Zimmer groſs, so ist die nur in geringem Maaſse verdorbene Luft bald wieder ersetzt; schlafen aber mehrere Menschen in einem kleinen Zimmer, so ist des Morgens die Luft stark mit animalischen Ansteckungsstoffen gefüllt,

---

*) Beim Ausräumen der Abtrittgruben kann man sich gegen die schädlichen Gasarten auch durch Vorhänge vor die Thüren und Fenster schützen, die in eine Auflösung von Chlorkalk getaucht sind. Ein halbes Kilogramm Chlor, mit einigen Pfunden Wassers verdünnt, vernichtet die Gase gänzlich. Anm. d. Verf.

**) Zwar hat selten ein und dasselbe Zimmer an entgegengesetzten Seiten Fenster, aber an einander stehende, durch Thüren verbundene Räume werden sie haben, so daſs sich der Zug, der vorzüglich dann entsteht, wenn die eine Seite eines Hauses stark und die entgegengesetzte Seite wenig von der Sonne beschienen wird, meistens leicht hervorbringen läſst. Anm. d. Herausg.

welche sich zum Theil an die Wände des Zimmers ansetzen und dasselbe verpesten: umsonst öffnet man die Fenster, der üble Geruch läſst sich dadurch nicht gänzlich vertreiben. Hierher gehören die von Handwerkern bewohnten Stuben in gewissen Straſsen. Nur häufiges Waschen vermag die Ansteckung theilweise zu vernichten; um den Zweck vollständig zu erreichen, muſs man Chlorkalk dazu nehmen. Besonders in Krankenhäusern bleibt bei der gröſsten Reinlichkeit immer ein etwas übler Geruch.

Hat das Zimmer nur an einer Seite Fenster, oder kann man keinen Zug hervorbringen, so läſst sich die Luft schwer erneuern, weil alsdann nichts sie in Bewegung setzt, und eben die Bewegung die Grundlage der Luftreinigung ist. Besonders an niedrigen und feuchten Orten muſs man eine solche Bewegung der Luft hervorzubringen suchen; denn die hochliegenden und gegen den Wind nicht geschützten Orte sind von selbst trocken und gesund.

Die Ventilation ist besonders in Gebäuden nöthig, wo sich eine Menge Menschen befindet. In Schauspielhäusern zum Beispiel, wo die Temperatur öfters sehr hoch steigt, wäre sehr zu wünschen, daſs man beständig so viel kalte Luft von auſsen hinein brächte, als nöthig ist, um die innere Luft in einer gemäſsigten Temperatur, und so rein zu erhalten, daſs man sie leicht und gern einathmet. In solchen Gebäuden ist es aber leicht, die Luft in Bewegung zu setzen; denn da diese um so leichter ist, je wärmer sie ist, so wird sie schnell in die Höhe steigen. Wenn man also eine Öffnung in die Decke des Saales macht, so wird die Luft durch diese Öffnung entweichen. Kennt man den Unterschied der Dichtigkeit der innern und äuſsern Luft, so läſst sich die Geschwindigkeit finden, womit die innere Luft in die Höhe steigt, und multiplicirt man dieselbe mit dem Querschnitt der Ausfluſs-Öffnung, so läſst sich der Cubik-Inhalt der in einer gewissen Zeit ausgeströmten Luftmasse berechnen. Befände sich nun eine zweite Öffnung in dem untern Theile des Saales, so würde die aus der obern Öffnung entwichene Luft dadurch ersetzt werden. Da nun die einströmende Luft eine niedrigere Temperatur hat als die in dem Saale befindliche, so wird der Saal, vermöge des durchströmenden Zuges, fortwährend erfrischt werden *).

*) Nur darf die zuströmende Luft nicht die Anwesenden unmittelbar berühren, weil ihnen sonst die Erkältung schädlicher sein könnte, als die heiſse Luft im Saale.
Anm. d. Herausg.

Da Herr D'Arcet versprochen hat, diesen Gegenstand gründlich abzuhandeln, so werde ich mich damit nicht weiter beschäftigen *).

Ehe man sich für dieses oder jenes Luftreinigungsmittel entscheidet, mufs man die Wirkung berücksichtigen, welche hervorgebracht werden soll. Die in einem Zimmer eingeschlossene Luft wird nicht allein durch die Respiration der Bewohner und durch die thierischen Ausdünstungen durch die Poren verdorben: eine beträchtliche Menge Luft wird auch durch das Feuer auf dem Heerde oder im Ofen, verzehrt. Man kann näherungsweise diesen Luftverbrauch aus der Zusammensetzung der verschiedenen Brennstoffe schätzen, und die zum Verbrennen erforderliche Luft berechnen. Bekanntlich erfordert Ein Kilogramm Kohle zum vollständigen Ver-

---

*) Im 10ten Hefte des *Journal du génie civil* (Juni 1829) befindet sich ein Aufsatz von Herrn d'Arcet über die Ventilation der Theater. Er enthält im Wesentlichen Folgendes:

Das Theater soll mit Dampf und warmer Luft geheizt werden. Der Fufsboden soll durch Röhren mit Dampf erwärmt werden, damit man sich die Füfse wärmen könne; es sollen zu dem Ende Platten bis zu 80 Gr. R. erwärmt werden. Warme Luft soll aus den Öffnungen von Öfen strömen, um die Hände zu wärmen. Einige offene Camine sollen in den Foyers vorhanden sein, weil man das Feuer zu sehen liebt. Die Öfen zur Luftheizung sollen in den Kellern liegen, und die Luft soll, auf 40 bis 50 Grad R. erwärmt, durch Öffnungen, nach den Vorzimmern und den Treppenräumen ausströmen. Die Dampf- und Luftheizung wird der Leitung des Feuers deshalb vorgezogen, weil damit weniger Gefahr der Entzündung des Hauses verbunden ist.

Die Wärme im Theater soll, wo möglich, immer auf 13 Gr. R. erhalten werden.

Man soll halb so viel Wasser-Dampf unter die Luft im Hause zu mischen suchen, als zur Sättigung derselben bei einer Temperatur von 13 Grad R. nöthig sein würde, weil die Feuchtigkeit der Luft zur Respirabilität derselben nothwendig ist.

Ist die äufsere Luft nicht über 13 Grad R. warm, so soll man sie unmittelbar in die Corridors leiten. Für den Sommer sollen Leitungen vorhanden sein, welche die Luft aus den Kellern nehmen, und die äufsere Luft recht lange darin umherführen.

Der Sauerstoffgehalt der Luft, selbst in sehr angefüllten Theatern, ist Versuchen zufolge nur wenig geringer als aufserhalb. Nur einmal hat man gefunden, dafs, bei einer unentgeltlichen Vorstellung im *Théatre des variétes*, der Sauerstoffgehalt der Luft auf 19,278 abgenommen hatte, bei einer Temperatur von 26 Gr. R.

Auch schädliche Gasarten soll man wegzuschaffen suchen.

Man hat gefunden, dafs die Wärme, welche die Erleuchtung des Theaters hervorbringt, vollkommen zur Ventilation derselben hinreicht. Man dürfe also nur in der Decke eine Röhre mit Klappen über dem Kronenleuchter, und eine dergleichen über der Bühne anbringen, und diese Röhren bis über das Dach hinausführen, so würde durch die Wärme die schädliche Luft fortgeschafft werden.

Statt der fortgeschafften Luft soll neue Luft aus den Corridors zugeführt werden, und zwar durch Röhren, die unter der Decke der Corridors und der Logen liegen, und deren Ausmündung sich entweder in dem Fufsboden der Logen, vorne an deren Brüstung, oder in dem Friesgesimse der Logenbrüstungen, nach dem freien Theater-Raume hin, befinden. Dann können die Logenthüren ohne Unannehmlichkeit brennen 9,15 Cub. Meter Luft. Zum guten Verbrennen mufs, wie die Erfahrung zeigt, die Luftmenge verdoppelt werden.

Gute ordinäre Steinkohle besteht etwa aus:

Kohlenstoff . .	80,00,
Wasserstoff . .	3,50, rein 1,67,
Sauerstoff . .	13,50,
Stickstoff. . .	—
Asche	3,00,
	100,00.

Gewöhnliches Holz, mit ungefähr 20 Procent Feuchtigkeit, besteht aus:

---

geöffnet werden. Über den Logenthüren sollen zugleich kleine Ventilatoren (*vasistas*) sein, welche die Zuschauer in den Logen selbst nach Belieben öffnen können. Aus den Logen sollen noch Röhren nach dem Haupt-Ventilator über dem Kronen-Leuchter gehen, um die verdorbene Luft abzuleiten.

Der Luftzug aus den Abtritten der Theater mufs stärker sein, als der aus dem Theater-Raume selbst, weil sonst die Luft aus den Abtritten in das Theater hineingezogen werden würde. Wegen der Luftzüge der Abtritte wird auf eine besondere Abhandlung des Verfassers verwiesen.

Im Allgemeinen geschehe die Lüftung der Theater dadurch, dafs die Luft durch den Luftfang über dem Kronenleuchter weggeschafft und durch die Röhren nach den Logen wieder ersetzt wird. Man könnte durch diesen Luftzug auch das Theater räuchern, und zwar wirksamer, als es bei den Alten durch blofse Benetzung mit wohlriechenden Flüssigkeiten geschah.

Im Sommer soll man die Fenster und Luftzüge des Nachts öffnen, und früh Morgens schliefsen.

Eine Stunde vor Eröffnung des Theaters soll man dasselbe durch Luft aus den Kellern ventiliren, und im Winter heizen. Steigt die Temperatur im Theater höher als 16 Gr. R., so soll man den Kronenleuchter höher ziehen, um den Luftzug durch die Wärme über demselben zu verstärken. Über dem Kronenleuchter beträgt die Temperatur gewöhnlich 16 bis 20 Grad; in einem alten nicht ventilirten Theater hat man 32 Gr. R. gefunden.

Die Luftröhren aus den Logen nach dem Haupt-Ventilator sollen zugleich ein Mittel abgeben, die Schauspieler überall hörbar zu machen. Es sollen deshalb die Klappen der Haupt-Ventilatoren aus dem Orchester dirigirt werden können. Wie die Hörbarmachung der Schauspieler erfolge, wird nicht näher auseinandergesetzt.

Der Ventilator in der Decke der Bühne dient auch, Pulverdampf und andere schädliche Gase von der Bühne fortzuschaffen. Man schliefst dann die Klappe über dem Kronenleuchter und öffnet diejenige über der Bühne.

Man soll bei jeder Bühne einen Sachverständigen, z. B. einen Arzt, oder dergleichen, mit der allgemeinen Aufsicht auf die Lüftung der Theater zu beauftragen suchen. Gegen freie Entréen, und selbst unentgeltlich, würden sich Freunde des öffentlichen Wohls dazu wohl geneigt finden; das Publicum würde dadurch gewinnen und der Unternehmer des Theaters seine Einnahme vermehrt sehen.

Anm. d. Herausg.

reines Holz	Kohlenstoff	41,60
	Wasser (in der Form von Wasserstoff und Sauerstoff)	38,00
Feuchtigkeits-Wasser		20,00
		100,00.

Da das Holz nur halb so viel Kohlenstoff enthält, als die Steinkohle, so wird es nur halb so viel Luft zum Verbrennen erfordern als diese, also nur 10 Cub. Meter Luft für den Kilogramm.

So viel Kilogrammen Steinkohle oder Holz man also in einer gewissen Zeit verbrennt, so viel mal 20 oder 10 Cub. Met. Luft wird man in das Zimmer einströmen lassen müssen, um die durch das Verbrennen verzehrte Luft zu ersetzen. Aber noch auf eine andere Weise nimmt der Verbrauch der Luft zu. Die Schornsteine nemlich sind gewöhnlich gröfser, als nöthig ist um blofs der zum Verbrennen erforderlichen Luft den Durchzug zu gestatten, so dafs mit der Luft, welche aus dem Gemach nach dem Heerde strömt, noch überflüssige Luft in den Schornstein tritt, die zum Verbrennen nichts beitrug. Man könnte den Cubik-Inhalt dieser Luftmasse, so wie ihre Wirkung auf den Zug des Schornsteins schätzen; wozu aber Details gehören, die erst bei den Vorrichtungen zum Heitzen an ihrer Stelle sind.

Man sieht auf diese Weise, dafs eine beträchtliche Menge Luft durch den Zug des Schornsteins consumirt wird, dafs wenn ein Zimmer luftdicht verschlossen wäre, ein grofser Theil der darin befindlichen Luft verbraucht werden und das Feuer aus Mangel an Luft erlöschen würde, wenn nicht neue Luft durch die Thüren und Fenster eindränge *). Es ist daher ein Glück für die Bewohner, dafs sie ihre Zimmer nicht so fest verschliefsen können, als sie es vielleicht möchten, und dafs die Luft, selbst durch die kleinsten Öffnungen dringt, welche aber nicht hinreichend sein würden, wenn sich nicht von Zeit zu Zeit gelegentlich die Thüren öffneten, und mehr Luft als man wollte eindränge. Daher die Kälte in der

*) In England hatte man in einer Fabrik ein Cylinder-Gebläse von 108 Zoll im Durchmesser gebaut. Der Hub des Stempels war ebenfalls 108 Zoll. Das Gebläse gab also etwa 16 Cub. Met. Luft bei jedem Hube. Täglich verbrauchte es 31,000 Kil. Coaks. Als man dieses Gebläse versuchte, stand es in einem grofsen Saale, dessen Thüren und Fenster verschlossen waren. Es zog so viel Luft, und mit solcher Geschwindigkeit, dafs der Saal luftleer wurde, und Thüren und Fenster von aufsen einbrachen; hätten sie stärker widerstanden, so würde die Decke eingedrückt worden sein. Anm. d. Verf.

Nähe der Fenster, der Thüren und der Schornsteine, wo man von der einen Seite heftig erwärmt wird, während man an der andern, vermöge des in den Schornstein strömenden kalten Luftzuges, erstarrt.

Man kann aus den Heitzvorrichtungen für die Erneuerung der Luft in den Gemächern groſsen Nutzen ziehen. Dieser Gegenstand ist noch wenig erwogen und giebt Stoff zu vielen interessanten Untersuchungen, wovon ich Einiges in späteren Aufsätzen versuchen werde.

In allen Gemächern', vorzüglich wo sich viele Menschen versammeln, sollten Ventilatoren (*vasistas*) sein. Sie sind zu bekannt, als daſs es nöthig wäre sie zu beschreiben,' und ihre Wirkung ist leicht einzusehen. Da die warme Luft leichter ist als die kalte, so steigt sie nach dem obern Theil des Gemaches; bringt man daher oben in den Fenstern einen Ventilator an, so wird die warme Luft aus dem Zimmer hinaus und ferner in die Höhe nachströmen, während die schwerere äuſsere Luft in das Zimmer niederfällt. Es werden also durch die nemliche Öffnung zwei Strömungen statt finden, eine steigende, und eine fallende. Diese Vorrichtung ist so einfach und nützlich, daſs man sich verwundert, sie nicht allgemein, selbst nicht überall da anzutreffen, wo viele Menschen zusammen kommen. Befinden sich die Ventilatoren im obern Theile der Fenster, so sind sie nicht lästig, weil die äuſsere Luft sich schon mit der innern vermischt hat, ehe sie bis zu den Personen im Zimmer gelangt, und die Differenz der äuſsern und innern Temperatur schon genug ermäſsigt ist, um Niemand mehr lästig zu sein. Man kann sich sogar eher erkälten, wenn ein Zimmer nicht hinreichend gelüftet wird, als wenn es Ventilatoren hat, weil, wenn die Temperatur in demselben hoch steigt, die äuſsere Luft durch die Fugen der Fenster und Thüren heftig eindringt, und dieser Zug leicht schädlich sein kann. Der auf diese Weise eindringende Luftstrom ist zuweilen sehr heftig. Ich habe bei einem Balle in einem Saale, der fast gar keine Lüftung hatte, gesehen, daſs der Schornstein bloſs durch das Blasen dieses Luftstroms gefegt wurde.

Es ist verdrieſslich zu sehen, daſs eine so einfache Vorrichtung, wie ein Ventilator, von den Werkleuten öfters so wenig begriffen wird, daſs sie ihn wohl gar verkehrt einsetzen, nemlich so, daſs er sich von innen öffnet, statt von auſsen, so daſs die warme Luft, um auszuströmen, niederfallen, und die kalte Luft, um einzuströmen, in die Höhe steigen müſste, was nur geschehen könnte, wenn wechselsweise im Zimmer und drauſsen ein leerer Raum wäre.

Ein anderes Mittel die Gebäude zu lüften besteht darin, daſs man die Luft durch mechanische Mittel in Bewegung setzt, was aber nicht füglich überall angeht, weil dazu irgend eine bewegende Kraft gehört.

Man kennt die kleinen Luftfänge, die in der Mitte einer Fensterscheibe angebracht werden. Es sind kleine Räder mit Flügeln aus sehr dünnem Eisenblech, oder verzinntem Blech, welche an die innere Seite der Fensterscheibe befestigt werden. In der Scheibe ist eine Öffnung. Bläst der Wind gegen die Scheibe, so dringt er durch die Öffnung, stöſst gegen die Flügel des Randes und setzt sie in Bewegung, auf die Weise wie die Flügel der Windmühlen. Ist der Temperatur-Unterschied der innern und äuſsern Luft etwas beträchtlich, und z. B. erstere wärmer als letztere, oder ist Feuer im Camine, welches die äuſsere Luft einsaugt, so dreht sich das Rad ebenfalls. Seine Bewegung ist der eines Wasser-Rades zu vergleichen, worauf eine bewegende Kraft wirkt. Ein solches verliert durch Reibung, Widerstand der Luft und durch das Gewicht des Wassers, welches von den Schaufeln in die Höhe gehoben wird, ungefähr 30 Procent von der bewegenden Kraft. Also auch hier verhält es sich so. Statt die Luftmasse, welche durch die Öffnung in der Fensterscheibe frei eingeströmt wäre, zu benutzen, stellt man derselben ein Hinderniſs in den Weg, welches sie um ein Drittheil vermindert, was eben so viel ist, als wenn die Öffnung um ein Drittheil kleiner wäre. Diese Maschine ist also nichts weiter als ein Spielwerk, und zur Lüftung von Gebäuden wenig geeignet. Auch würde ich ihrer nicht gedacht haben, fände ich sie nicht sogar noch von einem unserer Professoren in einem populären Werke empfohlen.

Es giebt eine Vorrichtung, besonders zum Lüften groſser Gebäude geeignet, z. B. der Schauspiel- und anderer Säle, worin sich viele Menschen versammeln, auch zum Lüften der Cloaken beim Reinigen derselben und der Bergwerke. Es ist dies der Ventilator von **Désaguilliers**. Diese Vorrichtung besteht aus einem Cylinder, der oben und unten einen Boden hat. In dem Boden befinden sich Öffnungen zum Ein- und Ausströmen der Luft. In der Mitte des Cylinders befindet sich eine Welle, an welcher leichte Flügel von Eisenblech oder Tannenholz befindlich sind. Durch ein groſses Rad, welches von einem Menschen oder irgend einer andern bewegenden Kraft umgedreht wird, werden die Flügel in Bewegung gesetzt. Die Geschwindigkeit ist um so gröſser, je gröſser der Unterschied ist zwischen den Durchmessern der Welle und des groſsen Rades. Je nachdem man nun die eine oder die andere Öffnung mit dem zu lüftenden Raume in Verbindung setzt, kann man die Luft nach Belieben ein- oder ausströmen lassen.

Herr Clément-Desormes, dem die Gewerbe so viel verdanken, hat bei der Reinigung einer groſsen Cloake zu Paris, die seit 30 Jahren nicht ausgeräumt worden war, den Désaguilliers'schen Ventilator mit gutem Erfolge angewendet. Der Schmutz hatte sich in dem Maaſse angehäuft, daſs man ihn nur mit Hacken lösen konnte, was die Arbeit langwierig, und wegen Entwicklung tödtlicher Gas-Arten, gefährlich machte. Man hatte sich zu der Lüftung der bei Bergwerken üblichen groſsen Schornsteine bedient, worin man Feuer brennen lieſs, um einen Luftstrom in dem Cloak zu unterhalten. Herr Clément sah die Unzugänglichkeit dieses Mittels, und die Kosten waren bedeutend. Er stellte die unten folgende Berechnung an, über einen Ventilator, den er selbt besaſs, und nachdem er sich von den Vorzügen desselben, und besonders von der geringern Kostspieligkeit seiner Wirkung überzeugt hatte, lieſs er ihn an Ort und Stelle bringen, wo er von einem einzigen Menschen in Bewegung gesetzt wurde. Die verpestete Luft wurde nun aus dem Cloak vertrieben und es strömte so viel frische Luft hinein, als nöthig war, um die Gase, so wie sie sich entwickelten, fortzutreiben, und den Arbeitern das Athmen so leicht zu machen, als in freier Luft.

Der Durchmesser des erwähnten Ventilators war 2 Meter, also sein Umfang 6,28 Meter; der Durchmesser der Öffnungen war 0,67 Met., die Dicke des Ventilators 0,6 Meter, die Kurbel wurde von Einem Menschen in 2 Secunden 1 mal herumgedreht. Das Verhältniſs des Durchmessers des Rades zu dem der Welle war wie 4 zu 1, der Ventilator wurde 2 mal in der Secunde herumgedreht, die Geschwindigkeit der Enden der Flügel war also 2 mal 6,28 oder 12,56 Meter. Der Cubik-Inhalt der Luft, welche der Ventilator lieferte, war $12,56 \times 0,352 \times 2 = 9$ Cubik-Meter in einer Secunde, und folglich in einer Stunde $9,3600 = 32400$ Cubik-Meter. Der Querschnitt des Cloaks war 9 Quadr. Met. Die Länge, so weit er keine Luftröhren hatte, 500 Met., daher sein Cubik-Inhalt 3000 Cubik-Meter; also wurde die Luft innerhalb $\frac{3000}{32400} = \frac{1}{10}$ Stunden oder 6 Minuten gänzlich erneuert.

Diese Berechnung zeigt, daſs die **Désaguilliers**'sche Vorrichtung vor andern zur Lüftung eines beliebigen Raumes bedeutende Vorzüge hat. In der That kann man nicht mehr wünschen, als die Luft in 6 Minuten, mit so geringen Kosten als die eines einzigen Arbeiters, der sich mit dem im Innern arbeitenden ablösen kann, erneuert zu sehen. Es würden dazu sonst ungeheure Schornsteine und sehr groſse Kosten nöthig sein.

(Schluſs im nächsten Hefte.)

Druckfehler im 4ten Bande.

Seite 412.	Zeile 14 v. u.	lese man	B o d e n statt B o g e n
— 415.	— 5 - -	- -	$\frac{3}{4}(128\frac{1}{4}-66)+\frac{1}{4}.128\frac{1}{4}$ statt $\frac{3}{4}(128\frac{1}{4}-66+\frac{1}{4}.128\frac{1}{4})$
— 416.	— 12 v. o.	- -	$4.2\frac{1}{2}.25$ statt $4.1\frac{1}{2}.25$
— 417.	— 2 - -	- -	1101,49 P f u n d statt 1191,49 P f u n d
— 417.	— 10 - -	- -	u n d m i t i h m statt u n d m i t h i n
— 417.	letzte Zeile	- -	$\frac{6}{4\frac{1}{2}}\times 2\frac{1}{2}$ statt $\frac{6}{4\frac{1}{2}}-2\frac{1}{2}$

6.
Nachrichten von den in Schlesien vorhandenen Bruchstein-Arten und Steinbrüchen.

(Von dem Königl. Bau-Inspector Hrn. *Rimann* zu Wohlau in Schlesien.)

Zu nachstehendem Aufsatz sind benutzt worden:

Joh. Adam Val. Weigel Geographische, naturhistorische und technologische Beschreibung von Schlesien. 9. Theile. Berlin 1800.

Leopold von Buch Geognostische Beobachtungen auf Reisen durch Deutschland und Italien. 1ster Band. Berlin 1802.

Die reichhaltigen Mineralien-Vorräthe, die Schlesien besitzt, sind vorzüglich durch Weigel fleifsig untersucht und zur nähern Kenntnifs gebracht worden. Die Forschungen dieses gelehrten Naturkundigen erreichten jedoch nur vorzugsweise die Gebirgs-Gegenden; doch ist dasjenige, was er geleistet hat, gebührend anerkannt worden.

Eben so verdienstlich sind die Bemühungen des berühmten Mineralogen Leopold von Buch, dessen gelehrte Beurtheilungen über die in Schlesien vorhandenen Gebirgsarten stets ein bleibendes Interesse behalten werden.

Möchten die nachfolgenden Mittheilungen für diejenigen, welche Gelegenheit haben, über das Ganze oder einzelne Gegenstände etwas gründlicheres zu liefern, eine willkommene Aufforderung sein.

Die in Schlesien vorhandenen Bruchstein-Arten sind folgende:

Granit und Gneufs.

Beide uranfängliche Gebirgsarten unterscheiden sich nur in dem quantitativen Verhältnifs und in der Formation ihrer gleichartigen Bestandtheile, nemlich des Feldspaths, Quarzes und Glimmers.

Das ganze Riesengebirge besteht aus Granit, Gneufs und Glimmerschiefer mit dem dem letztern untergeordneten Hornblendeschiefer und Kalkstein, ohne dafs andere Gebirgsarten weiter mit ihnen abwechselten.

Der Granit geht als Grundlage unter dem Vorgebirge fort und tritt hie und da in großen Massen zu Tage. Der Bolzenstein bei Jannowitz, die Falkenberge bei Fischbach, der Kynast, der Grübelstein bei Arnsdorf, der Ziegenrücken bei Ober-Steinseifen, der lange Berg, der Giehrenkamm, der weiſse Flins bei Giehren, der Merzberg bei Friedeberg, die Königsheiner Berge bei Görlitz u. a. m. sind Granitfelsen.

Von Hirschberg an bis zu der Höhe der Koppe *), von Kupferberg bis Schreibershau sieht man nur Granit anstehen, ohne Abwechslung mit andern Gebirgsarten, fast ohne fremdartige Lager.

Da wo das Gebirge in das flache Land übergeht, kommt der Granit häufig wieder zum Vorschein. Dies beweisen die Steinbrüche bei Striegau, bei Groſs-Wandritsch im Liegnitzer Kreise, am Zobtenberge, in der Gegend von Strehlen u. a. O.

Der Gneuſs ist dagegen die Hauptmasse des Glatzer Gebirges, und eine groſse Anzahl der im Frankensteiner, Münsterberger und Nimtscher Kreise befindlichen Steinbrüche bestehen aus Gneuſs.

Bei dem groſsen Überfluſs dieser festen Steinarten in den Gebirgskreisen, sieht man doch nur eine geringe Anwendung derselben im Bauwesen.

Die Unzugänglichkeit ihrer Lage, so wie die groſsen Gewinnungs- und Bearbeitungskosten treten ihrer Benutzung um so gewisser entgegen, als diejenigen Steine, welche durch Aufschwemmung und Trappformation entstanden sind, technisch bestimmte Vorzüge darbieten. Man findet daher in neuern Gebäuden wie in den Trümmern der alten Ritterburgen **), daſs der Glimmer und Thonschiefer, der Sandstein, vorzüglich aber der Basalt, die Grauwacke und andere Conglomerate die Materialien zu ihren Mauern geliefert haben.

Nur diejenigen Granitbrüche, welche sich dem flachen Lande nähern, sichern diesem Steine noch den groſsen Werth, der ihm gebührt. Gegenwärtig wird der Granit vom Zobtenberge ***) bei Strie-

---

*) Die Koppe, Schneekoppe oder Riesenkoppe, der höchste Gipfel des Riesengebirges, erhebt sich nach v. Gersdorf 4940 Pariser Fuſs, nach Abt Felbinger 5768 Fuſs über die Meeresfläche.

**) Das Bolzenschloſs (Bolkeschloſs) auf dem Bolzenstein bey Jannowitz zeigt noch in den Resten seiner Mauern, daſs es aus dem Granit gebaut ist, auf dessen Felsen es ruht.

***) In den Königlichen Granitbrüchen am Zobtenberg kostet Ein Cubikfuſs Werkstücke 15 Sgr.

gau *) und aus den Königsheiner Bergen bei Görlitz zur Bearbeitung von Werkstücken, Treppenstufen, Rinnen u. s. w. am meisten benutzt.

Doch nicht allein die Gebirgskreise, sondern viele ebene Gegenden des Landes sind durch große Massen von Feldsteinen mit Granit versorgt. Am meisten sind es:

1) Der Wohlauer, Steinauer, Guhrauer, Lübener, und ein Theil des Liegnitzer und Trebnitzer Kreises. Die Menge großer und kleiner vorzüglich in der Nähe der Städte Winzig, Herrnstadt, Köben und Raudten aufgehäufter Feldsteine scheinen nicht die Trümmern von den Bergen losgerissener Felsmassen zu sein, sondern ein zusammenhängendes, dicht unter der Oberfläche der Erde da gewesenes Granit-Geschiebe gebildet zu haben, wovon trotz allen Zerstörungen der Zeit noch hie und da unverkennbare Spuren wahrzunehmen sind.

2) Im Wartenberger Kreise in der Gegend um Medzibor und Ossen.

3) Im Kreuzburger Kreise bei Baumgarten. Der Granit ist hier von rother Farbe.

4) Im Rosenberger Kreise bei Uschütz.

5) Im Falkenberger Kreise bei Steinau in der Richtung nach Neustadt zu.

Dies sind die Gegenden, wo eine solche Menge aus Granit bestehender Feldsteine vorhanden ist, daß nicht allein die Fundamente der Gebäude, sondern auch häufig genug die Brücken und selbst Hof- und Garten-Bewährungen aus ihnen gemacht werden können.

Glimmerschiefer.

Dieser vortreffliche Baustein ist einer der ausgebreitetesten Gebirgsarten in den Bergkreisen Schlesiens; er bedeckt ältere Urgebirgsarten bis zu Höhen hinauf, welche spätere Formationen nicht erreichen. Natur und Kunst liefern dünn gespaltene Platten mit gleichlaufenden Flächen. Dieses Gestein wäre ein unzuberechnender Schatz für jene Gegenden, hätte es die Natur an weniger unzugänglichen Orten niedergelegt.

*) In Striegau wird Ein Cubikfuß senkrecht gearbeiteter Stufen mit 15 Sgr. und in größern Werkstücken mit 20 Sgr. bezahlt. Die Quadrat-Elle Platten zu Trottoirs kostet 15 Sgr.

Der Glimmerschiefer, den man fast immer als Decklage älterer Steinarten antrifft, ist durchaus von grünlichgrauer Farbe, glänzend, feinschiefrig und grofskörnig.

Er dient, wo man ihn irgend erreichen kann, sehr häufig zu Bauten, und seine Anwendung in den frühesten Zeiten ist in den Resten der alten Bergschlösser sichtbar.

Porphyr.

Fast nur ausschliefslich im Waldenburger und Schweidnitzer Kreise und dessen Umgebungen ist dieser im Alterthume so hochgeschätzte Stein, und zwar in ungeheuren Massen, vorhanden.

Die Berge, welche sich zwischen den Städten Friedland, Liebau, Gottesberg, Waldenburg und Landshut erheben, sind fast sämmtlich Porphyrkegel.

Namentlich sind der Reichmacher, die Vogelhecke und der Spitzberg bei Friedland; der Schwarzberg bei Neuhaus; der Kantersberg bei Lehmwasser; der rothe Stein am Büttner Grunde; der Hochberg, der Hochwald, der Plautzenberg, der Sonnenwirbel und Schäferberg bei Gottesberg*); der Gleisberg bei Altwasser; der Kehlberg und Butterberg bei Waldenburg; der Welchenberg bei Wäldchen; der Scholzenberg bei Nieder-Waltersdorf; der Storchberg, die Heide und der Steinriegel bei Schmitzdorf; der Hirschberg bei Schwarzwalde; der Sattelberg bei Liebersdorf u. a. Berge, deren Hauptmasse Porphyr ist.

Mehrentheils besteht derselbe aus Hornstein von röthlich brauner Farbe, in welchen gelblich weifser Feldspath und rauchgraue kleine Quarz-Crystalle eingemengt sind.

Der merkwürdigste aller Schlesischen Porphyrberge ist der Wildenberg zu Röversdorf, Schönauer Kreises. Er enthält bis auf 60 Fufs Höhe Säulen-Porphyr, und ohne Mühe findet man Säulenstücke von 6 Fufs lang, 8 Zoll im Durchmesser stark, mit 4 und 6 Flächen. Gewöhnlich sind diese Säulen 5 bis 9seitig und nicht über $1\frac{1}{2}$ Fufs dick. Die Seiten sind rauh, aber gleichlaufend. Die Farbe ist röthlich braun, und der Porphyr besteht aus Hornstein, Quarz und Feldspath. Am Fufse des Berges sind mehrere Steinbrüche.

---

*) Der Porphyrbruch in der Nähe der Stadt Gottesberg enthält schlechten Porphyr.

Außer diesem findet man noch einige Porphyrberge im Schönauer Kreise, namentlich den Langeberg bei Polnisch-Hundorf, den Futtersberg uund Czuchenberg bei Herrmanswalde und den Rahmberg bei Conradswalde.

Im übrigen Schlesien sucht man diesen Stein vergeblich.

Grünstein, Serpentinstein.

Der südliche Theil des Schweidnitzer und Reichenbacher Kreises enthält ein mächtiges Lager dieses grünlichen Talks, aus dem der frei aus der Ebene sich emporhebende Zobtenberg gebildet ist *). In dem Städtchen Zobten sieht man den Grünstein von dunkelgrüner Farbe zu Tage anstehen. Die an den Zobtenberg sich anschliefsenden Berge, der Geiersberg und die Költschner Berge bestehen ebenfalls aus Serpentin.

Vom Zobtenberg zieht sich dieses Steinlager in den Nimptscher Kreis bis Langenöls, in den Frankensteiner Kreis bis Grochau, in den Reichenbacher Kreis bis Ober-Lang-Seifersdorf, wo Grünstein von olivengrüner Farbe gebrochen wird.

Mehrere Steinbrüche befinden sich am südlichen Abhange des Zobtenberges, welche ehedem vortreffliche Stücke unter dem Namen eines grünen Marmors zur Bearbeitung lieferten. Jetzt wendet man ihn in der Umgegend nur als ordinären Mauerstein an.

Sienit.

Bei Bögendorf, Schweidnitzer Kreises, giebt es ein 40 Lachter mächtiges Lager von Sienit; aufserdem ist dieser Stein nur in einzelnen Stücken in den Gebirgs-Gegenden vorhanden.

Basalt.

Der gröfste und bedeutendste Basaltberg ist der nahe an der Stadt Landshut liegende Buchberg. Aufser diesem werden noch folgende Basaltberge gezählt:

Im Landshuter Kreise der Todtenkopf bei Trautliebersdorf; der lange Berg bei Reichhennersdorf.

---

*) Die Höhe des Zobtenbergs über der Meeres-Fläche ist nach v. Gersdorf 2224 Pariser Fufs, nach Abt Felbinger 2142 Fufs.

Im Löwenberg-Bunzlauer Kreise der Wickenstein bei Rabishau; der Heinchenberg bei Thiemendorf; der Greifenstein *).

Im Jauerschen Kreise der Spitzberg bei Pomsen.

Im Schönauer Kreise der Sargberg bei Conradswalde; der Steinberg und Flensberg bei Polnisch-Hundorf; der Geiersberg bei Neu-Pirch; der Höllenberg bei Rosenau.

Im Glatzer Kreise der Hutberg, Harteberg und der Graueberg.

Im Striegauer Kreise der Georgenberg, Breitenberg und Spitzberg.

Säulen-Basalt enthalten die zuletzt genannten drei Berge. Platten-Basalt von vorzüglicher Gröſse und Schönheit liefert der Bruch zu Schlaup bei Jauer. Man findet hier Platten von 6 Fuſs Länge und Breite und 3 Zoll Dicke.

Der Basalt ist fast durchgängig von schwarzgrauer Farbe, sehr hart und spröde, und läſst sich mit dem Hammer schwer bearbeiten.

In den Gebirgsgegenden findet man ihn sehr häufig zum Bau angewendet. Die Städte Görlitz, Goldberg **) und andere sind mit Basalt gepflastert.

In den Dörfern sieht man häufig Pflaster in Ställen und Höfen von Basalt.

Der Hügel, auf welchen das Schloſs Stolpen unweit Dresden gebaut ist, ist ein aus der flachen Ebene sich emporhebender Basaltkegel, an dessen Fuſse säulenartige Basaltstücke entstehen.

Thonschiefer.

Er gehört zu den seltenern Steinarten Schlesiens, doch findet man ihn in den Berggegenden häufig da, wo man noch den Glimmerschiefer erwartet.

Der bekannte Lähnberg bei Lähn besteht aus Thonschiefer; auch der Buchberg zu Falkenhain, Schönauer Kreises.

Thonschiefer, welcher als Dachschiefer gebraucht werden kann, findet sich zu Goldentraum Laubener-, Grünowitz und Weiſsenleipe Liegnitzer- und Arnoldsdorf Neisser Kreises, an welchen Orten Schieferbrüche vorhanden sind; doch wird der Schiefer mehr zum Mauerstein als zum Dachdecken gebraucht.

---

*) Das Schloſs Greifenstein ist von Basalt gebaut.

**) Der Wolfsberg bei Wolfsdorf hat das Material hierzu geliefert.

Im österreichischen Antheile Schlesiens sind mehrere Dachschieferbrüche vorhanden, vorzüglich in der Nähe von Troppau*). Der diesseitig angrenzende Leobschützer Kreis ist fast der einzige im preufsischen Antheile von Schlesien, wo man Schiefer auf den Dächern der Wohngebäuden findet, der aus jenen Brüchen genommen ist.

Thonschiefer findet man übrigens noch als Dach und Sohle mehrerer Steinkohlen-Flötze im Beuthner Kreise, jedoch nicht in einiger Bedeutung für das Bauwesen.

Kalkstein.

Unter der grofsen Zahl von Flötzkalkstein-Lagern, die Schlesien besitzt, sind die wichtigsten:

1) Im Schweidnitzer Kreise bei Freiburg in der Richtung nach Waldenburg und am Fufse des Eulengebirges.

2) Im Schönauer Kreis bei Kaufung der Kützelberg, Mühlberg, und Kirchberg.

3) Im Glatzer Kreise bei Silberberg über Neudorf, Ebersdorf und Volpersdorf.

4) In Ober-Schlesien im Oppelner, Grofs-Strehlitzer, Lublinitzer, Beuthner und Plessner Kreise.

Die ausgedehntesten Kalklager sind die bei Krappitz, die selbst unter dem Bette der Oder fortstreichen. Der Annaberg im Grofs-Strehlitzer Kreise besteht aus Kalkstein, und das Bleiglanzflötz bei Tannowitz liegt auf diesem Steine. Der Anfang des oberschlesischen Flötzkalks ist bei Carlsmarkt im Brieger Kreise und gegen Polen zu bei Guttentag.

Nicht minder bemerkenswerth sind die Kalksteinbrüche bei Prieborn, Strehlner, und Grofs-Kunzendorf, Neisser Kreises; von letzterm Ort wird der rohe und gebrannte Kalk weit und breit umher verfahren.

Der gröfste Theil Nieder-Schlesiens entbehrt den Kalkstein gänzlich, insbesondere die Seite des rechten Oder-Ufers; daher ist das Kalksteinflötz, welches im Ölsner Kreise bei Neu-Schmollen und Sadewitz sich etwa eine Viertelmeile im Quadrat ausdehnt von grofser Wich-

*) Der Wiener Klafter Dachschiefer wird mit 3 Gulden bezahlt.

tigkeit. Das Flötz streicht ungefähr 1 Lachter tief und ⅛ bis ¼ Lachter mächtig.

Der Kalkstein wird in zwei überwölbten Öfen bei Neu-Ellguth gebrannt.

Steinbrüche welche Marmor oder solche Kalksteine liefern, die wegen ihrer Härte geschliffen werden können und eine gute Politur annehmen, sind zu:

a) Kaufung, Schönauer Kreis, roth oder röthlich weifs, roth und grau gefleckt;
b) Prieborn, Strehlner Kreis, blau und weifs gefleckt;
c) Stolz, Frankensteiner Kreis, türkisgrün;
d) Scharfeneck, braungemischt;
e) Eisersdorf, weifsgelb und bläulich;
f) Tunschendorf, grünlich;
letztere drei im Glatzer Kreise.
g) Rosenthal, Habelschwerdter Kreis, weifsgrau und rothadrig.

Lese-Kalksteine findet man bei Grofs-Döbern, Oppelner Kreises, Dieban, Steinauer Kreises, und Bronau, Guhrauer Kreises.

Eine Übersicht der in Schlesien vorhandenen gröfsern und kleinern Kalksteinbrüche giebt nachstehendes Verzeichnifs.

Name des Regierungs-Departements und des Kreises.	Name des Orts, wohin der Kalksteinbruch gehört.	Bemerkungen.
I. Regierungs-Departement Liegnitz.		
1. Landshut.	Dittersbach.	Auf dem Pafsberg.
	Trautliebersdorf.	
2. Bolkenhayn.	Lauterbach.	
	Blümenau.	
3. Jauer.	Hasel.	
4. Löwenberg.	Kunzendorf unterm Walde.	Ein sehr ansehnlicher Bruch.
5. Bunzlau.	Grofs-Hartmannsdorf.	
	Lichtenwalde.	
	Seifersdorf.	
	Nischwitz.	
	Warthau.	
	Seitendorf.	
6. Goldberg.	Gröditzberg.	
	Probsthein.	
	Wolfsdorf.	Der Kalkstein vom Wolfsberg giebt einen schwärzlichen Kalk, der zu Putz-Arbeiten nichts taugt.

Name des Regierungs-Departements und des Kreises.	Name des Orts, wohin der Kalksteinbruch gehört.	Bemerkungen.
Reg. Dep. Liegnitz.		
7. Hirschberg.	Ober-Schmiedeberg.	
8. Schönau.	Tief-Hartmannsdorf.	Auf dem Kapellenberg, Butterberg, Eisenberg. Auf dem erstern befindet sich der bekannte Kalkofen.
	Kaufung.	Der Kützelberg enthält sehr viele Kalkbrüche und liefert den schönen Marmor. Man findet hier mehrere hohe Kalkofen.
	Seitendorf.	Der Bruch befindet sich auf dem Kalk- und Kirchberg.
	Conradswalde.	
	Polnisch-Hundorf.	
9. Görlitz.	Hennersdorf.	
II. Regierungs-Departement Breslau.		
1. Öls.	Neu-Ellguth.	
2. Brieg.	Carlsmarkt.	
3. Strehlen.	Prieborn.	Hier bricht der bekannte blaue Marmor.
4. Frankenstein.	Stoltz.	
5. Reichenbach.	Langenbielau.	
	Girlachsdorf.	Dieser bedeutende Bruch enthält sehr schönen Kalkstein von weifsgrauer und blauer Farbe.
6. Waldenburg.	Langwaltersdorf.	Am Fufs des Buchberges, woselbst sich auch ein hoher Kalkofen befindet.
	Rosenau.	
7. Schweidnitz.	Freiburg.	
	Altwasser.	
	Seitendorf.	
	Kunzendorf.	
8. Habelschwerdt.	Kieslingswalde.	
	Seitendorf.	
	Marienthal.	
	Melling.	
	Neundorf.	
	Plomnitz.	
	Hayn.	
	Alt- und Neu-Waltersdorf.	
	Kamitz.	
	Reiersdorf.	
	Wolmsdorf.	
9. Glatz.	Eisersdorf.	
	Gäbersdorf.	Der Bruch befindet sich am rothen Berge.
	Pischkowitz.	
	Kunzendorf.	
	Fridersdorf.	

Name des Regierungs-Departements und des Kreises.	Name des Orts, wohin der Kalksteinbruch gehört.	Bemerkungen.
Reg. Dep. Breslau.		
Glatz.	**Grenzendorf.**	
	Grunwald.	
	Deutsch-Tscherbeney.	
	Reinertz.	
	Scharfeneck.	
	Ebersdorf.	
	Neudorf..	
	Schlegel.	
	Volgersdorf	
III. Regierungs-Departement Oppeln.		
1. Neisse.	**Groſs-Kunzendorf.**	
2. Oppeln.	**Stadt Oppeln.**	
	Tarnau.	
	Ottmuth.	
	Krappitz.	
	Groſs-Döbern.	
3. Groſs-Strehlitz.	**Stubendorf.**	
	Sucha Lona.	
	Adamowitz.	
	Chorulla.	
	Czarnosin.	
	Priewkowitz.	
	Gogolin.	
	Poremba.	
	Neudorf.	
	Rosmierka.	
	Zyrowa.	
4. Lublinitz.	**Sodow.**	
	Kochanowitz.	
	Koschentin.	
	Lagiewnick	
	Lubetzko.	
	Lubschau.	
5. Beuthen.	**Michalkowitz.**	
	Orzesche.	
	Deutsch-Pieckar.	
	Rybna.	
	Bittkow.	
	Trockenberg.	
	Nieder-Heiduck.	
6. Rosenberg.	**Lassowitz.**	
7. Pleſs.	**Pziedkowitz.**	
	Mockrau.	
	Sziern.	
	Lazisk.	
	Lendzin.	
8. Tost-Gleiwitz.	**Raddun.**	
	Lubin.	
	Laband.	

Sandstein.

Die mächtigsten und ausgedehntesten Sandsteinlager sind:

1) Im Bunzlauer und Löwenberger Kreise von Bunzlau bis gegen Greifenberg.

2) Im Goldberger Kreise von Gröditzberg bis nach Probsthayn.

3) Im Glatzer Kreise bei Neurode und Reinertz.

4) Im Habelschwerdter Kreise in der Nähe von Habelschwerdt.

5) Im Waldenburger Kreise bei Friedland *).

Einzelne Sandsteinbrüche giebt es noch in andern Kreisen bei Landshut, im Strehlner Kreise und in den Flötzgebirgen Ober-Schlesiens.

Die wichtigsten Sandsteinbrüche, welche alle Arten von Werkstücken und Sandstein-Arbeiten liefern, sind zu Warthe und Tillendorf bei Bunzlau, Hockenau bei Gröditzberg, Raspenau bei Friedland, und Schwedeldorf bei Glatz **).

Zu Orzesche, Plefsner, und Ruda, Beuthner Kreises, sind die Quadern und Klötzelsteine zu den Schiffs-Schleusen am Klodnitz-Canal und zu Brieg gebrochen worden.

Der Bruch zu Ruda hat so feste Steine, dafs sie zu Gestellsteinen der hohen Eisenofen und zu Bänken der Glasofen gebraucht werden können.

Mühlsteine, bekanntlich ein wichtiger Handels-Artikel für Schlesien, werden bearbeitet in den Steinbrüchen zu

Warthe, Bunzlauer Kreises;

Neuland, Wenig-Rackwitz, Kesselsdorf, Waltersdorf und Langenvorwerk bei Siebeneichen, Löwenberger Kreises;

Rückerts und Passendorf, Glatzer Kreises;

Neu-Weistritz, Hammer, Vogtsdorf und Stubengrund-Pohlsdorf, Habelschwerdter Kreises.

Wetz- oder Schleifsteine werden in den meisten der vorgenannten Sandsteinbrüchen ebenfalls gearbeitet.

Der in Nieder-Schlesien vorhandene einzige Gipsbruch ist ein Flötz im Sandsteinlager zu Neuland, Löwenberger Kreises.

---

*) Die berühmten Felsen von Adersbach in Böhmen unweit Friedland bestehen aus Sandstein.

**) Der Preis eines Cubik-Fufses Sandstein-Arbeit ist 9 bis 10 Sgr.

Eisenstein.

Des zu den metallischen Fossilien gehörigen Wiesen- oder Rasen-Eisensteins muſs hier um so mehr gedacht werden, als sein Nutzen im Bauwesen von anerkanntem Werth ist. Wegen seiner Verwandtschaft mit dem Kalk lassen sich von ihm feste Mauern bei Gebäuden jeder Art aufführen, die auch ohne Putz ein gutes Aussehen haben.

Er ist in Schlesien häufig, doch leider nur in geringen Quantitäten vorhanden, und liegt nesterweise in der Nähe von Torflagern auf flachen Wiesen oder Hütungen, wo sein Dasein durch brandige, jeder Vegetation entbehrende Stellen bezeichnet ist.

Diejenigen Gegenden, wo bis jetzt die meisten Eisensteine angetroffen werden, sind:

im Sprottauer Kreise an der Sprotte;
im Grünberger Kreise an der Ochel;
im Wartenberger Kreise in den Medziborer Forsten;
im Groſs-Strehlitzer Kreise bei Kadlub;
im Neumarkter Kreise bei Belkau, Kadlau u. a. O.;
im Oelsner Kreise bei Klein-Ellguth, Sibyllenort u. a. O.

Der Stein ist von dunkelbrauner Farbe, porös, läſst sich mit dem Hammer leicht bearbeiten, ist der Verwitterung unterworfen und liefert zu Brückenbauten und Schalmauern, die vom Eisgange nicht zu leiden haben, ein gutes Material.

Ich schlieſse diesen Aufsatz mit einem Verzeichniſs der mir bekannt gewordenen Steinbrüche, welche Steine zu Mauern enthalten.

Name des Regierungs-Departements und des Kreises.	Name des Orts, wohin der Steinbruch gehört.	Bemerkungen.
I. Regierungs-Departement Liegnitz.		
1. Landshut.	Grüssau.	
	Landshut.	Das Mummelloch am Buchberg, Basalt.
	Trautliebersdorf.	Sandstein.
2. Hirschberg.	Erdmannsdorf.	Quarz und Feldspath.
	Waltersdorf bei Lähn.	Sandstein.
3. Jauer.	Schlaup.	Basalt in Tafeln.
	Prausnitz.	Bleistein.
4. Löwenberg.	Deutmannsdorf.	Sandstein.
	Hohlstein.	Sandstein.
	Ober- u. Nieder-Kesselsdorf.	Sandstein.
	Schiefer.	Sandstein.

Name des Regierungs-Departements und des Kreises.	Name des Orts, wohin der Kalksteinbruch gehört.	Bemerkungen.
Reg. Dep. Liegnitz.		
Löwenberg.	Wenig-Rackwitz.	Sandstein.
	Hartliebersdorf.	Sandstein.
	Siebeneichen.	Sandstein.
	Neuland.	Sandstein und Gips.
5. Bunzlau.	Herzogswalde.	Sandstein.
	Waldau.	Sandstein.
	Wehrau.	Sandstein.
	Kittlitztreben.	Sandstein.
	Ottendorf.	Sandstein.
	Warthau.	Sandstein.
	Tillendorf.	Sandstein.
6. Goldberg.	Ober-Nieder-Leisersdorf.	Bleistein.
	Michelsdorf.	Desgleichen.
	Hockenau.	Sandstein.
	Gröditzberg.	Sandstein.
	Pilgramsdorf.	Sandstein.
	Wolfsdorf.	Basalt.
	Seifenau.	Sandstein.
	Hermsdorf.	Desgl.
7. Schönau.	Jannowitz.	Granit.
	Rörersdorf.	Porphyr am Wildenberge.
8. Görlitz.	Königshayn.	Granit.
9. Lauber.	Goldentreum.	Dachschiefer.
	Hartmannsdorf.	Basalt.
	Heidersdorf.	Basalt.
10. Rothenburg.	See.	Granit.
11. Liegnitz.	Gränowitz.	Thonschiefer.
	Weissenleipe.	Desgl.
	Groſs-Wandritsch.	Granit.
	Teutschel.	
	Groſs-Jänowitz.	
	Nicolstadt	
	Jänckau.	
	Blumen.	
II. Regierungs-Departement Breslau.		
1. Strehlen.	Niclasdorf.	Granit.
	Striege.	Desgl.
	Krummendorf.	Desgl.
	Steinkirch.	Sandstein.
2. Nimptsch.	Groſs-Wilkau.	Gneuſs.
	Kittlau.	Gneuſs.
	Rothschloſs.	Gneuſs.
	Ober-Panthen.	Gneuſs.
	Pristram.	Gneuſs.
	Langenöls.	Gneuſs.
	Ober-Johnsdorf.	
	Stein.	Kieselschiefer.
	Schwentnig.	Grünstein.
	Wilschwitz.	Schieferartiger Sandstein.

Name des Regierungs-Departements und des Kreises.	Name des Orts, wohin der Kalksteinbruch gehört.	Bemerkungen.
Reg. Dep. Breslau.		
3. Münsterberg.	Bärtzdorf.	Gneifsartiger Granit.
	Heinrichau.	Grobkörniger Gneufs.
	Neobschütz.	Desgl.
	Dobrischau.	
	Krelkau.	
	Kummelwitz.	
	Schön-Johnsdorf.	
	Neudorf.	
	Neumen.	
	Sackrau.	
	Tarchwitz.	
	Täpplieroda.	
	Willwitz.	
4. Frankenstein.	Grochau.	Serpentin.
	Schräbsdorf.	
	Eichau.	Thonschiefer.
	Schönwalde.	Gneufs.
	Baumgarten.	
	Belensdorf.	
	Beizen.	
	Dittmannsdorf.	
	Geiersdorf.	
	Gläsendorf.	
	Heinersdorf.	
	Heinrichswalde.	
	Kaupitz.	
	Kleutsch.	
	Lampersdorf.	
	Löwenstein.	
	Olbersdorf.	
	Protzan.	
	Quickendorf.	
	Raudnitz.	
	Rosenbach.	
	Schönheide.	
	Schromm.	
	Seitendorf.	
	Tädelwitz.	
	Tomnitz.	
5. Reichenbach.	Nieder-Langen-Seifersdorf.	Grünstein.
6. Glatz.	Rengersdorf.	Schleifstein am rothen Berge.
	Nieder-Schwedeldorf.	Sandstein.
	Albendorf.	
	Cudoba.	
	Grunwald.	
	Rückerts.	
7. Habelschwerdt.	Hammer an der Schlössel-koppe.	Sandstein.
	Kieslingswalde.	
	Habelschwerdt.	

Name des Regierungs-Departements und des Kreises.	Name des Orts, wohin der Kalksteinbruch gehört.	Bemerkungen.
Reg. Dep. Breslau.		
Habelschwerdt.	Alt-Wilmsdorf.	Sandstein.
	Roth-Waltersdorf.	
8. Schweidnitz.	Am Zobtenberg.	Granit.
9. Waldenburg.	Göllenau.	Sandstein.
	Raspenau.	
	Lehmwasser.	Porphyr.
	Gottesberg.	
10. Striegau.	Lahsen.	Granit.
	Grofs-Rosen.	
	Peterwitz.	
	Ober-Streit.	
	Kohlhöhe.	
III. Regierungs-Departement Oppeln.		
1. Oppeln.	Dembio.	Basalt.
2. Beuthen.	Ober-Heiduck.	Sandstein.
	Ruda.	Sand- und Gestellstein.
3. Plefs.	Orzesche.	Sandstein.
	Wyrow.	Sand- und Gestellstein.
4. Tost.	Klutschow.	
5. Rosenberg.	Uschütz.	Granit.
6. Neifse.	Arnoldsdorf.	Drei Thonschieferbrüche.
	Kaindorf.	
	Deutschwette am Katternberg.	
7. Falkenberg.	Mullwitz.	
8. Grottgau.	Matzwitz.	
9. Neustadt.	Wachtel-Kunzendorf.	
	Langenbrück.	
10. Rybnick.	Pschow.	Gips.
	Czernitz.	
11. Rattibor.	Koblau.	Sandstein.
12. Lublinitz.	Guttentag.	Der Stein der in der Nähe von Guttentag bricht, ist ein Übergangs-Kalkstein, der als Mauerstein sehr brauchbar ist.

7.

Beschreibung einer eigenthümlichen Art weitspannender Brücken und Dächer, aus Hölzern von nicht mehr als gewöhnlicher Länge.

(Von einem Ungenannten)

Von diesem Aufsatze hat der Herr Herausgeber des *Journal du génie civil* eine französische Übersetzung verfertigen lassen, und dieselbe in das 26ste Heft (October 1830) seiner trefflichen Zeitschrift aufgenommen. Das Folgende ist der Abdruck der deutschen Original-Abhandlung des ungenannten Erfinders.

1.

Man bedient sich gewöhnlich, um über weite Räume Dächer oder Brücken zu spannen, nächst den Sprengwerken, zu welchen auch die hölzernen gewölbartigen Bogen gerechnet werden können, der Hängewerke. Die Streben solcher Hängewerke stemmen sich oberhalb entweder unmittelbar gegen einander, oder gegen einen horizontalen Spannriegel, den sie zwischen sich haben; der Balken aber, in welchem die Streben stehen, mufs so fest sein, dafs er der Länge nach von dem Seitenschube der Streben nicht zerrissen werden kann. Er mufs also entweder aus ganz durchgehenden Hölzern bestehen oder so zusammengesetzt sein, dafs seine Theile auch durch die stärkste, nach der Länge wirkende Kraft, welche vorkommt, nicht getrennt werden können. Gegen diese gewöhnliche Art der Hängewerke ist nun aber einzuwenden, dafs erstlich nur diejenigen, deren Streben sich oberhalb unmittelbar gegen einander stemmen, nicht die mit Spannriegeln, als ganz fest betrachtet werden können, weil nur allein das Dreieck eine unverschiebbare Figur ist, das Viereck hingegen verschoben werden, und also ein Hängewerk mit einem horizontalen Spannriegel, in so fern es nicht etwa sonst noch stark genug verstrebt ist, nachgeben kann, wenn die Last nicht in der Mitte, sondern zur Seite liegt, etwa in der Gegend einer der beiden Hängesäulen. Blofs die dreieckige Form den Hängewerken zu geben, würde aber, wenn sie weite Räume überspannen sollen, grofse Schwierigkeiten haben. Zweitens ist einzuwenden, dafs entweder sehr lange Hölzer zu den Balken der gewöhnlichen Hängewerke, wenn sie gröfsere Weiten überspannen sollen, gehören, die dann nicht immer und für ganz grofse Spannungen gar nicht zu haben sind, oder dafs die Zusammensetzung solcher längeren Balken aus Stücken immer mehr oder weniger unvollkommen und mifslich ist; denn bei einem sehr weit spannenden Hängewerke, z. B. von 100, 120, 150 etc. Fufs weit, ist die Kraft, welche die Balken zu zerreifsen strebt, besonders wenn die Streben flach liegen, in der That ungeheuer; auch ist es ungemein schwierig, dem Einstemmen der Streben in die Balken hinreichende Festigkeit zu geben, und bei Brücken haben die sehr weit spannenden Hängewerke noch eigenthümliche Schwierigkeiten, wegen der erforderlichen Höhe, weswegen man dann dort auch gewöhnlich zu den Sprengwerken seine Zuflucht nimmt, die aber starke Widerlager und also einen kostbareren Unterbau erfordern.

2.

Es ist also eine Art von Hängewerken, oder vielmehr irgend eine andere Art von Holz-Verbindung zu wünschen, welche folgende drei Eigenschaften hat:

Erstens, dafs ihre Festigkeit überall nur auf der Unverschiebbarkeit des Dreiecks beruht:

Zweitens, dafs dazu für jede beliebige Spannung nur Hölzer von gewöhnlicher Länge nöthig sind; und

Drittens, dafs sie für Brücken, selbst bei den gröfsten Spannungen, nur eine mäfsige Höhe erfordert.

Diese drei Eigenschaften hat die Holzverbindung, welche hier beschrieben werden soll.

3.

Das Princip dieser Holz-Verbindung zeigt (Taf. VI. Fig. 1.). Man stelle sich für den Augenblick drei feste, gleich grofse, prismatische Körper von einiger Länge vor, deren Querdurchschnitt gleiche Dreiecke *ADB*, *BEC*, und *DFE* sind, so aufeinander gelegt, wie es die Figur zeigt, so ist klar, dafs wenn die Puncte *A*, *B* und *C* fest unterstützt werden, das Ganze vollkommen fest ruhen und jede beliebige Last tragen werde. Nun stelle man sich aber vor, nur die beiden Puncte *A* und *C* würden von unten fest unterstützt, der Punct *B* dagegen werde vermittelst irgend einer unzerreifsbaren Vorrichtung an den Punct *F* angehängt, so läfst sich zeigen, dafs wiederum das Ganze fest ruhen und eine der Stärke der Vorrichtung angemessene Last werde tragen können. Denn gesetzt der Punct *F* sollte um einen Zoll sinken, so würden nothwendig auch die Puncte *D* und *E* um eben so viel sinken müssen, folglich auch die senkrecht darunter liegenden Puncte *G* und *H*. Da nun aber die Puncte *A* und *C* fest sind, so würde, weil *AB* und *BC* doppelt so lang sind als *AG* und *HC*, *B* nothwendig um zwei Zoll sinken müssen, während *G* und *H* oder *D* und *E* oder *F* um einen Zoll sinken. Dieses aber ist nicht möglich, weil sich nach der Voraussetzung *BF* nicht verlängern, und also *B* nicht mehr sinken kann als *F*. Also ist es unmöglich, dafs *F* überhaupt sinken kann, so lange nicht *BF* zerreifst oder eines der drei Prismen bricht. Folglich ruht das Ganze ebenfalls vollkommen fest, und man sieht, dafs sich durch die drei Prismen die Öffnung *AC* frei überspannen läfst, ohne dafs es nöthig wäre, den Punct *B* anders als durch Anhängen an *F* zu unterstützen. Es ist zugleich klar, dafs durchaus kein Seitendruck auf die Puncte *A* und *C* Statt finden wird, weil der Druck überall nur senkrecht wirkt. Stellt man sich nun statt der drei festen prismatischen Körper drei Hängewerke vor, wie *ABC* (Fig. 2.), jedes aus einem Balken und zwei Streben bestehend, so erhellet, dafs mit drei solchen übereinander gestellten Hängewerken ein Raum *AC* (Fig. 1.) überspannt werden kann, der doppelt so breit ist als die Länge des Balkens jedes Hängewerks beträgt; folglich kann auf diese Weise mit Hölzern von gewöhnlicher Länge schon ein Raum überspannt werden, der doppelt so breit ist als die Hölzer lang sind, denn auch die Hängesäule *FB* (Fig. 1.) darf nicht länger sein als die Balken *AB*, *BC* und *E*, und die Streben *AD*, *DB* etc. sind alle kürzer.

Man kann aber nach diesem Princip auch noch weitere Räume überspannen. Um nemlich eine Öffnung zu bedecken, die dreimal so weit ist als die gewöhnlichen Hölzer lang sind, stelle man 6 Hängewerke über einander nach (Fig. 3.), und hänge die nicht direct unterstützten Puncte *B*, *C* und *F* oder *N*, an *H*, *I* und *K*. Diese Zusammmensetzung wird ebenfalls stabil sein. Denn wenn z. B. *K* um einen Zoll sinken sollte, so müfsten *H* und *I*, und weil *E*, *F* und *G* nach (Fig. 1.) fest damit verbunden sind, auch diese Puncte, und mithin auch *L*, *N* und *M* um einen Zoll sinken. Da aber *AB* und *CD* doppelt so lang als *AL* und *MD*, und

A und *D* fest unterstützt sind, so müfsten gegentheils *B* und *C* und folglich *N* um zwei Zoll sinken. Da beides zugleich nicht sein kann, weil *N* mit *K* fest verbunden sind, so kann *K* gar nicht sinken, sondern die Zusammensetzung ist vielmehr stabil. Die Hängesäule *KN* ist hier freilich, in so fern die Hängewerke in ihren Gipfeln rechtwinklig sind, länger als die Balken der Hängewerke; wäre indessen durchaus kein längeres Holz zu haben als das Holz zu den Balken, so darf man nur die Hängewerke flacher machen, um die Hängesäulen *KN* auf die Länge der Balken zu beschränken, und äufsersten Falls kann auch die Hängesäule zusammengesetzt und durch Eisen verbunden werden, wenigstens viel sicherer als die Balken, weil sie weniger Gewalt auszuhalten hat.

Will man einen Raum überspannen, der viermal so weit ist als die Länge der vorstehenden Hölzer, so setzt man 10 Hängewerke auf ähnliche Art wie (Fig. 1. und 3.) zusammen u. s. w.

Wie für die Verbindung des Bauwerks der Länge nach zu sorgen, wird weiter hin (§. 10.) vorkommen.

4.

So läfst sich nach dem hier aufgestellten Princip bei Dächern verfahren. Bei Brücken würde die Höhe der über einander gestellten Hängewerke zu beträchtlich sein. Es ist aber leicht zu sehen, dafs man die Hängewerke, statt sie über einander zu stellen, auch eben sowohl neben einander setzen oder in einander verschränken kann, wie z. B. (Fig. 4. und 5.), auf welche Weise dann das Ganze nur die Höhe eines einzelnen Hängewerks bekommt. Der Erfolg ist ganz derselbe, weil, wenn z. B. in (Fig. 4.) die Puncte *G*, *B* und *H* fest an *D*, *F* und *E* gehängt sind, der Punct *F* durchaus nicht sinken kann, so lange nicht die Festigkeit der Hängewerke nachgiebt. Denn gesetzt, *F* sollte um einen Zoll sinken, so müfsten *G*, *B* und *H* zugleich jeder um einen Zoll sinken. Wenn aber *G* und *H* um einen Zoll sinken, so sinkt vielmehr *B* um zwei Zoll, mithin kann *F* gar nicht sinken. Sind in (Fig. 5.) die Puncte *L*, *B*, *N*, *C* und *M* fest an *E*, *H*, *F*, *I*, *G* gehängt, so kann wiederum *F* nicht sinken. Denn gesetzt, *F* sollte um einen Zoll sinken, so müfste ein Gleiches mit *B*, *C* und *N* geschehen. Gegentheils aber sinkt *N* um $1\frac{1}{2}$ Zoll, wenn *B* und *C* um 1 Zoll sinken, weil *ALBN* und *DMCN* gerade Linien bilden. Also kann *F* gar nicht sinken. Sind gröfsere Weiten zu überspannen, so setzt man, auch bei Brücken, mehrere einzelne Hängewerke, auf die Weise wie (Fig. 4. und 5.) zusammen. Um der Zusammensetzung nach der Mitte zu, wo sie der gröſsten Stärke bedarf, noch mehr Stabilität zu geben, kann man dort die Streben steiler stellen wie es (Fig. 6.) vorstellt. Überall aber sind nicht längere Hölzer nöthig als die durchgehenden Balken der einzelnen Hängewerke erfordern. Auch findet bei den zu Brücken passenden Anordnungen der Verbindung eben so wenig wie bei den Dächern irgend ein Seitenschub Statt.

5.

Es ist wie oben beschrieben nun nothwendig, die frei schwebenden Puncte *B* in (Fig. 1. und 4.) und *B* und C in (Fig. 3. und 5.) an die darüber treffenden Spitzen der zu verbindenden Hängewerke anzuhängen, und es ist streng genommen nicht nöthig, daſs die in *B* und in *B* und *C* zusammenstoſsenden Ecken der aneinander stoſsenden Hängewerke mit einander verbunden werden. Es versteht sich indessen von selbst, daſs in der Ausübung diese Ecken nicht unverbunden bleiben werden, sondern daſs sie vielmehr, mehrerer Stabilität wegen, und um die Wirkung einer etwaigen ungleichen Belastung abzuhalten, ebenfalls verbunden werden müssen; jedoch hat diese letzte Verbindung, weder der Länge nach, noch in der Richtung des Zerbrechens eine andere Gewalt auszuhalten, als die, welche etwa aus einer ungleichen Vertheilung des Drucks oder der Belastung entstehen kann. Bei Dächern wird man unter den Stöſsen der Balken in *B* (Fig. 1.) und in *B* und *C* (Fig. 3.) andere Balken legen, die resp. in *G* und *H*, und in *L*, *N* und *M* zusammenstoſsen. Beide Reihen Balken wird man mit einander verzahnt verbinden. Auch kann man, wenn es nützlich sein sollte, im Fall mehrere Hängewerke verbunden sind wie (Fig. 3.), noch eine dritte Reihe Balken darunter legen, deren Stöſse wieder auf die Mitte der zunächst darüber liegenden Balken treffen, und die mit diesen wieder verzahnt verbunden werden. Bei Brücken kann man, wenn die Hängewerke neben einander gestellt werden, die Ecken der verschiedenen Hängewerke auf der Quere nach liegende Träger legen, wie es (Fig. 4. und 5.) andeuten, und diese Träger werden an die darüber treffenden Gipfel der einzelnen Hängewerke angehängt, oder man kann, wie es besser ist, die Hängewerke in einander verschränken, so daſs sie alle in einer und derselben Ebene liegen, und die Balken ebenfalls durch andere, deren Mitten auf die Stöſse der Balken der einzelnen Hängewerke treffen, und die dann damit verzahnt verbunden werden, verstärken, so daſs immer das Ganze eine einzige, fest in einander zusammenhaltende Verbindung ausmacht. Die nähere Beschreibung dieser verschiedenen Zusammensetzungen folgt weiter unten.

6.

Die Festigkeit der nach dem obigen Princip zusammengesetzten Hängewerke ist nicht allein dieselbe wie die der gewöhnlichen Hängewerke, sondern sie ist noch gröſser. Die Festigkeit eines Hängewerks nemlich wird immer durch die Kraft gemessen, welche der Balken aushält, ehe er zerreiſst. Bei einem gewöhnlichen Hängewerke ist dieser Balken, wenn ein weiter Raum, etwa auf die Weise wie (Fig. 7.) überspannt werden soll, aus Stücken zusammengesetzt; bei der gegenwärtigen Verbindung dagegen besteht der Balken, welchen die Streben zu zerreiſsen trachten, immer aus einem Stücke, und ein einzelnes Stück ist der Länge nach fester als ein zusammengesetztes, wenn auch mehrere Stücke über einander gelegt wären. Auſserdem sind die nach dem gegenwärtigen Princip zusammengesetzten Hängewerke deshalb fester als die gewöhnlichen, weil sie überall nur aus Dreiecken, nirgend aus Vierecken bestehen.

Wenn die Kraft, welche nöthig ist einen aus einem Stücke bestehenden Balken zu zerreiſsen, durch Q bezeichnet wird, die Höhe des mittleren Hängewerks z. B. FN (Fig. 6.) durch h, die ganze überspannte Weite AD durch s, und die Last welche der Verbindung in F oder N aufgelegt werden kann, bis sie bricht, durch P, so ist

$$P = \frac{h}{\frac{1}{2}s} . Q = \frac{2h}{s} Q.$$

Gesetzt die Balken der Hängewerke wären 12 Preuſsische Zoll breit und hoch, und beständen aus Weiſstannen- oder aus Eichenholz, so würde, weil ein Quadrat-Zoll dieser Hölzer der Länge nach eine Cohäsion von etwa 150 Centnern hat, $Q = 144 . 150 = 21600$ Centner sein. Ist also über einen 120 Fuſs weiten Raum das mittlere Hängewerk 24 Fuſs hoch, so wäre $h = 24$, $s = 120$, und also $P = \frac{2 . 24}{120} . 21600 = \frac{2}{5} . 21600 = 8640$ Centner. So viel Kraft würde also z. B. in F oder N (Fig. 6.) nöthig sein, wenn $FN = 24$ Fuſs, $AD = 120$ Fuſs ist, und die Balken von der benannten Holzart 12 Zoll breit und hoch sind, um die Hängewerke zu zerbrechen; und da man nun annehmen kann, daſs einer Holzverbindung etwa der dritte Theil derjenigen Last, unter welcher sie zusammenbricht, mit Sicherheit aufgelegt werden darf, so würde das beschriebene Hängewerk 2880 Centner in *F* oder *N* mit Sicherheit tragen können.

7.

Die auf die beschriebene Weise zusammengesetzten Hängewerke haben, wie man sieht, die in (§. 2.) verlangten drei Eigenschaften, nemlich: 1) Ihre Festigkeit beruht überall auf der Unverschiebbarkeit des Dreiecks. 2) Sie bedürfen für jede beliebige Spannung nur Hölzer von der gewöhnlichen Länge. 3) Sie erfordern bei Brücken, auch auf gröſsere Spannungen, nur eine mäſsige Höhe. Sie erfüllen also die aufgestellten Bedingungen.

Es wird nun nöthig sein, näher zu zeigen, wie die Hölzer zu den Hängewerken von den oben in Allgemeinen beschriebenen Formen zusammengesetzt werden können. In welcher andern Form noch das obige Princip zu Dachverbindungen zu benutzen sei, wird sich weiter unten in (§. 15.) ergeben.

8.

Zuerst wird die Zusammensetzung eines einfachen Hängewerks mit Balken von der gewöhlichen Länge, also von 30 bis 40, höchstens 50 Fuſs lang, beschrieben werden.

Die Balken liegen hier in der Regel nicht unmittelbar neben einander, sondern, wenn mehr als ein Balken da ist, nur über- oder aufeinander, und werden dann verzahnt mit einander verbunden und zusammengebolzt. Die Hängesäulen dagegen können sowohl aus einem als aus zwei Hölzern, neben einander gestellt, bestehen. Auch die Streben können einfach sein, oder doppelt neben einander liegen, desgleichen können sie durch darunter gelegte, mit ihnen verzahnt verbundene Hölzer verstärkt werden. Wenn die Streben nicht doppelt neben einander liegen, so sind die Hängesäulen doppelt, und wenn die Hängesäulen einfach sind, so liegen zwei Streben neben einander. Weiter unten (§. 12.) wird sich zeigen, daſs der letztere Fall wirklich nothwendiger Weise vorkommt. Ferner können entweder die Hängesäulen noch bedeutend über den Scheitel der Streben hinaufreichen, oder es kann unmittelbar über dem Scheitel der Streben ein Rahmen perpendiculair auf die Richtung der Hauptbalken liegen, oder auch erst ein anderer Rahmen oder Kehlbalken, in der Richtung des Haupt-Balkens selbst.

Die Streben kann man als die stärkeren Theile eines Hängewerkes betrachten, weil auf sie die Kraft zusammendrückend wirkt. Schützt man sie gegen das Biegen, welches entweder durch hinreichende Dicke, oder durch Verdoppelung, oder am wirksamsten durch Unterstützung in der Mitte, vermittelst in den Hauptbalken oder in die Hängesäulen gestellter Hölzer geschieht, so kann man darauf rechnen, dafs die Streben sicherer als die andern Theile des Hängewerks der auf dasselbe wirkenden Kraft widerstehen werden, weil die Kraft, um ein Holzstück der Länge nach zusammenzudrücken, noch bei weitem gröfser ist, als die Kraft, es zu zerreifsen.

Die Hängesäulen werden bei einem einzelnen Hängewerke, wenn es im Scheitel rechtwinklig ist, der Länge nach mit derselben Kraft gezogen, wie die Balken; allein schon mit geringerer Kraft, wenn das Hängewerk, wie meistens der Fall, im Scheitel stumpfwinklig ist, und mit noch weniger Kraft, wenn nach der obigen Art mehrere einzelne Hängewerke in Verbindung gebracht werden.

Am meisten leidet also von der Wirkung der Belastung eines Hängewerks der Balken.

Die schwächsten Stellen eines Hängewerks sind die, wo die Streben sich in den Balken stemmen. Nächstdem ist es das Gegeneinanderstemmen der Streben, und dann kommt es darauf an, dafs die Mitte des Balkens, die getragen werden soll, vermittelst der Hängesäulen fest genug mit dem Scheitel der Streben verbunden werde.

9.

Hat ein Hängewerk keine grofse Gewalt auszuhalten, so ist es hinreichend, den Streben, wie gewöhnlich, eine oder zwei Versatzungen zu geben und sie zugleich in den Balken einzuzapfen. Ist die Gewalt gröfser, so wird es gut sein, die Kanten der Versatzung mit $\frac{1}{2}$ Zoll dicken gufseisernen Platten *a*, *b* (Fig. 8. I. und II.) zu armiren, um das Abspringen des Holzes an den Versatzungen zu verhindern. Diese Platten werden angeschraubt. Ferner kann man die Einstemmung der Streben in die Balken verstärken, wenn man zu beiden Seiten gufseiserne Platten *c*, *c* und *d*, *d* (Fig. 8. II.) so hoch als die Balken und 5 bis 6 Fufs lang an dieselben anschraubt, gegen welche sich die Platten *a* und *b* stemmen. Jeden Falls werden die Streben mit wenigstens einem Bolzen *e*, und wenn sie verdoppelt sind, mit zwei Bolzen *e* und *f*, an den Balken angeschraubt.

Fig. 8. I. II. zeigt das Einstemmen einfacher und Fig. 9. I. II. das Einstemmen doppelt neben einander liegender Streben. Wie das Einstemmen der Streben noch mehr zu verstärken sei, wird (§. 14.) beschrieben.

10.

Im Scheitel eines Hängewerks darf zwischen den gegen einander sich stemmenden Streben niemals ein Querholz liegen, welches sich zu sehr zusammendrücken würde. Man legt zwischen die gegen einander, Hirnholz gegen Hirnholz, stofsenden Streben eine Tafel Blei. Liegen nicht zwei Streben neben einander, so stofsen sie in ihrer ganzen Dicke gegen einander, auch wenn sie doppelt über einander liegen, und die doppelten Hängesäulen umgeben sie. Liegen zwei Streben neben einander, so stofsen sie mit den äufsern Hälften ihrer Breite gegeneinander und umfassen die einfache Hängesäule. Ist auch die Hängesäule doppelt, so stofsen die Streben mit den innern Hälften ihrer Breite zusammen.

Fig. 10. I. und II. (Taf. VI.) zeigt den Fall einfacher Streben und doppelter Hängesäulen, wenn unmittelbar über dem Scheitel der Streben ein Rahm perpendiculair auf die Richtung des Hauptbalkens liegt.

Fig. 11. I. und II. zeigt den gleichen Fall, wenn erst über dem Scheitel der Streben ein Rahm nach der Richtung des Balkens selbst liegt.

Fig. 12. I. und II. stellt den Fall einfacher Streben vor, wenn die doppelten Hängesäulen noch bedeutend über den Scheitel der Streben emporragen.

Fig. 13. I. und II. ist der Fall doppelter Streben und doppelter Hängesäulen, wenn zugleich noch unmittelbar über dem Scheitel der Streben ein Rahm nach der Richtung des Balkens liegt.

Fig. 14. I. und II. ist der Fall doppelter Streben und einfacher Hängesäulen, wenn unmittelbar über dem Scheitel der Streben ein Rahm perpendiculair auf die Richtung des Balkens liegt.

Fig. 15. I. und II. stellt den Fall doppelter Streben und einfacher Hängesäulen vor, wenn letztere noch bedeutend über den Scheitel der Streben emporragen.

Die Figuren zeigen die Verbolzungen und die Gestalt der Hängeeisen, so wie die Art sie anzubringen. Überall ist darauf gerechnet, dafs unter dem obern Anhängepunct der Hängeeisen, auf dem Holze worauf er sich befindet, eine eiserne, wenigstens $\frac{1}{2}$ Zoll dicke Tafel gelegt werde. Sie ist in den verschiedenen Figuren mit *a* bezeichnet. Statt der sonst gewöhnlich nach aufsen gehenden Vorsprünge der Hängeeisen ist angenommen, dafs sie nach innen gehen und in das Holz greifen. Diese Vorsprünge sind in den Figuren mit *b* bezeichnet. Die Hängeeisen sind wie gewöhnlich etwa 4 mal so breit als dick, und nur an den Enden, wo sie in eine Schraube auslaufen, rund, oder bis zur Schraube im Querschnitt quadratisch. Die Schraubenbolzen zum Zusammenhalten der Hölzer, die zugleich die Hängeeisen fassen, sind von der gewöhnlichen Art. Sie sind überall in den Figuren angedeutet.

Wie das Anhängen der Hängesäulen an den Streben mehr zu verstärken sei, kommt (§. 14.) vor.

11.

Beim Anhängen der Balken an die Hängesäulen kommen wieder verschiedene Fälle vor, je nachdem die Hängesäulen doppelt oder einfach sind, oder der Träger, welcher die Balken zwischen den Bindern unterstützen soll, über oder unter der Hängesäule liegt.

Fig. 16. I. und II. (Taf. VI.) zeigt den Fall doppelter Hängesäulen, neben welchen der Träger liegt.

Fig. 17. I. und II. ist der Fall doppelter Hängesäulen, wenn der Träger zwischen ihnen und den Balken liegt. *a* und *b* sind aufgefutterte Knaggen.

Fig. 18. I. und II. ist der Fall einfacher Hängesäulen, zwischen welchen und den Balken der Träger durchgeht.

Fig. 19. I. und II. ist der Fall, wenn etwa der Träger bis auf den untersten Balken gesenkt werden soll, was aber nicht gut ist, weil dann die zusammenstofsenden Balken nicht verbunden werden können.

In Fig. 16. und 17. ist angenommen, dafs die Hängeeisen umgebogen werden. Besonders in diesem Falle ist ein Hängeeisen *a b* in der Mitte nöthig. Besser ist es wohl, wenn wie Fig. 18. und 19. die Hängeeisen auf eine eiserne Platte *c d* angeschraubt werden können. Dann kann auch bequem Spielraum zwischen den Balken und den Hängesäulen bleiben, um die Schrauben nöthigenfalls nachzuziehen. Die Hängeeisen haben in das Holz greifende Knaggen, wie oben am Scheitel der Streben.

12.

Nachdem die Zusammensetzung einzelner Hängewerke beschrieben worden, kann nun die Beschreibung der Zusammensetzung derselben folgen. Zuerst soll von Dächern die Rede sein.

Fig. 20. I. II. III. (Taf. VII.) stellt einen Dachbinder vor, welcher nach (Fig. 1.) aus drei einzelnen Hängewerken *ABC*, *DEA* und *EFB* zusammengesetzt ist. Das obere Hängewerk *ABC* ruht bei *A* und *B* auf den beiden untern *ADE* und *EFB*. Die freischwebend in *E* zusammenstofsenden Ecken der beiden untern Hängewerke sind mittelst der Säule *CE* an den Scheitel des obern Hängewerks gehängt, wodurch sich das Ganze verbindet und trägt. Die in *E* zusammenstofsenden Ecken der beiden untern Hängewerke brauchten, wie oben bemerkt, streng genommen nicht mit einander verbunden zu werden, allein wegen mehrerer Festigkeit und wegen der Möglichkeit ungleichen Drucks, werden sie durch die Verdoppelung des Balkens *EF*, und zwar sehr fest, mit einander verschränkt. Die Balken der untern Hängewerke, worin die Streben *a*, *a* sich stemmen, gehen von *D* bis *E* und von *E* bis *F* in ganzen Stücken durch. Die darunter liegenden Balken gehen von *G* bis *H* durch und von *G* bis *D* und von *H* bis *F*. Die untern Balken sowohl als die obern werden an den Stöfsen zusammengeblattet, aber nicht der Höhe, sondern der Breite nach getheilt, wie es Fig. 20. III. (Taf. VII.) bei *q*, *q* zeigt, weil auf diese Weise die Balken nach ihrer ganzen Dicke aufliegen, welches ihnen mehr Stärke giebt, als wenn sie nach der ganzen Breite aufliegen. Die beiden Reihen Balken werden in einander verzahnt, nicht verdübelt, weil die Dübel durch Eintrocknen lose werden und auch durch die Gewalt des Zuges sich drehen können. Der Balken *AB* des obern Hängewerks geht bis an den Sparren ganz durch. Auf den Balken und auf der mittleren Hängesäule ruhen die Fetten *c*, *c* .... und auf den Streben *a*, *a* .... sind zwischen jenen Fetten noch andere *d*, *d* .... eingekämmt. Die Streben werden deshalb noch durch Bänder *f*, *f* .... unterstützt. Auf den Fetten *c*, *c* .... und *d*, *d* .... werden die Sparren *s*, *s* gekämmt, und auf diese die Latten oder die Schalbretter zur Dachdecke genagelt. Die Träger *e*, *e*, welche die Balken der Leergebinde tragen sollen, liegen neben den Hängesäulen. Sämmtliche Streben *a*, *a* .... sind einfach, die Hängesäulen *b*, *b* .... doppelt. Ihre Verbindung im Scheitel bei *A* und *B* kann nach (Fig. 11. Taf. VI.), bei *C* nach (Fig 10.) sein. Der Balken *AB* geht bei *p* durch die doppelte Hängesäule und wird von ihr umfafst. Das Einstemmen der Streben in die Balken kann nach (Fig. 8.) geschehen, das Anhängen der Balken an die Hängesäulen nach (Fig. 16.). Aber eine sehr bedeutende Verstärkung kann diese Dachverbindung noch durch Streben *G*, *G* erhalten, die sehr wohl Statt finden und ihre volle Wirkung haben können, weil der untere Balken von *G* bis *H* durchgeht, in welchen sie sich also stemmen müssen.

Hier ist einer der in (§. 8.) bemerkten Fälle, wo die Streben nothwendig doppelt gegeneinander liegen müssen. Sie würden sonst die Streben *a, a* .... bei *k* kreuzen. Wenn sie doppelt neben einander liegen, so gehen die Streben *a, a* zwischen ihnen hindurch und werden von ihnen umfaſst, wie z. B. der Balken *AB* bei *p* von der doppelten Hängesäule *CE*. Der Einsatz dieser doppelten Streben in die mittlere Hängesäule bei *p* geschieht nach (Fig. 13. Taf. VI.), und der Einsatz in den Balken nach (Fig. 9.), nur daſs sie bis auf den untersten Balken reichen. Die doppelten Streben *g, g* und die einfachen *a, a* dienen zugleich einander wesentlich zur Unterstützung und Verstrebung gegen das Einbiegen.

Da ein einzelnes Hängewerk 30 bis 40 Fuſs spannen kann, so ist die in (Fig. 20. Taf. VII.) vorgestellte Dachverbindung für Spannungen von 60 bis 80 Fuſs passend; allenfalls auch noch für 100 Fuſs Spannung. Wenn zu den Fetten 12 Zoll dicke Hölzer genommen werden, so können die Binder 12 bis 15 Fuſs von Mitte zu Mitte von einander entfernt sein, je nachdem die Dachdecke schwer ist, namentlich für metallene Decken 15 Fuſs, für Schiefer 13 bis 14 Fuſs, und für doppelte Dachziegel 12 Fuſs. Die Leergebinde können, je nach der Dicke der Latten, $2\frac{1}{2}$ bis 3 Fuſs von einander von Mitte zu Mitte entfernt werden, so daſs immer 4 Leer-Gebinde zwischen zwei Bindern liegen. Die Hölzer zu den Balken, Streben und Hängesäulen der Binder müssen 11 bis 12 Zoll im Durchschnitt im Gevierte haben; die Hölzer zu den Sparren, da die Fetten äuſsersten Falls 15 Fuſs von einander liegen, 6 Zoll im Gevierte. Die Dachfläche wird, wie man sieht, auſsen ganz eben und erhält keine Biegung durch Aufschieblinge. Der Länge nach erhält das Dach seine Verbindung erstlich durch die Träger *e, e* ...., durch die Dachrahme *c, c* ...., und durch die Fetten *d, d* .... Verstrebt wird es durch Andreas-Kreuze, die liegend zwischen die Balken und stehend zwischen die Hängesäulen eingesetzt werden.

Fig. 21. (Taf. VII.) stellt einen Dachbinder vor, welcher aus den sechs einzelnen Hängewerken *ABC, DEA, EFB, IKD, KLE* und *LMF* zusammengesetzt ist. Die bei *E, K* und *L* zusammenstoſsenden, freischwebenden Ecken der einzelnen Hängewerke sind vermittelst der Hängesäulen *AK, BL* und

CE an die Scheitel *A*, *B* und *C* der obern Hängewerke angehängt, wodurch sich das Ganze verbindet und trägt. Mehrerer Festigkeit wegen ist der Balken *DF* verdoppelt und die untern Balken *IM* liegen dreifach übereinander. Die verdoppelten und dreifachen Balken sind verzahnt mit einander verbunden. Dadurch wird der Binder zu einem Ganzen verbunden. Der Balken *AB* geht ganz durch. Von den doppelten Balken *DF* gehen die obern von *D* bis *E* und von *E* bis *F* durch, die darunter liegenden von *G* bis *H* und von *D* bis *G* und von *H* bis *F*. Von dem dreifachen Balken *IM* gehen die obern und die untern von *I* bis *K*, von *K* bis *L* und von *L* bis *M*, die dazwischen liegenden von *I* bis *N*, von *N* bis *O*, von *O* bis *P* und von *P* bis *M* durch. Die Hängesäulen reichen von *D* bis *N* und von *F* bis *P*, von *A* bis *K* und von *B* bis *L* und von *C* bis *O* in einem Stücke durch. Sämmtliche Hängesäulen stehen doppelt neben einander und umfassen die Balken. Sämmtliche Streben *a*, *a* .... sind einfach, so wie die Bänder *f*, *f*. Die Träger *e*, *e* liegen neben den Hängesäulen. Verstärkt wird der Dachverband durch die Streben *g*, *g* ...., die doppelt neben einander liegen und allemal bis in die Balken reichen, welche zunächst unter den obern liegen. Wegen der Verbindung der einzelnen Hängewerke in sich und untereinander, wegen der Fetten und Sparren, wegen der Dicke der Hölzer, wegen der Entfernung der Binder und Leer-Gebinde und wegen der Verbindung und Verstrebung des Daches der Länge nach, ist das Nemliche zu bemerken wie bei Fig. 20. Die Construction Fig. 21. paſst für Dächer von 90, 120 bis 150 Fuſs Spannung.

Sollten noch gröſsere Spannungen vorkommen, so setzt man 10 einzelne Hängewerke zusammen u. s. w. Die Balken werden immer so viel nach oben gebogen, daſs sie, wenn sich das Hängewerk setzt, höchstens in die gerade Linie kommen.

Es versteht sich übrigens, daſs solche Dächer, wie immer Hängewerke und Dächer, nur sich selbst und die Dachdecke, nicht etwa noch Lasten zu tragen haben dürfen. Im letztern Falle müssen sie mehrere Verstärkung erhalten, etwa wie bei Brücken.

13.

Die Zusammensetzung der einzelnen Hängewerke zu Brücken, die weiter als ein einzelnes Hängewerk spannen sollen, ist im Wesentlichen die nemliche wie bei Dächern, nur daſs die Hängewerke nicht über einander, sondern in gleicher Höhe stehen und in einander verschränkt sind.

Fig. 22. I. II. III. (Taf. VII.) stellt sogleich eine Brücke vor, die die Spannung von drei Hängewerken hat und also 90, 120 bis 150 Fufs weit sein kann. Es folgt daraus umgekehrt von selbst die Construction von Brücken, welche nur so weit spannen als zwei Hängewerke. Die Balken liegen hier dreifach übereinander, sind in einander verzahnt, und wie immer, zusammengebolzt. Die Balken in der obern und untern Reihe reichen von *A* bis *B*, von *B* bis *C* und von *C* bis *D* durch, die Balken in der mittleren Reihe von *A* bis *E*, von *E* bis *F* und von *F* bis *G* und von *G* bis *D*. Die Streben *a*, *a* ...., welche sich in die oberen Balken stemmen, sind einfach, die Streben *b*, *b* ...., welche sich in die mittlern Balken stemmen, sind doppelt und umfassen die Streben *a*, *a* ...., wo sie ihnen begegnen. Sämmtliche Hängesäulen *d*, *d* .... stehen doppelt neben einander. Der Einsatz der Streben *a*, *a* .... in die Balken kann nach (Fig. 8. Taf. VI.) und in die Hängesäulen nach (Fig. 12.) sein, der Einsatz der Streben *b*, *b* .... in die Balken nach (Fig. 9.) und in die Hängesäulen nach (Fig. 13.). Auf den verzahnten Balken liegen, neben den Hängesäulen, Träger *m*, *m* .... Auf diesen Trägern liegen die Strafsbäume *n*, *n* .... und auf den Strafsbäumen liegt ein doppelter hölzerner Belag, auf welchem eiserne Warenspuren befestigt werden. Die Brückenbahn zu bepflastern oder zu chaussiren ist nicht rathsam, weil dadurch die Brücken zu sehr belastet und doch nicht länger conservirt werden. Die eisernen Radspuren dagegen schützen den Belag sehr gut, und noch besser als Pflaster oder Chaussée. Auf die Hängesäulen sind Querholme *f*, *f* .... gezapft, und auf diese Rahme *g*, *g* .... gekämmt. Diese Rahme müssen wenigstens so hoch liegen, dafs die höchsten Wagenladungen darunter hinweg gehen können. Sie kommen aber schon wegen der für die Hängewerke nöthigen Höhe in eine ansehnliche Höhe über die Brückenbahn. Sie können wenigstens 20 Fufs hoch über derselben liegen. Der Breite nach werden die Hängewerke durch die Bänder *i*, *i* (Fig. 22. II. Taf. VII.) verstrebt, und zwischen die Holme *f*, *f*, so wie zwischen die Träger *m*, *m* .... werden noch liegende Andreas-Kreuze *k*, *k* .... (Fig. 22. III.) eingesetzt. An den Enden der Brücke ruhen die Rahme *g*, *g* auf Holmen *f*, *f*, die auf Ständer *e*, *e* gezapft sind, welche durch die Bänder *h*, *h* verstrebt werden. Die Balken werden überall so gestofsen, wie es Fig. 20. III. vorstellt. Die einfachen Streben kann man nach Fig. 8. u. 11. Taf. VI. verdoppeln. Sämmtliche Hölzer, mit Ausnahme der Belaghölzer, müssen 11 bis

12 Zoll im Durchschnitt im Gevierte haben. Man könnte, wenn man wollte, leicht ein Dach auf die Brücke setzen, was aber keinen wesentlichen Nutzen haben würde, weil die Hölzer noch eher verfaulen und verderben, wenn sie theilweise bedeckt sind, als wenn man sie frei dem Luftzuge aussetzt. Die Balken müssen auch hier so viel nach oben gebogen werden, dafs sie, wenn sie sich setzen, höchstens in die gerade Linie kommen.

Sollte eine Brücke so breit nöthig sein, dafs die einzelnen Träger *m*, *m* .... nicht mehr stark genug wären, die Strafsbäume und die Bahn zu tragen, so kann man entweder dieselben verzahnt über einander verdoppeln, oder, was besser ist, zwischen den beiden Hängewerken an den Seiten, in der Mitte noch ein drittes Hängewerk setzen, oder auch zwei, welche einen Fufspfad zwischen sich haben, so dafs dann die Fahrbahn getheilt, und die eine für die hingehenden, die andere für die zurückgehenden Fuhrwerke bestimmt ist. Diese Einrichtung hat noch den Vortheil, dafs bei Ausbesserungen nicht immer die ganze Brücke gesperrt werden darf.

14.

Für Brücken, welche nur die Spannung von zwei einzelnen Hängewerken haben, und also nur 60 bis 80 Fufs weit sind, dürften die oben beschriebenen Hängewerke völlig stark genug sein. Für gröfsere Brücken aber, z. B. so weit als drei Hängewerke, wie Fig. 22., dürften sie vielleicht noch zu schwach erachtet werden. Für solche Fälle kann man sie auf folgende Weise verstärken.

Man weifs nemlich an dem Beispiele der sogenannten Ketten- oder Hängebrücken, welcher ungeheuren Spannung **eiserne Ketten** fähig sind. Diese Erfahrung kann man benutzen, und die Tragkraft der Hängewerke auf die Festigkeit von Ketten gründen. Die schwächste Stelle der hölzernen Hängewerke ist nemlich, wie oben in (§. 8.) bemerkt, der Einsatz der Streben in die Balken, weil, wenn man auch die Versatzung nach (Fig. 8. Taf. VI.) armirt, doch der Widerstand immer nur auf der Cohäsion der Holzfasern in einer nicht langen Ausdehnung des Balkens beruht, und also gefürchtet werden kann, dafs bei verstärktem Drucke die Versatzung abspringe und die Armirung nachgebe, welcher Fall eher erfolgen kann, ehe die Spannung die zum Zerreifsen des Balkens nöthige Stärke erreicht hat, so dafs man also dieses letztere Maafs der Spannung nicht mit Sicherheit zum Maafsstabe der Last annehmen darf, die man den Hängewerken auflegt. Es kommt also darauf an, die Streben eines Hängewerks paarweise unten mit einer Kraft zusammenzuhalten, die mit Sicherheit derjenigen gleich zu schätzen ist, welche zum Zerreifsen des Balkens erforderlich sein würde, oder ihr doch nahe kommt. Eine solche Kraft läfst sich nun durch hinreichend starke Ketten hervorbringen, denen ähnlich, deren man sich zu den Hängebrücken bedient. Man lege solche Ketten, auf die Weise wie es (Fig. 23. I. bis IV. Taf. VII.) vorstellt, der Länge nach auf die Balken, z. B. einer Brücke wie (Fig. 22.), so lassen sich sämmtliche Streben gegen die Querstücke *p*, *p* .... (Fig. 23.) der Ketten stemmen, die man so einrichten kann, dafs sie genau dahin treffen, wo die Streben eingesetzt werden sollen, und die Ketten leisten dann für alle Streben zugleich einen Widerstand, der nach Erfordernifs verstärkt werden kann, und der sicherer ist, als er durch die Balken allein hervorgebracht werden mag. Die Streben setze man in eiserne Schuhe, nach (Fig. 24. Taf. VII.), die gegen die Querstücke *p* sich stemmen und angeschraubt werden; die Querstücke selbst versenke man ganz in das Holz und befestige sie vermittelst einer Schiene *qq*, die durch die Schraubenbolzen, welche die verdoppelten Balken zusammenhalten, festgeschraubt wird. Da sich auf diese Weise zugleich jedes Querstück der Ketten gegen das Holz des Balkens stemmt, so wird noch die Cohäsion des Balkens mit der Kraft der Ketten vereinigt und also eine ungemein grofse, die Streben zusammenhaltende Kraft hervorgebracht. Die Kette vertritt dann auf diese Weise zugleich noch die Stelle einer auf die ganze Länge des Balkens wirkenden Armirung desselben, und macht dafs man nun statt auf eine, auf eine Menge von Versatzungen zugleich rechnen kann, so dafs, wenn auch nicht von der gewöhnlichen einen Versatzung zu erwarten, dafs die ganze Cohäsions-Kraft des Balkens durch sie werde benutzt werden, doch nun der Erfolg dieser Erwartung bei weitem näher kommen wird. Jedenfalls kann man auf eine noch bei weitem stärkere Widerstands-Kraft rechnen, als die Kette für sich selbst besitzt, und wenn man nun diese schon so stark macht, dafs sie für alle Fälle mit hinreichender Festigkeit dem Schube der Streben widersteht, so kann man auf die Standhaftigkeit der Hängewerke in Rücksicht auf die mitbenutzte Cohäsion der Balken um so mehr mit völliger Sicherheit rechnen. Die Ketten kann man übrigens nach Erfordernifs verstärken, theils durch die Dicke der Stangen, theils durch die Verdoppelung, so dafs also auf diese Weise jeder erforderliche Widerstand zu erreichen ist.

Wir wollen die Kraft der Ketten an einem Beispiele ermessen und zwar an einer Brücke wie (Fig. 22. Taf. VII.), deren Spannung 120 Fufs, deren Breite zwischen den Hängewerken 20 Fufs sein mag. Das Gewicht, welches diese Brücke zu tragen haben wird, berechnet sich wie folgt.

6 Balken zu 120 Fufs lang	720	Cubikfufs Holz.
28 Hängesäulen und Stiele zu 24 Fufs lang . .	672	- - -
28 Streben zu 24 Fufs lang	672	- - -
14 Träger und Holme	350	- - -
8 Strafsbäume und Rahme zu 120 Fufs lang . .	960	- - -
Bänder und Kreuzstreben	540	- - -
Zusammen	3914	Cubikfufs

Kiefern-Kolz, da es nafs sein kann, zu 48 Pfunden gerechnet, thut	1708	Centner.
1160 Cubikfufs Belag von Eichenholz zu 60 Pfunden	632	- -
Eisenwerk	350	- -
Nun mögen auf der Brücke so viel Menschen stehen als Platz finden, welches bekannntlich die stärkste Belastung ist, die vorkommt. Diese beträgt äufserstens Falls 1 Cent. auf den Quadratfufs, also	2400	- -
Zusammen	5090	Centner.

Davon wirkt die Hälfte auf die Mitte der Brücke, also 2545 Centner. Ist nun das mittlere Hängewerk 24 Fufs hoch, so ist die Kraft, welche die Balken oder die Ketten zu zerreifsen strebt, $\frac{60}{24} . 2545 = 6362$ Centner. Macht man daher die Ketten nach (Fig. 23.) und giebt ihren Stäben nur 4 Quadrat-Zoll Querschnitt, so widerstehen 32 Quadrat-Zoll Eisen der obigen Kraft. Da die Cohäsion Eines Quadratzolles geschmiedeten Eisens ungefähr 700 Centner beträgt, so widerstehen die 32 Quadratzoll mit einer Kraft von 22400 Centner. Also ist der Widerstand schon $3\frac{1}{2}$ mal so grofs als die spannende Kraft, und folglich gewähren die Ketten allein schon vollkommene Festigkeit. Es kommt aber nun noch die Cohäsion der Balken hinzu, welche, wenn dieselben im Querschnitt 12 Zoll im Gevierte haben, und wie in (§. 6.) die Cohäsion eines Quadratzolles Holz zu 150 Centner angeschlagen wird, noch $2 . 144 . 150 = 43200$

Centner beträgt, so daſs also die Ketten, mit den Balken zusammen, an 10 mal so viel Widerstand leisten als nöthig ist.

Im Verhältniſs zu der Verstärkung der Balken kann und muſs man auch die Streben und die Hängeeisen verstärken. Die Streben werden durch Verdoppelung verstärkt und durch Unterstützung gegen das Einbiegen; die Hängesäulen verstärkt man, indem man auſser den gewöhnlichen, unten nach (Fig. 16. u. 17. Taf. VI.) umgebogenen und oben nach (Fig. 11. 12. 13. u. 14.) angeordneten Hängeeisen, noch dergleichen Eisen entweder eins, oder nöthigenfalls zwei, von oben bis unten ganz durchgehen läſst. Diese letzteren werden sogar allein hinreichend sein. Ein so verstärktes Hängewerk bekommt dann die in (Fig. 25. I. II. III. Taf. VII.) vorgestellte Einrichtung und wird für jeden vorkommenden Fall Stärke und Festigkeit im Übermaaſs besitzen.

Die Benutzung der Cohäsion des Eisens, zu Ketten geformt, bei den Brücken, dürfte auf die vorhin beschriebene Weise bei weitem mehr Sicherheit gewähren, als wenn man, wie bei den Hängebrücken, die Brückenbahn an ausgespannte Ketten hängt. Nach der obigen Art bleibt, wenn eine Kette springt, immer noch der Balken zur Unterstützung, und die Brücke bricht noch nicht zusammen, wenn eine Kette nachgiebt. Eine Hängebrücke dagegen stürzt unfehlbar zusammen, sobald die Ketten zerreiſsen, woran sie hängt; und wenn auch nur eine zerreiſst, sind die übrigen um so weniger mehr sicher.

15.

Man kann Hängewerke auch noch auf eine andere Art mit einander verbinden, die sowohl zu Brücken als zu Dächern vielfältig anwendbar und nützlich sein möchte.

Anstatt nemlich drei und mehrere Hängewerke vermittelst der Continuität des Balkens mit einander zu verbinden, kann man sie durch dazwischen gelegte Träger gleichsam in einander verschränken, wie es (Fig. 26. Taf. VIII.) für drei Hängewerke vorstellt. Diese Art der Verbindung erspart einen Theil der Verdoppelung der Balken und die Verbolzung der verzahnten Balken, und möchte auf Brücken von 50 bis 60 Fuſs Spannung recht anwendbar sein, selbst noch auf 80 Fuſs weite Brücken, wenn die Hängewerke hinreichend verstärkt werden; desgleichen kann man auch auf diese Weise mit 12 bis 18 Fuſs langen, einfachen Hölzern schon 30 Fuſs weite Brücken construiren wie es (Fig. 27.) zeigt. Man muſs dann zu den

Balken *ab* in der Mitte, weil dort der stärkste Druck ist, die dicksten Hölzer nehmen, auch *ab* kürzer machen als *cd*. Die Strafsbäume *ef* liegen auf den Jochen und auf den Trägern *c*, *m* und *n*, und dürfen daher nur mäfsig dick sein. Diese letztere Art der Brücken möchte, weil die Spannung sehr häufig vorkommt, vielfältig anwendbar und nützlich und auch verhältnifsmäfsig wohlfeil sein, weil eigentlich gar kein Eisen dazu nöthig ist. Will man einiges Eisen anwenden, oder mufs die Brücke verstärkt werden, so ist es leicht, ihre Tragkraft bedeutend zu vergröfsern. Man darf nur die Streben *p*, *p* .... anbringen, auf die Weise wie es weiterhin bei (Fig. 29. Taf. VIII.) näher wird beschrieben werden.

Wie nach demselben Princip Dächer construirt werden können, zeigt (Fig. 28. Taf. VIII.), und zwar stellt (Fig. 28. I.) einen Binder vor, deren nur etwa alle 15 Fufs, der Länge nach, einer nöthig ist. (Fig. 28. II.) zeigt ein Leergebinde, und (Fig. 28. III.) den Grundrifs des Dachs von oben, worin man die Verstrebung der Länge nach durch Andreas-Kreuze sieht. Die Hölzer *a*, *a* .... zu solchen Dächern dürfen nur 15 bis 20 Fufs lang sein; die Träger *b*, *b* .... müssen, verwechselt, je von einem Binder bis zum dritten reichen, und auf den Bindern, auf die Weise wie die verdoppelten Balken (Fig. 20. III. Taf. VII.), gestofsen werden. Die Balken *a*, *a* .... werden über den Trägern wie bei gewöhnlichen Dächern die Sparren, und wie in (Fig. 28. III.) bei *p* zu sehen, in einander gezapft. Wenn die Hölzer *a*, *a* .... 10 bis 12 Zoll dick sind und das Dach nur etwa 50 Fufs weit spannt, so würde keine Verstärkung der Hölzer weiter nöthig sein, sondern blofs eine Auffutterung mit Bohlen, um die äufsere Form des Daches zu gewinnen. Es ist dann auch zu dem Dache, aufser den Nägeln zu der Auffutterung und den Latten, gar kein Eisen weiter nöthig. Wenn aber die Dächer weiter spannen, so kann man eben jene Auffutterung, die dann von 6 bis 10 Zoll breiten Hölzern gemacht wird, zu einer sehr kräftigen Verstärkung benutzen, auf die Weise wie (Fig. 29. Taf. VIII.) zeigt. Man versetzt nemlich alsdann die zugleich die Auffutterung bildenden Hölzer *c*, *c* in die Balken *a*, läfst sie über den Trägern *b* gegen einander sich stemmen, und schraubt das Ganze mittelst eines Bolzens *e*, der sich oben auf ein eisernes Blatt stützt, zusammen. An den Versatzungen können die Hölzer *c*, *c* blofs mit starken Nägeln *f*, *f* .... festgenagelt werden. So entstehen lauter mit einander verbundene kleine Hängewerke, die eine ungemeine Festigkeit besitzen werden.

In der That braucht ein Holz, welches horizontal frei liegend eine Last tragen soll, nur in der Mitte stark zu sein, und die Dicke kann nach den Unterstützungspuncten hin abnehmen, und zwar nach folgendem Gesetze, dessen hier gedacht werden mag, weil es in gewissem Betracht auch auf Hängewerke Anwendung findet. Es ruhe nemlich auf dem Balken AB (Fig. 30. Taf. VIII.) in der Mitte eine Last p und es sei $AC = CB = a$, $Cm = x$, $mn = y$. Die Last p thut in C so viel zum Zerbrechen des Balkens im Puncte m, als eine Last $q = p\frac{a}{a+x}$ in diesem Puncte selbst. Diese Last q hält in A und B zweien, in entgegengesetzter Richtung wirkenden Kräften $q_1 = q.\frac{a+x}{2a}$ und $q_2 = q.\frac{a-x}{2x}$ das Gleichgewicht. Also kann man sich vorstellen, der Punct n sei fest und zwei Kräfte q_1 und q_2 von der eben angegebenen Gröfse trachteten den Balken in n zu zerbrechen. Ihre Momente sind $q_1(a-x)$ und $q_2(a+x)$. Das Moment der Tragkraft des Balkens in n ist $\frac{1}{2}my^2$, wenn m die Cohäsion in der Einheit der Fläche bezeichnet. Also mufs sein $q_1(a-x) + q_2(a+x) = \frac{1}{2}my^2$, oder, vermöge der obigen Ausdrücke von q_1 und q_2, $q\left(\frac{a^2-x^2}{2a} + \frac{a^2-x^2}{2a}\right) = \frac{1}{2}my^2$ oder $q\left(\frac{a^2-x^2}{a}\right) = \frac{1}{2}my^2$, also weil $q = p\frac{a}{a+x}$ war, $p(a-x) = \frac{1}{2}my^2$, woraus $y = \sqrt{\left(\frac{2p}{m}\right)}\sqrt{(a-x)}$ folgt. Dieses zeigt, dafs die Dicke des Balkens in C am gröfsten sein mufs und in A und B streng genommen Null sein kann, und dafs die Linien AD und BD, wenn der Balken in seiner ganzen Länge gleiche Tragkraft haben soll, Parabeln zweiter Ordnung sein müssen, deren Scheitel in A und B liegen. Dieses Gesetz findet zwar grade nicht in seinem ganzen Umfange auf Hängewerke Anwendung, vielmehr nur auf Balken aus einem Stücke, aber es zeigt, dafs die Dicke einer tragenden Vorrichtung nach den Ruhe-Puncten hin abnehmen und dafs die Vorrichtung nur in der Mitte hinreichend stark sein darf. Dieses ist nun auch bei den kleinen Hängewerken (Fig. 29. Taf. VIII.) der Fall, und daher werden sie eine bedeutende Tragkraft besitzen. (Die Verstärkung, welche sie gewähren, ist auch eben diejenige, die man, wie oben bemerkt, auch bei Brücken, wie sie (Fig. 27.) vorstellt, benutzen kann). Man wird daraus ohne Bedenken 100 bis 150 Fufs weitspannende Dächer zusammensetzen können. Da diese Dächer inwendig einen ganz freien Raum geben und auch von innen leicht kreisförmig ausgeschalt werden können, so sind sie zu Reitbahnen, Exerzier-Häusern, Scheunen, Magazinen und in vielen andern Fällen anwendbar. Man kann dem damit überspannten Raume auch nach Erfordernifs inwendig gerade aufgehende Wände geben, wie die punctirten Linien *m m* und *n n* (Fig. 28. I. Taf. VIII.) zeigen. Wenn die Dächer sehr weit spannen, so mufs man die Verbindung nach (Fig. 31. I. und II.) machen, weil sonst entweder die Krümmung nach (Fig. 28. und 29.) zu stark sein würde, oder die Balken zu lang sein müfsten.

16.

Noch ist zu bemerken, dafs sich nach dem nemlichen, durch (Fig. 1. 3. 4. 5. und 6. Taf. VI.) vorstellig gemachten Prinzip, auf welchem die bis hierher beschriebenen Holzverbindungen beruhen, auch eben sowohl Dächer, und besonders Brücken, von Eisen bauen lassen. Die zusammenhaltenden Ketten aus geschmiedetem Eisen legt man dann auf hochkantige Balken aus Gufseisen. Die Streben werden hochkantig aus Gufseisen gemacht, die Hängesäulen aus geschmiedetem Eisen. Da aber hier die Streben ohne Schwierigkeit nach Belieben sich kreuzen können, so kann man dergleichen Brücken auch noch durch mehrere Streben, wie sie in (Fig. 4. 5. 6.) durch punctirte Linien angedeutet sind, verstärken. Auch werden noch der Länge nach Verbindungen, wie z. B. nach der punctirten Linie *a b* (Fig. 5.), zu machen sein. Die Brückenbahn kann, wie bei Hängewerken, von Holz sein. Die Verstrebung nach der Breite kann auf ähnliche Weise gemacht werden, wie oben bei den hölzernen Brücken beschrieben. Dergleichen eiserne Brücken würden ungleich fester und sicherer, und weniger kostbar sein als die Hängewerke, letzteres, weil sie keine Widerlagen gegen die Spannung der Ketten erfordern, die hier in den Hängewerken selbst liegen.

8.
Bemerkungen zu Gesundheitsregeln beim Bauwesen.

(Fortsetzung von Nr. 5. im 1sten Hefte 5ten Bandes.)

(Vom Herrn Architecten *Aristide Vincent* zu Paris.)

(Aus dem *Journal du génie civil.*)

Herr **Clément** hat die **Désaguilliers**'schen Ventilatoren zum Lüften der Bergwerke vorgeschlagen, aber bis jetzt sind seine Vorschläge nicht befolgt. Indessen wird man aus der folgenden Berechnung sehen, wie theuer das Lüften durch Schornsteine zu stehen kommt, gegen das vermittelst des Ventilators, dessen Anwendung in Bergwerken um so weniger Schwierigkeiten hat, da gewöhnlich eine bewegende Kraft zu Gebote steht, wovon man nur einen geringen Theil für den Ventilator bestimmen darf. Die Lüftung wäre eine große Verbesserung für die Gesundheit der Bergleute, die fortwährend in einer durch schädliche Gasarten verdorbenen Atmosphäre zu arbeiten haben, deren nachtheilige Wirkung nicht zu verkennen ist; denn die Bergleute, obgleich kräftig, sind bleich, und gelb und von elendem und kränklichem Ansehen. Es ist daher Pflicht der Bergwerksbesitzer, Mittel zur Verringerung der Gefahren der Arbeiter und zur Erhaltung ihrer Gesundheit anzuwenden. Hoffentlich werden sie, wenn sie erst ihre eigenen Vortheile erkennen, nicht anstehen, die Zug-Schornsteine mit Ventilatoren zu vertauschen.

Der kleinste Querschnitt eines Stollens sei 2 Quadr. Meter, der Bedarf an Steinkohlen in 1 Stunde 4 bis 500 Kilogr., die mittlere Temperatur der zur Hälfte verbrannten Luft 200 Grad, ihre Dichtigkeit $\frac{6}{10}$ von der der atmosphärischen Luft, die Länge der bewegenden Luftsäule 50 Meter, die Länge der aufsteigenden Säule 30 Meter, der Unterschied beider also 20 Meter, so ist die Geschwindigkeit in der Secunde $= \sqrt{(19{,}62 . 20)} = \sqrt{(392)} = 19{,}80$ Meter, die Luftmenge also 39,60 Cubik-Meter oder 49,50 Kilogr., wofür wir 50 Kilogr. annehmen wollen, und die Menge der in einer Minute ausgeströmten Luft $60 . 50 = 3000$ Kilogr. oder 3 Cubik-Meter. Das mechanische Moment ist $3 \times 19{,}70 = 59{,}7$, oder in runder Zahl 60 Einheiten (*Dynamies*), und in einer Stunde 3600 Einheiten, also $\frac{3600}{265}$ = 13,60 Pferde-Kraft, welche durch das Verbrennen von 4 bis 500 Kil. Steinkohlen hervorgebracht werden. Das mechanische Moment macht aber, zu 5 Kilogr. Steinkohle auf ein Pferd gerechnet, für die 500 Kilogr. verbrannter Steinkohlen 100 Pferde; also ist der Verlust an verbrannten Steinkohlen mehr als $\frac{86}{100}$.

Man würde also durch den Ventilator bedeutend an den Kosten sparen; denn obgleich der Werth der Steinkohlen in den Gruben sehr gering und fast gar nicht geachtet wird, weil man Kohlenstaub nehmen kann, so darf man doch nicht übersehen, daſs die nemliche Wirkung mittelst des Ventilators sicherer und mit weniger Kosten hervorgebracht werden kann *).

---

*) Über die Ventilation der Cloaken macht Herr Parent-Duchatelet, Mitglied des Raths für die Gesundheits-Pflege zu Paris, in einem Briefe an den Herausgeber des *Journal du génie civil* vom 13ten Novbr. 1829, in dem December-Hefte des 6ten Bandes, auf Anlaſs des Obigen, mehrere interressante Bemerkungen. Indem er den Einsichten und Bemühungen des Herrn A. Vincent alle Gerechtigkeit widerfahren läſst, sagt er:

„Nach Herrn Vincent soll, hinsichtlich des Kostenaufwandes, die mechanische Ventilation vor der durch Verdünnung der Luft mittelst Feuer, einen bedeutenden Vorzug haben, und Herr Vincent stützt sich darauf, daſs ein einzelner Arbeiter den Ventilator handhaben, und daſs der Lohn des Arbeiters nicht so viel betragen könne, als das Brennmaterial bei der andern Ventilationsmethode kostet; daraus zieht er den Schluſs, daſs der Ventilator bei Reinigung der Cloaken den Zugschornsteinen vorzuziehen sei, und überall statt ihrer benutzt werden müsse."

„In diesem Theile der Abhandlung von Hrn. Vincent ist aber Einiges zu berichtigen; auch könnte man glauben, die Ventilation der Cloaken zu Paris, von welcher er spricht, sei allein durch das mechanische Mittel geschehen; und dieses möchte nachtheilige Folgen haben, indem es diejenigen, welche in Zukunft mit der Ausführung ähnlicher Arbeiten zu thun hätten, zu Irrthümern verleiten könnte."

„Wäre die Behauptung des Herrn Vincent, daſs ein einzelner Mann zur Handhabung des Ventilators hinreiche, richtig, so würde der Ventilator unstreitig, wegen der geringen Kosten Vorzüge haben; allein die Erfahrung hat uns gezeigt, daſs ein Arbeiter bei 20 bis 22 Umdrehungen der Kurbel in einer Minute, höchstens 10 bis 12 Minuten arbeiten konnte, und daſs er, wenn dann nicht ein Anderer an seine Stelle tritt, nicht mehr als 18, 15 und selbst 14 Umdrehungen in der Minute machen kann. Wo nun, wie im vorliegenden Falle, die Ventilation nicht so wirksam ist, daſs sie permanent bleibt, da kann offenbar jene bedeutende Differenz Einfluſs auf das Resultat haben. Wir muſsten in der That, so lange der Ventilator gebraucht wurde, beständig vier Arbeiter haben, die sich in gleichen Zwischenräumen ablöseten, und der Sold für vier Arbeiter ist bedeutender, als der Aufwand von Brennmaterial für einen Schornstein."

„Dieses, bei einer groſsen Operation noch beträchtlichere Übel ist nicht der einzige Vorwurf, den man dem Ventilator machen kann. Die Erfahrung zeigt, daſs, wenn die faulenden Stoffe in den Cloaken in Bewegung gebracht werden, die tödt-

Der Désaguilliers'sche Ventilator kann auch mit Erfolg beim Seewesen benutzt werden. Die Luft in den Schiffen ist meistens verdorben, unangenehm und zuweilen gefährlich. Die beständige Feuchtigkeit von dem durch die Fugen dringenden Wasser, welches durch das

---

lichen Gasarten sich nicht continuirlich und in gleichen Verhältnissen entwickeln, sondern gleichsam stofs- und ruckweise; der Erfolg der Operation hängt also von der Continuirlichkeit des Zuges ab, und wer diesen Zug besorgt, hat daher das Leben der in den Cloaken eingeschlossenen Arbeiter in seiner Gewalt. Hieraus folgt, dafs einige Minuten Stillstand des Ventilators, unter gewissen Umständen, äufserst schädlich werden können. Wie kann man aber auf den Eifer von Arbeitern rechnen, die blofse Tagelöhner und nach Zufall zusammengefunden sind! Weifs man auch, ob sie nüchtern sind? Wird der folgende immer bereit sein, für seinen ermüdeten Vormann einzutreten? Wer kann endlich für tausend Unterbrechungen und unvorhergesehene Zufälle einstehen? Während der vier oder sechs Wochen, wo der Ventilator gebraucht wurde, überzeugten wir uns bald, dafs die bezeichneten Unfälle nicht blofse Voraussetzungen waren; sie wiederholten sich so oft, und setzten das Leben unserer Arbeiter so sehr in Gefahr, dafs wir genöthigt waren, den Inspector einer Salubritäts-Abtheilung beständig zur Aufsicht auf unsere vier Arbeiter anzustellen, um sie fortwährend zu bewachen, sie nicht fortgehen zu lassen und auf diese Weise alle Unterbrechungen im Gange der Maschine zu verhüten. Es mufs also zum Solde der vier Arbeiter noch der Sold des Inspectors hinzugethan werden."

„Diese Nachtheile, deren Umfang nur durch die Erfahrung ermittelt werden kann, hat der Schornstein nicht. Läfst die Verbrennung nach, so wird freilich auch der Luftzug in eben dem Maafse schwächer: allein nie hört das Feuer plötzlich auf; und da die Wände des Heerdes und des Schornsteins durch den strahlenden Wärmestoff vom Heerde hinreichend erwärmt sind, so reicht schon dieses hin, einen leichten Luftzug zu unterhalten; die Abnahme des Luftzuges zeigt sich früh genug, um ihr zu Hülfe zu kommen; die Arbeiter können sie wahrnehmen, und man hat Zeit genug, das Feuer wieder anzufachen, ohne dafs dadurch die Arbeit unterbrochen würde. Man kann selbst, ohne Mühe und Anstrengung, den Luftstrom bedeutend verstärken, wenn man nur auf den Heerd Hobelspähne, oder sehr klein gehauenes Holz wirft."

„Der Luftzug mittelst Feuer hat ferner dann noch einen andern Vorzug, wenn die schädlichen und tödtlichen Gasarten nach oben hin weggeschafft werden müssen; der gröfste Theil dieser Gasarten wird nemlich bei seinem Durchgange durch das Feuer verzehrt. Wer in engen und sehr volkreichen Strafsen solche Arbeiten, wie die unsrigen, vorzunehmen hat, wird diesen Vortheil wahrnehmen. Der Ventilator hat ihn nicht. Seine Anwendbarkeit bei Reinigung der Cloaken besteht also, meiner Meinung nach, nur darin, dafs er wenig Platz einnimmt, transportabel ist, in beschränkten Räumen gebraucht werden, und unter Schuppen und Magazinen, und überhaupt, wo Feuersgefahr zu fürchten ist, aufgestellt werden kann. Und auch nur unter solchen Umständen haben wir uns seiner, während der sechs Monate, welche die Reinigung der Cloaken dauerte, von welcher Hr. Vincent spricht, bedient."

„Am besten können wohl die Cloaken-Reiniger selbst über die beiden Mittel der Ventilation entscheiden. Sie machten beständig, rücksichtlich des Wohlbefindens, was sie ihnen verschafften, zwischen beiden einen grofsen Unterschied, sie zogen immer den Schornstein vor, wie sie uns oft versicherten, und was wir auch besonders, bei der Reinigung eines einzelnen Armes, bestätiget fanden, wo beide Mittel zugleich angewendet wurden; es erhob sich hier zwichen den Arbeitern ein heftiger sorgfältigste Calfatern nicht ganz zurückgehalten werden kann, erhitzt das Holz, aus welchem sich nun ein starker und durchdringender Geruch entwickelt; das Wasser, welches fortwährend das Ballast-Eisen befeuchtet und oxydirt, der Geruch des Theers, der Lebensmittel u. s. w., brin-

---

Streit, weil keiner nach der Seite hin wollte, wo der Ventilator angebracht war, sondern jeder nur da, wo der Schornstein war, arbeiten wollte; die Commission mufste sich in's Mittel legen, und bestimmen, das Jeder abwechselnd auf der einen und der andern Seite arbeiten sollte. Auch haben wir bemerkt, dafs Augenschmerzen und andere Zufälle, die sich bei Reinigung der Cloaken zu ereignen pflegen, viel häufiger auf der Seite des Ventilators vorkamen. Einst hatten wir hier an einem Tage acht Augenkranke, ohne dafs auf der andern Seite etwas ähnliches bemerkt worden wäre. Dieser Thatsache liefsen sich noch andere hinzufügen."

Hierauf erwiedert Hr. A. Vincent, am 24sten Decbr. 1829, im Februar-Heft des 6ten Bandes des *Journals du génie civil*, nachdem er mit der rühmlichsten Bescheidenheit die bewährten Einsichten des Herrn P. Duchatelet anerkannt und seinen Bemerkungen alle Achtung erwiesen hat, Folgendes:

„Ich habe nicht behaupten wollen, dafs der Ventilator von Désaguilliers in jedem möglichen Falle bei der Reinigung der Cloaken vortheilhaft anzuwenden sei, sondern ich habe nur diejenigen meiner Collegen, welche etwa eine ähnliche Operation zu leiten haben möchten, auf eine bisher wenig bekannte Vorrichtung aufmerksam machen wollen, die ihrer Einfachheit und Bequemlichkeit wegen (ich wiederhole es dreist) ein Hauptmittel der Ventilation ist."

„Die Berechnung, die ich beifügte, war nur ein Schema, in welchem die Data nach den örtlichen Umständen abgeändert werden müssen; sie sollte nur zeigen, dafs sich ein bestimmtes Resultat erreichen lasse."

„In der That kann man die Wirkung der zur Ventilation bestimmen Schornsteine als constant ansehen; allein um der stofsweisen Entwicklung der Gase zu begegnen, müfste die Kraft der Heerde wohl viel stärker sein, als aufserdem nöthig wäre; und dazu würde denn ein bedeutender Aufwand gehören. Hat der Heerd nicht diesen Überflufs an Kraft, so werden die Arbeiter immer belästigt werden, oder man wird eines Feuerschürers bedürfen, um das Feuer nach Bedürfnifs anzufachen."

„Der Ventilator hat auch allerdings noch andere Bedenklichkeiten, wie z. B. dafs man einem nur zu leicht nachlässigen Arbeiter das Wohl mehrerer Anderer in die Hände geben mufs. Indessen dürfen einige Unbequemlichkeiten noch nicht die Einführung einer neuen Einrichtung verhindern."

„Da ferner Versuche gezeigt haben, dafs ein Mann, der 22 Umdrehungen in der Minute macht, nur 10 bis 12 Minuten arbeiten kann, so mufs man die Data ändern, und statt 30 Umdrehungen nur 14 in der Minute annehmen, damit ein Arbeiter, bei der langsamen Bewegung, sich nicht so abmatte, und regelmäfsiger längere Zeit arbeiten könne. Durch Vergröfserung des Rad-Durchmessers könnte man den Verlust an Geschwindigkeit völlig und noch darüber ersetzen. Da man des Guten nicht zu viel thun kann, so wird man den Ventilator kräftiger machen müssen, als die Noth es grade erfordert."

„Ich gebe zu, dafs der Ventilator in sehr engen Strafsen nicht anwendbar ist, weil die nächsten Häuser mit stinkender Luft angefüllt werden würden; hier werden Schornsteine besser sein, besonders wenn sie über die Häuser hinaus reichen, wo dann ihre Höhe einen sehr kräftigen Zug auf dem Heerde hervorbringt, der die Producte der Verbrennung, ohne den Einwohnern beschwerlich zu werden, in die Atmogen nach einiger Zeit eine Mischung von Gerüchen hervor, welche für diejenigen, die sich nicht daran gewöhnt haben, kaum erträglich ist. Die Ladungen von Zucker, Leder u. s. w. der Kauffahrtei-Schiffe, sind ein wahrer Heerd der Verpestung.

---

sphäre führt. Örtlichkeit, Umstände und Kosten sind die Elemente, nach welchen die Vorrichtungen angeordnet werden müssen."

„Da nützliche Entdeckungen zuweilen, selbst von den Gelehrten, nur mit Widerstreben angenommen werden, so werden ohne Zweifel ununterrichtete Arbeiter, die nur der Gewohnheit und den Vorurtheilen gehorchen, sie nicht gut heifsen; nur erst in längerer Zeit können diese sich neue Methoden aneignen, und man kann sich also bei der Wahl der Mittel zur Ventilation nicht auf sie verlassen, weil das Neue in ihren Augen immer schlecht ist. Ein unterrichteter Mann mifst und rechnet, ehe er sich entscheidet."

„Was das stattgefundene Augenweh betrifft, so entscheidet es gegen den Ventilator nicht unbedingt; es zeigt vielleicht nur, dafs entweder gerade an denjenigen Theilen der Cloaken, wo es eintrat, sich eine bedeutende Menge schädlicher Gase entwickelte, oder dafs der Ventilator nicht kräftig genug war."

„Ich bedauere, hier die Meinung eines so ausgezeichneten Gelehrten, wie Herrn Parent-Duchâtelet, der sonst alle die Umstände bei der Reinigung der Cloaken so einsichtlich auseinander gesetzt hat, nicht vollkommen theilen zu können; allein die Thatsachen scheinen mir nicht so sehr wider den Ventilator zu sprechen, dafs man ihn verwerfen müfste, wenigstens nicht in den meisten Fällen, wo nicht so viele Schwierigkeiten eintreten, wie gerade bei der Cloake Amelot."

„Über die Ventilation der Bergwerke werde ich einige Bemerkungen zu Gunsten des Ventilators, aus dem *Cours de chemie industrielle* von Hrn. Clément anführen."

„Bei der Förderung der Steinkohlen entbindet sich Kohlen-Wasserstoff-Gas, welches sich mit der Luft in den Gängen vermischt, ohne schädliche Wirkungen auf die Arbeiter zu zeigen. Mischt sich aber das Gas mit der Luft, in dem Verhältnisse von 1 zu $4\frac{1}{2}$ oder 1 zu 5, so wird es entzündbar, und explodirt bei Berührung mit irgend einem brennenden Körper. Da gegenwärtig die Davyschen Lampen überall beim Bergbau eingeführt sind, so ist von den Explosionen wenig mehr zu fürchten, so viel auch die Arbeiter davon reden mögen; indessen sind dergleichen doch noch möglich. Die Ventilation eines Ganges geschieht nemlich vermittelst zweier Schachte; in dem einen ist oberhalb, nahe an der Mündung, ein Feuerheerd, der die Luft des Ganges an sich zieht; die äufsere Luft tritt durch den zweiten Schacht in ihn ein. Gesetzt nun, es entwickelte sich auf einmal eine so grofse Menge Gases, dafs die gesammte Luft des Ganges mit ihm in das Verhältnifs von 1 zu 5 käme, so wird diese Luft entzündbar werden und in dem Augenblick, wo sie, in dem Schachte aufsteigend, die Flamme auf dem Heerde berührt, explodiren; und es ist klar, dafs dann alle entzündbare Luft, über und unter dem Heerde, sich entzünden wird, so tief auch die Schachte und der Gang sein mögen. Freilich wird man sagen, es sei nicht wahrscheinlich, dafs die gesammte Luft des Ganges auf diese Art werde inflammabel werden; allein es ist auch schon hinreichend, dafs es theilweise geschehe, um eine grofse Verheerung anzurichten."

„Die Heerde erfordern viel Steinkohle, die einen Werth hat, weil man sie verkaufen könnte, wenn sie nicht verbrannt würde. Eine Dampfmaschine zur Bewegung eines grofsen Ventilators würde nur 13 bis 15 Procent von dem, was der Heerd verzehrt, erfordern. Sowohl in Beziehung auf Sicherheit als Sparsamkeit ist also der Ventilator vorzuziehen, und sein Gebrauch ist mit keiner Gefahr verbunden."

Das gewöhnliche, einfachste und am wenigsten umständliche Mittel, dessen man sich auf Kriegs-Schiffen zur Erneuerung der Luft in dem untersten Schiffsraume bedient, besteht bis jetzt in senkrecht aufgespannten Schläuchen, oder langen Säcken aus Leinwand; der obere Theil derselben ist auf der Seite offen und die Öffnung ist gegen den Wind gerichtet, die Luft bläset den Sack auf und strömt in den untersten Schiffsraum. Dieses Mittel ist nicht übel, aber es mufs windig sein, wenn es wirken soll; und grade dann, wenn der Wind schwach ist oder fehlt, ist die Erneuerung der Luft am nothwendigsten. Bei gutem Wetter können die Batterien und die Zwischendecke, wo die Matrosen in engen Räumen schlafen, durch das Öffnen der Stückpforten über dem Wasser gelüftet werden, aber der ganze untergetauchte Theil des Schiffes nimmt daran keinen Theil. Bei schlechtem Wetter, und wenn, der ungestümen See wegen, die Batterien geschlossen bleiben müssen, kann die Erneuerung der Luft nur sehr unvollkommen geschehen, und die Leute müssen in einer durch ihren Aufenthalt und durch die Feuchtigkeit verdorbenen Atmosphäre schlafen, welche nur ein Strom frischer Luft vertreiben kann. Da nun das ungestüme Wetter oft drei bis vier Wochen und länger anhält, so finden die auf dem Verdeck vom Regen und Meerwasser durchnäfsten Matrosen unten nur ein nasses Lager, und müssen eine feuchte und verdorbene Luft einathmen. Daher darf man sich über den Scorbut nicht wundern, der vom zu langen Aufenthalte in feuchter Luft, und vom gepökelten Fleische, einer erhitzenden und auf die Dauer schädlichen Nahrung herrührt, und nicht über die mancherlei Fieber, die öfters die ganze Mannschaft befallen, so dafs das Schiff nicht mehr das Meer halten kann, und die Kranken landen mufs, um ihre Genesung abzuwarten, welche in einem verpesteten Schiffe nicht möglich wäre.

Es sind daher Vorkehrungen gegen solche Krankheiten nöthig. Man beugt dem Scorbut dadurch mit Erfolg vor, dafs man die Matrosen zu grofser Reinlichkeit anhält und zur Beschäftigung unter freiem Himmel, bei Stürmen, die bekanntlich eine starke trocknende Kraft haben. Die nemliche Reinlichkeit ist aber auch dem Schiffe selbst nöthig. Waschen mit Chlorkalk, von Zeit zu Zeit, und der Gebrauch eines Désaguilliersschen Ventilators, würden die Vorkehrungen vollenden. Den Cubik-Inhalt eines Schiffes 2000 Cub. Meter gesetzt, würde die Luft in demselben durch den oben beschriebenen, von Herrn Clément angegebenen Ventilator, in 4 Minuten vollkommen erneuert werden können. Besonders in heifsen Ländern, wo Windstillen gewöhnlich sind, würde die Luftreinigung für das Genesen der Kranken und für die Annehmlichkeit der Mannschaft heilsam sein. Da ein Mensch zur Bewegung des Ventilators hinreichend ist, so könnte man die Luft täglich mehrere Male erneuern. Die Maschine würde auch nicht viel Raum im Schiffe wegnehmen und also die Anordnung leicht sein.

Die meisten Colonien sind einen Theil des Jahres hindurch ungesund; von den unsrigen ist Madagascar die tödtlichste; sie rafft die Mannschaft der Schiffe mit einer fürchterlichen Schnelligkeit weg. In der Regenzeit treten die Ströme, weil sie ihre Mündungen mit Meersand verstopft finden, über, und überschwemmen die angrenzenden Ebenen. Die Ausdünstungen dieses stehenden Wassers sind den Europäern tödtlich. Hat sich endlich das Wasser genugsam gesammelt, so bricht es durch und folgt seinem natürlichen Laufe. Merkwürdiger Weise ist nur ein einige Meilen breiter Streifen ungesund. Mehr oder weniger so verhält es sich mit andern Colonien, z. B. mit den Sümpfen von Cayenne und am Senegal.

In solchen Ländern ist die häufige Erneuerung der Luft in den Häusern und Schiffen, und die Benutzung des Chlorkalks, um die Menschen gegen die gefährliche Wirkung der Atmosphäre zu verwahren, besonders wichtig.

III. (7. Band, März-Heft. 1830.)

Heitzungen.

Ich will ferner untersuchen, wie Kamine und andere Heitzungen als Mittel zur Erneuerung der Luft und zur Erhaltung derjenigen Reinheit derselben, die den Bewohnern eines Zimmers nöthig ist, benutzt werden können. Ich fange mit den Kaminen an, weil sie die gewöhnlichsten Heitzungen sind.

Ich sagte vorhin, dafs ein Kilogramm Kohle 9,15 Cub. Meter Luft zum Verbrennen nöthig habe. Allein es hält schwer, es vollkommen mit dieser Luftmasse zu verbrennen. In der Ausübung, wo die Hitze nicht sehr bedeutend ist *), entfliegt eine grofse Menge Kohle in Rauch-

*) Ursache davon sind die Dimensionen der Öfen, welche nicht genug den Erfordernissen entsprechen. Sie sind meistens zu grofs. Anm. d. Verf.

gestalt, unverbrannt. Durch Versuche hat man gefunden, dafs zur vollkommenen Verbrennung noch einmal so viel Luft, also ungefähr 20 Cubik-Meter erforderlich ist. Ein Kamin wird also aus einem Zimmer so oft 20 Cub. Meter Luft entführen, als in ihm Kilogrammen Kohlen verbrannt werden. Wäre z. B. ein Zimmer 6 Meter lang, 6 Meter breit und 3,50 Meter hoch, so dafs also sein Cubik-Inhalt 126 Meter betrüge, und man verbrennte täglich 8 Kil. Stein- oder Holz-Kohle, so würden 160 Kil. Zimmer-Luft in dem Kamin verzehrt werden. Da nun diese Luft nicht, ohne dafs neue hinzutritt, entweichen kann, so folgt, dafs nach Verbrennung der 8 Kil. Kohle, am Ende des Tages, die Luft in dem Zimmer erneuert worden sein mufs. Hätte man 8 Kil. Holz verbrannt, welches nur halb so viel Kohle enthält, als Stein- oder Holzkohle, die beinahe ganz aus ihr besteht, wie im vorigen Artikel bemerkt, und dessen Wärmecapacität also nur halb so grofs ist, als die der Kohle, so würde jedes Kil. Holz nur etwa 10 Cub. Meter Luft zum Verbrennen erfordert haben, und also würden in derselben Zeit nur 80 Cub. Meter Zimmer-Luft im Kamine verzehrt worden sein. Es ist also dann nur etwas über die Hälfte der im Zimmer enthaltenen Luft erneuert worden: ein Resultat, welches für die Gesundheit und die erzeugte Wärme weniger vortheilhaft ist.

Ich habe bisher vorausgesetzt, dafs in den Kamin weiter keine Luft tritt, als zum Verbrennen erforderlich ist; allein es verhält sich nicht so. Die Dimensionen der Kaminröhren haben einen grofsen Einflufs auf die Bewegung der Luft. Im Allgemeinen sind die Kaminröhren meistens an 30 mal so grofs im Querschnitt, als die durchzulassende Menge Luft erfordert; die warme Luft entweicht mit Schnelligkeit vom Heerde in den Kamin, in Form einer Säule oder eines Cylinders; die aufsteigende Luftsäule bildet um sich herum einen Zug, welcher die in der Kaminröhre überflüssige Luft, und folglich auch die Zimmerluft, ohne dafs dieselbe den brennenden Körper berührte, oder auf irgend eine Weise zum Verbrennen beitrüge, mit sich fortreifst. Diese Luft ist kalt, oder doch nur wenig warm; sie gelangt mit der warmen zu gleicher Zeit in den Kamin, kühlt diese also ab, und vermindert ihre aufsteigende Geschwindigkeit. Ist die Kaminröhre zweimal so weit, als sie zum Durchlassen der warmen Luft zu sein brauchte, so wird mit der warmen Luft eine eben so grofse Menge kalter Luft entweichen; sie ist dreimal so grofs, dreimal so viel. Auf diese Weise muſs man also im obigen Beispiele die einem Zimmer entzogene Luftmasse doppelt, dreifach u. s. w. nehmen *).

Es ist jedoch nicht hinreichend, die verdorbene Luft eines Zimmers zu entfernen: man muſs auch frische hineinbringen, was durch Anbringung einer oder mehrerer Löcher geschehen könnte, deren Gröſse gleich wäre der Durchschnittsfläche der Kaminröhre. Wo aber findet man dergleichen Löcher? Jedermann schlieſst vielmehr sorgfältig die Fenster und Thüren zu, schützt sie mit Wulsten, verstopft selbst die Ritzen mit Werg, so vollkommen als möglich, damit keine kalte Luft hereintrete, und weniger Brennmaterial verbraucht werde; man findet nirgends Öffnungen von 2 bis 3 Quadratfuſs für den Eintritt der äuſsern Luft; deshalb strömt dann die Luft, um die vom Kamine entzogene zu ersetzen, wo sie nur kann, durch alle Öffnungen, selbst durch die kleinsten, die in Thüren und Fenstern nie zu vermeiden sind; ihre Geschwindigkeit ist um so gröſser, je kleiner die Öffnung ist, und je mehr Luft der Kamin fortgeführt hat. Dennoch ist diese Luft nicht hinreichend zum Ersatze; sind also die Zimmer klein, so verdünnt sich die Luft um so mehr in ihnen; man athmet mühsam und beschwerlich, die Luft steigt im Kamine immer langsamer in die Höhe und hört endlich ganz zu steigen auf; dann tritt der Rauch, statt in die Höhe zu steigen, ins Zimmer zurück, um das gestörte Gleichgewicht herzustellen, bis man die Fenster öffnet, um sich des Rauchs zu entledigen, der dann wieder seinen gewöhnlichen Lauf nimmt, bis etwa bei verschlossenen Fenstern die Luft sich abermals verdünnt. Öffnet man zu Zeiten die Thüren, so wird die Luftverdünnung nicht so schnell erfolgen; allein man muſs gestehen, daſs dann der Kamin für die Gesundheit nachtheilig und daſs das Mittel noch ärger ist, als das Übel selbst. Alle diese Unbequemlichkeiten kennt Jedermann. Doch ist noch Niemand darauf bedacht gewesen, denselben abzuhelfen **).

---

*) Man sehe über den Vortheil enger Schornsteinröhren unter andern den satz Nr. 19. S. 266. im 3ten Hefte des 1sten Bandes dieses Journals.
Anm. d. Herausg.

**) Die Luft im Zimmer möchte wohl schwerlich durch den Zug des Kamins oder Ofens verdünnt werden, und das Rauchen des Kamins daher nicht rühren. Über diesen Gegenstand dürfte noch Mehreres zu sagen sein.
Anm. d. Herausg.

Wir wollen nun aber annehmen, die Luft könne frei in ein Zimmer zuströmen, so dafs die darin enthaltene Luft sehr tauglich zum Athmen sei. Es bilden sich dann offenbar mehrere Ströme kalter Luft, welche durch Fenster- und Thür-Öffnungen zum Heerde hineilt, die am Feuer Sitzenden umströmt, und dieselben um so mehr erkältet, je rascher sie zuströmt und folglich kälter ist. Die sich Erwärmenden werden also von einer Seite gleichsam gebraten, während sie an der andern frieren; und es ist kein Wunder, wenn sie den Schnupfen bekommen. Es folgt also, dafs der Kamin, in seiner jetzigen Gestalt, keine bequeme und gesunde Ventilation abgiebt. Statt den Bewohnern eines Zimmers Gesundheit und Wohlsein zu gewähren, zieht er ihnen Krankheiten zu, und es ist ein grofser Irrthum, wenn man den Kamin für ein wirksames Beförderungs-Mittel der Gesundheit hält.

Eben so ist leicht zu sehen, dafs die Pariser, die Preufsischen Kamine, die Kamine *à la Chomond, à la Millet, à la Désarnod* einen gleichen Erfolg haben und nur darin von einander unterschieden sind, dafs die, welche den besten Zug haben, am schlechtesten sind. Haben freilich die Kamine keinen Zug, so rauchen sie; sie müssen also zwischen beiden Extremen das Mittel halten, und nur so stark ziehen, dafs die Producte der Verbrennung sich ohne weitere Beschwerde in die Atmosphäre entfernen; ist mehr Zug da, so nützt er nicht nur nicht, sondern schadet. In einem folgenden Artikel werde ich über die Bewegung der Luft in den Kaminen, über das Verhältnifs ihrer Dimensionen, und über die Mittel, wie man durch sie auf eine angenehme und nützliche Weise die Luft erneuern könne, ausführlich sprechen. Ich werde durch Berechnungen und Versuche zeigen, dafs man mit weniger Kosten ein viel günstigeres Resultat als das gewöhnliche erreichen kann.

Die nach den Kaminen am meisten zum Heitzen gewöhnliche Vorrichtung ist der Stuben-Ofen. Wir werden über ihn mit einer Strenge sprechen, die auf den ersten Blick zu weit getrieben scheinen könnte; jedoch hoffe ich, dafs man bei genauerer Untersuchung einverstanden sein wird. Wir theilen die Öfen in zwei Classen. Zu der ersten rechnen wir die Öfen aus Porzellan, Ziegeln, Eisenblech, Gufseisen und dergleichen, bei welchen man nur die im Zimmer sichtbare Oberfläche heitzt; zur zweiten solche, die mehrere Behälter mit Luft haben, welche an den zu diesem Zwecke geheitzten Oberflächen erwärmt wird.

Durch die Öfen von der ersten Art empfängt man nur die Hitze, welche durch die den Heerd umgebenden Wände dringt. Metallene Wände werden also die meiste Wärme geben, weil die Metalle bessere Wärmeleiter sind als Erde, Porzellan und andere hier anwendbare Materien. Die metallenen Wände nehmen aber eine Temperatur an, welche der Rothglühhitze, oder 5 bis 600 Grad nahe ist, und die berührende Luft glüht. Eine zum Athmen taugliche Luft mufs aber eine gewisse Menge Wasser in Dampfform enthalten; auch ist bekannt, dafs warme Luft nicht so gut respirabel ist, als kalte, weil sie weniger dicht ist. In den heifsen Sommertagen athmet man mühsam: es scheint an hinreichender Luft dazu zu fehlen. Dasselbe empfindet man, nur in noch stärkerem Grade, wenn man im Winter in ein Zimmer tritt, wo die Luft zum Theil glüht und durch die Respiration mehrerer Personen, die längere Zeit darin eingeschlossen sich aufgehalten haben, verdorben ist. Auf der andern Seite sind die Röhren der Öfen der Menge des verbrannten Materials mehr entsprechend, als bei Kaminen; die mit Kohle gesättigte Luft, oder der Rauch, erhält sich in ihnen in einer höheren Temperatur; und da seine aufsteigende Geschwindigkeit proportional ist dem Dichtigkeits-Unterschiede der warmen und kalten äufsern Luft, so ist der Zug bedeutend, und deshalb die Luftverdünnung im Zimmer grofs. Dieser Zustand, und ihre Trockenheit, machen die Luft zum Athmen sehr untauglich, wie ich schon gesagt habe. Der Ofen ist also eher gefährlich, als ein gutes Mittel zur Erneuerung der verdorbenen Luft in Zimmern.

Die Öfen der zweiten Art haben Röhren oder andere Behälter, welche unten kalte Luft aufnehmen und warme ausströmen. Fast immer ist die Zimmerluft es selbst, welche zwischen den innern warmen Wänden des Ofens durchgeht und sich dabei abtrocknet, wodurch diese Art Öfen beinahe eben so nachtheilig werden, als jene. Kommt zufällig die eintretende Luft von Aufsen, so kann sie kaum circuliren, wegen der Beschränktheit und der Hindernisse, denen sie begegnet; auch steigt ihre Temperatur bis zu 80, und oft über 100 Grad. Die Öfen, besser als die ersten, in Bezug auf Sparsamkeit, würden es noch mehr sein, und würden zugleich den Anforderungen der Gesundheitslehre entsprechen, wenn man die innern heitzenden Oberflächen vervielfachte, und wenn vorzüglich die Öffnungen für die eintretende Luft bedeutend gröfser wären, als man sie gewöhnlich macht, damit ein bedeutend grofser Luftstrom zu den

Wänden Zutritt hätte, ohne ihnen Wärme zu entziehen, und immer eine grofse Menge, bis zu 12, 15 oder mehr Graden erwärmte Luft geeignet wäre. Es wäre leicht, die Dimensionen dieser Öfen so einzurichten, dafs man täglich drei- oder viermal und auf Verlangen noch mehrmal, die ganze Luftmasse eines Zimmers erneuern könnte.

Ein bekanntes Mittel, der Trockenheit der Luft in einem durch Öfen geheitzten Zimmer abzuhelfen, ist eine auf den Ofen gesetzte Schale mit Wasser, welches die Hitze verdünstet. Der Wasserdampf vermischt sich mit der Luft und giebt ihr so die nöthige Feuchtigkeit. Nachdem was Tredgold in seiner Abhandlung über Heitzung mit Dampf sagt, scheint dieses Mittel erst seit Kurzem in England bekannt geworden zu sein. In Frankreich ist es länger bekannt, wird jedoch nicht so häufig angewendet, als man wünschen möchte. Die Schale müfste mit dem Ofen verbunden sein, sonst ist man nachlässig genug, ein selbst so einfaches Mittel zur Abhülfe eines Hauptnachtheils der Stubenöfen nicht anzuwenden.

Eine andere äufserst gefährliche und sehr gewöhnliche Sitte darf nicht mit Stillschweigen übergangen werden; man verschliefst nemlich die Abzugsröhre für den Rauch mit einem Schieber, womit sie versehen ist, und will dadurch verhindern, dafs die Hitze entfliehe; allein man bedenkt nicht, dafs während der Verbrennung des Holzes sich viel Rauch erzeugt, der gröfstentheils nur aus warmer Luft, Wasserdunst von der Feuchtigkeit des Holzes, die $\frac{1}{5}$ seines Gewichts beträgt, aus etwas Kohlensäure und andere beim Verbrennen des Holzes sich bildenden Säuren besteht. In diesem Zustande ist der Rauch nur lästig, nicht gefährlich; brennt aber das Holz aus, so erzeugt es nur noch Kohlensäure; deshalb mufs man sich wohl hüten, die Kaminröhre zu verschliefsen und den Kohlen-Dampf in's Zimmer treten zu lassen. Man bedenke wohl, dafs die Kohlengluth (aus verbranntem Holze) Kohlensäure erzeugt, und zwar im Verhältnisse zu ihrem Gewichte, d. h., die Kohlengluth wiegt halb so viel als eine Kohle, sie giebt deshalb auch nur halb so viel Kohlensäure, weil sie in Wirklichkeit eine schon halb verbrauchte Kohle ist. Sie hört nicht eher auf diese Luftart zu entwickeln, bis sie gänzlich zu Asche zerfallen ist. Eben so mufs man bedenken, dafs die Schieber in den Ofenröhren nur deshalb vorhanden sind, um den Luftzug in den Röhren vermindern zu können, wenn er zu stark ist, nicht aber, um sie ganz zu verschliefsen.

Die Feuerstübchen, oder andere mit Kohlengluth angefüllte Gefäfse sind bekanntlich eben so gefährlich, weil sie Erstickung und allerlei Kopfübel erzeugen können.

Der Wärmehalter (*calorifère*, Heitzung mit erwärmter Luft) ist eine Art groſser Öfen, aber mit mehreren und besser benutzten Heitzflächen; unglücklicherweise nur fehlen den Feuerbaumeistern hinreichende physicalische, chemische und mathematische Kenntnisse; sie kennen nicht die Bewegungsgesetze der Luft, der Wärme, nicht die nöthigen Data, um das Verhältniſs der Oberflächen zum Heitzen und der Mündungen für kalte und warme Luft zu bestimmen; nur der Zufall leitet sie bei ihren Constructionen, deshalb entsprechen dieselben auch selten den Anforderungen. Im Allgemeinen ist die Masse der durch den Wärmehalter gehenden Luft nicht sehr groſs; deshalb tritt sie mit einer bedeutend hohen Temperatur in die Zimmer und hat dann die Mängel der durch Öfen erhitzten Luft. Unstreitig ist sonst der Wärmehalter die beste Wärmevorrichtung, besonders wenn eine groſse Menge Luft ihn durchströmt, die den geheitzten Oberflächen beständig die Wärme entzieht und die Zimmer mit einer hinreichenden Menge mäſsig warmer Luft erfüllt, so daſs man gleichsam in einem beständigen Frühlinge lebt und eben so leicht und frei wie bei offnen Fenstern athmet. Diesen Zweck muſs ein geschickter Baumeister zu erreichen suchen und die Verhältnisse des Wärmehalters den Umständen und Bedürfnissen gemäſs einrichten.

Die Wärmehalter sind in Frankreich wenig verbreitet, trotz der geringen Kosten, wenn mehrere Zimmer und vielleicht ein ganzes Haus geheitzt werden sollen, und trotz der Annehmlichkeit, die sie den Bewohnern verschaffen. Es wäre zu wünschen, daſs wir darin den Engländern nachahmten, welche damit die Vorhäuser, Treppenräume, Vorzimmer, Corridore, Speisezimmer und überhaupt alle Gemächer heitzen, in denen man sich nicht beständig aufhält, so daſs, wenn die Thüren sich öffnen, nicht gefrorne, sondern warme Luft in die Zimmer tritt, und daſs man das ganze Haus durchwandern kann, ohne, wie wir, durch die Kälte zu gehen.

Die Dampfheitzungen sind unstreitig von allen Heitzvorrichtungen die sparsamsten; allein sie haben nicht den groſsen Vortheil der Wärmehalter, und selbst nicht einmal den der Kamine, die Luft in den Zimmern zu erneuern. Sie bieten der Luft freilich wärmende Oberflächen dar, allein ist diese einmal durch Respiration oder durch den längern Aufenthalt mehrerer Personen verdorben, so ist man gezwungen die Fenster zu öffnen, wenn man keinen Schornstein oder eine andere besondere Vorrichtung dazu hat. Indessen ist die Dampfheitzung, z. B. in einer Kirche, oder in einem andern sehr grofsen Gebäude vortheilhaft, wo die Luft wegen ihrer Masse so leicht nicht verdorben wird. In diesem Falle ist Kostensparung die erste Anforderung, und die Dampfheitzung hat vor dem Wärmehalter den Vorzug; in den Wohnzimmern aber hat sie so viel Unbequemlichkeiten, dafs ihr Gebrauch nirgends rathsam ist.

In einem folgenden Artikel werde ich mich mit der Berechnung der Kosten verschiedener Heitzvorrichtungen beschäftigen, und die Resultate mit einander vergleichen, in Bezug auf die Kosten für Paris.

9.

Grundzüge der Vorlesungen in der Königl. Bau-Academie zu Berlin über Strafsen- Brücken- Schleusen- Canal- Strom- Deich- und Hafen-Bau.

(Fortsetzung von No. 2. Bd. 3. Hft. 1., No. 16. Bd. 3. Hft. 3., No. 20. Bd. 3. Hft. 4., No. 6. Bd. 4. Hft. 1., No. 15. Bd. 4. Hft. 3. und N. 3. Bd. 5. Hft. 1.)

(Von Herrn Dr. *Dietlein* zu Berlin.)

645. *A. a*) Die Wirkungen einer senkrechten Buhne, deren Krone ganz über dem Wasserspiegel liegt, sind folgende. Eine solche Buhne verengt zunächst den Querschnitt des Flusses. Die Folge davon ist die Vergröfserung der Geschwindigkeit des Wassers in dem durch den Kopf der Buhne gehenden Querschnitt. Dazu ist eine Vermehrung der Druckhöhe nöthig, also ein Aufstau oberhalb des bezeichneten Querschnitts. Der Wasserspiegel, gleich unterhalb des gedachten Querschnitts, kann sich nemlich nicht senken, weil der Abhang unterhalb der Buhne der nemliche bleibt, vorausgesetzt, wie hier geschehen mufs, dafs der Flufs im Beharrungstande sei *).

646. Hieraus geht hervor, dafs oberhalb der Buhne, in der Nähe ihrer Wurzel, der Wasserspiegel ungefähr um die Stauhöhe höher stehen werde, als unterhalb der Buhne, und dafs die Vermehrung des Gefälles, um die Stauhöhe, fast allein in den, dem Querschnitte des Flusses

*) Auf den Abhang (nemlich des Wasserspiegels) unterhalb, hat offenbar der Abhang oberhalb Einflufs, und es folgt nicht, dafs eine Verengung nothwendig einen gerade damit in Verhältnifs stehenden Aufstau oberhalb hervorbringen müsse. Das Wasser kann durch die verengte Öffnung schneller fliefsen, ohne verhältnifsmäfsigen Aufstau, wie es z. B. durch eine dünne Wand am Schlusse einer Röhre stärker fliefst, als unter derselben Druckhöhe, durch eine dicke. Auch kann eine Buhne blofs die gröfsere Geschwindigkeit, oder den Stromstrich, auf eine andere Stelle des Querschnitts treiben, indem das Wasser, da wo Buhnen nöthig sind, durch einerlei Querschnitt gewöhnlich mit sehr verschiedener Geschwindigkeit fliefst, so dafs also wiederum durch die Buhne nicht grade nothwendig ein mit der Verengung im Verhältnifs stehender Aufstau hervorgebracht wird. Anm. d. Herausg.

durch den Buhnenkopf zunächst liegenden Theilen des Wasserspiegels bemerkbar sein werde *).

647. Durch die Buhne wird ein Theil der Stromfäden von ihrer Richtung abgelenkt. Diese Stromfäden, welche schneller fliefsen, als diejenigen im obern Winkel an der Wurzel der Buhne, nehmen, vermöge der Adhäsion, einen Theil der letztern mit fort; die weggeführten Theile müssen aus dem seitwärts vorbeiströmenden Wasser ersetzt werden, was nach Richtungen geschehen mufs, die ungefähr mit derjenigen, vom Kopfe der Buhne nach ihrer Wurzel, gleichlaufend sind, und so entstehen Wirbel in dem oberhalb an der Wurzel der Buhne liegenden Winkel (Taf. II. Hft. 1. d. B. Fig. 118. 119. 120.).

648. Unterhalb der Buhne kann das längs der Breite ihres Kopfes eingeschränkte Wasser sich plötzlich, nach dem Ufer unterhalb der Buhne zu, wieder ausbreiten. Es entsteht also nach der gedachten Uferstelle hin ein Quergefälle, welches dem Winkel am untern Ende der Wurzel der Buhne einen Theil des am Kopfe vorbeiströmenden Wassers zuführt, und welches nur durch die Adhäsion von dem übrigen dort schnell vorbeifliefsenden wieder fortgeführt werden kann. Es müssen deshalb auch hier Wirbel entstehen, die aber bedeutender sind als die oberhalb der Buhne, wie es die Erfahrung lehrt (Taf. II. Hft. 1. d. B. Fig. 118. 119. 120.).

649. Es möchte wohl selten, oder fast nie nothwendig sein, Buhnen an erhabenen Ufern zu bauen **); es wird daher nur von Buhnen an hohlen Ufern die Rede zu sein brauchen.

In der Nähe des hohlen, gewöhnlich abbrüchigen Ufers, findet auch jedes Mal die gröfste Geschwindigkeit Statt; und da nun die Buhnen grade hier einen Theil des Querschnitts einnehmen, so bleibt, im neuen Querschnitte, die gröfste Tiefe fast immer am Kopfe der Buhne, also auch die gröfste Geschwindigkeit in ihrer Nähe; deshalb wird der Boden an dem Kopfe der senkrechten Buhnen häufig tief ausgespühlt werden, so dafs die Buhnen tiefer versinken.

---

*) Die Wirkung der Vermehrung des Gefälles möchte sich wohl bald weit ober- und unterhalb hin vertheilen. Anm. d. Herausg.

**) Wenn der obere Theil eines convexen Ufers vom Strome angegriffen wird, der von einem, weiter oberhalb befindlichen, concaven Ufer her, herüber getrieben wird, und man will die Strom-Krümme unverändert erhalten, was sehr oft gut und rathsam ist, so können auch Buhnen an convexen Ufern nöthig sein. Anm. d. Herausg.

650. Dagegen sind die Wirbel an den Wurzeln der Buhnen lange nicht so nachtheilig. Die Geschwindigkeit des Wassers in den Wirbeln ist in der Regel gegen die am Buhnenkopfe nur geringe, und alle Sinkstoffe, und besonders die Erdtheile, die das Wasser am Kopfe der Buhne ausspühlt und seitwärts führt, kann es grade da, wo die Wirbel Statt finden, absetzen. Sobald sich hier eine bedeutende Erdmasse angehäuft hat, vermindern sich auch die Wirbel, so daſs die Buhne zuletzt an der Wurzel zuweilen ganz verlandet, während sie gewöhnlich am Kopfe unterspühlt wird und sinkt *).

651. Je gröſser übrigens die Geschwindigkeit des Flusses ist, je weiter vom Kopfe der Buhne oberhalb und unterhalb wirkt die Adhäsion, und es können, bei groſser Geschwindigkeit, Wirbel entstehen, welche die Verlandung an der Wurzel verhindern.

652. Die Wirkung einer senkrechten Buhne, deren Krone ganz über dem Wasserspiegel liegt, ist daher:

1) Anlandung auf beiden Seiten der Wurzel, wenn die Geschwindigkeit des Flusses eben nicht beträchtlich ist;

2) Ausspühlung des Grundbettes am Kopfe, wenn der Boden nicht sehr fest, oder die Geschwindigkeit des Wassers im Allgemeinen nicht geringe ist **).

Besteht das Grundbette aus festerem Material, als das der Buhne gegenüberliegende Ufer, so kann noch eine andere Wirkung entstehen, nemlich:

3) Abbruch des der Buhne entgegengesetzten Ufers ***).

Auſserdem ist noch zu bemerken, daſs wegen der Erhebung des Wasserspiegels oberhalb der Buhne zwar anfänglich die Tiefe des Wassers zunehmen wird, später aber auch wieder Anlandung entstehen kann,

---

*) Es kommt wohl weniger auf das Verhältniſs am Kopfe und an der Wurzel der Buhne an, als auf die absolute Gröſse der Geschwindigkeit in den Wirbeln. Ist dieselbe zu groſs, um die Sinkstoffe fallen zu lassen, und groſs genug, um die Erde anzugreifen, so werden sich die Winkel an der Wurzel nicht füllen, sondern das Strombette wird auch dort angegriffen werden. Deshalb müssen, zur Vorsicht, die Ufer ober- und unterhalb der Buhnen durch Rauchwehren oder wenigstens Spreitlagen befestigt werden. Anm. d. Herausg.

**) Diese Wirkung kann vorzüglich in der Zeit erfolgen, wo die Buhne nicht vom Wasser überströmt wird. Anm. d. Herausg.

***) Grade gegenüber wird indessen eine Buhne fast nie wirken, sondern weiter unterhalb. Anm. d. Herausg.

welche die Vermehrung der Tiefe wieder aufhebt. In jedem Fall aber bewirkt die Buhne:

4) dafs sich in dem Querschnitte des Flusses, der durch ihren Kopf geht, ein Wasserfall bildet, der, wenn sie einen bedeutenden Theil des Querschnitts einnimmt, und zugleich die Geschwindigkeit des Flusses im Allgemeinen nicht bedeutend ist, der Schiffahrt höchst beschwerlich, ja wohl gar gefährlich werden kann*).

653. *A.* β. 𝔄. Wirkungen einer senkrechten Buhne, deren Krone ganz unter dem Wasserspiegel liegt, und die nur einen geringen Theil vom Querschnitt des Flusses einnimmt. Hier ist die Verengung des Flufsbettes zwar verhältnifsmäfsig geringer als vorher; allein die Geschwindigkeit im eigentlichen Flufsbette, in welchem die Buhne liegt, kann doch nicht viel kleiner sein, als im vorigen Falle, und die Wirkungen am Kopfe der Buhne werden noch ziemlich dieselben bleiben.

654. An der Wurzel der Buhne dagegen wird, wie über die ganze Krone, ein Überfall entstehen, und dieser wird um so stärker, und seine Nachtheile werden um so gröfser sein, einen je gröfseren Theil des Querschnitts des Flusses die Buhne wegnimmt. Zur Verhütung dieser Nachtheile giebt es kein besseres Mittel, als die Bepflanzung der Krone der Buhne, da der Strauch den zu heftigen Übersturz des Wassers an der Wurzel der Buhne verhindert **).

655. Das über die Buhne strömende Wasser trägt aber auch zuweilen zur Anlandung bei. Ist nemlich die Geschwindigkeit des Flusses,

---

*) Diese Wirkung kann nur dann erfolgen, wenn man die Buhne zu lang macht, was nicht geschehen darf; und auch nur in kleinen Flüssen. Dafs die Buhnen nicht auf einmal sehr lang gebaut, sondern wo es nöthig, nur allmälig verlängert werden, ist eine Hauptregel. Es würde gewifs sehr unrecht sein, in schiffbaren Flüssen Buhnen zu bauen, die Wasserfälle hervorbringen, die Regel für die geringste Länge der an abbrüchigen Ufern liegenden Buhnen, die man ihnen gleich Anfangs geben mufs, ist übrigens die, dafs sie bis in die tiefste Stelle des Stroms reichen müssen, welche einem angegriffenen Ufer gewöhnlich sehr nahe liegt. Der Kopf der Buhne würde sonst zu schnell unterwaschen werden und versinken.

Anm. d. Herausg.

**) An der Wurzel mufs immer das Wasser möglichst wenig überstürzen, weil es sonst das Ufer angreifen würde. Daher mufs die Buhne immer an der Wurzel etwas höher gebaut werden, als am Kopfe. Man bepflanzt die Buhnen, um sie, ihrer eigenen Erhaltung wegen, zum Auswachsen zu bringen.

Anm. d. Herausg.

der über die Buhne weggeht, nicht sehr grofs, und führt er zugleich viele Sinkstoffe: so wird er dieselben auch leicht ober- und unterhalb der Buhne absetzen*).

656. Die durch die Adhäsion erzeugten Wirbel werden ebenfalls noch Statt finden, aber in um so geringerem Maafse wie vorher, je mehr sich das Hochwasser ausdehnen kann, wodurch sich dann auch um so mehr Sinkstoffe absetzen können.

657. Das beste Mittel, die Wirbel zu vermindern, ist eine flache Böschung der Buhnen. Bei Steinbuhnen setzen allein die Kosten der Böschung Grenzen; beim Faschinenbau kann man die Böschung nicht wohl mehr als einfüfsig machen, wovon die Gründe weiter unten angegeben werden sollen.

658. *A. β.* 𝔅. Von einer senkrechten Buhne, deren Krone ganz unter dem Wasserspiegel liegt, und die einen bedeutenden Theil vom Querschnitt des Flusses wegnimmt, wird der Kopf der Buhne, weil die Geschwindigkeit des Flusses nun noch gröfser ist, als in dem Falle *A. α.*, der Gefahr unterspühlt zu werden, noch mehr ausgesetzt sein. Die Nachtheile des Übersturzes werden ebenfalls gröfser sein, als in dem Falle *A. β.* 𝔄., und eben so die durch die Adhäsion entstehenden Wirbel, also auch deren Nachtheile.

659. Bisher ist nur von der Wirkung einer einzelnen senkrechten Buhne die Rede gewesen; allein man baut auch wohl deren mehrere an demselben Ufer, und in geringen Entfernungen von einander; es mufs also auch von den Wirkungen einer solchen Reihe von Buhnen die Rede sein.

660. Der Querschnitt des Flusses wird durch mehrere gleich lange, d. h. mit ihren Köpfen gleich weit vom Stromstriche entfernt angelegte Buhnen nicht mehr und nicht weniger verengt, als durch eine einzige**). Sobald aber die Entfernung der einzelnen Buhnen von einander nicht bedeutend ist, findet eigentlich nur bei der obersten Buhne

---

*) Unterhalb, in dem Übersturz nicht leicht, wohl aber oberhalb, in dem fast stillstehenden Wasser. Anm. d. Herausg.

**) Diese Behauptung möchte zum Theil zu bestreiten sein. Mehrere Buhnen hinter einander gleichen mehr einem vorgerückten Deckwerke, während in Beziehung auf das Verhalten einer einzelnen die Bemerkung zu §. 645. zu berücksichtigen sein dürfte. Anm. d. Herausg.

eine Verengung Statt, und die folgenden leiden dann weniger, sowohl am Kopfe, als an der Wurzel, wogegen die oberste allen oben bezeichneten Gefahren ausgesetzt ist. Höchstens werden die Wirbel hinter derselben etwas geringer sein. Wie grofs die Entfernung der Buhnen von einander sein müsse, läfst sich nicht allgemein bestimmen. Aus der Erfahrung scheint hervorzugehen, dafs es gut sei, damit nicht weiter als bis zur doppelten Länge der ersten Buhne zu gehen. Der Kosten wegen werden aber meistens die Buhnen weiter von einander gebaut; und dann ist jede fast wie eine einzelne anzusehen *).

661. Man sehe hierüber die von Schulz in seinen „Beiträgen zur hydraulischen Architectur, Königsberg 1803," gegebene Theorie der Buhnen. Zu bemerken ist jedoch, dafs die Paragraphen 22., 23., 24. etwas undeutlich sind, und einige Widersprüche enthalten **).

662. *B. α.* Eine declinante Buhne, deren Krone ganz über dem Wasserspiegel liegt, verengt zunächst ebenfalls den Querschnitt des Flusses, aber nicht so plötzlich wie eine senkrechte, sondern nur allmälig. Die nächste Folge davon ist auch wieder die Vergröfserung der Geschwindigkeit des Wassers, aber sie erfolgt nur allmälig, von der Wurzel der Buhne nach ihrem Kopfe hin. Die Vergröfserung der Druckhöhe, also ein Aufstau oberhalb des Querschnitts des Flusses, der durch den Kopf der Buhne geht, ist daher die fernere Folge; dieser Stau aber vertheilt sich auf die projective Länge der Buhne, im Stromstrich gemessen; der Wassersturz am Buhnen-Kopfe ist daher weniger steil, als bei den senkrechten Buhnen ***).

---

*) Die Buhnen würden viel weniger vortheilhaft sein, als sie es sind, wenn man sie nicht weiter als um ihre doppelte Länge von einander entfernen dürfte. Der Erfahrung nach können sie recht gut um das 4 und 5fache ihrer Länge von einander gerückt werden. Es kommt auf die Biegung des Ufers und auf die Richtung des Stroms an. Ist die Biegung sehr kurz, und fällt der Strom es unter einen sehr grofsen Winkel an: so müssen die Buhnen näher zusammengelegt werden. Ein Hauptgrund, warum man statt Deckwerke Schutzbuhnen baut, ist, dafs sie weniger kosten, was aber nicht der Fall sein würde, wenn man sie sehr nahe zusammenrücken müfste.
Anm. d. Herausg.

**) Dergleichen möchten wohl noch öfter in sogenannten Theorien eines Gegenstandes wie dieser, worüber sich viel sprechen, aber schwerlich je zur mathematischen Gewifsheit gelangen läfst, zu finden sein. Anm. d. Herausg.

***) Auch hierbei dürfte die Bemerkung zu §. 645. zu berücksichtigen sein.
Anm. d. Herausg.

663. Die Beziehung, worin declinante Buhnen zu senkrechten stehen, ist der kegelförmiger Ausflufsröhren an Wasserbehältern zu Ausflufs-Öffnungen in dünnen Wänden sehr ähnlich.

664. In der Regel wird die Geschwindigkeit des Wassers an der Streichlinie und am Kopfe der Buhnen gröfser sein, als weiter nach der Mitte des Flusses hin; der Boden wird sich daher in der Regel, sowohl längs der Streichlinie als am Kopfe, vertiefen, aber weniger, als bei senkrechten Buhnen; es wird sich sogar gleich unterhalb des Kopfes einige Verlandung zeigen, indem die Wirbel hinter der declinanten Buhne nur weniger beträchtlich sein können, als hinter einer senkrechten. Dagegen aber wird auch die Verlandung im untern Winkel, an der Wurzel, langsamer vor sich gehen, weil das am Buhnenkopfe vorbeiströmende Wasser, welches die Sinkstoffe mit sich führte, auf jenen Winkel nur wenig wirken kann.

665. *B.* β. 𝔄. Von einer *declinanten* Buhne, deren Krone ganz unter dem Wasserspiegel liegt, und deren Projection auf den Querschnitt des Flusses nur einen geringen Theil desselben einnimmt, sind die Wirkungen am Kopfe ebenfalls nicht bedeutend merklicher, als in dem Falle *B.* α. Über die Krone der Buhne stürzt aber das Wasser, wie wenn die Buhne senkrecht läge, weil es vor der Buhne höher steht, als hinter derselben, und dieser Übersturz ist um so stärker, je kleiner das Überschwemmungs-Profil ist. Da die Richtung des über die Krone stürzenden Wassers die Richtung der Buhne ziemlich unter einem rechten Winkel schneidet, so ist sie, bei einer senkrechten Buhne, fast gleichlaufend mit dem Ufer, trifft aber bei einer declinanten Buhne das Ufer unter einem Winkel, der sich um so mehr einem rechten nähert, je flacher die declinante Buhne liegt; das überstürzende Wasser greift also hier das Ufer an, und untergräbt es an der Wurzel der Buhne, was so bedeutend sein kann, dafs die Buhne hier durchbrechen kann.

666. *B.* β. 𝔅. Die Wirkungen einer *declinanten* Buhne, deren Krone ganz *unter* dem Wasser liegt, und deren Projection einen bedeutenden Theil vom Querschnitte des Flusses einnimmt, sind im Wesentlichen die vorigen, nur in um so gröfserem Maafse, je gröfser der Theil des Überschwemmungs-Profils ist, den die Projection der Buhne wegnimmt.

667. Die Bepflanzung der Buhnenkrone verhindert zwar, in sofern sie gedeihet, die Ausspühlung; allein häufig erfolgt dieselbe früher, als die Reiser auswachsen können.

668. *C. α.* Die Wirkungen einer *inclinanten* Buhne, deren Krone ganz *über* dem Wasserspiegel liegt, sind ebenfalls: Verengung des Querschnitts des Flusses, Vergrößerung der Geschwindigkeit des Wassers am Kopfe der Buhne, und ein Aufstau des Flusses; und diese Wirkungen erfolgen, wie bei einer senkrechten Buhne, plötzlich am Kopfe *). Nur darin unterscheidet sich die Wirkung einer inclinanten Buhne von denen der vorigen, daſs die Erweiterung des Querschnitts des Flusses unterhalb des Kopfes nicht plötzlich Statt findet, weshalb auch die Wirbel an der untern Seite der Buhne nicht so heftig sind, als bei der andern. Der Kopf ist fast derselben Gefahr ausgesetzt, wie bei einer senkrechten Buhne.

669. *C. β.* Bei den Wirkungen einer *inclinanten* Buhne, deren Krone ganz *unter* dem Wasserspiegel liegt, wären zwar eigentlich wieder die obigen beiden Fälle 𝔄. und 𝔅. zu unterscheiden; allein aus dem Vorhergehenden ist leicht zu sehen, daſs die Wirkungen fast ganz denen in den beiden letzten Fällen gleich bleiben; nur sind sie in dem Falle 𝔅. stärker, als in dem Falle 𝔄.; es ist also nur noch zu bemerken, daſs das bei Hochgewässern über eine inclinante Buhne strömende Wasser vom Ufer abwärts gerichtet ist, folglich der Wurzel weniger schadet, als bei einer declinanten **).

670. Aus dem Vorhergehenden ergiebt sich nun: daſs es, wenn das abbrüchige Ufer nicht so lang ist, daſs mehrere Buhnen hinter einander nöthig sind, ziemlich gleichgültig ist, ob man eine senkrechte, oder eine declinante, oder eine inclinante Buhne baut, wenn sie nur gegen die Ausspühlung an der Wurzel und am Kopfe, durch flache Böschung, Bepflanzung der Krone, oder durch eingeworfene Steine, sowohl ober-

---

*) Mit Rücksicht auf die Anmerkung zu §. 645. Anm. d. Herausg.

**) Dieser Umstand ist sehr bedeutend und giebt den inclinanten Buhnen in vielen Fällen einen wesentlichen Vorzug vor den andern. Denn der überstürzende Strom wird durch sie vom Ufer abgelenkt, und hinter der Buhne können sich desto leichter Sinkstoffe anlegen. Die gegen den Strom gerichteten Buhnen sind nur für die Schiffahrt unbequem und in raschen Strömen selbst gefährlich, weil die Schiffe leicht in den Wirbel vor der Buhne gerathen und dort stranden können.

Anm. d. Herausg.

als unterhalb gesichert wird. Eine declinante Buhne hat allenfalls dann den Vorzug, wenn mehr von der plötzlichen Verengung des Querschnitts des Flusses: eine declinante, wenn mehr von der plötzlichen Erweiterung des verengten Querprofils zu fürchten ist, welches letztere jedoch selten der Fall sein möchte. Sind mehrere Buhnen in geringen Entfernungen von einander nöthig, so wird es gut sein, wenn die oberste Buhne eine declinante ist, die folgenden aber senkrecht sind, da diese unter allen die geringste Länge haben, mithin auch am wenigsten kosten *).

671. Wir kommen nunmehr zu den Schöpfbuhnen. Wäre die Geschwindigkeit in einem und demselben Querschnitte eines Flusses überall gleich grofs, so könnte man durch Schöpfbuhnen vollkommen den gewünschten Erfolg erhalten, indem sich ihre Lage so anordnen liefse, dafs sie an ihrem Kopfe das Wasser des Flusses nach einem verlangten Verhältnisse in zwei Theile theilten. Allein wegen der Ungleichheit der Geschwindigkeit werden sich die Wassermengen der beiden Flufsarme, nachdem die Schöpfbuhne gebaut ist, fast nie wie die beiden Theile des Querschnitts an der einen und der andern Seite des Kopfes der Schöpfbuhne verhalten. Sogar wenn man auf die Verschiedenheit der Geschwindigkeiten in den einzelnen Stellen des Querschnitts Rücksicht genommen hätte, würde doch wieder die Schöpfbuhne zugleich wie eine inclinante Schutz- oder Treibbuhne wirken, und die Gestalt des Querschnitts und die Geschwindigkeit an den einzelnen Stellen ändern; so dafs ihr Erfolg immer höchst ungewifs ist, und man besser anderer Mittel zur Erreichung des beabsichtigten Zwecks sich bedient, die auch in der Regel möglich sind **).

---

*) Die oben aufgezählten Nachtheile und Vortheile der einen und der andern Art von Buhnen, für die Schiffahrt, für die Verlandung des Ufers, Ablenkung des Stroms von demselben u. s. w., dürften nach den Umständen für die eine oder die andere entscheiden müssen. Weniger wird von der plötzlichen Verengung oder Erweiterung des Querschnitts des Flusses zu besorgen sein, wenigstens nicht in gröfseren Flüssen, weil man nie die Buhnen auf einmal so lang bauen darf, dafs die Verengung oder Erweiterung des Querschnitts merkliche Wirkungen haben könnte. Übrigens werden declinante Buhnen nur sehr selten rathsam und gut sein, weil sie den überstürzenden Strom auf das untere Ufer lenken, und also dasselbe nicht schützen. Meistens werden senkrechte, oder etwas gegen den Strom gerichtete Buhnen die beste Wirkung haben. Anm. d. Herausg.

**) Die Ungleichheit der Geschwindigkeit in dem Querschnitte eines Flusses kann wohl nicht die Ursach sein, warum sich Schöpfbuhnen so selten wirksam bauen lassen. Man dürfte sonst nur den Querschnitt durch die Buhne, nicht sowohl der Fläche nach, als nach dem Wasser-Ergufs, in dem gegebenen Verhältnifs

672. Soll eine Schöpfbuhne nur dazu dienen, da wo der Flufs sich in zwei Arme theilt, den Theilungspunct zu befestigen, oder die vorspringende Spitze der Insel gegen Strom und Eisgang zu sichern, so ist sie zu empfehlen *).

673. Rauschbuhnen sind nur als Nothanlagen zu betrachten. Macht man sie so lang, dafs sie einen bemerkbaren Einflufs auf die Zunahme der Geschwindigkeit des Wassers zwischen ihren Köpfen haben, so entsteht oberhalb vor jedem Paare ein bemerkbarer Stau, also langsamer fliefsendes Wasser, in welchem sich leicht Sinkstoffe absetzen, die aus dem Grundbette zwischen dem vorhergehenden Paare weggeführt wurden, so dafs man an einer Stelle an Wassertiefe verliert, was man an der andern gewinnt. Je mehr die Rauschbuhnen den Flufs beschränken, desto stärkere Wasserfälle enstehen zwischen ihren Köpfen, welche

---

theilen, was aber, wie weiter hin im Text sehr richtig bemerkt wird, gewöhnlich auch nicht hilft. Das Wasser fliefst dahin, wo es das meiste Gefälle findet, und eine grofse, bewegte Wasssermasse verfolgt ihren Weg, und läfst sich schwer davon ablenken. Daher läfst sich das Wasser durch keine Schöpfbuhne aus einem Strom-Arm, der mehr Gefälle hat, in einen andern treiben, dessen Gefälle geringer ist; auch läfst es sich nicht leicht, wenn selbst das Gefälle gleich wäre, von seiner Richtung abbringen. Ferner fliefst auch das Wasser dahin, wo es zunächst im Boden den meisten Abhang findet; der Abhang der Oberfläche richtet sich erst nach dem Abhange des Bodens ein. Daher ziehen, wie man sagt, Durchstiche so selten, obgleich sie gewöhnlich kürzer sind, als die abgeschnittenen Krümmen, und folglich im Ganzen sogar mehr Gefälle haben. Könnte man einen Durchstich gleich so tief und tiefer graben, wie der alte Stromschlauch ist, und ihn in dieser Tiefe erhalten, so würde der Strom ihn sicherlich der Krümme vorziehen. Eine Schöpfbuhne hilft nicht, wenn die Tiefe des Durchstichs fehlt; das Wasser folgt dem tiefern und offenern Schlauche.

Man mufs sich bei dem Entwurfe von Strombauwerken immer wohl erinnern, dafs der Strom nichts Gegebenes, Festes und Bleibendes ist, sondern etwas gar sehr Veränderliches, bei welchem sich sehr schnell rückwärts die Ursachen durch die Wirkungen selbst modificiren. Man mag noch so genau durch eine Schöpfbuhne den Querschnitt eines Flusses, oder seinen Ergufs, nach gegebenen Verhältnissen getheit haben: die Art des Ergusses bleibt nicht mehr dieselbe, nachdem die Buhne gebaut ist, und die Voraussetzung, von welcher man ausging, findet also nicht mehr Statt. Das Mittel selbst, etwas zu erreichen, ändert das was man erreichen wollte: man hascht nach etwas, das ausweicht. Man mag noch so angemessen die Richtung einer Buhne nach der Richtung, die der Strom so eben hat, einrichten, um ihn vielleicht auf eine bestimmte Art zu lenken: der Erfolg wird zweifelhaft sein, weil die Wirkungen des Stroms selbst, nachdem die Buhne gebaut ist, sich ändern. Nur lange und wiederholte Erfahrungen, und sogar an dem Strome selbst, an welchem man baut, können zur sicheren Richtschnur dienen. Anm. d. Herausg.

*) Sie mufs aber dann anders gebaut werden, und wird meistens nur ein, in Form eines Buhnen-Kopfes etwas vorspringendes, sehr starkes Deckwerk sein dürfen. Anm. d. Herausg.

dann den stromaufwärts gehenden Schiffen beschwerlich und den stromabgehenden gefährlich werden können *).

674. Sperrbuhnen kommen hauptsächlich vor:

1) wenn sich ein Fluſs in mehrere Arme getheilt hat, und deshalb die Tiefe des Wassers für die Schiffe zu gering ist, so daſs man den Fluſs in ein einziges Bette weisen muſs;
2) wenn ein Deich vom hohen Wasser durchbrochen ist, und das in das Binnenland stürzende Wasser abgeschnitten werden soll.

Vom zweiten Falle wird in dem Abschnitte über Deichbau die Rede sein; es handelt sich also hier nur von dem ersten.

675. Bei diesem aber müssen wieder zweierlei Zustände unterschieden werden, nemlich:

a) wenn die Krone der Sperrbuhne über dem Wasserspiegel liegt, was bei kleinem Wasser der Fall ist;
b) wenn sie unter dem Wasserspiegel liegt, was bei Hochgewässern Statt findet **).

676. Im ersten Falle schneidet die Sperrbuhne einen Theil vom Querschnitte des Flusses ganz ab; in dem freibleibenden Arme muſs die Geschwindigkeit zunehmen, und folglich der Abhang gröſser werden, mithin der Fluſs aufstauen. Oberhalb der Sperrbuhne muſs sich daher der Wasserspiegel heben, während er unterhalb fast eben so tief stehen kann als an der Ausmündung des gesperrten Arms, so daſs der Unterschied der Höhe der beiden Wasserspiegel vor und hinter der Buhne ziem-

---

*) Dennoch sind Buhnen, einander gegenüber gebaut, öfters das einzige, nicht zu kostbare Mittel, einen zu breiten und flachen Strom einzuschränken und ihm die nothdürftige Tiefe für die Schiffahrt zu verschaffen. Freilich dürfen die Buhnen nicht so lang sein, daſs Wasserfälle entstehen; wo sie so lang nöthig wären, z. B. in schnellflieſsenden, kleinen Flüssen, sind sie allerdings nicht nützlich.
Anm. d. Herausg.

**) Eine Hauptregel für Coupirungen ist, daſs die Krone derselben nicht horizontal, sondern in der Mitte des Flusses tiefer, und bedeutend tiefer gelegt werde, als an den Seiten, um das überstürzende Wasser von den Ufern ab nach der Mitte des Stroms zu leiten. Wird diese Regel nicht beobachtet, so kann die Coupirung, wenn die Ufer sandig und locker sind, durch den Übersturz leicht von denselben getrennt werden. Um solches desto sicherer zu verhüten, müssen auch die Ufer, am Anschluſs der Coupirung, ober- und unterhalb, noch mit Deckwerken, oder wenigstens Rauchwehren, auf flachen Böschungen, befestiget werden. Den niedrigsten Punct des Rückens der Coupirung legt man so tief, daſs etwa nur gerade das allerniedrigste Ober-Wasser nicht überstürzt. Sobald das Wasser höher steigt, muſs es überstürzen, um die Verlandung oberhalb zu befördern. Anm. d. Herausg.

lich genau so grofs sein wird, als das Gefälle von der Einmündung des offenen Armes bis zur Ausmündung des gesperrten *). Sowohl oberhalb als unterhalb der Sperrbuhne steht im geschlossenen Arme das Wasser beinahe still; das an der Einmündung und Ausmündung vorbeiströmende Wasser hat nur geringen Einflufs auf das Wasser in den beiden Theilen des gesperrten Armes, und es werden sich nur an jenen beiden Stellen einige Sinkstoffe absetzen **). Zugleich aber werden in dem offen gebliebenen Arme die Wände des Bettes angegriffen werden. Sind sie für die neue Geschwindigkeit nicht fest genug, so wird sich das Bette erweitern und vertiefen, und zwar ersteres oder letzteres mehr, je nachdem die Ufer lockerer sind, oder das Grundbette.

Auf die Sperrbuhne drückt das Wasser normal auf ihre Richtung, mit einer Kraft, die dem Abstande der beiden Wasserspiegel, vor und hinter ihr, entspricht, wonach der Querschnitt der Buhne zu bestimmen wäre. Davon wird im Abschnitte über den Deichbau das Nähere vorkommen ***).

677. Man sieht, dafs, so lange die Krone einer Sperrbuhne über dem Ober-Wasserspiegel bleibt, die Verlandung des gesperrten Armes nur geringe sein kann, und dafs es also in dieser Beziehung ziemlich gleichgültig ist, in welcher Entfernung von der Ein- oder Ausmündung sie liegt †).

678. Im zweiten Falle dagegen, wenn die Krone der Buhne unter dem Wasser liegt, ändern sich die Wirkungen bedeutend. Die Ver-

---

*) Nemlich beim allerniedrigsten Wasser, in sofern, nach der oben bemerkten Regel, der tiefste Punct des Rückens der Coupirung mit dem niedrigsten Ober-Wasser gleich hoch gelegt wird. Anm. d. Herausg.

**) Das beinahe stillstehende Wasser oberhalb der Coupirung wird wohl nicht minder trübe sein, und weil es mit dem des Flusses in Verbindung steht, fortwährend nicht minder trübe bleiben, als dieses. Es wird daher fortwährend Sinkstoffe fallen lassen. Anm. d. Herausg.

***) Hier möchte aber noch zu bemerken sein, dafs immer, vor der Coupirung, ein Erddamm von 4, 6 bis 8 Fufs, und noch dicker, auf ihre Böschung geschüttet werden mufs, ohne welchen sie nicht dicht wird. Anm. d. Herausg.

†) Die Erfahrung beweiset, dafs der gesperrte Strom-Arm schneller zulandet, wenn die Coupirung unterhalb liegt, als wenn sie oberhalb gebaut ist, auch wenn das Wasser nur wenig und selten überstürzt. Die Sinkstoffe gelangen allerdings, wie oben bemerkt, auch in das fast stillstehende Oberwasser; aber weniger oder gar nicht in das Unterwasser. Anm. d. Herausg.

engung des Querschnitts, die Vergröfserung der Geschwindigkeit im offen bleibenden Arme, und der Aufstau, finden zwar noch Statt; aber beziehungsweise in geringerem Maafse, je mehr sich der Querschnitt des ganzen Flusses bei der Anschwellung erweitert. Das Oberwasser steht hier, weil es über die Krone der Sperrbuhne stürzt, mit dem Unterwasser in Verbindung; und obgleich die Geschwindigkeit des Sturzes oft ziemlich grofs ist, so ist doch die Geschwindigkeit oberhalb und unterhalb, im gesperrten Arme, gewöhnlich verhältnifsmäfsig nur gering. Es werden sich also oberhalb und unterhalb der Buhne Sinkstoffe absetzen, und zwar um so mehr, je mehr der Flufs deren mit sich führt, und je kleiner die Geschwindigkeit ober- und unterhalb der Sperrbuhne, im abgeschnittenen Arme ist, gegen die im ungetheilten Flusse *). Der Übersturz des Wassers über die Krone der Sperrbuhne wird jedoch den Grund hinter derselben mehr oder weniger auswühlen, und die Verlandung der Buhne wird erst um so weiter unterhalb anfangen, je stärker der Übersturz ist. Die Gewalt des Übersturzes kann durch Bepflanzung der Krone, vorzüglich aber durch eine flache Böschung an der untern Seite, sehr vermindert werden; allein beim Faschinenbau ist die Böschung beschränkt, selbst bei Sinkstücken. Dagegen können Steinbuhnen, wenn nur hinlänglich grofse und platte Steine zu haben sind, und die Kosten keine Einschränkung gebieten, so flach als man nur will gemacht werden. Wenn man die untere Böschung der Faschinenwerke mit Steinen bedeckt, kann man derselben ebenfalls eine beliebige flache Böschung geben **).

679. Legt man die Sperrbuhne an die Einmündung des abzuschneidenden Armes, so wird die Verlandung bei niedrigem Wasserstande in der Ausmündung des gesperrten Armes anfangen, bei hohem Wasserstande aber auch kurz hinter der Buhne, und die Verlandungen werden sich nach und nach einander nähern. Legt man die Sperrbuhne der Ausmündung nahe, so wird es sich umgekehrt verhalten. Im ersten

---

*) So wird es sich verhalten, wenn nach der oben bemerkten Regel die Krone der Coupirung nicht horizontal, sondern mit ihrem tiefsten Puncte bis auf das niedrigste Oberwasser hinunter gelegt wird. Anm. d. Herausg.

**) Auf die Verlandung unterhalb ist immer des Übersturzes wegen nicht viel zu rechnen. Darum eben mufs die Coupirung mehr an der Ausmündung des abgeschnittenen Armes liegen, damit das Wasser wieder in den offenen Strom stürzt. Anm. d. Herausg.

Falle wird die Auskolkung nachtheiliger auf die Verlandung des gesperrten Armes wirken, als im letztern; man zieht es daher gewöhnlich vor, die Sperrbuhnen an die Ausmündung zu legen, oder wenigstens nicht weit oberhalb derselben *).

680. Wenn das Gefälle im freien Arme durch die Absperrung bedeutend gröfser wird, was um so mehr der Fall sein wird, je länger der zu sperrende Arm ist, so leidet die Buhne einen starken Druck, normal auf ihre Länge. Unter solchen Umständen baut man auch wohl zwei Sperrbuhnen, die eine nahe an der Einmündung, die andere nahe an der Ausmündung, in der Absicht, den hydrostatischen Druck auf beide zu vertheilen. Dann mufs entweder die untere Buhne gar kein Wasser durchlassen, und die obere so viel als verdünstet, oder so viel als die Verdünstung und der Verlust durch die untere Buhne zusammen beträgt, damit der Wasserspiegel zwischen den beiden Sperrbuhnen stets höher stehe, als das Unterwasser, und tiefer als das Oberwasser; was schwerlich zu erreichen sein möchte. Dazu kommt, dafs man beide Sperrbuhnen bei niedrigem Wasserstande wird bauen wollen und dafs sich alsdann die Höhe des Wasserspiegels zwischen beiden nicht füglich vorherbestimmen läfst, auch dafs der volle Druck des Wassers unmittelbar nach dem Schlusse der Buhne zu wirken anfängt, und, im Falle das Wasser die eine Sperrbuhne durchdränge, beide zerstört werden würden. Deshalb wird es immer am besten sein, statt zweier Sperrbuhnen, nur eine einzige in der Nähe der Ausmündung zu bauen, die stark genug ist, dem ganzen hydrostatischen Drucke zu widerstehen; zumal da auch die Verlandung des von zwei Sperrbuhnen abgeschlossenen Flufsarmes weit langsamer von Statten gehen mufs, als vor und hinter einer einzigen, weil nur bei Hochgewässern einige Sinkstücke in den Raum zwischen die Buhnen geführt und abgesetzt werden können **).

---

*) Allerdings; und zwar, weil die Verlandung unterhalb nicht bedeutend sein wird.
Anm. d. Herausg.

**) Wenn nur die oben bemerkte Haupt-Regel beobachtet wird: die Krone der Coupirung nicht horizontal zu legen, sondern ihren tiefsten Punct bis auf das niedrigste Ober-Wasser hinunter, so verhält sich Alles anders. Der Raum zwischen zwei und mehreren Coupirungen bleibt mit dem Ober-Wasser in Verbindung und kann verlanden; auch wird dieser Raum in der bestimmten Höhe mit Wasser gefüllt bleiben, weil das abfliefsende sehr bald wieder ersetzt wird. Die Schwierigkeiten vervielfältigter Coupirungen werden also gehoben, und sie sind mit Nutzen ausführ-

681. Von den Überfällen ist hier nichts weiter zu bemerken, als daſs ihre Wirkungen mit denen der Sperrbuhnen in dem Falle übereinstimmen, wenn das Wasser über ihre Krone strömt.

Von der Regulirung ganzer Flüsse.

682. Man regulirt einen Fluſs, wenn man durch Strombauwerke seinem ganzen Bette, oder einem Theile desselben, eine solche Gestalt giebt, daſs der Strom nur Wirkungen hervorbringt, die gewissen beabsichtigten Zwecken entsprechen.

683. Der Zweck einer Strom-Regulirung ist gewöhnlich insbesondere: entweder

1) die Überschwemmung der Ufer zu verhindern, oder wenigstens zu vermindern, oder
2) den Strom oder Fluſs schiffbar zu machen.

684. Der erste Zweck kann, ohne Eindeichung niedriger Uferstellen, nicht anders erreicht werden, als wenn man das hohe Wasser möglichst schnell abzuführen sucht, wo denn freilich auch das niedrige gewöhnlich schnell, mitunter schneller als zu wünschen abflieſst; der zweite erfordert die Erhaltung einer gewissen, zur Schiffahrt nöthigen Tiefe des Wassers; also bei Flüssen, die in trockenen Jahreszeiten im natürlichen Zustande eine solche Tiefe nicht überall haben, Vorrichtungen, den Abfluſs des Wassers zu verzögern, bei welchen es dann selten, oder fast nie, ganz zu vermeiden ist, daſs diese Vorrichtungen nicht auch während der Hochgewässer, wenigstens einen Theil ihrer Wirkung behalten sollten *).

685. Daraus folgt, daſs, wenn der erste Zweck erreicht werden soll, der zweite gar nicht, oder doch nur in geringerem Grade als bei dem natürlichen Zustande des Flusses erreicht werden kann; und umge-

---

bar. Nützlich sind sie aber in der That, weil der Druck dann wirklich vertheilt, und die Gewalt des Übersturzes vermindert wird. Ist der abzuschneidende Strom-Arm sehr lang, z. B. 1000 bis 2000 Ruthen, so daſs das Gefälle 5 bis 10 Fuſs betragen kann, so ist eine einzelne Coupirung durchaus nicht hinreichend.
Anm. d. Herausg.

*) Die nöthige Tiefe kann auch durch Einschränkung der Breite des Flusses hervorgebracht werden, so daſs er sich vertiefen muſs. Die Einschränkungs-Werke können und müssen dann so eingerichtet werden, daſs sie von der Fluth überströmt werden und den Abfluſs derselben möglichst hemmen. Anm. d. Herausg.

kehrt. Daher müssen die für jeden Zweck erforderlichen Werke abgesondert beschrieben werden.

Zu 1. Verhütung der Überschwemmung der Ufer, ohne Eindeichung.

686. Dieser Zweck wird nur dann erreicht werden können, wenn man den Wasserspiegel, bei jedem Wasserstande, beziehungsweise hinlänglich tief zu senken sucht. Solches kann aber, Eisstopfungen vor der Hand aufser Acht gelassen, nur geschehen, wenn man entweder den Querschnitt des Flusses zu vergröfsern und insbesondere das Grundbett zu vertiefen, oder die Geschwindigkeit des Wassers zu vermehren sucht *). Das Erste würde, wenn es auch menschlichen Kräften auf die ganze Länge des Flusses, oder auch nur auf einen beträchtlichen Theil derselben möglich wäre, doch nur für den Augenblick helfen, weil der Wasserstand in der Ausmündung des Flusses nicht geändert werden kann, und folglich das ausgehobene Erdreich bald wieder ersetzt sein würde. Wollte man dagegen die Geschwindigkeit des Wassers durch Verengung des Flufsbettes, z. B. durch Buhnen, zu vermehren suchen, so würde man zwar diesen nächsten Zweck erreichen, aber das Wasser oberhalb der Buhnen aufstauen und so dem Hauptzwecke entgegen wirken, ausgenommen in dem Falle, wo durch die Buhne eine Vertiefung des Flufsbettes hervorgebracht wird, die auch die Senkung der Oberfläche des gestauten Wassers zur Folge hätte **).

687. In der Regel hat ein Flufsbett Krümmungen, und dann ist es, vermittelst Durchstiche und Sperrung der verlassenen Arme, möglich, dem Flusse in den Durchstichen eine gröfsere Geschwindigkeit zu geben, als er in den Krümmungen hatte, weil das Gefälle von der Einmündung des Durchstichs bis zu seiner Ausmündung, dem Gefälle im alten Arme fast ganz gleich bleibt, die Entfernung der Mündungen von einander aber ge-

---

*) Die Vergröfserung des Querschnitts würde eher den Abflufs verzögern, als befördern. Übrigens kommt es immer nur darauf an, das hohe Wasser schnell fortzuschaffen, nicht das niedrige. Anm. d. Herausg.

**) Das Gefälle eines Flusses ist gewöhnlich auf eine längere Strecke nicht gleichförmig. Man kann also allerdings den Abflufs des Wassers befördern, wenn man das Gefälle, da wo es geringer ist, durch Vertiefung, und zwar durch Einschränkung der Breite zu verstärken und auf solche Weise dem Flusse überall möglichst gleich viel Gefälle zu geben sucht. Dieses gleichförmige Gefälle ist das Maafs der Grenze, bis zu welcher sich der Abflufs befördern läfst. Anm. d. Herausg.

ringer ist, so dafs der Abhang zunimmt. Die gröfsere Geschwindigkeit wird indessen bald wieder mehr oder weniger abnehmen, indem sich das ausgegrabene Bette so lange erweitern wird, bis sein Beharrungsstand eingetreten ist, also, wenn die Bestandtheile seiner Wände denen der Wände des verlassenen Armes gleich sind: bis sein Querschnitt dem des letztern beinahe gleich geworden ist *). Daher mufs sich der Wasserspiegel in der Einmündung des Durchstichs nach und nach senken, während er an der Ausmündung fast dieselbe Höhe behält, indem die Druckhöhe, die für den weiter unten folgenden Theil des Flusses erforderlich ist, die nemliche bleibt **). Oberhalb des Durchstichs wird daher, zuweilen auf eine bedeutende Länge, der Wasserspiegel sich senken, und also der Abhang und die Geschwindigkeit zunehmen. Diese Veränderungen werden aber in der Regel nicht sehr bedeutend sein; und man sieht leicht, dafs von einem Durchstiche, in Hinsicht auf fortwährende Senkung des Wasserspiegels, nicht so bedeutende Wirkungen zu erwarten sind, als man zuweilen glaubt. Auch ist nicht zu vergessen, dafs die Anschwellungen, vermittelst des Durchstichs, unterhalb schneller anlangen, als durch die Krümme, was für die Bewohner der untern Ufer des Flusses gefährlich werden kann, und sehr wohl erwogen werden mufs, wenn man einen Flufs an irgend einer Stelle durchstechen will ***).

688. Wenn es darauf ankommt, Eisstopfungen so viel als möglich zu verhüten, die, wie früher bemerkt, Aufstau, und dadurch Überschwemmungen verursachen, so ist das beste Mittel: die Geschwindigkeit in allen Theilen des Flusses möglichst zu vermehren, und zwar besonders während des Eisganges, also bei M i t t e l w a s s e r. Dazu dienen zwar auch Buhnen, in so fern sie Sandbänke, über welchen Untiefen sich erzeugen, wegtreiben; allein damit sie auch beim Eisgange helfen, müssen

---

*) Die gröfsere Geschwindigkeit wirkt indessen auf die Wände des Durchschnittes anders als auf die Krümme, nemlich gleichförmiger. A n m. d. H e r a u s g.

**) Der Wasserspiegel unterhalb wird sich schon deshalb erhöhen, weil die Erde aus dem Durchstich hierher getrieben wird, und hier liegen bleibt. A n m. d. H e r a u s g.

***) Dieses kann in solchem Maafse der Fall sein, dafs wenn z. B. die beabsichtigten Durchstiche der Krümmungen des Rheins im B a i e r s c h e n und B a d i s c h e n ausgeführt werden sollten, die Ufer des Flusses unterhalb, von B i n g e n bis B o n n, wo, der Felsen wegen, die Krümmungen nicht ebenfalls durchstochen werden können, wahrscheinlich ganz würden überschwemmt werden. A n m. d. H e r a u s g.

sie dem Eise nicht etwa Gelegenheit geben, sich auf ihrer Krone und längs ihrer Streichlinie festzusetzen; was im Allgemeinen nur dann vermieden werden möchte, wenn sie tief genug unter der Wasser-Höhe des Eisganges liegen, oder wenn ihre Streichlinie einen hinlänglich kleinen Winkel mit dem Stromstriche macht.

689. Dagegen sind Durchstiche zu diesem Zwecke sehr vortheilhaft, weil dadurch die Stromkrümmen weggeschafft werden, in welchen sich das Eis leicht festsetzt *).

690. Das vorzüglichste Mittel zur Verhinderung von Eisstopfungen sind sogenannte Leitdämme, d. h. Deiche, welche, ungefähr mit dem Stromstriche gleichlaufend, auf den flachen Ufern, und in solcher Entfernung vom Flusse angelegt werden, dafs das über die Ufer tretende Wasser zwischen ihnen zwar noch Raum genug findet, um abfliefsen zu können, ohne oberhalb bedeutend aufgestaut zu werden, aber doch nicht so weit sich ausbreiten kann, dafs es nicht Geschwindigkeit genug behielte, die Eisschollen, oder die Sinkstoffe, die es bei Hochgewässern führt, zwischen den Leitdämmen durchzutreiben.

691. Kommen einzelne Stellen vor, wo Abbruch oder Verlandung verhütet werden mufs, so macht man daselbst Deckwerke, oder Buhnen; worüber das Erforderliche schon gesagt ist.

Zu 2. Schiffbarmachung der Flüsse.

692. Soll ein Flufs der Schiffahrt wegen regulirt werden, so mufs man hauptsächlich darauf sehen:

a) dafs die beladenen Schiffe überall hinlängliche Wassertiefe finden;

b) dafs nirgends Stellen bleiben, wo der Abhang so stark ist, dafs die Schiffe bei der Thalfahrt Gefahr laufen Schaden zu leiden, oder dafs bei der Bergfahrt die gewöhnliche, zum Schiffszuge erforder-

*) Die Durchstiche gelingen nur selten, und schaden oft mehr als sie nützen, weil die daraus losgerissene Erde den Flufs unterhalb wieder verflächt, auch der Abbruch im Durchstich leicht wieder neue, und noch unregelmäfsigere Krümmungen hervorbringt als die alten waren. Sind die Krümmungen nicht allzu häufig, und besonders nicht allzu kurz, so ist es meistens immer besser, den Durchstich zu unterlassen, und man regulirt den Flufs wirksamer, wenn man ihn seinen alten Lauf verfolgen läfst, aber das Wasser, da wo mehrere Arme vorhanden sind, in einen einzelnen Schlauch concentrirt, und diesen dann, da wo das Gefälle schwach ist, durch Einschränkung der Breite zwingt, sich zu vertiefen. Anm. d. Herausg.

liche Zahl von Menschen oder von Thieren nicht mehr hinreicht, sie stromaufwärts zu schaffen.

693. In Beziehung auf die Bedingung *a*) möchten nur diejenigen Stellen zu berücksichtigen sein, wo die Wassertiefe geringer ist, als der ungehinderte Durchgang der beladenen Schiffe erfordert.

Das Bette unmittelbar zu vertiefen, hilft nur auf kurze Zeit; indessen mufs dieses Aushülfs-Mittel häufig genug angewendet werden, wenn Bauwerke, die dem Übel dauernd abhelfen, zu kostbar sind.

694. Buhnen, welche die Breite des Stroms einschränken, bringen zwar in der Regel die gewünschte Vertiefung des Grundbettes hervor, in so fern solches nicht zu hart und zu fest ist; allein sie vermehren auch die Geschwindigkeit sehr, und man mufs wohl überlegen, ob nicht die Geschwindigkeit und der Abhang neben den Buhnen so grofs werden dürfte, dafs dadurch wieder die Schiffahrt erschwert wird.

695. Durch Stauwerke (in der Regel Überfallwehre) quer durch den Flufs, und Schleusen daneben, wird die Wassertiefe oberhalb, wenigstens anfänglich, vermehrt, und die Gefahr für die Schiffe gehoben; allein, abgesehen von den grofsen Kosten, kommt es auch darauf an, ob nicht durch die Aufstauung des Flusses die Ufer möchten überschwemmt werden; ob alsdann die nöthigen Deiche die Kosten nicht allzusehr erhöhen, und ob sich nicht oberhalb des Überfalls, durch die Verminderung der Geschwindigkeit des Wassers, das Grundbett erhöhen werde; welche Erhöhung jedoch, in manchen Fällen, durch Grundablässe, wenigstens zum Theil, von Zeit zu Zeit wieder weggeschafft werden kann.

696. Hiermit soll aber nicht etwa gesagt sein, dafs keine von den benannten Anordnungen anwendbar sei; sondern nur, dafs man die Nachtheile jeder berücksichtigen, und dann wählen, auch die Anordnungen so machen müsse, dafs sie ihren Zweck so gut als möglich erfüllen, und dafs die damit unzertrennlich verbundenen nachtheiligen Folgen so gering seien mögen, als es nach den Umständen angeht *).

---

*) Untiefen können sowohl in schnellen, als in langsam fliefsenden Strömen vorhanden sein. Schnelle Ströme haben gewöhnlich ein festes Grundbett, weil das Bett einer stärkeren Geschwindigkeit widerstehen mufs, und die Untiefe ist hier deshalb vorhanden, weil das Wasser zu schnell, und zu sehr in die Breite abfliefst. Kann und will man nicht Wehre mit Schleusen bauen, so bleibt nichts übrig, als die Breite des Flusses durch Buhnen einzuschränken, damit der Wasserspiegel sich

697. Um die Bedingung *b* zu erfüllen, wird es in der Regel am besten sein, durch ein Überfallwehr den für eine längere Strecke zu starken Abhang in einen einzigen Punct, nemlich in den Abfallheerd des Überfallwehres zu vereinigen, und daneben eine Schleuse zu legen. Hierdurch entsteht oberhalb Stau, der nur dann Statt finden darf, wenn die Ufer hoch genug sind, oder bedeicht werden können. Unterhalb des Überfalles ist die Geschwindigkeit des Wassers kleiner, als auf demselben, und es können daher dort wieder Untiefen entstehen, und zwar auf einen um so längeren Theil der zu stark abhängigen Strecke, je weiter stromauf der Überfall liegt; zugleich aber wird der Stau oberhalb auf eine um so geringere Länge wirken. Umgekehrt wird es sich verhalten, wenn das Wehr weiter unterhalb liegt. Man mufs daher den Überfall so weit unterhalb bauen, als die Wirkungen des Staues es irgend erlauben.

698. Um Kosten zu sparen, hat man auch wohl, besonders in früheren Zeiten, statt der freilich kostbaren Kammerschleusen, Schiffsdurchlässe oder wohl gar Rollbrücken gebaut.

---

heben und so die gewünschte Tiefe entstehen möge. Vom zu starken Gefälle neben den Buhnen ist eben nicht viel zu fürchten, wenn man die Buhnen nur nicht zu lang macht, und zu weit von einander rückt; denn im Ganzen wird durch eine Reihe von Einschränkungswerken das Gefälle nicht vermehrt, sondern der Wasserspiegel wird nur angespannt.

In langsamen Flüssen befinden sich die Untiefen gewöhnlich über Sandbänken, ferner da wo der Flufs zu breit ist, wo er mehrere Arme hat, und bei Übergängen von der Concavität zur Convexität der Krümmen; denn in den Krümmen selbst ist an der hohlen Seite, dicht am Ufer, gewöhnlich hinreichende, und öfters eine grofse Tiefe vorhanden. Die überflüssigen Arme mufs man abschneiden und den Flufs in einen einzigen Schlauch treiben; wenn er auf eine lange Strecke ziemlich grade und zu breit ist, mufs man ihn durch Buhnen von beiden Seiten einschränken, wozu auch zuweilen schon blofse Flechtzäune hinreichend sind; diejenigen Sandbänke, welche zur Beschränkung der Breite behülflich sind, mufs man bepflanzen; und in den Übergängen von einer Krümme zur andern legt man Buhnen, so, dafs der Strom in eine Rinne, die von einer Tiefe nach der andern führt, gedrängt wird. Hier, unter andern, kann es kommen, dafs Buhnen an der convexen Seite der Ufer nöthig sind. Hat sich der Stromstrich schon einem Ufer genähert, wo man die Fahrt haben will (und jedenfalls ist für die Schiffahrt nur eine wenig breite Rinne nöthig), besitzt aber noch nicht Tiefe genug, so helfen öfters schon blofse Buhnen-Köpfe am Ufer; denn, besonders in sehr beweglichem Boden, ist schon die dadurch erzeugte geringe wirbelnde Bewegung des Wassers hinlänglich, das Bette zu vertiefen.

Zu den Hindernissen der Schiffahrt gehören auch zuweilen grofse Steine, oder Holzstämme und Stubben im Boden des Flusses, welche obendrein noch die Versandung, da wo sie liegen, zu befördern pflegen. Man mufs sie sorgfältig herauszuschaffen suchen, wozu es mancherlei Vorrichtungen und Maschinen giebt.

Anm. d. Herausg.

Die Schiffsdurchlässe sind Gerinne, neben welchen allerhand Vorrichtungen angebracht sind, um die Schiffe aus dem Unterwasser ins Oberwasser zu ziehen; also, statt des Vorspanns, der auf eine längere Strecke erforderlich wäre, eine stärkere Kraft auf eine kürzere Strecke wirken zu lassen, und dabei einen Theil der Kraft durch Maschinen zu ersparen, was dann nur mit Aufopferung von Zeit möglich ist. Solche Durchlässe sind indessen stets für die Schiffe gefährlich; und da sie, mit Einschlufs der Maschinen, nicht viel weniger kosten, als Kammerschleusen, so haben die letztern bei weitem den Vorzug.

699. Rollbrücken sind schiefe Ebenen, auf welchen Walzen liegen, deren Achsen unbeweglich sind, so dafs das auf- oder abwärts zu schaffende Schiff auf den Walzen mit geringer Reibung gleiten kann. Eine solche Rollbrücke ist aber immer für die Schiffe nachtheilig, selbst wenn sie auf Schlitten gesetzt werden, und sollten also nicht anders als im höchsten Nothfalle gebaut werden.

700. Findet sich aus der Zusammenstellung aller zu berücksichtigenden Umstände, dafs die nöthige Wassertiefe nicht überall zu erlangen ist, ohne die, oberhalb der Stauwerke, am Flusse liegenden Ländereien der Gefahr der Überschwemmung auszusetzen: so ist es am besten, einen Canal neben dem Flusse zu graben.

701. Zur Regulirung eines Flusses für die Schiffahrt gehört auch noch die Einrichtung eines Leinpfades; wovon im vierten Abschnitte das Nöthige vorgekommen ist.

Da bisher noch nicht angegeben ist, auf welche Weise die §. 546. benannten Strombauwerke von Faschinen construirt werden können, so ist solches noch nachzuholen. Das Folgende kann aber nichts weiter sein als ein Auszug aus Eytelwein's „Practischer Anweisung zur Construction der Faschinenwerke, Berlin 1800*)," weil man von dieser Anweisung nicht ohne Nachtheil abweicht, und Zusätze, selbst wenn sie nöthig wären, hier nicht Raum finden würden. Zeichnungen sollen daher hier nicht beigefügt, und mögen nöthigenfalls dort nachgesehen werden.

702. Ufer-Befestigungen. Es können zwar Ufer unter andern auch durch Bollwerke und Futtermauern befestiget werden;

---

*) Dieses ist die nemliche, in der Anmerkung zu §. 591. erwähnte Schrift.
Anm. d. Herausg.

solche Bauwerke sind aber schon gehörigen Orts abgehandelt, und kommen daher hier nicht mehr in Betracht; eben so auch nicht die Bekleidung geböschter Ufer mit Steinen, oder mit Rasen; es wird also nur noch von der Befestigung der Ufer mit Faschinen die Rede sein.

703. Ufer-Befestigungen von Faschinen sind zunächst Rauchwehren. Dieselben werden zwar auch gemacht, um Buhnen, Coupirungen und Überfälle gegen Beschädigungen zu schützen; hier ist indessen nur von solchen Rauchwehren die Rede, durch welche ein abbrüchiges Ufer gegen weitere Angriffe gesichert werden soll; sie heifsen Ufer-Rauchwehren.

704. Um eine solche Ufer-Rauchwehr zu verfertigen, wird zuvörderst das abbrüchige Ufer so abgestochen, dafs es überall eine geradlinige Böschung erhält, und hierauf, am Fufse derselben, bei so kleinem Wasserstande als möglich, ein 1 Fufs tiefer Graben gemacht, der wenigstens halb unter dem Wasserspiegel liegen mufs. In diesen Graben werden Faschinen, wo möglich so lang als die Böschung hoch ist, mit den Stamm-Enden so eingesetzt, dafs sie ganz auf der Böschung liegen. Die Bänder der Faschinen werden nun aufgehauen, die Reiser ausgebreitet, und die Oberfläche der Lage wird abgeglichen. Hierauf wird, 1 Fufs von dem Stamm-Ende der Faschinen, und dann von zwei zu zwei Fufs eine Reihe Würste mit Pfählen angenagelt; die etwa über das Ufer hervorragenden Spitzen werden abgehauen, sonst aber werden, nachdem die Rauchwehr ausgewachsen ist, im Frühling sowohl als im Herbst, die hervorstehenden Zweige zurückgebogen und mit Würsten befestiget. Die Rauchwehr mufs übrigens im Frühling oder im Herbste verfertigt werden, damit sie auswachsen könne.

705. Eine andere Art von Rauchwehren, die nicht bestimmt sind auszuwachsen, und die man Vorschlag nennt, dient: Ufer oder Deiche bei hohem Wasser gegen den Wellenschlag zu schützen. Man legt die Faschinen mit ihren Stamm-Enden auf die Böschung und nagelt sie fest, und zwar so, dafs die Spitzen etwas vom Wasser hin und her bewegt werden können, wodurch die Gewalt der Wellen gebrochen wird. Nach Ablauf des hohen Wassers werden solche Vorschläge wieder weggenommen.

706. Deckwerke. Nach der obigen Erinnerung ist hier nur von solchen Deckwerken die Rede, die von Faschinen erbaut werden;

und da auch schon die Umstände, unter welchen Deckwerke nöthig sein können, angegeben sind, so kommt es jetzt nur auf die Ausführung an.

707. Zuerst wird, wenn das Ufer steil ist, am obern Ende des Deckwerks, wo man anfängt, ein kleiner Einschnitt in das Ufer, bis auf die Oberfläche des Wassers gegraben, um auf den Boden dieses Einschnittes die ersten Würste festnageln zu können.

708. Nachdem hierauf der Anfang des Werkes mit einem Pfahle bemerkt ist, mifst man die doppelte Kronenbreite (12 bis 18 Fufs), um die Höhe des Werks vermehrt, von da an, stromabwärts, längs dem Ufer ab; setzt an das Ende der gemessenen Länge einen Pfahl, mifst, von diesem an, die ganze Länge der Krone, um die Höhe des Werks vermehrt, längs dem Ufer ab, und setzt an das Ende dieser Linie ebenfalls einen Pfahl.

709. Damit man beim Baue wissen könne, in welcher Richtung die erste Faschinenlage mit ihrer Streichlinie vom Ufer abgehe, verlängert man die abgemessene Linie, stromauf, vom ersten Pfahle an, um den Abstand des zweiten, von diesem, und schlägt hier noch einen Pfahl. Durch den letztern legt man landwärts eine Linie, normal auf die vorige, und macht sie, gleich der Höhe des Werkes, um die Kronenbreite vermehrt; dann ist die Verlängerung der Linie durch das Ende der gedachten Normale und den ersten Pfahl die Richtung der Grenze der ersten Faschinenlage.

710. Nun werden auf den Einschnitt, bei dem zuerst geschlagenen Pfahle, einige Faschinen so geworfen, dafs sie nur mit den Stamm-Enden auf dem Ufer liegen. Auf diese Faschinen legt man wieder andere, und zwar so, dafs sie weiter ins Wasser treten. Fängt der Strom an, die Faschinen zu drehen, so wird darauf vom Lande ab, eine 12 bis 18 Fufs lange Wurst gelegt und mit Pfählen befestiget. Auf diese Wurst werden wieder andere Faschinen geworfen, bis der Strom wieder ihre Spitzen zu drehen anfängt; dann werden wieder Würste gelegt. Auf diese Weise wird fortgefahren, bis die Spitzen der Faschinen in die Verlängerung von der auf dem Lande abgesteckten Linie (§. 709.) zu liegen kommen; immer wird darauf gesehen, dafs die Faschinen normal auf dem Ufer liegen.

711. Auf die beschriebene Art wird stromab fortgefahren, und es werden hinter die äufsersten Faschinen so lange andere geworfen,

bis man mit den Stamm-Enden das Ufer erreicht hat. Ist die Lage beinahe bis zum Anfangs-Punct der Krone vorgerückt, so werden die letzten Faschinen etwas schief gegen die übrigen geworfen, und man zieht sie in etwas schräger Richtung gegen das Ufer. Dann ist die Aus- oder Vorlegung der ersten Lage beendigt.

712. Nunmehr wird die Rücklage gemacht, indem, vom Rande ab, in gleicher Richtung mit den untersten Faschinen, eine neue Lage auf die Vorlage nach dem Ufer zu gelegt wird. Bei diesem Zurücklegen mufs man besonders darauf sehen, dafs die Lage in ihrer stromaufwärts gekehrten, mit dem Ufer einen schiefen Winkel einschliefsenden Grenze eine einfüfsige Böschung erhalte, was dadurch geschieht, dafs die Faschinen allmälig nach dem Lande zurückgezogen werden. In der untern, auf das Ufer ziemlich normalen Grenze werden die Faschinen immer weiter ausgelegt.

713. Ist die ganze Lage geebnet, und sind die Bänder der an das Ufer stofsenden Faschinen aufgehauen, so schreitet man zum Bewürsten. Zuerst werden, in der Richtung von etwa 45 Grad gegen das Ufer, bis an die Streichlinie, Würste, etwa 2 Fufs von einander entfernt, gestreckt; nachher wird 1 Fufs von den Spitzen der obersten Faschinen eine doppelte Randwurst gelegt. Nachdem durch alle Würste, in Entfernungen von 2 Fufs, Pfähle gesteckt (oder geschlagen) sind, wird die ganze Faschinenlage mit Erde bekarrt, und zwar so hoch, dafs fast nur noch die Erde über dem Wasser bleibt; dann wird die zweite Lage angefangen.

714. In die Randwurst müssen an ihrem untern Ende vorher einige Pfähle gesteckt worden sein, theils damit zwischen denselben die ersten Faschinen eine sichere Lage bekommen, theils um die Lage des Randes zu erfahren. So weit die erste Lage noch über dem Wasser sich befindet, werden am äufsersten, untern Ende derselben, in unveränderter Richtung, Faschinen zur zweiten Lage so geworfen, dafs sie sich in der stromaufwärts gekehrten Grenze allmälig zurückziehen, und eine einfüfsige Böschung geben. Stromab greift jede neue Lage über die darunter liegende 6 bis 8 Fufs vor; dagegen mufs, bei jedem Vorlegen, die gröfste Breite der Kronenbreite und Tiefe zusammengenommen gleich sein. Längs der äufsern Grenze, die von nun an mit dem Ufer gleichlaufend wird, müssen die Faschinen ebenfalls so eingezogen werden, dafs eine einfüfsige Böschung entsteht.

715. Die folgenden Lagen müssen, damit das Werk stromabwärts keine zu steile Lage erhalten möge, abwechselnd einmal kurz sein, und dann wieder bis gegen den Anfangspunct der Krone zurückgelegt werden.

716. Senken sich die ersten Lagen bedeutend, so müssen die Bänder der Würste, so weit sie auf dem Lande liegen, losgehauen werden, in so fern das steile Ufer nicht abbricht. Setzt sich das Werk ungleichförmig, so rammt man es mit der Handramme.

717. Ist das Werk so weit vorgerückt, dafs die letzte Lage, vom Ende der Krone an, noch die Wassertiefe zur Länge hat, so wird nicht weiter ausgelegt. Mit der folgenden zieht man sich dann von der Wasserlinie so weit zurück, dafs eine einfüfsige Böschung entsteht.

718. So erhält zuletzt das ganze Werk die gewünschte Gestalt.

719. Auf die Krone desselben legt man dann eine Spreitlage, wovon das Nähere bei den Buhnen vorkommt.

720. Buhnen. Da, wie früher bemerkt, Buhnen nur von eingeworfenen Steinen oder von Faschinen erbaut werden, von jenen aber schon gesprochen ist, so ist hier nur noch von Faschinenbuhnen die Rede.

721. Es sind zwei Fälle zu unterscheiden, nemlich:

a) wenn man die Faschinen einzeln verbaut;

b) wenn man Sinkstücke macht.

722. *a.* Vom Bau der Buhnen mit einzelnen Faschinen. Nachdem die Richtung der Buhne, oder vielmehr ihrer Streichlinie, durch zwei Pfähle auf dem Ufer bezeichnet ist, wird normal auf diese Linie die Breite der Krone abgesteckt, und durch zwei Pfähle in einer mit der Streichlinie gleichlaufenden Linie bemerkt. Die Höhe der Buhne vom Grundbette des Flusses bis zur Krone wird von der obersten Parallele flufsaufwärts, und von der zweiten flufsabwärts, normal auf dieselbe, abgesteckt; durch Parallelen mit den vorigen, durch die Endpuncte der abgesteckten Normalen an den Ufern, werden die Puncte bestimmt, welche Anfang und Ende der ersten Faschinenlage bezeichnen. Zwischen den letztern Puncten wird ein Einschnitt in das Ufer bis zum Wasserspiegel gemacht, der oben $1\frac{1}{2}$ bis 2 Ruthen breit ist, unten ausläuft, und etwa 4füfsige Böschung hat.

723. Sodann fängt man an, die Faschinen auszuwerfen. Zuerst tritt der Buhnenmeister an das obere Ende des Einschnitts an den Wasserspiegel und die ihm zugereichten Faschinen am Stamm-Ende mit der

einen, in der Mitte mit der andern Hand fassend, wirft er die erste Faschine, dicht am Ufer, gegen den Strom, so, dafs sie über die Hälfte mit ihrem Stamm-Ende auf den Einschnitt, und mit ihrer Spitze auf das Wasser zu liegen kommt. Neben diese Faschine werden flufsabwärts schnell ihrer mehrere geworfen, und sobald der Strom anfängt, die letzte Faschine etwas zu drehen, wird zugleich eine zweite Reihe Faschinen auf die untere, mit den Spitzen etwas mehr stromabwärts gekehrt, geworfen. Hierbei mufs der Buhnenmeister schon auf die Enden der ersten Faschinen treten, damit sie nicht vom Strome umgedreht werden. Sobald die letzte Faschine in der zweiten Reihe fest liegt, wird sogleich ein Stück Wurst, etwa 12 Fufs lang, quer über die Faschinen, etwa 2 Fufs von den Spitzen entfernt, geworfen, und mit einigen Faschinen-Pfählen, sowohl auf den Einschnitt im Anfangspuncte, als auf den Faschinen selbst, befestiget. Zwischen die Pfähle werden wieder Faschinen gelegt; aber so, dafs sie etwas mehr in den Strom eingreifen; und darauf sogleich wieder andere, nach dem Lande zu, damit ihr Gewicht verhindere, dafs die äufsersten Faschinen durch den Strom gedreht werden. Auch werden, beinahe so weit als das Stück Wurst reicht, Faschinen in das stille Wasser gelegt. Nun dürfen keine Faschinen mehr mit dem Stamm-Ende auf das Ufer geworfen werden, weil dadurch das Senken der Faschinenlagen erschwert werden würde, ausgenommen, wenn sich das Ufer mit hinunter zieht. Auch müssen von nun an keine Faschinen mehr sich kreuzen.

724. Über die, bis jetzt gelegten Faschinen wird wieder, mehr stromwärts als vorher, ein Stück Wurst, von 18 bis 24 Fufs lang genagelt, welches bis in's Ufer reicht.

725. Mit dem Faschinenwerfen wird auf diese Art fortgefahren, so, dafs wenn das Ende der zuletzt erwähnten Wurst beinahe erreicht ist, ein längeres Stück Wurst wieder auf die bereits liegenden Faschinen nach der vorigen Art befestigt wird. Der so weit gebrachte Anfang der Faschinenlager heifst F a s c h i n e n - K o p f, oder A u s s c h u f s. Nachdem er befestigt ist, werden die Würste nur bis auf die bereits festliegenden Faschinen gezogen.

726. Es hängt von der Tiefe und Geschwindigkeit des Wassers ab, wie weit man mit den Faschinen-Spitzen sich vom Ufer entfernen darf. Gewöhnlich kann es auf etwas weniger, als die Hälfte der Höhe

des Werkes geschehen. Die Faschinen werden mit den Stamm-Enden nach der Mitte der Krone hin gelegt. Die Stamm-Enden müssen nicht eine stetige Linie bilden, wohl aber die Spitzen in einer stetigen krummen Linie liegen.

727. Ist man bis zum Endpuncte des Einschnitts gekommen, so ist die Vorlage fertig, und es wird die Rücklage angefangen.

Es werden am obern Ende, am Rande, nunmehr über die bereits liegenden Faschinen andere dergestalt geworfen, dafs sie etwas in den Strom überstehen. Auf diese Faschinen werden, nach dem Lande zu, immer wieder andere gelegt, so dafs sich der Buhnenmeister darauf nach dem Lande zurückzieht, woher auch die Benennung Rücklage kommt. Die Lage darf nicht dicker als 3 Fufs gemacht werden, und die Oberfläche mufs so eben als möglich sein. Deshalb mufs man allenfalls die Bänder der letzten Lage aufhauen, und die Faschinen ausbreiten lassen. Nunmehr werden über die ganze Lage Würste genagelt; das Werk darf nie eher sich selbst überlassen werden, bis solches geschehen ist.

728. Das Bewürsten geschieht wie folgt. Zuerst wird ein Stück Wurst, von der Gegend des untern Endes des Einschnitts dem Strome entgegen, und ein anderes von der Gegend des obern Endes des Einschnitts stromabwärts gestreckt; auch wird noch ein Stück, am obern Theile der Lage von Ufer etwas stromabwärts frei aufgelegt. Diese Würste heifsen Kreuzwürste. Hierauf werden zwei Reihen Würste, am äufsersten Rande der Lage, gegen das Wasser zu, dicht neben einander, so gestreckt, dafs die Faschinen-Spitzen etwa 2 Fufs vorstehen. Sie heifsen Randwürste, und werden sogleich mit 3 Fufs langen, 2 Fufs von einander entfernten Pfählen besteckt, was mit der Hand geschehen kann, und so, dafs die Pfähle noch etwa 1 Fufs hervorstehen. Gleichlaufend mit den Randwürsten werden einfache Würste gestreckt, bis die letzte, in der Mitte, nur noch einige Fufs vom Ufer entfernt ist. Zwei Fufs von einander, und immer auch da, wo die Würste sich kreuzen, werden Pfähle geschlagen, die noch 4 bis 5 Zoll über die Würste hervorragen müssen, und sich nicht durchziehen.

729. Sodann wird die ganze Faschinenlage durchschnittlich 1 Fufs hoch mit Erde bekarrt. Man fängt damit vom Lande und oberhalb an, fährt aber nur so weit fort, dafs die Erdlage noch über Wasser bleibt, und nur der gröfste Theil der Faschinenlage ganz eingetaucht wird. Die

erste Lage ist dann gegen 4 Fufs dick, wird aber hernach auf etwa 3 Fufs zusammengeprefst.

730. Auf ähnliche Art geht man nun mit jeder folgenden Faschinenlage vorwärts und nach den Seiten zu; mit der letzten aber mufs man, beim Auslegen der Faschinen, immer auf die noch nöthige Tiefe, die deshalb jedesmal von neuem gemessen werden mufs, Rücksicht nehmen, und mit den Rücklagen nicht jedesmal ganz bis zum Ufer zurückgehen.

731. Die einzelnen belasteten Faschinenlagen erreichen so nach und nach den Grund, und zwar mit den Spitzen zuerst. Zeigt sich, dafs das Werk sich ungleichförmig senkt, so mufs man, um Höhlungen zu verhüten, mit der Handramme nachrammen; was übrigens auch sonst nie unterbleiben sollte, damit die einzelnen Theile des Werks fest mit einander verbunden werden, und dem Ganzen so viel Zusammenhang mit dem Grundbette gegeben werde als möglich.

732. Ist man mit dem Auslegen so weit gekommen, dafs das äufserste Ende der Lage um die ganze Länge der Buhne, mit der $1\frac{1}{2}$fachen Wassertiefe zusammengenommen, vom Ufer entfernt ist, so wird nicht weiter vorgerückt. Es kommt alsdann darauf an, dem Werke, an der Spitze, die erforderliche Böschung zu geben. Statt daher, wie vorher, mit jeder folgenden Lage weiter in den Strom hinauszugehen, wird jede Lage nunmehr zurückgelegt, oder eingezogen, und mufs sich bis zu dem schon auf dem Grunde festliegenden Theile der Buhne erstrecken. Fährt man immer mit Berücksichtigung der Tiefe so fort, so erhält man endlich die bis auf die Ausgleichung und die Spreitlage fertige Buhne. Zu bemerken ist noch, dafs am Kopfe der Buhne die Faschinen an dem vordern Ende am stärksten belastet werden müssen.

733. Die so weit fertige Buhne wird auf ihrer Krone überall ausgeglichen, bis das Ufer hinein bewürstet, und dann mit einer Lage guter Erde bedeckt. Die Buhne mufs so hoch sein, dafs sie über das Sommerwasser hervorragt. Ist der Bau zu Anfange des Sommers angefangen worden, so läfst man ihn bis zum Herbste liegen (oder vom Herbste bis zum Frühling). Hierauf werden die sich zeigenden Unebenheiten ausgeglichen, und die Krone wird mit einer Spreitlage bedeckt.

734. Von einer Buhne aus Sinkstücken findet man die Breite der Grundfläche, wenn man die Breite der Krone zur doppelten

Höhe der Buhne rechnet, und die Länge, wenn man die einfache Höhe des Werks zur Länge der Krone thut. Läfst sich eine solche Grundfläche nicht mit einem einzigen Sinkstücke bedecken, so legt man deren mehrere, sowohl der Länge, als der Breite nach, neben einander. Auf die unterste Lage legt man die folgenden so, dafs nie eine Fuge auf die andere trifft, und dafs jede Schicht an allen drei, nach dem Wasser zu gekehrten Seiten um die Dicke der untersten Lage zurücktritt. Ist die Buhne bis zum Wasserspiegel gekommen, so wird mit der Krone wie im vorigen Falle *a* verfahren.

735. Spreitlagen. Es ist vorhin bemerkt worden, dafs die Kronen der Buhnen mit Spreitlagen bedeckt werden müssen. Diese Spreitlagen werden auf folgende Weise verfertigt.

736. Nachdem sich die Buhne hinlänglich gesetzt, wird sie dergestalt mit Faschinen ausgeglichen, dafs die Krone, der Länge nach, einen geringen Abhang vom Ufer aus bekommt *). Sodann wird die Krone, 6 Zoll hoch, mit guter Erde bekarrt. Von frischen, nicht über $\frac{3}{4}$ Zoll starken Weide-Reisern, die noch nicht belaubt sind, oder deren Laub schon welk ist, werden Faschinen und Würste gebunden, und Hakenpfähle, 2 bis 3 Fufs lang, aus eben solchen Weiden zubereitet. Dann werden die Faschinen einzeln quer auf die Krone gelegt, die Bänder werden zerhauen, und das Reis wird so ausgebreitet, dafs die Ruthen dicht neben einander, und auf die Streichlinie normal liegen. Die Stamm-Enden werden in die aufgekarrte Erde versteckt.

737. Auf die Reiser wird am Rande der Krone eine doppelte Randwurst gelegt; dann werden, $1\frac{1}{2}$ bis 2 Fufs von einander, Würste, gleichlaufend mit der Streichlinie, vom Kopfe ab gestreckt, und alle 2 Fufs angenagelt.

738. Die Würste müssen, so weit es angeht, in den Einschnitt im Ufer greifen; sie werden einzeln unter die Randwurst durchgesteckt, und es wird in jedem Kreuzungspuncte ein Hakenpfahl eingeschlagen, wenigstens in die Landwurst, da wo sie am meisten dem Anfalle des Stro-

---

*) Der Abhang wird von selbst stärker, so wie die Buhne am Kopfe versinkt; und es ist gut, dafs sie am Ufer höher ist als im Wasser.

Anm. d. Herausg.

mes ausgesetzt ist. Hat man keine Hakenpfähle, so werden zwei Pfähle übers Kreuz eingeschlagen. Die Stöfse der Würste müssen gewechselt werden. Die Krone erhält etwas Quergefälle nach beiden Seiten.

739. Hierauf wird gute Erde auf die Spreitlage gekarrt, so dafs der Raum zwischen den Würsten nur so eben ausgefüllt wird, der Obertheil derselben aber sichtbar bleibt.

740. Um das Auswachsen zu befördern, mufs dafs Vieh durch einen Zaun abgehalten werden; auch dürfen die Schiffe nicht Anker auf die Buhnen werfen; der etwa von der Fluth hinaufgeworfene Sand mufs mit hölzernen Schaufeln abgeschaufelt werden.

741. Sperrbuhnen. Da die Sperrbuhnen von einem Ufer zum andern gehen, den Durchflufs des Wassers durch einen Flufsarm ganz hemmen sollen, und sich also bis zu einer bestimmten Höhe erheben müssen, auch, wenn sie von Faschinen erbaut werden sollen, nicht wohl anders als einfüfsige Böschung erhalten können, so sind ihre Abmessungen bis auf die Kronenbreite gegeben, und nur diese noch ist zu bestimmen *). Hierbei ist zu berücksichtigen, dafs das Werk, während des Baues, dem eingeschränkten Strome, und nachher dem Drucke des aufgestaueten Wassers und dem bei Fluthen überstürzenden Strome und Eise widerstehen mufs. Ist der Flufs reifsend und tief, oder mufs man wenigstens eine grofse Vertiefung befürchten, so macht man die Krone, zumal wenn auch das darüberstürzende Wasser und Eis zu fürchten ist, bis 5 Ruthen breit. Gewöhnlich nimmt man an, dafs die Krone einer Sperrbuhne durchgängig so breit sein müsse, als das Wasser vor derselben an der tiefsten Stelle tief ist; zuweilen aber nimmt man auch diese Wassertiefe $1\frac{1}{2}$ bis 2 mal zur Kronenbreite **).

742. Bei Bestimmung der Höhe mufs man darauf rechnen, dafs der Strom aufgestaut wird, auch läfst man die Krone gewöhnlich 2 bis 3

*) Man sehe nur die obigen Bemerkungen wegen der Senkung der Krone in der Mitte. Anm. d. Herausg.

**) Man hat auch schon Coupirungen in recht reifsenden Wassern nur $1\frac{1}{2}$ bis 2 Ruthen in der Krone breit gemacht. Indessen ist es rathsam, diese Werke eher zu stark, als zu schwach zu bauen; denn wenn eine Coupirung vom Wasser durchbrochen wird, so ist ihre Herstellung, wegen der vermehrten Tiefe, dann noch bei weitem schwieriger und kostbarer. Anm. d. Herausg.

Fuſs über das kleinste Wasser hervorragen, erhebt sie jedoch etwas nach den beiden Ufern zu *).

743. Von den Orten, wo die Sperrbuhnen zu bauen, ist schon oben die Rede gewesen. Die Zeit zur Ausführung muſs man so wahrnehmen, daſs während des Baues der Fluſs niedriges Wasser habe, und eine Anschwellung desselben nicht zu fürchten sei. Vieler Regen ist ebenfalls nachtheilig. Da es auf möglichst schnelle Beendigung der Arbeit und auf möglichste Dichtigkeit der Buhne ankommt, so muſs man eine Zeit wählen, wo das Holz noch Laub hat. Gegen den Schluſs muſs Tag und Nacht gearbeitet werden.

744. Beim Bau einer Sperrbuhne wird fast ganz so verfahren, wie bei einer gewöhnlichen Buhne, nur daſs man an beiden Ufern zugleich anfängt, und in der Mitte schlieſst. Da schon während des Schlusses, noch mehr aber nachher, das Wasser oberhalb höher steht als unterhalb, und also leicht durch die Sperrbuhne dringt, so wird oberhalb ein in der Krone 6 Fuſs breiter Erddamm mit $1\frac{1}{2}$füſsiger Böschung geschüttet, der durch den Wasserdruck stark an das Faschinenwerk gepreſst wird, so daſs nicht leicht das Durchdringen des Wassers zu fürchten ist **).

745. Hat man zunächt dafür gesorgt, daſs nicht etwa noch Holz im Grunde liegt, so muſs man sich auch versichern, daſs es während des Baues nie an Materialien fehlen werde, zumal beim Schlusse. Die Erde muſs in Kähnen herbei gefahren, und also von oberhalb geholt werden.

746. Wegen der beim Schlusse zu erwartenden Vertiefung muſs, beim Auslegen der Faschinen, die Ausladung immer eher etwas zu groſs als zu klein genommen werden, zumal oberhalb. Würste und Pfähle darf man nicht sparen.

747. Das Bekarren der einzelnen Lagen mit Erde geschieht wie bei den Buhnen; wenn aber ein Flügel so weit vorgerückt ist, daſs die erste Lage den Grund erreicht hat, so bringen auch die Kähne Erde herbei, ohne daſs deshalb die Schubkarren auſser Thätigkeit gesetzt würden.

*) Aus den oben angegebenen Gründen ist es gut, die Krone fast bis auf das kleinste Wasser hinunter reichen und nach dem Ufer stärker sich erheben zu lassen, nach den Umständen bis über das Mittelwasser hinaus. Anm. d. Herausg.

**) Dieser Damm kann füglich nur von Erde, nicht etwa von Sand oder Kies sein. Anm. d. Herausg.

748. Die Verengung des Flusses verursacht Wirbel in den obern Winkeln. Dem Abbruche des Ufers kommt man zwar dadurch zuvor, dafs man Faschinen auf dasselbe nagelt; indessen mufs zugleich die Erde, welche von oben zu Schiffe ankommt, vor das Werk geschüttet werden, nur nicht zu nahe am Kopfe, wo sie vom Strome weggeführt werden würde *).

749. Fortwährend mufs das Werk stark gerammt werden.

750. Den Schlufs der Sperrbuhne mufs man an die Stelle zu bringen suchen, wo die gröfste Tiefe ist, oder wo wahrscheinlich der Grund am festesten ist. Liegt aber die gröfste Tiefe an dem einen Ufer, so mufs dennoch der Schlufs in einiger Entfernung davon geschehen, weil sonst das Ufer während des Baues zu sehr leiden würde. Sollte sich im Laufe des Baues der Strom zu sehr auf einen Flügel werfen, so wird hier aus allen Kräften vorgearbeitet, bei dem andern aber etwas langsamer zu Werke gegangen. In jedem Falle mufs das Werk so viel als möglich beschleunigt werden, weil jede Verzögerung nachtheilige Vertiefungen zur Folge hat. Im Anfange darf indefs nicht zu rasch vorgebaut werden, damit sich der Bau stets fest an den Grund anschliefse.

751. Sind die beiden Flügel so weit gekommen, dafs sich die Faschinenlagen von beiden Seiten beinahe erreichen, so kommt es nun vorzüglich auf die schnelle Beendigung der Arbeit an, um dem Strome nicht zu viel Zeit zur Vertiefung des Grundes zu lassen; es mufs also dann Tag und Nacht ununterbrochen gearbeitet werden, wobei besonders die Zeit des Vollmondes günstig ist.

752. Sind beide Lagen, an ihren Spitzen unterhalb, nahe zusammengekommen, so werden die folgenden, oberhalb, immer etwas mehr ausgelegt, so dafs zuletzt die mit dem Stromstriche gleichlaufende Grenze der einen die der andern beinahe erreicht. Nur dürfen die gegenseitigen Lagen nichl über einander greifen, und am wenigsten Würste von einem Flügel zum andern gelegt werden. Jetzt ist es vorzüglich nöthig, vom Lande ab, stark zu rammen, um die untersten Lagen in die Tiefe zu treiben, weshalb auch vor den Flügeln ununterbrochen Erde ausgeladen werden mufs. Es werden noch immer mehr Lagen, von unveränderter

*) Es ist meistens nöthig, die Ufer ober- und unterhalb mit Deckwerken zu befestigen. Anm. d. Herausg.

Länge auf beiden Seiten abgelegt, und so kommt das Werk nach und nach zum Schlusse.

753. Hat sich alsdann im Unterwasser der Wirbel immer mehr vermindert und von der Sperrbuhne entfernt, und bemerkt man endlich gar keine Spur von hervorsprudelndem Wasser mehr, so läfst sich daraus schliefsen, dafs das Werk den Grund erreicht habe. Im entgegengesetzten Falle werden im Schlusse noch mehr Faschinen, jedoch nie auf beiden Flügeln zugleich, aufgelegt, und von den Ufern nach dem Schlusse zu läfst man immerfort rammen. Hört das Durchdringen des Wassers auf, so werden die Faschinen dergestalt auf die beiden zusammengetretenen Flügel gelegt, dafs sie normal auf die Richtung des Werks, mit den Spitzen nach der Böschung, mit den Stamm-Enden aber nach der Mitte zu liegen. Die Würste werden quer über die Faschinen mit den beiden Kanten der Krone gleichlaufend, gelegt, alles wird stark mit Erde belastet und gerammt. Während dessen müssen die Kähne noch immer Erde fahren, und vor dem Schlusse ausladen. Dazu nimmt man gern Rasen.

754. Hat sich alsdann das ganze Werk gesetzt, so wird der Erddamm oberhalb der Sperrbuhne geordnet, und wenn es sein kann, seine Oberfläche mit einer Lage sehr groben Kieses beschüttet. Die Krone wird hierauf ausgeglichen, mit Würsten bis in die Ufer hinein belegt, und nach der Breite abgerundet.

755. So bleibt die Sperrbuhne bis zum späten Herbste liegen, und dann werden, die Krone sowohl als die Ufer, unterhalb mit Rauchwehren bedeckt.

756. Sehr übel ist es, wenn, nachdem beide Flügel an der Krone geschlossen sind, der Wirbel im Unterwasser sich nicht verlieren will, was zuweilen von einem, beim Schlusse im Grunde angeschwemmten Baume mit Ästen herrührt. Dann müssen die Würste, welche das Werk zu sinken hindern, zerbauen, und von oben mufs unaufhörlich gerammt und so viel Erde als möglich vor die Buhne geschüttet werden. Sollte sich, aller Mühe ungeachtet, dennoch, der Wirbel vergröfsern, so hilft zuweilen noch folgendes Mittel. Man läfst nemlich, quer vor die Sperrbuhne, in der Gegend wo die Öffnung zu vermuthen ist, in das Oberwasser eine Faschinenlage legen, welche sich an die Sperrbuhne anschliefst. Diese sucht man durch Belastung mit mehreren andern, noch weiter in den Strom eingreifenden Lagen so in die Tiefe zu drücken, dafs sie sich

vor die Öffnung legt. Indessen bekommt dann dadurch das ganze Werk eine unregelmäfsige Gestalt.

757. Packwerks-Rauchwehren. Es ist oben nur von Ufer-Rauchwehren die Rede gewesen. Da aber auch auf Buhnen, Sperrbuhnen und Überfällen Rauchwehren gemacht werden, die man Packwerks-Rauchwehren nennt, und welche die genannten Werke gegen Beschädigungen durch Strom und Eis da zu schützen bestimmt sind, wo eine Spreitlage nicht hinlänglich ist, so soll die Verfertigung einer Rauchwehr auf einer Sperrbuhne beschrieben werden.

758. Nachdem sich die Buhne hinlänglich gesetzt hat, wird ihre Krone mit Faschinen, welche mittelst Würste befestigt werden, so ausgeglichen, dafs der Querschnitt oberhalb rund ist. Hierauf wird, etwa 1 Fufs hoch, gute Erde aufgekarrt, und wenn die Faschinen 10 Fufs lang sind, 8 Fufs von der Unterkante der Krone entfernt, ein 1 Fufs tiefer Einschnitt in die aufgekarrte Erde gegraben, welcher sich gegen die untere Kante der Krone hin verläuft. Dieser Einschnitt geht bis in beide Ufer.

759. In den gedachten Einschnitt werden die 10 Fufs langen Faschinen so gelegt, dafs sie mit den Spitzen noch 2 Fufs über die Krone hervorragen. Auf die laufende Ruthe gehen 6 bis 8 Faschinen, deren Bänder zerhauen und deren Reiser ausgebreitet werden. Auf die ausgebreiteten Reiser legt man drei Reihen Würste: die erste 1 Fufs vom Stamm-Ende, die übrigen 2 Fufs von einander; die Würste erhalten alle $1\frac{1}{2}$ Fufs einen Pfahl, der 3 bis 4 Zoll vorsteht. $2\frac{1}{2}$ Fufs vom Stamm-Ende wird abermals ein 1 Fufs tiefer Einschnitt gemacht, und so weiter, bis zum Ende der Kronenbreite. Der letzte Graben wird dicht an dem Faschinenwerke, in dem davor liegenden Erddamm, 2 bis 3 Fufs tief gemacht; die Würste werden doppelt genommen und wo möglich durch Hakenpfähle befestigt. Wenn die Rauchwehr fertig ist, so darf, aufser den 6 letzten Würsten, keine Wurst und keine Erde mehr sichtbar sein.

760. Überfälle kommen mit den Sperrbuhnen ganz überein, nur dafs ihre Krone niedriger liegt, und dafs das Wasser eher darüber stürzen kann, als über jene; sie werden auf dieselbe Art gebaut, wie die Sperrbuhnen.

761. Pflanzungen (von Weiden und Pappeln) dienen, bei Flüssen, theils möglichst das zu den Stromwerken nöthige Strauch zu gewinnen, theils Anlandungen, die man zu befördern wünscht, zu befestigen. Die Bepflanzung der Häger wirkt oft mehr als Buhnen, und es können Auf-

schwemmungen in der Regel nur durch Pflanzungen erhalten und vergröfsert werden.

762. Man unterscheidet:

a) Strauchpflanzungen, welche Strauch liefern und zugleich zur Regulirung dienen;

b) Baumpflanzungen, welche angelegt werden, wenn der Boden für Strauchpflanzungen schon etwas zu hoch liegt, z. B. längs Deichen, oder um Pfähle zu den Spreitlagen oder Rauchwehren zu ziehen. Indessen sind Baumpflanzungen vor den Deichen nicht unbedingt zu empfehlen.

763. Man pflanzt Weiden und Pappeln im Herbste, nicht eher, als bis das Laub welk ist, oder die Rinde von den zarten Zweigen nicht mehr sich ablösen läfst; und im Frühlinge, ehe das Laub ausschlägt. Die Zeit zum Pflanzen fängt also in der Mitte des Octobers an und hört in der Mitte des Aprils auf. Aufser dieser Zeit ist es auch nicht rathsam, Strauch hauen zu lassen. Anhägerungen können allenfalls auch von der Mitte des July bis zu der Mitte des August beflanzt werden; jedoch ist dann besondere Vorsicht dabei nöthig.

764. *a*. Zu den Strauchpflanzungen bedient man sich drei- bis vierjähriger Pflanzstöcke, welche $1\frac{1}{2}$ bis 2 Fufs in die Erde gesetzt werden, und 1 Fufs darüber vorstehen, je nachdem der Boden mehr oder weniger feucht ist. Die Setzlinge werden von Sträuchern, nicht von Kopfweiden genommen und in Faschinen gebunden auf die Baustelle gebracht. Pflanzt man im Winter, so ist es nicht nöthig, die Pflanzfaschinen in's Wasser zu legen, wohl aber, wenn man im Sommer pflanzt, was dann wo möglich bei feuchter Witterung geschehen mufs. Man darf dann auch in einem Tage nicht mehr Reis hauen, als gepflanzt werden kann; die Reiser werden auf einem Klotze, mit einem sehr scharfen Handbeile, so lang sie nöthig sind, zugehauen.

765. In Strömen ist es besser, in Gruben oder Nestern, als in Rinnen zu pflanzen. In einem gewöhnlichen Sandfelde werden die Gruben, oben $1\frac{1}{2}$, unten 1 Fufs weit, $1\frac{1}{2}$ bis 2 Fufs tief, 4 Fufs von Mitte zu Mitte von einander, gegraben.

766. Zuerst steckt man die Linie ab, nach welcher ein Sandfeld bepflanzt werden soll. Es mufs dabei die Richtung berücksichtigt werden, welche der Flufs erhalten mufs, auch die Grenze der Normalbreite des

Flusses nicht überschritten und gewöhnlich die gerade Linie beobachtet werden. Die Pflanzung mufs mit dem Ufer zusammenhängen, und deshalb am Ufer angefangen werden.

767. Die zu bepflanzenden Sandfelder dürfen nicht zu hoch über dem Wasserspiegel liegen, weil sonst die frisch gesetzten Weiden im Sommer leicht vertrocknen. Man mufs daher ein vortheilhaftes Sandfeld, sogleich wie es sich zeigt, bepflanzen, ohne abzuwarten, bis es sich zu sehr erhöhet, was durch Fluthen geschehen könnte. Höher liegende Sandfelder pflegt man im Winter, niedriger liegende im Sommer zu bepflanzen.

768. Ist die äufsere Linie der Pflanzung durch zwei Pfähle bezeichnet, so wird darin eine Pflanzleine ausgespannt. Längs dieser Linie werden alle 4 Fufs die Mittelpuncte der Pflanzlöcher bemerkt. Zugleich werden die Löcher gegraben und die Setzlinge hineingelegt. Hat ein Gräber eine Grube vollendet, so legt ein ihm zugeordneter Knabe in dieselbe, 4 Zoll von einander, die Setzlinge; der Gräber wirft die Erde aus der folgenden Grube in die vorhergehende, und der Knabe tritt die Erde fest.

769. Die darauf folgenden Gruben-Reihen werden so gemacht, dafs die Mittelpuncte 4 Fufs von einander entfernt sind.

770. *b.* Bäume werden fast nur im Herbst, oder im Frühling gepflanzt. Die Herbst-Pflanzungen gedeihen in der Regel besser, als die im Frühlinge.

771. Die Pflänzlinge können 2 bis 3 Zoll dick sein. Sie werden von Weiden oder Pappeln genommen, deren Zweige seit etwa 5 Jahren nicht abgehauen wurden. Die Pflänzlinge müssen etwa $6\frac{1}{2}$ Fufs über, $2\frac{1}{2}$ Fufs in der Erde lang sein, und werden mit einem sehr scharfen Beile schräg abgehauen.

772. Die Gruben zu den Pflänzlingen werden, in etwas feuchtem Mittelboden, 12 Fufs von einander, $2\frac{1}{2}$ Fufs weit und 3 Fufs tief ausgegraben. Hierauf wird der Pflänzling in die Mitte der Grube gehalten, und von allen Seiten mit Erde beschüttet, jedoch so, dafs, um die Stange herum, noch eine Vertiefung bleibt. In trockenem Boden mufs die Grube 3 bis 4 Fufs tief sein, im festen thonigen Boden noch tiefer; sie mufs mit der besten Erde ausgefüllt werden.

773. Nachdem die Grube beinahe ganz mit lockerer Erde angefüllt ist, wird in die Vertiefung Flufswasser gegossen, und der Stamm etwas hin und her gebogen, damit das Wasser neben demselben eine

Vertiefung finde, in die es sich ziehen könne. Hierauf wird die Erde behutsam festgetreten, und noch etwas Erde darauf geworfen, jedoch immer so, dafs noch eine kleine Vertiefung bleibt, in welche sich das Regenwasser sammeln könne. Wenn die Weiden in feuchtes Erdreich gesetzt und in einer Zeit gehauen werden, wo sie durchaus keine Blätter mehr haben, so kann man sie, gleich nachdem sie gehauen worden, ohne weitere Vorbereitung pflanzen. Ist aber der Boden trocken, so ist es rathsam, sie, so weit sie in die Erde kommen, vorher 8 bis 14 Tage lang in Flufswasser einzuweichen.

774. Im folgenden Sommer werden dann, in so fern der Baum nicht abgestorben ist, von oben bis unten, und von allen Seiten junge Zweige ausgetrieben sein; diese müssen, bis 6 bis 8 Zoll unter dem Gipfel, mit einem scharfen Messer, ohne die Rinde zn verletzen, abgeschnitten werden.

775. Strauch- und Baumpflanzungen werden, am vortheilhaftesten für den Strombau, alle 3 bis 4 Jahre gehauen, je nach der Güte des Bodens. Pflänzlinge von den Kopfweiden mufs man erst einige Jahre später nehmen. Strauchpflanzungen müssen anfänglich auch erst im vierten oder fünften Jahre gehauen werden.

776. Zäune macht man:

A) als Befriedigungen, um die Pflanzungen gegen Beschädigungen zu sichern;

B) als Schlickzäune, zur Beförderung der Anhägerung oder Verlandung.

777. Zu den Zäunen *A* gehören:

a) Flechtzäune; *b*) Wurstzäune; *c*) Stangenzäune; *d*) lebendige Hecken.

778. *a*. Flechtzäune sind am dauerhaftesten, wenn sie den Fluthen oder gar dem Eisgange nicht ausgesetzt sind. Ist es der Fall, so sind Wurst- oder Stangenzäune besser.

779. Zu einem Flechtzaune schlägt man in der bestimmten Richtung, kiehnene, 4 bis $4\frac{1}{2}$ Fufs lange, $1\frac{1}{2}$ Zoll dicke Pfähle, 6 Zoll von einander, 1 Fufs tief ein. Um dieselben werden $\frac{1}{3}$ bis $\frac{1}{2}$ Zoll starke, möglichst lange Weidenruthen, wie beim Korbmachen, geflochten; und zwar werden immer zwei Ruthen zugleich gelegt, die eine abwechselnd oben, die andere unten. Fehlt nur noch 6 Zoll an der Höhe, so werden Strebepfähle gesetzt und mit eingeflochten. In die beiden obersten Rei-

hen werden statt einfacher Ruthen, die ausgesuchten besten Ruthen, doppelt und zu zweien zusammengedreht, genommen. Ist eine Ruthe verarbeitet, so mufs das Stamm-Ende der folgenden in die Öffnung zwischen die Pfähle und Ruthen gesteckt werden.

780. *b.* Wurstzäune macht man da, wo die Zäune im Winter weggenommen werden sollen, und von Schweinen und Gänsen nichts zu fürchten ist.

781. An der Richtung des Zaunes werden Würste gelegt, und neben dieselben, 3 bis 4 Fufs von einander, und gegeneinander über, je zwei Pfähle, etwa 1 Fufs tief, eingeschlagen. Dann werden die Würste aufgehoben und an die Pfähle gebunden. Hierauf kann man noch eine Reihe Würste, oder noch zwei, über der untersten anbringen; auch Strebepfähle setzen, je nachdem der Zaun mehr oder weniger fest sein soll.

782. *c.* Stangenzäune werden da gemacht, wo Wurstzäune nicht hinreichend sind. Die Pfähle werden aus rindschäligem Holze gehauen, die Stangen aus gerade gewachsenen Stämmen gespalten. Man macht sie indessen nur im Nothfalle.

783. *d.* Lebendige Hecken sind zwar sehr nützlich; nur kommen sie nicht gut fort, wo der Boden überschwemmt wird. Auf hohen Ufern aber ist es gut, hinter einem todten Zaune eine lebendige Hecke zu setzen, zu welcher dann Dornen am besten sind.

784. Eine Hecke wird gewöhnlich im Frühling, vor dem Ausbruch des Laubes gesetzt. Es wird hinter dem todten Zaune ein 2 Fufs breiter, 3 Fufs tiefer Graben ausgehoben, was auch schon im Herbste vorher geschehen kann. Der Graben wird, 1 Fufs hoch, mit guter lockerer Erde ausgefüllt; hierauf werden an beiden Rändern die jungen Pflanzen in mäfsigen Entfernungen von einander gesetzt; zwischen beiden Reihen wird eine 4 Zoll tiefe Rinne gelassen. In diese Rinne streut man den im Herbste vorher gesammelten Samen, von derselben Art von Pflanzen, und bedeckt ihn 3 Zoll hoch mit Erde. Die jungen Pflanzen schneidet man 1 Fufs hoch über der Erde ab. Auch mufs die Hecke fortwährend, im Herbste, an beiden Seiten so lange beschnitten werden, bis sie die erforderliche Höhe hat; alsdann wird sie auch noch oberhalb beschnitten.

785. Wo junge Setzweiden einzeln stehen, werden sie blofs mit Dornen umwickelt, weil Zäune zu ihrem Schutze verhältnifsmäfsig zu lang sein müfsten.

786. *B.* Schlickzäune werden gesetzt, um eine Anhägerung oder Ufer-Verlandung zu befördern, die noch zu tief unter Wasser liegt, um bepflanzt werden zu können. Die Schlickzäune werden häufig vom Eisgange weggenommen. Indessen kann man sich ihrer in vielen Fällen statt der Buhnen bedienen, um ein Sandfeld zu vergröfsern und die Verlandung zu befördern.

787. Diese Zäune werden wie Flechtzäune gemacht, nur dafs man, nach Verhältnifs der Tiefe des Wassers, welche nicht zu grofs sein darf, die Länge und Dicke der Pfähle einrichtet, dieselben etwa 2 Fufs von einander einschlägt, und den Strauch nur lose auf einander legt. Die Pfähle werden in Reihen, nach verschiedenen, zum Theil vom Ufer stromabwärts gehenden, gebrochenen, hier und da auslaufenden Richtungen eingeschlagen, und über der Oberfläche des Wassers umflochten, worauf das Flechtwerk auf den Grund getrieben wird. Am besten läfst sich der Strauch, welcher aus Zweigen von Tannen oder Fichten bestehen, und nicht zu kahl sein mufs, mit Stangen hinunterstofsen, welche an ihren Enden ein kurzes, gabelförmiges Eisen haben. Es mufs auf jeden Schlickzaun eine Stange befestigt werden, mit welcher man, stromabwärts, Strebepfähle verbindet, um dem Zaune einen festeren Stand zu geben.

788. Materialien-Bedarf zu den Faschinen-Werken. Gewöhnlich werden die Packwerke nach Cubikruthen von 1728 Cubikfufs Preufs. berechnet. Eine 9 Fufs lange, 1 Fufs am Stamm-Ende dicke Faschine hält ziemlich genau 3 Cubikfufs.

Da nun in der Cubikruthe Packwerk, auf jede 2 Fufs dicke Faschinenschicht eine Erdschicht kommt, so sind vier Erdschichten von 1 Fufs hoch, also 4 Schachtruthen Erde nöthig. Die Hälfte davon begiebt sich in die Zwischenräume der Faschinen; daher sind 1728, weniger 288, oder 1440 Cubikfufs Faschinen zu einer Cubikruthe Packwerk nöthig. Es gehören also 480 Stück, oder 8 Schock Faschinen und 4 Schachtruthen Erde zu einer Cubikruthe Packwerk, mit Einschlufs des Reises zu den Würsten. Sind aber die Faschinen sehr trocken, oder haben sie nicht genau die angegebene Gröfse, so kann man auch wohl 9 bis 10 Schock auf die Cubikruthe rechnen. Bei Sperrbuhnen rechnet man gewöhnlich 9 Schock, weil die Faschinen stark zusammengeprefst werden.

789. Zu jedem Schock Faschinen gehören 3 Schock Bindeweiden, weil deren viele zerreifsen.

790. Werden sehr trockene Faschinen mit Triebsand belastet, so sind 5 Schachtruthen Erde statt 4 nöthig.

791. In Deckwerken und Buhnen liegen die Würste 2 Fufs von einander. Rechnet man auf die Cubikruthe 4 Schichten Faschinen, und auf jede, wegen der Randwurst, 7 Reihen Würste zu 12 Fufs, so gehören zu einer Cubikruthe 336 laufende Fufs, oder $5\frac{3}{5}$ Stück Würste von 60 Fufs lang. Wegen des Übergreifens der neuen Lage rechnet man aber noch $\frac{2}{5}$ Wurst hinzu, also auf die Cubikruthe 6 Stück 60 Fufs lange Würste.

792. Zu Sperrbuhnen, wo die Würste nur $1\frac{1}{2}$ Fufs von einander entfernt liegen, sind auf ähnliche Weise 8 Stück 60 Fufs lange Würste zu einer Cubikruthe Packwerk nöthig.

793. In den Angaben der beiden vorigen Paragraphen sind die zur Spreitlage oder Rauchwehr erforderlichen Würste nicht mit einbegriffen.

794. Zu einer 60 Fufs langen Wurst gehören 5 bis 6 Faschinen und 2 Schock Bindeweiden.

795. Auf jede 2 Fufs Wurst gehört ein Pfahl. Bei Deckwerken und Buhnen wären daher auf die Cubikruthe 180 Pfähle nöthig; allein wegen des Abganges braucht man 4 Schock.

Bei Sperrbuhnen wären 4 Schock Pfähle nöthig; man rechnet aber, wegen des Abganges, $4\frac{1}{2}$ bis 5 Schock.

796. Werden die Pfähle aus kiefern Holz gehauen, so giebt ein 36 bis 40 Fufs langer, 8 bis 9 Zoll am Gipfel dicker Stamm 4 bis 6 Schock 4 Fufs lange, $1\frac{1}{2}$ bis 2 Zoll dicke Pfähle.

797. Eine Quadratruthe Spreitlage erfordert, wenn die Würste 2 Fufs auseinander gelegt werden, 4 Faschinen; $1\frac{1}{2}$ Stück Würste (wozu 9 Stück Faschinen gehören); 3 Schock Bindeweiden; 50 Spreitpfähle von 2 bis 3 Fufs lang; $1\frac{1}{3}$ Schachtruthen Erde (wovon 1. S. R. zur Unterlage, $\frac{1}{3}$ S. R. zur Decke).

798. Auf eine Quadratruthe Packwerks-Rauchwehre rechnet man 40 Faschinen; 3 Stück Würste (dazu 18 Faschinen); 6 Schock Bindeweiden zu den Würsten; 2 Schock Pfähle von 4 Fufs lang, und $1\frac{1}{2}$ Schachtruthen Erde.

799. Zu einer laufenden Ruthe Uferrauchwehr gehören: 7 Faschinen; 1 Wurst von 60 Fufs lang; 2 Schock Bindeweiden; $\frac{3}{4}$ Schock Pfähle von 2 bis 3 Fufs lang, und $\frac{1}{3}$ Schachtruthe Erde.

800. Ein gewöhnlicher zweispänniger Wagen ladet $\frac{1}{3}$ bis $\frac{1}{2}$ Schock, ein vierspänniger 1 bis $1\frac{1}{2}$ Schock Faschinen, jedoch, wenn sie frisch sind, etwas weniger. Ein Strom-Fahrzeug, welches 960 Scheffel Roggen trägt, kann etwa 30 Schock Faschinen laden.

Faschinen-Pfähle ladet ein zweispänniger Wagen 8 bis 10 Schock.

Man rechnet, dafs ein geübter Buhnenmeister, wenn es nicht an Materialien und Arbeitern fehlt, täglich 50 Schock Faschinen legen und befestigen kann.

Von den Senkfaschinenwänden.

801. Seit mehreren Jahren hat man, z. B. in Baiern, angefangen, Buhnen von Senkfaschinen, die zwischen zwei Reihen Pfähle übereinander gelegt werden, zu bauen, und zwar vorzugsweise in reifsenden, grofse Geschiebe führenden Flüssen. In einem Anhange zu seiner „Practischen Anleitung zum Flufsbaue, Stuttgard und Tübingen, 1825. 26." giebt Herr v. Pechmann eine Beschreibung dieser Bauart, und versichert, dafs sie sehr nützlich gewesen sei, und insbesondere, dafs die so erbauten Buhnen äufserst schnell verlandet wären. Indessen möchte wohl noch eine längere Erfahrung nöthig sein, um darauf ein sicheres Urtheil zu gründen *).

802. Solche Buhnen, die Herr v. Pechmann Senkfaschinenwände nennt, werden auf folgende Weise verfertigt. Man schlägt, in der Richtung, welche die Buhne erhalten soll, zwei mit einander gleichlaufende, etwa 15 bis 18 Zoll im Lichten von einander entfernte Reihen Pfähle in das Grundbette des Flusses; die Pfähle werden, ungefähr 5 Fufs von Mitte zu Mitte von einander entfernt, gesetzt. Sind sie nur 6 bis 7 Fufs über dem Grundbette hoch, so macht man sie 7 bis 8 Zoll im Durchmesser, bei gröfserer Höhe 10 bis 12 Zoll dick. Zwischen die beiden Pfahlreihen werden längs aus Senkfaschinen auf einander niedergelassen, bis die nöthige Höhe erreicht ist. Am Kopfe der Buhne nimmt die Länge der Pfähle und der Faschinen ab, wodurch der Kopf seine Böschung erhält. Ist der Flufs sehr reifsend, so rammt man auch wohl 3 bis 4 Reihen Pfähle ein, und legt zwischen dieselben 2 bis 3 Wände von Senkfaschinen,

---

*) Man sehe auch hierüber die Abhandlung von Herrn Voit über die Correction des Wertach-Flusses, im zweiten Bande dieses Journals S. 237. (3tes Heft).
Anm. d. Herausg.

Entwässerung und Bewässerung von Ländereien.

803. Die Arbeiten, um zu nasse Ländereien zu entwässern, und andere, denen es zu Zeiten an hinreichendem Wasser fehlt, sind so nahe mit denen zur Regulirung der Flüsse verwandt, daſs das, was darüber zu bemerken, füglich hier Platz finden kann.

804. Der einfachste Fall ist der, wenn ein Behälter, also etwa ein Landsee, oder Teich, vom Wasser zu befreien ist, der sich in der Nähe eines Flusses befindet, dessen Spiegel tiefer liegt als der Punct, bis zu welchem das Wasser aus dem Behälter abgelassen werden soll. Ist dann zugleich der Behälter nicht groſs, und also nicht zu fürchten, daſs durch sein Wasser der Fluſs werde nachtheilig angeschwellt werden, so braucht man nur vom Behälter nach dem Flusse einen Graben zu ziehen, wobei nichts weiter zu berücksichtigen ist, als daſs es möglichst wohlfeil geschehe, welches erlangt wird, wenn man dem Graben die möglich geringste Länge, Breite und Tiefe, und seinen Ufern nicht mehr Böschung giebt, als, das Nachstürzen der Erde zu vermeiden, erforderlich ist.

805. Ist dagegen der zu leerende Behälter sehr groſs, so könnte der zu schnelle Abfluſs seines Wassers gefährliche Folgen für die Ländereien an den Ufern des Flusses haben; und dann muſs man sorgen, die Stärke des Abflusses in der Gewalt zu behalten. Dazu dient ein Schützwehr, oberhalb im Abzugsgraben, welches vollkommen fertig sein muſs, ehe der letzte, oberste Damm am Behälter geöffnet wird.

806. Ist die Wassermenge bekannt, welche in jeder Secunde dem Flusse zugeführt werden darf, so läſst sich, weil Länge und Gefälle des Abzugsgrabens, so wie auch die Tiefe und der Böschungswinkel seiner Ufer als bekannt angesehen werden können, die Sohlenbreite berechnen; z. B. nach §. 130. von Eytelwein's „Handbuch der Mech. und Hydr." Der Schutz wird nach und nach immer weiter geöffnet, so wie sich der Wasserspiegel senkt, und am Ende ganz herausgezogen. Der Fachbaum darf natürlich nicht höher liegen, als der tiefste Punct, bis zu welchem der Wasserspiegel im Behälter gesenkt werden soll *).

*) Die Ufer und der Boden unterhalb der Schleuse müssen stark genug befestigt werden, damit der Wasserstrom, welcher heftig sein wird, wenn die Druckhöhe bedeutend ist, sie nicht angreife und unterwasche, wodurch der Graben weiter unten wieder zugeschüttet werden könnte. Anm. d. Herausg.

807. Ist der Behälter sehr tief, so würde eine grofse Kraft nöthig sein, den Schutz zu ziehen. Um solches zu vermeiden, kann man in die Schutzöffnungen Balken oder Bohlen legen, die sich nach und nach, von oben ab, herausnehmen lassen. Wäre die lichte Weite zwischen den Griessäulen oder Pfeilern bedeutend, so müfste man Spannriegel und Setzpfosten anbringen *).

808. Ferner folgt der Fall, wenn sich in der Nähe des abzulassenden Behälters ein Flufs befindet, dessen Spiegel bald tiefer, bald höher liegt, als der Punct, bis zu welchem der Behälter abgelassen werden soll. Die Einrichtung bleibt dann zwar im Allgemeinen dieselbe; aber es mufs noch im Abzugsgraben eine Anordnung gemacht werden, um das Wasser, sobald es im Flusse höher steigt, als es im Behälter noch steht, zurückhalten und die Verbindung zwischen beiden Gewässern sperren zu können. Es geschieht dieses vermittelst einer Schleuse, deren Thore sich von selbst öffnen, sobald das Wasser innerhalb höher steht, als aufserhalb, im entgegengesetzten Fall aber sich schliefsen. Dieser Anordnung ist im Abschnitte vom Schleusenbau gedacht. Zuweilen liegt auch eine solche Schleuse unter einem Deiche, und dann heifst sie **Siel**. Das Nähere hiervon kommt im folgenden Abschnitte beim Deichbau vor.

809. Der Fall, wenn der abzulassende Behälter in der Nähe eines Meeres liegt, welches Fluth und Ebbe hat, ist der vorige, nur dafs der Wasserstand aufserhalb sich fortwährend ändert, und die Ausleerung nur während der Ebbezeit Statt finden kann.

810. Es wird aber auch zuweilen verlangt, dafs das Wasser aus einem Behälter, nicht blofs über seinem Boden abgelassen, sondern dafs auch noch die obersten Schichten des Bodens selbst, bis auf eine gewisse Tiefe ausgetrocknet werden sollen. Dieser Fall kommt z. B. vor, wenn Sümpfe oder Moräste urbar gemacht werden sollen. Es bleibt zwar noch alles wie vorher; aber das Gefälle nimmt nun um die Tiefe, bis zu welcher man den Boden vom Wasser befreien will, ab. Bei Ausmessung dieser Tiefe mufs man sogleich berücksichtigen, dafs das Erdreich, wenn es austrocknet, schwindet, welches auf die Dauer nicht nach der Länge und Breite geschehen kann, sondern nur nach der Höhe und Dicke: dafs

---

*) Besser sind wohl Schützen, um auch die Öffnung, wenn es nothwendig sein sollte, bequem wieder verschliefsen zu können. Anm. d. Herausg.

also die Oberfläche des Bodens nach der Austrocknung noch tiefer liegen wird als vorher; wonach dann die Fachbäume gelegt werden müssen.

811. In solchen Fällen braucht dann der Entwässerungsgraben in der Regel nur so grofs zu sein, als nöthig ist, das Quell- und Regenwasser fortwährend abführen zu können. Die Menge des erstern vorher zu bestimmen, ist aber nicht gut möglich; und auch die Ausmittelung des letztern ist schwierig.

Dafs sich vielleicht ein Bach oder Flufs über die auszutrocknende Stelle ergiefsen mag, kommt hier nicht in Betracht, weil die deshalb abzuführende Wassermenge besonders gefunden und in Rechnung gebracht werden kann.

812. Man weifs zwar aus Beobachtungen, dafs die Höhe des jährlichen Niederschlages in unsern Gegenden etwa 2 Fufs beträgt; diese Beobachtung ist aber zu dem gegenwärtigen Zweck nicht hinreichend, weil sie nicht lehrt, wie viel bei einem heftigen Platzregen (der Wolkenbrüche nicht zu gedenken) in einer bestimmten Zeit niederfallen kann. Beobachtungen darüber möchten, grade da wo gebaut werden soll, in der Regel nicht vorhanden sein. Hat man Zeit genug, so kann man sie anstellen, und die Kosten derselben möchten nicht vergebens angewendet sein. Im entgegengesetzten Falle nehme man, aus möglichst nahe gemachten Beobachtungen, von welchen die Resultate hier und da in Druckschriften zu finden sind, die Höhe des Niederschlages in einem Jahre, und dividire sie durch die Zahl der Regentage, so wird man die mittlere Höhe des Niederschlages auf einen Tag oder 24 Stunden finden. Natürlich pafst das Resultat nicht für Gewitterregen. Man mufs deshalb irgend ein Vielfaches (etwa das 12fache) und zwar ein um so gröfseres Vielfache rechnen, je stärkere Regengüsse in der Gegend vorkommen *). Multiplicirt man nun diese Höhe mit dem Inhalte des Beckens, welches den

---

*) In der Vossischen Berliner Zeitung vom 9ten Juni 1827, wird erzählt, dafs die am 20sten Mai 1827 bei einem Gewitter über Genf niedergefallene Regenmasse so grofs gewesen sei, dafs kein Regen-Messer hingereicht habe, sie zu messen; dafs man aber die Höhe des in drei Stunden gefallenen Regens auf vier und zwanzig Zoll schätze.

In der Preufs. Staatszeitung, vom 30sten Septbr. 1830 wird gesagt, dafs die Höhe des, in ungefähr 2 Stunden, bei einem Gewitter in der Nacht vom 17ten zum 18ten Septbr., zu Koblenz niedergefallenen Regens, 1 Zoll und 1 Linie betragen habe.

Diese letztere Nachricht scheint zuverlässiger zu sein, als die erstere.

Anm. d. Verf.

Niederschlag der zu entwässernden Stelle zusendet, so hat man näherungsweise die in 24 Stunden wegzuschaffende Wassermenge, wonach dann der Querschnitt des Grabens eingerichtet werden kann. Man wird immer noch etwas für das Quellwasser zu geben müssen, hat aber doch eine Grenze, unter welcher man nicht bleiben darf *).

813. Der Entwässerungsgraben mufs in der Regel durch die ganze auszutrocknende Strecke fortgeführt werden. Es mufs an der tiefsten Stelle geschehen, welche man durch Längen- und Quer-Nivellements, vor oder während der Ausführung findet **). In den Hauptgraben werden zu beiden Seiten (wenn er, wie gewöhnlich, in der Mitte liegt, sonst auch nur an einer Seite), Quergraben, von kleinerem Querschnitte gezogen. Das ausgegrabene Erdreich wird zu Dämmen benutzt, die zuweilen längs dem Grabenufer nöthig sind, und die wohl sogar, an den tiefsten Stellen, noch durch weiter herbei geholtes Erdreich erhöhet und verstärkt werden müssen ***).

814. Zuweilen füllt man auch die Quergraben mit grofsen Steinen von unregelmäfsiger Form, oder mit Dornbüschen aus, zwischen welchen sich das Wasser fortziehen kann, und schüttet darüber Erde, um das Pflügen und Ackern nicht zu erschweren.

815. Fliefst ein Flufs, oder Bach über die auszutrocknende Stelle, so läfst sich zuweilen auch ein Nebengraben ziehen, durch welchen der Flufs oder der Bach abgeleitet werden kann. Darauf mufs man Rück-

---

*) Auch die Zeit kommt noch in Betracht, welche man dem Graben zur Ableitung des Wassers zugesteht. Ist eine Zulafs-Schleuse vorhanden, so kann das Wasser zurückgehalten werden, und die Zeit des Abflusses braucht nicht gar zu geringe zu sein. In solchem Falle möchte man wohl noch sicherer rechnen, wenn man annimmt: der Niederschlag eines ganzen Jahres solle in einer gewissen Zahl von Tagen abgeführt werden können. Wie stark alsdann auch die Gewitterregen und Wolkenbrüche sein mögen: immer wird der Niederschlag in kürzerer Zeit abgeführt werden können, weil sie (vorausgesetzt dafs es so sei) unter dem jährlichen Niederschlage mit begriffen sind. Anm. d. Herausg.

**) In aufgeschwemmten Brüchen liegen die tiefern Stellen auch wohl an den Seiten, und die Mitte ist durch die Aufschwemmung höher geworden, wenn sich dort das aufschwemmende Gewässer befindet. Anm. d. Herausg.

***) Im Torf-Boden hat es zuweilen eigenthümliche Schwierigkeiten, Graben zu ziehen, weil sie schnell wieder zuquellen. Man kann in solchen Fällen ihre Seiten-Wände mit Faschinen oder Flechtzäunen einfassen, mufs auch wohl den Boden mit Faschinen oder Flechtwerken befestigen. Anm. d. Herausg.

sicht nehmen, aber erwägen, ob die Vergröfserung des Querschnitts des Hauptgrabens nicht etwa weniger kostet, als der Nebengraben *).

816. Der Flufs, in welchen der Entwässerungs-Graben ausmünden soll, macht zuweilen starke Krümmungen und es befindet sich vielleicht, in verhältnifsmäfsig geringer Entfernung von der Mündung, die man sonst dem Graben geben würde, am entgegengesetzten Ufer eine Stelle, welche dem Entwässerungs-Graben, ohne bedeutende Kosten-Erhöhung, einen stärkeren Abhang gewähren würde. Ähnliches findet zuweilen Statt, wenn, nicht weit unterhalb der Stelle, bis zu welcher der Entwässerungs-Graben die geringste Länge erhalten würde, ein Wasserfall befindlich ist, und das Terrain auf dem diesseitigen Ufer höher oder schwieriger zu durchgraben ist, als auf dem jenseitigen. Dann kann man unter dem Flufsbette mit eisernen, gemauerten oder hölzernen Röhren durchgehen, und den Abzugsgraben auf dem jenseitigen Ufer fortsetzen. Nach hydrostatischen Gesetzen bilden beide Theile des Grabens auf beiden Ufern nur einen einzigen, und man darf nur darauf sehen, dafs die Röhren möglichst wasserdicht und möglichst unvergänglich sind, weil ihre Herstellung in der Regel sehr kostbar ist.

817. Der schlimmste Fall ist, wenn der Spiegel des Flusses, der das Wasser abführen mufs, immer höher liegt, als der Punct, bis zu welchem man ein Terrain entwässern will. Dann bleibt nichts übrig, als das Wasser aus dem zu entwässernden Behälter auszuschöpfen. Bei kleinen Behältern, z. B. bei denen, welche Fangedämme beim Grundbaue umschliefsen, reichen zwar öfters Eimer und Menschenhände hin; bei gröfsern aber sind Maschinen nöthig, die nicht von Menschen in Bewegung gesetzt werden.

818. Dergleichen Maschinen sind:

a) Schaufelwerke; *b*) Paternosterwerke; *c*) Schöpfräder; *d*) Archimedeische Schnecken; *e*) Tonnenmühlen; *f*) Wasserschrauben; *g*) Wurfräder; *h*) Pumpen.

819. Die Formeln zur Berechnung der Abmessungen der wesentlichen Theile dieser Maschinen und der erforderlichen Kraft findet man in Eytelwein's „Handbuch der Mech. und Hydr." **)

---

*) Der Flufs kann aber in dem vorhin erwähnten Falle höher liegen, als das anstofsende Terrain; dann sind die Nebengraben besser. Anm. d. Herausg.

**) Was die Maschinen zu leisten haben, wird sich schwerer berechnen lassen, als was sie leisten können. Anm. d. Herausg.

820. Die Kraft selbst kann auf vielerlei Art hervorgebracht werden; z. B. durch fliefsendes Wasser, durch Wind, Dampf, u. s. w. Das Nähere hierüber gehört in die Maschinen-Lehre.

821. Je tiefer sich der Wasserspiegel im abzulassenden Behälter senkt, desto gröfser wird der Hub, und desto gröfser mufs also auch die Kraft werden, wenn der Effect derselbe bleiben soll; oder desto kleiner wird der letztere, also desto langsamer geht die Auswässerung von Statten, wenn die Kraft nicht vergröfsert werden kann, wie es gewöhnlich der Fall sein wird *).

822. Es versteht sich übrigens von selbst, dafs das Wasser im Recipienten von dem im auszuwässernden Behälter abgehalten werden mufs, wozu in der Regel Deiche nothwendig sein werden.

823. Man kann Ländereien auch noch dadurch entwässern, dafs man ihre Oberfläche zu erhöhen sucht, also dadurch, dafs man Erdreich darauf hinschafft. Durch Anfahren von Erde ist die Erhöhung offenbar nur für kleine Bezirke möglich; für gröfsere sucht man Wasser hinauf zu leiten, welches Sinkstoffe enthält, und zwar vorzugsweise fruchtbare, und macht dann Vorkehrungen, dafs das nach dem Absatz der Sinkstoffe klar gewordene Wasser wieder abfliefsen kann. Das Wasser kann von oben oder von unten her eingelassen werden; in beiden Fällen sind Schleusen nöthig.

824. Die Masse der Sinkstoffe, die durch eine absichtlich hervorgebrachte Überschwemmung auf eine bestimmte Fläche gebracht werden kann, wird bei jeder folgenden Überschwemmung geringer sein, als bei der vorherigen, weil immer weniger Wasser, welches Sinkstoffe enthält, auf der Oberfläche stehen kann, in so fern der Wasserspiegel bei den Überschwemmungen stets dieselbe Höhe behält. Daher würde die Zeit, in welcher eine Fläche durch Aufschwemmung zu entwässern wäre, unbegrenzt sein, im Falle nicht etwa mitunter aufserordentliche Überschwemmungen Statt finden. Man sehe hierüber Woltmann's „Beiträge zur Hydraul. Arch. Band II. §. 56, 57."

Die gröfste mögliche Aufschwemmung wird man zu Anfange erhalten, und dann kann man sich der übrigen oben angegebenen Mittel bedienen.

---

*) Ein Fall, wo die Auswässerung sehr im Grofsen nöthig ist, ist der in Holland, wo viele Quadratmeilen Land niedriger liegen, als selbst das Meer.
Anm. d. Herausg.

825. Es gehören hierher auch die sogenannten Schwemm-Wiesen in Gebirgsthälern, welche dadurch erhöhet werden, dafs man auf sie, von den Bergabhängen herab, vermittelst Wassergräben längs der Abhänge, Erdreich leitet. Der Kürze halber mufs wegen des Näheren auf Pechmann's „Practische Anleitung zum Flufsbau" oder auf „Gudme's Handbuch der Wasserbaukunst Band II. Abtheilung 2. §. 318. bis 322." verwiesen werden.

826. Noch ist zu erwähnen, dafs der Wasserspiegel im abzuleitenden Flusse, durch die Wegschaffung natürlicher oder künstlicher Stauwerke, zuweilen bedeutend gesenkt werden kann *), wodurch öfters Flächen von beträchlicher Gröfse trocken gemacht werden können. Die künstlichen Stauwerke sind gewöhnlich Mühlwehre; wenn sie wegfallen sollen, müssen auch gewöhnlich die Mühlen eingehen, also von denen gekauft werden, die die Entwässerung machen lassen. Gewinn und Verlust müssen dann verglichen werden. Mitunter kann auch eine enge Brücke den Flufs aufstauen. Man wird dann statt ihrer eine weitere bauen, in so fern der Gewinn den Verlust übersteigt.

827. Ob eine Entwässerung vortheilhaft sei, beurtheilt der Baumeister nicht allein. Indessen ist im Allgemeinen zu bemerken, dafs es darauf ankommt, um wie viel das Land, nach geschehener Entwässerung, mehr Werth haben werde, als vorher; wie grofs das zur Entwässerung erforderliche Kapital sei; und ob die Zinsen des Unterschiedes beider Summen wenigstens die Unterhaltungs-Kosten der Anlagen decken werden.

Von der Bewässerung der Ländereien.

828. In Gegenden, wo, wenigstens zu Zeiten, nicht so viel Regen fällt, als zu landwirthschaftlichen Zwecken zu wünschen wäre **), bewässert man auch wohl Grundstücke, insbesondere Wiesen. Befinden sich dieselben in Gebirgsthälern, so fliefst durch das Thal gewöhnlich ein Bach oder ein kleiner Flufs; diesen zwingt man dann durch Stauwerke, sich ganz, oder zum Theil, so oft als nöthig, über die zu bewässernden Flächen zu ergiefsen ***).

---

*) Auch durch Durchstiche. Anm. d. Herausg.

**) Oder wo der Niederschlag zu schnell abfliefst. Anm. d. Herausg.

***) Wenn der Bach, wie es häufig der Fall ist, ein sehr starkes Gefälle hat, so ist auch wohl kein Stauwerk nöthig, sondern man leitet das Wasser aus einem höheren Theile des Baches durch einen Graben herbei, der weniger Gefälle hat. Anm. d. Herausg.

829. Liegt das Flufsbett gegen die Mitte des Thales, während der Boden desselben nach beiden Seiten steigt, so kann man den ganzen Flufs durch einen Damm mit einem Schützwehr sperren, kann ihn alsdann, wenigstens zum Theil, zu beiden Seiten des Thales, an den Bergabhängen hinleiten, und durch kleine Schutzwehre, die auch wohl Schleusen genannt werden, an so vielen Stellen als man will schwache Wasserströme über die zu bewässernden Grundstücke sich verbreiten lassen, die hernach wieder im Flufsbette sich vereinigen, in so weit sie nicht versiegt oder verdunstet sind. Noch sorgfältiger kann das durch die kleinen Schleusen fliefsende Wasser zunächst in kleine Stechrinnen geführt werden, in welchen Brettstücke Schütze bilden, und die an so vielen Stellen als man will Seitenablässe erhalten, welche ebenfalls durch Brettstücke geschlossen werden, so dafs man, mit gehöriger Aufmerksamkeit, im Stande ist, das vorhandene Wasser fast ganz gleichförmig über die zu bewässernde Fläche strömen zu lassen.

830. Liegen aber die zu bewässernden Flächen höher, als der Flufs, aus welchem das Wasser genommen werden mufs, gestaut werden darf, so bleibt nichts übrig, als es durch Maschinen in einen Behälter zu heben, aus welchem es, entweder vermittelst Graben, oder künstliche, über dem Boden erhabene Gerinne vertheilt wird.

10.
Die Pronysche Schraube.

(Vom Herausgeber.)

In einem Zusatze zu der von einem Ungenannten im 2ten Hefte, 4ten Bandes dieses Journals mitgetheilten Beschreibung eines Ankers zum Zusammenschrauben schadhafter Gebäude habe ich (S. 142. etc.) der Pronyschen oder Nonius-Schraube als eines Werkzeuges gedacht, welches nicht allein zum Zusammenschrauben schadhaften Mauerwerks, sondern auch noch auf mannichfache andere Weise mit Vortheil anwendbar sei. Da diese Bemerkung durch keine Zeichnung erläutert war, und also vielleicht nicht deutlich genug sein mochte, der Gegenstand aber wirklich, nicht allein im Bauwesen, sondern auch noch für mancherlei andere Gewerbe von wesentlichem Interesse sein dürfte: so will ich auf denselben nochmals zurückkommen, und die Eigenthümlichkeit und Benutzung des genannten Werkzeuges auch noch durch eine Zeichnung zu erläutern suchen, die das Princip desselben und dessen Anwendung, nebst seiner Wirkung, völlig deutlich machen wird.

Es werden zur Versinnlichung die Zeichnungen Fig. 1. 2. und 3. Taf. IX. einer Pronyschen Presse dienen können, die ich, im Wesentlichen nach dieser Zeichnung, habe verfertigen lassen. Fig. 1. stellt das Werkzeug im Grundrifs, und Fig. 2. in der Ansicht vor. Der Maafsstab unter den Figuren giebt die Gröfse an. Die ganze Maschine ist aus Holz gemacht; nur allein die Zapfen r, r und r_1, r_1, der Schrauben-Spindeln und die Welle t des Drehlings, nebst dem Kurbel-Arme s, sind von Eisen. Zu den Schraubenspindeln a, a, a und b, b, b, und zu den Prefs-Balken AA und BB, worin sich die Schrauben-Muttern befinden, so wie zu dem Drehlinge D, ist Hagebuchen-Holz, und zu den Zähnen der

Räder *C* und *D* Birken-Holz genommen worden. Das Übrige ist von Eichen-Holz. Ein in seinem Fache, und im Auffassen aufsergewöhnlicher Gegenstände desselben, geschickter Tischlermeister Namens Krüger, hieselbst Wallstrafse No. 38. wohnhaft, hat die Presse, beinahe ohne Vorzeichnung, fast nach blofs mündlicher Angabe, für nicht mehr als 10 Thaler Preufsisch Courant verfertigt, und wird, nach dieser ersten Probe, die Maschine fernerhin noch vollkommner und besser zu liefern im Stande sein.

Von den obern, weitern Schrauben-Gängen der Spindeln *a* und *b* gehen 5, und von den untern, engern Schrauben-Gängen 7 auf 3 Zoll Höhe. Durch 5 Umdrehungen der Spindel wird also der obere Prefsbalken *AA* um 3 Zoll, der untere *BB* aber nur um $\frac{5}{7}.3 = 2\frac{1}{7}$ Zoll fortbewegt. Also werden die Prefsbalken *A* und *B* durch 5 Umdrehungen der Spindeln $\frac{6}{7}$ Zoll einander genähert, oder von einander entfernt. In dem ausgeführten Exemplare der Presse ist der Durchmesser der Spindeln unten, so weit die engern Schraubengänge reichen, um so viel kleiner gegen den Durchmesser des obern Theils geworden, als die Schraubengänge tief sind, weil der Drechsler, der Bestellung zuwider, die Schrauben nicht von verschiedenen Enden, sondern in einerlei Richtung, eine nach der andern geschnitten hat, was nicht gut ist, weil die Spindeln dadurch schwächer geworden sind. Die Verschwächung ist aber nicht unvermeidlich, denn es dürfen die Spindeln nur von den entgegengesetzten Enden geschnitten werden, so können die Gänge von einerlei Durchmesser und ganz so verfertigt werden, wie sie gezeichnet sind. Die Räder *C* und *D* haben im Theilrisse 12 Zoll im Durchmesser, der Drehling *E* hat 6 Stöcke und der Hebelarm des Dreh-Kreuzes *FFFF* ist 4 mal so lang als der Halbmesser des Drehlings. Die Kurbel *K* dient blofs dazu, die Schrauben-Spindeln, wenn sie noch gar nicht, oder noch nicht mit besonderer Kraft den Widerstand ergriffen haben, schnell umzudrehen. Sobald die Schrauben mehr Gewalt auszuüben anfangen, bedient man sich des Drehkreuzes *FF*....., welches an der obern viereckigen Welle des Drehlings *E* stark befestigt ist. Damit Gegenstände von verschiedener Höhe oder Dicke geprefst werden können, sind 8 eichene Brettchen, so breit als die Balken *A* und *B*, etwas weniger lang als die Entfernung xy zwischen den Spindeln, und jedes $\frac{1}{4}$ Zoll dick, vorhanden. Über und unter den zu pressenden Gegenstand werden erst quer über die Balken B eichene 1 Zoll starke Bretter gelegt, und über das obere dieser Bretter noch, je nachdem der zu pressende Gegenstand hoch oder niedrig ist, so viele von jenen Brettchen, daſs die Balken A und B immer ungefähr an der Stelle bleiben, wo sie gezeichnet sind, jedenfalls aber der obere Balken noch von dem obern Riegel MM absteht.

Da der Theilriſs der Räder C und D, $3\frac{1}{7}.12 = 37\frac{5}{7}$ Zoll im Umfange hat, so durchläuft er bei 5 Umdrehungen $5.37\frac{5}{7} = 188\frac{4}{7}$ Zoll, und da der Hebelarm des Dreh-Kreuzes $FF\ldots$, 4 mal so lang ist als der Halbmesser des Drehlings, so durchläuft der äuſserste Punct dieses Dreh-Kreuzes bei 5 Umdrehungen der Schrauben-Spindeln $4.188\frac{4}{7} = 754\frac{2}{7}$ Zoll. Da nun durch 5 Umdrehungen der Schrauben-Spindeln die Preſs-Balken, wie oben bemerkt, um $\frac{6}{7}$ Zoll einander genähert, oder von einander entfernt werden, so ist der Weg der Kraft $754\frac{2}{7} : \frac{6}{7} = \frac{7}{6}.754\frac{2}{7} = 880$ mal so groſs als der Weg der Last, und folglich die Wirkung der Schrauben 880 mal so groſs als die angewandte Kraft. Rechnet man, daſs die Kraft, der Reibung wegen, um $\frac{1}{3}$ gröſser sein muſs, als sie ohne sie würde sein müssen, so daſs also ein Viertheil der Kraft durch die Reibung verloren geht, so bleibt noch das 660fache der Kraft für die Wirkung übrig. Ein Pfund Kraft an dem Dreh-Kreuz $FF\ldots$ preſst also den zwischen die Balken AA und BB gelegten Gegenstand mit 660 Pfund Kraft zusammen. Bei der vorgestellten Maschine können bequem mit der Hand etwa 10 Pfund Kraft an dem Dreh-Kreuz $FF\ldots$ angewendet werden; also lassen sich durch dieselbe die zwischen die Preſsbalken gelegten Gegenstände mit etwa 6600 Pfund Kraft zusammenpressen. Ich habe die Maschine verfertigen lassen, um ihre Wirkung zu versuchen, und zu sehen, ob bei der Ausführung etwa noch besondere Schwierigkeiten vorkommen, was in der Praxis zuweilen geschieht, hier aber nicht der Fall war. Da nun die Maschine einmal da ist, so bediene ich mich ihrer, um z. B. Bücher zusammenzupressen, besonders aber um Schreibpapier durch Pressen zu glätten, welches auch, wenn das Papier, etwa ein Rieſs auf einmal, 8 Tage unter der Presse stehen bleibt, vollkommen gelingt.

Die Verstärkung der Kraft der Nonius-Schraube gegen die gewöhnliche entsteht bei der hier vorgestellten und beschriebenen Presse daraus, dafs die Prefsbalken durch 5 Umdrehungen nur um $\frac{6}{7}$ Zoll einander genähert werden, statt um 3 Zoll, wie es bei gewöhnlichen Schrauben der Fall sein würde, so dafs also die Kraft gegen die der gewöhnlichen Schrauben blofs durch die Verschiedenheit der Höhe der Gänge $3:\frac{6}{7}=3.\frac{7}{6}=3\frac{1}{2}$ mal verstärkt wird. Diese Verstärkung wird ohne die geringste Vermehrung der Zusammengesetztheit und der Kosten der Maschine erlangt. Man sieht aber leicht, dafs besagte Verstärkung noch ganz nach Belieben vergröfsert werden kann. Denn wenn man z. B., ohne sonst irgend etwas weiter zu ändern, von den untern Schrauben-Gängen 6 statt 7 auf 3 Zoll gehen liefse, so würden schon die Prefsbalken durch 5 Umdrehungen nur um $3-\frac{5}{6}.3=\frac{1}{2}$ Zoll statt $\frac{6}{7}$ Zoll einander genähert werden, und daher die Kraft, statt $3\frac{1}{2}$ mal, schon $3:\frac{1}{2}=6$ mal verstärkt werden. Gingen $5\frac{1}{3}$ untere Schrauben-Gänge auf 3 Zoll Höhe, so würden die Prefsbalken durch 5 Umdrehungen nur um $3-\frac{5}{5\frac{1}{3}}.3=3-\frac{15.3}{16}=\frac{3}{16}$ Zoll einander genähert, und also die Kraft schon $3:\frac{3}{16}=16$ mal verstärkt werden u. s. w. Im letztern Falle würden hier 10 Pfund Kraft an dem Dreh-Kreuz schon 30171 Pfund Wirkung hervorbringen. Da es nun gar keine Schwierigkeit hat, den Unterschied der Höhe der Schraubengänge in dem obern und untern Theile der Spindeln so geringe zu machen, als man nur will, worauf Alles ankommt, so ist leicht zu sehen, dafs die Kraft der Maschine, ohne die geringste Vermehrung ihrer Kosten, noch ungeheuer verstärkt werden kann; denn es kostet gar nichts mehr, die Höhe der untern Schrauben-Gänge mag von der der obern viel oder wenig verschieden sein. Die Maschine wird erst theuerer, wenn die Schrauben stärker sein müssen; allein dies ist sobald nicht nöthig, indem Schrauben-Spindeln von 2 bis 3 Zoll im Durchmesser, wie die in der Zeichnung, schon eine sehr grofse Gewalt aushalten.

Man sieht ferner, dafs man die Kraft der Maschine, während dieselbe immer noch ungefähr die nemliche Gröfse wie die in der Zeichnung vorgestellte behält, sehr weit treiben kann, wenn man die Schrauben-Spindeln von Eisen macht, und dann noch einen etwas wirksameren Mechanismus zur Bewegung anbringt, z. B. eine Schraube ohne Ende zwischen die Räder *C* und *D* legt, mit der Axe senkrecht auf die Ebene durch die Axen der Spindeln. Man könnte alsdann, wenn man wollte, auch noch neben der Schraube ohne Ende zugleich den Drehling *E* und die Kurbel *K* anbringen, um die Spindeln, ehe das eigentliche Pressen anfängt, schneller zu bewegen. Die Schrauben und der Drehling dürften nur, was leicht angeht, zum Ausrücken eingerichtet werden. Allein der Drehling nebst der Kurbel ist auch ganz entbehrlich, weil sich die Maschine leicht so anordnen läſst, daſs sich die Preſsbalken gar nicht müſsig bewegen, sondern daſs sie sogleich, wie die Schraube ohne Ende gedreht wird, ihre Gewalt auf den zu pressenden Gegenstand ausüben. Man stelle sich nemlich vor, der obere Preſsbalken *AA* befinde sich vor dem Anfange des Pressens dicht unter dem obern Riegel *MM*, der untere Preſsbalken *BB* aber so hoch über dem untern Riegel *NN*, daſs er den zum Pressen erforderlichen Spielraum behält, daſs heiſst: so hoch über *NN*, daſs er, nachdem der zu pressende Gegenstand auf das äuſserste zusammengedrückt worden, gerade bei *NN* angelangt ist. Ist nun die Höhe des zu pressenden Gegenstandes, zusammen mit der Höhe der darüber und darunter zu legenden starken eisernen Platten *p*, *p* (Fig. 2. und 3.) nicht grade so groſs, als die anfänglich gröſseste Entfernung der Preſsbalken, so lege man, um den übrigen Raum auszufüllen, in sofern es nöthig, noch mehrere eiserne Tafeln *q*, *q* .... über die obere Platte *p*, zuletzt aber noch eiserne, im Querschnitt einander gleiche Keile *P*, *P* darüber, einander entgegenlaufend, also so, daſs ihre obern und untern Seiten horizontal und mit einander parallel sind. Durch das Anziehen dieser Keile kann der ganze Raum zwischen den Preſsbalken genau und scharf ausgefüllt werden, so daſs, wenn nun die Maschine in Bewegung gesetzt wird, das Pressen sogleich anfängt. In der Regel wird die Höhe, um welche sich der zu pressende Gegenstand zusammendrücken läſst, nicht so bedeutend sein, daſs nicht der Raum, den der untere Preſsbalken zu durchlaufen hat, so groſs auch derselbe im Verhältniſs zu der Verstärkung der Kraft möge sein müssen, hinreichend wäre, um das Pressen, bis auf die äuſserste Grenze, auf einmal zu vollenden. Wäre es indessen anders, so läſst sich, ohne die Schrauben-Spindeln zu sehr verlängern zu dürfen, das Pressen auch

absatzweise verrichten. Gesetzt nemlich das Pressen wäre, nachdem der untere Prefsbalken bei *NN* angelangt ist, und also dann die Maschine nicht weiter wirkt, noch nicht vollendet, so lege man über die obere und untere eiserne Platte Zwingen *z*, *z*.... (Fig. 3.), welche mittelst Keile *t* auf die Platten scharf angezogen werden: so werden diese Zwingen den zusammenzudrückenden Gegenstand **in der bis hierher erlangten Zusammenpressung festhalten.** Die Schraube ohne Ende kann also nun zurückgedreht werden, bis die Prefsbalken wieder in die anfängliche Lage kommen, nemlich der obere *AA* bis unter den Riegel *MM*. Hierauf werden nun die Keile *PP* weiter angezogen, oder es wird eine neue Platte untergelegt und das Pressen beginnt von Neuem, und kann wiederholt werden so oft es nöthig ist. Durch diese Anordnung werden sich auch noch, in Fällen wo die zu pressenden Gegenstände **nicht viel** zusammengedrückt werden können, die Schrauben-Spindeln verkürzen lassen, wodurch die Maschine noch wohlfeiler wird und an Stärke gewinnt.

Auf diese Weise wird dann nun eine **sehr** grofse Gewalt erlangt werden können. Gesetzt z. B. die Schraube ohne Ende bekomme $\frac{1}{2}$ Zoll hohe Gänge und der Hebelsarm an ihrer Welle sei 10 Zoll lang. Ferner sei der Theilrifs der Räder *C* und *D*, wie vorhin, 12 Zoll im Durchmesser. Jeder Gang des obern Theils der Spindeln *aaa* und *bbb* sei 6 Linien, jeder Gang des untern Theils derselben $5\frac{2}{3}$ Linien hoch, so werden bei **Einer** Umdrehung der Spindeln und der Räder *C* und *D* die Prefsbalken um $\frac{1}{3}$ Linie einander genähert werden. Für einen Umlauf der Räder *C* und *D* mufs nun aber die Schraube ohne Ende $37\frac{5}{7} : \frac{1}{2} = 75\frac{3}{7}$ mal umlaufen, also der Angriffs-Punct der Kraft einen Weg von $3\frac{1}{7} . 20 . 75\frac{3}{7} = 4741\frac{1}{49}$ Zoll machen. Während also die Kraft $4741\frac{1}{49}$ Zoll durchläuft, ist der Weg der Last $\frac{1}{3}$ Linie gewesen. Also kann die Last $3 . 12 . 4741\frac{1}{49} = 170684\frac{4}{49}$ mal so grofs sein, als die Kraft, das heifst: Ein Pfund Kraft an dem Hebelsarme der Schraube ohne Ende prefst die Balken *AA* und *BB* mit $170684\frac{4}{49}$ Pf. Kraft zusammen, und wenn man für die Reibung auch **die Hälfte** der nutzbaren Kraft rechnet, so bleibt an Wirkung für ein Pfund Kraft doch noch über 100000 Pf. Also kann man, wenn der Angriffs-Punct auch nur mit 5 Pf. Kraft umgedreht wird, eine Kraft von mehr als Einer Halben Million Pfund hervorbringen, und dieses geht an, ohne daſs die Maschinentheile ungewöhnlich stark und massiv sein dürften.

Nach einer Berechnung der Kosten einer eisernen Presse, die der hiesige Maschinen-Baumeister Herr F. A. Egells, Chausséestraſse No. 3. (am Oranienburger Thore) wohnhaft, aufzustellen die Gefälligkeit gehabt hat, würde eine solche Schrauben-Presse von Eisen, bestehend, nach dem Aufsatze des Herrn Egells, aus zwei Schrauben von Schmiede-Eisen, verstählt, 3 Zoll im Durchmesser, deren jede einzeln zwei verschiedene Gewinde enthält, mit metallenen, 6 Zoll hohen Muttern, so wie zwei metallenen Boden-Pfannen mit Stahlplatten und zwei metallenen Büchsen; ferner aus zwei Stirnrädern von Guſseisen und einem Getriebe, mit seiner Axe aus einem Stück Schmiede-Eisen gearbeitet, mit einem Kreuzschwengel, einer Kurbel und zwei kleinen metallenen Pfannen; aus zwei starken guſseisernen Preſsblöcken, welche die Schraubenmuttern enthalten und sich in dem guſseisernen Gestelle auf- und abbewegen können; ferner aus einem guſseisernen starken Gestelle mit zwei Seitenständern, einem obern und einem untern Quer-Verbindungsstücke und endlich aus den Verbindungs- und Befestigungs-Schrauben-Bolzen, so stark, daſs die Maschine einer Menschenkraft Widerstand leistet, einschlieſslich der sämmtlichen Bearbeitungs-Modellkosten etc. etwa 300 Thaler kosten, und wenn statt des Drehlings eine Schraube ohne Ende gewünscht wird, etwa 400 Thaler; eine Presse von der Stärke wie die Buchbinder sie brauchen, von der beschriebenen Art, würde dagegen für etwa 200 Thaler geliefert werden können. Von mäſsigerer Stärke wird die eiserne Presse im Verhältniſs noch wohlfeiler sein. Die hölzerne Presse zum gewöhnlichen Gebrauch kann, wie im Eingange bemerkt, für 10 Thaler hergestellt werden.

Man sieht hieraus, daſs die Pronysche Schrauben-Presse, besonders ihrer verhältniſsmäſsig geringen Kostbarkeit wegen, so wie wegen ihres geringen Umfanges und ihrer Einfachheit, zunächst vorzüglich für allerhand Gewerbe nützlich ist, wo es darauf ankommt, Körper mit einer bedeutenden Kraft zusammenzupressen, also z. B. für Buchbinder, Papier-Former und Glätter, Tuchbereiter u. s. w. Sie leistet das Nemliche, und mit geringeren Kosten, als andere künstlichere Maschinen, selbst die hydraulische Presse. Es könnte zwar scheinen, als sei sie gegen andere Maschinen, besonders gegen die Wasser-Presse, dadurch im Nachtheil, daſs durch die starke Reibung der Schrauben in den Muttern ein bedeutender Theil der Kraft ungenutzt verloren geht. Allein, selbst zugegeben daſs der Verlust an Kraft bei dieser Presse, wegen der Nebenhindernisse, und namentlich auf Reibung gröſser sei als bei andern Pressen, z. B. bei der Wasser-Presse, so lassen sich doch im Allgemeinen bei Maschinen von dieser Art, wo durch eine, immer verhältniſsmäſsig sehr geringe Kraft, eine sehr groſse Wirkung hervorgebracht werden soll, die Vorzüge oder Nachtheile der einen Maschine gegen die andere keinesweges nach dem gröſsern oder geringern Verlust an Kraft auf Nebenhindernisse schätzen. Bei Wirkungen, wo die angewandte Kraft fortdauernd wirken muſs, und bedeutend und kostbar ist, wie z. B. bei Wasserrädern, Fuhrwerken u. s. w., kommt es allerdings sehr auf Verminderung des Verlustes an Kraft, der Neben-Hindernisse wegen an, und das Maaſs dieser Kraft-Ersparung entscheidet dort bei weitem mehr für die Vorzüge und Nachtheile einer Maschine gegen die andere. Hier aber würde es am Ende ziemlich gleichgültig sein und nichts entscheiden, wenn z. B. zu der nemlichen Wirkung, die irgend eine andere Presse mit 5 Pfund angewandter Kraft hervorbringt, bei der Schrauben-Presse selbst das Doppelte, also 10 Pfund nothwendig sein sollten, und so groſs möchte der Unterschied wohl niemals sein. Von Maschinen wie diese sind nicht diejenigen die besten, die von der geringen Kraft, welche angewendet werden muſs, noch einen Theil ersparen, sondern diejenigen, die möglichst einfach sind und möglichst wohlfeil und leicht zu verfertigen sind, deren Theile möglichst wenig künstlich und zerbrechlich und vorzüglich so beschaffen sind, daſs sie, wenn ja Eins oder das Andere schadhaft wird, bald leicht wieder hergestellt werden können; und diese Eigenschaften scheint die Pronysche Presse besonders zu besitzen.

Im Bauwesen lassen sich Noniusschrauben auf mancherlei Weise mit Nutzen gebrauchen, z. B. schadhaftes Mauerwerk zusammenzuschrauben und zu ankern, gesunkene einzelne Theile der Gebäude und allerhand groſse Lasten aufzuheben, und selbst ganze Gebäude aufzuschrauben, u. s. w. Wenn man mit den zu dem letzteren Zweck üblichen hölzernen

Zimmermanns-Schrauben blofs die kleine Veränderung vornähme, die Schraubengänge, statt gleich weit, in der einen Hälfte der Länge der Spindeln etwas enger schneiden zu lassen, als in der anderen Hälfte der Länge, so würde sich dadurch schon ihre Kraft ungemein und nach Belieben verstärken lassen.

Ich wünsche, dafs Diejenigen, die von dieser einfachen Maschine Gebrauch machen können, zu ihrem eigenen Vortheile die gegenwärtigen Erinnerungen nicht übersehen, sondern denjenigen Nutzen von dem Werkzeuge ziehen mögen, den es zu gewähren vermag.

11.

Erfahrungen und Bemerkungen über Grundsägen.

(Von dem Herrn Ober-Mühlen-Bau-Inspector *Schwahn* zu Berlin.)

Der Herr Architect Voigt aus Halberstadt hat in dem dritten Hefte des ersten Bandes dieses Journals einen Vorschlag zu einer Kreis- oder Zirkelsäge zum Abschneiden der Pfähle unter Wasser gemacht, und schliefst seinen Aufsatz mit dem Wunsche, dafs man sein Project gelegentlich practisch prüfen und das Ergebnifs bekannt machen möge. Dies veranlafst mich zu dem nachstehenden Aufsatz über diesen Gegenstand.

Bei dem Bau der sogenannten Marschalls-Brücke hieselbst, im Jahre 1818, dessen Ausführung mir übertragen war, mufsten die früher an einer andern Stelle gerammten Pfähle zum Rost zweier Pfeiler dieser Brücke wieder weggeschafft werden. Da man diese Pfähle nur mäfsig fest eingerammt glaubte, so versuchte man zuerst zur Herausschaffung derselben einen Hebel, aus einem starken Balken bestehend. Man mufste jedoch bald diesen Hebel mit einem Stück extra starken Bauholzes, oder einem sogenannten Hamburgerbalken, wie dergleichen Hölzer, vom stärksten Umfange, von den Schiffbauern hieselbst verarbeitet werden, vertauschen; und da die Pfähle auch diesem noch nicht wichen, ihn noch durch ein gewöhnliches Stück Bauholz so verlängern, dafs nun der Hebel 70 bis 80 Fufs lang war. Als die Pfähle aber noch immer nicht folgten und die stärksten Ketten zersprangen, so dafs Gefahr für die Arbeiter am Hebel entstand, so blieb nichts übrig als die Pfähle unter Wasser abzuschneiden. Der Schiffahrt wegen mufste solches möglichst tief geschehen, und man beschlofs, damit 6 Fufs tief unter den damaligen Wasserstand der Spree zu gehen. Dieser ansehnlichen Tiefe wegen wurde eine Kreissäge verabredet, und der Herr Conducteur Richter übernahm die Besorgung derselben, worauf die Säge auf die Art zu Stande kam, wie es der Grundrifs (Fig. 1.) und die Ansichten (Fig. 2. u. 3.) auf (Taf. X.) ergeben.

In zwei 4 Zoll starke Bohlenstücke *a* (die übrigen Maafse werden, weil sie aus den Zeichnungen zu entnehmen sind, nicht angegeben werden; auch gelten in allen Figuren die gleichen Buchstaben) wurde nemlich ein Lager zu einer eisernen Axe eingelegt, und die Bohlenstücke wurden durch Schraubenbolzen mit einander verbunden. Zugleich waren in diese Bohlstücke ein Paar Hängedocken *b* mit eingesetzt, welche unten zusammenliefsen, und, aufser durch den daselbst befindlichen zusammengebolzten Querriegel *c*, auch noch durch den Mittelriegel *d* mit einander verbunden waren. Durch letztern ging die eiserne Axe blofs hindurch; unten an den Docken befand sich jedoch wieder ein Zapfenlager *e* für dieselbe. Die Axe war $\frac{5}{4}$ Zoll stark, an den Zapfenlagern abgerundet, übrigens aber viereckig. Oben darauf war ein eisernes Schwungrad *f* angebracht, mit einer Kurbel *g* zum Umdrehen und unten befand sich die Kreissäge *h*.

Der Gebrauch dieser Maschine war folgender. Sie wurde mit ihrem obern Riegel *a* auf ein Paar wagerecht gelagerte Strecken gehängt, und auf denselben durch zwei darauf angebrachte Handwinden *i* vorwärts geschoben, unterhalb aber von einem Arbeiter durch ein Paar an den Enden des untern Riegels *c* angebrachte (in Fig. 1. punctirte) Seile *k* an den abzuschneidenden Pfahl nach Erfordern herangezogen, und durch vier Arbeiter, welche in den Puncten 1, 2, 3, 4 (Fig 1.) um das Schwungrad herum vertheilt waren, vermittelst der in der Figur punctirten, an der Kurbel *g* befestigten Seile möglichst rasch herumgedreht. Die Wirkung dieser einfachen Vorrichtung war, dafs 29 starke Pfähle, in noch nicht vollen 2 Tagen, 6 Fufs tief unter Wasser, wie es sein sollte, abgeschnitten wurden.

Man hatte die Vorrichtung zu dieser Kreissäge deshalb so einfach gemacht, weil es hier bei dem Abschneiden der Pfähle grade nicht auf Genauigkeit ankam. Auch mufsten die Pfähle, weil das Sägenblatt nur 23 Zoll im Durchmesser hatte, von zwei Seiten durchschnitten werden; dessen ungeachtet wurden mehrere Pfähle völlig horizontal und ganz eben abgeschnitten. Das Sägenblatt war in der Mitte nicht stärker als am Umfange, und wurde, aufser durch die viereckigen Zapfen der Axe ober- und unterhalb, von etwa 3 Zoll im Durchmesser haltenden Scheiben, deren obere gegen einen Ansatz der Axe lag, die untere aber von einer Schraubenmutter gefafst wurde, ohne weitere Hülfsmittel vollkommen festgehalten. Die Zähne der Säge waren etwa $\frac{3}{4}$ Zoll lang, und wie bei gewöhnlichen Schrotsägen von beiden Seiten schräg eingefeilt.

Diese noch vorhandene Vorrichtung zeigte sich also vollkommen brauchbar. Sie liefs sogar, ihrem Effecte nach, alle sonstige Vorrichtungen dieser Art zurück, und also in diesem Puncte kaum etwas zu wünschen übrig. Vortheilhaft wäre es indessen allerdings noch gewesen, wenn man das Sägenblatt so grofs hätte haben können, dafs es die Pfähle von einer und derselben Seite durchschnitt. Dies ging jedoch damals nicht an, und man mufste sich begnügen, die Pfähle, wie vorhin bemerkt, erst von einer Seite zur Hälfte und nachher von der andern Seite entgegen, zu durchschneiden, und die Maschine danach zu stellen. In einer und derselben Ebene konnten indessen die Pfähle dennoch abgeschnitten werden, weil, wie bemerkt, die Strecken worauf die Maschine mit ihrem obern Riegel gehängt wurde, wagerecht lagen. Man möchte dieser Vorrichtung daher wohl nur noch den Vorwurf machen können, dafs sie wegen ihres horizontalen Schwungrades, zu Seitenwänden unter darüber stehenden Bauwerken, oder zu Pfählen dicht vor hohen Seitenwänden, oder dergleichen, nicht gut anzuwenden, und dann auch nicht recht wohl lothrecht zu halten sei, weil die an den Fufswinden und den Zugseilen wirkenden Arbeiter nicht in die nöthige Übereinstimmung zu bringen sein möchten.

Um die Hängesäulen in lothrechter Lage zu halten, damit das Sägenblatt immer horizontal sei, dürfte man aber dem Gestell nur nach (Fig. 3.) noch oberhalb den punctirten Riegel *m* mit den Strebebändern *n* geben, und es etwa bei *m* belasten. Um die Säge regelmäfsig gegen den Pfahl zu rücken, könnte man sich, wenn die Maschine auf längere Zeit und bei einem gröfseren Bau gebraucht werden soll, also schon deshalb solider verfertigt werden mufs, der von Herrn Voigt vorgeschlagenen Einrichtung bedienen: ich würde jedoch der Säge keinen selbstwirkenden Mechanismus zum Vorrücken des Sägenblattes, sondern nur die in den Figuren (4., 5. und 6.) vorgestellte einfachere Einrichtung geben. Der selbst wirkende Mechanismus ist nemlich nicht vortheilhaft für die Säge. Es darf dieselbe zwar anfänglich und zuletzt stärker schneiden; in der Mitte des Pfahls aber, besonders wenn er sehr dick ist, und wenn vielleicht noch zufällig grade starke Äste vorkommen, mufs sie sehr behutsam geführt werden, wozu die Maschine nicht so schnell umzustellen sein möchte.

Eine Windewelle *o* (Fig. 4. und 5.), auf dem Gerüst der Maschine angebracht, dürfte daher besser sein. Ein Arbeiter an dem Hebel *p*, welcher die

Welle auf den Zuruf der Arbeiter an der Kurbel dreht, wird bald die nöthige Übung erlangen, um die Maschine, ganz so wie es nöthig ist, fortzurücken. Dafs auf diese Weise noch ein besonderer Arbeiter zur Fortbewegung der Maschine erforderlich sei, ist kein gegründeter Einwand, weil immer eine besondere Aufsicht auf das Abschneiden der Pfähle nöthig ist und es bei solchen Arbeiten nur auf die Erfüllung des Zwecks in möglichst kurzer Zeit ankommt. Auch dürften die Kosten des Arbeiters durch die richtigere Führung der Säge wahrscheinlich wieder ersetzt werden.

Ein zweites Erfordernifs zum möglichst vortheilhaften Gebrauch dieser Maschine würde noch eine Rüstung sein, auf welcher dieselbe jede nöthige Seitenbewegung rasch genug machen könnte. Ein paar Schwellen *q* (Fig. 4., 5. und 6.), auf welchen zugleich die vorhin erwähnte Windewelle *o* läge, an den Enden durch Riegel *r* verbunden, würde hinreichend sein. Die Schwellen werden auf die Strecken oder Holme *s*, welche die abzuschneidenden Pfähle umgeben, gelegt, und können, wie (Fig. 4.) zeigt, durch Handwinden *t*, vermittelst deren sich ohne Anstrengung eine grofse Kraft hervorbringen läfst, sehr leicht seitwärts fortbewegt werden. Zur Feststellung der Winden werden auf den Strecken Bolzen eingebohrt, oder Klammern (Bandhaken) eingeschlagen. Die Sägemaschine darf zur Vor- und Rückbewegung auf der Rüstung, mit ihren Schwellen nur auf die in (Fig. 5. und 6.) sich zeigenden Rollen gelegt werden, welche wie hier, oder auch wie von Herrn Voigt angegeben, nemlich wie bei *u* oder bei *v* (Fig. 6.) zu sehen, angeordnet werden.

Die Axe, woran die Kreissäge gesteckt wird, darf, damit sie nicht zu schwer sei, nur $\frac{5}{4}$ bis höchstens $\frac{6}{4}$ Zoll stark sein, und kann, wenn sie zugleich so eingerichtet werden soll, dafs die Säge gestellt werden kann, rund sein. Das Stellen nach der Höhe und Tiefe dürfte jedoch zu beschränken sein, weil einestheils der Gebrauch dieser Maschine nicht häufig ist, und man sie anderntheils, statt sie aus grofser Entfernung kommen zu lassen, für jeden besondern Fall, so wie Rammen, Pumpwerke u. s. w., wohl lieber selbst wird verfertigen lassen, in sofern die erforderlichen Maschinenstücke und die Axe nach Bestellung zu haben sind. Die Hängesäule *w* für die Axe (Fig. 5. und 6.) mufs übrigens stabil genug sein, damit die Säge nicht zittere oder wanke. Aufser der Strebe *x* (Fig. 5.) kann sie daher auch nöthigen Falls noch die Seitenstreben *y* (Fig. 6.), von Holz oder Eisen, erhalten.

Die Befestigung der Lager für die Axe an der Hängesäule, so wie die Vorrichtung der Säule, als auch die ganze übrige Einrichtung der Maschine ergiebt sich deutlich genug aus den Zeichnungen. Es wird also die weitere Beschreibung der einzelnen Stücke übergangen, und nur noch bemerkt, dafs das Sägenblatt, wie bei der ersten Maschine, oder nach dem Vorschlage des Herrn Voigt, befestigt werden kann. Das Sägenblatt jedoch nach der Axe zu stärker als am Rande geschmiedet zu bekommen, dürfte schwierig sein, und eben so schwierig dürften so grofse Sägenblätter zu erhalten sein, dafs damit die Pfähle von einer und derselben Seite durchschnitten werden könnten: man wird sich daher wohl bei diesen Maschinen mehr auf den Schnitt von zwei Seiten beschränken müssen.

Den Zähnen der Sägenblätter wird man immer am besten die oben erwähnte Form der Zähne gewöhnlicher Schrotsägen, nicht die der Trennsägen-Zähne mit rechtwinkligen Seiten geben, weil hier Querholz durchschnitten werden mufs, welches von solchen Zähnen besser als von geraden angegriffen wird, indem jene das Holz wirklich abschneiden, letztere es nur mehr abreifsen, und also mehr für Längenholz passen. Der Busen, den der Herr Bauconducteur Horn (Journal, erstes Heft zweiten Bandes) für eine Säge überhaupt nöthig findet und dafür der Kreissäge eine andere Einrichtung der Horizontalbewegung gegeben wissen will, dürfte aufser für die Sägen in Sägemühlen, wo er aber einen ganz andern Zweck hat, nicht nöthig sein. Der Schrotsäge des Zimmermanns giebt man ihn nur, um sie länger benutzen zu können, und der Effect der Eingangs beschriebenen Kreissäge hat die Entbehrlichkeit eines darauf sich beziehenden Mechanismus hinreichend gezeigt.

Dafs in dem Fall, wenn Pfähle dicht vor einer höher stehenden Wand oder dergleichen abgeschnitten werden sollen, die Windewelle *o* hinter der Maschine angebracht und die Zugseile dorthin geleitet werden müssen, erwähne ich nur beiläufig. Auch könnte man sich in diesem Falle zweier mit der Welle *o* durch Seile verbundener Stangen bedienen, welche, hinten an die Maschine angesetzt, dieselbe vor sich her schieben würden.

Die Geschwindigkeit des Sägenblattes dürfte bei einem Durchmesser der Kreissäge von 2 Fufs dann das rechte Maafs haben, wenn die Triebräder der Kurbel- und Sägenaxe gleich grofs sind, indem die Arbeiter an der Kurbel nur bei einer mäfsigen Geschwindigkeit ausdauern können. Die Abnutzung des Sägenblattes ist bei weitem nicht so grofs als Herr etc. Horn glaubt; ein solches Blatt kann lange Zeit gebraucht werden, ehe es zu klein wird.

Obgleich nun die grofsen Vortheile der Kreissäge in vielen Fällen unzweifelhaft sind, so dürfte doch ihr Gebrauch immer nur beschränkt sein, theils weil nicht leicht so grofse Sägenblätter zu bekommen sind, als nöthig um Pfähle von Einer Seite zu durchschneiden, theils weil diese Maschine auch kostspieliger als andere Vorrichtungen für denselben Zweck ist, und endlich weil man, von zwei Seiten schneidend, nicht zwischen die Pfähle hinein kommen kann, wenn sie sehr dicht stehen. Weil man nun auch die Pfähle nur selten sehr tief unter Wasser abzuschneiden hat, so können in vielen Fällen einfachere Vorrichtungen mit geraden Sägenblättern noch immer recht vortheilhaft bleiben.

Eine sehr einfache Vorrichtung dieser Art ist in (Fig. 7. und 8.) vorgestellt. Ein Rahm, in welchem die Säge mit ihrem Gestell hängt, wird über Strecken hin und her gezogen, die auch mit leicht zu befestigenden Rollen versehen werden können. Die Säge wird, in gröfserer Tiefe, wieder vermittelst Seile von einem Arbeiter an den abzuschneidenden Pfahl herangezogen, oder man bringt auch in fliefsendem Wasser, statt der Zugseile ein horizontales, bei *a* (Fig. 8.) punctirtes Brett an, oder, wenn demselben der immer näher rückende Pfahl hinderlich sein sollte, zwei Bretter, vertical an die Hängesäulen bei *b*, gegen welche dann das Wasser stöfst und dadurch die Säge andrückt.

Eine solche Vorrichtung ist wie gesagt sehr einfach. Es kann die Säge Zähne nach der ersten Art, oder, weil hier die Kraft nach Belieben verstärkt werden kann, auch wie bei Trennsägen haben, und die Länge und Breite der Bretter *a* oder *b* kann sich nach der Geschwindigkeit des fliefsenden Wassers richten. Auch kann das Sägenblatt nebst Gestell kleinere Abmessungen bekommen, wenn die zu durchschneidenden Pfähle schwächer sind.

Sollte man fürchten, die Säge werde bei dieser einfachen Einrichtung nicht horizontal sich bewegen, und also die Pfähle schief abschneiden, so ist dem leicht durch die Verriegelung des Rahms zu begegnen, wie (Fig. 9. 10. und 11.) vorstellt. Die Hängesäulen werden verbändert, oder sie gehen, um bei dem Abschneiden der Pfähle um so weniger beschränkt zu sein, wie (Fig. 10. und 11.) zeigt, nach oben durch, und werden dort gespannt. Die Säge kann mehr oder minder tief gestellt, und das horizontale Brett *c*, vermittelst dessen das fliefsende Wasser die Säge andrückt, nach (Fig. 11.) so angebracht werden, dafs es dem Abschneiden der Pfähle nicht hinderlich ist. Auch kann das Brett, hinreichend breit genommen, an den Befestigungspuncten Charniere bekommen, um es, nach der gröfsern oder geringern Geschwindigkeit des Wassers, mehr oder weniger vertical stellen zu können.

Sind Pfähle nur bis 18 Zoll tief unter Wasser abzuschneiden, so kann solches, wie dem Verfasser aus Erfahrung bekannt, sehr füglich mit ganz horizontalen Sägen, frei, oder auf Strecken, durch die Hand geführt, geschehen.

Der Verfasser kann am Schlusse dieses Aufsatzes die Bemerkung nicht übergehen, dafs nach seiner Überzeugung die Vorsicht bei Brücken und ähnlichen Bauwerken zuweilen wohl zu weit getrieben, und eine überflüssige Menge von Pfählen eingerammt wird. Man bedenke, dafs der Ständer (Hausbaum) einer Bockwindmühle, welcher durchschnittlich gewöhnlich nur 2 Fufs stark, und oft nur von kiefern Holz ist, die ganze Mühle, mit Ruthen, Welle, Mühlsteinen u. s. w. und wohl noch bis 22 Wispel Getreide trägt. Dieses ist bei weitem mehr als irgend ein Frachtwagen ladet. Und doch rammt man in Brückenjochen, selbst wenn an einen Eisgang auf dem Flusse oder Bache gar nicht zu denken ist, und obgleich die Joche schon nahe genug an einander stehen, oft 10, 12 bis 14 Pfähle in einer Reihe ein.

Man verschwendet also bei gewöhnlichen, oft nur wenig über dem Wasser hervorragenden Brücken, an Zeit und Geld, wenn man nun noch überdies die Pfähle so fest einrammt, dafs sie, wie die Eingangs erwähnten, nach wenigen Jahren mit Hebeln von 70 bis 80 Fufs Länge nicht wieder herausgezogen werden können*). Das rechte Maafs würde in solchen Fällen Zeit und Geld ersparen.

Berlin, im April 1831.

---

*) Es mag wohl sein, dafs, während man nur zu oft zu schwach baut, auch zuweilen wohl in hölzernen Brückenjochen (von welchen wahrscheinlich die Rede ist, indem ein steinerner Brücken-Pfeiler wohl leicht mehr wiegt als eine Windmühle mit ihrer Belastung) zu viel Pfähle gerammt werden. Allein nach dem, was die Brücke tragen soll, mufs auch wohl die Zahl der Pfähle nicht allein abgemessen werden, sondern es kommt auch darauf an, dafs das Brückenjoch Stabilität genug bekomme, und dafs die Pfähle so tief gestofsen werden, dafs sie nicht ausgewaschen werden. Anm. d. Herausg.

12.

Beitrag zu den Anweisungen zur Construction hölzerner Decken zwischen den Stockwerken, mit mehr als gewöhnlicher Spannung.

(Fortsetzung der Aufsätze No. 10. und 23. im ersten Bande dieses Journals.)

(Von dem Herrn Landbaumeister *Menzel* zu Berlin.)

Über Räume von gewöhnlicher Breite, nemlich 16 — 18 bis 20 Fuſs, legt man bekanntlich die Balken zu den Decken, 3 bis 4 Fuſs von Mittel zu Mittel entfernt, neben einander, beschaalt die untere Fläche mit Zoll dicken Brettern, bedielt die obere mit $\frac{5}{4}$ bis $\frac{6}{4}$ zölligen Brettern und legt zwischen die Decke und den Fuſsboden Staaken, oder Einschiebebretter, auf welche trockene Erde geschüttet wird *).

Diese einfache Construction könnte bis zu sehr groſsen Spannungen beibehalten werden, wenn man Balken hätte, die verhältniſsmäſsig dick genug wären, um der Last der Decke, des Fuſsbodens, der Möbel etc. zu widerstehen. Auf 60 Fuſs Spannung würden einfache Balken etwa 21 Zoll hoch und 18 Zoll breit sein müssen, um die gewöhnlichen Lasten zu tragen, in sofern die Decke nicht weiter durch Träger oder Stiele unterstützt werden sollte. Da nun aber so starkes Holz selten ist, so sind meistens künstlichere Verbindungen nöthig. Ist jedoch Holz vorhanden, von Natur stark genug, so sind einfache Balken überall künstlichen Verbindungen vorzuziehen, weil der natürliche Zusammenhang der Holzfasern viel fester und gleichmäſsiger elastisch ist, als bei künstlich verbundenen Systemen **).

---

*) Oder mit Stroh durchzogener Lehm, der entweder um die Staaken gewickelt oder über dieselben ausgebreitet wird. Anm. d. Herausg.

**) Diese Bemerkung kann bei diesem Gegenstande nicht genug beherzigt werden. Es ist immer übel gethan, künstliche Holzverbindungen da zu machen, wo man mit der natürlichen Tragkraft des unzerschnittenen Holzes auskommt. Die künstlichen Verbindungen sind nicht allein weniger fest und sicher, sondern, was eine Hauptsache ist; sie sind auch weniger dauerhaft als das unzerschnittene Holz; denn in je mehr Stücke man das Holz zerschneidet, je mehr Fläche setzt es der Luft aus und um so schneller wird es zerstört. Anm. d. Herausg.

Es werden in den folgenden Beispielen die gewöhnlichen Arten der Verschränkung, Verzahnung und Verdübelung der Balken als bekannt vorausgesetzt. Im Wesentlichen kommt es bei der Construction weit gespannter Decken immer nur darauf an, hinreichend feste und hochkantige Träger zu bilden, ganz wie den früheren Aufsätzen zufolge bei den Hängewerken.

Für eine lichte Spannung der Decke von 22 bis 28 Fuſs wird es hinreichend sein, die Decke auf die gewöhnliche Art zu construiren und auſserdem unter jeden Balken zwei Sattelhölzer zu legen, welche 4 bis 5 Fuſs aus der Mauer herausreichen können. Taf. XI. Fig. 1. zeigt diese Construction von der einen Umfassungswand bis zur Mitte des Raums. Die andere Hälfte ist der vorgestellten gleich*). In der Mitte liegt die Decke um die Stärke des Sattelholzes höher, und bekommt also dadurch einen sogenannten Spiegel, welcher Raum zugleich zur Verzierung der Decke benutzt werden kann und nicht übel aussieht. Ist dieser Raum sehr lang, so kann der sechste oder siebente Balken ein gesprengter Träger sein, zur bessern Verstärkung des Systems**). Fig. 2. zeigt einen Theil des Längen-Durchschnitts der Decke. Damit die Tragkraft der Balken nicht durch die Falze der Staken oder Einschiebebretter geschwächt werde, können Latten *a*, *a*... der Länge nach an die Balken angenagelt werden. Auf diese Latten legt man die Einschiebebretter, und darauf die trockene Erde oder den Schutt***).

---

*) Wenn das Sattelholz nicht durch die Mauer geht und auf der andern Seite derselben ebenfalls mit dem Balken zusammengebolzt ist, so kann es die Tragkraft des Balkens nicht verstärken. Es trägt dann nicht den Balken, sondern der Balken trägt das Sattelholz. Die Vergröſserung der Höhe des Balkens an der Seite nutzt wenig oder nichts, sondern nur in der Mitte, wo der Balken zuerst bricht. Es ist sonderbar, daſs die Idee, es könne ein freischwebendes, an den Balken selbst angehängtes Sattelholz, wie man sie z. B. leider so häufig auf wunderliche Weise bei den Landjochen der Brücken findet, die Balken verstärken, immer wiederkehrt und gleichsam unvertilgbar ist, obgleich doch die Unrichtigkeit dieser Idee so sehr in die Augen springt. Wenn das Sattelholz etwa durch eine Strebe gegen die Mauer unterstützt ist, so kann es den Balken tragen helfen, niemals aber ein freischwebendes Holz. Wäre ein solches nicht mit Bolzen an den Balken angehängt, so würde es ja geradezu herunterfallen, und kann doch also unmöglich den Balken tragen helfen!
Anm. d. Herausg.

**) Diese Träger sind es dann, welche die Decke tragen helfen, nicht die Sattelhölzer. Anm. d. Herausg.

***) Die Falze schwächen den Balken nicht sehr, weil sie näher an der obern als an der untern Seite desselben gemacht werden. Die Latten zum Tragen der Staken können abbrechen, wenn die Nägel, womit sie angeheftet sind, verrosten. Wenn

Nimmt die lichte Entfernung der Unterstützungsmauern von einander bis auf 30 und 36 Fuſs zu, so besteht die einfachste Decke nach (Fig. 3.) aus gesprengten Trägern (oder verschränkten und verdübelten Balken), welche, 6 bis höchstens 8 Fuſs von einander entfernt, Binderbalken abgeben. Über diese Balken, durch welche zugleich die Mauern zusammen geankert werden können, legt man Halbhölzer, welche mit ihrer untern Fläche die Schalbretter der Decke und mit der obern die Fuſsbodenbretter tragen. Damit der Fuſsboden warm sei und der Schall weniger durch die Decke dringen könne, bekommt die Decke wieder eine Lage Schutt oder Erde. Es werden, wie in (Fig. 2.), Latten, der Länge nach an die Halbhölzer genagelt und darauf Bretter, und auf diese Schutt gelegt. Sehr trockene Erde ist jedoch besser, weil mit dem Schutt aus alten Gebäuden sehr leicht Wanzen in das neue gebracht werden *). Die Träger müssen an der untern und den Seitenflächen mit Brettern bekleidet werden, weil sie im untern Raume an der Decke sichtbar bleiben. Es entstehen dann zwischen ihnen groſse Felder. Will man, daſs die Träger nicht sichtbar sein sollen, so muſs man, auſser den Halbhölzern, welche den Fuſsboden tragen, unterhalb der Träger, noch Kreuzhölzer wie *a*, *a* ... (Fig. 3.) anbringen, die vermittelst Bolzen an die Träger gehängt werden, und woran alsdann die Schalbretter der Decke genagelt werden können. Dieses macht jedoch mehr Kosten, mehr Mühe, belastet die Decke durch Vermehrung der eisernen Bolzen und des Holzes, und vermindert zugleich die lichte Höhe des untern Raumes. Gegentheils ist eine Decke, deren Träger sichtbar sind, keinesweges unschön, sondern läſst sich, wie vielfach in öffentlichen Gebäuden und Schlössern zu sehen, recht gut verzieren, in sofern nur der Raum hoch genug ist. (Fig. 4.) ist ein Theil des Längen-Durchschnitts von (Fig. 3.) und zwar für den Fall, daſs die Träger bekleidet werden und im untern Raume sichtbar bleiben.

Soll der obere Raum mehr als gewöhnlich belastet werden, so darf man für die lichte Spannung der Decke von 30 bis 36 Fuſs die Träger nur näher aneinander legen. Kommen sie bis auf 4 Fuſs von Mitte zu

---

man also nicht sehr starke Nägel nehmem kann, oder wenn die Balken nicht so sehr schwach sind, daſs sie keine Falze gestatten, so möchten die Falze besser sein als die Latten. Anm. d. Herausg.

*) Der mit Stroh durchzogene Lehm möchte auch in sofern besser sein, als keine Bretter sondern bloſs Staken aus gespaltenem Brennholze nöthig sind um ihn zu tragen. Anm. d. Herausg.

Mitte einander nahe, so können die obern Halbhölzer wegfallen und man kann alsdann unmittelbar die untere Fläche der Träger beschalen und die obere bedielen. Die Latten, welche die Einschiebebretter tragen sollen, können alsdann an die Träger selbst festgenagelt werden. Wenn unmittelbar die untere Fläche der Träger beschalt werden soll, so muſs sie zuvörderst ausgeglichen werden, weil die Träger etwa um den hunderten Theil der Spannung gesprengt oder gekrümmt sein müssen.

Eine andere Art der Verstärkung der Decken auf Spannungen von 30 bis 36 Fuſs, gewähren die sogenannten armirten Balken (Fig. 5. bis 10.). Zu beiden Seiten des Balkens werden zwei Bohlen gelegt, nach der Mitte steigend, um auf diese Art eine Sprengung hervorzubringen. Die Bohlen werden durch Schraubenbolzen an die Balken befestigt, wie (Fig. 5.) im Aufriſs und (Fig. 6.) im Grundriſs zu sehen. Damit aber die Schraubenbolzen nicht das Längenholz der Bohlen spalten können, müssen die Bohlen in die Balken hinein auf folgende Weise versetzt werden. Die Länge des Balkens wird in vier gleiche Theile getheilt. Die beiden Theile in der Mitte werden um die Hälfte der Dicke der Bohlen ausgeschoren, so daſs die Bohlen hier ihre ganze Stärke behalten und sich in *a*, *a* (Fig. 6.) gegen den Balken stemmen. In die beiden Theile nach den Enden zu werden ebenfalls Verzahnungen auf die halbe Dicke der Bohlen ausgeschoren, um die Stützpuncte zu vermehren. Dieselben Verzahnungen erhält, auf ihre halbe Dicke, die Bohle, welche, von oben gesehen, hier nur in ihrer halben Dicke erscheint, wie der Grundriſs (Fig. 6.) zeigt. Die punctirten Linien zeigen die ganze Dicke der Bohle, wie sie unterhalb in die Verzahnung des Balkens eingreift. Da wo die vier Bohlenstücke in der Mitte des Balkens gegen einander stoſsen, werden Bleistreifen dazwischen gelegt, um zu verhindern, daſs sie spalten. Auch läſst man die Bohlen nicht ganz bis an die Mauern reichen, damit, wenn sich etwa der Balken senken sollte, die Mauern, besonders wenn sie schwach sind, nicht durch den Schub der Bohlen leiden mögen. (Fig. 7.) ist der Durchschnitt des armirten Balkens in der Mitte, nach doppeltem Maaſsstabe; (Fig. 8.) der Durchschnitt bei *ab* in (Fig. 5.). (Fig. 9.) ist der Querschnitt des Balkens durch die Mitte, wenn man sich die Bohle weggenommen vorstellt. (Fig. 10.) ist die Längen-Ansicht des verzahnten Theils des Balkens, wenn die Bohlen weggenommen sind. Der schraffirte Theil ist die um die halbe Dicke der Bohle zurückliegende Fläche des Balkens. Die Verzahnung des

Balkens mufs die Lage (Fig. 10.) haben, damit, wenn der Balken sich senken will, seine Verzahnung sich gegen die Verzahnung der Bohlen stemme. Die Senkung der Bohlen ist weniger möglich wegen ihrer bedeutenden Sprengung, welche die Hälfte ihrer Höhe beträgt. Je nachdem die Spannung gröfser oder geringer ist, kann auch die Stärke der Hölzer verschieden sein. Auf 24 bis 26 Fufs Spannung werden gewöhnliche, 10 Zoll hohe, 9 Zoll breite Balken, und 3 Zoll starke Bohlen hinlänglich sein. Für gröfsere Entfernungen, bis 36 Fufs, kann der Balken 12 Zoll hoch, 10 Zoll breit, und die Bohlen können 4 höchstens 5 Zoll stark sein. Auch richtet sich die Stärke der Bohlen nach der Last, welche die Decke tragen soll. Auf den obern Theil der Decke wird so viel aufgefuttert, dafs man Halbhölzer quer über die armirten Balken legen kann, woran man unten die Schalbretter und oberhalb den Fufsboden befestigt. In diesem Falle bleiben die armirten Balken in dem untern Raume sichtbar, und müssen also unterhalb und an den Seiten bekleidet werden. Die Entfernung der als Träger zu betrachtenden armirten Balken kann von Mitte zu Mitte 7 bis 8 Fufs betragen.

Will wan die Träger im untern Raume nicht sichtbar werden lassen, so müssen, aufser den vorhin erwähnten Halbhölzern, welche den Fufsboden tragen, noch unterhalb Kreuzhölzer, vermittelst Schraubenbolzen angehängt werden, um die Schalbretter der Decke daran zu befestigen. Diese Kreuzhölzer kommen, weil die Bohlen an den Enden des Balkens um die Hälfte ihrer Höhe vorstehen, um diesen Vorsprung tiefer zu liegen, wodurch die lichte Höhe des untern Raumes verliert; auch wird die Decke durch das mehrere Holz und die Schraubenbolzen schwerer.

Im neuen Königlichen Museum-Gebäude zu Berlin sind armirte Balken in der Dach-Etage angewendet worden. Um nemlich die Bildersäle besser gegen das Feuer zu schützen, wenn etwa das Dach abbrennen sollte, wollte man kein Hängewerk machen, indem dessen Streben, die unmittelbar in die Hauptbalken hätten müssen gestellt werden, das Feuer den Balken und der Decke der Säle mitgetheilt haben würden. Man hat über die armirten Balken, welche das Dachgebälk bilden, schwache Halbhölzer, dicht an einander, mit einem Zoll Zwischenraum, gelegt und über dieselben einen 3 Zoll hohen Lehm-Estrich geschlagen, welcher nun den Dachraum von dem darunter liegenden Stockwerke absondert. Das flache, mit Zink bedeckte Dach ruht auf besonderen Schwellen, welche auf den Lehm-Estrich gestreckt, und dadurch außer Verbindung mit dem Hauptgebälke gesetzt sind. Das etwanige Abbrennen des Dachs kann nun den untern Räumen weniger schaden. Ein ähnlicher Lehm-Estrich scheidet die obern Bildersäle von den darunter befindlichen Sälen für die Sculpturen. Die Bildersäle, über welchen die armirten Balken frei liegen, sind 31 und 32 Fuß im Lichten breit. Um die armirten Balken noch mehr zu verstärken, sind statt eines Balkens je zwei neben einander gelegt, und mit drei Bohlen verbunden, von welchen zwei an den äußeren Flächen liegen, und eine starke Bohle zwischen den beiden Balken. Die mittelste Bohle mußte stärker sein, weil sie an beiden innern Flächen der Balken ausgeschoren werden mußte. Übrigens ist die Verbindung ganz so angeordnet, wie vorhin beschrieben.

Ein Vortheil der armirten Balken ist, daß das Holz dazu nicht so ungewöhnlich stark zu sein braucht, wie wenn zwischen zwei sehr hochkantigen Balken ein dritter gesprengt und verzahnt eingelegt wird. Und wenn man sehr starkes Holz, welches verhältnißmäßig auch sehr theuer ist, nicht in seiner natürlichen Gestalt verbrauchen kann, so ist es vortheilhafter, sich schwächerer Hölzer zu bedienen; denn das Arbeitslohn bleibt dasselbe und schwaches Holz ist viel wohlfeiler *).

Ist der Raum unter der Decke sehr hoch, so daß es nicht darauf ankommt, ob sie ein Paar Fuß von der Höhe des Raumes wegnimmt, so kann man sich, bei einer Spannung von 40 bis 50 Fuß, der (Fig. 11.) in der Ansicht und (Fig. 12.) im Grundriß vorgestellten Construction be-

*) Ein Balken, welchen man mit Bohlen armiren will, kann eben nicht schwächer sein, als wenn man zwei darüber gelegte Stücke, von der halben Länge, damit verzahnen will, weil die Bohlen in den Balken eingelassen werden müssen, wodurch noch ein bedeutender Theil der Stärke des Balkens ungenutzt verloren geht. Weniger Masse oder Holz hat der Balken mit den beiden Bohlen auch beinahe nicht, als ein verzahnter Balken. An Höhe oder Dicke der Decke gewinnt man durch die armirten Balken gegen verzahnte ebenfalls nicht, weil die Bohlen über und unter die Balken hervortreten, wie (Fig. 5.) zeigt. Die Kosten der armirten Balken sind ferner nicht geringer als die der verzahnten, und die Tragkraft eines armirten Balkens ist schwächer, als wenn man über den nemlichen Balken zwei Stücke legt und damit verzahnt verbolzt; denn diese Stücke stemmen sich besser gegen einander als die Köpfe der dünnen Bohlen. Sie können, wenn man will, nach den Seiten zu fast spitz auslaufen und dürfen nur in der Mitte die volle Dicke haben, was man, im Vorbeigehen bemerkt, bei Brücken mit einer Öffnung benutzen kann, um der Bahn Abhang nach den Enden zu verschaffen.

Aus allen diesen Gründen dürften armirte Balken vor verzahnten keinen wesentlichen Vorzug haben, sondern viemehr die einfacheren verzahnten Balken besser sein als die künstlicheren armirten. Anm. d. Herausg.

dienen. (Fig. 13.) ist der Durchschnitt derselben durch die Mitte. (Fig. 14. und 15.) stellen die noch zu beschreibenden eisernen Hülsen in doppeltem Maafsstabe vor. Das System dieser Träger beruht wieder auf der Bildung einer hinlänglich hohen und folglich tragbaren Verbindung. Um sie zu erreichen, ist ein sogenannter doppelter Bock aufgestellt. In den Balken *A* (Fig. 11.), welcher aus einem Stück sein mufs, sind die Streben *C*, *C* gesetzt und stemmen sich gegen den Spannriegel *B*. Da die Hängesäulen *D*, *D*, der geringen Höhe wegen, nicht von Holz sein können, so werden dazu eiserne Hülsen genommen. Wegen der geringen Neigung der Streben ist es nöthig, Bolzen durch dieselben und die Balken zu ziehen, damit die Streben nicht aus ihren Versatzungen weichen können. Die Hauptträger liegen 6, 7 bis 8 Fufs von einander entfernt, nach der Gröfse der Belastung. Durch den Hauptbalken *A* werden Schraubenbolzen gesteckt, woran die Kreuzhölzer, welche die Schalbretter tragen, befestigt werden. Damit sich die Streben und der Spannriegel nicht biegen können, werden 3 bis 4zöllige Bohlen *G*, *G*, *G*, hochkantig unter dieselben gestellt, und einen halben Zoll tief in den Balken und die Streben und den Spannriegel eingelassen. Um die horizontale Ebene des Fufsbodens hervorzubringen, stehen an der Mauer die doppelten Hölzer *E*, *E*, welche die Streben umfassen und mit ihnen zusammengebolzt sind, weil sie nicht füglich anders befestiget werden können. Die oberhalb darin liegenden Hölzer *F*, *F* vollenden die horizontale Ebene, sind mit den vorhin erwähnten Stützen bei *E*, *E* zusammengebolzt, und auf die Streben *C*, *C*, um dieselben nicht zu schwächen, mit langen eisernen Nägeln aufgenagelt. Auf der horizontalen Ebene liegen die Unterlagen des Fufsbodens von Halbholz. Die eisernen Hülsen *D*, *D* sind da, wo die Streben sich in dieselben stemmen, $1\frac{1}{2}$ Zoll stark. Eben so stark sind sie da, wo die Keile liegen. Ihre Seitenwände sind durchschnittlich nur $\frac{5}{8}$ Zoll stark. Um diese Decke aufzustellen, oder zu r i c h t e n, ist ein Gerüst nöthig, wie bei Hängewerken. Zuerst wird der Balken *A* hinaufgebracht, an welchen man die eisernen Hülsen bereits angeschoben hat. Dann werden die Schraubenbolzen eingesteckt, welche die Decken-Kreuzhölzer tragen sollen, und zwar die Schraubenmuttern nach unten, weil man sonst, nach geschehener Aufstellung, nicht mehr würde nachschrauben können. Ist dies geschehen, so werden die hochkantigen Bohlen *G*, *G*, *G* aufgelegt und vorläufig so befestigt, dafs sie nicht wanken können. Alsdann legt man die

Streben *C*, *C* und den Spannriegel *B* auf. Damit die Streben in die eisernen Hülsen eingepafst werden können, sind diese nach unten länger als die Unterkante des Balkens zum Auflager erfordern würde, so dafs man sie frei nach oben, unten und schräg bewegen kann. Sind die Streben und der Spannriegel in die Hülsen eingelegt und letztere senkrecht gestellt, so werden in dieselben, unterhalb des Balkens, die eisernen Keile bei *H*, *H* eingetrieben, welche den Balken, da wo derselbe in den Hülsen liegt, in der gehörigen Lage erhalten und die Senkung verhindern. Alsdann stellt man die Hölzer bei *E*, *E* auf, legt die Hölzer *F*, *F* hinein, und streckt darüber die Fufsboden-Halbhölzer. Kommen diese Träger, wegen gröfserer Last, bis auf 3 bis 4 Fufs einander nahe, so fallen die Halbhölzer des Fufsbodens und die Kreuzhölzer der Decke weg *).

Eine Anordnung, welche allen Bedingungen entspricht, die man an eine zweckmäfsige und dauerhafte Decke machen kann, stellt (Fig. 16.) im Längendurchschnitt vor. Diese Decke besteht aus gesprengten Trägern, welche etwa 4 Fufs von Mitte zu Mitte von einander entfernt liegen. *C*, *C* ist die Ansicht der Sprengung der Träger. Diese Decke wird nur etwa 3 Fufs dick. Die Träger *A*, *A* liegen etwas höher als die Träger *B*, *B*, und zwar so, dafs sie dieselben auf keine Weise berühren. Die Träger *A*, *A* tragen den Fufsboden des obern Stockwerks, die tiefer liegenden Träger *B*, *B* die Decke des untern Stockwerks. Hierdurch wird Zweierlei erreicht. Da nemlich auf diese Weise jedes der beiden Trägersysteme nur eine der beiden Lasten: Fufsboden und Decke, zu tragen hat, so kann die zu überspannende Weite gröfser, oder die zu tragende Last bedeutender sein, als bei den frühern Systemen, welche Fufsboden und Decke zugleich tragen mufsten, und Erschütterungen des obern Fufsbodens können sich der darunter befindlichen Decke nicht mittheilen und dieselbe verderben, weil Decke und Fufsboden gänzlich isolirt sind. Dieserhalb eignet sich diese Anordnung vorzüglich für Tanzsäle, worunter sich

---

*) Für die Spannung von 40 bis 50 Fufs, für welche diese Decken bestimmt sind, werden auch gewöhnliche verzahnten Balken noch vollkommen hinreichend sein, wenn die Balken nur 9 bis 10 Zoll breit und 11 bis 12 Zoll hoch sind; denn sie sind es, von dieser Stärke, selbst zu Brücken, und Brücken, über welche schwere Frachten sich bewegen, müssen in der Regel noch mehr Tragfähigkeit haben als Decken in Gebäuden. Da nun die Träger (Fig. 11), wie die blofse Ansicht der Figur zeigt, bei weitem künstlicher und theurer sind als gewöhnliche verzahnte Balken, so dürften die letztern vorzuziehen sein. Anm. d. Herausg.

wieder große Räume befinden. Die Spannung, oder die lichte Weite des Raumes, kann hier 50 bis 60 Fuß betragen, je nachdem starkes Holz zu haben ist *).

Eine größere Spannung als 60 Fuß dürfte wohl bei Decken zwischen Stockwerken nicht leicht vorkommen; denn des guten Verhältnisses der Räume wegen würden dann schon Unterstützungen der Decke durch Säulen, Pfeiler oder Bogen nothwendig sein.

Ist der untere Raum hoch genug, so kann man sich, wenn die Spannung nicht über 28 bis 30 Fuß beträgt, auch der in (Fig. 17. und 18.) angedeuteten Construction bedienen. Die Etagen-Balken liegen hier, wie gewöhnlich, 3 bis 4 Fuß von Mitte zu Mitte von einander. In (Fig. 17.) liegt ein solcher Balken bei *A*; ihn unterstützt ein doppelter Stiel *B*, welcher in einer Vertiefung der Wand steht, und in diesen doppelten Stiel und den Balken stemmt sich die aus krumm gewachsenem Holze gearbeitete Strebe *C*. Schraubenbolzen gehen durch den doppelten Stiel und die Strebe und den Balken. (Fig. 18.) zeigt die vordere Ansicht dieser Verbindung. Die krumme Strebe wird mit Brettern beschalt und bildet eine auf beiden Seiten des Raumes unter der Decke hinlaufende Voute. Nimmt man an, daß der Balken 17 Fuß weit frei liegen darf, so giebt dies, wenn die Streben ihn bis auf 6 Fuß von der Mauer ab, auf jeder Seite unterstützen, 29 Fuß lichte Weite. Ein Längenverband an der Mauer, aus Schwellen oder Rahmen bestehend, findet hier wie in ähnlichen Fällen nicht Statt, sondern der doppelte Stiel wird bloß durch Haken, oder besser durch eingemauerte Schraubenbolzen, an der Mauer festgehalten; denn wollte man eine Schwelle oder einen Rahm legen, so müßte entweder die obere Mauer schwächer werden, welches nicht immer angeht, oder ein Theil derselben würde auf das Längenholz zu stehen kommen,

*) Da die Last, welche dem obern Fußboden aufgelegt wird, bei weitem größer sein wird, als das Gewicht der untern Decke, welches nicht bedeutend ist, besonders weil es nicht in Bewegung geräth, so dürften die Träger *B*, welche die Decke tragen sollen, in Verhältniß zu den Trägern *A*, welche den Fußboden tragen sollen, wohl allzu stark und kostbar sein. In Pallästen, wenn etwa die untere Decke sehr kostbar mit Stuccatur-Arbeit verziert werden soll, mögen Fälle vorkommen, wo es durchaus nöthig ist, die Erschütterungen davon ganz abzuhalten, und dazu dient dann die hier beschriebene Decke. Sonst aber darf man die Decke, wenn sie etwa gemalt werden soll, nur erst mit Papier überziehen oder tapeziren, um darauf zu malen. Dann schadet ihr die Erschütterung nicht. Anm. d. Herausg.

welches, wie bekannt, nicht gut ist. Eine dieser ähnliche Anordnung würde sich insbesondere für runde Räume eignen *).

Die Figuren (19. 20. 21. und 22.) stellen eine andere Art von Decke über einen Raum von 24 bis 26 Fuſs lichter Weite vor. Die durchgehenden, 10 bis 11 Zoll hohen Balken *A*, *A* (Fig. 19.), im Grundriſs gesehen, liegen etwa 4 Fuſs von einander entfernt. In diesen Hauptbalken liegen kurze Stücke *B*, *B*, von gleicher Stärke, welche mit einer Art schwalbenschwanzförmiger Brustzapfen in die Balken *A*, *A* gelegt sind, wie in der im doppelten Maaſse gezeichneten (Fig. 21.) deutlicher zu sehen ist. Da die schrägen Schnitte der Brüstungen, welche das Heruntersinken der kurzen Hölzer verhindern, zugleich einen sehr starken Seitenschub dieser kurzen Hölzer verursachen, so ist es nöthig, diesen Schub durch die Schwalbenschwänze wieder aufzuheben, und so die ganze Decke zu einem festen Systeme nach allen Puncten hin gleichmäſsig zu verbinden. Wären die Schwalbenschwänze nicht da, so könnte der Schub auf die Balken, welche der Mauer zunächst liegen, so stark werden, daſs selbst die Mauern dadurch litten. (Fig. 20.) zeigt den Durchschnitt durch die Mitte der kurzen Hölzer. Will man unten eine ebene Decke haben, so werden die Schalbretter von unten angenagelt, und wenn die Ausfüllung mit trockener Erde zwischen Decke und Fuſsboden nicht Statt finden soll, so darf man nur auf die obere Fläche der Balkenlage einen doppelten, oder auch Parquet-Fuſsboden legen, welches hinlänglich dicht und warm sein wird. Will man hingegen die regelmäſsige Construction der Decke unterhalb sichtbar, oder sogenannte Casetten machen, so verfahre man nach (Fig. 22.). *A* ist der Hauptbalken durch die Mitte einer solchen Casette geschnitten. *B*, *B* ist die Ansicht der kurzen Stücke. Die oberste Ebene *a* über dem Hauptbalken ist der Fuſsboden des obern Stockwerks; der darunter folgende Raum bei *b* ist die Ausfüllung mit trockener Erde. Dieser folgen bei *c* die sogenannten Einschiebe-Bretter, welche auf Latten ruhen, die mit eisernen Nägeln an die Balken befestigt sind, wie in dem

*) Die Strebe *C* trägt den Balken nur dann, wenn die Mauer unten bei *X* dem Seitenschube der Strebe zu widerstehen vermag. Dieser Seiten-Schub wird zwar durch die eigene Tragkraft des Balkens *A* vermindert, allein in sofern letztere nicht hinreichend und die Strebe zur Verstärkung nöthig ist, muſs man immer auf den Seitenschub rechnen. Jedenfalls also muſs man die Mauer bei *Y* sehr stark an den Balken ankern, und dieser muſs durch das ganze Gebäude gehen; denn sonst würde die Mauer nach auſsen gedrängt werden. Anm. d. Herausg.

Raume bei *d* an den Balken zu sehen ist. Die Schalbretter bei *e* werden ebenfalls an die Latten von unten herauf genagelt, und es entsteht alsdann noch ein Vorsprung für die Casetten von etwa 7 Zoll hoch, welchen innerhalb hölzerne Gesimse umgeben. Eine solche Decke hat deshalb mehr Tragfähigkeit, weil durch die Schwalbenschwänze alles zu einem Ganzen vereinigt und, vermittelst der schrägen Schnitte der Brüstungen, jeder Druck von oben herab der ganzen Decke auf allen Puncten gleichmäſsig mitgetheilt wird. Ihre Höhe oder Dicke ist auſserdem gering, welches oft gewünscht werden muſs. Gut dürfte es sein, zu dem Hauptbalken *A* Hölzer zu nehmen, die etwas krumm gewachsen sind, und eine Sprengung nach oben gewähren, weil die Last der Decke, die in der Mitte am stärksten ist, sie biegt. Die Zwischenräume können nicht wohl gröſser als 4 bis 6 Fuſs sein, sowohl wegen der Dicke der Dielen und Schalen, als wegen des Zusammentrocknens der kurzen Hölzer. Eine gröſsere Masse Holz trocknet im Verhältniſs zu ihrer Dicke mehr zusammen, als eine kleinere; und folglich würden bei längeren Querstücken die Fugen der Verbindungen bei dem Zusammentrocknen mit der Zeit verhältniſsmäſsig gröſser werden, welches nachtheilig sein und namentlich Senkungen zur Folge haben könnte *).

Sind die Mauern in den obern Stockwerken wie gewöhnlich schwächer, so kann man die bisher beschriebenen Systeme auf starke Mauerlatten von Halbholz lagern, welches sowohl das Richten erleichtert als auch den Druck der einzelnen Träger auf alle Stellen der Mauer gleichmäſsig vertheilt.

(Fig. 23. 24. 25. Taf. XII.) stellen eine Decke von 40 Fuſs Spannung vor, die, wegen geringer Höhe des Raums darunter, nicht dick werden durfte. Der gesprengte Träger *A* trägt, vermittelst eiserner Über-

---

*) Ein Bedenken gegen diese Verbindung ist, daſs die Balken *A*, welche tragen sollen, durch die Einschnitte zu den Querstücken *B* bedeutend geschwächt werden. Die Querstücke können nichts weiter nutzen, als daſs sie den Druck, der etwa auf einen einzelnen Balken wirkt, mehreren Balken mittheilen. Aber sie thun dies doch nur auf eine sehr unvollkommene Weise, und vertheilen keinesweges den Druck auf die ganze Decke. Für Spannungen von 24 bis 26 Fuſs dürfte daher die Haltbarkeit dieser Decke, wenn die Balken nicht etwa ungewöhnlich stark, nemlich wenigstens 12 Zoll breit und 14 bis 15 Zoll hoch sind, zweifelhaft sein. Die sehr nützliche Vertheilung des Drucks auf mehrere Balken, wird man viel einfacher dadurch erreichen können, daſs man zum obern Boden etwas stärkere, etwa 2 oder 2½zöllige Bretter nimmt. Anm. d. Herausg.

würfe, die längs ihm hinlaufenden Lagerhölzer *B*, *B* (Fig. 23. 24.). Der Überwurf ist oben auf den Träger, und da wo die Hölzer *B*, *B* darauf ruhen, 1 Zoll dick, die senkrechten Theile desselben aber sind nur $\frac{1}{2}$ bis $\frac{5}{8}$ Zoll stark. Auf den Hölzern *B* liegen zwischen den Trägern Querhölzer *D*, *D*, welche die Decken-Schalung und den Fufsboden tragen. Zwischen den Trägern entstehen hier wieder Felder in der Decke, und es müssen daher die vorspringenden Träger *A*, *A*, und die Hölzer *B*, *B* bekleidet werden. Latten, welche an die Querhölzer *D*, *D* mit eisernen Nägeln befestigt sind, tragen die Einschiebebretter. (Fig. 23.) zeigt linkerhand den gesprengten Träger von der Seite und die eisernen Überwürfe, rechts die Lage der übrigen Hölzer. (Fig. 24.) ist der Längendurchschnitt und (Fig. 25.) der Grundrifs der Verbindung *).

(Figur 26. 27. 28.) stellt eine Decke über einem quadratischen Raum vor. Des Maafsstabes wegen sind nur 36 Fufs lichte Weite des Raumes vorausgesetzt. Es ist aber leicht zu sehen, dafs die Hölzer nur vervielfältigt und verstärkt werden dürfen, um auch viel gröfsere Räume auf diese Art zu überspannen. Diese Decke beruht auf einem Verengungs-System, welches aus dem halben Grundrisse (Fig. 27.) zu sehen. (Fig. 26.) ist der Durchschnitt durch die Mitte. Im Grundrisse (Fig. 27.) sind *A*, *A* zwei gesprengte Träger, welche unter allen übrigen Hölzern liegen (Fig. 26.). Über ihnen liegen die Träger *B*, *B* (Fig. 26. u. 27.), welche aus einfachem Holze bestehen und den Raum schon enger begrenzen. Die Halbhölzer *C*, *C* .... ruhen auf den Trägern *A* und auf der Mauer, und dienen, die Deckenschalung der Dreiecke zwischen den

*) Hier ist zu bemerken, dafs die Hölzer *B*, *B* durch die eisernen Biegel oder Sättel über den Trägern nur ziemlich unsicher gehalten werden dürften; und wenn die Biegel in den Ecken bei *x*, *x* (Fig. 24.) brechen, was leicht möglich ist, so fällt die Decke zwischen den Trägern herunter. Hier würde es nützlich sein, die Hölzer *B*, *B* durch Sperrhölzer, auf die Weise wie die Balken in (Fig. 19. Taf. XI.), von einander zu sperren. Dann würden die Hölzer *B*, *B* (Fig. 24.) weniger die eisernen Biegel bei *x*, *x* zu zerbrechen trachten, und besser von ihnen getragen werden. Statt der an den Hölzern *D* (Fig. 23.) genagelten Latten, welche die Decke tragen sollen, würden wohl in jedem Falle besser Falzen in die Hölzer *D*, *D* gemacht werden.

Übrigens wird es wohl meistens auch nicht viel mehr kosten, wenn man, ganz einfach, statt der Hölzer zwischen den Trägern, noch einen oder zwei Träger zwischen je zwei Träger mehr legt, und daran unmittelbar die Bretter des Fufsbodens und der Schalung befestigt. Ist aber der Unterschied der Kosten nicht bedeutend, so ist das letztere unstreitig besser, weil die Decke dadurch die doppelte und dreifache Tragfähigkeit bekommt. Anm. d. Herausg.

Mauern und den Trägern *A* zu halten, welche Dreiecke zugleich die am tiefsten liegenden Flächen der Decke sind. Über den Trägern *B*, *B* liegen die Balken *D*, *D*, welche den Fufsboden des obern Stockwerks und die übrigen Theile der Decke tragen; nemlich die Schalung des quadratischen Theils in der Mitte, und die Schalung der Dreiecke zwischen den Trägern *A* und *B*. Um den Deckenbalken *D*, *D* überall gleich hohe Auflager zu verschaffen, müssen über den Trägern *A*, *A* (Fig. 27.), der Länge nach, bei *a*, *b* und *f*, *g*, und zwar auf der Oberfläche der Halbhölzer *C*, *C*, Auffutterungen gemacht werden, bis zur Höhe der Oberkante der Träger *B*, wie in (Fig. 26.) links *E* andeutet. In (Fig. 26.) sieht man links die Lage des Trägers *A*, der Träger *B*, *B*, der Halbhölzer *C*, *C*, des ausgleichenden Holzes *E* und der Deckenbalken *D*, *D*. Rechts zeigt sich der Durchschnitt durch die Mitte. Die übereinander liegenden Hölzer müssen auf die gewöhnliche Art verkämmt und die Träger mit einander durch eiserne Bänder und Bolzen verbunden werden. Ist die lichte Weite des Raumes gröfser, so mufs die Zahl der Träger und Felder zunehmen; nur wird es des Ansehens wegen gut sein, die dreieckigen Felder nicht zu sehr zu vervielfältigen, und unter zu verschiedenen Winkeln entstehen zu lassen. Es wird daher, bei gröfserer lichter Weite, gut sein, die Träger möglichst zu verstärken, um einfache Figuren in der Decke zu bekommen. An Höhe des Raumes verliert man bei dieser Anordnung wenig, weil der mittlere Spiegel der Decke immer so hoch liegt, als es überhaupt die Stärke des obern Gebälkes *D* erlaubt *). Alles Verschneiden und Überblatten der Hölzer ist vermieden worden. Man würde dadurch zwar allenfalls die ganze Decke in eine Ebene haben bringen können, aber ihre Tragbarkeit würde auch sehr verloren haben, und bei gröfserer lichten Weite würde sie unausführbar gewesen sein.

Im Allgemeinen ist bei den Decken, wie überall bei Zimmerwerken, darauf zu sehen, dafs die Verbindungen so einfach gemacht werden als möglich, dafs die Hölzer so wenig als möglich geschwächt und also Überblattungen und Einschnitte, wie sie namentlich in den Französischen

*) Die ganze Last dieser Decke ruht auf den vier Trägern *A*, *A*, *A*, *A* und sie ist ihnen noch dazu auf die ungünstigste Weise, in der Mitte, aufgelegt. Die Decke hat daher wenig Tragfähigkeit, und man wird wohl immer wieder besser thun, auf ganz einfache Weise, verzahnte Träger, 3 bis 4 Fufs von einander, über den Raum zu legen, und daran unmittelbar die Bretter der Decke und des Fufsbodens zu befestigen.
Anm. d. Herausg.

Constructionen vorherrschen, die aufserdem gewöhnlich sehr sinnreich sind, so viel nur möglich vermieden werden.

Möge es vergönnt sein, hier noch einer Verdübelung zu erwähnen, welche in „Gudme's Handbuch der theoret. und pract. Wasserbaukunst, Berlin bei Rücker 1829, 3ter Band S. 173." beschrieben und in (Fig. 28.) *A*, *B*, *C*. vorgestellt ist.

Der Verfasser sagt:

„Bei der Wiederherstellung des abgebrannten Hoftheaters in München hat man eine Verzahnung angewendet, wie folgt. Man verbindet „nemlich die aufeinander zu befestigenden Balken mit Schlufskeilen von ge„gossenem Eisen, deren Querschnitt aus zwei aufeinander gesetzten Schwal„benschwänzen besteht; man sehe (Fig. 28. *a*, *b*) und (Fig. 28. *A*, *B*). „(Fig. 28. *C*) ist die obere Ansicht eines solchen Keiles (wie (Fig. 28. *A*, *B*) „in doppeltem Maafsstabe), und bei *e* ist dessen Verjüngung angegeben. „Die Einschnitte werden in die Balken mit möglichster Genauigkeit gemacht, „so dafs die Keile in sie hinein getrieben werden müssen. Es ist unver„kennbar, dafs auf diese Weise die Holzstärke mehr geschont, das Hirn„holz zusammengeprefst und eine gröfsere Tragkraft als durch die ge„wöhnliche Verzahnung erreicht wird. Bei gröfseren Constructionen ist „für diese Keile eine Höhe von 3 Zoll, eine Breite für die vordere Fläche „des Schwalbenschwanzes (Fig. 28. *A*) von zwei Zoll, und eine Verjün„gung von einem halben Zoll hinreichend. Die Balken müssen aufser„dem noch in angemessenen Entfernungen mit Schraubenbolzen auf ein„ander befestigt werden."

Hierzu scheint eine Bemerkung nöthig. Da nemlich die Keile, nach der Zeichnung des Originals, vorn und hinten einerlei Höhe haben, so kommt in jedes Loch des Trägers nur ein Keil zu liegen, und folglich müssen, um die Spannkraft zu vermehren, die Keile wie in (Fig. 28.) bei *a* und *b*, in die Träger hinein getrieben werden. Dieses mufs nun so geschehen, dafs, in der Seitenansicht des Trägers, immer ein breiter Kopf des Keiles mit einem schmalen Ende desselben abwechselt. Wenn nemlich *a* (Fig. 28.) den breiten Kopf eines Keiles vorstellt, so ist *b'* das schmale Ende des nächsten u. s. w. Dies erhellet weder aus dem Text noch aus der Original-Zeichnung, welche einen sehr kleinen Maafsstab hat. Ferner liegen die beiden Balken, welche zu einem Träger vereinigt werden sollen, ganz glatt auf einander, ohne sogenannte Verzahnung, obgleich der Verfasser einer Verzahnung erwähnt. Auch einer Sprengung des untern Holzes wird nicht gedacht, welche, wenigstens bei großsen Entfernungen, nicht ohne Nutzen wäre. Außerdem dürfte diese Construction ihrer Einfachheit und Tragkraft wegen sehr zu empfehlen sein. Eiserne Dübel haben vor hölzernen unstreitig den Vorzug, weil die letztern unter großer Last zerquetscht werden können *).

Berlin, im April 1831.

---

*) Eiserner Dübel hat man auch früher schon sich bedient. Verzahnungen sind, mit den Dübeln zugleich, nicht unbedingt nöthig, weil die Dübel ihre Stelle vertreten. Übrigens ist der Vorzug der Dübel vor der Verzahnung wohl nur scheinbar, weil die Balken durch die Einschnitte zu den Dübeln um eben so viel geschwächt werden als durch die Verzahnung. Die Sprengung der verzahnten Balken ist immer nöthig, und zwar nicht etwa, wie man zuweilen meint, dazu, daß sie die Form von Streben bekommen, und auf die Weise wie diese tragen, denn dazu fehlen in der Regel die Widerlager, die, wegen der sehr flachen Lage der Streben, ungeheuer stark sein müßten, sondern deshalb, damit die untere Linie der Träger, wenn sich dieselben um etwas biegen, was vermöge der Elasticität des Holzes immer geschieht, wenigstens nicht unter die grade Linie sich begeben und einen Bogen nach unten bekomme, wodurch die Tragkraft der Träger bedeutend vermindert werden würde.

Anm. d. Herausg.

13.
Eine einfache Baggermaschine.

(Aus dem *Journal du génie civil*; 6ter Band, Februar-Heft 1830.)

Die Baggermaschinen mit Eimern sind zwar gut in Sand und Kies, weniger aber, und selbst beschwerlich, in festerem Boden, und wenn man auf Steine, alte Baumstämme, Grundpfähle u. s. w. trifft. Da zerbrechen sie leicht und erfordern beständige Reparaturen. Das Baggern wird dadurch aufgehalten; und kann man den Arbeitern nicht einstweilen andere Arbeiten geben, so muſs man den Tagelohn umsonst bezahlen. Auch bei dem Übergange von einer Arbeit zur andern geht Zeit verloren. Berechnet man die Baukosten solcher Maschinen, ihre Unterhaltungskosten und den Verlust an Zeit, so wird man nicht leicht günstige Resultate finden. Oft sind ihnen sogar die kleinen Handbagger vorzuziehen, die für jeden Boden passen. Felsen, Grundpfähle u. s. w. lassen sich damit leicht entdecken und entblöſsen, um alsdann Haken, Zangenwerke etc. nach Umständen anzulegen. Ist aber das Erdreich sehr zähe, so wirkt der Handbagger fast gar nicht mehr. Er ist, mit seinem Stiele, ein Hebel, an dessen kürzerem Arm der Arbeiter wirkt, der auſserdem noch den Widerstand des Drehpunctes gewähren muſs, so daſs die Wirkung dieser Bagger sehr unbedeutend ist. Man muſs in der Regel dem Arbeiter, der den Bagger hält, noch einen zweiten zur Hülfe geben, mit einer Stange, woran sich eine eiserne Gabel mit umgebogenen Zacken befindet. Mit dieser Gabel (oder kleinem Bootshaken) bringt der zweite Arbeiter den Bagger an den Ort, wo er fassen soll, und drückt ihn mit dem Gewicht seines Körpers in das Erdreich. Der erste Arbeiter, welcher den Stiel des Baggers hält, braucht dann nur zu ziehen. Ist der Boden sehr zähe, so muſs man von Zeit zu Zeit, statt des kleinen Baggers, einen groſsen Haken nehmen; denn die Stangen, mit welchen man zuweilen den Boden zu zertheilen sucht, wirken wenig. Während nun aber der eine Arbeiter den Bagger in die Höhe zieht, das Wasser austropfen läſst und die ausgebaggerte Masse ausschüttet, hat der andere nichts zu thun; und dieses ist ein bedeutender Zeitverlust, weil die Operation oft wiederholt wird.

Man könnte zwar diesen Zeitverlust vermindern, wenn man den Gehilfen für zwei Bagger anstellte, die er abwechselnd zu bedienen hätte; allein es finden sich leicht Hindernisse, welche die Operation verzögern, und die Regelmäſsigkeit der Bewegungen stören. Auf der andern Seite darf der, welcher den Bagger andrückt, nicht seine ganze Kraft gebrauchen, weil sonst sein Gehilfe den Bagger nicht ziehen könnte, so daſs zum Verlust an Zeit auch noch ein Verlust an Kraft kommt. Ist ferner die Zahl der Baggerer groſs, so lassen sich die Trägen wenig bemerken. Ohne sich anzustrengen, scheinen sie die Stiele ihrer Werkzeuge zu bewegen; man sieht sie sich rühren, und dennoch leisten sie wenig; man schiebt alsdann leicht die Schuld auf die Beschaffenheit des Bodens. Eine andere Schwierigkeit bei den Handbaggern ist, daſs sie nur in der guten Jahreszeit gebraucht werden können, denn in der Kälte friert die Arbeiter, weil ihre Hände beständig naſs sind, bald dermaſsen, daſs sie die Arbeit unterbrechen müssen.

Diese kurzen Bemerkungen über die gewöhnlichen Bagger werden hinreichen, auf den Nutzen der kleinen Maschine aufmerksam zu machen, die wir beschreiben wollen.

Diese Maschine ist eine Art schrägen Geiſsfuſses *a b c* (Taf. XIII. Fig. 13. 14. 15.), welcher von einem schwimmenden Rahmen *d d e e* getragen wird. Der Rahmen ist aus zwei Balken *d e* zusammengesetzt, die an ihren Enden verbunden sind. Kann man die Balken nicht aus einem Stücke haben, so setze man sie an jeder Seite aus zwei Stücken zusammen, und verbinde sie durch verbolzte Mittelstücke *g g*. Dadurch entsteht zugleich ein breiterer Fuſssteig für den Arbeiter, welcher den Stiel des Baggers hält; wie die Folge zeigen wird.

Um die Rahmen schwimmend zu erhalten, befindet sich an jedem Ende desselben ein calfatirter Kasten *f*; auf diesem Kasten liegen Querbalken *t*, welche an die Längenbalken des Rahmens gebolzt sind. Durch Anziehen und Lösen der Schraubenmuttern kann man den Rahmen heben oder senken, und so nach Belieben flott halten. Die Maschine läſst sich so wie ein Schifffort bewegen. Festgehalten wird sie an einer bestimmten Stelle auf folgende Weise.

An jeder Ecke des Kastens befinden sich zwei horizontale eiserne Ringe *h*, *h*, die an die Querbalken, und lothrecht über einander, befestigt sind. In diese Ringe passen verticale, hölzerne, zugespitzte, in verschiedener Höhe durchlöcherte Stäbe, die unten mit Eisen beschlagen sind, um in den Boden zu dringen. Diese vier Anhaltspuncte reichen in der

Regel zur Feststellung der Maschine hin. Die Löcher in den Stäben dienen, dieselben mittelst kleiner Bolzen aufzuhängen, wenn die Maschine fortbewegt werden soll. Sie dienen umgekehrt, den Bagger zu unterstützen und zu tragen, wenn man ihn ungewöhnlich belasten will.

Vier Pfosten *p*, *p* halten den Geifsfufs in seiner schrägen Lage. Zwischen den zwei gröfsern und den zwei kleinern ist eine abhängige Rinne *k* angebracht, auf welche der ausgebaggerte Schlamm fällt und in den Kahn hinabgleitet, vermittelst dessen er fortgeschafft werden soll. Die beiden gröfsern Pfosten tragen, in der Höhe der Rinne, die Zapfen einer Rolle *r*, mittelst welcher man die gefüllte Schaufel herauf zieht. Diese Schaufel mufs nach dem Widerstande des Bodens gröfser oder kleiner sein; sie ist aus starkem Eisenblech verfertigt und durchlöchert, um das Wasser durchzulassen. Sie hat eine starke Dille, die, nach den Wänden des Löffels zu, sich spaltet, und in zwei gekrümmte Arme verlängert, an deren Enden Ringe befestigt sind, um die Enden einer kleinen Kette aufzunehmen. Es ist gut, wenn die Schneide des Löffels zwei Spitzen hat statt einer, weil sich dann der Löffel besser lenken läfst und die Baggerung regelmäfsiger vor sich geht. Der Stiel in der Dille mufs der beabsichtigten Tiefe angemessen sein, und am obern Ende einen Quer-Handgriff *n* haben. Die kleine Kette, deren Enden in den Ringen der Schaufel befestigt sind, hat in der Mitte einen gröfseren Ring, mit einem starken eisernen Haken, an welchen das eine Ende des Seils am Geifsfufse befestigt ist. Das andere Ende dieses Seils geht über die Rolle, und wickelt sich auf die Welle *o*, die von zwei oder drei Menschen, mittelst zweier Räder mit Handhaben (Fig. 13.), bewegt wird. Der horizontale Querbalken *a* (Fig. 14.), an welchen die Rolle befestigt ist, kann vor- und zurückgeschoben werden, je nachdem der Löffel länger oder kürzer ist. Zuweilen wird man sie auch heben und senken müssen; was keine Schwierigkeit hat.

Aus den Figuren und der obigen Erörterung wird die Handhabung der Maschine deutlich sein.

Ein Arbeiter (man nimmt dazu in der Regel einen grofsen, behenden und starken Mann) fasset den Stiel des Löffels, bringt ihn gegen das Ende des Rahmens, und streckt seine Arme so hoch er kann, um den Querhandgriff des Stiels zu fassen. In dieser Stellung drückt er den Löffel mit Gewalt in den Boden, und die andern Arbeiter fangen nun an, die Welle zu drehen. Der Löffel rückt vorwärts, und sein Stiel senkt sich.

Ist der Handgriff bis gegen die Brust des Arbeiters herunter gekommen, so lehnt sich der Baggerer mit dem Gewichte seines Körpers gegen den Stiel und geht der Schaufel auf einem der Ränder *egg* des Rahmens nach. Ist die Schaufel bis lothrecht unter die Rolle gelangt, so drückt der Arbeiter nicht mehr so stark auf, uud senkt den Stiel, damit die in der Schaufel enthaltene Erde nicht heraus falle. Die Welle wird nun weiter gedreht, bis die Schaufel in die Höhe der Welle gelangt, welche die Pfosten tragen. Indem der Löffel sich hebt, würde die Spitze desselben die Rinne, etwa einen Decimeter unter ihrem Rande, treffen; allein der Arbeiter, welcher den Handgriff hält, zieht ihn in diesem Augenblicke nach sich, so dafs der Löffel über den Rand der Rinne gelangt. In diesem Augenblicke hören die anderen Arbeiter auf, die Welle umzudrehen. Nachdem der Löffel bis über die Rinne gekommen ist, wird er vermittelst des Handgriffs umgedreht, und die ausgebaggerte Erde fällt in den Kahn.

Das Manöver lernt sich leicht. Der Arbeiter, welcher den Stiel des Löffels hält, befehligt die übrigen.

Widersteht das Erdreich sehr stark, so dafs der Löffel nicht kräftig genug fafst, so nimmt man, von Zeit zu Zeit, statt seiner ein Stech-Eisen oder einen Dreizack, gleichfalls mit einem Stiele, wie der Löffel. Derselbe läfst sich leicht vermittelst des Hakens am Ende des Seils anbringen.

Es ist klar, dafs die Wirkung der Schaufel geringer sein wird, wenn die Rolle zu hoch liegt, und dafs die Ausladung erschwert wird, wenn sie zu niedrig liegt, so dafs also ihre Höhe gehörig abgemessen sein mufs. Eben so mufs die Dille grade die rechte Krümmung haben. Man baggert gegen den Strom und allmälig tiefer. Kann die ausgebaggerte Erde unmittelbar mit Schiebkarren fortgeschafft werden, so ist keine schräge Rinne nöthig, weil man sie dann auf eine horizontale Decke, zwischen den Pfosten, auf den Sohlstücken der Maschine oder den Balken des Rahmens ausladen kann.

Es lassen sich auch mit dieser Maschine, eben so leicht wie mit dem Handbagger, einzelne Steine in dem Erdreiche entblöfsen. An den Geifsfufs können dann sogleich die Zangen zur Herausschaffung der Steine befestigt werden.

Vier Arbeiter leisten mit dieser Maschine so viel, als ihrer zwölf mit Handbaggern. Dieses haben vergleichende Versuche in verschiedenem Boden gezeigt.

14.

Erfahrungen, welche an den auf der Stelle des rechtseitigen Stirnpfeilers der Brücke von Bergerac *) eingerammten Probepfählen gemacht worden.

(Nach einer Nachricht des Herrn Ingenieur *Girard*, aus dem zweiten Bande des *Recueil de l'école des ponts et chaussées* gezogen vom Herrn Dr. *Dietlein.*)

Aus den Beobachtungen beim Einrammen der gedachten Pfähle rücksichtlich des Widerstandes (*ténacité*) und der Mächtigkeit der Lagen, durch welche die Pfähle gedrungen waren, schien hervorzugehen, dafs es nöthig sei, unter den Brücken-Pfeiler einen durchgehenden Pfahlrost zu legen. Um sich indessen zu überzeugen, ob die Ergebnisse zuverlässig wären, wurde der Grund bis unter das Bette des Flusses aufgegraben. Hier fand sich, dafs die Ergebnisse nur scheinbar, und dafs die Pfähle in verschiedenen Tiefen zerbrochen waren.

Der Zustand, in welchem man dieselben fand, scheint bemerkenswerth zu sein. Die dabei gemachten Erfahrungen können lehren, dafs man sich nicht auf ein scheinbares Eindringen von Pfählen verlassen dürfe, von dessen Wirklichkeit man sich zu überzeugen kein Mittel hat.

Die Zeichnungen (Taf. XIV.) stellen vor, in welcher Lage man die Pfähle wirklich fand.

(No. 1.) Dieser Pfahl, aus Fichtenholz (*pin*) und dem Anschein nach 5,51 Meter tief unter den kleinsten Wasserstand eingedrungen, war etwa 2 Meter über seinem Schuh abgebrochen, und hatte am untern Ende des obern Stücks einen Bart bekommen. Dieses obere Stück hatte drei von den Federn des Schuhes zerbrochen, und war dann noch 0,54 Meter tiefer eingedrungen, als der Schuh selbst; ist aber eigentlich nur bis 1,98 Met. unter den kleinsten Wasserstand gekommen. Der Schuh war geschmiedet, und vollkommen gut. Von dieser Art hat man weiter keine Schuh genommen.

---

*) Im Departement Dordogne unweit Bordeaux.

(No. 2.) Der Pfahl war von Fichtenholz. Der gegossene Schuh war noch am Ende des Pfahls fest, obgleich solches abgebrochen war. Die Achse des Schuhes lag beinahe wagerecht. Aufser dem erwähnten Bruche hatte der Pfahl noch einen zweiten, in der Höhe des kleinsten Wasserstandes, und das oberste Stück war neben dem folgenden eingedrungen. Der Schuh war bis 2,02 Meter unter den kleinsten Wasserstand gelangt, anstatt 5,52 Meter, wie man geglaubt hatte.

(No. 3.) Dieser Pfahl, von Fichtenholz, war in drei Stücke zerbrochen, deren jedes eine andere Richtung hatte. Das erste war lothrecht geblieben, aber so auseinander gedrückt, dafs der Schuh zwischen Holzfasern steckte, die nicht mehr mit einander zusammenhingen. Die beiden andern waren, etwas gegen den Horizont geneigt, eingedrungen; das eine auf der einen, das andere auf der andern Seite. Die Achse des Schuhes war lothrecht geblieben, und die Spitze desselben hatte eine Tiefe von 1,93 Meter unter den kleinsten Wasserstand erreicht, während man geglaubt hatte, sie sei 6,58 Meter tief eingedrungen.

(No. 4.) Ein Pfahl von Fichtenholz. Dieser Pfahl war 1 Meter unter dem kleinsten Wasserstande zerbrochen, und das obere Stück neben dem untern eingedrungen. Man weifs nicht, bis in welche Tiefe unter den Boden der ausgegrabenen Stelle er gekommen ist; indessen mufs sie ziemlich beträchtlich sein, wenn der Pfahl nicht nochmals zerbrochen ist; denn man vermuthete, dafs er 5,32 Meter tief unter das kleinste Wasser eingedrungen sei.

(No. 5.) Ein Pfahl von Fichtenholz. Dieser Pfahl war in drei Stücke zerbrochen; jedes war zum Theil in eins der beiden andern eingedrungen, so dafs es von den letztern zur Hälfte umgeben wurde. Der Schuh war in den Pfahl hineingetrieben, und von Splittern desselben umgeben. Der Pfahl hatte eine Tiefe von 1,65 Meter erreicht, anstatt, wie man vermuthete, 6,81 Meter.

(No. 6.) Ein Pfahl von Fichtenholz. Dieser Pfahl ist in zwei Stücke zerbrochen, deren eines neben dem andern eingedrungen ist. Das untere Ende hatte eine Tiefe von 1,99 Meter erreicht, anstatt der vermutheten 3,2 Meter.

(No. 7.) Ein Pfahl von Eichenholz. Der Schuh, mit einem abgebrochenen Stücke des Pfahls, ist 2 Meter unter dem kleinsten Wasserstande stecken geblieben. Die Achse des Schuhes lag wagerecht. Der nun nicht mehr beschuhete Pfahl ist dennoch, ohne zu spalten, bis auf eine Tiefe eingedrungen, die ziemlich beträchtlich sein mufs, weil er sich noch nicht zur Seite bewegen liefs (ébranler), als man zwei Meter tief unter den kleinsten Wasserstand gegrabeu hatte.

(No. 8.) Ein Pfahl von Fichtenholz. Dieser Pfahl hat sich in sich selbst zusammengedrückt, und der Schaft des daran befestigten Schuhes hatte die Gestalt eines *S* bekommen. Die Wände des Kegels waren ganz zerbrochen. Die Tiefe, bis zu welcher der Pfahl eingedrungen war, betrug 1,06 Meter, die vermuthete Tiefe 3,59 Meter.

(No. 9.) Ein Pfahl von Eichenholz. Dieser Pfahl war 1 Meter unter dem kleinsten Wasserstande abgebrochen, und das obere Stück neben dem untern eingedrungen. Man weifs nicht, welche Tiefe unter den Boden der Grube der Pfahl erreicht hat, und wie er unterhalb beschaffen sein mag.

(No. 10.) Ein Pfahl von Eichenholz. Dieser Pfahl ist 1,7 Meter unter dem kleinsten Wasserstande gebrochen, und hat sich in sich selbst zusammengedrückt. Es ist nicht bekannt, wie tief er eingedrungen, und wie sein unteres Ende beschaffen sei.

(No. 11.) Ein Pfahl von Eichenholz. Dieser ist der einzige, der nicht 2 Meter tief unter dem kleinsten Wasserstande zerbrochen war. Vermuthlich war er aber auch nur 2,61 Meter tief eingedrungen.

(No. 12.) Ein Pfahl von Eichenholz. Dieser Pfahl war in drei Stücke zerbrochen. Das eine, ganz kleine, hing am Schuh, der sich umgelegt hatte, so dafs seine Achse wagerecht lag. (Nach der Zeichnung sogar mit dem untern Ende steigend). Das zweite stand beinahe lothrecht, und das dritte war neben dem zweiten eingedrungen. Der Pfahl hatte nur eine Tiefe von 1,67 Metern erreicht, während man 5,03 Meter vermuthet hatte.

(No. 13.) Ein Pfahl von Fichtenholz. Dieser Pfahl war in drei Stücke zerbrochen. Das erste war 0,5 bis 0,6 Meter lang, und hing noch mit dem Schuh zusammen, dessen Axe lothrecht war; das zweite war 1,8 Meter lang, und reichte so tief als die Spitze des Schuhes; das dritte war neben dem zweiten eingedrungen, und damit beinahe gleichlaufend. Die Tiefe betrug 1,68 Meter; die vermuthete 5,5 Meter.

(No. 14.) Ein Pfahl von Fichtenholz. Dieser Pfahl hatte sich in sich selbst zusammengedrückt, und seinen Schuh in 5 oder 6 Stücke zersprengt. Er war 1,65 Meter eingedrungen; man hatte vermuthet 3,85 Meter.

(No. 15.) Ein Pfahl von Fichtenholz. Dieser Pfahl war in drei Stücke zerbrochen. Am ersten hing der Schuh; das zweite war neben dem ersten eingedrungen, und das dritte hing am zweiten. Der Schuh war in zwei fast ganz gleiche Stücke zersprungen. Das eine davon ist während des Eindringens am Pfahle hängen geblieben; das andere war bis zum Boden der Grube gekommen. Die Tiefe des Eindringens betrug nur 1,67 Meter, anstatt 6,15 Meter, wie man vermuthet hatte.

Aus diesen Ergebnissen folgt, dafs der Grund ungefähr 1,7 Meter unter dem kleinsten Wasserstande, sehr fest war, und dafs man also ohne Pfahlrost bauen konnte.

Vergleicht man den Zustand, in welchem die Pfähle gefunden wurden und die Tiefe die sie erreicht hatten, mit den über das Rammen geführten Registern, in welchen verzeichnet ist, um wie viel jeder Pfahl bei jeder Hitze eingedrungen war, so findet man, voraussetzend dafs der Bruch jedes Mal dann erfolgte, wenn der Pfahl plötzlich stark zog, nachdem er unmittelbar vorher nur wenig gewichen war, dafs die Pfähle No. 1., 2., 3. und 6. brachen, als die Fallhöhe des Rammklotzes 3,5 Meter betrug, und die Zahl der Schläge vergröfsert wurde, um einen Widerstand zu überwinden, der gröfser war, als bei 0,01 Meter Eindringen des Pfahls auf die Hitze. Die Pfähle No. 8., 9., 12., 13. und 15. fingen an bei 4 Meter Fallhöhe zu zerbrechen. Die Pfähle No. 4., 5., 7., 10. und 14. sind bei 5 Meter Fallhöhe mehr oder weniger zerdrückt worden. Der einzige Pfahl No. 11. zog bei dieser Fallhöhe nicht mehr, ohne zu zerbrechen.

Der Klotz der Kunst-Ramme, deren man sich bediente, wog 685 Kilogrammen (etwa 11½ Centner Preufsisch). Sowohl die fichtenen als die eichenen Pfähle waren stark, und das Holz sehr gesund.

15.

Beschreibung eines einfachen Thürschlosses für Gefängnisse, Kranken- und Irrenhäuser.

(Von dem Königlichen Bau-Inspector Herrn *Rimann* zu Wohlau in Schlesien.)

Die Zimmer in Gefängnissen, Straf- Kranken- und Irrenhäusern, wo Personen eingeschlossen gehalten werden sollen, bedürfen eines Thür-Verschlusses, welcher sich von dem gewöhnlichen nicht allein dadurch unterscheidet, dafs die Thüren immer nach Aufsen aufgehen müssen, und nur von Aufsen müssen geöffnet werden können, sondern auch dadurch, dafs die Öffnung geräuschloser mufs geschehen können, und dafs die innere Klinke dergestalt an die Thüre angebracht sein mufs, dafs die verwahrte Person mit aller Kraft-Anstrengung das Öffnen der Thür nicht hindern kann.

Das (Taf. XIII. Fig. 9. — 12.) vorgestellte einfache Riegelschlofs hat sich in Erfüllung dieser Bedingungen sehr bewährt gezeigt.

(Fig. 9.) ist die äufsere Ansicht des Schlosses. Mit einem Handgriff kann der eingesteckte Schlüssel herumgedreht und zugleich der Riegel *a*, welcher die Thür verschliefst, zurückgeschoben werden.

(Fig. 10.) zeigt im Durchschnitt die innere Construction des Schlosses. Wird der Schlüssel herumgedreht, so hebt sich der an der Feder *xyz* befindliche Haken *b*, der dem Zurückschieben des Riegels entgegenwirkt, in die Höhe. Nachdem der Riegel zurückgeschoben und die Thür geöffnet ist, fällt der Haken *c* in die Vertiefung des Riegels *d* ein; der Schlüssel wird herausgenommen und der Riegel steht unbeweglich fest.

Wie bei dem gewöhnlichen Thürschlofs, hängt auch hier das Öffnen und Schliefsen von Demjenigen ab, in dessen Händen sich der Schlüssel befindet; aber die Handhabung ist leichter und einfacher, und mithin zweckmäfsiger.

(Fig. 11.) stellt den Durchschnitt der Thür, dicht über dem Schlosse vor. Die innere Klinke *e* ist dicht an der Thür angebracht, dafs die Hand nicht dazwischen gelegt werden kann, und folglich jede Anstrengung, mit derselben die Thür zuzuhalten und den Eintritt zu erschweren, vergeblich ist.

Dieses Schlofs ist an den Thüren sämmtlicher Irren-Zimmer in der Irren-Heilanstalt zu Leubus, auf Verlangen des Directors derselben, Dr. Martini, angebracht worden.

Auch für Arrest-Häuser und Lazarethe dürfte dasselbe als zweckmäfsig empfohlen werden können.

Für den Preis von Einem Reichsthaler kann das Schlofs sehr dauerhaft verfertigt werden.

16.

Grundzüge der Vorlesungen in der Königl. Bau-Academie zu Berlin über Strafsen- Brücken- Schleusen- Canal- Strom- Deich- und Hafen-Bau.

(Fortsetzung von No. 2. Bd. 3. Hft. 1., No. 16. Bd. 3. Hft. 3., No. 20. Bd. 3. Hft. 4., No. 6. Bd. 4. Hft. 1., No. 15. Bd. 4. Hft. 3., No. 3. Bd. 5. Hft. 1. und No. 9. Bd. 5. Hft. 2.)

(Von Herrn Dr. *Dietlein* zu Berlin.)

Sechster Abschnitt.

Vom Deichbau.

Von Eindeichung der Niederungen.

831. Zuweilen steht eine Strecke Landes nicht fortwährend, wie in den vorigen Fällen, unter Wasser, sondern wird nur, wenn sie an einem Flusse liegt, beim hohen Stande desselben, oder am Meere, von hohen Fluten überschwemmt, und dann verwandelt sich die Entwässerung mehr in gänzliche Verhütung der Bewässerung, oder wenigstens in Veranstaltungen, durch welche sich die Höhe der Bewässerung nach Gefallen bestimmen läfst. Es geschieht, indem man längs der ganzen Uferstrecke, die vom hohen Wasser überschwemmt wird, eine Erhöhung macht, deren Oberkante entweder gar nicht, oder nur dann, wenn das Wasser eine bestimmte Höhe erreicht hat, von demselben überschritten werden kann. Eine solche Erhöhung heifst allgemein Deich; sie kann zwar auf verschiedene Weise erbaut werden, wird aber in der Regel von Erde aufgeschüttet; das niedrige Land, von welchem das Wasser dadurch abgehalten wird, die Niederung, heifst dann eingedeicht.

832. Die Deiche werden auf verschiedene Weise eingetheilt.

Zunächst unterscheidet man Flufsdeiche und Seedeiche, je

nachdem ihre vordere Seite nur von süfsem Wasser oder vom Meereswasser berührt wird *).

833. Die Flufsdeiche zerfallen wieder in Winter- und Sommerdeiche. Die erstern sollen auch das höchste Wasser, welches gewöhnlich zu Ende des Winters beim Eisgange eintritt **), die letztern nur das hohe Sommerwasser abhalten, dem Frühlingswasser aber den Übergang gestatten, damit die dahinter liegenden Ländereien durch den fruchtbaren Schlamm theils erhöhet, theils gedüngt werden mögen.

Zu den Sommerdeichen können auch die Leitdämme gerechnet werden, welche man macht, damit das Wasser eines Flusses bei geringern Anschwellungen nicht zu sehr sich ausbreiten und nicht so viel an Geschwindigkeit verlieren möge, dafs es die Sinkstoffe fallen lasse, die es mit sich führt. Die Leitdämme werden aber gewöhnlich nur so hoch aufgeführt, dafs sie noch vom höheren Wasser überströmt werden, damit die hinter ihnen liegenden Grundstücke sich noch erhöhen können. Es mag hier gleich bemerkt werden, dafs Sommerdeiche sehr mifslich sind, wenn sich nicht das Überstürzen des Wassers zuverlässig unschädlich machen läfst.

834. Aufserdem unterscheidet man noch äufsere Deiche und innere oder Binnendeiche. Der äufsere Deich wird vom Flufswasser selbst berührt; der Binnendeich hält blofs die vom rückwärts liegenden Lande kommenden Gewässer von der eingedeichten Niederung ab, oder soll, wenn der äufsere Deich durchbricht, das hinter ihm liegende Land schützen; in welchem Falle er auch Schlaf- Sturm- oder Rückdeich heifst.

---

*) Ein wesentlicher Unterschied der Flufsdeiche und Meeresdeiche ist, dafs das Wasser, welches die ersteren bespült, immer nach einer und derselben Richtung längs denselben hinfliefst, welches bei den andern nicht der Fall ist. Bei den letztern ist die unregelmäfsige Bewegung der Wellen vorzüglich die Kraft, welche die Deiche angreift. Anm. d. Herausg.

**) Ströme, welche in hohen Gebirgen entspringen, wie z. B. der Rhein, schwellen auch häufig in den heifsen Sommer-Monaten, wo Schnee und Eis auf den höheren Bergen schmelzen, eben so hoch an, als im Frühlinge.
Anm. d. Herausg.

835. Bei Seedeichen können ähnliche Unter-Abtheilungen gemacht werden. Dort heifst der Sommerdeich gewöhnlich Tummeldeich. Aufserdem unterscheidet man Flutdeiche, auf welche die Richtung des Flutstroms, und Ebbedeiche, auf welche die des Ebbestroms ungefähr normal ist; ferner Opper- und Leeger-Deiche, je nachdem die herrschenden Winde den Deich im Rücken oder auf der Wasserseite treffen.

836. Nach dem Materiale, woraus der Deich aufgeführt, oder womit er, wenigstens an seiner äufseren Seite, bekleidet wird, unterscheidet man:

a) Erddeiche, welche ganz von Erde; *b*) Sanddeiche, welche ganz von Sand aufgeführt sind; *c*) Wierdeiche, deren äufsere Seite mit Wiergras; *d*) Rasendeiche; *e*) Steindeiche; *f*) Holzdeiche; *g*) Buschdeiche; *h*) Strohdeiche; *i*) Rohrdeiche, deren äufsere Seite mit Rasen, Steinen, Holz, Faschinen, Stroh und Rohr bedeckt oder dadurch geschützt ist. In früheren Zeiten hat man auch Deiche gröfstentheils aus Holz und Steinen, oder auch blofs aus Steinen gemacht, was jetzt wohl keinem Baumeister mehr einfallen dürfte*).

837. Je nachdem ein Sanddeich auf dieses oder jenes Erdreich zu liegen kommt, unterscheidet man: Grodendeiche, die auf bereits festgewordenes Land (Groden) zu liegen kommen, und noch Groden zum Vorlande haben; Schlickdeiche, die nur kahlen, unbegrünten Schlick vor sich haben; Uferdeiche, deren äufsere Böschung mit ihrem Fufse die Uferlinie berührt; und noch andere Arten von Deichen, worüber nachzulesen sind:

Hunrichs's „Practische Anweisung zum Deich- Siel- und Schlangenbau" 1770 bis 1782.

Woltmann's „Beiträge zur hydraulischen Architectur" 1791 bis 1797.

Wiebeking's „Wasserbaukunde" Bd. I. 1811.

838. Ist ein Stück Land eingedeicht, so wird sich auch hinter dem Deiche Wasser sammeln. Kommt auch bei einer vollkommen wagerechten Oberfläche der Niederschlag nicht in Betracht, weil die Ver-

---

*) Aus Steinen lassen sich wohl recht gut Deiche erbauen, wenn die Steine nur wohlfeil genug sind. Eine feste Mauer kann das Wasser abhalten.

Anm. d. Herausg.

dunstung wenigstens ihm gleich ist, so sind doch meistens Quellen vorhanden. Liegt das Aufsenwasser immer höher, als die Oberfläche des eingedeichten Landes, so bleibt nur übrig, das Wasser durch Maschinen auszuschöpfen. Sinkt dagegen das Aufsenwasser, wenigstens zuweilen, bis unter das an den tiefsten Stellen sich sammelnde Binnenwasser, so müssen im Deiche, an schicklichen Orten, Öffnungen angeordnet werden, durch welche das Binnenwasser abfliefsen kann, so lange das Aufsenwasser niedriger steht, die jedoch für den entgegengesetzten Fall auch müssen verschlossen werden können. Dazu sind Siele nöthig, wovon weiter unten.

Von der Flut und Ebbe, und dem Rückstaue.

839. Flut und Ebbe bestehen darin, dafs der Spiegel des Oceans und der zunächst damit zusammenhängenden Meere, während eines Mondestages, also im Durchschnitt in 24 Stunden und 49 Minuten zwei Mal bis zu einer gewissen Höhe steigt, und wieder bis zu einer gewissen Tiefe sinkt, wenn Stürme nicht Störungen machen. Diese Erscheinung sucht man aus der Anziehung des Mondes und der Sonne, vorzüglich des erstern, gegen die Erde, zu erklären. Die Anziehung wirkt am stärksten in denjenigen Puncten der Oberfläche der Erde, durch welche die geraden Linien durch den Mittelpunct der Erde und die des Mondes und der Sonne gehen, also zwischen den Wendekreisen, jedoch nicht blofs auf der Seite, welche dem einen der beiden Himmelskörper oder beiden zugekehrt ist, sondern auch auf der diametral entgegengesetzten Seite, so dafs, wenn z. B. der Mond über dem atlantischen Meere steht, nicht blofs in diesem, sondern auch in der Südsee Flut ist. Rücken diejenigen Puncte der Oberfläche der Erde, in welchen die Wirkung der Anziehung am stärksten ist, weiter fort, so mufs an den Stellen, die sie früher einnahmen, das erhaben gewesene Wasser zurückfallen, oder Ebbe entstehen. Indessen tritt die Flut erst 2 bis 3 Stunden nach der Culmination des Mondes ein.

840. Gegen diese Erklärung der Ebbe und Flut sind zwar Einwendungen gemacht worden, doch sind andere Erklärungen nicht befriedigender. Für das Bauen am Meeresufer ist es hinreichend zu wissen, wie sich Flut und Ebbe an der Baustelle zeigt.

841. Zunächst muſs man durch Beobachtungen ausmitteln, wie hoch die Flut steigt und wie tief die Ebbe sinkt, wenn das Wetter ruhig ist. Dabei ist zu berücksichtigen, daſs die Höhe der Flut und die Tiefe der Ebbe verschieden sind, je nachdem Mond und Sonne eine andere Lage gegen die Erde haben. Am stärksten ist die Wirkung der Anziehung, also am höchsten die Flut und am niedrigsten die Ebbe, wenn die geraden Linien von dem Mittelpuncte der Erde nach den Mittelpuncten der Sonne und des Mondes ganz oder beinahe zusammenfallen, was zur Zeit des Neu- und des Vollmondes der Fall ist; umgekehrt verhält es sich, wenn der Mond im ersten und letzten Viertel ist, weil dann die Richtungen der gedachten Linien den gröſsten Winkel (90 Grad) mit einander machen. Unabhängig hiervon ist auch die Anziehung stärker, wenn der Mond zu der Zeit in der Erdnähe ist, wo er in der erweiterten Ebene des Äquators sich befindet, was zur Zeit der Tag- und Nachtgleiche Statt findet; die höchsten Fluten werden also, ohne Rücksicht auf Winde, zur Neu- oder Vollmondszeit, in der Nähe der Tag- und Nachtgleichen eintreten.

842. Es würde sich durch astronomische Rechnungen ausmitteln lassen, zu welcher Zeit die höchsten Fluten jährlich erwartet werden müssen, wenn nicht einerseits die Flut erst einige Stunden nach der Culmination des Mondes einträte, und zwar um so später, je weiter der Ort vom Äquator entfernt ist, was schon unmittelbare Beobachtungen für jeden Punct der Küste nöthig macht, indem der Einfluſs, den die Gestalt und Beschaffenheit der Küsten und die Meerströme auf die Verzögerung des Eintritts der Flut haben, nicht in Rechnung gebracht werden kann; und wenn nicht anderseits Stürme, je nachdem sie mit der Flut, oder gegen dieselbe wehen, sehr bedeutende Änderungen machten. Dieserhalb bleibt nichts übrig, als die Höhe der Flut und die Tiefe der Ebbe täglich zu beobachten, und für die höchste Flut diejenige anzunehmen, die während eines Neu- oder Vollmondes, um die Zeit der Tag- oder Nachtgleiche, bei einem starken von der See nach dem Lande zu gerichteten Sturme Statt fand*).

---

*) Oder vielmehr diejenige höchste Flut, die überhaupt in einer Reihe von Jahren beobachtet wurde. Dem Baumeister ist nie zu rathen, dasjenige ausrechnen zu wollen, was sich unmittelbar und mit Sicherheit beobachten läſst, denn er läuft

Da in der nördlichen Halbkugel die gröfsten Stürme zur Zeit der Herbst-Nachtgleiche Statt finden, so fallen an den nordwestlichen Küsten von Deutschland und Holland auch die höchsten Fluten in diese Zeit, und diese Fluten sind dort am meisten zu berücksichtigen, wenn Deiche oder ähnliche Bauwerke ausgeführt werden sollen.

843. Die Fluten zur Zeit des Neu- und des Vollmondes nennt man Springfluten; die welche ein Sturm höher treibt, als sie sonst steigen würden, Sturmfluten; solche, bei welchen eine Sturmflut mit einer Springflut zusammen trifft, Sturmspringfluten.

844. An den Küsten der Ostsee findet, aufser Sturmfluten, fast keine andere Flut statt. An den Küsten des mittelländischen Meeres ist die gewöhnliche Flut, d. h. die, ohne Seewind, nicht bedeutend (bei Venedig etwa 3 Fufs); bei Helgoland in der Nordsee beträgt sie dagegen bis zu 15 Fufs *).

845. Mündet ein Flufs ins Meer aus, so haben Flut und Ebbe auf den untern Theil desselben Einflufs, und der Wasserspiegel des Flusses wird sich auf einen gewissen Theil seiner Länge mit der Flut heben. Denn die Meerflut verzögert den Abflufs, und der Flufs mufs, wenn sein Beharrungsstand wieder hergestellt werden soll, in den höher liegenden Querschnitten aufgestaut werden. Das Wasser im Flusse strömt aber nicht wirklich, sondern nur scheinbar rückwärts, indem der Stau sich immer weiter stromauf erstreckt, und fällt hernach wieder, so wie die Ursache des Staues nach und nach verschwindet. Daher wird die Flut im Flusse auch um so kürzere Zeit dauern, und die Ebbe um so länger, je weiter die Stelle von der Mündung entfernt ist. Je gröfser der Abhang des Flusses, um so geringer ist die Entfernung von der Ausmündung, bis dahin wo die Flut (eigentlich der Rückstau) sich erstreckt; aber sie pflanzt sich auch um so langsamer fort, und die Ebbe um so

---

damit Gefahr, Zeit und Geld zu opfern und die Wohlfahrt und das Leben von Menschen auf das Spiel zu setzen. Das künstliche Rechnen ist meistens für den Baumeister gefährlich und zuweilen verderblich. Es sind ihm allerdings gar mannichfache wissenschaftliche Einsichten nützlich und nöthig, aber weit mehr solche, die seiner Kunst sicherere Dienste leisten können als künstliches Rechnen, nemlich gründliche Kenntnisse der Natur, also Physik, Chemie und dergleichen.
Anm. d. Herausg.

*) An einigen Stellen der Holländischen und Französischen Küsten bis zu 20 und 30 Fufs. Anm. d. Herausg.

geschwinder, was ins Besondere in Bezug auf die Bauwerke, welche die Ufer schützen sollen, zu berücksichtigen ist*).

Vom Baue der Flufs- und Seedeiche.

846. Soll ein Deich angelegt werden, so ist auszumitteln:

1) welche Lage man demselben zu geben habe;

2) welchen Querschnitt er durchweg, oder in einzelnen Strecken, für welche einerlei Umstände Statt finden, erhalten müsse.

847. Der Lage nach mufs ein Flufs- oder Seedeich folgende Bedingungen erfüllen:

a) Er mufs so liegen, dafs er, mit der möglich-geringsten Länge, möglichst viel Land schütze;

b) dafs er der Gefahr, beschädigt zu werden, so wenig als möglich ausgesetzt sei.

Aufserdem ist bei Flufsdeichen auch noch zu berücksichtigen, dafs durch den Deich das Überschwemmungsprofil nicht zu sehr eingeschränkt werden darf, dafs das Wasser so viel Geschwindigkeit bekommt, die Wände des Querschnitts, d. h. die Ufer und die Aufsenseite des Deichs anzugreifen.

848. Wegen der Bedingung *b*, mufs ein Flufsdeich so viel als möglich mit den Ufern gleichlaufend sein**), weil ihn dann der Stromstrich unter dem kleinsten Winkel trifft. Ein Seedeich mufs die Richtung der gefährlichsten Fluten, d. h. der Sturmspringfluten, unter einem möglichst spitzen Winkel schneiden; allein man kann mit der Deichlinie nicht allen kleinen Krümmungen des Flusses folgen, sondern ihn nur gleichlaufend mit der Hauptrichtung des Ufers***) ziehen. Vom Ufer mufs man wenigstens so weit entfernt bleiben, dafs die Erde zum Deich, und der Rasen zur Bekleidung der Böschung, aus dem Vorlande genommen

*) Das Wasser kann in Flüssen, die da in's Meer sich ergiefsen, wo Ebbe und Flut Statt findet, wohl nicht blofs scheinbar, sondern auch wirklich zurückströmen. In der Schelde bei Antwerpen z. B. strömt das Wasser bei jeder Flut sehr sichtbar und sogar zum Theil mit gröfserer Gewalt zurück als bei der Ebbe nach dem Meere zu. Denn die Erhebung des Wassers im Meere erzeugt einen wirklichen Strom in demselben, und wenn dieser stärker ist als der des Flusses, so strömt das Wasser in den Flufs wirklich stromaufwärts. Anm. d. Herausg.

**) Eigentlich wohl mit dem Stromstriche. Anm. d. Herausg.

***) Des Stroms. Anm. d. Herausg.

werden können, ohne mit den dazu nöthigen Gruben (Pütten) dem Ufer und der Deichberme (einem Streifen Land vor dem äufsern Deichfufse, welcher unberührt liegen bleibt) zu nahe zu kommen; daher hängt die Entfernung des Deichs vom Ufer auch von der Tiefe ab, bis zu welcher man die Erde aus dem Vorlande ausgraben kann, wenn man nicht, des erforderlichen Überschwemmungsprofils wegen, noch weiter landwärts gehen mufs, als aus dem vorigen Grunde nöthig wäre. Ist die Wassermenge bei den höchsten Fluten und der Abhang des Wasserspiegels bekannt, die gröfste Höhe aber, welche der letztere nicht überschreiten darf, gegeben, so läfst sich die nöthige Weite des Profils, nach den Formeln in „Eytelwein's Handbuch der Mechanik und Hydraulik" näherungsweise bestimmen *).

849. Hat man auf diese Weise die Entfernung der Deiche vom Ufer gefunden, so zieht man in derselben eine mit dem Ufer gleichlaufende krumme Linie, und an diese, in den am meisten aus- oder einspringenden Puncten Tangenten, die einander schneiden, und erhält so vorläufig eine gebrochene Deichlinie **).

850. Dann kommt es darauf an, aus dieser Linie die scharfen Winkel wegzuschaffen, weil sonst der Deich, vorzüglich in den Spitzen der ausspringenden Winkel, zu sehr leiden würde. Es geschieht durch stetige krumme Linien, die von den geraden Theilen der gebrochenen berührt werden.

851. Für die ausspringenden Winkel ist der Kreisbogen am bequemsten. Es giebt aber unendlich viele Kreisbogen, welche sämmtlich die Bedingung erfüllen, dafs sie zwei grade, unter einem beliebigen Win-

---

*) Am sichersten ist es wohl, die Deiche so weit auseinander zu legen als mit Rücksicht auf den Verlust an ausgedeichtem Lande möglich ist, besonders wenn der Flufs starke und kurze Krümmen hat; denn die Deiche, besonders wenn sie nahe zusammen liegen, befördern Eis-Stopfungen, und diese verändern alles und werfen alle Data um. Auch mufs man bei neuen Eindeichungen sogleich die Regulirungen des Flusses berücksichtigen, die künftig erfolgen sollen oder können. Die Deiche müssen möglichst wenig gekrümmt sein, möglichst weit auseinander liegen, mit Berücksichtigung des Verlustes an dem ausgedeichten Lande, und möglichst mit einander parallel sein. Auch das Letztere hat des Terrains wegen öfters noch viele Schwierigkeiten.
Anm. d. Herausg.

**) Mit dem Ufer kann und mufs häufig der Deich nicht parallel sein, sondern mit dem Stromstrich. Das Ufer ist sogar zuweilen, z. B. an convexen Stellen, wo sehr flache Sände liegen, oder wo der Strom sonst verwildert ist, beinahe unbestimmt.
Anm. d. Herausg.

kel sich schneidende Linien berühren; und daher wäre die Aufgabe unbestimmt, wenn nicht noch folgende Bedingung hinzu käme.

Es seien nemlich (Taf. XIV. Fig. 121.) *AB*, *AD* zwei grade Stücke der Deichlinie, die einander unter dem Winkel *BAD* schneiden. Hätte man aus *C*, als Mittelpunct, den Kreisbogen *RQP* beschrieben, der *AB* in *R* und *AD* in *P* berührt, so wäre die eine Bedingung erfüllt. Dasselbe würde aber auch der Fall sein, wenn man aus *c* den Kreisbogen *rqp* beschriebe. Dadurch hätte man aber dann die Fläche *rqpPQR* ausgeschlossen, folglich so viel verloren, als ein Stück eingedeichtes Land von dieser Gröfse mehr werth ist als Vorland: dagegen hätte man die Länge des Deichs um so viel verringert, als der Bogen *rqp* kürzer ist, als *rRQPp*, mithin so viel an Geld gespart, als ein Stück Deich von der Länge dieses Unterschiedes kostet. So lange nun die Ersparung an den Kosten gröfser ist, als der Verlust an Land, entfernt man *P* und *R* von *A*, und hört da auf, wo die Ersparung dem Verluste gleich ist, weil der letztere gröfser werden würde als die erstere, wenn man sich mit *P* noch weiter von *A* entfernen wollte. Auf diese Weise wird die Lage von *P* und *R* völlig bestimmt *).

852. Wie der vortheilhafteste Werth von *AP* durch Rechnung gefunden werden kann, ist in Woltmann's „Beitr. z. Hydr. Arch." Band II. §. 14.—16. weitläufig auseinander gesetzt.

853. Es bedarf kaum der Erwähnung, dafs wenn etwa *Q* dem Ufer zu nahe käme, nichts weiter geschehen kann, als diesen Punct so weit zurückzurücken, also auch *P* und *R*, als die Gestalt des Ufers erfordert **).

854. Einspringende Winkel zwischen graden Linien der Hauptrichtungen einzelner Deichstücke dürfen kaum anders ohne Weiteres beibehalten werden, als wenn sie sehr stumpf sind. In der Regel ist es

---

*) Es kann aber wohl leicht noch andere entscheidendere Bestimmungsgründe geben, als die Resultate einer solchen Rechnung. Es kann viel vortheilhafter sein, dem Deiche nach dem Erfordernisse der Örtlichkeit eine angemessene Krümme (vielleicht selbst gar nicht nach einer Kreislinie) zu geben, als dasjenige auszuführen, was die auf schwankende und unsichere Voraussetzungen gebaute Rechnung giebt.
Anm. d. Herausg.

**) Dieses ist sogleich ein anderer Bestimmungs-Grund. Und es kann der anderen noch viele geben. Sie können in der Beschaffenheit des Bodens, ob er fest, quellig etc. ist, in der Heftigkeit des Stroms, in der Richtung des Eisganges u. s. w. liegen. Anm. d. Herausg.

aber nöthig, die beiden geraden Linien so mit einander zu verbinden, dafs die ganze Deichlinie stetig wird, also durch Curven, die die Schenkel der einspringenden Winkel berühren. Je weiter man sich mit der krummen Linie vom Scheitel des Winkels entfernt, desto mehr Land wird eingedeicht, und desto kürzer wird die Deichlinie; also mufs man sich mit der krummen Linie dem Ufer so weit nähern, als es nach §. 848. angeht. Dadurch wird die Aufgabe: Die krumme Linie zu finden, nach welcher der einspringende Winkel eines Deiches ausgerundet werden mufs, auf folgende gebracht: Eine krumme Linie zu finden, die zwei gerade, welche einander schneiden, in gegebenen Puncten berührt, und durch einen gegebenen Punct zwischen den Schenkeln des Winkels geht.

855. Da die angegebenen Puncte A und B (Taf. XIV. Fig. 122.) fast immer ohne Nachtheil dem Puncte C etwas genähert, oder auch etwas mehr davon entfernt werden können, und auch der Punct D nicht so fest bestimmt ist, dafs er nicht der AC oder BC etwas näher oder davon etwas entfernter liegen könnte, so kann man, zur Erleichterung der Rechnung, annehmen, dafs D in derjenigen geraden Linie liege, welche den Winkel ACB halbirt; dann ist die Aufgabe folgende: Die Gleichung einer krummen Linie für rechtwinklige Coordinaten zu finden, welche eine gegebene Gerade CA in einem gegebenen Punct A berührt, und die Abscissen-Linie CD in D so schneidet, dafs die Tangente in diesem Puncte mit den Ordinaten gleichlaufend ist.

856. Man findet, dafs die gesuchte krumme Linie ein Kegelschnitt ist, und zwar nach den Umständen eine Parabel, Ellipse, ein Kreis oder eine Hyperbel, was jedoch dem mündlichen Vortrage vorbehalten bleiben mufs *).

857. Auf diese Art ist nun entweder die Mittellinie der Krone (des Kammes, der Kappe) oder eine der Kanten der Krone leicht zu finden. Die übrigen Linien, nemlich die beiden Kanten der Krone, oder auch nur die zweite, und diejenigen, welche den Fufs des Deichs auf der Wasser- und auf der Landseite begrenzen, müssen, normal auf die Hauptlinie gemessen, von dieser gleich weit entfernt sein **). Auf dem Felde die

---

*) Dieses ist als mathematische Aufgabe ganz interessant, aber schwerlich beim Deichbau von practischem Nutzen. Anm. d. Herausg.

**) Letztere nur dann, wenn das Terrain eben ist, was selten der Fall sein möchte. Es scheint, es sei beinahe unnöthig zu erinnern, dafs der Fufs der Böschungen dann nicht mit den Kanten der Krone parallel laufen mufs, wenn das Terrain

Normallinie wirklich abzustecken, wäre fast unausführbar (den Kreis ausgenommen); daher mufs aus der Gleichung für die Hauptlinie eine andere für die, in unveränderlichem normalen Abstande von derselben hinlaufende Linie für dieselbe Abscissenlinie und denselben Anfangspunct der Abscissen gesucht werden. Die je zu einer und derselben Abscisse gehörigen Ordinaten müssen berechnet, und hernach mufs Alles ausgesteckt werden.

Nähere Erläuterungen hierüber findet man in: Woltmann's „Beiträgen z. Hyd. Arch. Band II. §. 24. etc." in Kästner's „Anfangsgründen der Analysis des Unendlichen" (der mathem. Anfangsgr. III. Th. 2. Abth.) §. 95. *).

858. Es wird zwar selten möglich sein, jedem einzelnen Theile der Deichlinie eine solche Lage zu geben, dafs der Deich so wenig als möglich angegriffen wird; allein der Nachtheil für einzelne Stellen kann dadurch gehoben werden, dafs man den Querschnitt nach der gröfsern oder geringern Stärke des Angriffs einrichtet; und davon soll nun die Rede sein.

---

uneben ist: dennoch ist der Erfahrung zufolge die Erinnerung nothwendig. Man findet, wenn z. B. ein geradliniger Deich geschüttet, oder auch ein Graben in gerader Linie gezogen werden soll, dafs auch die Linien, in welchen die Böschungen das Terrain schneiden, geradlinig ausgesteckt werden, gleichviel ob das Terrain eben oder uneben ist. Man findet sogar ganz gewöhnlich den Ausdruck: die Graben z. B. sollen so viel Fufs in der Sohle breit werden und so viel Fufs Breite der Böschung oder Böschungs-Auslauf erhalten, letzteres ohne Rücksicht auf die Unebenheit des Terrains, und so wird es auch wohl gar, wenn nicht etwa die Ungehörigkeit des Erfolgs gar zu sichtbar ist, gemacht. Gleichwohl verhält sich vielmehr überall der Auslauf der Böschungen eines Grabens oder Deichs nothwendig wie die Tiefe des Grabens oder die Höhe des Deichs, und ist also nothwendig verschieden, und oft sehr verschieden, nach den Abweichungen der Terrain-Oberfläche von der mit der Sohle des Grabens oder der Krone des Deichs parallelen Ebene, weil die Böschungen Ebenen sein müssen, die überall gleiche Neigung gegen den Horizont haben. Macht man die Linie des Durchschnitts der Böschungen und des Terrains immer parallel mit der Kronenlinie des Deichs oder der Sohlen-Linie des Grabens, so werden offenbar die Böschungen, da wo der Deich niedriger oder der Graben weniger tief ist, zu flach, und da, wo der Deich höher und der Graben tiefer ist, zu steil, und das ist für Deich und Graben sehr nachtheilig. Alles dieses ist so sehr einfach und klar, dafs die obige Erinnerung unnöthig zu sein scheinen könnte. Allein sie ist es, wie gesagt, der Erfahrung zu Folge, nicht. Die Anwendung von mathematischen Kenntnissen von *der* Art, wie sie zu so Etwas nöthig sind, sind in der That nothwendig und nützlich, aber viel weniger ist es die von künstlichen, zuweilen blofs von Voraussetzungen ausgehenden Formeln, deren Anwendung der Bau-Casse leicht viel Geld kosten kann.

Anm. d. Herausg.

*) Es liefsen sich noch mehr mathematische Schriften anzeigen, worin die obige und ähnliche Aufgaben abgehandelt werden, was aber nicht hierher gehört.

Anm. d. Herausg.

859. Die Deiche können zwar durch Menschen, Thiere und Unkraut verdorben werden; aber solchen Beschädigungen sind Deiche von jedem Querschnitte ausgesetzt, und sie können bei der Bestimmung der Gestalt desselben nicht in Betracht kommen, sondern müssen vielmehr durch gute Aufsicht verhindert werden.

In so fern die Deiche aus guter Erde bestehen, ist es ihnen zwar nützlich, wenn sie jährlich abgeweidet werden, weil das Vieh die Erde fest tritt, und Unkraut, Maulwürfe und Mäuse vertreibt; wird das Gras abgemähet, oder bleibt es ganz stehen, so wird die Rasendecke gewöhnlich mürbe und unrein, und dann sind flache Böschungen besser als steile; indessen darf man doch die Böschung nicht nach der Benutzung einrichten, sondern diese mufs sich nach jener richten, die von ganz andern Umständen abhängt, indem man die Art des Viehes und die Weidezeit danach bestimmen mufs.

Ist die Böschung sandig, oder steil, oder zum Theil mit Stroh bestickt (belegt, m. s. weiter unten), so darf sie gar nicht beweidet werden. In allen Fällen mufs die Beweidung um das Ende des Monats August aufhören, damit der Rasen noch vor dem Winter wieder etwas aufschiefsen könne, und das Vieh, in der Regenzeit, nicht zu tief in den Deich trete.

860. Bei Bestimmung der Gestalt des Querschnitts eines Deiches kommen daher nur die Reibung*), das Gewicht (sowohl der Bestandtheile des Deichs, als des bei Fluten auf der äufsern Böschung stehenden Wassers), der Regen, die Veränderungen des hygrometrischen Zustandes der Atmosphäre, die Fluten und die Stürme in Betracht**).

861. Wäre die Reibung nicht, so wäre kein Deich möglich. Wegen der Reibung***) bleibt jede Erdart, wenn sie aufgeschüttet wird, bei einem gewissen, durch Beobachtung auszumittelnden Böschungswinkel ruhig liegen, und steiler darf man die Böschung, selbst auf der Landseite des Deichs, nicht machen.

Die Böschungswinkel für verschiedene, beim Deichbau zu gebrauchende Materien findet man in Eytelwein's „Practischer Anweisung

---

*) Und Adhäsion oder Klebrigkeit der Erdtheile. Anm. d. Herausg.

**) Auch wohl noch die Wirkungen des strömenden Wassers, des Eisganges und Wellenschlages. Anm. d. Herausg.

***) Und Adhäsion. Anm. d. Herausg.

zur Wasserbaukunst" Heft 3. S. 105. Für mittelmäfsig gute Erde kann man den Böschungswinkel $33\frac{1}{2}$ Grad gegen den Horizont ($1\frac{1}{2}$füfsige Böschung), für bessere Erde nie über 37 Grad ($1\frac{1}{3}$füfsige Böschung), für Sand nicht steiler als $18\frac{1}{2}$ Grad (3füfsige Böschung) annehmen *).

862. Vermöge der Schwere der Materie, aus der man einen Deich aufführt, drücken die oberhalb liegenden Theile die unterhalb liegenden anfänglich immer mehr und mehr zusammen, und dies dauert so lange, bis die Dichtigkeit der gedrückten Theile so grofs geworden ist, dafs ihr Widerstand überall der drückenden Kraft gleich ist. Daher senkt sich jeder Punct der Böschungslinie eine Zeitlang nach der Aufschüttung des Deichs, denn:

1) füllen sich die in der Erdmasse noch gebliebenen leeren Räume allmälig aus;
2) wird jedes einzelne Element, für sich, durch den Druck noch zusammengeprefst;
3) giebt der Grund, auf welchen der Deich geschüttet worden, aus ähnlichen Gründen nach.

863. Die Senkungen wegen No. 1. werden sich ziemlich genau wie die Höhen der Aufschüttung verhalten, die wegen No. 2. ungefähr wie die Quadrate der Höhen, und 3tens wird der Grund um so stärker zusammengeprefst werden, je gröfser die Belastung ist, also in der Nähe der Krone stärker als am Fufse der Böschung.

864. Daraus folgt, dafs wenn man den Deich so schüttet, dafs die Böschungslinien, unmittelbar nach Beendigung des Deichs, gerade sind, solche nach einiger Zeit convex sein werden.

865. Werden Deiche, aus guter Erde, durch Wagen, von Pferden oder Ochsen gezogen, aufgefahren, so dafs also die Erde durch die bedeutende, auf den Rädern ruhende Last, und durch das Gewicht der vorgespannten Thiere, schon während der Aufführung stark zusammengedrückt wird, so können sie nachher noch kaum um $\frac{1}{20}$ ihrer Höhe zusammensinken, vorausgesetzt, dafs der Grund nicht nachgebe. Bei Aufführung des Deichs durch Menschen, mit Handkarren, kann die aufge-

*) Dieses würde nemlich der Winkel sein, unter welchem lose Erde liegen bleibt, und in der Regel nicht vom Regen hinunter gewaschen wird. Der Deich mufs aber auch noch den Angriffen des Stroms, des Wellenschlages und des Eises widerstehen. Anm. d. Herausg.

geschüttete Erde um $\frac{1}{10}$ bis $\frac{1}{8}$ ihrer Höhe zusammensinken, wonach die erforderliche Zugabe zu finden ist *).

866. Zu unterscheiden von dem vorigen sind jedoch die Fälle, wenn ein alter Deich verstärkt wird, weil die alte Erde sich nicht gleichmäfsig ebenfalls setzt.

867. Weil ferner jeder Deich dem Regen ausgesetzt ist, so müssen auch davon die Wirkungen berücksichtigt werden.

Wenn gleich, wie sich hernach finden wird, das Quer-Profil eines Deichs, in so fern blofs auf den Wasserstand vor demselben und auf den Wellenschlag Rücksicht zu nehmen wäre, gar keine obere Breite nöthig haben würde, so ist doch aus anderen Gründen eine Krone nöthig. Abgesehen davon, dafs mitunter ein Deich zugleich als Chaussée oder Wegedamm benutzt wird, in welchem Falle die Bestimmung der Kronenbreite nicht in den Deichbau, sondern in den Wegebau gehört, mufs man auch in der Zeit der Gefahr mit Wagen auf der Krone des Deichs fahren können. Für eine Wagenspur $4\frac{1}{2}$ Fufs gerechnet, und noch $1\frac{1}{2}$ Fufs auf jeder Seite, giebt $7\frac{1}{2}$ Fufs für die geringste Kronenbreite, statt deren man gewöhnlich 8 Fufs annimmt. Da nun von der Krone das Regenwasser mufs abfliefsen können, und auf das Gefälle der Länge nach nicht zu rechnen ist, so mufs Quergefälle vorhanden sein; also mufs die Krone abgerundet werden, zumal da scharfe Kanten beim Deichbau nicht vorkommen dürfen.

868. Ferner fliefst der auf den Deich fallende Regen am Fufse der Böschungen zusammen. Am Fufse der Böschungen ist daher nicht allein die bewegte Masse, sondern auch ihre Geschwindigkeit am gröfsten, folglich dort der Angriff auf die Böschung am stärksten, und es wäre daher in dieser Hinsicht gut, wenn die Böschungen am Fufse flacher wären als oben. Aber ohne Decke würde die Böschung dennoch vom Regen angegriffen werden; es mufs daher für eine Decke gesorgt werden **).

---

*) Der Grund, worauf ein Deich oder Damm geschüttet wird, giebt oft sehr bedeutend nach. Es sind Fälle vorgekommen, wo ein Damm, nachdem er geschüttet war, ganz versunken ist, weil der Boden aus einer verwachsenen Rinde bestand, die auf flüssigen Sumpf schwamm. Man mufs den Boden, worauf man einen Deich schütten will, besonders wenn zu besorgen dafs er unfest sei, vorher durch Bohren untersuchen.
Anm. d. Herausg.

**) Die Decke ist nicht blofs gegen den Angriff des Regenwassers, sondern noch mehr gegen die Angriffe des Stromes, Wellenschlages und Eises nöthig.
Anm. d. Herausg.

869. Die beste Bedeckung einer Böschung ist Rasen *). Rasen wächst um so dichter, je flacher der Böschungswinkel ist, weil die Pflanzen lothrecht in die Höhe treiben, so dafs auf schiefen Ebenen, von verschiedenen Neigungswinkeln gegen den Horizont, aber gleicher wagerechter Projection, gleich viele Pflanzen wachsen, während die Fläche mit dem Neigungswinkel zunimmt, also die Pflanzen auf steileren Böschungen, nach der Richtung derselben gemessen, gröfsere Zwischenräume zwischen sich lassen, als auf flacheren, und zwar im umgekehrten Verhältnifs der Cosinus der Neigungswinkel. (Was sich hiegegen einwenden läfst, und vorzüglich v. Sonnenfels eingewandt hat, mag dem mündlichen Vortrage vorbehalten bleiben.) Darum nun aber die Böschungslinie hohl nach oben zu machen, wäre unrecht, weil der Einflufs des Regens zu unbedeutend ist, und die gröfsere Feuchtigkeit am Fufse des Deichs das Wachsthum des Rasens begünstiget.

870. Auf einer zu steilen Böschung ist zwar kein fester Rasen möglich, aber auch auf einer flachen Dossirung kann er mürbe sein, wenn es an gehöriger Aufsicht fehlt. Sanddeiche ausgenommen, ist die regelmäfsige Beweidung der Deiche durch Schafe, Ziegen, und Kälber am vortheilhaftesten. Will man gröfseres Vieh auf die Dossirung treiben lassen, so mufs die Böschung, auch bei der vorzüglichsten Erde, wenigstens $1\frac{1}{2}$füfsig sein. Indessen thun grofse Thiere bei feuchter Witterung immer Schaden.

871. Jeder Deich trocknet mit der Zeit zusammen, weil die Erde, wenn sie aus den Gruben aufgefahren wird, Feuchtigkeit enthält, welche hernach verdunstet; und dadurch verlieren Thon, Lehm und ähnliche Erdarten an Volumen. Zuerst entweicht die Feuchtigkeit aus den der Oberfläche zunächst liegenden Theilen. Die Oberfläche ziehet sich also von allen Seiten zusammen und bekommt Risse nach allen Richtungen, welche aber nur für steile Böschungen nachtheilig sind, in so fern auf die Adhäsion Rücksicht genommen ist. Der Umfang und Flächen-Inhalt des Querschnitts des Deichs werden dadurch etwas kleiner, und zwar nach Richtungen, die normal auf die Oberfläche sind. Am Fufse behält der Deich in der Regel mehr Feuchtigkeit als oben, und schwindet daher auch unten weniger, als in der Gegend der Krone. Daher würden

*) In so fern Strom und Wellenschlag nicht sehr stark sind.

Anm. d. Herausg.

Böschungen, die anfänglich grade waren, durch das Austrocknen des Deiches convex nach oben zu werden; allein weil der Deich oben schwächer ist als unten, so kann oberhalb sogar eine kleine Concavität entstehen. Den Folgen dieses Umstandes liefse sich durch eine etwas convexe Überhöhung vorbeugen.

Wenn sehr feuchter Thon vollkommen anstrocknet, so kann er bis den sechsten Theil seines Volumes verlieren.

872. Alle Erdarten werden durch den Druck etwas zusammengeprefst; was aber seine Grenzen hat. Erde, die verfaulte Vegetabilien enthält, läfst sich um so mehr zusammendrücken, je weiter dieselben in Fäulnifs übergehen. Thon und ähnliche Erdarten trocknen zwar ein, aber sie quellen auch wieder auf, sobald der Deich wieder etwas feuchter wird. Dieser Umstand hat indessen keinen zu beachtenden Einflufs auf die Gestalt des Deiches, wenn derselbe erst zu einem mittleren Grade von Trockenheit gelangt ist. Das Eintrocknen des Deiches vermehrt übrigens dessen Feuchtigkeit, und Deiche, die neu von fester Erde gemacht werden, erlangen mit der Zeit eine gröfsere Festigkeit, als die aus trockener Erde aufgeführten. Was die Bedeckung mit Rasen betrifft, so müssen die gestochenen Soden, ehe sie gebraucht werden, eintrocknen, damit sie bei feuchter Witterung aufquellen, und um so besser in einander wachsen. Feucht gesetzt, bekommt der Rasen, durch das Schwinden des Deiches, in der Oberfläche viele Risse, die zwar nicht tief und gefährlich, aber doch nachtheilig sind, weil durch dieselben das Regenwasser einzieht und den Deich erweicht.

873. Aus dem Bisherigen gehet hervor, dafs die Schwere, die Witterung und die Beschaffenheit des Erdreichs sehr verschiedene Einflüsse auf die Deiche haben, so dafs sich, nach den Rücksichten auf sie schwerlich bestimmen lassen möchte, welche Gestalt des Querchnitts des Deichs die beste sei. Indessen vereinigen sich die wirkenden Kräfte doch sämmtlich dahin, dafs ein neuer Deich mit der Zeit einen kleineren Querschnitt annimmt; daher mufs der Querschnitt eines Deichs beim Bau etwas gröfser gemacht werden, als er hernach bleiben soll. Ob aber die Überhöhung convex oder concav sein müsse, bleibt zweifelhaft; und da die eine Wirkung die andere ziemlich aufheben möchte, so wird immer die grade Linie für die Böschungslinie die beste sein, zumal da eine

Böschung nach einer krummen Linie schwerlich mit Erde und Rasen genau auszuführen sein dürfte.

874. Dies gilt vorzüglich für festen Grund und trockene, weder zu fette noch zu magere Deich-Erde. Für feuchte und thonige Erde kann die Böschungslinie etwas convex sein.

875. Woltmann will die einzelnen Erdlagen durch Ebenen begrenzen, die mit der äufsern Böschung gleichlaufend sind. Wenn die Erde mit Wagen angefahren wird, dürfte daran wohl nicht zu denken sein, und selbst beim Gebrauche von Handkarren möchten sich grofse Schwierigkeiten finden *).

876. Angenommen nun, dafs die Böschungslinien eines Deiches gerade sein sollen, so ist zunächst zu bestimmen, wie breit der Querschnitt am Fufse sein müsse, damit der Deich von dem, bei Fluten, vor und auf seiner äufseren Böschung stehenden Wasser weder nach innen weggeschoben, noch um seine untere innere Kante gedreht werden könne. Mit Hülfe einiger bekannten Sätze aus der Geostatik und Hydrostatik, lassen sich leicht die dazu nöthigen Gleichungen aufstellen; sie können aber um so eher hier wegbleiben, und dem mündlichen Vortrage vorbehalten werden, da die daraus sich ergebende Stärke des Deichs im Fufse, selbst unter den ungünstigsten Umständen, kleiner ausfällt, als aus andern Gründen nöthig ist. In (§. 861.) ist nemlich bemerkt, dafs, selbst bei der besten Erde, die innere Böschung nie unter $1\frac{1}{3}$füfsig sein dürfe, wenn die Erde nicht durch ihr eigenes Gewicht soll hinunter sinken können, und die äufsere Böschung mufs, aus bald folgenden Ursachen, stets noch flacher sein, während die gröfste Stärke des Deichs im Fufse, die sich aus den erwähnten Gleichungen ergiebt, nur eine $1\frac{1}{3}$ füfsige innere und äufsere Böschung erfordern würde, selbst wenn, wie es nie der Fall ist, die Breite der Krone Null wäre, und das Wasser mit der Krone gleich hoch stände **).

---

*) Wenn die äufsere Böschung einigermaafsen flach ist, sind diese Schichten wohl ausführbar, und sie befördern unstreitig die Festigkeit des Deiches sehr.
Anm. d. Herausg.

**) So also täuschen in dergleichen Dingen Formeln durch die Schuld der Voraussetzungen, von welchen sie ausgehen! Hier in diesem Falle ist es sehr sichtbar, warum die Resultate der Formeln mit der Wirklichkeit nicht stimmen können; denn die Voraussetzungen sind gar zu willkürlich. Einen Erd-Körper, der sich um seine

877. Bei den vorhin erwähnten Rechnungen wird freilich angenommen, dafs das Wasser blofs durch den Druck und nicht durch Stofs auf den Deich wirke, also entweder ruhig vor demselben stehe, oder gleichlaufend mit demselben fliefse; es könnte also scheinen, dafs es nöthig sei, den Querschnitt eines Deiches noch zu verstärken, wenn er einen Winkel zwischen 0 und 90 Grad mit dem Stromstriche macht. Allein je gröfser dieser Winkel ist, um so geringer ist auch die Geschwindigkeit, mit welcher der über die Ufer tretende Strom den Deich trifft, also um so geringer der Stofs. Da nun die Wirkung des Stofses des Wassers auf eine gegen seine Richtung normale Ebene, der des Gewichts einer Wassersäule gleich gesetzt werden kann, welche die gestofsene Ebene zur Grundfläche, und etwa $\frac{5}{4}$ der der Geschwindigkeit des stofsenden Wassers zugehörigen Höhe zur Höhe hat, so braucht man nur den Stofs so in Rechnung zu bringen, als wäre die Druckhöhe noch um $\frac{5}{4}$ der der Geschwindigkeit zugehörigen Fallhöhe gröfser, ohne sonst etwas in der Rechnung zu ändern. Indessen gehören zu den Geschwindigkeiten, mit welchen Flüsse gegen Deiche strömen können (5 bis 6 Fufs möchte schon aufserordentlich viel sein), so geringe Fallhöhen, dafs deshalb der Deich immer noch lange nicht so stark zu werden brauchte, als er, wie erwähnt aus andern Gründen, sein mufs *).

878. Erheblicher sind die Verletzungen der Oberfläche der Böschung durch den Stofs des Stroms. Diese Art von Beschädigung besteht darin, dafs gegen die kleinen Unebenheiten der Oberfläche des Deichs die strömenden Wasserfäden stofsen, in wirbelnde Bewegung gerathen, die Graswurzeln losspülen, und eine Menge kleiner Vertiefungen bilden, die bald in gröfsere Einrisse übergehen. Auch ohne Rechnung ist klar, dafs in diesem Betracht, mit der Vergröfserung des Winkels, den die Richtung des Stromstriches mit der des Deichs macht, der Böschungswinkel

---

Kante drehen könnte, giebt es gar nicht; die Kante existirt nur in der Idee; auch die Reibung von Erde auf Erde ist kaum mit der Reibung von festen auf festen Körpern zu vergleichen. Anm. d. Herausg.

*) Man würde die Wirkung des Stofses auf die obige Weise in Rechnung bringen können, wenn der Deich ein fester Körper wäre, der auf einem festen Grunde ruhet. Aber der Deich ist kein fester Körper, sondern bestehet aus Erde, die durch den Stofs noch anders angegriffen, nemlich weggewaschen werden kann. Anm. d. Herausg.

abnehmen mufs*). Eine Gleichung zwischen den beiden gedachten Winkeln giebt Woltmann („Beiträge zur Hydr. Arch." Band. II. §. 43.—45.). Sie mag aber hier wegbleiben, und es mag nur bemerkt werden, dafs nach der Erfahrung, wenn der Winkel, den die Richtung des Stroms mit der des Deichs macht, Null ist, die äufsere Böschung, bei guter Erde, nicht weniger als $2\frac{1}{2}$füfsig sein darf, und dafs, wenn die Richtung des Stroms auf die des Deichs normal ist, die äufsere Böschung des letztern nicht über 6füfsig zu sein braucht, wonach man dann leicht die angemessene Böschung für jeden Richtungswinkel des Stroms gegen den Deich, der zwischen 0 und 90 Grad fällt, finden kann**).

879. Über den Stofs des Eises gegen die Böschung lassen sich ebenfalls Rechnungen anstellen. Allein sie beruhen auf zu unsicheren Voraussetzungen, als dafs man ihre Ergebnisse auch nur mit einiger Sicherheit gebrauchen könnte***). Höchstens würde man daraus schliefsen dürfen, dafs die Böschungslinie nach der Krone zu etwas flacher als unten,

---

*) Durch die künstlichste Rechnung wird solches auch gewifs nicht klarer werden. Anm. d. Herausg.

**) Die nothwendige Böschung ist aber gewifs auch noch sehr nach der Erd-Art, woraus der Deich besteht, verschieden, und hängt nicht von dem Winkel allein ab, unter welchem der Stofs den Deich trifft. Es wäre sehr zu wünschen, dafs auch bei guter Erde die äufseren Böschungen aller Dinge in ungünstiger Lage, 6füfsig wären, allein nur wenige Deiche an Strömen haben diese Böschung, und nach der Erfahrung sind sie allerdings auch mit geringerer Böschung recht lange haltbar, woraus folgt, dafs das Maafs der Böschung noch von vielen andern Umständen abhängt. Durch diese Bemerkung mag indessen ja nicht etwa angerathen werden, an der Böschung zu sparen; im Gegentheil besteht in der flachen Böschung die wahre Stärke eines Deiches, und man spart nur zu oft viel zu sehr daran, obgleich eine solche Ersparung vergleichsweise ungefähr von der Art ist, wie wenn man einem Hause nicht ein hinreichend festes Dach, oder gar ein nicht hinreichend festes Fundament geben wollte. Ein Fufs mehr Auslauf der Böschung kostet nur so viel als ein halber Fufs mehr Kronenbreite, weil die Böschung ein Dreieck ist; also werden die Kosten durch eine flache Böschung nicht so sehr erhöhet, als es scheint. Zwar nimmt der Deich mit flacher Böschung mehr Terrain ein, als wenn seine Böschung steil ist, aber die flache Böschung kann auch wieder besser benutzt werden. Es ist daher vor Allem zu empfehlen, an der äufsern Böschung der Deiche ja nicht zu sparen, besonders wenn die Erde, woraus man die Deiche machen mufs, sandig und undicht ist. Viele Deichbrüche würden nicht erfolgen, wenn die Deiche ihre wahre Stärke, flache äufsere Böschungen hätten, und schon die Durchbrüche wieder zu verschliefsen, kostet sehr bald mehr, als die Verstärkung der Böschung. Der oft ungeheuere Schaden der Überschwemmung und die Gefahr der Bewohner des eingedeichten Bodens ist aber nur zu oft noch viel beträchtlicher. Anm. d. Herausg.

***) Möchte man doch den Ergebnissen aller solcher Rechnungen nie vertrauen! Anm. d. Herausg.

also etwas convex sein müsse, weil das Eis in den meisten Fällen näher nach der Krone zu wirkt. Indessen hat der Rasen, auch in der flachsten Lage, doch nie Festigkeit genug, um dem Eise widerstehen zu können. Es scheint daher, dafs man auf den Stofs des Eises bei Bestimmung des Querschnitts weniger, als bei der Richtung der Deichlinie Rücksicht nehmen und diese wo möglich so anordnen müsse, dafs der Deich aufserhalb des Stromstriches, dem das Eis gern folgt, zu stehen komme. Das Eis folgt zwar auch der Richtung lebhafter Winde, aber die Geschwindigkeit, die es dadurch bekommt, ist niemals so grofs und gefährlich, als die welche ihm der Strom giebt *).

880. Die Beschädigungen durch Strom und Eis kommen vorzüglich bei Flufsdeichen vor. Unmittelbar vor Seedeichen ist selten ein erheblicher Strom **). Auch pflegt sich das Eis, bei starken Seewinden, welche vor den Deichen das Wasser in die Höhe treiben, bald aufzulösen, indem diese Stürme gewöhnlich von gelindem Wetter begleitet sind. Zuweilen trifft es sich indessen, dafs, selbst bei Stürmen, einzelne schwere Eisschollen von dem vorhergegangenen Froste übrig bleiben, und an die Seedeiche geführt werden, welche dann, wenn die Schollen vom Winde bewegt werden, grofsen Schaden leiden können. Kann ein Deich für solche Fälle dem Eisstofse nicht ganz entzogen werden, so bepflanzt man auch wohl das Vorland in angemessener Entfernung vom Deichfufse am Ufer mit Bäumen; oder man bekleidet die äufsere Böschung mit grofsen Steinen; oder man setzt auch Eisbrecher vor den Deich ***).

881. Ist nun endlich alles so eingerichtet, dafs die äufsere Böschung als stark genug gegen den Angriff des Stroms und Eises anzusehen wäre, so könnte doch noch irgend eine schwache Stelle vom

---

*) Es ist nicht blofs der Stofs, durch welchen das Eis den Deichen Gefahr bringt, sondern noch häufiger und mehr sind es die Stopfungen des Eises, die leicht den Strom so hoch treiben können, dafs er über die Deiche stürzt.
Anm. d. Herausg.

**) Doch da, wo die Fluten sehr hoch steigen und längs dem Deiche hinrollen.
Anm. d. Herausg.

***) Alles das kann auch an Strom-Deichen nöthig sein, und die Bepflanzung des Vorlandes mit Bäumen, in hinreichender Entfernung vom Deich, kann sehr nützlich sein; nur darf der Fall nicht so sein, dafs die Bäume den Zug der Fluten und besonders des Eisganges mehr oder weniger hemmen. Anm. d. Herausg.

Strome ausgespült, oder von einer Eisscholle, einem schwimmenden Stücke Holz, oder dergleichen ein Loch in den Rasen gewühlt werden. Die Wahrscheinlichkeit, dafs solches am obern Theile des Deichs geschehen werde, ist fast gröfser, als die einer Beschädigung des Fufses, weil die Wirkung des Wasserstofses in jeder Tiefe unter der Oberfläche fast gleich ist, die des Stofses schwimmender Körper aber, wenn sie mit Wellenschlag vor dem Deiche ankommen, mit der Tiefe zunimmt. Daher müfste denn der Damm oberhalb noch dadurch verstärkt werden, dafs man die Böschungs-Ebenen von einander entfernte, oder der Krone eine gewisse Breite gäbe, wenn dies nicht schon aus andern Gründen (§. 867.) nöthig wäre. Da die dort als die geringste angegebene Breite von 8 Fufs fast immer hinreicht, um den Angriffen auf den Deich, von welchen hier die Rede ist, zu widerstehen, so kann man dabei bleiben, und nur bei besonders hohen oder gefährlich liegenden Deichen noch Etwas, etwa bis zu 12 Fufs, zugeben.

882. Die Wirkung der durch den Wind erzeugten Wellen auf die äufsere Böschung läfst sich durch Rechnung nicht gut zu dem Ende schätzen, um die vortheilhafteste Gestalt der äufsern Böschung für diese Wirkung zu finden, weil die Höhe und Breite der Wellen nicht allein von der Tiefe des Wassers, sondern auch von der Stärke und Richtung des Windes (also auch von seiner Neigung gegen den Horizont) abhängt, anderer Nebenumstände nicht zu gedenken; Stärke und Richtung des Windes aber höchst veränderlich sind, während die einmal vorhandene Böschung dieselbe bleibt, also nur für Eine gewisse Stärke und Richtung des Windes die vortheilhafteste würde sein können. So viel lehrt aber die Erfahrung, dafs die Wellen um so schwächer werden, je geringer der Neigungswinkel der schiefen Ebene gegen den Horizont ist, auf welche sie hinauf rollen, und dies giebt Anlafs, die Böschungslinie der Deiche, welche dem Wellenschlage ausgesetzt sind, nach der Krone zu flacher zu machen, als am Fufse, also nach aufsen convex. Die einfachste, hierzu passende Linie ist ein Stück einer gemeinen Parabel, welches durch den Fufs und die äufsere Kante der Krone gehet, und am Fufse diejenige Neigung gegen den Horizont hat, welche man für die gröfste zulässige hält, an der Krone aber den kleinsten erforderlichen Abhang. Der Scheitel der Parabel fällt natürlich unter die Oberfläche des Bodens, auf welchen der Deich geschüttet wird. Wie man

den Parameter und die Lage ihres Scheitels findet, mufs dem mündlichen Vortrage vorbehalten bleiben *).

883. Hiernach wäre nun zwar für die äufseren Seedeich-Böschungen die convexe Gestalt zweckmäfsig; aber die Erbauung und Unterhaltung der Deiche erfordert dann bei weitem mehr Genauigkeit und Sachkenntnifs, als von den Deichpflichtigen, von welchen die Aufsicht und die Unterhaltungs-Arbeiten häufig selbst besorgt werden müssen, erwartet werden kann. Die Ersparung, welche sich durch eine convexe Böschungslinie erzielen läfst, ist aber bei Rasendeichen nur dann von einiger Erheblichkeit, wenn der Unterschied zwischen dem gröfsten und dem kleinsten Böschungswinkel sehr grofs ist; z. B. wenn etwa die Böschung am Fufse $2\frac{1}{2}$ und an der Krone 6 bis 8füfsig werden soll. Mit Ausnahme solcher Fälle, und überall wo etwa blofs eine 3füfsige Böschung in eine 5füfsige übergehen soll, möchte es daher rathsam sein, die Böschungslinie gerade zu machen, und den kleinsten Böschungswinkel überall beizubehalten. Dafs dadurch der Deich, nahe am Fufse, etwas stärker wird, als man eben für nöthig hält, läfst sich noch damit rechtfertigen, dafs er daselbst von den Fluten und Wellen öfter getroffen wird, und dafs das Wasser daselbst am längsten verweilt, auch durch den stärkeren Druck tiefer eindringt und den Deich erweicht **). Bei Stroh- oder Stein-Deichen ist es aber, der Kosten-Ersparung wegen, allemal besser, die Böschung zu krümmen ***).

---

*) Man vermuthe aber nur nicht, dafs etwa grade die Parabel eine gewisse besondere Kraft habe, den Wellen zu widerstehen. Vielleicht widersteht irgend eine andere krumme Linie noch besser, und am Ende die gerade am allerbesten.
Anm. d. Herausg.

**) Der Herausgeber ist der Meinung, dafs die gerade Linie für die Böschungen von Erddeichen, und zwar nicht bedingungsweise, sondern immer die bessere sei, schon aus dem im Anfange dieses Paragraphs angegebenen sehr practischen Grunde.
Anm. d. Herausg.

***) Man hat die Form der Böschungen der Deiche zum Gegenstande vieler gelehrten Untersuchungen gemacht, und meistens herausgebracht: sie müfsten convex gekrümmt sein. Aber ob irgend eine krumme Linie besser sei, als z. B. die gerade, ist doch wohl noch immer die Frage, und wenn gleich gegen die Schlüsse bei jenen Untersuchungen nichts einzuwenden sein mag, so scheint es doch unmöglich zu sein, sich der Richtigkeit der Voraussetzungen, von welchen die Rechungen ausgehen, ganz zu versichern, so dafs also auch die Resultate, eben der Sicherheit der Schlüsse wegen, nothwendig unsicher sein müssen. Man betrachte die Form der Böschung der Berge, die nur vom Regen und Schneewasser angegriffen werden, so wird man meistens finden, dafs sie oben flach, gegen die Mitte zu

884. Die **steilste** Böschung kann für alle **grüne**, d. h. mit Rasen bekleidete Seedeiche gleich gesetzt werden ($2\frac{1}{2}$ füfsig); aber die **flachste** Böschung hängt zum Theil von der Richtung des Deiches gegen die Seewinde, zum Theil von der Höhe des Vorlandes ab. Die Abhängigkeit der Stärke des Wellenschlages von der Höhe des Vorlandes läfst sich nicht wohl durch Gleichungen ausdrücken; indessen ist leicht zu sehen, dafs, da auf höherem Vorlande der Deich weniger hoch zu sein braucht und die Wirkung des Wellenschlages mit der Tiefe des Wassers zunimmt, jene Wirkung um so schwächer sein werde, **je höher** das Vorland liegt. Vor schlecht gelegenen Deichen mufs man daher das Vorland durch künstliche Mittel, von denen in der Folge die Rede sein wird, zu erhöhen suchen, wenn es nicht schon von selbst geschieht, in welchem letztern Falle man die darauf wachsenden Strandgräser der Natur allein überläfst. Eine mittelmäfsige Höhe hat das Vorland, wenn es etwa 4 Fufs über der täglichen Flut liegt, und eine solche kann man dem Vorlande eines Deiches von mittelmäfsig guter Lage geben. Ist die Lage des Deichs vorzüglich gut, so ist eine etwas geringere Höhe hinreichend; ist sie schlecht, so mufs man das Vorland bis auf 6 bis 7 Fufs über die tägliche Flut zu erhöhen suchen. Dieses ist nicht blofs zur Vermeidung des Wellenschlages nöthig, sondern auch, damit solche Deiche, die den höchsten Grad von Festigkeit haben müssen, nicht zu oft vom Wasser erreicht, durchdrungen und erweicht werden können.

885. Die schlechteste Lage für einen Seedeich ist die, wenn die Richtung des Hauptseewindes auf seine äufsere Böschung normal ist. Je

---

steil, und unten wieder flach sind. Doch giebt es Ausnahmen, und eben so viele Modificationen als Verschiedenheiten der Umstände. Man betrachte die Form eines vom Strome oder den Wellen des Meeres angegriffenen **Ufers**, welcher Fall dem eines Deiches schon näher kommt, so wird man meistens finden, dafs die Böschung **hohl** und zwar oben am steilsten, unten flach ist. Dieser Fall, aus der Wirklichkeit, widerspricht nun schon den Resultaten der Rechnung, und es ist die Frage, ob man, wenn man einmal nicht bei dem was am einfachsten ist (hier bei der Böschung der Deiche die **grade** Linie) bleiben **will**, nicht noch eher der Natur nachahmen als meist idealen Rechnungen folgen soll. Das Sicherste scheint wirklich zu sein, bei dem **Einfachsten**, also hier, in **allen** Fällen, bei der **geraden** Linie zu bleiben. Wenn man auch nur eben so eifrig die gerade als die krumme Linie suchte, würden sich auch wohl dafür noch künstliche Gründe finden lassen, und auch die **gerade** Linie würde sich durch Rechnungen herausbringen lassen. Durch behendes Handhaben von Formeln läfst sich ja, wie bekannt, in solchen complicirten Dingen, nicht ohne viele Schwierigkeit herausbringen, was man eben im Voraus als richtig vermuthet.

Anm. d. Herausg.

weiter die Lage des Deiches von dieser Richtung abweicht, um so günstiger ist sie. Wie sich die Wirkungen des Windes auf den Deich, in verschiedenen Lagen desselben, verhalten, läfst sich nicht durch Rechnung ausdrücken, weil, selbst wenn der Seewind mit der Richtung des Deichs gleichlaufend wehet, der Wellenschlag immer noch stark ist. So wie aber der Wind nur einige Grade abwärts von der Vorderseite des Deichs, oder im Rücken desselben stehet, ist die Wasserfläche in der Regel ziemlich eben, und der Wellenschlag unbeträchtlich, in so fern er nicht von unregelmäfsigen Ufern und hohen Einbauen in einen nahen und schnellen Strom herrührt.

886. Die hohen Fluten, durch welche im Anfange des Jahres 1825 an den Nordwestküsten von Deutschland so grofser Schaden geschehen, haben bewiesen, dafs noch immer nicht alle längs der Küste seit einigen Jahrhunderten erbauten Deiche die erforderliche Höhe und Stärke haben. Auch können vielleicht später noch höhere Fluten eintreten. Bei Bestimmung des Querschnitts eines Deichs mufs man also auf solche mögliche Fälle Rücksicht nehmen, und den Deich immer noch einige Fufs höher machen, als die höchste, aus früheren Jahren bekannte Flut stieg. Dies ist bei Seedeichen um so nothwendiger, da das etwa über die Krone stürzende Seewasser, wenn es auch bald wieder abgeleitet wird, das eingedeichte Land auf eine Reihe von Jahren verdirbt und unfruchtbar macht.

887. Auch wenn blofs süfses Wasser über eine Deichkrone stürzt, entstehen daraus schon in der Regel grofse Nachtheile. Es giebt zwar Deiche, die absichtlich so gebaut sind, dafs sie, sobald das Wasser vor denselben eine gewisse Höhe erreicht hat, überströmt werden (sogenannte Überlafsdeiche); allein meistens ist eine solche Anordnung nicht gut.

888. Sie ist unbedingt nicht rathsam, wenn man durch den Übersturz blofs den Wasserspiegel vor dem Deich zu senken beabsichtigt; denn das Binnenland ist fast immer verhältnifsmäfsig so klein, dafs es sich schnell füllt, der ihm daraus wachsende Schaden aber unverhältnifsmäfsig grofs.

889. Zuweilen soll auch durch das über den Deich laufende Wasser das Binnenland erhöht werden; dann aber läfst man es besser durch ein Siel oder eine Schleuse hinein, zumal da die meisten Sinkstoffe dem Grunde näher als der Oberfläche sind.

890. Mitunter soll aber auch das eingedeichte Land blofs mit Sommerfrüchten bestellt werden; und dann mag allenfalls ein Überlafs-Deich Statt finden *).

891. Bei einem solchen Deiche leidet, sobald das Wasser über die Krone strömt, die innere Böschung mehr als die äufsere; sie mufs daher nach andern Regeln angeordnet werden, als bei gewöhnlichen Deichen. Wäre der Boden hinter dem Deiche vollkommen fest, so dafs er von dem überstürzenden Wasser nicht ausgespült werden könnte, so würde die hintere Böschung, wenn man sie beinahe lothrecht machte, gar nicht vom Wasser berührt werden. Dies ist aber bei Rasendeichen nicht ausführbar, und selbst einen ganz aus Quadersteinen aufgeführten Deich würde der Übersturz zu sehr erschüttern, so dafs daran nicht zu denken ist. Die innere Böschung mufs vielmehr so eingerichtet werden, dafs das auf derselben herunter strömende Wasser um so mehr Widerstand findet, je mehr seine Gaschwindigkeit zunimmt. Zu diesem Ende könnte man zunächst die hintere Böschung, wenigstens unten, mit Strauch, der dann oft genug abgehauen werden müfste, bepflanzen; was aber häufig nicht thunlich ist und auch den Nachtheil hat, dafs die Wurzeln in den Deich dringen, wodurch, wenn sie verfaulen, Höhlungen entstehen, welche Durchbrüche verursachen können. Die Böschung mufs also meistens auf andere Weise eingerichtet werden.

892. Mit Hülfe der von du Buat gegebenen Formel, über die Bewegung des Wassers in regelmäfsigen Betten, läfst sich ausmitteln, wie hoch und mit welcher mittleren Geschwindigkeit das Wasser über jede in der hintern Böschung eines Überlafsdeiches mit der innern Kronenkante gleichlaufende Linie wegströmen wird, sobald die über die Deich-

---

*) Die Fluten durch Siele in das Binnenland zu lassen ist unstreitig auch eines der wirksamsten Mittel die Deiche zu schützen; denn, wenn das Wasser an beiden Seiten eines Deiches gleich hoch steht, oder doch beinahe gleich hoch, so ist der Deich sehr sicher. Wo also irgend das Wasser eingelassen werden kann, sollte es geschehen, und es sollten Siele dazu vorhanden sein. Der Deich dient in solchem Falle dann nur zum Schutz gegen Sommer-Fluten und gegen sehr hohe Fluten, in so fern man das Wasser nur bis auf eine gewisse Höhe einläfst.

In manchen Fällen wird auch ein zweiter niedrigerer Deich hinter dem Hauptdeich, in geringer Entfernung von demselben, von grofsem Nutzen sein. Läfst man nemlich das Wasser zwischen beide Deiche ein, bis zur Höhe des zweiten Deiches, so wird der Druck auf beide vertheilt und der Hauptdeich also sehr erleichtert.

Anm. d. Herausg.

krone stürzende Wassermenge, oder die Höhe des Wassers über derselben, und die Gestalt der Böschungslinie gegeben sind. Daraus läfst sich für jeden Punct der Böschungslinie das Product aus dem Quadrate der Geschwindigkeit in die Höhe des darüber fliefsenden Wassers finden. Da sich nun ferner beweisen läfst, dafs sich die Gewalt, mit welcher der Rasen angegriffen wird, überall wie dieses Product verhält, die Festigkeit einer Rasenböschung aber umgekehrt wie der Cosinus ihres Neigungswinkels gegen den Horizont (§. 869.), so läfst sich eine Gleichung für die Gestalt derjenigen Böschungslinie finden, deren Widerstand in demselben Verhältnisse zunimmt, als der Angriff.

893. Diese Rechnung mufs dem mündlichen Vortrage vorbehalten bleiben. Das Ergebnifs ist: dafs die innere Böschung eines Überlafsdeiches am vortheilhaftesten nach einer gewissen krummen Linie geformt wird, deren Neigung gegen den Horizont, von der Krone nach dem Fufse zu, fortwährend abnimmt, die also nach oben concav und deren Tangente im tiefsten Puncte wagerecht ist. In der Ausübung wird man aber am besten thun, die Curve in eine gebrochene Linie zu verwandeln, deren gerade Theile, so wie sie von der Krone nach dem Fufse zu aufeinander folgen, einen immer kleineren Winkel mit einer wagerechten Ebene einschliefsen *).

894. Das Product aus dem Quadrate der Geschwindigkeit in die Höhe des über eine Rasendecke fliefsenden Wassers darf aber eine gewisse Grenze nicht überschreiten. Wäre z. B. von einer gewissen Art Rasen bekannt, dafs über denselben Wasser, mit 6 Fufs Geschwindigkeit, 5 Fufs hoch fliesen könne, ohne ihn merklich anzugreifen, so wäre das Product 180, und dann dürfte man Wasser, z. B. mit 10 Fufs Geschwindigkeit, höchstens $\frac{180}{100} = 1,8$ Fufs hoch darüber fliefsen lassen, wenn er

---

*) Dieser Fall ist wieder einer von denen, wo die Resultate der Rechnungen, wegen der Unsicherheit der Data und Voraussetzungen, gar kein Vertrauen verdienen. Man kann weder mit irgend einiger Sicherheit ausrechnen, wie hoch und mit welcher Geschwindigkeit das Wasser über die Böschung stürzen werde, noch läfst sich verbürgen, dafs sich die Gewalt, mit welcher die Böschung angegriffen wird, wie das oben erwähnte Product, und der Widerstand der Rasendecke wie der Cosinus ihres Neigungswinkels gegen den Horizont verhalte. Möglicherweise sind die Voraussetzungen, von welchen man ausgehen müfste, völlig anders, und folglich hat das Resultat der Rechnung gar keine Sicherheit, und mithin auch gar keinen Werth. Am besten dürfte es auch hier sein, die innere Böschung eben zu machen.
Anm. d. Herausg.

nicht stärker beschädigt werden soll *). Ist die Höhe des Wassers vor dem Deiche gegeben, so läfst sich die Geschwindigkeit, mit welcher es am Fufse der innern Böschung ankommen wird, selbst durch bedeutende Vergröfserung des Ausgreifens derselben nicht merklich vermindern, und es bleibt dann, wenn das oben erwähnte Product, bei einem bestimmten Wasserstande über der Krone, zu grofs ist, nichts übrig, als den Wasserstand durch Erhöhung des Deichs zu vermindern, und dagegen die Breite des Übersturzes, d. h. die Länge des Überlasses, zu vergröfsern **).

895. Ist die Gestalt des Querschnitts des Deiches, sein Besteck, bestimmt ***), so kommt es zunächst darauf an, ob die Erde zum Deiche durch Pferde, in Wagen, oder in Kippkarren, oder durch Menschen in Schiebekarren herbei zu fahren sei ****). Ist das Vorland, aus welchem, wie oben erwähnt, die Erde gewöhnlich genommen wird, fest und trocken, oder mit Sand gemischt, so dafs man nicht allein auf der Oberfläche, sondern auch auf dem Boden der Deichgruben, und der Oberfläche der

---

*) Auch dieses ideale Gesetz dürfte mifslich und das Vertrauen darauf leicht nachtheilig sein. Wenn das Wasser ½ Fufs hoch überfliefsen sollte, so würde es nach der obigen Regel etwa 19 Fufs Geschwindigkeit haben dürfen, was schwerlich angehen möchte. Anm. d. Herausg.

**) Insbesondere dürfen sich unterhalb der innern Böschung keine Graben und keine Bäume und dergleichen befinden, weil sonst der Wassersturz noch leichter Löcher auswühlt und den Deich untergräbt. Anm. d. Herausg.

***) Es mag hier noch bemerkt werden, dafs öfters ein Banquet an der Binnen-Seite des Deichs sehr nützlich ist, und den Deich auf eine sehr angemessene Weise verstärkt. Der Deich bedarf schon deshalb unten einer gröfseren Dicke, weil der Druck des Wassers dort stärker ist, so dafs dasselbe, bei irgend einem Anlafs, unten leichter durchdringt als oben. Deshalb schon ist ein Banquet, welches den Fufs des Deichs verstärkt, nützlich. Man kann das Banquet auch eben sowohl an die Wasserseite legen. Man wird aber der Verstärkung nur dann die Form eines Banquets mit horizontaler Oberfläche geben, wenn man letztere etwa zugleich als Fahrweg benutzen will. Aufserdem thut sie bessere Dienste, wenn man die Erd-Masse des Banquets anwendet, die äufsere Dossirung um so viel flacher zu machen.

Auch mag noch bemerkt werden, dafs in Fällen, wo es unmöglich ist, den Deich von dem Strome, oder überhaupt von dem Gewässer zu entfernen, das Ufer am Fufse desselben mit Deckwerken, und selbst nach den Umständen mit Abweise-Buhnen, aus Faschinen oder Holz, befestigt werden mufs, selbst wenn es noch wenig im Anbruch liegt. Anm. d. Herausg.

****) Wenn man die Erde in Schiebekarren herbeischafft, so mufs sie nothwendig stark gestampft werden. Man erspart schon an dem Stampfen, wenn die Anfuhre durch Wagen geschieht, welche von Thieren gezogen werden, weil diese, vermöge ihres gröfseren Gewichts und verhältnifsmäfsig geringerer Fläche ihrer Füfse, die Erde schon fester treten und gleichsam einkneten, wozu auch die Wagenräder, unter der gröfseren Last, mehr beitragen. Anm. d. Herausg.

aufgefahrenen Erde noch mit Wagen fortkommen kann, ohne dafs Räder und Pferde zu tief einsinken, so bedient man sich der Pferde *), und gebraucht Wagen, wenn Raum genug zu den Wendungen vorhanden ist, sonst Kippkarren **). Ein Kippkarren zu 2 Pferden kann etwa 15 Cubikfufs laden ***). Aufser dem Fuhrmann sind je zu zwei Kippkarren, welche die Erde aus einer und derselben Grube holen, und etwa 50 Ruthen weit fortführen, 3 Gräber nöthig; auf gröfsere Entfernungen weniger, auf kleinere mehr. Das Füllen der Kippkarren geschieht auf die Weise, dafs erst einen Spatenstich tief eine Einfahrt und eine Ausfahrt gegraben wird, und dann die leeren Karren von der hintern Seite gefüllt werden. Ist die ganze, zur Erdgrube bestimmte Fläche Einen Spatenstich tief ausgehoben, so fährt man eben so mit dem zweiten und dritten Spatenstich fort. Ist aber unter dem zweiten oder dem dritten Stiche der Boden schon zu weich, so müssen oben die Wagen halten, und die Erde mufs um so viel höher geworfen werden. Auf der Deichstelle ist ferner zu zwei Kippkarren noch ein Arbeiter nöthig, der die Erde aus den Kasten fallen läfst und ebnet ****).

---

*) Man kann für die Wagenräder eben sowohl hölzerne Bahnen legen als für die Schiebekarren, was auch rathsam und vortheilhaft ist. Die Pferde, wenn ihrer mehrere einen Wagen oder Karren ziehen sollen, was aber nicht rathsam ist, werden dann hinter einander gespannt. Anm. d. Herausg.

**) Die zweirädrigen Kippkarren sind fast immer besser als gewöhnliche Wagen, weil sie verhätnifsmäfsig leichter sind, höhere Räder haben und leichter abgeladen werden können. Man nimmt gewöhnlich Wagen nur dann, wenn sich keine Kippkarren herbeischaffen lassen. Anm. d. Herausg.

***) Wenn man den Rädern Bahnen legt, kann wohl Ein mäfsig starkes Pferd 15 Cubikfufs auf der Ebene fortschaffen. Anm. d. Herausg.

****) Es möchte noch insbesondere zu erinnern sein, dafs man sehr sorgfältig darauf halten mufs, dafs nur reine Erde und auch möglichst von gleicher Qualität in den Deich-Körper komme. Fremde Körper, als Holz, Steine und dergleichen, verbinden sich nie mit der Erde so fest, dafs das Wasser sich nicht an ihren Oberflächen hindurchziehen könnte, und ein Stein oder ein Stück Holz im Deiche ist nicht viel anders, als wenn eine eben so grofse Lücke darin wäre. Ein Stück Holz, z. B. eine Wurzel, quer durch den Deich gelegt, kann den Durchbruch desselben bei hohem Wasser veranlassen. Das Wasser zieht sich erst unmerklich an der Oberfläche des Holzes entlang, wäscht vielleicht erst nur einzelne Körner der Erde, die es erweicht hat, fort, macht so eine ganz kleine Öffnung, die aber schnell zunimmt; und hat die Öffnung erst einige Gröfse erreicht, so ist es, unter dem hohen Drucke, fast nicht mehr möglich, sie zu verstopfen. Damit die Erdmasse des Deiches recht gleichförmig sei, ist es auch nöthig, dafs alle Erdklöfse zerstampft werden. Dieserhalb darf auch nicht gefrorene Erde in den Deich gebracht werden. Rasen dürfen ebenfalls nicht in die Deichmasse kommen, weil das Gras hinterher verfault und dadurch die Masse locker und ungleich wird. Kann man nicht ganz gleiche Erde haben, so bringt man die dichtere unten und in die wasserseitige Böschung. Anm. d. Herausg.

896. Um zu überschlagen, wie viel Kippkarren, Gräber und Planirer auf eine gegebene Entfernung der Anfuhre zusammen gehören, und wie viel Erde sie in Einem Tage in den Deich bringen können, rechne man auf jede 25 Ruthen zurückzulegenden Weg 1 Minute, und für den Aufenthalt bei jedem Auf- und Abladen 10 Minuten, welches die Zeit für eine Fuhre giebt. Rechnet man dann ferner, dafs ein Mann täglich $2\frac{1}{2}$ Schachtruthen Erde (zu 144 Cubikfufs) ausgraben, und $7\frac{1}{2}$ Schachtruthen planiren kann, so läfst sich das Übrige finden, wenn der Fuhr- und Tagelohn bekannt sind.

897. Wäre z. B. zu einer gewissen Strecke Deich die Erde im Durchschnitte 75 Ruthen weit herbei zu fahren, so würde ein Wippkarren Einen Hin- und Rückweg in 16 Minuten machen können; also in 8 Arbeitsstunden (mehr kann man nach Abzug der Zeit der Fütterung der Pferde bei solcher Arbeit nicht wohl rechnen) 30 Fuhren zu 15 Cubikfufs, oder 450 Cubikfufs, oder etwa 3 Schachtruthen. Dazu gehört Ein Gräber, der sehr fleifsig sein mufs, und etwa die Hälfte der Arbeit eines Planirers. Es kosten also 3 Sch. R. auf 75 Ruthen Entfernung herbei zu schaffen den eintägigen Fuhrlohn für 2 Pferde, 1 Karren und den $1\frac{1}{2}$tägigen Lohn eines Arbeiters. Beträgt der tägliche Fuhrlohn 2 Thaler, und der tägliche Lohn eines Arbeiters 10 Silbergroschen, so kostet die Schachtruthe 25 Silbergroschen.

898. Für jede 60 Ruthen weiter zu fahren kann man einen Kippkarren hinzurechnen, also 20 Sgr. auf die Sch. R. mehr, nach den obigen Preisen *).

899. Bei der Aufführung des Deichs mit Kippkarren oder Wagen hat man den Vortheil, dafs die Erde durch das Gewicht der Pferde und der Wagen stärker zusammengeprefst wird, und dafs nicht so viel Karren und Karren-Bretter nöthig sind, als beim Gebrauche der Schiebkarren. Dagegen haben Wagen die Unannehmlichkeit, dafs die Arbeit durch Regenwetter unterbrochen wird, indem die Wagen alsdann nicht fortkommen, weil sie zu tiefe Geleise einschneiden **).

---

*) Diese Kosten vermindern sich, wenn man, auf Bahnen unter den Rädern, 15 Cubikfufs mit Einem Pferde fortschafft. Man wird dann nach dem obigen Preise auf 75 R. Entfernung nur etwa 17 Silbergroschen, und auf jede 60 Ruthen weiter nur 12 Sgr. für die Schacht-Ruthe rechnen dürfen. Anm. d. Herausg.

**) Dieser Unterschied fällt beinahe ganz weg, wenn man den Rädern Bahnen legt. Besonders wenn nur ein Pferd in der Gabel vor den Karren gespannt wird, kann der Fuhrmann das Thier, indem er es am Zügel führt, recht gut so lenken, dafs

900. Ist das Vorland, aus welchem die Erde genommen werden mufs *), noch zu jung (erst seit kurzer Zeit aufgeschwemmt), oder die vorhandene Erde zu fett, so mufs man sich lieber der Schiebkarren bedienen. Die Kasten derselben werden etwa $1\frac{1}{2}$ Fufs lang, 1 Fufs breit und 6 Zoll hoch gemacht, weil die fette Erde noch über den Seiten- oder Wangen-Brettern liegen bleibt. Die Räder der Karren müssen schmal sein, damit sich nicht zu viel Erde zwischen die Speichen hängt, und einen, aufserhalb, in der Mitte vertieften, an beiden Seiten scharfen Reif erhalten, damit sie nicht von dem schlüpfrigen Deiche abgleiten. Aus demselben Grunde legen die Arbeiter Kleysporen an, welches Eisen mit 4 Spitzen sind, die unter die Absätze der Schuhe gebunden werden **).

901. In einer Deichgrube von 20 Fufs lang arbeiten 3 Gräber. Längs der Grube werden drei 20 Fufs lange Bretter neben einander gelegt, auf welche die Karren zu stehen kommen. Ist die Entfernung der Erde nicht gröfser, als etwa 12 Ruthen, so kann sie von den Arbeitern, ohne Ablösung, an Ort und Stelle gebracht werden, und dann sind nur so viel Karren-Schieber als Gräber nöthig, jedoch doppelt so viel

---

die Räder nicht etwa von den Bohlen hinunter gleiten. Aufserdem, und wenn etwa der Boden so weich ist, dafs auch die Pferde selbst zu tief einsinken, wird es immer noch vortheilhaft sein, eine förmliche Fahrbrücke aus Bohlen, erst zwei Bohlen nach der Länge und darauf Bohlen nach der Quere, zu machen, in sofern die Entfernung angemessen ist, und die Bohlen nicht etwa gar zu theuer sind. Anm. d. Herausg.

*) Es giebt Fälle, wo es unmöglich ist, die Erde aus dem Vorlande zu nehmen. In solchen Fällen mufs man sie weit genug hinter dem Deiche herholen, und aus Gruben, die quer auf den Deich gehen, nicht parallel mit demselben.
Anm. d. Herausg.

**) Schiebkarren mit einem Rade gehören in der Regel zu den unvortheilhaftesten Transport-Werkzeugen, weil der Führer einen bedeutenden Theil der Last tragen mufs, weil die Karren selbst, in Verhältnifs zu dem Gewicht der Erde, die damit fortgeschafft wird, bedeutend schwer sind, und weil sie nur niedrige Räder haben können, die unvortheilhaft sind, nicht sowohl wegen des gröfsern Verhältnisses des Zapfen-Durchmessers zum Durchmesser des Rades, sondern weil ein kleines Rad über kleinere Unebenheiten gehoben werden mufs, als ein grofses. Die Schiebkarren sind fast nur da rathsam, wo sie unvermeidlich sind, nemlich für ganz kleine Entfernungen von etwa 10 Ruthen und weniger. Aber auch da noch sind zweirädrige Karren, mit hohen Rädern, von Menschen gezogen, oder fortgeschoben, besser. Ein Mensch transportirt in einem solchen Karren leicht doppelt so viel Erde als in einem Schiebkarren. Es sind blofs doppelt so viel Bahnbretter nöthig. Die Karren selbst kosten mehr, aber man bedarf ihrer auch weniger, so dafs im Ganzen ein Vortheil übrig bleibt. In mehreren Gegenden bedient man sich immer solcher Karren. Will man durchaus Schiebkarren haben, so ist es wenigstens rathsam, sie so zu bauen, dafs der Führer so wenig von der Last als möglich zu tragen bekomme, und die Räder möglichst grofs zu machen. Anm. d. Herausg.

Karren. Das Wegschieben geschieht auf einer Reihe Lauf-Brettern, worauf die Karren-Schieber hintereinander gehen, und von welchen herab sie am Ende die Erde zur Seite abwerfen. Der Lauf theilt sich nach den Querbohlen an der Grube zuerst in 3 Gänge, und jeder wieder in zwei andere, damit auf dem einen die ledigen Karren zurück, und die daneben stehenden gefüllten wieder weggeschoben werden können.

902. Ist die Entfernung so grofs, dafs einerlei Arbeiter die gefüllten Karren nicht ohne Unterbrechung an Ort und Stelle schieben können, und dafs die Gräber zu lange auf die leeren Karren warten müssen, so lösen sich doppelte Karren-Schieber auf halbem Wege ab, und dann werden an dieser Stelle noch 3 Bohlen neben einander gelegt, um die zurückkommenden leeren Karren darauf zu stellen. Beträgt die Entfernung über 24 Ruthen, also noch zu viel für eine Ablösung, so werden noch 3 Läufer angestellt, u. s. f. Die Kosten lassen sich nach dem Maafse dessen ausmitteln, was ein Gräber in einem Tage ausstechen kann, und wofür 3 Schachtruthen gerechnet werden können *).

903. In trockenem, festem Erdreiche wird eine Grube auf einmal ganz ausgehoben, und es bleiben nur kleine Dämme stehen, so hoch, als sich der Wasserspiegel nach gerade zusammenzieht. Im Schlick aber müssen zu jeder Ebbezeit neue Gruben angefangen, und die Karrendielen gegen die Zeit der Flut aufgenommen, und bei der Ebbe wieder gelegt werden, was immer noch kürzer ist, als die Bohlen zu befestigen, weil sie doch, so wie das Ausgraben fortrückt, umgelegt werden müssen. Die Gruben müssen Böschungen erhalten **).

904. Zuweilen wird auch die Erde in Schiffen angefahren, nemlich wenn kein Vorland vorhanden ist, oder wenn ein Deichbruch verschlossen werden soll; zuweilen auch in Schlitten, wenn, wegen der Nässe, Wagen und Karren nicht gangbar sind. Indessen sind dies nur Ausnahmen.

905. Über die Ordnung und die Zeit der einzelnen Arbeiten ist Folgendes zu bemerken.

---

*) Für gröfsere Entfernungen als 10 bis 12 Ruthen sind, wie oben bemerkt, Schiebkarren wohl immer unvortheilhaft. Anm. d. Herausg.

**) Es ist gut, die Böschungen sehr flach zu machen, etwa 6füfsig, damit das Terrain leichter wieder nutzbar gemacht werden kann. Die Gruben, auch im Vorlande, müssen immer quer auf den Deich gehen und hinreichend breites Terrain zwischen sich behalten, nie längs dem Deiche, damit keine Wasserrinnen längs demselben entstehen. Anm. d. Herausg.

Der Deich selbst mufs in Einem Sommer beendigt und zur vollkommenen Festigkeit gebracht werden, in so fern es nicht durchaus an den nöthigen Arbeitern fehlt. Im letztern Falle aber ist es immer noch besser, das was nicht vollendet werden kann, in der Länge fehlen zu lassen, als in der Höhe, oder gar in der Dicke, weil etwaige Überströmungen der Kappe oder Krone (Kappstürzungen) gar zu nachtheilig sind.

906. Wenn, wie es fast bei jedem neuen Deiche der Fall ist, Siele nöthig sind, deren Bau in der Regel einen ganzen Sommer erfordert, so ist es gewöhnlich am besten, die Siele Ein Jahr vor der Deichschüttung auszuführen; wenigstens aber so früh sie anzufangen, dafs der Deich ohne Hindernifs darüber geschüttet werden kann.

907. Ist die Deichlinie bestimmt, so werden zuvörderst die Grenzen, der äufsern sowohl als der innern Böschung, ausgesteckt, und zwischen den Pfählen kleine Stechrinnen gezogen*). Höchstens 5 Ruthen auseinander werden Bestecke aus Latten und Schnuren aufgestellt. An der innern Seite des Deichs wird zwar, längs demselben, ein Graben gezogen, zwischem ihm und dem Deichfufse mufs aber eine wenigstens 16 bis 18 Fufs breite Berme bleiben, welche als Binnen-Wagenweg benutzt wird **).

908. Die Gruben, aus welchen die Erde zum Deich genommen wird, werden so angeordnet, dafs zwischen ihnen und dem Fufse der äufsern Böschung wenigstens eine 12, unter Umständen auch 50, ja sogar bis 100 Fufs breite Berme bleibt, und gleichwohl aus der Grube alle erforderliche Erde gewonnen werden kann, während zugleich die Dämme berücksichtigt werden, welche, normal auf die Länge des Deichs, je zwischen zwei Gruben stehen bleiben, und die 10 bis 20 Fufs breit sein müssen und 15,20, auch wohl 30 Ruthen von einander entfernt sein können, je nachdem vorauszusehen ist, dafs mehr oder weniger Verbindung zwischen dem Deiche und dem Vorlande Statt finden mufs ***).

---

*) Man sehe die obige Bemerkung wegen der Nicht-Parallelität des Fufses der Böschungen mit der Krone auf unebenem Terrain. Anm. d. Herausg.

**) Wenn der Übersturz des Wassers zu befürchten ist, darf der Graben in der Nähe nicht Statt finden. Anm. d. Herausg.

***) Es ist wohl besser, diese Dämme breiter zu machen, denn sie dienen nicht blofs zu Verbindungs-Wegen, sondern weit mehr dazu, zu verhindern, dafs kein Wasserlauf längs dem Deich entstehe. Anm. d. Herausg.

909. Ist der Deich durch ein Moor zu schütten, so mufs die Erde immer nur Eine Wagen- oder Kippkarrenspur breit aufgefahren werden, weil das aufgeschüttete Erdreich sich von selbst so lange auseinander drückt, bis der Widerstand des Moorbodens an den Seiten des versunkenen Theils stark genug geworden ist *).

910. Man mufs auch über einen Deich mit Wagen aus dem Binnenlande in das Vorland, und umgekehrt gelangen können. Dazu sind Auffahrten nöthig, die wenigstens auf der äufseren Böchung, in so fern der Strom daran entlang streicht, nicht anders, als ziemlich gleichlaufend damit gelegt werden dürfen **). Innerhalb ist die Lage der Rampen von geringerem Einflusse auf die Festigkeit des Deichs.

911. Das Gefälle einer Auffahrt darf nicht $\frac{1}{12}$ der Länge betragen, und es müssen die Rampen ganz bis zur Krone reichen ***).

912. Sollte der innere Raum die Rampe nicht ohne Schmälerung des Deichs gestatten, so mufs der Deich nach Aufsen verstärkt, und die Verstärkung mufs an beiden Enden abgerundet werden. Kann eine äufsere Auffahrt nicht anders als normal auf die Länge des Deichs liegen, so ist sie der Gefahr der Ausspülung noch mehr ausgesetzt als der Deich selbst, und mufs daher auf den Seiten noch flachere Böschungen bekommen als dieser. Es dürfen nie, um etwa Raum für die Fahrt zu gewinnen und die Masse der Auffahrt zu vermindern, Einschnitte in den Deich gemacht werden, am wenigsten, wenn der Deich mit der Richtung der Hauptseewinde einen bedeutenden Winkel macht. Wenigstens dürfen die Einschnitte nicht tiefer unter die Krone reichen, als die Wellen bei den höchsten Fluten, also nicht über 4 bis 6 Fufs; sie müssen an den Seiten mit Holz oder Steinen bekleidet werden, und zwar so, dafs sie mit Bohlen in Falzen zugesetzt werden können, vor welche man, in Zeiten der Gefahr, Rasen oder Mist legt.

---

*) Diese Regel möchte Modificationen unterworfen sein, wenn der Moor nicht sehr weich, oder der Deich sehr breit ist. Dann kann und mufs man die Erde auch wohl breiter schütten. Anm. d. Herausg.

**) Und zwar möglichst so, dafs man stromab hinauf fährt. Anm. d. Herausg.

***) Es ist wohl besser, wenn das Gefälle nicht über $\frac{1}{18}$ der Länge beträgt. Wenn es nicht etwa an Raum fehlt, hindert auch nichts, die Rampen so flach zu machen. Anm. d. Herausg.

913. Ist der Deich roh aufgeführt, so mufs er abgeglichen oder nachgeebnet werden. Hat man sich der Kippkarren bedient, so mufs man schon vom Anfange an für die Ebenung sorgen, damit die Pferde mit den Fuhrwerken um so bequemer auf der frisch aufgefahrenen Erde fortkommen können, und es bleibt dann am Ende nur wenig zu thun übrig. Wird dagegen der Deich mit Schiebekarren aufgeführt, so wird damit so lange fortgefahren, bis er etwa $\frac{2}{3}$ seiner ganzen Höhe (mit Rücksicht auf die Zugabe wegen des Schwindens und Sinkens) erhalten hat; man sieht nur darauf, dafs so wenig als möglich Erde so tief herabrolle, dafs sie wieder in die Höhe gebracht werden mufs. Alsdann erfolgt die Ausgleichung der Böschung, nach Bestecken von Latten. Was an Erdreich in den Böschungen zur Seite ausgedrängt wird, mufs, wenigstens unterhalb, liegen bleiben, und wird höchstens gleichfömig ausgebreitet. Im zweiten Jahre wird das Fehlende ergänzt und die Ergänzung allenfalls im dritten Jahre wiederholt *).

914. Hat der Deich den ihm zugedachten Querschnitt erhalten, so mufs er noch, durch eine Bekleidung, möglichst fähig gemacht werden, der Ausspülung zu widerstehen, weil die unbegrünte Erde leicht vom Wasser aufgelöset und weggeführt wird, ehe sich eine feste natürliche Rasendecke bildet, was erst im dritten, und unter ungünstigen Umständen, d. h. wenn das Erdreich unfruchtbar und das Wasser vor dem Deiche salzig ist, auch wohl erst im vierten oder fünften Jahre geschiehet. In solchen Fällen mufs der Deich mit Rasen bekleidet werden. In der Regel nimmt man dazu Deckrasen, und nur wenn der Rasen mager ist, Kopfrasen. Im Nothfalle bekleidet man auch wohl nur die untere Hälfte, oder die untern zwei Drittel der Böschung mit Rasen.

915. Ist kein Rasen in der Nähe zu haben, so wird die äufsere Deich-Böschung mit Stroh oder Rohr überzogen, welche Bekleidungen Stroh- oder Rohr-Bestickungen heifsen. Auf die Böschung wird erst etwa 2 Zoll hoch Stroh oder Rohr gelegt, und zwar so, dafs die Halme mit einander gleichlaufend und auf die Länge des Deichs normal liegen.

---

*) Das Nach-Ebenen darf sich aber nicht so weit erstrecken, dafs man etwa das, was an der Böschung fehlt, wenn man ihren Fufs auf unebenem Terrain parallel mit der Krone abgesteckt hat, nachfüllt. Die richtige Form im Ganzen mufs dem Deiche gleich vom Anfange an gegeben werden.

Anm. d. Herausg.

Dann bindet der Arbeiter einen Riemen um den Leib, an welchen ein etwa 4 Zoll im Quadrat grofses Eisenblech befestigt ist. Hierauf nimmt er einen Strohbüschel in die rechte Hand, legt denselben quer über die Strohlage, steckt den Strohbüschel mit einem gabelförmigen Spaten, indem er auf dessen Stiel vermittelst der gedachten Blech-Tafel tritt, etwa 4 Zoll tief in die Erde, und wiederholt solches alle 3 bis 4 Zoll nach der Länge und Höhe der Böschung.

916. Hierdurch kann zwar die Erde nothdürftig gegen Ausspülung gesichert werden; indessen ist eine Rasendecke besser, weil sie nicht allein vom Eise weniger beschädigt werden kann, als eine Stroh- oder Rohrdecke, sondern auch sich selbst erhält, während die Stroh- oder Rohrdecke jährlich erneuert werden mufs. Rasendecken müssen fleifsig abgemähet werden, weil sie dadurch dichter und fester werden.

917. Der Deich mufs weder zu trocken noch zu nafs sein, wenn die Stroh- oder Rohrdecke aufgelegt werden soll, weil sonst die Strohkrampen nicht tief genug eingedrückt werden könnten, und nicht festhalten würden *).

918. Schliefst man einen neuen Deich an einen alten an, so mufs die Rasendecke des letztern, im Anschlusse weggenommen werden, weil das Gewicht des neuen Deichstücks nicht hinreichend ist, dasselbe mit dem alten Deiche fest zu verbinden. Unter Deichen von bedeutender Höhe kann man zwar den auf dem Groden vorhandenen Rasen liegen lassen; indessen möchte es in der Regel besser sein, denselben aufzunehmen, da er aufserdem zur Decke des Deichs benutzt werden kann **).

(Der Schlufs im nächsten Hefte.)

*) Die Stroh- und Rohrdecken sind wohl nur mehr Schutzmittel in Zeiten der Gefahr, und man mufs immer auf irgend eine Weise wo möglich eine lebendige Decke auf den Böschungen hervorzubringen suchen. Anm. d. Herausg.

**) Es möchte wohl immer und unbedingt nöthig sein, die Rasendecke des Terrains oder das Maifeld erst abzugraben, ehe man einen Deich schüttet, damit sich Erde mit Erde verbindet, ohne dazwischen liegende fremde Körper.
Anm. d. Herausg.

17.
Über die Construction der tonnenförmigen Kalköfen und das Verfahren beim Gebrauch derselben.

(Von dem Königl. Bau-Inspector Herrn *Rimann* zu Wohlau in Schlesien.)

Der tonnenförmige, oder sogenannte hohe Kalkofen, dessen man sich da, wo Steinkohlen zum Brennen der Kalksteine angewendet werden können, mit Nutzen bedient, ist in andern Gegenden wenig bekannt; weshalb eine Beschreibung seiner Construction, und wie er benutzt wird, in dieser Zeitschrift vielleicht nicht unwillkommen sein dürfte.

(Taf. XIII. Fig. 1. bis 4.) stellen einen Kalkofen von derjenigen Gröſse vor, wie man ihn in der Nähe der Kalksteinbrüche in den Gebirgskreisen Schlesiens antrifft. Der innere Raum heiſst Kessel, die obere Mündung Krater, und die drei untern Öffnungen, welche zu den Schürlöchern führen, Schlaufen.

Ein solcher Ofen fasset, wenn er schichtenweise mit Kalksteinen und Steinkohlen vollgesetzt worden ist, ungefähr 8 Cubic-Klafter Kalksteine zu 108 Cubic-Fuſs, und liefert, bei gehörigem Betriebe, täglich 23 bis 24 Tonnen, zu 4 Pr. Scheffeln, gebrannten Kalk.

(Fig. 5. bis 8.) stellen einen kleinen Kalkofen vor, der etwa den dritten Theil des vorigen an Kalksteinen aufnimmt, und täglich 7 bis $7\frac{1}{2}$ Tonnen gebrannten Kalk liefert.

Durch Vergleichung der beiden Zeichnungen wird zu beurtheilen sein, welche Gröſse einem Kalkofen gegeben werden muſs, der täglich eine bestimmte Zahl von Tonnen gebrannten Kalks schaffen soll.

Gewöhnlich stellt man den Kalkofen mit einer Seite an den Abhang eines Hügels, um den Zugang zum Krater, in welchen die zu brennenden Kalksteine und Steinkohlen, vermittelst eines Anlaufs von Brettern, durch Schubkarren gebracht und schichtweise geschüttet werden, zu verkürzen.

So ist der groſse Kalkofen (Fig. 1.) angegeben. Die Schlaufen müssen alsdann so angelegt werden, wie in dem Grundriſs (Fig. 4.) zu sehen.

Kann der Ofen jedoch nicht anders als auf ebener Erdfläche, wie der kleinere Kalkofen (Fig. 5. bis 8.) gebaut werden, so stellt man die Schlaufen gleich weit von einander, und die Steine und Kohlen werden vermittelst einer Winde in den Ofen gebracht. Zum Aufgange wird eine grade Treppe gemacht.

Der äufsere Rand der Oberfläche des Kalkofens mufs, nach polizeilicher Anordnung, immer mit einem 3 Fufs hohen Geländer umgeben werden.

Die Hauptsache bei der Anlage des Kalkofens ist die richtige Ausführung des Kessels. Erfolgt solche nicht mit möglichster Genauigkeit, vorzüglich in der untern Hälfte, so bleibt der Kalk beim Brennen hängen, backt mit den Kohlen zusammen und die Schichten sinken nicht gleichmäfsig.

Hat der Maurer, der einen neuen Ofen bauen soll, nicht Erfahrung genug, so ist es rathsam, den Bauch, oder Durchmesser, in der Mitte des Kessels um 2 Fufs enger zu machen. Die obere und untere Weitung mufs jedoch unveränderlich bleiben.

Hierauf bezieht sich die Construction des Kessels in dem kleineren Ofen (Fig. 5. — 8.).

Die Umfangswand des Ofens wird nach den Zeichnungen 6 bis 7 Fufs dick von Bruchsteinen *) oder von Ziegeln (gebrannten Mauersteinen) in reinem Kalkmörtel solide gemauert. Bei der Mauerung mit Ziegeln sind diagonale Schichten, oder der Strom-Verband, zu empfehlen, und darauf zu sehen, dafs die grofse Hitze zum Brennen der Kalksteine die Mauer nicht auseinander treiben möge.

Der Kessel erhält allemal ein Futter von Ziegeln, Einen Stein stark, in Lehm gemauert.

Besteht das Material zur Mauerung des Kalkofens aus Plattenförmigen Bruchsteinen, z. B. aus Tafel-Basalt oder Glimmerschiefer, wo dann mit 2 bis 3 Fufs langen Platten die Mauerschichten überbunden werden können, so kann die Dicke der Umfangswand etwas geringer sein.

Der Heerd wird, wie die Zeichnung angiebt, mit einer Abdachung von Ziegeln auf die hohe Kante gemauert. Eben so werden jeder Zeit die Schürlöcher, deren innere und äufsere Kanten man auch wohl mit eiser-

*) Dafs zur Mauerung eines Kalkofens niemals Kalksteine genommen werden dürfen, versteht sich von selbst.

nen Schienen befestigt, von Ziegeln gemacht, und die obere Fläche des Ofens wird mit einer Rollschicht abgeglichen. Dagegen können die Schlaufen mit Bruchsteinen überwölbt werden.

Der Rost, von Gufs- oder geschmiedetem Eisen, besteht aus einer senkrecht stehenden, 2 Zoll starken Gabel, in welche zwei Roststäbe, mindestens 1½ Zoll im Quadrat stark, horizontal eingelegt werden (Fig. 2. 4. 6. und 8.).

Wenn der Ofen fertig ist, so mufs er vor dem Gebrauch vollständig austrocknen. Zu diesem Behuf giebt man ihm ein leichtes interimistisches Bretterdach, damit der Regen nicht in den Kessel eindringen könne; auch läfst man ihn äufserlich eine Zeitlang ohne Abputz.

Verabsäumtes Austrocknen des Ofens hat die Folge, dafs die Kalksteine mangelhaft ausbrennen und dafs die Mauern Risse oder Sprünge bekommen, welche dem Zusammenhalten der Hitze nachtheilig sind.

Das Verfahren beim Brennen ist folgendes:

Es werden 6 bis 8 schwach gespaltene Scheite, von trockenem kiefernen oder fichtenem Holz, so auf den Rost gelegt, dafs hinlänglicher Zug durchgehen kann. Auf dieses Holz werden drei Gebund recht trockenes aber schwaches Reisig gelegt. Hiernach sucht man etwa ¼ Tonne starke Steinkohlen aus, und vertheilt sie gleich und locker auf das Reisig. Über die starken ausgesuchten Steinkohlen kommt eine 8 bis 10 Zoll starke Schicht kleiner Kohlen, so wie sie grade vorräthig sind. Hierauf folgt eine 8 bis 10 Zoll hohe Lage oder Schicht starker, und alsdann eine 12 bis 14 Zoll hohe Lage unausgesuchter Kalksteine.

Auf diese Weise, das heifst mit Schichten von 8 bis 10 Zoll hohen Kohlen und 12 bis 14 Zoll hohen Steinlagen, wird nun abwechselnd fortgefahren, bis der Ofen voll ist.

Nunmehr wird er in Brand gesetzt, nachdem vorher der Heerd unter dem Roste, und sämmtliche Schürlöcher ganz voll Reisig gestopft sind. Das Reisig wird überall zugleich angezündet, und es mufs das Feuer sehr aufmerksam unterhalten, und immer so viel Holz oder Reisig nachgesteckt werden, dafs die über dem Reisig im Kessel liegenden Kohlen ganz gleich zum Brennen gelangen.

Bei gehörigem Verfahren mufs der Rauch oben über die ganze Öffnung des Kraters durchdringen.

Ist dieses erreicht, so bleibt der Ofen drei Tage, auch öfters noch länger, ruhig stehen, bis ungefähr der fünfte, untere Theil des Kessels durchgebrannt ist und kein Feuer mehr hat; dann erfolgt der erste Zug, das heifst: es wird in allen drei Schüren zugleich, mit eisernen 4 Fufs langen Stäben, zwischen die Roststäbe gestofsen, damit die gebrannten Kalksteine durch die Roststäbe und Schüren in die Schlaufen fallen, so lange bis der vorhin bezeichnete fünfte Theil herausgenommen und das höhere Feuer bis in die Nähe des Rostes herabgesunken ist, worauf die Ausschürung sogleich aufhört.

Der erste Zug giebt nie gehörig durchgebrannten Kalk, und mufs also noch einmal aufgebracht und in den Krater geschüttet werden. Gewöhnlich mufs der Ofen sechs bis acht Tage im Gange sein, ehe ein Zug gut gebrannten Kalks herausgenommen werden kann, obgleich die Züge nach und nach schon immer besser werden. In dem Maafse, wie durch die Schürlöcher Kalksteine herausgenommen werden und dadurch die im Kessel befindliche Masse sinkt, mufs auch sofort eine Schicht Kohlen und Kalksteine wieder in den Krater geschüttet werden, so dafs der Ofen immer voll ist.

Den herausgenommenen, gut gebrannten Kalk läfst man in den Schlaufen so lange liegen, bis er völlig abgekühlt ist; dann wird er in ein gut bedecktes Magazin (Schuppen oder Schauer) zur Aufbewahrung gebracht.

Ist der Ofen in gehörigem Gange, so wird früh Morgens um 4 oder 5 Uhr der erste, und Nachmittags der zweite Zug gemacht.

Bei dem schichtenweisen Aufsetzen der Kalksteine und Kohlen mufs darauf gesehen werden, dafs die Steinkohlen um den Rand des Kraters herum einige Zoll höher und stärker geschüttet werden, damit, wenn die aufgetragene Schicht in die gröfsere Weitung des Kessels herabgesunken ist, dieselbe auch hinreichendes Brennmaterial habe.

Eben wie man zum Brennen der Kalksteine gewöhnlich kleine Kohlen nimmt, die unter dem Namen Staubkohlen, Kalkkohlen, auf den Kohlengruben verkäuflich sind, weil grofse Würfel-Kohlen weniger taugen, so dürfen auch die Kalksteine nicht gröfser als 6 Zoll im Durchmesser sein. Gröfsere Steine müssen zerschlagen werden. Sind sie dagegen zu klein, so versacken sie zu leicht, und der scharfe Zug, der bei jeder Steinkohlen-Feuerung ganz wesentlich ist, geht verloren. Eine Cubic-Klafter Kalksteine zu 108 Cubic-Fufs giebt 15 Tonnen gebrannten Kalk, und erfordert an Bennmaterial 6 Tonnen Kohlen. An Brennerlohn bezahlt man für die Tonne gebrannten Kalk 2 bis 3 Sgr. *).

Zum Betriebe eines Kalkofens von der angegebenen Gröfse, sind Ein Kalkbrenner und Zwei bis Drei Handlanger erforderlich, je nachdem die Materialien zur bequemen Auffuhr zum Krater bereit liegen und die Kalksteine nicht zu grofs sind, so dafs sie erst zerschlagen werden müssen.

Der Verkauf des gebrannten Kalks geschieht auf den Schlesischen hohen Kalköfen gewöhnlich nach Preufs. Scheffeln, deren 4 auf eine Tonne gerechnet werden. Der Preis für den Scheffel ist auf den an der Oder befindlichen Kalköfen, nach Verhältnifs der Fabrications-Kosten und des Absatzes, 10 bis 15 Silbergroschen.

---

*) Über die Ergiebigkeit des am Orte des Versuchs gebrannten, und des 7 Meilen transportirten Kalks habe ich folgende Erfahrungen gemacht. Eine Tonne des ersteren, aus den Steinbrüchen bei Kroppitz, gab 16 bis 17 Cubic-Fufs, und eine Tonne aus dem vortrefflichen Steinbruch des Kützel-Berges bei Kaufung, der über 7 Meilen weit transportirt worden war, nur 13 Cubic-Fufs gelöschten Kalk. Zu beiden Versuchen wurden ausgesuchte Steine genommen.

Um eine Quantität Kalksteine zu brennen, liefs ich einen ganz einfachen, oben offenen Kalkofen vollständig in die Erde hinein bauen, und mit $1\frac{1}{2}$ Fufs starken Schälmauern versehen. Der Ofen fafste 4 Klafter Steine zu 108 Cubic-Fufs; diese wurden mit 9 Klaftern kiefernen Scheitholzes gut gebrannt. Das Einsetzen dauerte 1 Tag, das Brennen 4 Tage, und das Abkühlen 3 Tage.

Bei grofsen Landwirthschaften findet man häufig gemauerte Kalkgruben zur Aufbewahrung des Vorraths von gelöschtem Kalk. In solchen erhält sich jedoch der Kalk schlecht, und Gruben, die nur nothdürftig mit Brettern oder Bohlen ausgefüttert sind, damit der sie umgebende Boden stets die überflüssige Feuchtigkeit des Kalks ansaugen könne, sind besser. Bedeckt wird der Kalk in solchen Gruben, um ihn gegen den nachtheiligen Einflufs des Frostes und der Hitze zu schützen, am besten mit reinem Mauersande.

18.

Beantwortung der Preisfrage, wie das Y am Pampus bei Amsterdam durch einen mit Schleusen versehenen Deich abzudämmen sei.

Von Adrian Franz Goudriaan, Ritter des Königlich-Niederländischen Löwenordens, so wie der Ehrenlegion, General-Inspector des Waterstaats im Königreiche der Niederlande, etc. *).

Dieser Abhandlung ist in der allgemeinen Versammlung der Holländischen Societät der Wissenschaften zu Haarlem am 8ten Juli 1823 die goldene Ehren-Medaille und die von Sr. Majestät dem Könige der Niederlande bestimmte Prämie von 2500 Gulden Holländisch zuerkannt worden. Sie ist herausgegeben durch die Holländische Societät der Wissenschaften zu Haarlem im Jahre 1824.

(Aus dem Holländischen in das Deutsche übersetzt von Dr. *Reinhold,* Königlich-Grofsbritannisch-Hannöverschem Wasserbau-Inspector, Ritter des Königlich-Niederländischen Löwenordens.)

„On sait que la Hollande offre à l'oeil des observateurs une conquète „intéressante de l'art sur la nature et des contrées ravies par la main des „hommes à l'océan qu'ils ont fait reculer, en opposant à sa fureur des digues „que les habitans entretiennent avec une persévérance égale à celle, que les „flots en mettent à les attaquer.

etc. Krayenhoff, *Précis historique etc. pag.* 14.

Vorbemerkung des Übersetzers.

Seit einer langen Zeit von Jahren wurde das Bedürfnifs immer dringender, die Stadt Amsterdam gegen die Sturmfluthen, die aus dem Südersee in den Meerbusen, das Y genannt, dringen, an welchem diese berühmte Handelsstadt liegt, zu schützen, der Stadt einen sichern Hafen zu verschaffen, das immer seichter werdende Fahrwasser von Amsterdam, der Pampus genannt, bis in den Südersee zu vertiefen, und endlich,

*) Dieses ist die im 4ten Bande 2ten Hefts S. 209. erwähnte Abhandlung. Sie erfolgt hier gegenwärtig, dem dortigen Versprechen gemäfs. Anm. d. Herausg.

die Canäle der Stadt mit frischem Wasser zur Beförderung der Gesundheit der Bewohner zu versehen.

Berühmte Holländische Gelehrte und Sachverständige, wie Bruinings, Steenstra, Allemand, van der Wynpersse, Engelmann, Bolstra und Andere haben schon seit beinahe einem Jahrhundert, insbesondere in den 1770ger Jahren, Vorschläge zur Erreichung dieser Zwecke gemacht. Sie befinden sich in den Nieuwen Jaarboeken von 1778 und anderen Niederländischen gelehrten Schriften.

Der Herr Wasserbau-Director Woltmann giebt im 4ten Bande seiner schätzbaren Beiträge zur hydraulischen Architectur (Göttingen 1799) §. 35. S. 101. bis 119. eine kurze Übersicht der Beschaffenheit des Y und der zu seiner Verbesserung vorgeschlagenen Mittel. Noch ausführlicher findet man den Gegenstand im dritten Bande der Wiebekingschen allgemeinen Wasserbaukunst (Darmstadt 1799) S. 325.—364. u. s. w. abgehandelt und durch Plane erläutert. Aus diesen beiden Schriften kann man sich von dem vorliegenden Gegenstande näher unterrichten, und die Motive zu den gegenwärtigen Vorschlägen erklären.

Seitdem im letzten Jahrzehende der grofse Nordholländische Canal, der Buiksloot, welcher Amsterdam gegenüber in das Y einmündet, und über Pürmerend und Alkmaar nach dem Helder geht *), gegraben worden ist, um grofse Kauffahrthei- und Kriegsschiffe, die einige 20 Fufs tief gehen, sicher nach Aufsen und Innen bringen zu können, kam es hauptsächlich wieder zur Sprache, auch die kleine Schiffahrt, von Amsterdam aus, direct über den Pampus und Südersee, für die Zukunft zu erhalten und zu verbessern, Amsterdam gegen die Meeresfluthen zu sichern, und die Stadtcanäle durch frisches, süfses Spühlwasser von dem der Gesundheit nachtheiligen stinkenden Grabenwasser und Unrath zu befreien.

Die Holländische Societät der Wissenschaften zu Haarlem stellte deshalb vor mehreren Jahren die in der vorliegenden Abhandlung beantwortete Preisfrage auf, welche die zwei rühmlichst bekannten Baumeister, die Herrn etc. Goudriaan und D. Mentz zur Zufriedenheit der Societät, so wie des Königs der Niederlande Majestät beantwortet und da-

*) Man sehe die Carte vom Südersee Band 4. Heft 2. dieses Journals.
Anm. d. Herausg.

für ein jeder die goldene Ehrenmedaille und 2500 Gulden Holländ. erhalten haben.

Ungeachtet nun diese beiden Hydrotecten gewifs wohl ohne vorherige Verabredung darin übereinkommen, dafs das Y bei seiner Ausmündung in den Südersee abgedämmt werden müsse, statt dafs die früheren Sachverständigen hauptsächlich nur stromleitende und verengende Werke am Y vorschlugen, die bisher den Zweck nicht erfüllten, und man daher glauben sollte, dafs eines von den durch die Herren Goudriaan und Mentz angegebenen Mitteln, oder das Gute aus beiden, angenommen und ausgeführt werden würde: so ist doch nach mehreren Berathungen in den jährlichen Versammlungen der deputirten Staaten von Holland, öffentlichen Blättern und den Aussagen von Augenzeugen zufolge, die Ausführung der obigen Vorschläge noch nicht beschlossen, sondern vielmehr die Eindeichung der Stadt Amsterdam am Y, zum Schutze gegen Sturmfluthen öffentlich ausverdungen und angefangen. Die Ursachen hiervon sind dem Übersetzer nicht bekannt; sie sollen mercantilisch sein.

Gleichwohl sind aber jene beiden gekrönten Preisschriften wissenschaftlich und practisch interessant und lehrreich für den ausübenden Hafenbaumeister, und verdienen schon allein in dieser Hinsicht möglichst bekannt gemacht zu werden. So wie Holland von jeher die Schule der Wasserbaukunst für alle cultivirte Völker und insbesondere für Deutschland gewesen ist, so hat sich dieses Land auch besonders unter des jetzigen Königs weiser und milder Regierung durch Ausführung grofser und nützlicher Anlagen vor den Augen von ganz Europa rühmlichst ausgezeichnet. Die grofsen Wasserbaumeister die es besitzt, wie Krayenhoff, Blanken, Goudriaan, Mentz und Andere, zeigen durch ihre Schriften, dafs sie tiefe Kenntnisse im Wasserbauwesen, Einfachheit und Kühnheit der Ideen, und vielen Vaterlandssinn besitzen, zu welchem sie durch die Munificenz ihres mit Recht verehrten Monarchen und durch ehrenvolle Auszeichnung angefeuert wurden.

Der Übersetzer glaubt daher, nicht ohne Nutzen durch Übertragung solcher gehaltreichen Schriften in die Deutsche Sprache, sie auch für diejenigen seiner Landsleute, die der Niederländischen Sprache nicht ganz kundig sind, verständlich gemacht zu haben. Durch solche Schriften gewinnt die Wasserbaukunst, und hier insbesondere die *Hafen*baukunst, die bekanntlich einer der schwierigsten Theile derselben ist. Erfahrung ist die beste Lehrmeisterin, und diese wird durch das Studium solcher Werke vermehrt.

Die beiden gekrönten Verfasser, Goudriaan und Mentz, wovon ersterer leider kürzlich verstorben ist, haben die Preisfrage durch verschiedene Projecte aufgelöset. Die Vergleichung beider ist ebenfalls lehrreich.

Etwaige kleine Fehler, die beim Übersetzen vorgefallen sein möchten, sind einem Geschäftsmanne, der literarische Arbeiten nur in seinen Ruhestunden zur Erholung sich erlauben darf, wohl zu verzeihen; und die Sache an sich, so wie der gute Zweck leidet dadurch nicht.

D. Reinhold.

Beantwortung der Frage, wie das Y am Pampus durch einen mit Schleusen versehenen Deich abzudämmen sei.

§. 1.

Die Holländische Societät der Wissenschaften stellte folgende Preisfrage auf:

„Bei der Fortsetzung der Arbeiten zur Vollendung des bereits ansehnlich geförderten Canals durch Nordholland zwischen Amsterdam und der Rhede am Texel, durch welchen für die grofse und kleine Schiffahrt die umständlichere Fahrt über den Südersee, den Pampus und das Vlaak vermieden werden wird, ist jetzt zu überlegen, in wie fern es rathsam und ausführbar sei, sobald der bezielte Nutzen des grofsen Canals durch Erfahrung vor Augen liegen wird, das Y am Pampus durch einen mit Schleusen versehenen Deich abzudämmen. Man wünscht daher Folgendes beurtheilt zu sehen."

„1. Welche Vortheile darf man von einer solchen Abdämmung des Y erwarten, sowohl was die Erhaltung der Tiefe des Y betrifft, wenn einmal dieser Meerbusen auf die nöthige Tiefe gebracht sein wird, als in Rücksicht der Ersparung der Kosten, die sonst für stromleitende Werke und zum beständigen Ausmodern erforderlich sein würden; desgleichen für die Vermeidung des Unterhaltes der Seewehre oder Deiche am Y; und endlich für die mehrere Sicherheit der Schiffe, die auf dem Y liegen, und in andern Rücksichten?"

„2. Kann diese Abdämmung einen nachtheiligen Einflufs auf die Strömung der Ebbe und Fluth (Tieden) im Südersee haben? oder giebt es Gründe, zu erwarten, daſs der Pampus dergestalt aufschlicken werde, daſs die Binnen-Landfahrt, welche über den Südersee künftig fortwährend Statt haben muſs, nicht mehr gesichert und ungehindert bleiben könne?"

„3. Welches wird die Zahl und Weite der Schleusen in dem zum Abschlusse des Y nöthigen Seedeiche sein müssen, um alles Wasser ohne Aufenthalt durchzulassen, welches nach einer auf Erfahrungen beruhenden Berechnung durch alle mehr oder minder wirkende Entwässerungs-Schleusen von Nordholland, Rheinland, oder Amstelland in mehreren Ebbezeiten (Tyden) in das Y geführt wird, und um alle Verhinderungen für die Schiffahrt über den Südersee von und nach Amsterdam möglichst zu vermeiden?"

„4. Welches ist die passendste Stelle an der Ausmündung des Y, oder anderswo, näher bei Amsterdam, zu diesem Seedeiche? Auf welche Weise kann und muſs dabei für die Sicherheit der Schiffe bei ungünstigem Wetter gesorgt werden, und welche Kosten werden zu diesen Einrichtungen nöthig sein?"

„5. Welchen Einfluſs wird die Abdämmung auf die Trockenmachung des Haarlemmer Meeres haben?"

Um diese Fragen deutlich und mit Ordnung zu beantworten, werden wir:

Erstlich, das Y betrachten, in sofern es in Gemeinschaft mit dem Südersee steht, und vor Allem die Erhaltung der Tiefe desselben berücksichtigen.

Diese Betrachtung wird uns in den Stand setzen:

Zweitens den Einfluſs zu erwägen, welchen die Abschneidung der Gemeinschaft mit dem Südersee auf das Y hervorbringen könnte. Dabei wird sich der erste und zweite Punct der Frage beantworten:

„Welche Vortheile man von einer solchen Abdämmung des Y erwarten dürfe, und ob und in wie fern Nachtheile davon zu befürchten sind?"

Drittens werden wir untersuchen, wie, nach unserer Meinung, die Abdämmung des Y ausgeführt werden könne, um dadurch dem dritten und vierten Puncte der Frage zu entsprechen. Hierauf wird es nicht schwer fallen, auch noch den letzten Punct der Frage zu berücksichtigen, welchen Einfluſs die Abdämmung auf die „eventuelle Trockenmachung des Haarlemmer Meeres haben werde."

Erster Abschnitt.

Betrachtung des Y in seiner Gemeinschaft mit dem Südersee.

§. 3.

Nach den Vermuthungen der Alterthumsforscher *) ist das Y vormals ein Hafen von süfsem Wasser gewesen, durch welches ein Arm des Rheins flofs, der sich, nachdem er einen Theil von Nordholland bespühlt hatte, in das Meer Flevus oder den Binnenbusen der Südersee ergofs.

Erst ungefähr um die Hälfte des 13ten Jahrhunderts scheint dasselbe seine jetzige Mündung am Pampus durchbrochen zu haben, und in Verbindung mit dem geräumigen Busen, dem Südersee, getreten zu sein, während dieser Busen zugleich noch durch die Zaan, Sparn, die Amstel, Diem u. s. w., mit verschiedenen Meeren in Nord- und Südholland vereinigt ward, durch welche das Fluthwasser ferner landeinwärts eindringen und umlaufen konnte, und von denen das Y nachher im 14ten Jahrhundert durch Abdämmung abgeschlossen wurde, wovon das Andenken noch jetzt bewahrt, und die Stelle dieser Abdämmungen durch die daselbst erbaueten Städte, Dörfer und Höfe, wie Amsteldam, Sparendam, Zaandam, Diemordam, Nieuwerdam, Dürgerdam etc. nachgewiesen wird.

§. 4.

Durch alle diese Abdämmungen erhielt das Y seine jetzige Gestalt, nemlich die eines hinten geschlossenen Busens vom Südersee, in welchen die früherhin überströmt gewesenen Lande und Landseen von Amstelland, Rheinland und Nordholland jetzt nur noch einen Theil ihres überflüssigen und auf die Binnenbusen aufgemahlenen Regenwasser durch die Schleusen in den obengenannten Dämmen ausschütten.

Das Y liegt am Südwest-Ende des Südersees, geht vom Leuchtthurme, an seiner Mündung, in westnordwestlicher Richtung, etwa 5 Stunden landeinwärts, und hat, einschliefslich des Wyker-Meeres, jetzt noch eine Oberfläche von ungefähr 10000 Morgen (600 Quadrat-Ruthen Rheinl.) nach Abzug der Inseln Horn u. s. w.

In dieser Fläche des Y befinden sich noch einige durchlaufende, übrig gebliebene Vertiefungen, die von der Binnenschiffahrt benutzt wer-

---

*) *L'Epie Onderzoek over de oude en tegen woordige naturlyke gesteldheid van Holland etc. Hoofdstuk III. en VIII.* und *twee verhandlingen over de Verbetering der ontlasting van Rynlands Boezemwater bladz* 69. §. 10. *etc.*

den; der übrige, bei weitem gröfsere Theil, hat eine beinah gleichmäfsige und geringe Tiefe von 15 bis 18 Palmen *) (5 bis 6 Fufs Rheinl.).

Der östlich von Amsterdam liegende Theil dieses Seebusens (gewöhnlich das östliche Y genannt) ist in Vergleichung mit dem viel gröfseren westlichen Y, durch stromleitende Werke, zum Theil in sofern beschränkt, dafs er als ein grofser Aufsencanal betrachtet werden kann, durch welchen der Busen des westlichen Y's bei der täglichen Meeresfluth bis zur Höhe von etwa 36 Niederl. (oder 14 Rheinl.) Zollen angefüllt und entlastet wird.

Es steigen nemlich die Fluthen zu Sparendam und Halfwege im Durchschnitt zwei Niederl. Zolle (Centimeter) über den Amsterdammer Peil **), wogegen die Ebben 34 Niederl. Zoll (Duim) unter jenen Peil ablaufen *).**

Bei Sturmfluthen aber steigt das Wasser im Y bis zu 2 Ellen (Meter) und 46 Zollen (Centimeter) über jenen Peil; alsdann werden alle Aufsendeiche (Anwächse) überströmt, und die Fluth steht überall an den Deichen, welche also die dahinter gelegenen schönen Districte von Amstelland, Rheinland und Nordholland, also fast die ganze Umgebung des Y, gegen hohe Überströmungen schützen müssen **).**

§. 5.

Obgleich das Y mit dem Wykermeere zusammen, wie eben bemerkt, eine Oberfläche von 10000 Morgen (6,000000 Quadrat-Ruthen

*) Das neuste, in den Niederlanden seit einigen Jahren eingeführte Längenmaafs ist der Französische Meter, welcher El (Elle) heifst. Der Palm ist der Decimeter, der Duim (Zoll) der Centimeter, und der Streep der Millimeter. Ein Meter oder Elle ist 3 Fufs, 2 Zoll, $2\frac{677}{1000}$ Linien Rheinl. Ein Decimeter oder Palme 3 Zoll $9\frac{87}{100}$ Linien, 1 Duim oder Centimeter $4\frac{59}{100}$ Linien Rheinl., 1 Streep oder Millimeter $0\frac{46}{100}$ Linien Rheinl.

**) Der Amsterdammer Peil ist etwa 3 bis 4 Zoll Rheinl. niedriger als die ordinaire tägliche Fluthhöhe des Meeres, und man glaubt also, dafs er ehemals mit der ordinären Fluthhöhe gleich gesetzt worden sei. S. Woltmanns Beiträge, 4ten Band. §. 35. S. 103. (R.)

***) S. *Gedrükte Memorien van byzondere consideratien von Klinkenberg en Goudriaan over het Haarlemmermeer, bylage litt. D.* Der Unterschied zwischen Ebbe und Fluth ist dort also 36 Niederl. Duim (oder Centimeter), mithin 1 Fufs 4 Zoll 1,05 Linien Rheinl. Bei Amsterdam ist der Unterschied nach etc. Woltmann S. 103. $1\frac{1}{4}$ Fufs Rheinl. oder 1 Fufs 3 Zoll Rheinl., was mit obiger Angabe ziemlich übereinkommt. Anm. d. Übers.

****) Blofs ein kleiner Theil zwischen Beverwyk und dem Rhynlandschen Y-Deiche ist wegen der höheren Lage des Bodens hiervon ausgenommen. (R.)

Rheinl.) behalten hat, so ist es demnach im Vergleiche mit dem ausgedehnten Südersee, nur als eine kleine, schmale Bucht zu betrachten.

Da nun das aus dem Seegaten und dem Südersee ausströmende Wasser, durch die Wellen bewegt, bei seinem Überstürzen über die Bänke, Untiefen und Ufer aufs Äufserste mit Schlickstoff geschwängert und so in das Y eingeführt wird: so mufs dasselbe, sowohl jetzt als ehemals, nothwendig einer beständig zunehmenden Aufschlickung unterworfen gewesen sein, wie es die Frage auch voraussetzt und die Erfahrung nur zu sehr bestätigt. Zugleich sieht man, dafs die Ursache der Aufschlickung in der offenen Gemeinschaft des Y mit dem Südersee gesucht werden mufs.

§. 6.

Das bei heftigen Winden sehr trübe gewordene, in das Y eingeführte Wasser, wird durch den beschränkten Raum dem stärksten Wellenschlage entzogen und kommt dadurch, so wie durch die Verträgung und gänzliche Vernichtung des aufgestaueten Stromes, und während der Kenterung der Fluth, zur Ruhe. Es findet also auf dem Y überall Gelegenheit, seine Schlickstoffe grofsentheils auf den Boden niederfallen zu lassen, und nimmt blofs denjenigen Theil derselben mit zurück, welcher während der Ebbe noch nicht gesunken war, oder, dem durch die Strom-Engen und Tiefen für diese Zeit die Gelegenheit zum ferneren Sinken durch den Strom entzogen wurde.

§. 7.

Um das Maafs der Veruntiefung kennen zu lernen, welche das Y durch jenes Sinken, während eines Jahrhunderts, an den Stellen erlitten hat, von welchen man seit jener Zeit genaue Pegelungen besitzt, habe ich auf der Carte (Taf. XV. Fig. 2.) einige Richtungslinien gezogen, in welchen die Tiefen im Jahre 1674 auf dem Eise gemessen und gepegelt worden sind, und wo 1784 bis 1788 diese Messung und Pegelung auf denselben Puncten wiederholt worden ist. Die früheren Tiefen stehen zur linken und die spätern zur rechten Hand der Richtungslinien. In den Profil-Zeichnungen (Taf. XVI.) fallen die Veränderungen noch besser in's Auge.

Aus diesen Pegelungen erhellt, dafs in allen diesen Richtungslinien die Tiefe in jenem Theile des Y im Durchschnitt beinahe um den 8ten Theil des ganzen Inhalts des Profils abgenommen hat, und dafs die Erhöhung in den Profil-Linien des Fahrwassers, westlich von Amsterdam, bis zu $\frac{1}{7}$, $\frac{1}{6}$, $\frac{1}{5}$ vom ganzen Inhalte steigt, während das Fahrwasser, weiter hinauf nach Sparendam, bereits so an Tiefe abgenommen hat, dafs es für tief geladene Binnenschiffe sehr beschwerlich und nur noch bei Springfluthen fahrbar ist *).

§. 8.

So stark nun aber auch die Aufschlickung wirklich ist, so sollte man sie doch noch beträchtlicher glauben, wenn man das bei Sturmwinden so überaus trübe und mit Schlick geschwängerte Y-Wasser sieht und sich älterer Erscheinungen erinnert, z. B. dafs in der berüchtigten Weihnachts-Fluth von 1717 die Aufschlickung des Y auf einmal 16 bis 18 Niederländische oder 6 bis 7 Rheinl. Zolle betrug, und endlich, wenn man betrachtet, dafs die Aufsendeichs-Lande, die von Zeit zu Zeit einen Fufs tief ausgestochen werden, fast alle in 6 bis 7 Jahren mit Klai wieder angefüllt werden müssen **).

Es wird gut sein, bei dieser Bemerkung noch einen Augenblick zu verweilen, und die Ursachen zu erwägen, welche die noch viel schneller zu erwartende Aufschlickung verzögern.

§. 9.

Diese Ursachen lassen sich meiner Meinung nach zunächst in der geringen Höhe von nur 36 Niederl. Zollen (1 Fufs 4 Zoll 1 Linie Rheinl.) suchen, bis zu welcher nur die ordinairen Fluthen auf dem Y steigen, und durch welche das von Aufsen mit neuen Stoffen geschwängerte Was-

---

*) Wie solches von dem verstorbenen General-Inspector C. Brünings im §. 18. seiner gekrönten Abhandlung bemerkt wird, im 24sten Theile der Werke der Holländischen Societät der Wissenschaften zu Haarlem.

**) Siehe den in obiger Anmerkung angeführten §. 18.

Diese Erfahrungen stofsen die frühere Meinung von selbst um, dafs das Y grofsentheils durch die im Haarlemmer Meere aufgelöseten Stoffe verschlämmt werde. Denn wenn gleich die Auswässerungs-Schleusen von Amstelland, Rhynland und Nordholland trübes Wasser in das Y führen, so sieht man doch bald, dafs solches bei der Aufschlickung durch Sturmwinde nicht in Betracht kommen kann, besonders, da die abgelöseten Stoffe von einer vehnartigen und ganz anderen Beschaffenheit sind, als die reinen Schlick- und Klaistoffe, aus welchen durchgehends die Erhöhungen im Y bestehen, und die ihm allein durch die offene Gemeinschaft mit dem Südersee zugeführt werden.

Eine ähnliche Erscheinung hat man in Ostfriesland in den Stromhäfen und Mündungen der Aufsentiefe vor den Sielen bemerkt, die durch Schlick- und Klaistoffe verschlämmen, ungeachtet viel moorartige Stoffe von den Vehnen durch die Siele und Häfen abfliefsen. Anm. d. Übers.

ser sich mit der bei der Ebbe im Y verbleibenden Masse vermengt und merklich geklärt wird, und zwar bevor die neuen Stoffe das hintere Ende des westlichen Y und das Wykermeer erreichen. Denn da auf der Fläche des Y noch $1\frac{1}{2}$ bis 2 Ellen an Tiefe übrig bleiben, so beträgt die Erhöhung von 36 Zoll, welche das trübe Wasser um diese Zeit über den Hinterbusen verbreitet, kaum $\frac{1}{4}$ oder $\frac{1}{5}$ der ganzen Masse, während dagegen bei Sturmfluthen das Wasser etwa $2\frac{1}{2}$ Ellen höher steigt, wodurch die gewöhnliche Wassermasse in dem Hinterbusen verdoppelt wird, so daſs auch nach Maaſsgabe der mehreren Höhe um so viel mehr neue Grundstoffe zugeführt werden.

Deshalb ist die bei dieser Gelegenheit entstehende Aufschlickung um so viel stärker, und wird gleichmäſsiger an andere Stellen gebracht als da, wo den Fortgang der Aufschlickung die höher steigenden Fluthen befördern.

§. 10.

Zu dieser Ursache kann sich aber temporell noch eine zweite fügen, nemlich:

Man kann im Fortgange der Aufschlickung und Verlandung, welcher alle solche hinten geschlossene Seebusen wie das Y unterworfen sind, im Allgemeinen drei Zeitperioden unterscheiden:

In der ersten Periode, kurz nach dem Zuschlusse des Busens am hintern Ende, rückt die Veruntiefung sehr schnell fort, so lange nemlich der Boden noch tiefer als der Bereich des Wellenschlages liegt, der nach Maaſsgabe der Weite und Tiefe des Seebusens, bei starken Winden entsteht; denn alsdann können noch alle zugeführten Stoffe so tief niedersinken, daſs sie von dem Wellenschlage nicht mehr erreicht und theilweise wieder aufgenommen werden.

In der zweiten Periode, wenn die Erhöhung des Bodens so weit gediehen ist, daſs seine Oberfläche sich innerhalb des Bereichs und der Wirkung der Wellen befindet, wird von den auf die Bodenfläche niedergesunkenen Stoffen zu Zeiten ein Theil wieder aufgenommen. Hierdurch entsteht eine Zwischenzeit von Verzögerung der allgemeinen Aufschlickung, die aber für die Fahrbarkeit des Wassers u. s. w. schädlicher ist, weil die von der Bodenfläche aufgenommenen Grundstoffe alsdann den tiefen Stromrinnen oder Stromschleusen zugeführt werden und darin um so leichter niedersinken, weil der Strom bei der Ebbe nicht Kraft genug hat, sie wegzuführen. In dieser Periode scheint das Y während des letzten Jahrhunderts gewesen zu sein, oder sich seit einer gewissen Zeit und noch jetzt zu befinden.

Hieraus erklärt sich die so gleichmäfsige geringe Tiefe von 5 bis 6 Rheinl. Fufsen, die man auf den Flächen aufserhalb den Stromengen fast allgemein findet, und auf welche der Wellenschlag im Y noch zur Verzögerung der Bewegung wirken zu können scheint.

Da nun die Zufuhr von Schlickstoff stets fortdauert und die Gelegenheiten zur Wiederwegnahme desselben nur selten sind, so geht auch die Erhöhung oder Austrocknung nur langsam von Statten.

Endlich ist die dritte Periode die, wenn durch die Veruntiefung die Kraft der Wellen selbst vermindert wird, in welchem Falle dann die Aufschlickung sich der Stufe schneller nähert, wo die Wasserpflanzen auf dem Boden Wurzel fassen können, und durch welche nun die vollständige Verlandung rasch erfolgt.

Dieses ist bei allen hinten geschlossenen, dem Einflufs trüben Wassers ausgesetzten Baien und Inbusen der Fall, und mufs also auch beim Y, als einem solchen Busen, früher oder später eintreten, wenn man dem Erfolge nicht durch zweckmäfsige Mittel vorbeugt.

§. 11.

Die schädlichen Folgen des jetzigen Zustandes des Y haben nun die Landesbehördeu seit langer Zeit veranlafst, Mittel zu suchen, die Wassertiefe auf dem Y zu erhalten. Viele und vielerlei Entwürfe, solches durch Stromleitungen zu erreichen, sind vorgeschlagen, und auch einige davon, aber durchgehends mit wenig gutem Erfolge ausgeführt worden *).

Hätte aber auch nicht die Erfahrung den unzureichenden Erfolg dieser Anlagen gezeigt, so läfst sich schon die geringe Wirkung stromleitender Werke auf dem Y aus dem geringen Unterschiede der Höhe zwischen Fluth und Ebbe hinreichend abnehmen, die im Durchschnitt nur 36 Niederl. Zoll (Centimeter) betragend, über die ganze Länge des Bu-

*) In den Beiträgen zur hydraulischen Architectur, 4ter Band, §. 35. S. 101. bis 119. giebt Woltmann eine kurze Übersicht von der damaligen Beschaffenheit des Y und den Vorschlägen, welche zu jener Zeit die Wasserbaumeister Brünings, Engelmann, Bolstra, Steenstra und Andere zur Verbesserung machten. Desgleichen Herr v. Wiebeking, im 2ten Theile seiner allgemeinen Wasserbaukunst, Seite 325. bis 364. (R.)

sens von 23000 Niederl. Ellen (6105 Ruthen Rheinl.) nur ein sehr schwaches Stromgefälle hervorbringen kann, welches örtliche Erhöhungen kaum für einige Zeit nur einigermaſsen zu verhindern vermag, während die allgemeine Verlandung ihren Fortgang behält.

Wollte man selbst den unregelmäſsigen Busen vom westlichen Y durch einen langen parallelen Damm ganz zu einem regelmäſsigeren Canal verengen, wie es der verstorbene rühmlichst bekannte General-Inspector Brünings als das kräftigste stromleitende Mittel vorgeschlagen hat *), um durch eine hinterwärts in diesem Damme gelassene geräumige Öffnung alles mit der Fluth in den Busen tretende und mit der Ebbe ablaufende Wasser zu zwingen, durch jenen engen Canal zu strömen: so würde zwar bei dem nur geringen Gefälle der Fluth, im glücklichsten Falle, auf einige Zeit in dem Stromschlauche einige Verstärkung des Stroms, und durch dieselbe eine stärkere gleichmäſsigere Tiefe hervorgebracht werden; allein, wie auch Herr Brünings am Schlusse bemerkt: der durch den Damm abgeschlossene Busen selbst würde dann noch viel eher durch die Aufschlickung erhöhet und zur Verlandung gebracht werden.

Die Tiefe dieses Busens, von einigen tausend Bunders Oberfläche, würde dann, wie es sonst bei kleinen Spühlbusen geschieht, durch Ausgraben von Zeit zu Zeit wiederhergestellt oder nach Maaſsgabe der Aufschlickung unterhalten werden müssen. Da nun aber dies Mittel bei einem so ausgedehnten Busen finanziel unausführbar ist, so würde der Busen verlanden und mit dem Verluste des Bestehens desselben zugleich die Wirkung des dadurch zur Zeit etwas verstärkten Stromes aufhören, und also unvermeidlich auch die fernere Verlandung des Stromschlauches erfolgen.

Bedenkt man nun, daſs die Stadt Amsterdam jährlich mehr als 138,000 Gulden für Ausmodderung anwenden muſs **), um nur die einzelnen Modderbänke längs der Stadt und den Wällen gegen gänzliche Veruntiefung zu bewahren, so wird man eine Ausbaggerung hier gewiſs nicht für ausführbar halten.

§. 12.

In §. 5. bis 8. ist gezeigt worden, daſs die Ursache der Verschlickung im Y in der offenen Verbindung desselben mit dem Südersee liegt; im

*) Siehe dessen gekrönte Antwort auf die durch die Gesellschaft der Wissenschaften zu Haarlem aufgegebene Preisfrage im 24sten Theile ihrer Werke.

**) S. ferner §. 55.

§. 11., daſs alle stromleitende Werke nur temporäre und schwach wirkende Hülfsmittel sind, durch welche die allgemeine Verlandung nicht gehindert werden kann. Verbindet man damit den Umstand, daſs von Zeit zu Zeit wiederholtes Ausgraben, was schon bei kleinen Spühlbusen sehr kostspielig ist, auf einen Busen von einigen tausend Bunders (10000 Morgen, welche das Y enthält) finanziell unausführbar ist, so ist nunmehr klar, daſs die gänzliche Verlandung unvermeidlich erfolgen wird, wenn man nicht die Wirkung der Ursache aufhält, d. h. die beständige Einströmung der Futhen aus dem Südersee durch Abdämmung aufhebt, und das Y wieder zu einem abgeschlossenen Binnenbusen macht. Die Vortheile und Nachtheile einer solchen Abschlieſsung wollen wir nun, um dem ersten und zweiten Punct der aufgestellten Frage zu genügen, näher betrachten.

Zweiter Abschnitt.

Vortheile und Nachtheile der Abschlieſsung des Y.

§. 13.

Um dieselben deutlicher und bestimmter auseinander zu setzen, müssen wir die Abschlieſsung und ihre Stelle einstweilen voraussetzen, die wir dann, im Falle sie annehmbar ist, weiter hin näher rechtfertigen werden.

Die Abschlieſsung geschehe nemlich an der Mündung des Y, durch einen mit hinreichenden Schleusen versehenen Damm, welcher sich, oberhalb des Dürgerdammer- und Diemer Auſsenpolders, auf der einen Seite an den Waterlandschen, auf der andern Seite an den Diemer Seedeich anschlieſsen würde, so wie es auf der beigehenden Carte (Taf. XV. Fig. 2.) gezeichnet ist.

§. 14.

Das was durch Betrachtung des Y im ersten Abschnitte motivirt worden ist, wird nun dazu dienen, den ersten Punct der Frage auf die Weise zu beantworten:

Daſs „der Vortheil, den man von einer solchen Abdämmung des „Y erwarten darf, nemlich, vorzüglich die Erhaltung der Tiefe im Y," „sich nicht allein auf die Vermeidung der Kosten erstreckt, welche sonst „Stromleitungen und beständiges Ausmodern verursachen würden, son- „dern daſs, so ansehnlich die Ersparung an sich selbst auch sein möchte, „noch mehr die Abdämmung selbst das einzige Mittel sein dürfte, den

„Zweck zu erreichen, und „**dafs sogar eine dauerhafte Erhal-**
„**tung der Tiefe des Y ohne die Abschliefsung desselben gänzlich unerreichbar sein dürfte.**"

§. 15.

Es wird keines besonderen Beweises bedürfen, dafs durch die Abschliefsung mit der Ursache auch die Folgen aufhören werden, und dafs die fernere Verlandung des Y im Ganzen eben so abgewendet werden würde, wie die aller Binnen-Meere und vom Aufsenwasser abgeschlossenen Busen und Canäle, die zur nachherigen Erhaltung in ihrem Zustande entweder gar keine, oder nur sehr geringe Nachhülfe erfordern, in so fern sie ja als Busen oder Auswässerungs-Canäle noch einige Stoffe aufnehmen, die von den Ländereien herunterfliefsen, oder von den Mühlen aufgemahlen werden, und die von Zeit zu Zeit weggeräumt werden müssen.

§. 16.

Ein besonderer Umstand scheint aber bei dem Y noch einiger Erläuterung zu bedürfen.

Es ist nemlich §. 10. gesagt worden, dafs der Wellenschlag, welcher auf der grofsen Oberfläche des Y bei starken Winden entstehet, bei der jetzigen Tiefe der Wasserfläche die Schlickstoffe wieder berühre, aufnehme, und nach den Stromengen bringe, wodurch die allgemeine Aufschlickung verzögert werde, die engen Stromtiefen (geulen) aber schneller erhöht werden.

Da nun die Vertiefung des Y sich nicht auf die ganze Oberfläche, sondern nur auf die für die Schiffahrt nöthigen Stromschläuche erstrecken soll, so entsteht im ersten Augenblicke das Bedenken, ob nicht der Wellenschlag die auf der Fläche vorhandenen Stoffe dermafsen aufheben und in die vertieften Stromengen sinken lassen könne, dafs daraus eine fortwährende Neigung zu Ebenung der ganzen Fläche entstehe, durch welche die Erhaltung der vertieften Stellen sehr beschwerlich werden würde.

Bei genauerer Bestrachtung wird man jedoch bemerken:

1) Dafs das Y, auf obige Weise zum Binnenbusen wiederhergestellt, dem abwechselnden Steigen der aufsergewöhnlichen Fluthen entzogen werden und eine beständige Wasserstandshöhe, etwa die der Ebbe, annehmen dürfte. In diesem Zustande wird die Tiefe von 15 bis 18 Palmen, die auf der grofsen Fläche des westlichen Y's und vor dem Buiksloot und anderen Inbusen vorhanden ist, bis auf 9 oder 12 Palmen abneh-

men. Bei dieser geringen Tiefe aber wird der Wellenschlag auf der Fläche sehr gering sein, und seine Wirkung mit derjenigen der bei außerordentlichen Fluthen unter starken Winden zunehmenden Kraft der Wellen nicht in Vergleich kommen.

2) Daſs, wenn das Y zu einem stillstehenden Bassin gemacht sein wird, die aufgerührten Stoffe nicht wohl auf eine andere Stelle geführt werden können, weil sie nur von dem durch den Wind aufgeweheten Wasser gehoben werden, welches den gröſsten Theil wieder auf dieselbe Stelle, also unschädlich, niedersinken lassen wird.

3) Daſs man, da doch die ausgetieften Stoffe irgend wohin geschafft werden müssen, so viel als nöthig ist, in dem um so viel niedrigern und ruhigern Wasser, ohne groſse Kosten mit den ausgetieften Stoffen, längs dem Fahrwasser Fangdämme wird anlegen können, die das Wegschaffen der Erde ersparen und durch welche das Fahrwasser dennoch von den Untiefen gröſstentheils geschieden werden würde.

Auf diese Weise scheint mir das Bedenken gehoben zu sein und ich zweifele nicht, daſs dem Y durch die Abdämmung die Tiefe, welche es einmal bekommen hat, wie in allen andern Binnenbusen, leicht werde erhalten werden können.

§. 17.

Ein zweiter Vortheil der Abschlieſsung wird die Verminderung der jetzigen Kosten des Unterhalts der Seedeiche am Y sein. Die offene Gemeinschaft des Y mit dem Südersee bedroht nemlich bei hohen Sturmfluthen sehr die Sicherheit des Landes längs seinen Ufern, welche deshalb durch hohe Seedeiche geschützt sein müssen, die im ganzen Umfange des Y eine Länge von nicht weniger als 67784 Ellen, oder 68 Niederl. Meilen haben.

§. 18.

Die Beobachtungen des Wasserstandes an festen Gegenständen, die hier und da längs den Y-Deichen angestellt worden sind, zeigen, daſs bei Sturmfluthen das Wasser zwischen 22 bis 25 Palmen über den Amsterdammer Peil (die gewöhnliche Fluth) steigt, von welcher Fluth alles Vorland längs den Deichen, mit den bebauten Inseln zu Amsterdam, von Kattenburg, Wittenburg, Ostenburg nebst Bikkers-Eiland, und alle übrigen auſserhalb der Deiche liegenden Grundstücke überströmt werden; die Fluth, als offene See, strömt dann überall gegen die

Deiche, während die durch den Wind mit Kraft herangetriebenen Wellen sich bis an und über die Krone der Deiche erheben, und sie durch gewaltiges Schlagen und Abspühlen angreifen und öfters sehr beschädigen.

§. 19.

Die Nivellements-Register von diesen Deichen zeigen, daſs die Erhaltung von Rynland, Amstelland und Nordholland, längs den Ufern des Y, von einem Deiche abhängt, welcher sich durchgehends nur wenige Zölle über das Niveau der hohen Sturmfluthen erhebt, an vielen Stellen sogar mit ihnen nur gleich hoch, oder gar niedriger ist.

So trifft man in den Waterlandschen und Ostzaaner Y-Deichen, nach den letzten 10jährigen Nivellirungen, noch Tausende von Ellen Deiche an, welche im Durchschnitt nicht mehr als 3 Palmen (1 Fuſs) über dem Niveau der Sturmfluthen liegen, während einige, besonders dem Wellenschlage ausgesetzte Deichstrecken um 8 Palmen ($2\frac{1}{2}$ Fuſs) höher sind, und andere sich mit der Fluth beinahe gleich hoch befinden.

Der Westzaaner Seedeich hatte nur wenige Strecken, die mehr als 3 Palmen über jenem Wasserpaſs erhoben waren; der gröſste Theil war, dem Nivellement zufolge, viel niedriger als 3 Palmen und oft mit der Fluth beinah in einer Höhe. Selbst am Rhynlandschen Y-Deiche fand man die Kappenhöhe nur etwa 3 Palmen über der hohen Sturmfluth. Gewöhnlich wird die Deichhöhe auf 4 bis 5 Palmen (15 bis 19 Rheinl. Zoll.) über die Sturmfluth bestimmt.

§. 20.

Erwägt man nun die Lage, in welcher sich bei hohen Sturmfluthen die Deiche befinden, die, bei einer so geringen Höhe über der veränderlichen Fluth, dann noch den Anschlag und Übersturz der gewaltig bewegten Wellen aushalten müssen *): so ist es kaum begreiflich, wie nur noch durch diese Deiche seit einer Reihe von Jahren die angrenzenden schönen Landstriche so glücklich gegen Überströmung haben geschützt werden können **).

---

*) Über die Lage der Y-Deiche bei Sturmfluthen verdienen unter andern die Berichte in J. H. Herings *Bespiegeling over Nederlandsch Watersnood, tuschen den 14ten en 15ten November* 1775, *1ten Deel, Bladz* 77—90 *en* 153—171, und die Beilagen No. I. II. (*v. Bladz* 40—53) und Beilagen VIII. und XII. nachgelesen zu werden.

**) Aus öffentlichen Blättern weiſs man, daſs bei der sehr hohen Sturmfluth am 3ten und 4ten Februar 1825 ein groſser Theil von Nordholland u. s. w. unter Wasser gerieht und auch andere Theile dieses Landes bedeutend überschwemmt wurden, daſs mithin auch die Y-Deiche überströmt worden sind. Anm. d. Übers.

Die Gefahr, womit gleichwohl in dem jetzigen Zustande des Y, bei jeder sehr hohen Sturmfluth, Amstelland, Rynland und Nordholland von der Y-Seite her bedroht werden, liegt vor Augen, und aus dem Umstande, daſs sie bisher immer auf fast unbegreifliche Weise so glücklich abgewendet ist, folgt nicht, daſs man wegen der Zukunft unbesorgt sein dürfe; die Erhöhung und Verstärkung der Y-Deiche ist also ein nothwendiges Bedürfniſs, und zwar in dem Maaſse, daſs sie in den Stand von Seewehren gesetzt werden, welche sicher gegen hohe Sturmfluthen sind.

§. 21.

Die Verbesserungen der Deiche, welche man von Zeit zu Zeit durch Erhöhung und Verstärkung mit fächerartigen Steindossirungen macht, beweisen, daſs man hiervon völlig überzeugt ist, daſs man aber auch das Bedürfniſs für so groſs erachtet, daſs sich ihm nicht auf einmal oder in einigen Jahren abhelfen lasse.

Man erinnere sich nur, daſs noch unlängst zur Verstärkung nur eines Theils des obengenannten Westzaaner Seedeiches, der bei einem Sturme sehr beschädigt worden war, an hunderttausend Gulden verwendet werden muſsten; daſs ferner in dem Maaſse, wie die Auſsenlande durch Abspühlung verloren gehen, von 68000 Ellen Y-Deich bereits über 12000 Ellen Steindossirungen haben bekommen müssen, welche, die Elle, mit der Erhöhung des Deichs, nur zu 60 Gulden gerechnet, eine Ausgabe von 720,000 Gulden erforderten **).

Hierzu müssen noch die jährlichen Kosten der gewöhnlichen Unterhaltung der Deiche und stromleitenden Werke in dieser groſsen Ausdehnung gerechnet werden, welche mit den Werken an der Zaan im Durchschnitt wenigstens auf 30000 Gulden geschätzt werden können, mehr oder weniger, je nachdem die Sturmfluthen mehr oder weniger Schaden anrichten.

§. 22.

Alle diese Gefahr der Überströmung würde nun verschwinden, und alle Kosten der sonst so nothwendigen Deichverstärkungen sowohl, als der Unterhaltung des Schutzes gegen die See, würden erspart werden,

*) Man sehe weiterhin die Berechnung der Kosten einer Steindossirung §. 53., worunter die Erhöhung des Deiches nicht mit begriffen ist.

wenn das Y an seiner Mündung abgeschlossen, von der Einströmung der hohen Seefluthen befreit und wieder zu einen Binnenbusen umgestaltet würde. Dann würde statt beinahe 68,000 Ellen Deiches ein Damm von nur 4000 Ellen an die Stelle gesetzt werden können. Alle dahinter gelegenen Lande am Y würden mit $\frac{1}{17}$ der Länge der gegenwärtigen Seewehre gesichert werden können; welcher Gegenstand mit Recht in die Preisfrage aufgenommen worden ist, und worauf Obiges als Antwort dienen kann.

§. 23.

Ein dritter Vortheil, dessen in der Frage gedacht wird, der bessere Schutz der Schiffe auf dem Y, wird offenbar ebenfalls durch diese Abdämmung erreicht werden.

Dieser Vortheil zeigt sich bald bedeutend genug, wenn man erwägt, dafs die vor der Stadt Amsterdam in einer Reihe nahe aneinander innerhalb der Bäume zwischen den Pfahlwerken liegenden Schiffe oft ganz oder zum Theil auf den Grund stofsen, und mehr oder minder fest liegen. Die Schiffe müssen sich erst eine Pütte (Lagerstelle) in den Kleiboden machen, von welchem sie dann bei niedrigen Ebben, vorzüglich in der Mitte des Bauches, getragen werden, während der durchgehends schärfere Hinter- und Vordertheil leichter in den Modder einsinkt; hierdurch wird der Rumpf der Länge nach angegriffen, und biegt sich bald mit dem Vorder- und Hintersteven durch, welches Gebrechen beim Schiffbau unter dem Namen, Katzenrücken, bekannt ist. Es sind dadurch schon viele Schiffe unbrauchbar geworden, die noch lange hätten dienen können, wenn sie immer in flottem Wasser liegen geblieben wären. Selbst Kriegsschiffe wurden vorzüglich durch ihre Lagerung auf Untiefen und Modder, und durch den hinzugekommenen Katzenrücken in wenigen Jahren so verdorben, dafs sie geschleift werden mufsten, bevor sie eine einzige Reise gemacht hatten.

§. 24.

Da nun zu den Kosten jeder Reise, die ein Schiff macht, natürlicherweise diejenigen, welche von den Baukosten als Antheil auf jede Reise kommen, die es zwischen seiner Erbauung und Schleifung machen kann, hinzugefügt werden müssen, so sieht man leicht, welche nicht zu berechnenden grofsen Vortheile für den Seehandel und die Schiffahrt von Amsterdam entstehen würden, wenn die Dauer der Schiffe durch beständiges Flottliegen, und wäre es auch nur auf einige Jahre, verlängert und also für jedes Jahr die Kosten vermindert werden könnten.

Der jetzige fortdauernde Nachtheil fällt, weil man daran schon gewöhnt ist, weniger ins Auge, als der, daſs bei hohen Fluthen und Stürmen zuweilen einige Schiffe plötzlich erschüttert werden, wenn sie aus dem alten Lager gehoben und aus ihrer Stelle getrieben werden, und vielleicht auf den Grund stoſsen, oder durch Stürme auf Untiefen verschlagen, oder auf andere Art gegen einander gestoſsen und beschädigt werden, auch wohl ganz verloren gehen; alle diese Unfälle, so bedeutend sie auch sein mögen, sind aber wegen ihrer Seltenheit beinahe für Nichts zu rechnen gegen das langsame, aber fortwährend wirkende, erst genannte Übel, welches gewiſs die gröſste Aufmerksamkeit verdient.

§. 25.

Auch diesen Nachtheilen wird nun abgeholfen werden, wenn das Y, nachdem es als Binnenbusen abgeschlossen ist, die einmal hervorgebrachte Tiefe behält, und die Schiffe immer flott liegen, indem dann der Wasserstand auf einer beständigen Höhe stehen bleibt, und nicht mehr bis zur Höhe der Sturmfluthen steigen kann, auch kein Wellenschlag von Bedeutung mehr entsteht, so daſs die Schiffe durch Wind und Fluth nicht mehr auf Untiefen getrieben werden, sondern überall, wie in einem sichern Hafen liegen.

§. 26.

Ferner scheint auch in der Hinsicht, daſs die Binnenbusen das aufgemahlene Regenwasser in das Y ergieſsen, die Abschlieſsung desselben Vortheile zu versprechen. Bekanntlich sind nemlich die Busen der auszuwässernden Lande in **Amstelland**, **Rynland** und **Nordholland** in ihrer Entwässerung so beschränkt, daſs auf allen ein Mahlpegel (Wasseraiche) hat gesetzt werden müssen, durch welchen die Wirkung der Wassermühlen beschränkt und aufgehalten wird, sobald das Wasser bis zu dieser Pegelhöhe gestiegen ist, so daſs während der Zeit, wo der Busen auf solcher Höhe steht, die Entlassung der Lande von dem überflüssigen Wasser gänzlich aufhört.

Dieser Mahlpegel ist festgesetzt: bei **Amstelland** auf 6 Amsterdammer oder $15\frac{1}{2}$ Niederl. Zoll, und bei **Rynland**, für die Mühlen nördlich des **Rheins**, auf $10\frac{1}{2}$ Rheinl. oder $27\frac{1}{4}$ Niederl. Zoll unter dem Amsterdammer Peil.

Da nun die Ebben auf dem Y nach §. 4. im Durchschnitt nur bis zu 13 Rheinl. oder 34 Niederl. Zollen unter diesen Peil sinken, so erhellet, dafs die genannten Busen, durch die auswässernden Schleusen auf das Maximnm der Mahlpegel stehend, nur ein geringes Gefälle bis auf die mittleren Ebben im Y übrig behalten.

§. 27.

Deshalb scheint nach meiner Einsicht, eine Abdämmung des Y auch für jene Auswässerungen günstig zu sein, und zwar in dreierlei Hinsicht.

Erstlich, würden, zufolge Nivellements und Beobachtungen, die gewöhnlichen Ebben aufserhalb der Mündung des Y im Südersee bis auf etwa 20 Rheinl. oder 52 Niederl. Zollen, unter dem Amsterdammer Peil sinken *), wogegen sie vor den Rheinländischen Schleusen bei Zwanenburg im Durchschnittt nur $11\frac{1}{2}$ Zoll und zu Sparendam $15\frac{1}{2}$ Zoll unter jenem Peil ablaufen.

Würden daher die Abwässerungs-Schleusen, dem Vorschlage gemäfs, an die Aufsenmündung des Y verlegt, so würde der Busen von Rheinland durch seine Schleusen mit dem Y vereinigt werden und auf dem Südersee ein Gefälle von etwa $9\frac{1}{2}$ statt $2\frac{1}{2}$ Rheinl. Zolle, oder $14\frac{1}{2}$ statt $6\frac{1}{2}$ Niederl. Zolle bekommen können. Da nun die Geschwindigkeit der Durchströmung, und also auch der Auswässerung, durch eine und dieselbe Schleuse, bei gleicher Busenhöhe, beinahe im Verhältnisse der Quadratwurzel aus dem Gefälle zunimmt, so sieht man, dafs durch jene wenigen Zolle die Entwässerung des vereinigten Busens in den Südersee im Verhältnisse von $\sqrt{9\frac{1}{2}}$ zu $\sqrt{2\frac{1}{2}}$ vermehrt und also schon in dieser Hinsicht beinahe verdoppelt werden würde.

Oder auch angenommen, dafs der Busen nicht bis zu diesem niedrigen Wasserstande gebracht werden könnte, um der Beförderung der Auswässerung an sich selbst und besonders für Rheinland zu genügen, so würde diese Heemraadschaft in dem abgeschlossenen Y doch auf jeden Fall sicher einen geräumigen Ober-Busen finden, auf welchen das

---

*) Zufolge Nivellements längs den Seedeichen (deren Aufzeichnung sich in der Sammlung hydrographischer Wahrnehmungen des General-Lieutenants Krayenhoff befinden (bleibt die Fluth in dem Binnensack des Südersees, längs dem Nordholländischen Ufer, zwischen Enkhuisen und Muiden, 4 bis 5 Rheinl. Zolle unter dem A. P., während die Ebben bei Mönnikendamm und Marken durchgehends 16 bis 18 Zoll unter den Fluthen ablaufen, also 20 bis 22 Zoll unter A. P.

Wasser zu allen Zeiten durch Streichmühlen, die eine sehr kleine Aufmahlung, mithin ein grofses Vermögen besitzen, gebracht werden könnte, ohne durch die täglichen Fluthen daran verhindert zu werden.

Für Nordholland und Amstelland würde dadurch wirklich die Ursache gehoben werden, in welcher hier der Mangel der Auswässerung liegt, nemlich: dafs durch die engen Canäle hinter den Schleusen, die demselben das Wasser zuführen, dieses Wasser während der Ebbe nicht schnell genug zufliefsen kann, und ein so grofses Gefälle in den Canälen statt finden mufs *). In dem Y-Busen würde stets eine grofse Menge Wassers in der Nähe hinter den Schleusen gehalten werden, welches bei der Ebbe bequem ablaufen könnte.

Zweitens zeigen, wenn man den Einflufs des Ab- und Anwehens der Winde berücksichtigt, durch welche die Ebben unter der sonstigen mittleren Höhe ablaufen, die Carten der nördlichen Provinzen, dafs die östlichen und südöstlichen Winde das Wasser aus dem Südersee in und durch die Seegaten treiben, so wie auch die Erfahrung lehrt, dafs mit diesen Winden, sowohl an den Küsten, als auf der Fläche des Südersee ein niedriger Wasserstand hervorgebracht wird. Aber mit denselben östlichen Winden wird auch das Wasser im Y in westlicher Richtung gegen die Rheinlandschen und andere Schleusen um desto mehr aufgejagt, je weiter sie am hintern Ende des Busens liegen. Hier widerstreben also die allgemeinen Ursachen, die den Südersee erniedrigen, den besonderen, wodurch das Aufsenwasser gegen die Schleusen erhöhet wird, so dafs die Entwässerungen von der allgemeinen Senkung des Südersees nur dann und nur in sofern Vortheil haben können, als die allgemeine Senkung zur Zeit gröfser ist, als die Gegenwirkung, durch welche die besondere Erhöhung gegen die auswässernden Schleusen auf dem Y hervorgebracht wird.

Diese gegenwirkende besondere Erhöhung würde beim Abschlusse des Y merklich abnehmen, weil dann die Oberfläche des Y, bei dessen stets niedrigerem Stande, nur in sich selbst aus dem Niveau gebracht werden würde, ohne aus dem offenen Südersee angefüllt zu werden.

---

*) S. *Gedruckter Advies van gecommitteerde Raden van Westvriesland en het Norderkwartier*, vom 29sten Juli 1791, so wie den beigefügten Rapport, Seite 23.

Umgekehrt würde, wenn bei westlichen Winden das Wasser vom Pampus und Y abgewehrt wird, zwar für diesen Zeitpunct auch das Y vor den gegenwärtig abwässernden Schleusen nicht so viel sich senken, als jetzt bei der offenen Gemeinschaft wohl einmal eine kurze Zeit der Fall ist; aber die nach Aufsen gerichtete Lage der neuen Schleusen in dem Y-Damme würde sie dagegen so viel eher, gegen die gegenwärtigen Auswässerungsschleusen, ausströmen machen, und zugleich das Gefälle darauf durchgehends so viel vergröfsern, dafs die Abwehung auf dem Pampus vor den neuen Aufsenschleusen unmittelbar und also desto stärker vor sich gehen würde, wodurch dann auch selbst dieser Umstand noch eher zum Vortheile der Entlastung des allgemeinen Busens dienen zu müssen scheint, als dafs dadurch eine zeitliche mindere Abführung entstehen sollte.

Drittens würde sich durch die Abschliefsung des Y-Mundes die Auswässerung aller Ländereien auf das Y, wenn sie nöthig ist, von allen Veränderungen der Windstriche und allen Zufällen zeitlicher Anschlickungen unabhängig machen lassen, wenn man sich einmal dazu entschliefsen könnte, das Wykermeer durch einen Canal mit Schleusen in Gemeinschaft mit der Nordsee zu setzen, wie es bei Katwyk geschehen ist, durch welches Beispiel alle Bedenken dagegen schon durch die That gehoben sind. Eine solche Auswässerung würde dort mit einer gleichen Schleusen-Öffnung, und noch um desto stärker als die zu Katwyk befunden werden, da das Busenwasser nahe genug an die Schleusen geführt werden und durch einen Canal ausströmen könnte, welche nur den dritten Theil der Länge von dem Abstande des Haarlemmer Meeres bis Katwyk hätte.

§. 28.

Wäre das Y als Binnenbusen abgeschlossen, und nähme kein anderes Wasser auf, als aus dem Haarlemmer Meere und den Poldern: so würde auch noch der grofse Vortheil entstehen, dafs das Wasser dadurch erfrischt und gesäubert, oder, wie das Haarlemmer-Meer, zu einem Bassin von süfsem Wasser gemacht werden würde. Die Gröfse dieses Vortheils würde unter andern auch darin bestehen, dafs alle gegenwärtigen Deiche und Wasserwehren im Umfange des Y dem Durchquellen des salzigen Seewassers nicht mehr ausgesetzt sein würden. Dieses würde nicht allein die Gegend selbst vom Quellwasser befreien, sondern es würden auch die eingeschlossenen Gewässer der Grundstücke durch die Zu-

und Abfuhr des Regenwassers erfrischt und zum Tränken des Viehes brauchbar gemacht werden, während die im Sommer dazu nöthige Einlassung von süfsem Wasser geschehen könnte; statt dafs jetzt in Nordholland Seewasser eingelassen werden mufs, wodurch das Busenwasser vermischt und das in die Ländereien zum Tränken des Viehes eingelassene Wasser verschlimmert und öfters verdorben wird.

Auch die Stadt Amsterdam würde von dem vielen durch die Y-Schleusen dringenden Leckwasser befreit, und nicht mehr durch den langen Verschlufs der Schleusen an der Y-Seite und durch den zu hohen Busenstand der Amstel vom hohen Binnenwasser beschwert werden.

§. 29.

Wenn man nun aufserdem noch erwägt, dafs während des Sommers die auswässernden Schleusen eine geraume Zeit geschlossen, festgestempelt und dadurch die Wassermühlen aufser Wirkung gesetzt werden müssen: so sieht man, dafs der niedrige Stand des abgeschlossenen Y auch noch den bedeutenden Vortheil für Amsterdam haben würde, dafs man durch die Vreeswyksche Schleusen das Flufswasser längs der Vechte und Amstel hineinlassen und dadurch in der Stadt selbst einen besseren Umlauf zur Erfrischung des Wassers erlangen könnte, als jetzt durch das Einlassen des Y-Wassers.

Da das Y nach §. 4. ungefähr 10000 Morgen Oberfläche hat, alle Canäle in der Stadt dagegen nur 89 bis 90 Morgen, so erhellet, dafs jede Elle Wasserhöhe, die man aus den Canälen in das Y ausströmen läfst, diesen Busen, selbst wenn die Aufsenschleusen geschlossen wären, noch nicht um 1 Zoll Niederl. erhöhen würde, was bei der Ausströmung der Schleusen als unmerkbar verschwindet.

Vielleicht ist es nicht unmöglich, dafs durch eine solche Zufuhr von Flufswasser, durch die alsdann weniger salzig werdende Amstel, das Amsterdammer Canalwasser von selbst zu süfsem Wasser gemacht werden könnte *).

*) Wenn dies auf solche Weise möglich wäre, so würde der gröfste Theil des Zweckes des Entwurfs erreicht werden, durch einen Canal aus dem Rheine bei oder oberhalb Amerongen die Stadt Amsterdam mit reinem süfsen Wasser zu versehen, auf die Weise, dafs der Wasserstand in der Stadt stets über dem äufseren Wasser erhoben bleibe und also das Wasser gegen alles Salzigwerden sicher sei. Die Kosten der Ausführung dieses Entwurfs, die auf 4 Millionen Gulden berechnet sind, würden dann ebenfalls erspart werden können. Oder, wenn man dennoch, um

§. 30.

Sollte mir bis hiehin in Berücksichtigung des ersten Fragepunctes: die wichtigen und grofsen Vortheile nachzuweisen, welche die Abdämmung des Y in so vieler Hinsicht darbietet, geglückt sein; so will ich nunmehr zu der Frage übergehen, ob nicht gegen jene Vortheile vielleicht von der andern Seite Nachtheile entstehen könnten, wegen welcher wieder einiger Nutzen aufgegeben werden müfste. Dies ist der zweite Punct der Aufgabe.

Wir haben also zu untersuchen:

„Ob die Abdämmung des Y einigen nachtheiligen Einflufs auf den „Strom oder die Ebbe und Fluth im Südersee haben könne, und ob „Grund vorhanden sei, alsdann eine solche Seichtigkeit des Pampus zu „befürchten, dafs man nicht mehr für alle Fälle die nöthige Tiefe für die „Binnenländische Schiffahrt, die über den Südersee fortwährend Statt „haben mufs, verbürgen könne?"

§. 31.

Es läfst sich zunächst, wie ich glaube, durch Vergleichung der Oberfläche des Y mit dem sehr viel gröfseren Süderseebusen leicht zeigen, dafs die Abschneidung eines im Vergleiche des Hauptbusens so kleinen Inbusens von keinem Einflusse auf die Ströme, oder Ebbe und Fluth im Südersee sein werde. Worin auch sollte dieser Einflufs in jener Beziehung liegen? — Gewifs nicht in den Strömen, welche die tägliche Anfüllung des Y durch die Fluthen des Südersee's erzeugt. Denn, aufserdem, dafs die in §. 5. und so eben erwähnte Zusammenstellung der Oberflächen solches von selbst widerlegen mufs, zeigt es auch die Erfahrung; sobald man aus dem Y segelt, findet man in den sogenannten Sack der Südersee keinen bemerkbaren Strom, und der Strom, welcher im Y ein- und ausgeht, verliert sich schon auf dem Pampus oder oben, aufserhalb desselben, wie in ein stilles Meer.

Würde man ferner auch das Y als Aufbewahrungsort der Schlickstoffe des Südersee's betrachten dürfen, von denen anderweitige schädliche Versalzungen zu befürchten wären?

---

die Reinheit des Canal-Wassers noch mehr zu befördern, und wegen anderer Nebenvortheile, die Ausführung des Entwurfs rathsam finden sollte, so würde durch den beständig niedrigen Stand des Y-Wassers wenigstens jeden Falls die Ausführung desselben sehr erleichtert werden.

Man darf nur die Oberfläche des Y mit der des Südersees vergleichen, so sieht man leicht, dafs, so ansehnlich und schädlich auch die in dem Y niedersinkende Schlickstoffe für dasselbe sein mögen, die Masse derselben für den Südersee doch nicht in Betracht komme, denn dieser wird (wie wir in §. 5. bemerkt haben) in jedem Fall durch den Wellenschlag auf den Bänken in seinem eigenen Busen mit Schlickstoffen geschwängert, welche zum Theil stets auf solchen Stellen niedersinken, die vom Strome und starken Wellenschlage ausgeschlossen sind, und die sofort beim Aufhören der Sturmwinde auf der ganzen Oberfläche des Sacks des Südersees niedersinken. Verbreiteten sich nun auch alle Schlickstoffe, durch welche das Y, zufolge der Profilzeichnungen, seicht geworden, und die während jener Zeit ausgetieft sein mögen, auf einmal über die Oberfläche des Südersees, so würde doch die Tiefe dieser ausgedehnten Fläche dadurch kaum einigermafsen bemerkbar vermindert werden können, während sie unabhängig von dem Bestehen oder Nicht-Bestehen des Y, durch Einführung der, von den Strömen mitgebrachten Stoffe, in einem sehr unbestimmten, langsamen Fortgange, diesem Erfolge unterworfen bleibt.

Was also die Strömungen, so wie Ebbe und Fluth, auf dem Südersee betrifft, so ist nach meiner Einsicht nicht der mindeste Zweifel vorhanden, dafs der erste Theil des zweiten Punctes der Frage verneinend beantwortet, und allem Einflusse der Abdämmung auf den Südersee widersprochen werden mufs.

§. 32.

Nicht so günstig wird die Beantwortung des zweiten Theils dieses Fragepunctes ausfallen, welcher den Pampus betrifft, von welchem auch die Frage selbst einen gewissen Grad der Veruntiefung voraussetzt und erwartet.

Die Veruntiefung ist auf keine Weise zweifelhaft, wenn man die Pegelung der Tiefen betrachtet, die auf der beigefügten Carte bemerkt sind, und das Strombette untersucht, in welchem auf dem Pampus noch 3 bis $3\frac{1}{2}$ Ellen Tiefe gefunden werden, während aufserhalb der Fahrbahn, zu beiden Seiten, die Tiefe nur 2 bis $2\frac{1}{2}$ Ellen beträgt.

Die Ursache von dieser Strom-Rinne in der Untiefe des Pampus vor der Mündung des Y kann nur der gegenwärtig noch statt habenden Ausströmung des Y beigemessen werden, indem der weiche Klei des Bodens zu erkennen giebt, daſs sie für ein Überbleibsel einer ehemals noch tiefern Strombahn zu halten sei, wie es bei der früheren Beschaffenheit des Y der Fall gewesen sein wird.

In sofern also diese tiefere Strombahn auf den Untiefen des Pampus noch durch die gegenwärtige Aus- und Einströmung des Y (besonders bei Sturmfluthen) erhalten wird, muſs die Abschlieſsung des Y die Wirkung dieser Ursache und damit auch nothwendig die Vertiefung aufhalten, mithin die tiefere Strombahn verloren gehen.

§. 33.

Um über das Maaſs, bis zu welchem die Aufschlickung der Strombahn, als eine unvermeidliche Folge der Abschlieſsung des Y, gelangen würde, einigermaſsen zu urtheilen, bemerken wir in den Pegelungen auf der Carte (Taf. XV. Fig. 2.), daſs auf der ganzen Fläche, zu beiden Seiten der gegenwärtigen Strombahn, und weit auſser dem Bereiche der Wirkung der Ausströmung des Y, eine ziemlich gleichförmige Tiefe von etwa $2\frac{1}{2}$ Ellen vorhanden ist, welche nach den Ufern zu bis auf 2 Ellen abnimmt, und welche Tiefe auch vor der Mündung der Vechte bei Muiden, in dem Busen von Hoornikerhop, so wie in den mehrsten binnenländischen Hafen, längs den Ufern, im Sacke der Südersee gefunden wird, und nach den Bemerkungen des §. 10. auch dort allein nur noch durch die Wirkung des Wellenschlages erhalten werden kann.

Durch die Abschlieſsung des Y würde nun der Pampus in eben den Stand gebracht werden, in welchen sich der Mund auſserhalb der abgeschlossenen Vechte, die Hafen von Hoorn u. s. w. befinden, und die Aufschlickung des tiefern Fahrwassers im Pampus würde dann auch mit den beiderseitigen Flächen, so wie mit den oben genannten Endfahrten, bald gleich gemacht werden. Ich glaube nicht, daſs die Auswässerungs-Schleusen im Y-Damme, ohne den Strom an beiden Seiten durch Höfde einzuschränken, vermögen werden, eine gröſsere Tiefe auf dem Pampus zu erhalten.

Aber auf der anderen Seite scheint auch Grund vorhanden zu sein, aus den angeführten Beispielen zu schlieſsen, daſs, insofern die in der Frage benannte binnenländische Schiffahrt auf Muiden, Hoorn u. s. w. bestehen bleibt, dieselbe auch auf gleiche Weise vor den Schleusen der Auſsenmündung des Y werde erhalten werden.

§. 34.

Um nichts zu übersehen, ist noch zu bemerken, dafs die Einfahrten von Muiden, Hoorn u. s. w. durch die geringe Tiefe bei niedrigen Fluthen einige Hindernissen finden, welche man hernach auch vor den Schleusen der Y-Mündung antreffen würde. Wollte man dieser Unbequemlichkeit durch vorspringende Höfde oder andere stromverstärkende Mittel abhelfen, so entstände wieder das Bedenken, dafs durch solche Werke das Gefälle unmittelbar bei den Schleusen vermindert und das Vermögen der Auswässerung mehr oder weniger beschränkt werden würde.

Wenn man nun auch die Weite der Schleusen in gleichem Maafse vergröfsern wollte, dafs sie im Sommer, wenn die Auswässerungen aufhören, gebraucht werden könnten, das Aufsenwasser alsdann in das Y zu lassen, um dasselbe als geräumigen Spühlbusen zu benutzen, so würde doch dagegen, nicht allein wegen des geringen Gefälles zwischen Fluth und Ebbe, diese Spühlung über die grofse Länge des Pampus nicht sehr stark sein, sondern, die vielen wichtigen Vortheile der Abdämmung des Y §. 28. und 29. würden auch verloren gehen.

Man darf sich daher nach meinem Bedünken nicht verhehlen, dafs die Abdämmung des Y für die Schiffahrt über die Untiefen des Pampus, so wie für die Einfahrten von Hoorn, Muiden u. s. w. das Bedenken einer temporairen Beschränkung übrig läfst, und dafs sich keine andere Mittel zeigen dieses Bedenken wegzuräumen.

§. 35.

In Ansehung dieses Bedenkens wird man sich aber erstlich erinnern, dafs wir durch die Betrachtung der Beschaffenheit des Y (§. 12.) zu dem Schlusse geführt worden sind, dafs die offene Gemeinschaft desselben mit dem Südersee mit einer dauerhaften Erhaltung der Tiefe des Y unvereinbar ist, und dafs dasselbe unvermeidlich früher oder später endlich gänzlich verlanden müsse, wodurch die Fahrbahn auf dem Pampus, die nur noch durch die Ein- und Ausströmung der Fluthen unterhalten werden mag, von selbst aufhören würde.

Durch das Unterlassen der Abdämmung des Y kann daher die Aufschlickung des Pampus eben so wenig, wie die des Y, ganz verhindert, sondern nur aufgehoben werden, bis die Verlandung des Y selbst diesen Busen in Verfall bringt, der dagegen durch die Abdämmung verhindert werden würde.

Und hieraus folgt dann, daſs man durch die Abdämmung auch in dieser Beziehung nichts verlieren kann, und daſs sie allein uns nöthigen wird, diejenigen Mittel desto eher anzuwenden zu suchen, zu welchen man sonst doch mit der Zeit gezwungen werden würde, wenn durch Aufschub die Verlandung des Y erfolgt, und alle die wichtigen Vortheile erst verloren gegangen sein werden, die dessen dauerhafte Instanderhaltung durch Abschlieſsung gewähren dürfte.

Können nun zweitens Mittel nachgewiesen werden, durch welche die Schiffahrt auf dem Südersee und dem Y von den Untiefen des Pampus ganz unabhängig gemacht wird, so wird noch jedes Bedenken dagegen weggeräumt werden.

Das Mittel, welches sich zuerst und unmittelbar darbietet, und wahrscheinlich auch das wohlfeilste ist, würde sein: den Ringschloot längs der Pürmer, der aus dem groſsen Nordholländischen Canale bei Pürmerend kommt (durch welchen Ringschloot die Heeringsbuisen längs jener Stadt nach Edam und von da in die See zu stechen pflegen), nebst der dazu gehörigen Schleuse, so viel zu vertiefen und zu erweitern, als nöthig ist, den Kauffahrthei-Schiffen durch diesen Schloot und den Nordholländischen Canal einen Ab- und Zugang aus dem Südersee nach Amsterdam zu verschaffen, der dann vom Pampus ganz unabhängig wäre.

Besser aber noch würde man sich durch die ehemals aus andern Ursachen zur Sprache gekommene Vereinigung der Insel Marken mit dem festen Lande die Gelegenheit verschaffen können, durch einen Canal die Ausfahrt aus dem ausgeschlossenen Y geradezu bis an den Leuchtthurm der genannten Insel zu ziehen, durch welchen dann die Schiffe, in sofern es nöthig, zwischen Leitdämmen sofort in die Tiefe des Südersee's, das Kuil von Marken genannt, kommen würden, wie auf der Carte (Taf. XV. Fig. 2.) zu sehen.

§. 36.

Diese letzte Richtung wird sich durch einige Vortheile vor der zuerst genannten empfehlen.

Die Schiffe würden nemlich dann von ihrem gegenwärtigen Lauf aus dem Y, durch den Binnen-Canal, nicht seitwärts abgezogen, und also der Binnenschiffahrt ein Umweg von 4 Stunden erspart werden, der über Pürmerend und Edam gemacht werden müſste, was vorzüglich für die täglich abgehenden und ankommenden Beurtschiff von einigem Interesse sein möchte.

Außerdem würde der hervorstehende Punct der Insel Marken die dauerhafte Erhaltung der Tiefe vor der Einfahrts-Mündung um desto mehr sichern, und die Rhede oder Zufluchtsstelle, welche die binnenländische Schiffahrt auf dem Südersee bei Stürmen hinter der Insel Marken findet, würde durch die beiderseitigen Canaldeiche noch vollkommener werden.

Nicht weniger nützlich würde auch dieser Zugang des Südersee's für den Seehandel sein, indem seit den letzten 20 Jahren die Kauffahrtheischiffe mehr und mehr durch das Vlie und Terschelling zu kommen scheinen. Denn wenn das Y durch Abdämmung abgeschlossen, oder durch Aufschlickung verlandet wäre, so würden die Schiffe den Mund vom Nordholländischen Canale nicht anders erreichen können, als auf einem sehr grofsen Umwege im Südersee, auf welchem sie mitten zwischen den im nördlichen Theile dieses Sees gelegenen Bänken zweimal sich durchschlagen *) müfsten. Um aber die Gefahr dieser Durchfahrt zwischen so vielen Bänken zu vermeiden, müfsten sie die Seegaten ganz verlassen, und es bliebe ihnen allein nur das Seegatt beim Texel übrig.

Erwägt man, dafs bei Stürmen der Gebrauch verschiedener Aufsen-Seegaten für die Schiffahrt vom gröfsten Interesse ist, dafs sie oft Schiffe, die sonst verloren gewesen wären, noch retteten; bedenkt man ferner, welchen temporairen Veränderungen zuweilen die Seegaten unterworfen sind, wie z. B. im Seegat vom Texel drei Öffnungen längs und durch die ausgestreckte Bank, die Haaks genannt, sich untereinander in beständigem Streite befinden, dafs, nachdem der Streit sich ausgeglichen hat, alle Öffnungen des Seegats zur Zeit nur mit Mühe fahrbar gemacht werden können, während die andern Seegaten sich wieder vertiefen: so sieht man, von welchem nicht zu berechnenden Gewichte in jedem Falle eine Gemeinschaft mit dem Südersee für den Seehandel ist, bei welcher auch der Gebrauch der Seegaten von Vlie und Terschelling gesichert

*) Um den Grund dieser Bemerkung dem Auge besser darzustellen, habe ich (Taf. XV. *Fig.* 1.) eine verkleinerte Seecarte beigefügt, auf welcher die Courslinie, welche die Seeschiffe halten müssen, zwischen den Bänken punctirt ist.

bleibt, ohne daſs man zwischen den Bänken zurückkehren dürfe, und ohne von den Untiefen des Pampus abhängig zu sein; mag nun diese Gemeinschaft durch die vorbenannte Öffnung, am besten durch die Insel Marken, oder längs Edam erreicht werden.

Hiermit, glaube ich, kann das wichtige Bedenken über den zweiten Theil der Frage als gelöset betrachtet werden, indem auf diese Weise nicht allein die Binnen-Schiffahrt auf dem Y und Südersee hinreichend verbürgt sind, sondern auch für den Seehandel der Gebrauch der Seegaten vom Vlie und Terschelling bis in das Y so viel als möglich gesichert werden würde, so lange diese Zugänge zum Bassin des Südersee's sich im Stande befinden.

(Der Schluſs folgt im nächsten Hefte.)

19.

Grundzüge der Vorlesungen in der Königl. Bau-Academie zu Berlin über Strafsen- Brücken- Schleusen- Canal- Strom- Deich- und Hafen-Bau.

(Schlufs von No. 2. Bd. 3. Hft. 1., No. 16. Bd. 3. Hft. 3., No. 20. Bd. 3. Hft. 4., No. 6. Bd. 4. Hft. 1., No. 15. Bd. 4. Hft. 3., No. 3. Bd. 5. Hft. 1., No. 9. Bd. 5. Hft. 2. und No. 16. Bd. 5. Hft. 3.)

(Von Herrn Dr. *Dietlein* zu Berlin.)

Von den Sielen.

919. Die Siele müssen wie schon oben bemerkt eher gebaut werden als der Deich, und so dafs derselbe ohne Hindernifs daran und darüber geschüttet werden kann.

920. Ein Siel ist eine Schleuse quer durch den Deich (§. 401.), um die Verbindung zwischen dem Wasser hinter und vor dem Deiche (dem Binnen und dem Aufsenwasser) nach Belieben leicht unterbrechen und wieder herstellen zu können. Eine solche Schleuse kann oberhalb eine Decke erhalten, über welche ein Theil des Deiches geschüttet wird, und heifst dann vorzugsweise Siel; oder sie kann auch oben offen bleiben, in welchem Falle sie gewöhnlich den Namen Schleuse behält. Solche Deichs-Schleusen sind öfters statt der eigentlichen Siele da nöthig, wo, während eines günstigen Standes des Aufsenwassers, Schiffe in das Binnenwasser geführt werden sollen, und zurück. Sie werden wie andere Schiffsschleusen eingerichtet, nur dafs ihre Thore und Wände bis über die höchste Flut reichen müssen *). Es braucht also hier nur von den eigentlichen Sielen die Rede zu sein.

*) Man mufs durch dichte und weit in den Deich reichende Spundwände hier mit vorzüglicher Sorgfalt zu verhindern suchen, dafs das Wasser zwischen die Wände der Schleuse und das angeschüttete Erdreich durchdringe. Die Erde mufs hinter den Wänden besonders festgestampft, und an die Wände mufs Lehm gelegt werden.
Anm. d. Herausg.

921. Die Siele können ganz aus Holz, oder aus Steinen erbaut werden. Steine allein werden, weil der Baugrund gewöhnlich sehr schlecht ist, in der Regel nicht zureichen; indessen nennt man auch schon solche Siele, die nur vom Grundwerke an aufgemauert sind, steinern. Wegen der grofsen Kosten der Herstellung schadhafter Siele und der damit verbundenen Gefahren für das eingedeichte Land, wäre zu wünschen, dafs die Siele überall von Steinen wären, indessen mufs man am Seestrande häufig darauf verzichten, weil Bruchsteine und Quadern daselbst meistens allzu theuer sind. Bauet man aber blofs von Holz, so mufs man wenigstens Eichenholz dazu nehmen.

922. Ist nur wenig Wasser durch den Deich zu leiten, so legt man in denselben allenfalls nur gebohrte, oder aus Bohlen zusammengesetzte Röhren, mit einer Klappe an der äufseren Seite.

Ist ein Querschnitt von etwa 3 Fufs im Quadrat erforderlich, so werden viereckige Rahmen, oder Joche, mit Bohlen umkleidet, und die so entstehenden einzelnen Röhr-Stücke, die an dem einen Ende aufserhalb so weit sein müssen als am andern innerhalb, in einander geschoben. Mufs der Querschnitt noch etwas gröfser sein, so werden entweder Bodenbohlen auf Querschwellen nach der Länge des Siels genagelt, in die Schwellen durch die Bohlen werden Säulen und auf je zwei Säulen wieder Querbalken gezapft, und dann die Ständer aufserhalb mit Bohlen bekleidet und die Querbalken mit Bohlen belegt; oder man streckt an jeder Seite eine Längenschwelle, kämmt darauf Querschwellen, und darauf wieder an jeder Seite eine Längenschwelle; legt zwischen letzteren die Bodenbohlen nach der Länge und verfährt übrigens wie vorher; oder man legt auch zwei Längenschwellen und für je ein Joch um das andere eine Querschwelle, etwa mit Kreuzkämmen, zwischen die Querschwellen nach der Quere Bodenbohlen, und auf alle zusammen wieder Längenschwellen, und verfährt übrigens wie vorher.

Siele der letztern Art sind anwendbar, wenn die Öffnung nur so weit zu sein braucht, dafs zu den Säulen oder Ständern, und zu den Querbalken, mit Hülfe eines Eckbandes an jeder Seite, noch 6 bis 8 Zoll starke Hölzer hinreichen; sie sind vortheilhaft, weil sich ohne den Deich aufzugraben leicht neue Joche, statt der alten, oder neben dieselben einbringen lassen, wodurch sich ein solches Siel, selbst wenn die Bekleidung schon baufällig geworden ist, noch lange erhalten läfst, in so fern nur seine Enden gut verwahrt sind *).

923. Befindet sich innerhalb des Deichs ein Fahrweg über den Abzugsgraben, so mufs das Siel auch durch diesen Weg reichen.

924. An der äufseren Seite darf das Siel nicht zu weit über den Fufs der Böschung hinaufreichen, weil sonst die Erde hinter den Seitenwänden leicht ausgespühlt werden kann; wenigstens müssen deshalb die Thüren etwas rückwärts angelegt werden.

925. Der Querschnitt eines Siels richtet sich nach der Menge des durch dasselbe, in einer bestimmten Zeit, mit gegebenem Gefälle zu leitenden Wassers. Die Schwierigkeit, ein Siel und seine Verbindung mit dem Deiche hinreichend dauerhaft und wasserdicht herzustellen, nimmt aber mit seiner Weite so sehr zu, dafs es nicht rathsam ist, es ohne die dringendste Nothwendigkeit, weiter als 12, höchstens 14 Fufs im Lichten zu bauen. Fafst ein einzelnes Siel nicht alles Wasser, so ist es besser, ihrer zwei, in einiger Entfernung von einander zu bauen. Man theilt alsdann den Haupt-Abzugsgraben im Binnenlande, in angemessener Entfernung vom Deiche in zwei Arme.

926. Mit Ausnahme der blofsen Pumpsiele (die blofs aus Röhren bestehen) mufs ein Siel so hoch sein, dafs man bei niedrigem Wasser hinein, und bis an die Thüren kommen kann. Der Boden darf indessen nicht so hoch liegen, dafs er zu Zeiten trocken wird, sondern wenigstens 1 bis 2 Zoll unter dem niedrigsten Aufsenwasser, damit er nicht zu schnell verfaulen möge.

927. Baut man ein Siel für einen neu zu schüttenden Deich, so ist ein Fangedamm nöthig, der auch die höchste, während des Baues zu fürchtende Flut abhält. Überstiege ja eine für die Bauzeit aufsergewöhnliche hohe Flut den Fangedamm, so könnte immer noch der Schaden durch Ausschöpfen des Wassers aus der Baugrube wieder gut gemacht werden. Soll dagegen ein neues Siel statt eines alten, unbrauchbar gewordenen, neben demselben angelegt werden, so mufs der Fangedamm so hoch gemacht werden, dafs auch die höchste Flut nicht in das eingedeichte Land treten kann. In der Regel ist nur theilweise

*) Dieses ist besonders wesentlich nöthig. Anm. d. Herausg.

ein eigentlicher Fangedamm mit Pfählen, Bohlen u. s. w. nöthig; der übrige Theil der Öffnung kann mit einem gewöhnlichen Deiche geschlossen werden, den man Noth- oder Kajedeich nennt.

928. Ein Siel, welches eingelegt werden soll, mufs vorher so weit als möglich fertig gezimmert werden, wenn es ganz aus Holz bestehet; zu einem steinernen Siele müssen die Steine so weit als möglich vorher bearbeitet werden.

929. Der Boden gröfserer Siele als 922. beschrieben, mufs besonders sorgfältig verfertigt werden, damit er unter den Wänden nicht etwa einsinken könne.

Werden nur dünne Bohlen zum Bodenbelage genommen, so müssen nicht allein Balken darunter nach der Quere durchgehen, sondern auch darüber weg. Die Balken unter den Bodenbohlen (die Grundbalken) müssen so nahe an einander liegen, dafs die Bohlen für sich dem Drucke zwischen je zwei Grundbalken von unten nach oben nicht nachgeben können, und die Balken über den Bodenbohlen (die Spreitzen) müssen so stark sein, dafs sie dem von den Bohlen auf sie übergehenden Drucke widerstehen können. Sind sie so stark nicht zu haben, so macht man in hölzernen Sielen eine Mittellängenwand; steinerner Siele macht man, wie schon erwähnt, lieber zwei statt eins.

930. Hölzerne Siele von gröfserer Öffnung sind entweder Ständersiele, deren Seitenwände aus aufserhalb mit Bohlen bekleideten Säulen bestehen, oder Balkensiele, deren Wände aus aufeinander gelegten und zusammengebolzten Balken bestehen. Die Construction des Bodens ist in diesen beiden Fällen verschieden.

931. Zu einem Ständersiele (Taf. XVII. Fig. 123.) legt man zuvörderst Querstücke, oder Grundbalken (*a*, *a* ....), 6 bis 8 Fufs von einander, allenfalls nicht durch die ganze Breite des Siels; besser jedoch durch die ganze Breite, obgleich die Kosten dadurch etwas erhöht werden. Auf diese Querstücke werden Längenschwellen gelegt (*b*, *b* ....), und darauf wieder Querschwellen (*c*, *c* ....), etwa mit Kreuzkämmen aufgekämmt; die Zwischenräume werden mit Thon ausgestampft. Auf die Querschwellen werden die Schwellen (*d*, *d* ....) der Seitenwände gelegt. In die Wandschwellen werden Ständer (*e*, *e* ....) eingezapft, und auf diese die obern Querbalken (*f*, *f* ....), worauf man die Seitenwände sowohl als die Decke mit Bohlen bekleidet. Zwischen die Längenschwel-

len der Seitenwände werden noch, quer über den Bodenbelag, Spreitzen (Nadeln) (*g*, *g* ....) gesetzt, die in die Längenschwellen um ein Drittheil der Ständerdicke eingelassen, oberhalb aber selbst etwas ausgeschnitten sind, damit die Ständer in die Spreitzen greifen und nicht zu sehr geschwächt werden.

932. Die Schwellen der Thüren (die Schlagschwellen) werden durch ein Paar neben einander gelegte Spreitzen hergestellt, die etwa bis zur äufseren Seite der Längenschwelle reichen; die Schlagständer (*h*, *h*....) werden in die eine Spreitze (die eigentliche Schlagschwelle) (*k*, *k* ....) gezapft. In der andern (dem Pfannenbalken) (*l*, *l* ....) liegen die Pfannen zum Theil mit.

933. Wenn der Boden des Vorsiels (jedes der unbedeckten Theile (*M* und *N*) an beiden Enden des Siels) tiefer liegen mufs, als der Boden des Hauptsiels (des bedeckten Theils des Siels), so müssen die Längenschwellen des erstern einige Fufs unter die des letztern greifen.

934. Der Boden eines Balkensiels (Taf. XVII. Fig. 124.) wird auf folgende Weise gemacht.

Wie bei einem Ständersiele werden auf Querstücke, oder Grundbalken, (*a*, *a* ....) Längenschwellen (*b*, *b* ....) gelegt, und darauf unmittelbar, nach der Breite des Siels der Bodenbelag (*c*, *c* ....), welcher jedoch etwas stärker sein mufs, als bei einem Ständersiele. Die Längenschwellen greifen in die Schlagschwellen. Hinter diesen liegen jene, so hoch, dafs die Oberfläche des Bodenbelages mit der Oberfläche der Schlagschwellen in Eine Ebene fällt. Unmittelbar auf das Bodenholz werden die Balken (*d*, *d* ....) gelegt, welche die Seitenwände geben. Der unterste Balken wird etwas in das Bodenholz eingelassen, und letzteres auf die Längenschwellen genagelt. Der Stammbalken (*e*, *e* ....) vor der Schlagschwelle wird 3 Zoll dicker als der Bodenbelag des Vorsiels gemacht, und um die Höhe des Anschlags tiefer als die eigentliche Schlagschwelle gelegt.

935. Gewöhnlich werden unter einem hölzernen Siele keine Grundpfähle gestofsen, indem kleine Senkungen, die etwa entstehen könnten, nicht von erheblichen Folgen sind, in so fern nur die Nadeln vor den Thüren, also hauptsächlich die Pfannenbalken, sich nicht in die Höhe biegen, und die Thüren, oben und unten, einigen Spielraum haben. Auf weichem Bau-Grunde ist es jedoch besser, unter die ersten Querbalken einige Pfähle zu rammen.

936. In einem Ständersiele von 10 bis 14 Fuſs weit, macht man die untersten Längenschwellen 8 bis 10 Zoll breit, und 12 bis 14 Zoll hoch; die Grundbalken, die Querschwellen und die Nadeln 10 Zoll breit, 13 bis 14 Zoll hoch; die oberen Längenschwellen 12 bis 14 Zoll breit, 14 bis 16 Zoll hoch; den Bodenbelag $2\frac{1}{2}$ bis 3 Zoll dick; die Schlagschwellen 21 Zoll breit, 22 bis 24 Zoll hoch; die Pfannenbalken 10 bis 14 Zoll breit und 12 bis 14 Zoll hoch.

937. In einem Balkensiele von 8 bis 12 Fuſs weit werden die unteren Längenschwellen 10 bis 12 Zoll breit, 12 bis 14 Zoll hoch gemacht; der Bodenbelag 6 bis 10 Zoll dick; das Übrige wie vorhin.

938. Unter den Boden darf das Wasser nicht dringen können. Daher muſs zunächst der Raum zwischen den untersten Quer- und Längenschwellen mit Thon oder ähnlichem Materiale ausgestampft werden, wie bei einem gewöhnlichen Schwellenroste. Weil ferner, wenn Querstücke an den Seiten vorständen, unter dem hervorstehenden Theile Höhlungen entstehen könnten, indem das Gewicht der Erde des Deichs den Grund neben dem Siele stärker zusammendrückt, als unter demselben, so dürfen solche hervorragenden Theile nicht Statt finden. Ist dennoch zu fürchten, daſs Wasser unter den Boden des Siels dränge, so müssen Spundwände geschlagen werden, und zwar unter der Schlagschwelle und unter den äuſsersten Grundbalken. Zur gröſseren Sicherheit setzt man auch wohl noch Spundwände am Anfange und am Ende des Hauptsiels *).

939. In einem Ständersiele wird der Schlagverband (die Verbindung der Schlagschwelle, der beiden Schlagständer und des Schlagbalkens, Taf. XVII. Fig. 123. *m.*) gewöhnlich von innen verstrebt; die Streben (*n*) werden über die Ständer der Seitenwände geschnitten, und mit denselben zusammengebolzt.

940. Bei Balkensielen werden, 8 bis 10 Fuſs von einander, sogenannte Nothständer (Taf. XVII. Fig. 124. *f.*) an die äuſsere Seite jeder Wand gesetzt. Sie greifen über das Boden- und Deckholz, und es werden daran die Wandbalken einer um den andern angebolzt, vorzugs-

---

*) Die Spundwände sind bei Sielen fast noch unentbehrlicher als bei Schleusen, weil die Siele im aufgeschütteten Terrain, die Schleusen aber mehr im festen Boden liegen. Eine Spundwand oberhalb, und eine unterhalb des Siels, darf wohl nie fehlen. Anm. d. Herausg.

weise aber die drei mittelsten. Die Stöfse der Balken werden gewechselt und diese in Entfernungen von 4 bis 5 Fufs zusammengebolzt. In die Ständer jedes äufseren Jochs und jedes Schlagverbindes wird ein Falz eingehauen, in welchen die Balken greifen; aufserdem wird auch je noch der zweite oder dritte Balken durch eine Schiene und einen Schraubenbolzen mit dem Ständer verbunden. Die Decke wird quer über gelegt, und es werden wenigstens einige stärkere Stücke über die obersten Balken geschnitten.

941. Wenn ein hölzernes Siel über 14 Fufs weit ist, so mufs es noch eine dritte Längenwand in der Mitte erhalten. Die Ständer, welche in die Schlagverbinde fallen, müssen einige Zoll stärker, und zwar breiter sein, als die übrigen, damit die Thüren, welche man nicht gern über 8 Fufs breit macht, anschlagen können. Hier brauchen die Thüren sich nicht gegen einander zu stemmen, und erfordern daher nur eine geringere Breite ihrer Verbandstücke.

942. In einem Ständersiele von 10 bis 14 Fufs weit müssen die Ständer und Balken 12 bis 14 Zoll im Quadrat stark sein, und 14 bis 15 Zoll im Lichten von einander entfernt liegen. Die Schlagständer werden 20 bis 22 Zoll stark und 22 bis 24 Zoll breit gemacht; der Schlagbalken (der Querbalken auf den Schlagständern) 22 bis 24 Zoll im Quadrat.

943. In einem Balkensiele von 8 bis 12 Fufs weit müssen die Wandbalken und die Nothständer 12 bis 14 Zoll dick und die Deckbalken, so weit darauf der Deich liegt, eben so dick sein. Im Schlagverbind müssen Schwelle, Balken und Ständer so viel vorspringen, dafs die Thüren daran 6 bis 8 Zoll Anschlag finden.

944. Gröfsere Siele erhalten zwei Paar Thüren, damit, wenn das eine beschädiget wird, doch das andere noch die Flut abhalten könne. Die äufsersten Thüren heifsen Flutthüren. Auch macht man wohl Ebbethüren an der inneren Seite, um das Binnenwasser nach Gefallen aufstauen zu können.

945. In den Ständersielen werden die äufseren Thüren etwa unter die Mitte der Böschung, die innern unter die Mitte der Kappe gelegt. Dies geschieht, theils damit das Siel täglich zwei Mal bis an die Thüren unter Wasser komme und sich zum gröfseren Theil um so länger erhalte, theils damit es nicht so leicht hinterwaschen werde,

wenn es eine ungünstige Lage gegen den Haupt-Seewind hat. Aus dem ersten Grunde läfst man wohl im Sommer die äufseren Thüren offen; damit aber nicht eine plötzliche, hohe Flut, in solchem Falle, oder wenn die äufseren Thüren schadhaft sind, die Decke vor den innern Thüren so leicht aufheben könne, mufs die Decke so stark als möglich belastet sein, was der Fall ist, wenn die inneren Thüren unter der Krone liegen.

946. Es mag hier sogleich bemerkt werden, dafs, da bei steinernen Sielen die Rücksicht wegen der längern Erhaltung eines gröfseren Theils derselben wegfällt, und die Siele gegen die Gefahr der Hinterspühlung durch flache Böschungen des Erdreichs an beiden Seiten ihrer äufseren Theile ganz gesichert werden können, bei solchen steinernen Sielen gewöhnlich die äufsern Thüren vor den Fufs der äufseren Böschung, und die innern unter die Böschung gelegt werden, damit man um so leichter zu den Thüren gelangen könne.

947. Die Thüren werden im Allgemeinen wie die Schleusenthore gemacht; da aber ein Siel oben nicht offen ist, also bei Reparaturen die Thüren nach der Seite aus-, und von der Seite wieder müssen eingebracht werden können, so kann das Hals-Eisen nicht mit den zugehörigen Ankern aus Einem Stücke bestehen, sondern mufs mit demselben durch Bolzen verbunden werden.

948. Wenn man die Axen der Thüren nicht lothrecht stellt, so kann man zwar machen, dafs die Thüren ein Bestreben erhalten, sich von selbst zu schliefsen, oder zu öffnen. Allein beides ist gefährlich. Öffnen sich die Thüren durch ihr eignes Gewicht, so schliefsen sie sich nicht zu gehöriger Zeit; umgekehrt können sie bei jeder Flut so stark zugeworfen werden, dafs das Mauerwerk oder das Ständerwerk zu sehr erschüttert wird. Es ist deshalb am besten die Achse der Wendesäulen lothrecht zu stellen. Damit aber die Thüren sogleich sich schliefsen, wie das Aufsenwasser über das Binnenwasser steigt, müssen sie durch Streben gegen die Thorkammerwand so weit zugehalten werden, dafs der von aufsen eindringende Strom sie einwärts zu drehen im Stande sei. Damit sie aber auch dicht an die Thorkammerwände mögen zurückgelegt werden können, wenn es nöthig ist, müssen die Streben so angeordnet werden, dafs sie ganz in die Wand zurückgeschlagen werden können. Die Thüren werden vermittelst einer Kette, die über eine Krampe fällt, in ihrer Lage erhalten. Die Streben dürfen nicht zu lang sein, weil sonst die Schlagsäulen, deren

Entfernung von einander die Breite der Ausflufsöffnung bestimmt; einander zu nahe kommen; aber auch nicht zu kurz, weil sonst die Flut zu hoch steigen müfste, um die Thüren zu schliefsen, also zu lange in das Binnenland strömen würde. Je nachdem sich das Vorsiel mehr oder weniger erweitert, können die Streben länger oder kürzer sein; nur müssen sie die Thüren immer so stellen, dafs die Entfernung der Schlagsäulen von einander nur $\frac{2}{3}$ bis $\frac{3}{4}$ der lichten Weite des Siels beträgt. Der Wasser-Ergufs des Siels wird dadurch zwar vermindert; allein man kann hierauf bei Bestimmung der Weite des Siels rechnen, und steigt das Binnenwasser höher als gewöhnlich, so können die Streben zurückgedreht werden.

949. Da die Thüren verdeckter Siele oben und unten anschlagen, so braucht die Höhe des Dreiecks, an zwei von dessen Seiten die geschlossenen Thüren sich legen, nur $\frac{1}{10}$ der Weite des Siels zwischen den Schlagständern zu betragen. Die Höhe des Anschlages darf nie unter 4 bis 5 Zoll sein.

950. Macht man statt der Thüren blofs Klappen, wie es bei Pumpsielen geschieht, so müssen dieselben so leicht sein, dafs sie vom Binnenwasser gehoben werden können; sie müssen aber auch durch den Wasserstofs nicht etwa über die wagerechte Lage hinaus geworfen werden können, was durch Spreitzen oder Stützen verhindert werden kann. Schwimmende Körper, die etwa unter der Klappe hängen bleiben, müssen so schnell als möglich weggeschafft werden, worüber also eine sorgfältige Aufsicht nöthig ist.

951. Vorsiele sind nöthig, um den Fufs des Deiches und das Ufer gegen Ausspühlung zu sichern. Sie müssen deshalb so hoch als die Oberfläche des Vorlandes (das Maifeld) sein, und weil dieses höher aufschlickt als das Binnenland, so müssen die Aufsensiele (die Vorsiele auf der Aufsenseite) höhere Wände bekommen, als die Binnensiele (die Vorsiele auf der Binnenseite). Beide müssen hinreichend lang sein; ihre Weite mufs vom Hauptsiele an zunehmen und ihr Boden etwas tiefer liegen, als der Boden des Hauptsiels, damit er zugleich zum Sturzbette diene.

952. Da der Strom der einlaufenden Flut nicht so stark ist, als der Strom der auslaufenden Ebbe, so macht man das Binnensiel nicht so

lang als das Aufsensiel, welches letztere übrigens um so gröfser sein mufs, je stärker der ausfallende Strom, und je unfester der Boden ist.

Mufs das Vorsiel so weit sein, dafs die darüber zu legenden Balken sich nicht frei tragen, und dem Gewichte des Eises, welches etwa hinaufgeschoben wird, widerstehen können, so erhält es am Ende gewöhnliche Bollwerke als Flügelwände. Die untern Längenschwellen des Vorsiels greifen, wie schon gesagt, unter die Schwellen des Hauptsiels; der erste Grundbalken des Vorsiels wird dicht neben den letzten Grundbalken des Hauptsiels gelegt; und die Bodenbohlen des Vorsiels werden in den letzten Grundbalken des Hauptsiels eingefalzt.

Auf die Bodenbohlen des Vorsiels werden Nadeln oder Spreitzen gelegt, und in die erste derselben werden dann wieder die Bodenbohlen des Hauptsiels eingefalzt.

Die Seitenwände der Vorsiele werden bekleidet, bleiben aber oben offen.

Weil auf die Wände des Vorsiels kein lothrechter Druck wirkt, so erfordert ihr Boden nicht so viel Nadeln, als der des Hauptsiels, und auch die Spannbalken können weiter von einander liegen; die Ständer, auf welchen keine Balken liegen, greifen bis in die auf die Balken gelegte Schwelle.

953. Der Boden eines steinernen Sieles (Taf. XVII. Fig. 125.) darf durchaus nicht nachgeben können, weil die geringste ungleichförmige Senkung allzu nachtheilig sein würde. Hier ist also in der Regel ein Pfahlrost nöthig.

Nachdem man, je nach der Dicke der Mauer, zwei, oder drei, etwa $2\frac{1}{2}$ Fufs von Mitte zu Mitte von einander entfernte Reihen Pfähle, und die Pfähle in jeder Reihe 3 Fufs, ebenfalls von Mitte zu Mitte, von einander entfernt, geschlagen hat, werden Längenschwellen, genau wagerecht, darauf gezapft. Über diese Schwellen legt man 12 bis 14 Zoll starke Querschwellen, 3 Fufs von Mitte zu Mitte von einander, welche etwa 3 Zoll tief eingelassen werden. Auf die Querschwellen wird ein etwa 4 Zoll starker Belag von Bohlen gelegt. Die letzte Querschwelle des Hauptsiels mufs lothrecht über der ersten des Vorsiels liegen, und zwischen beide greifen, auf der innern Seite, die Längenschwellen des Hauptsiels, auf der äufsern die Bodenbohlen des Vorsiels in einen Falz. Die Längenschwellen des Vorsiels aber greifen unter die des Hauptsiels, und diese müssen zugleich auf jenen ruhen. Vor oder unter jede äufsere Querschwelle des Hauptsiels wird eine Spundwand geschlagen.

954. Soll das steinerne Siel zwei Paar Thüren erhalten, so mufs entweder die Weite desselben, von jedem Paar Thüren an, nach aufsen zu, um die Dicke der Thüren zunehmen, oder es müssen Thür-Nischen gemacht werden. Auch mufs der Boden des Siels vor den Thoren tiefer liegen, als dahinter, damit die Thüren Anschlag und Spielraum bekommen, alles wie bei den Schiffsschleusen. Hierauf mufs man gleich bei dem Legen der Längenschwellen Rücksicht nehmen, damit die Oberfläche des hinter der Schlagschwelle befindlichen Theils eines steinernen Bodens mit der Schwelle in eine und dieselbe Ebene falle.

955. Ein steinerner Boden wird auf folgende Weise gemacht. Da wo Absätze sein müssen, wird die Schwelle in kleineren Sielen aus Einem, in gröfseren Sielen aus zwei Steinen, von $1\frac{1}{2}$ Fufs hoch und $2\frac{1}{2}$ bis 3 Fufs breit verfertigt, damit der Anschlag darin hoch genug ausgehauen und die Pfannen oder Zapfen gehörig befestigt werden können, was durch Vergiefsen mit Blei geschieht. Durch den dahinter liegenden hölzernen Belag des Bodens wird die Schwelle gehalten, dafs sie nicht verschoben werden kann, und man darf nur noch dafür sorgen, dafs sie nicht sinken könne. Mit Ausnahme der Stellen, welche von der vorerwähnten Schwelle bedeckt werden, wird dann der ganze Boden, sowohl des Hauptsiels als der Vorsiele, mit etwa 6 Zoll starken Steinplatten belegt. Unmittelbar vor den Schlagschwellen nimmt man jedoch die Steine noch 3 bis 4 Zoll stärker.

956. Am Ende jedes Vorsiels wird eine etwa 7 Zoll starke Heerdschwelle (Fig. 125. *a.*) quer auf das Bodenholz gelegt, und mit Spitzbolzen, die durch das Bodenholz und den letzten Grundbalken gehen, befestigt. Man verklammert auch wohl die Bodensteine oder befestigt sie wohl gar vermittelst Spitzbolzen an das Bodenholz, was aber nicht zu empfehlen sein möchte. Auf den beiden langen Seiten greifen die Platten 4 bis 4 Zoll tief in die Stirnfläche der Mauern hinein.

957. Wird ein Siel von Ziegeln gebaut, so macht man gleichwohl die Schlagschwellen aus Sandstein; zuweilen auch aus Holz. Dann werden über den Boden, der Breite nach, hölzerne Nadeln gelegt, und die Räume zwischen denselben mit Mauerwerk ausgeglichen.

958. Man siehet leicht, dafs ein steinerner Boden keine besondere Vorzüge vor einem hölzernen hat, weil er nicht länger dauern kann, als

der Bodenbelag darunter, der durch die steinerne Decke auch eben nicht länger erhalten wird, weil er doch einmal immer unter Wasser stehen mufs. Überdies kann eine steinerne Schlagschwelle leichter beschädigt werden, als eine hölzerne, und die Steinplatten können leicht aufgehoben und über einander geworfen werden, wenn sie nicht etwa ziemlich stark und ihre Stofsfugen wie die Lagerfugen eines umgekehrten Gewölbes eingerichtet sind. (M. s. Taf. XVII. Fig. 125. Querprofil.)

959. Soll ein s t e i n e r n e s Siel einen h ö l z e r n e n Boden bekommen, so verfährt man auf folgende Weise. Entweder legt man auf den Längenbelag Schlagschwellen von Eichenholz und einen zweiten Holzbelag nach der Quere, der dann 3 bis 4 Zoll in die Seitenmauern greift, und allenfalls mit Spitzbolzen befestigt wird; oder man nimmt das Holz zu dem Querbelage etwas stärker, und läfst die Längenbalken und die Querschwellen darunter weg, wogegen auf den Seiten doppelte Längenschwellen gestreckt und die Schlagschwellen nicht unmittelbar auf den Boden gelegt werden, sondern auf den Belag. An den Seiten dürfen weder die Grundbalken, noch der Querbelag über die äufsersten Längenschwellen vorstehen, damit unter den hervorragenden Theilen keine Höhlungen entstehen können.

960. So weit ein steinernes Siel oben offen ist, macht man die Mauern so dick wie bei gewöhnlichen Schleusen; so weit aber das Siel überwölbt wird, macht man die Widerlager, wenn sie nicht grade s e h r hoch sind, so stark, als sie würden sein müssen, um dem Schube des noch von der darüber liegenden Erde belasteten Gewölbes zu widerstehen, während sie hinten frei ständen; und zwar n i c h t s t ä r k e r, weil der Bogen nicht zuläfst, dafs sie sich einander nähern: aber auch n i c h t s c h w ä c h e r, damit sie, wenn die Erde des Deichs hinter den Widerlagern etwa erweichen sollte, nicht nach Aufsen gedrängt werden können. Mufs ein überwölbtes Siel sehr hoch sein, z. B. in den Widerlagen höher, als die Hälfte der Bogenspannung, so kann man, um die Ausbauchung der Mauern nach Innen zu verhindern, die Widerlagen noch um ein Viertheil dicker machen.

961. Für die Thüren wird sogleich an allen Seiten der nöthige Anschlag ausgehauen; also auch aus den Wölbsteinen. Daher mufs das Gewölbe, auf eine hinreichende Länge, bis zur Höhe der äufsern Wölbung, wagerecht abgeglichen werden, zu welchem Ende man am besten die Lagerfugen des Gewölbes auch durch das Mauerwerk der Gewölb-

winkel gehen läfst; indessen giebt man der Übermauerung auch häufig wagerechte Lagerfugen, deren Eine mit dem obern Ende des Anschlages in einerlei Ebene fällt.

962. In diese Lagerfugen können dann gleich die Anker der Thüren-Hals-Eisen gelegt werden; sie müssen weit genug hinterwärts greifen, und so stark belastet sein, dafs sie nicht, mit dem darauf liegenden Mauerwerk, vom Gewichte der Thüre vorwärts gezogen werden können. Die vordersten Quadern müssen an und für sich schon möglichst grofs sein, jedoch noch an die dahinter liegenden geklammert werden, wenn nicht die Anker selbst bis dahin durchreichen. Der Anschlag wird zwar schon vor dem Versetzen der Steine ausgehauen, aber nicht vollendet, sondern erst, nachdem sich das Gewölbe gesetzt hat, genau nachgearbeitet.

963. Um das Hinuntersinken der Erde auch an der innern Seite des Hauptsiels zu verhüten, wird auch an dieser Seite ein ähnliches Haupt, jedoch ohne Thüren gemacht; man müfste denn Ebbethore anbringen.

964. Wenn ein grofses steinernes Siel noch ein zweites Paar Thüren, weiter nach Innen, erhalten soll, so müssen diese Thüren wenigstens 15 bis 20 Fufs von den äufsersten Thüren, oder vielmehr so weit rückwärts gelegt werden, dafs das darüber zu schlagende Quergewölbe noch weit genug unter der äufsern Böschung bleibt, um vollkommen mit Erde bedeckt zu werden. Für die beiden Thürflügel wird auf jeder Seite eine hinlänglich tiefe Nische gemacht, und die Wände des Siels werden an dieser Stelle wenigstens um die Tiefe der Nische aufserhalb verstärkt, und bis zur Höhe des Scheitels der äufsern Wölbung des Quergewölbes aufgemauert. Das Längengewölbe erhält auf jeder Seite des Quergewölbes ein vollständiges abgeglichenes Haupt, und beide Häupter werden zu Widerlagern eingerichtet.

965. Weil die Thorflügel in ihre Nischen schlagen, so kann die Weite des Siels, vor und hinter dem mittleren Thüren-Paare, gleich grofs sein. Den Boden könnte man zwar, in einem der Breite einer Thür gleichen Abstande von der Drehachse wieder erhöhen; allein es ist besser, ihn so tief als der Anschlag nebst Spielraum erfordert, fortgehen zu lassen, weil, wenn der Thorkammerboden vertieft ist, diese Vertiefung bald wieder zuschlicken, bis dahin aber ein unregelmäfsiger Wasserlauf Statt finden, und aufserdem jede Längenschwelle ein Mal mehr als unumgänglich nöthig unterbrochen werden würde.

966. Die Streben, welche verhindern sollen, dafs die Thüren ganz zurückschlagen, werden hier am besten von Eisen gemacht, damit sie, ohne erhebliche Vertiefung in der Wand, in dieselbe zurückgeschlagen werden können. Sie werden durch ähnliche Sperrhaken wie bei den hölzernen Sielen aufstehend erhalten.

967. Kann man die Vorsiele lang genug machen, und weit genug auseinander gehen lassen, so sind blofs kurze Querflügel am äufseren Ende nöthig; im entgegengesetzten Falle macht man auch wohl noch Bollwerke an den Enden.

968. In dem Maafse, wie an einem steinernen Siele die Seitenmauern allmälig aufsteigen, oder an einem hölzernen die äufsere Bekleidung allmälig von unten nach oben angebracht wird, schüttet man, in schwachen Lagen, Erde daran, die fortwährend stark gestampft wird. Ist die Decke fertig, so wird oben die Erde aufgeschüttet, der Fangedamm und der Nothdeich aber nicht eher angegriffen, bis der Deich über dem Siele bereits in solchem Stande ist, dafs er mit der Erde aus dem Nothdeiche schnell stärker als dieser gemacht werden kann. Ist es etwa, wegen schon zu feuchter Witterung, nicht mehr möglich, mit Wagen zu fahren, so wird zwar die Erde angekarrt; indessen müssen dann doch Pferde über die aufgekarrte Erde hin- und hergeführt werden, damit sie dieselbe festtreten. Ist auch dazu das Erdreich zu feucht, so wird über eine Lage weicher Erde eine Lage trockener gebracht, oder, wenn man dergleichen nicht hätte verwahren können, eine Lage Stroh, die immer wieder abgenommen wird, nachdem die darunter liegende Erdschicht festgetreten ist.

969. Auf ähnliche Art verfährt man, wenn die Erde herbeigekarrt werden und schnell hinlängliche Dichtigkeit erhalten mufs, z. B. bei der Sperrung von Deichbrüchen. Nur mufs von dem Stroh so wenig als möglich liegen bleiben *). Vor allen Dingen mufs unter solchen Umständen der untere Theil des Deiches aus trockener Erde geschüttet werden, weil sich darin ohnehin die Feuchtigkeit aus den darauf zu schüttenden Lagen zieht.

970. Es ist schon früher erinnert worden, dafs wenn Rasen auf der äufsern Böschung eines Deichs nicht anwendbar ist, die Böschung mit

*) Das Stroh wird nur sehr eingeknetet werden. Anm. d. Herausg.

Stroh oder Rohr, oder, wenn es die Fonds gestatten, mit Steinen bekleidet werden mufs, in sofern die tägliche Flut den Deich erreicht.

Die **Bekleidung** mit Steinen, durch welche auch zuweilen das Ufer vor einem Deiche gegen Abbruch verwahrt werden mufs, wird auf folgende Weise verfertigt. Nachdem die Böschung oder das Ufer etwas convex abgeglichen ist, wird darauf, etwa 1 Fufs hoch, Mauerschutt, Grand, oder Kiesel geworfen. Dann werden 6 bis 7 Fufs lange, 5 bis 6 Zoll im Durchmesser starke Pfähle, im Lichten etwa 1 Fufs von einander entfernt, so eingeschlagen, dafs sie etwa 6 Fufs lange und breite Felder oder Kammern bilden, und etwa 2 Fufs über die Mauerschuttlage hervorragen. Die Kammern werden mit grofsen Bruchsteinen, von 2 bis 4 Cubikfufs, auf die hohe Kante, möglichst dicht ausgepflastert, und so, dafs die Pfähle etwa noch 3 bis 6 Zoll hervorragen. Sind die Pfähle verfault, so werden sie ausgezogen, und es werden in die alten Löcher neue geschlagen.

971. Soll auf solche Weise ein Schartufer befestigt werden, so mufs die Steinböschung etwa 2 Fufs über das Vorland hervorragen, und dann müssen darin einige Öffnungen gelassen werden, damit das etwa überströmende Wasser wieder abfliefsen könne. Vor den Fufs einer solchen Böschung kann man Steine stürzen *).

972. Zuweilen hat man auch wohl die Bruchsteine auf eine Unterlage von Haide- oder Moorsoden, oder auf Busch gelegt. Dies darf aber nicht weiter als bis zur Höhe der täglichen Flut geschehen, weil die Unterlagen sonst zu bald zerstört werden.

Von den Dünen.

973. **Dünen** sind Sandwälle und Hügel an der Meeres-Küste, von der Natur aufgeworfen. Sie können als natürliche Seedeiche angesehen werden, und vertreten ganz ihre Stelle. So ist Holland, vom Ausflusse der Maas bis zu der Mündung des Südersees, beim Helder, auf 15 geographische Meilen, gegen die Überschwemmungen der Nordsee, durch eine ununterbrochene Reihe von hohen Sanddünen geschützt, in deren Ermangelung Seedeiche hätten gemacht werden müssen.

---

*) Dieses ist hauptsächlich nöthig; denn die Steinbekleidung ist ohne festen Fufs nicht gut haltbar. Die Pflastersteine müssen so regelmäfsig sein, als möglich. Auch mufs die Bekleidung oben eine fundamentirte Einfassung erhalten.

Anm. d. Herausg.

974. Die Entstehung der Dünen, da wo der Meeresboden sandig ist, läfst sich leicht erklären. Die Wellen, welche bei der Flut gegen das Ufer anlaufen, zerfallen auf dem Watte (demjenigen Theile des Strandes, welcher von der täglichen Flut bedeckt wird), und setzen daher hier den Sand, den sie mit sich führen, ab. Dadurch erhöhet sich das Watt nach und nach, und es wachsen darauf bald Strand-Gräser, denen das salzige Wasser nicht nachtheilig ist. Während der Ebbe wird der am Ebbe-Ufer liegengebliebene Sand an heifsen Tagen trocken, und dann vom Seewinde zwischen die weiter landwärts schon zum Vorschein gekommenen Gräser geführt, von denselben aufgehalten und dadurch das Ufer ferner erhöhet. Die Landwinde führen zwar wieder etwas Sand weg; allein, da der Seewind an solchen Küsten gewöhnlich der herrschende ist, so ist der Abgang nicht so stark, als der Zugang. Auf diese Weise müfsten nun freilich die Dünen immerfort zunehmen; allein theils sind die Seewinde gewöhnlich feuchter als die Landwinde, weshalb sie den Sand nicht so leicht fortführen, als die Landwinde, theils ist auch die Menge der Sinkstoffe, welche die Flut herbeiführt, nicht immer dieselbe, und so nehmen zuweilen sogar die Dünen wieder ab *).

975. Es ist meistens nöthig, dafs man an dazu geeigneten Stellen des Strandes Dünen zu erhalten suche, welches auf folgende Weise geschieht.

Man bepflanzt, oder bestickt zuerst die Oberfläche des Strandes mit Stroh oder Rohr, um zwischen (sogenannten) Stroh- oder Rohrpflanzen den Flugsand, wie zwischen natürlichen Gräsern aufzufangen. Man nimmt so viel Stroh oder Rohr, als man mit einer Hand fassen kann, biegt die Strohhalme in der Mitte so zusammen, dafs sie einen Büschel bilden, schneidet die Rohrhalme entzwei, und setzt das zusammen gebogene Ende so tief in den Sand, dafs das mit dem Ährenende zusammenfallende Stoppelende etwa ein Fufs hoch herausragt. Solche Büschel (oder Strohpflanzen) kommen 1 Fufs von einander zu stehen. Ist das Ufer auf diese Weise 1 bis $1\frac{1}{2}$ Ruthen breit bepflanzt, so dafs die obern Enden der äufsersten Strohbüschel noch etwa 3 Fufs über der täg-

*) Das Meer greift an einigen Stellen die Küsten an und bricht sie ab, an andern setzt es neues Land an. Da, wo das Land, welches es ansetzt, aus Sand besteht, giebt es Dünen. Der Sand, welcher vom Meere ausgeworfen wird, kann auch derjenige sein, welchen ihm Ströme in der Nähe zuführen.

Anm. d. Herausg.

lichen Flut stehen, so werden, landwärts, noch alle 10 bis 12 Ruthen, auf dieselbe Weise Flügel gepflanzt. Zwischen den Stroh- oder Rohrpflanzen häuft sich dann bald der Sand so hoch an als sie hervorstehen; dann wird wieder neues Stroh gepflanzt, u. s. f., bis man nach einigen Jahren kleine Sandhügel oder Dünen hat, die 6 bis 8 Fuſs über die tägliche Flut reichen, und auf diese werden dann Strandgräser gepflanzt, in sofern sie sich nicht von selbst einfinden. Man muſs diejenigen Strandgräser vorzugsweise pflanzen, die in der Gegend, wo man Dünen haben will, im Sande am besten fortkommen, denen das Seewasser am wenigsten schadet, und die eine dichte Decke geben.

976. Ist das Sandgestöber lebhaft, so füllen sich die Räume zwischen den Stroh- oder Rohrbüscheln zuweilen in 24 Stunden ganz an, und folglich erhöhen sich die Dünen 1 bis $1\frac{1}{2}$ Fuſs. Dann müssen unverzüglich wieder neue Strohbüschel aufgepflanzt werden, und so kann man, mitunter in sehr kurzer Zeit, die Dünen ansehnlich verstärken. Aber wenn dieselben schmal und niedrig sind, der Vorstrand tief geworden ist, und die Wellen, bei Sturmfluten, den Fuſs der Dünen unmittelbar berühren, so gehet auch wohl bei einer einzigen Flut mehr verloren, als in mehreren Jahren gewonnen worden ist, und dann sind die beschriebenen Mittel unzureichend.

977. Statt der Strohbüschel sind Gesträuche, oder gar Flechtzäune, nicht rathsam, weil die nachtheilige Wirkung der Wellen mit der Festigkeit oder vielmehr Unbiegsamkeit der Widerstände, auf welche sie treffen, zunimmt. Dagegen ist mit Strohpflanzungen viel auszurichten, wenn man nur früh genug damit beginnt, nemlich dann, wenn die Büschel noch etwa 5 Fuſs über der täglichen Flut bleiben können, und sogleich, wie eine Pflanzung sich mit Sande angefüllt hat, eine neue folgen läſst. Dies ist freilich kostbar; allein auch andere Baue am Seestrande sind es nicht minder, und gewöhnlich sogar noch kostbarer.

978. Ist der Strand durch Strömungen schmal und niedrig geworden, und wirken die Strömungen immerfort, so sind die beschriebenen Mittel nicht ausreichend, sondern andere nöthig, von denen weiter hin die Rede sein wird.

979. Die Strandgräser müssen im Frühling oder im Sommer bei nassem Wetter gepflanzt und um diese Zeit auch ihre Wurzeln bedeckt werden, damit die Wurzeln nicht verdorren. In keinem Falle darf das

Wachsen der Pflanzen durch Abweiden, oder dergleichen, gestört werden. Will man blofs verhindern, dafs der einmal herbei gewehete Sand wieder weggeweht werde, so reicht allenfalls blofs die Bedeckung mit Kieseln hin, die jedoch in den meisten Fällen zu kostbar sind.

Von der Beschützung der Deiche und Dünen.

980. Was zur unmittelbaren Beschützung der Deiche und Dünen geschehen kann, nemlich das Besticken mit Stroh oder Rohr, die Bekleidung mit Steinen, und die Bepflanzung, ist in den vorigen Paragraphen beschrieben. Es ist indessen noch zu bemerken, dafs man auch wohl vor den Fufs der äufsern Böschung eine oder zwei Reihen Pfähle zu schlagen pflegt, dieselben beholmt, oder durch Riegelhölzer mit einander verbindet, und vor beide Seiten der einzelnen Pfahlreihen, oder auch nur vor die äufsere, Steine stürzt, zwischen zwei Pfahlreihen aber den Raum mit Steinen ausfüllt. Solche Werke vermehren aber nur die Wirkung des Wellenschlages, und sind daher verwerflich, selbst abgesehen davon, dafs das Holz bald verfault und vom Pfahlwurm zerstört wird *).

981. Wenn dagegen das Watt vom Wasser angegriffen wird, und das eigentliche Meeresufer sich dem Deiche nähert, auch blofse Pflanzungen, und allenfalls Schlickzäune nicht mehr ausreichen, so müssen Einbaue gemacht werden. (Von den Einbauen an Flüssen, wo sie insbesondere Buhnen heifsen, ist schon das Nöthige gesagt worden; es ist daher nur noch von Einbauen am Meeresufer die Rede.)

982. Wo Flut und Ebbe Statt findet, deren Strömungen nicht immer gleichlaufend sind, legt man die Einbaue oder Höfter, wenn die Strömungen nicht gleich stark sind, normal auf den stärksten Strom; im entgegengesetzten Falle normal auf die Linie, welche den Winkel, den die Richtungen beider mit einander einschliefsen, halbirt.

---

*) Gröfsere Flächen harter Körper zertheilen die Kraft des Stromes und der Wellen weniger als kleinere Flächen biegsamer Körper, wie z. B. des Strauchs. Daher widerstehen an sich schwache Werke aus Strauch dem Strome und den Wellen besser, als stärkere aus Holz und Steinen. Indessen vermögen letztere, stark genug gebaut, doch ebenfalls zu widerstehen, und wenn grofser Widerstand nöthig ist, reichen wieder die Strauchwerke nicht hin. Der Grund, warum hölzerne Werke wenig haltbar sind, ist, aufser der Vergänglichkeit des Materials, vorzüglich der, dafs ihnen in der Regel hinreichende Böschung fehlt. Eine flache Böschung ist das stärkste Widerstands-Mittel gegen den Strom und die Wellen; es ist noch wirksamer als die Zertheilung, wie durch Strauch. Anm. d. Herausg.

983. Da ein Einbau ins Meer gewöhnlich sehr kostbar ist, so macht man ihn nicht gern eher, als bis das Watt so niedrig geworden ist, dafs es nur noch etwa 2 Fufs über der täglichen Ebbe hervorragt (indem noch unvorherzusehende Umstände das abnehmende Watt wieder erhöhen können); man müfste denn aus gegründeten Ursachen voraussehen, dafs ein solcher günstiger Fall nicht eintreten könne; dann ist es besser, mit dem Baue schon anzufangen, wenn das Watt noch etwa 3 Fufs über der täglichen Ebbe liegt, weil dann das Werk weniger hoch zu sein braucht und also weniger kostet.

984. Aber auch die Breite des Watts darf nicht zu klein geworden sein, nemlich nie auf weniger als das Zwölffache der Tiefe des Stromes vor dem abbrüchigen Watte abgenommen haben.

985. Ist noch gar kein Einbau vorhanden, auf welchen man Rücksicht zu nehmen hätte, so mufs der Anfangspunct des ersten Einbaues an der Stelle der Grenze der täglichen Flut liegen, vor welcher das Watt bereits am tiefsten oder schmalsten ist.

986. Hiernächst kommt es auf den Längen- und Querschnitt des Einbaues an. Dieser ist, für den Theil, welcher auf das Watt zu liegen kommt, verschieden von dem Längen- und Querschnitt des andern Theils, vor dem Ufer des Watts, der fast alle Mal aus eingeworfenen Steinen besteht, zu welchem man jedoch aber auch Sinkstücke nimmt. Für den ersten Theil, auf dem Watt, ist zunächst auszumitteln, wie hoch seine beiden Enden über das Watt hervorragen müssen. Weil auf dem Watt, unmittelbar vor der gegen die Vertiefung zu schützenden Stelle, gar keine Strömung mehr Statt finden soll, so mufs dort die Krone des Einbaues in die Höhe der täglichen Flut fallen. Eine gröfsere Höhe würde keinen Nutzen haben, und wäre sie geringer, so würde es zweifelhaft sein, ob man die Strömung ganz verhindern werde; dieses also bestimmt die Höhe des Einbaues an der Wurzel. Wollte man nun demselben ferner die nemliche Höhe an der Spitze geben, so würde zwar die Strömung über das Watt gehemmt werden; allein dann würde die Spitze, wo die Steinstürzung anfängt, allzu heftigen Angriffen ausgesetzt und die Kosten würden zu sehr erhöhet werden. Man giebt also der Krone des Einbaues einen Abhang, von der Wurzel nach dem Kopfe zu, und baut den Einbau am Kopfe nur etwa 1 bis 2 Fufs bis über die niedrigste Ebbe.

987. Eine steile Wand gegen den Strom oder Wellenschlag verstärkt nur ihre Wirkungen, besonders die Wirkung des Wellenschlages; daher darf ein Einbau an den Seiten nicht von ganz oder beinahe lothrechten Ebenen begrenzt werden. Mit Rücksicht hierauf giebt es zwei Arten der Construction. Es wird entweder eine Reihe Pfähle, nach der Länge des Einbaues, so eingerammt, dafs sie einander berühren, die Pfähle werden durch Holme, oder durch Riegelhölzer verbunden, und an beiden Seiten wird erst Grand oder Mauerschutt, 1 bis 2 Fufs hoch, 6 Fufs breit aufgeschüttet, und dann darüber ein Pflaster von grofsen Steinen gelegt; oder es wird der innere Theil des ganzen Körpers des Einbaues von Faschinen gemacht (auch aus Sinkstücken), und dieses Prellwerk wird mit Grand und dergleichen überschüttet, und die Oberfläche, mit hinreichender Böschung auf beiden Seiten bepflastert. Man siehet, dafs die erste Art der zweiten bedeutend nachstehet *).

988. Die Breite der Krone eines Einbaues läfst sich nicht wohl allgemein bestimmen; in den meisten Fällen sind 3 bis 4 Fufs hinreichend, wie aus dem, was über den Querschnitt der Deiche gesagt worden, abzunehmen. Die Breite des Fufses hängt von der Höhe des Einbaues und von der Böschung ab; die letztere darf nicht leicht geringer als dreifüfsig sein **).

989. Über die Entfernung der Einbaue von einander läfst sich ebenfalls nicht füglich mit Sicherheit etwas Allgemeines sagen, wenigstens nicht ein Mehreres, als dafs die Entfernungen um so geringer sein müssen, je kürzer das zu schützende concave Ufer gebogen ist. In der Regel wird zuerst ein einzelner Einbau an der gefährlichsten Stelle gebaut; seine Wirkungen zeigen dann, in welcher Entfernung die folgenden nöthig sind.

990. Wo der Hauptstrom noch weit vom Ufer sich befindet, das Watt sehr breit und schlammig ist, und das darauf tretende Wasser mehr süfs als salzig ist, ferner der Hauptseewind nicht normal auf das Ufer weht, kann man Schlickfänge machen. Bestehet der Wattgrund aus

---

*) Die flache Böschung ist, wie oben bemerkt, das wirksamste Verstärkungs-Mittel. Anm. d. Herausg.

**) Eine so geringe Böschung ist wohl allenfalls nur dann hinreichend, wenn man Sinkstücke nimmt, oder den Einbau ganz aus ziemlich regelmäfsigen, eingeworfenen Steinen macht, mit vorher dazwischen eingerammten Pfählen. Anm. d. Herausg.

thonartiger, schwerer Erde, so werden die Schlickdämme, 1 Fuſs höher als die tägliche Flut steigt, wie andere Deiche, aus dem Watte aufgeführt, und mit Stroh oder Rohr bestickt. In den dadurch entstehenden Behältern bleibt, nach dem Strome zu, eine Öffnung, durch welche das Wasser während der Ebbe abläuft, nachdem es seine Sinkstücke abgesetzt hat. Zuweilen werden statt der Schlickdämme auch Zäune oder andere Werke von Faschinen gemacht. Hat die Aufschlickung die Höhe der täglichen Flut erreicht, so wachsen darauf von selbst Gräser.

Ist eine Reihe solcher Schlickfänge begrünt, so kann man davor eine zweite anlegen.

Von den Deichverbänden, den Deichrollen und Deich-Ordnungen.

991. Nach Beendigung eines Deiches wird das dadurch geschützte Land in gröſsere oder kleinere Stücke getheilt, und nach seiner Güte und günstigen oder ungünstigen Lage in drei oder mehrere Classen gebracht. Das Verhältniſs des Werths eines Morgens der geringern Classen zu dem eines Morgens der bessern giebt den Werth eines Stücks der geringern Classen, in Morgen der besten Classe ausgedrückt. Addirt man die Werthe der sämmtlichen eingedeichten Stücke, so findet sich, welcher Theil der Neubau-Kosten und der künftigen Unterhaltungs-Arbeiten auf jedes einzelne Stück kommt.

992. Die Stücke können nun an die Besitzer des früher nicht eingedeicht gewesenen Grundes vertheilt werden, und zwar nach Verhältniſs des Werths den sie gegen einander hatten, was vor der Eindeichung festgesetzt werden muſs. Gehören die eingedeichten Ländereien dem Staate, so können die einzelnen Stücke an den Meistbietenden verkauft werden.

993. Vor der Vertheilung muſs ein 10 bis 12 Ruthen breiter Streifen, längs der innern Deichberme, oder längs dem hinter denselben gewöhnlich liegenden Graben, als Deichsbinnenland ausgeschlossen werden. Es kann zwar ebenfalls nach den obigen Verhältnissen vertheilt, oder auch verkauft werden; jedoch nur unter der Bedingung, daſs, wenn aus dem Deich-Vorlande keine Erde oder kein Rasen zur Herstellung des Deichs nach einem Durchbruche, oder zur Verstärkung genommen werden könnte, diese Materialien aus dem Deichbinnenlande genommen werden dürfen, weshalb dasselbe nie umgepflügt, besäet, bepflanzt, oder mit Gebäuden besetzt werden, sondern nur als Weide benutzt werden darf.

994. Wird durch den neuen Deich nur Land, welches bisher nicht eingedeicht war, geschützt, so muſs der Deich auch von den Besitzern dieses Landes (des Neufeldes) unterhalten werden. Liegt aber hinter dem neuen ein alter Deich, der durch jenen den Wirkungen der Fluten entzogen (zum Schlafdeich) wird, so haben in der Regel die Besitzer des letztern die Verpflichtung der Unterhaltung des neuen Deichs, was jedoch vor dem Anfange des Deichbaues festgesetzt werden muſs.

995. Bei der Bestimmung des Verhältnisses der Beiträge der Eigenthümer des Schlafdeiches zur Erhaltung des neuen Deichs, sind zwei Fälle zu unterscheiden.

Der erste Fall ist, wenn der Schlafdeich nicht mehr als Deich benutzt werden soll. Dann müssen die Eigenthümer desselben ein Stück des neuen Deichs, von der Länge des eingehenden alten, zu unterhalten übernehmen, vorausgesetzt, daſs die Gefahr der Beschädigung desselben nicht gröſser sei. Da der Schlafdeich in diesem Falle seinen Eigenthümern zur Benutzung zurückgegeben wird, so muſs bestimmt werden, wie breit das Land gerechnet werden soll, welches sie dadurch erhalten. Auf der Seite des alten Landes macht der Befriedigungsgraben die Grenze, und auf der Seite des Neufeldes muſs die äuſsere Deichberme mit gerechnet werden, wofür man im Durchschnitt einen Streifen von 3 Ruthen breit, vom Deichfuſse an, rechnen kann. Das übrige Deichvorland wird zum Neufeld gerechnet; dagegen aber erhalten die Eigenthümer des Schlafdeichs ihren Antheil am Vorlande des neuen Deichs.

996. Der zweite Fall ist, wenn der Schlafdeich nicht entbehrlich wird, z. B. wenn das Neufeld nur schmal ist, gefährlich, im Abbruch liegt und Durchbrüche des neuen Deiches zu befürchten sind. Dann wird sowohl der Schlafdeich, als der neue Deich auf die beiderlei Arten von Eigenthümern vertheilt; jedoch so, daſs zwar Alle die Gefahr für den neuen Deich übernehmen, jedoch die des Schlafdeiches nie mehr beitragen, als was die muthmaſsliche Beschädigung ihres Deichs, wenn der neue nicht da gewesen wäre, gekostet haben würde. Über diesen Punct muſs alle Mal, vor der Anlage des neuen Deiches, eine ins Einzelne gehende Übereinkunft getroffen und gerichtlich geschlossen werden. Algebraische Formeln führen hier zu nichts Practischem *).

---

*) Wie gewöhnlich in Fällen, wo gar zu viele Umstände in Betracht kommen, die mehr oder weniger unbekannten Gesetzen unterworfen sind.

997. Wenn der Deich beendigt ist, und die Ländereien vertheilt sind, so kann die Unterhaltung des Deiches auf zweierlei Art geschehen, nemlich:

a) entweder wird einem jeden Interessenten ein Stück Deich zugemessen, und er übernimmt davon Gefahr und Unterhaltungskosten; oder

b) alle Kosten werden aus einer gemeinschaftlichen Casse bestritten und auf die Interessenten vertheilt.

Dafs die letztere Art zwar ihre Mängel habe, ist nicht zu leugnen; dafs sie aber fast immer der ersten vorzuziehen sei, leidet kaum Zweifel *).

998. Da die Kosten der Unterhaltung des Deichs so gleichförmig als möglich auf die Besitzer der einzelnen Grundstücke, nach Verhältnifs des Werths der letztern, vertheilt werden müssen, der Deich aber nicht überall als von einerlei Beschaffenheit und Güte angesehen werden kann, so mufs er, bei der ersten Unterhaltungs-Art, eben so wie die Ländereien, durch Sachverständige in Classen getheilt werden, wobei auf die Beschaffenheit der Deich-Erde, auf die Lage des Deichs gegen die Richtung des herrschenden Windes und des Wellenschlages, auf die aus- und einspringenden Winkel, die Breite, Höhe und Beschaffenheit des Vorlandes, die Zahl der Siele oder Schleusen und der Überfahrten und dergleichen, Rücksicht genommen wird. Dann wird von jeder Classe des Deichs, jedem Interessenten sein Stück zur Unterhaltung zugetheilt. Die Länge dieser Stücke wird auf der Mitte der Krone gemessen und durch Pfähle bezeichnet. Aufserdem werden alle 50 bis 100 Ruthen Haupt-Nummerpfähle, wie bei den Chausséen, geschlagen.

999. Die Erbauung und Erhaltung eines Siels oder einer Schleuse und des über dem Siele liegenden Theils des Deichs, fällt vorzugsweise den Besitzern derjenigen Grundstücke zur Last, welche dadurch entwässert werden.

1000. Ein Verzeichnifs sämmtlicher eingedeichten Grundstücke, ihrer Besitzer, und deren Verpflichtungen zur Unterhaltung des Deichs,

---

Übrigens können bei den Deich-Verbänden noch eigenthümliche Landes-Gesetze, Übereinkünfte, besondere Rechte, hergebrachte Gewohnheiten, und viele andere Dinge in Betracht kommen und die obigen Regeln modificiren, die also nicht als allgemein zu betrachten sein dürften. Anm. d. Herausg.

*) Fast eben so wenig, als dafs der Staatsverband zu Schutz und Trutz bar sei, als die Isolirung seiner Bewohner oder einzelner Familien.

Anm. d. Herausg.

heifst **Deichrolle**, welche verschiedene Formen haben kann. Gewöhnlich hat man eine **General-** und eine **Special-Deichrolle**. In die letztere mufs jede Veränderung des Besitzes eines Deichpflichtigen Stück Landes eingetragen werden, und Verkäufe und Vertauschungen werden von den richterlichen Behörden nicht eher als gültig anerkannt, als bis nachgewiesen ist, dafs sie der Deichbehörde von den Contrahenten gemeldet sind.

1001. Die Nutzung des auf den Deichböschungen und auf der innern und der äufsern Berme wachsenden Grases wird gewöhnlich verpachtet, vererbpachtet, oder verkauft, wobei jedoch die den Deichbesitzern zustehenden Rechte und Freiheiten vorbehalten werden müssen *).

1002. Dafs die Deiche und das Vorland nicht beackert werden dürfen, möchte wohl als Grundsatz anzusehen sein **). Aber auf welche Weise das Gras am besten zu benutzen sei, darüber sind die Meinungen verschieden. In einigen Gegenden wird das Gras abgemäht und zu Heu gemacht; in andern läfst man es auf den Deichen ganz unberührt. Seedeiche, die sorgfältig und nicht von Sand gebaut sind, werden immer besser abgeweidet, da das Vieh sie fester tritt, und Unkraut, Maulwürfe und Mäuse vertreibt, während gegentheils der Rasen locker, mürbe und unrein wird, wenn man die Gräser abmäht oder sie gar vermodern läfst ***).

1003. Ist jedoch die äufsere Böschung eines Deiches sandig, oder steil, oder zum Theil mit Stroh bestickt, so würde sie vom Viehe beschädiget werden. Die innere Böschung ist, mit Ausschlufs der von Überlafsdeichen, zwar gewöhnlich steil (etwa $1\frac{1}{2}$ füfsig), und wird daher immer etwas von dem darauf weidenden Viehe beschädigt; allein man kann sich diesen unbedeutenden Nachtheil gefallen lassen, wenn die Beweidung erhebliche Vortheile gewährt. Sie mufs jedoch, wie schon früher erwähnt, gegen das Ende des August's aufhören.

1004. Das Vorland wird zwar im Allgemeinen besser als (einschürige) Wiese benutzt, als beweidet; wenn aber der Deich beweidet wird,

---

*) Alles dieses hängt wohl sehr von den Landes-Gesetzen und örtlichen Gewohnheiten ab. Anm. d. Herausg.

**) Nemlich, weil dadurch ihre Oberfläche aufgelockert wird, so dafs sie den Angriffen des Wassers und Eises weniger widerstehen kann. Anm. d. Herausg.

***) Das Nemliche möchte sich von Flufsdeichen sagen lassen, besonders wenn sie hinreichend flache Böschungen haben. Anm. d. Herausg.

so kann es auch mit dem Vorlande geschehen, weil die Benutzung beider sich nicht gut trennen läfst, es müfste denn das Vorland durch Bepflanzung und Bebauung mit Strandgräsern zu verbessern nöthig sein *).

1005. Am besten wird das Gras, welches auf dem Deiche und dem Vorlande wächst, gemeinschaftlich benutzt, d. h. verpachtet, so dafs der Betrag in die Deichcasse fliefst. Können sich aber die Deich-Eigenthümer darüber nicht vereinigen, so wird Jedem, vor dem Deichstücke welches er zu erhalten hat, sein Stück Vorland zugemessen **). Grenzgräben müssen so wenig als möglich gemacht werden, weil sie häufig den Abbruch des Vorlandes befördern, zumal wenn sie quer über das Vorland gezogen sind. Längs dem Deiche müssen die Gräben wenigstens 3 Ruthen vom Deichfufse entfernt bleiben, und es mufs, da wo das Vieh aus einem Weideflecke in einen andern kommen könnte, ein Hirt angestellt, oder es müssen Zäune gesetzt werden.

1006. Solche Zäune dürfen indessen nicht ohne Genehmigung der Deichbesitzer und Deich-Beamten angelegt werden. Auf der äufsern Böschung dürfen sie nur von schwachen Stämmen und Latten, nie aber von Brettern sein, und nie länger als bis Ende August's stehen bleiben.

1007. Auf den Deich selbst und auf die beiden Bermen dürfen keine Bäume gepflanzt werden, sondern höchstens nur auf das freie Vorland, wo sie dann das Eis abhalten können. Auf dem Deiche dürfen nur Gräser wachsen; alle andere Pflanzen aber, höchstens mit Ausnahme des weifsen Ackerklees und der Maafslieben, müssen vertilgt werden. Thiere, welche den Rasen aufwühlen, wie Schweine, oder die den Deichkörper durchwühlen, wie Maulwürfe, Wiesel, Mäuse und dergleichen müssen nicht geduldet, und ihre Gänge zugefüllt und zugestampft werden ***).

1008. Es ist nicht gut, dafs in und auf dem Deiche gegangen, geritten und gefahren wird. Solches mufs also, so weit es nicht unver-

---

*) Das Vorland dient häufig sehr zweckmäfsig zur Erzielung von Weidenstrauch zu den Faschinenwerken. Die Strauchfelder und Weidenbäume schützen zugleich den Deich. Anm. d. Herausg.

**) Jedoch müssen wenigstens nicht einzelne Stücke, auf eine für den Deich und die Gesammtheit nachtheilige Weise benutzt werden dürfen. Anm. d. Herausg.

***) Ein einzelner, durch den Deich gehender Mäuse-Gang kann den Durchbruch des Deichs veranlassen. Denn wenn Anfangs das Wasser auch fast unmerklich hindurchdringt, so vergröfsert sich doch, unter hohem Druck, der Wasserlauf leicht schnell, und sehr bald unhaltbar. Anm. d. Herausg.

meidlich ist, unterbleiben, weil die Deiche, und vorzüglich die Rasendecke, dadurch beschädiget werden. Ist aber ein Deich zugleich zum Wegedamm bestimmt (in welchem Falle er, wie schon früher erwähnt, eine breitere Krone als unter übrigens gleichen Umständen bekommt), so müssen jährlich, im Frühling und Herbst, die Gleise mit Erde aus dem Vorlande ausgeglichen werden, weil sonst der Deich an Höhe verliert *).

1009. Dafs die Deich-Anwohner Fufswege oder gar Stufen in die Böschungen machen, darf nicht geduldet werden. Es dürfen nur Rampen gemacht werden, zu welchen die Erde besonders angefahren werden mufs.

1010. Ein Fahrweg auf der äufsern Deichberme darf ebenfalls nicht Statt finden, wohl aber längs dem Fufse der innern Böschung.

1011. Mist, Gras, Heu, Stroh, Rohr, Gesträuch und dergleichen, welches von Sturmfluten an den Deich geführt wird, mufs nach Ablauf der Flut unverzüglich von der äufseren Böschung über den Deich, an den Fahrweg auf der innern Seite geschafft werden, nie auf die äufsere Berme, weil dadurch die Rasendecke zerstört wird.

1012. Werden durch Sturmfluten Löcher in den Deich gewühlt, so müssen sie, in so fern es die Jahreszeit verstattet, sofort wieder zugefüllt werden, und zwar mit guter Erde, nachdem sie vom Angeschwemmten, von Sand, Muschelschalen u. s. w. gereiniget und geebnet worden sind; die Erde wird festgestampft und mit starkem Rohre bedeckt. Sind die Löcher im Winter entstanden, so kann man sie, wenn sie eben nicht grofs sind, bis zum Frühlinge unberührt lassen. Gröfsere Löcher müssen abgeschrägt und wenigstens vorläufig mit Stroh bestickt werden.

1013. Alle Deiche werden mit der Zeit im Querschnitte schwächer, theils weil sie zusammentrocknen, theils weil Erdtheile vom Regenwasser fortgespült, oder vom Winde fortgewehet werden. Viele Deiche werden aber auch relativ schwächer, nemlich wenn der Strom ihnen näher kommt. Aus beiden Gründen ist es also mit der Zeit nöthig, sie zu verstärken. Ist Vorland vorhanden, woraus Erde genommen werden kann, so wird die Verstärkung auf der äufsern Seite, sonst auch auf der innern gemacht. Auf beiden Seiten zugleich den Deich zu verstär-

*) Das Fahren auf der Krone des Deiches möchte demselben eher zuträglich als schädlich sein, weil der Erdkörper des Deichs dadurch fester wird.

Anm. d. Herausg.

ken, ist nicht rathsam, weil dadurch der Rasen des alten Deichs ganz verdorben werden, und die Verstärkungen auf jeder Seite zu unbedeutend sein würden *).

1014. Bringt man die Verstärkung auf die äufsere Böschung, so wird die Erde ohne weiteres darauf geschüttet, und der Rasen der Deichgruben zur Bekleidung, wenigstens des unteren Theils der neuen Böschung aufbewahrt; der obere Theil der Böschung aber wird besäet. Dafs sich die neue Erde mit der alten Rasendecke nicht ganz fest vereinigt, ist eben nicht nachtheilig, weil die Ader landwärts zu Tage läuft; wird die Rasendecke umgepflügt, so entstehen noch bei weitem mehr Höhlungen und Adern. Auch könnte während der Verstärkung, oder bevor dieselbe hinreichend fest geworden ist, eine Flut eintreten, und dann ist wenigstens noch die alte Rasendecke vorhanden **). Ist das Vorland noch breit genug, so wird die zur Verstärkung erforderliche Erde 12 bis 24 Ruthen vom Deiche entfernt genommen; sonst müssen (wenigstens bei einem Seedeiche) mindestens noch 3 Ruthen Berme bleiben.

1015. Wird die Verstärkung auf die innere Seite gelegt, so kann der alte Theil des Deichs nicht seine Form behalten, wenn er nicht etwa blofs zu niedrig, sondern auch seine äufsere Böschung zu steil ist. Landwärts mufs die neue Erde mit der alten auf das Sorgfältigste verbunden werden, damit nicht eine Ader bleibe, die oberhalb auf der Wasserseite anfängt. Deshalb mufs der alte Rasen abgestochen, die alte Deich-Erde rauh gemacht, und die neue mit Pferden angefahren, oder, wenn sie mit Schiebkarren aufgebracht wird, gestampft werden. Die Gräber müssen wenigstens $1\frac{1}{2}$ Ruthen vom innern Deichfufse entfernt bleiben ***). Die Erde wird dann aus dem Deichbinnenlande unentgeltlich entnommen; die Grundstücke aber, welche etwa noch aufserdem ab-

*) In der Regel ist es nicht rathsam, die Verstärkung an der innern Seite zu machen, weil sich die neue Erde dort leichter ablöset, und nicht vom Wasser angedrückt wird. Anm. d. Herausg.

**) Besser ist es wohl, den Rasen von der alten Böschung abzugraben und ihn auf die neue zu legen, vorausgesetzt, dafs man die Verstärkung nicht zu einer Jahreszeit auflegt, und so langsam dabei zu Werke geht, dafs während des Baues eine Flut befürchtet werden kann. Anm. d. Herausg.

***) Man mufs, wenn es irgend möglich, wie schon bemerkt, einen Deich nicht an der innern, sondern nur an der äufsern Seite verstärken. Schaardeiche freilich können nur inwendig verstärkt werden, und dabei ist dann die oben beschriebene Vorsicht sehr nöthig. Anm. d. Herausg.

gegraben werden müssen, werden den Eigenthümern vergütigt, und zwar entweder dadurch, dafs die Grundstücke in der Deichrolle gestrichen, von den Beiträgen zur Unterhaltung der Deiche befreit, als Vorland angesehen, und von den Eigenthümern als Wiese, Rohrteich, oder Fischteich benutzt werden; oder durch baare Bezahlung, in welchem letzten Falle der Eigenthümer seine Beiträge nach wie vor bezahlt, so dafs die Deichrollen nicht geändert zu werden brauchen *).

1016. Haben die Deich-Eigenthümer jeder sein besonderes ihm zugetheiltes Stück zu unterhalten, so mufs jeder es auch selbst verstärken. In solchem Falle mufs man darauf halten, dafs die Verstärkung aller Stücke zugleich angefangen und beendigt wird, auch Niemand etwa auf seiner Grenze eine Rasenwand aufpacke, um zu verhüten, dafs die von ihm angefahrene Erde in seines Nachbars Antheil falle, weil dadurch Adern im Deiche entstehen **).

1017. Es ist auch nöthig, festzusetzen, welche Arbeiten, in Zeiten der Gefahr, von allen, oder von mehreren Interessenten gemeinschaftlich geschehen müssen, also Bestimmungen über die sogenannte Nothhülfe. Wenngleich nemlich ein Eigenthümer sein Deichstück in untadelhaftem Zustande erhalten hat, so kann es sich doch treffen, dafs ein Durchbruch gerade auf seinem Deichstücke zu erfolgen droht, oder wirklich erfolgt. In solchem Falle kann der Einzelne die Gefahr nicht allein abhalten, schon weil die ihm zu Gebote stehenden Mittel in der Regel nicht genügen; auch würde sein Vermögen selten hinreichen, den durchgebrochenen Deich wieder herzustellen. Da allgemeine Grundsätze, wie es in solchen Fällen zu halten sei, nicht angegeben werden können, so mufs das Nöthige im Voraus durch Übereinkunft der Deichs-Eigenthümer festgesetzt werden ***).

1018. Ist ein Einrifs in den Deich so grofs geworden, dafs schon während der Flut, die ihn gemacht hat, ein Durchbruch zu befürchten

*) Dieses hängt wohl von örtlichen Verhältnissen und Übereinkünften ab. Anm. d. Herausg.

**) Vereinzelungen der Arbeiten an einem Werke, welches ein Ganzes sein mufs, wenn es seinen Zweck erfüllen soll, sind immer nachtheilig. Anm. d. Herausg.

***) Wo ein Deich die Ländereien einer Gesammtheit von Grundbesitzern schützt, müssen sie sich natürlich auch vereinigen, die Gefahr an einzelnen Puncten mit vereinter Kraft abzuwehren. Denn die Gesellschaft geniefst gemeinschaftlich den Nutzen des Deiches, folglich mufs sie ihn auch gemeinschaftlich vertheidigen. Anm. d. Herausg.

ist, so mufs gewöhnlich jedes Haus oder Gehöfte einen Mann mit einigen Säcken, Bindfaden und einem Spaten, und jeder Pferdebesitzer ein Fuhrwerk stellen. Dann wird Erde angefahren; es werden Säcke damit gefüllt und dieselben in das entstehende Loch geworfen *).

1019. Da in einem grünen, mit lebendigem Rasen bedeckten Deiche, nicht leicht mehr als einige Stellen so stark angegriffen werden, dafs ein Durchbruch zu fürchten wäre, so wird man mit diesem Mittel in den meisten Fällen ausreichen. Bei Deichen aber, die nahe an einem abbrüchigen Ufer liegen, möchte es häufig nicht der Fall sein. In der Nähe solcher Stellen müssen daher Vorräthe von Stroh, Faschinen, Brettern und Pfählen gehalten werden. Ein Seedeich bricht in der ersten Zeit der hohen Flut selten durch, und daher müssen während derselben alle Vorbereitungen getroffen, und sobald die nächste Ebbe eintritt, die steilen Ufer abgestochen, die vorräthig angefahrene Erde mufs eingebracht und auf das Beste gestampft, hernach aber die neue Erde so schnell als möglich mit Stroh oder mit Reisholz bedeckt werden.

1020. Mufs schnell eine Strohdecke verfertigt werden, so breitet man Stroh in einzelnen Lagen so aus, dafs die Stoppel-Enden der obern Lagen die Ähren-Enden der nächsten untern bedecken. 1½ Fufs von Mitte zu Mitte, und mit der Länge des Deichs gleichlaufend, werden darauf Bretter gelegt, zwischen denselben durchlochte Pfähle eingerammt, durch die Löcher Schliefsen oder Keile gesteckt, die quer über die Bretter reichen, und die Pfähle nochmals stark gerammt, um die Bretter und das Stroh anzuziehen.

1021. Will man schnell eine Decke von Reisholz machen, so wird dasselbe wie das Stroh (§. 1020.) gelegt; darüber werden Würste mit Faschinenpfählen festgenagelt.

1022. Nach Ablauf des Wassers werden solche Decken wieder abgenommen, und der Deich wird völlig hergestellt.

1023. An manchen Orten hält man auch Segeltücher vorräthig, um sie über die Löcher wagerecht auszubreiten, und vermittelst Gewichte, an der äufsern Seite, bis auf die Böschung zu senken und darauf festzuhalten **).

---

*) Auch Mist ist ein Hülfs-Mittel zur Verstopfung entstehender Einrisse. Mist und Erde sind häufig noch besser als Erdsäcke, weil die letztern Zwischenräume zwischen sich lassen. Anm. d. Herausg.

**) Dieses Mittel ist gewöhnlich wenig wirksam. Anm. d. Herausg.

1024. Die in der Zeit der Gefahr zur Arbeit aufgebotene Mannschaft darf weder willkürlich ausbleiben, noch den Deich ohne Erlaubnifs verlassen; es müssen dagegen wirksame Strafen gesetzt werden. Ist ein Deich nicht mehr zu halten, so machen es Sturmläuten und Signalschüsse bekannt, damit Jeder sich und seine bewegliche Habe, so weit als möglich, zu retten suche *).

1025. Ist ein Deichbruch erfolgt, so mufs, sobald das Wasser wieder abnimmt, das ins Binnenland getretene Wasser möglichst schnell weggeschafft werden. Die Schleusen und Siele würden dazu nicht wirksam genug sein; auch wäre von dem heftigen ausfallenden Strome Gefahr für die Siele zu fürchten, zumal wenn sie schon alt sind. Auch durch den Deichbruch fliefst das Wasser ebenfalls gewöhnlich zu langsam ab. Der Deich mufs also häufig an mehreren Stellen durchgraben werden, wozu man vorzugsweise diejenigen nimmt, wo das Vorland grün, jedoch niedrig ist **). Kommt ein Siel in Gefahr, so mufs dasselbe verschlossen, und in seiner Nähe eine Öffnung in den Deich gemacht werden.

1026. Deichbrüche, die so bedeutend sind, dafs dadurch das Binnenland ganz oder grofsentheils unter Wasser gesetzt wird, verursachen durch den heftigen Wassersturz nach der Landseite zu, jedes Mal grofse Einrisse, welche, wenn der Deich bis zu seinem Fufse weggerissen ist, Grundbrüche, oder Braken heifsen. Solche Grundbrüche können auf dreierlei Art hergestellt werden. Man schüttet nemlich den neuen Deich entweder grade durch die Brake, oder stromwärts, oder landwärts um dieselbe herum, je nachdem das Eine oder das Andere in kürzerer Zeit, oder mit geringeren Kosten geschehen kann ***). Damit die Deichlinie gerade, und die Deichrollen ungeändert bleiben, wäre zu wünschen, dafs man jedes Mal den neuen Deich auf der Stelle des weg-

---

*) Ist ein Deich nicht zu schwach, und steigt die Flut nicht bis über den Deich, so ist er in der Regel zu erhalten möglich. Anm. d. Herausg.

**) Zum Durchgraben des Deichs mufs man sich wohl nur im äufsersten Nothfalle entschliefsen, weil die wieder zugeschütteten Stellen nicht gleich wieder so fest sind, als sie es waren. Anm. d. Herausg.

***) Die Kosten der Herstellung und die Zeit entscheiden nicht allein, weil der neue Deich, wenn er nicht sicher und fest wäre, bald wieder durchbrechen, und dann noch weit mehr Kosten und Zeit nöthig sein könnten. Anm. d. Herausg.

gerissenen wieder aufführen könnte; aber weil solches in der Regel gar zu viel Erde und Faschinen erfordert, läfst es sich selten thun.

1027. Kann man aber den neuen Deich gerade durch den Bruch schütten, ohne fürchten zu müssen, dafs das Wasser vor und hinter dem neuen Deiche ihn durchweiche, so mufs in der Regel der durch die Brake gehende Strom gesperrt (coupirt) werden, was mit Faschinen oder mit Sinkstücken geschieht. Um den Deichfufs zu sichern, wird derselbe zwischen zwei Banketts von Faschinen, d. h. zwischen zwei Faschinendämme gelegt, zu deren einem gleich die Sperrbuhne dienen kann. Das neue Deichstück auf den Faschinendamm zu legen, ist nie rathsam; noch weniger sind es statt der Faschinendämme gewöhnliche Fangedämme aus Pfählen und Bohlen *).

1028. Ist zwischen dem Strome und dem Deichbruche noch Vorland genug vorhanden, um darauf einen neuen Deich legen zu können, so kommt man auf diesem Wege gewöhnlich in der kürzesten Zeit und mit den geringsten Kosten zu Stande, weil die neue Deichlinie nicht sehr stark gekrümmt zu werden braucht, und das Vorland auch in der Regel nicht so tief ausgespült ist, als das Binnenland. Allein hiermit ist der Nachtheil verbunden, dafs der neue Deich vor den alten hervor springt, also mehr dem Angriffe des Wassers ausgesetzt ist; ferner dafs der Kolk hinter dem Deiche nicht wieder zuschlicken kann, und bei Flufsdeichen auch noch das Überschwemmungsprofil verengt wird **).

1029. Am sichersten wird man daher in der Regel verfahren, wenn man den Kolk ausdeicht (aufserhalb des neuen Deichstücks bringt); obgleich dadurch Binnenland verloren geht, und die Deichlinie verlängert wird ***). Bei jedem Anschlufspuncte bleibt dann noch ein Stück alter Deich als Flügel liegen, und vom Kolk wird ein Graben bis zum Ufer geführt, damit bei Seedeichen die tägliche Flut hineintreten und den Kolk

*) Die Faschinendämme müssen so weit von einander liegen, dafs auch die Böschung des Deichs nicht auf den Faschinen ruht. Meistens ist auch Ein Faschinendamm hinreichend, der dann auf der Binnenseite liegen mufs.
Anm. d. Herausg.

**) Der Haupt-Nachtheil ist, dafs der Deich alsdann weit schwächer ist, als er war; denn seine Höhe ist nun eigentlich die von der Krone bis auf den Grund des Kolks. Eine solche Deichstelle wird immer grofser Gefahr ausgesetzt sein, und in dem Kolk werden sich immer Quellen finden, die das Druckwasser hervorbringt.
Anm. d. Herausg.

***) Die Deichlinie wird auch länger, wenn man den Kolk ins Vorland bringt.
Anm. d. Herausg.

nebst den Deichgruben wieder ausfüllen könne. Ist das Ufer dem Deiche an der fraglichen Stelle schon sehr nahe gekommen, und zwar auf eine bedeutende Länge, so kann es nöthig sein, eine längere Einlage, etwa mit der alten Deichlinie gleichlaufend, zu machen, die sich mit Flügeln daran anschliefst *).

1030. Ist eine solche Einlage so grofs und weitläufig, dafs sie von den Deich-Eigenthümern, oder von den auf Kosten der Deichcasse herbei zu schaffenden Arbeitern, nicht in etwa vierzehn Tagen beendigt werden kann, so legt man einstweilen, auf dem kürzesten Wege, einen Nothdeich an, der nur bis zur Vollendung des Hauptdeiches beibehalten wird.

1031. Ist durch Umdeichung des Eingriffs die alte Deichlinie nicht bedeutend verlängert worden, so ist es nicht rathsam, alle Deichrollen deshalb zu ändern. Man thut vielmehr besser, Jedem sein Stück wieder zuzumessen, und das Übrige aus der gemeinschaftlichen Casse zu unterhalten. Bei einer ganz neuen Einlage ist eine Abänderung der Deichrolle nöthig **).

1032. Das Vorhergehende enthält, was bei Bewirthschaftung und Unterhaltung eines Deiches hauptsächlich zu beobachten ist. (Ausführlicher findet man solches in Woltmann's „Beiträgen zur Hydr. Arch." Band I., und in Wagners „Anweisung zur Unterhaltung der Dämme bei Strom-Ergiefsungen und Eisgängen." Grimma 1827.). Dergleichen Vorschriften, mit denen zusammengestellt, welche die Örtlichkeit erfordert, und zur gesetzlichen Kraft gebracht, giebt eine sogenannte Deich-Ordnung ***).

1033. Damit auf die Befolgung einer solchen Deich-Ordnung genau gehalten werde, und um die erforderlichen Arbeiten anzugeben, auch die nöthigen Rechnungen zu führen, sind Beamte nöthig.

1034. Diese müssen fortwährend die genaueste Aufsicht über die ihnen anvertrauten Deiche führen. Aufserdem werden gewöhnlich

*) Die Regel möchte wohl ziemlich allgemein sein, dafs der neue Deich auf das feste Binnenland gelegt werden müsse. Man wird davon nur im äufsersten Nothfalle abweichen dürfen. Anm. d. Herausg.

**) Dergleichen hängt immer von den örtlichen Verhältnissen ab. Anm. d. Herausg.

***) Man sehe die Deich-Ordnungen der Oder, Warthe u. s. w. Anm. d. Herausg.

jährlich noch mehrere sogenannte Deichschauen gehalten, hauptsächlich drei: eine Vorschau, eine Hauptschau und eine Nachschau.

1035. Die Vorschau wird gewöhnlich zu Ende des Junius von den untergeordneten Deichbeamten gehalten. Sie sehen nach, ob alle kleinen Beschädigungen, welche der Deich im Winter erlitten hat, hergestellt sind, ob alles Unkraut vertilgt ist, die Maulwurfshaufen zugestampft, die Gleise zugefüllt sind, und ob etwa der Deichordnung zuwiderlaufende Anlagen gemacht worden sind. Über das, was sich zu bemerken findet, werden Protocolle aufgenommen, und danach die erforderlichen Verfügungen erlassen.

1036. Die Hauptschau wird zu Ende des August's, von allen Deichbeamten gemeinschaftlich gehalten. Bei dieser Schau müssen sich die Deich-Eigenthümer entweder in Person einfinden, oder durch Bevollmächtigte vertreten lassen. Es wird darauf gesehen, ob das Vieh von den Deichen und den Bermen entfernt ist, ob die Böschungen mit Rasen, Stroh oder Steinen bedeckt sind, und ob überhaupt der Deich im Stande sei, den Herbst und den Winter hindurch auszuhalten, auch ob zu den Uferdeichen hinreichende Materialien herbeigeschafft sind. Es wird untersucht, was etwa noch geschehen müsse, z. B. ob die Strohdecken in Rasendecken verwandelt, ob einzelne Deichstücke erhöhet und verstärkt, Siele reparirt, abbrüchige Uferstellen gesichert werden müssen, und dergleichen. Auch hierüber werden Protocolle aufgenommen und danach die nöthigen Verfügungen erlassen.

1037. Die Nachschau halten wieder die untergeordneten Deichbeamten, zu Ende des Octobers. Sie sehen nach, ob der Deich etwa im September und October durch Strurmfluten beschädigt und wieder hergestellt sei, ob der vor der Hauptsschau gelegte Rasen gediehen oder ausgegangen sei und welche Stellen daher mit Stroh bestickt werden müssen; überhaupt: ob alles geschehen sei, was bei der Hauptschau angeordnet worden. Was bei der Nachschau noch zu machen nöthig gefunden wird, mufs in den nächsten acht oder vierzehn Tagen geschehen, weil in der Mitte des Novembers schon Frost erwartet werden kann.

1038. Aufserdem sind zuweilen noch aufserordentliche Besichtigungen, oder Nothschauen nöthig, z. B. wenn ein Seedeich durch Sturmfluten beschädigt ist. Nach jeder Sturmflut, welche das Vorland überschwemmt und den Deich bespült hat, müssen sofort die untergeordneten

Beamten den Deich besichtigen und die Beschädigungen ihren Vorgesetzten anzeigen, damit dieselben das Nöthige anordnen, um den Deich gegen einen Durchbruch zu sichern. Nachdem solches geschehen, werden die Entwürfe zur vollkommeneren Herstellung des Deichs gemacht.

Siebenter Abschnitt.

Vom Hafenbau.

Von Flufshäfen.

1039. Ein Flufshafen ist ein Wasserbehälter an oder in einem Flusse, um den Flufsschiffen Sicherheit gegen den Eisgang zu gewähren. Häfen, in welchen die Schiffe Schutz gegen die Meereswellen finden, auch wenn sie an, oder in Strömen liegen, werden zu den Seehäfen gerechnet. Aufserdem soll ein Flufshafen in der Regel auch eine bequeme Gelegenheit darbieten, Waaren ein- und auszuladen, zuweilen auch Werfte haben, um schadhafte Fahrzeuge auszubessern, oder neue erbauen und sie unbeschädigt in's Fahrwasser zu bringen.

1040. Sicherheit gegen den Eisgang gewährt den Schiffen schon jede natürliche Einbucht, wenn das Wasser darin tief genug und wenn sie oberhalb durch eine Landspitze gedeckt ist. Sie ist dann ein natürlicher Hafen, oder kann wenigstens durch eine Buhne am obern Ende zu einem Hafen gemacht werden. Nur fehlt dann gewöhnlich noch die Gelegenheit zum Ein- und Ausladen, und zu Schiffs-Reparaturen.

1041. Dafs ein solcher Hafen leicht verlanden, und die erforderliche Wassertiefe verlieren könne, zumal wenn er oberhalb durch eine Buhne verschlossen ist, erhellet aus dem oben über Buhnen Gesagten; allein eben so verhält es sich auch mit anderen Flufshäfen. Es wird daher erst später davon weiter die Rede sein.

1042. Der Unbequemlichkeit beim Ein- und Ausladen läfst sich leicht abhelfen, wenn man entweder das Ufer der Bucht, oder einen Theil desselben, mit einer Futtermauer, oder mit einem Bollwerke, oder mit einer Steinböschung, oder auch nur mit einer Rasenböschung einfasset und Treppen bis zum niedrigsten Wasserstande macht, damit man bei jeder Höhe des Wasserspiegels bequem vom hohen Ufer bis zu den Schiffen gelangen könne. Die Treppen in den Futtermauern werden am besten amphitheatralisch, oder auch gleichlaufend mit der Stirnfläche der Mauer gelegt, damit man bei jedem Wasserstande unmittelbar in das Schiff treten könne. Die Treppen an Bollwerken und geböschten Ufern müssen normal auf die Wasserlinie liegen, und es mufs dann eine Laufbohle oder kleine bewegliche Laufbrücke, von der untersten noch trockenen Stufe bis zum Borde des Schiffs, gelegt werden.

1043. Zum Aus- und Einladen an Bollwerken und Futtermauern ist auch noch auf jede Schiffslänge ein Krahn erforderlich *). Die Einrichtung eines solchen Krahns ist im Allgemeinen dieselbe, wie sie oben beim Brückenbau beschrieben wurde. Da vielerlei Anordnungen der Krahne möglich sind, so mufs das Nähere hierüber dem mündlichen Vortrage vorbehalten bleiben.

1044. Bei Stein- oder Rasenböschungen mufs, um die Beschädigung derselben zu verhüten, auf jede Schiffslänge eine schiefe Ebene aus Holz oder aus Mauerwerk gemacht werden, auf welcher die aus- oder einzuladenden Gegenstände um so leichter in die Höhe gebracht oder herabgelassen werden können, je flacher sie liegt. Cylindrische Körper bewegt man auf der schiefen Ebene bequem mittelst zwei um dieselben geschlagener Seile, deren eines Ende am Ufer befestigt und das andere von den Arbeitern gezogen oder nachgelassen wird.

1045. Werfte, d. h. nach dem Wasser abhängige, aus Mauerwerk oder Holz gebildete Ebenen, auf welche ein Schiff vermittelst Winden oder anderer Maschinen aus dem Wasser in's Trockene gezogen werden kann, lassen sich nur selten in solchen Häfen, von welchen jetzt die Rede ist, anbringen. Es werden indessen nicht leicht, während der Zeit wo der Hafen Schutz gewähren soll, nemlich vom Anfange des Frostes bis zum Eisgange, Schiffe reparirt werden, und in der Regel werden immer in der Nähe des Hafens Stellen zu finden sein, wo sich Werfte anlegen lassen, die während des übrigen Theils des Jahres benutzt werden können.

---

*) In der Regel werden wohl nicht so viele Krahne gemacht werden. Wenn der Verkehr nicht aufserordentlich lebhaft ist, sind meistens Ein oder zwei Krahne hinlänglich.
Anm. d. Herausg.

1046. Ein Flufshafen kann auch dadurch hervorgebracht werden, dafs man an einer Stelle, wo der Flufs mehr als die Normalbreite hat, einen Theil derselben durch irgend ein Bauwerk abschneidet, z. B. durch eine Mauer, oder durch ein Faschinenwerk, oder allenfalls auch nur durch ein Pfahlwerk, welches mit der Richtung der Ufer ziemlich gleichlaufend ist, und dann am obern Ende irgend eine Vorrichtung macht, um den Eisgang von dem zum Hafen bestimmten Theile des Flusses abzuhalten. Hier kommen wieder fast ganz dieselben Umstände vor, wie im vorigen Falle, da eigentlich nur eine künstliche Bucht gebildet wird. Ein solcher Hafen ist indessen, unter übrigens gleichen Umständen, weniger sicher, als diejenigen von der vor angegebenen Art.

1047. Endlich kann man auch einen Flufshafen dadurch hervorbringen, dafs man auf irgend eine Weise einen Behälter seitwärts vom Flusse, und in einiger Entfernung von demselben, bildet, der durch einen Canal mit dem Flusse verbunden wird. In der Regel wird ein solcher Behälter ausgegraben werden müssen; zuweilen findet sich indessen auch ein natürliches Becken, welches nur zum Hafen eingerichtet werden darf. Einem solchen Hafen mufs man dann den möglich gröfsten Umring geben, damit bei einerlei Inhalt der Grundfläche möglichst viele Schiffe zugleich anlegen können *). Indessen ist auf die Gestalt der Schiffe Rücksicht zu nehmen, da wenigstens Ein Schiff im Hafen mufs umwenden können, während an den beiden langen Seiten Schiffe liegen, wodurch die geringste Breite des Hafens bestimmt wird. Die Ufer eines solchen Hafens können auf eine der vier (§. 1042.) angegebenen Arten eingerichtet werden; nur ist man in der Regel weniger durch die Beschaffenheit des nächsten Erdreichs gebunden, und es können auch leicht Werfte, und selbst eine Art von Flufsdocken gemacht werden.

1048. Die Werfte sind, wie gesagt, schiefe Ebenen, auf einem festen Unterbau ruhend, die nach dem Wasser zu um etwa $\frac{1}{14}$ ihrer Länge fallen. Es wird davon bei den Seehäfen weiter die Rede sein.

1049. Die Flufsdocken sind nichts anders als Kammerschleusen, die aber nur an der Hafenseite geöffnet werden können. Nachdem

---

*) Nemlich wenn das Aus- und Einladen der Hauptzweck des Hafens ist. Soll er vielmehr recht vielen Schiffen blofs Schutz gewähren, so mufs man ihm umgekehrt mit gleichem Umfange die gröfste Fläche zu geben suchen. Anm. d. Herausg.

das Schiff in eine solche Docke geführt worden, wird der Eingang zugedämmt, was durch Fallhölzer und einen Erddamm dazwischen, oder auch durch gewöhnliche Stemmthore geschieht, in so fern man den Wasserspiegel im Hafen nicht beliebig erheben und senken kann; das in der zugesperrten Docke befindliche Wasser wird durch irgend eine Schöpfmaschine herausgeschafft, so dafs das Schiff endlich in's Trockene kommt und von allen Seiten zugänglich wird. Je enger die Docke ist, desto weniger Wasser ist auszuschöpfen nöthig; allein man mufs doch immer um das Schiff herum einen Raum von wenigstens 6 Fufs breit behalten, zu den nöthigen Handthierungen bei den Reparaturen. Das Nähere von den Docken wird ebenfalls bei den Seehäfen vorkommen.

1050. Je nach der Einrichtung der Ufer des künstlichen Hafenbeckens (§. 1047.), sind Krahne, Treppen und schiefe Ebenen nöthig, um bequem aus- und einladen zu können.

1051. An den Ufern müssen hinlänglich breite Kais vorhanden sein, damit die aus den Schiffen gebrachten Waaren, ohne Hindernifs für die Landfuhrwerke, weiter geschafft werden können. Auch können Packhäuser, oder Lagergebäude, mit Wagen und Steuer- oder Zollstätten, nebst Wohnungen für Aufseher und dergleichen nöthig sein. Solche Gebäude gehören, ihrer Construction nach, zum Landbau, und ihre Stellung wird in der Regel nicht durch den Baumeister allein bestimmt.

1052. Die Flufshäfen haben in der Regel den Übelstand, dafs sie leicht versanden, oder verschlämmt werden. Es giebt dagegen nur zwei, von Zeit zu Zeit anzuwendende Mittel, nämlich:

a. Ausbaggerung;

b. Spülung.

1053. Das Ausbaggern ist immer kostbar. Der schlimmste Fall ist, wenn der Wasserspiegel im Hafen nicht ganz bis zum Boden sich senken läfst. Kann das Wasser wenigstens beinahe bis zum Boden herausgeschafft werden, so braucht das aufgeschwemmte Erdreich nur ausgegraben und hinausgekarrt zu werden. Dazu gehört aber:

Erstlich. Dafs das Hafenbecken nicht aus dem Flusse selbst gefüllt werde, sondern aus einem kleinen Nebenflusse, oder einem Bache, in welchem Falle in dem Canale, welcher den Hafen mit dem Flusse verbindet, eine Kammerschleuse gebaut werden mufs.

Zweitens. Dafs die Verbindung des Nebenflusses mit dem Hafenbecken nach Belieben gesperrt und geöffnet werden könne, wozu zwei Schutzwehre, das eine im Nebenflusse, das andere im Canale, nöthig sind.

1054. Das Spülen kann nur dann Statt finden, wenn es möglich ist, von Zeit zu Zeit einen heftigen Strom durch das Hafenbecken zu leiten, also nur dann, wenn sich in einem höher als der Hafen liegenden Behälter Wasser in hinreichender Menge so lange sammeln läfst, bis man dasselbe plötzlich durch den Hafen abzulassen für gut findet. Dazu ist eine **Stauschleuse** und ein **Canal** nach dem Hafen nöthig. Die Schleuse heifst auch **Spülschleuse.** Der Canal mufs so kurz, und das Hafenbecken so schmal als möglich sein, damit der aus dem Behälter (dem **Spülbusen**) in und durch das Hafenbecken stürzende Strom sich in demselben nicht zu sehr ausbreite, und Einflufs auf die Vertiefung des Hafens behalte. Ist aber das Wasser, welches den Behälter füllt, nicht rein, sondern enthält es selbst eine nicht unbedeutende Menge von Sinkstoffen, so wird wieder der Spülbusen bald verschlemmt werden, und mufs dann ausgebaggert, oder wenigstens ausgekarrt werden, weshalb Flufshäfen in der Regel **auszubaggern** nöthig sein werden. Die Baggermaschinen kommen beim Seehafenbau vor *).

Von den Seehäfen.

1055. Ein **Seehafen** ist ein mit dem Meere zusammenhängender Wasserbehälter, in der Nähe der Küste, in welchem Schiffe während der Stürme gegen die Wirkungen dieser und der Wellen Schutz finden, und zwar heifst ein solcher Ort vorzugsweise dann **Hafen**, wenn die Schiffe an die Ufer befestigt werden können. Behälter, in welchen die Schiffe zwar gegen die Wellen und Stürme geschützt sind, aber blofs vor Anker liegen, heifsen **Rheden.**

---

*) Die Flufshäfen **zur Seite** eines Flusses können so ziemlich gegen Verschlämmung geschützt werden, wenn die Schleuse in dem Canale, der den Hafen mit dem Flusse verbindet, nur dann geöffnet wird, wenn Schiffe aus- und eingehen. Ein solcher Hafen mufs wo möglich an einer Concave des Flusses, wo das Wasser am Ufer tief ist, angelegt werden, damit die Fahrt in dem Flufs selbst neben dem Hafen nicht verschlämmt werde. Wegen des Spülens ist zu bemerken, dafs die Spülschleuse so nahe als möglich am Hafen liegen mufs, damit der Strom volle Kraft behalte. Ist der Strom stark genug, so ist von den Sinkstoffen des Spülwassers nicht viel zu fürchten.
Anm. d. Herausg.

1056. Vom eigentlichen Hafen ist die Hafenstraſse zu unterscheiden. Diese ist ein Canal vom Hafen nach der Rhede, oder bis zum Meere (hier gleichbedeutend mit See), und wird gewöhnlich von künstlichen Ufern, d. h. von Dämmen, eingeschlossen *).

1057. Solche Dämme sind vorzüglich da nöthig, wo der Hafen vom Meere etwas entfernt liegt, und wo das Meer vom Hafen bis zum Ebbe-Ufer nur flach ist. Sie dienen dann, die Tiefe des Fahrwassers zu vergröſsern und in diesem Zustande zu erhalten.

1058. Ferner sind noch von eigentlichen Häfen die Bassins zu unterscheiden. Diese sind Behälter, welche durch Schleusen mit dem Hafen zusammenhängen, und in welchen, auch während der Ebbe, das Wasser bis zur Fluthöhe erhalten werden kann. In einem solchen Bassin bleiben dann noch tief gehende Schiffe flott, die im eigentlichen Hafen während der Ebbe auf den Grund gerathen würden. Solche Bassins dienen zugleich, das darin zurückgehaltene Wasser, gegen das Ende der Ebbe, plötzlich durch den Hafen und die Hafenstraſse strömen zu lassen, um aus demselben die darin zu Boden gefallenen Sinkstoffe wegzuspülen, und die Wassertiefe, wenn nicht zu vergröſsern, doch wenigstens unverändert zu erhalten. Das letztere ist jedoch nur an Küsten möglich, wo der Unterschied der Höhe der Wasserspiegel bei Ebbe und Flut bedeutend ist, oder wo ein aus dem Lande kommender Strom im Bassin hoch genug aufgestauet werden kann; welches letztere indessen selten der Fall ist.

1059. Sollen der Hafen und die Hafenstraſse mit dem Wasser im Bassin gefüllt werden können, so müssen die Schleusen Spülschleusen sein (§. 455.—461.).

1060. Ein Hafen muſs vor Allem für die Fahrzeuge, für welche er bestimmt ist, die erforderliche Wassertiefe haben. Kriegsschiffe gehen bis 25 Fuſs tief in's Wasser; ein Kriegshafen muſs also 25 bis 30 Fuſs tiefes Wasser haben, auch während der Ebbe. Kauffahrtei-Schiffe gröſserer Art, sogenannte Ost- oder West-Indien-Fahrer, gebrauchen beladen nicht viel weniger Tiefe, kleinere Kauffahrer aber nur 17 bis 20 Fuſs Tiefe **).

---

*) Die Lage der Häfen ist sehr verschieden. Zuweilen ist weder eine Rhede noch eine Hafenstraſse vorhanden, oder auch ein Theil der Rhede selbst ist der Hafen. Anm. d. Herausg.

**) Der Hafen muſs immer einige, wenigstens 2 Fuſs tiefer sein, als die tiefste Einsenkung der Schiffe in's Wasser. Anm. d. Verf.

1061. Sodann mufs sich diese Tiefe auch erhalten lassen. Absolut unmöglich möchte solches kaum irgendwo sein, weil am Ende überall gebaggert werden kann; aber relativ unmöglich ist es öfter, wenn nemlich so viel Sinkstoffe abgesetzt werden, dafs die Kosten der Fortschaffung den Betrag des Hafenzolles übersteigen. Durch Spülschleusen läfst sich zwar viel für die Erhaltung der Tiefe thun; allein selten alles Nothwendige, zumal da die Spülbehälter ebenfalls verschlämmt zu werden pflegen, und von Zeit zu Zeit gereinigt werden müssen.

1062. Damit die Spülung gute Wirkung thue, mufs:

a) der Spülbusen hinreichend grofs sein;

b) die Richtung des aus demselben stürzenden Stromes mufs möglichst gleichlaufend mit den langen Seiten des Hafens sein;

c) diese Wände des Hafens müssen so wenig von einander entfernt sein als möglich;

d) die Hafenstrafse mufs möglichst enge sein, und einen möglichst kleinen Winkel mit dem Spülstrome bilden;

e) die Geschwindigkeit des Spülstroms mufs grofs genug sein, um die auf dem Grunde liegenden Stoffe wegzutreiben;

f) die Hafenstrafse mufs nicht allzuweit von der Ausmündung des aus dem Spülbusen in den Hafen fallenden Stroms anfangen, und nicht zu weit davon aufhören, weil sonst das vorhandene Gefälle auf eine zu grofse Länge vertheilt wird, und mithin der Abhang, also auch die Geschwindigkeit, zu geringe sind.

1063. Wie grofs die Geschwindigkeit des Stromes sein müsse, um die Stoffe des Grundbettes fortzutreiben, läfst sich aus du Buat's „Grundlehren der Hydraulik, übersetzt von Kosmann," §. 71. beurtheilen. Wie grofs die Geschwindigkeit sein werde, findet man aus den Formeln, in Eytelwein's „Handbuch der Mechanik und der Hydraulik," wenn der Unterschied der Höhe der Wasserspiegel im Spülbusen und im Hafen, der Inhalt des wagerechten Querschnitts des erstern, die Abmessungen der Querschnitte des Hafens und der Hafenstrafse, und die Gröfse der Öffnung der Spülschleuse bekannt sind. Aus der Vergleichung beider Werthe kann man dann sehen, welche Wirkung von dem Spülbusen zu hoffen sei. Die Zeit, während welcher gespült werden kann, ist ferner gegeben, und danach läfst sich dann die erforderliche Gröfse des wagerechten Querschnitts des Spülbusens aus der gegebenen Weite der Schleuse, oder diese aus jener finden. (M. s. Eytelwein's „Handbuch der Mechanik etc.") *)

1064. Schon bei den Flufshäfen ist gesagt worden, dafs die Breite eines Hafens wenigstens die Länge und die doppelte Breite eines Schiffs betragen müsse. Dies giebt für Kriegshäfen, nach der Länge und Breite der gröfsten Schiffe gerechnet, für die geringste Breite $280+2\times56=392$, oder etwa 400 Fufs. Für Kauffahrteischiffe kann die Breite etwas geringer sein, jedoch nicht leicht unter 300 Fufs.

1065. Je länger der Hafen ist, desto mehr Schiffe können darin zugleich anlegen; man macht ihn daher so lang als möglich.

1066. Wird ein Hafen ausgegraben, und werden zugleich Bassins angelegt, so wird der Boden jedes landwärts folgenden Bassins weniger tief gegraben, so dafs in den vordern die gröfsern, in den hintern die kleinern Schiffe Platz finden.

1067. Die Mündung eines Hafens, oder der Hafenstrafse, mufs niemals, weder den herrschenden Seewinden, noch dem Flutstrome gerade entgegen gerichtet sein, damit das Auslaufen der Schiffe nicht gehindert und das vordere Ende der die Hafenstrafse einschliefsenden Hafendämme nicht so stark von den Wellen und dem Flutstrome angegriffen werden möge, auch damit nicht die Sinkstoffe, welche das Meerwasser mit sich führt, in die Hafenstrafse, oder gar in den Hafen selbst, getrieben werden.

1068. Die Hafenstrafse mufs zwar, der Spülung wegen, möglichst enge sein, und auch damit die Wellen nicht so stark in den Hafen gelangen. Sie darf aber auch nicht zu enge sein, weil sonst die Schiffe Gefahr laufen würden, gegen die Ufer geworfen zu werden. Die Breite der Strafse wechselt bei einer Menge von Häfen von 70 bis zu 180 Pariser Fufs, woraus folgt, dafs man dabei nicht zu ängstlich sein darf. Je kleiner der Hafen, und je kürzer die Hafenstrafse, desto geringer mufs die Breite der letztern sein, damit die Wellen, welche in den Hafen getrieben werden, indem sie sich darin seitwärts ausbreiten, so weit zerfallen mögen, dafs sie den Schiffen nicht mehr nachtheilig werden kön-

*) Wegen der Unsicherheit der Resultate solcher Berechnungen dürften übrigens die früheren Bemerkungen zu berücksichtigen sein. Anm. d. Herausg.

nen. Die geringste Weite der Mündung möchte die sein, dafs zwei Schiffe einander ausweichen können, also für Kriegsschiffe 120 bis 130 Fufs.

1069. Unter manchen Umständen, zumal bei starkem Verkehr, und bei häufig wechselnden Winden, ist es gut, zwei Ausfahrten zu haben.

1070. Von den beiden die Fahrstrafse einschliefsenden Dämmen, mufs derjenige, auf welchen der Flutstrom zuerst trifft, etwas weiter ins Meer hineinreichen, als der andere, um zu verhüten, dafs der Flutstrom den Sand und die Kiesel, welche er etwa führt, in der Ausmündung absetze.

1071. Da einerseits die Wellen, welche in die Mündung einer Hafenstrafse hineingetrieben werden, um so mehr an Stärke verlieren, je mehr sie sich nach dem Hafen zu ausbreiten können, und es anderseits gut ist, den Spülstrom, nach der Ausmündung zu, nicht an Geschwindigkeit verlieren zu lassen; so mufs man die Hafendämme an der Mündung der Hafenstrafse einander so nahe legen, als möglich, und nach dem Hafen zu auseinander laufen lassen, wodurch beides zugleich erreicht wird.

1072. Ein anderes Mittel, den Wellenschlag in der Hafenstrafse, und dadurch im Hafen selbst, zu schwächen, ist, dafs man einen Theil des einen Hafendammes, oder beider, von durchsichtigem oder offenem Holz-Fachwerk macht, mit einer schiefen Ebene darunter und dahinter (Taf. XVIII. Fig. 126.). Auf diese Ebene, welche an ihrer von der Strafse abwärts gekehrten Seite etwa 3 bis 4 Fufs über der täglichen Ebbe liegt, laufen die Wellen zwischen dem durchsichtigen Holzwerke hindurch hinauf, und werden dadurch zertheilt, so dafs sie an Höhe verlieren. Auf die schiefe Ebene hinter dem Holzwerke, die mit 5 bis 6füfsiger Böschung steigen kann, rollen dann die Wellen nur noch mit geschwächter Kraft hinauf, ohne sie zu beschädigen. Nur darf ein solcher Holzbau nicht zu nahe an der einen oder der andern Mündung der Hafenstrafse liegen, sondern mufs 200 bis 300 Fufs davon entfernt sein, damit kein Schiff mit seinem Bugspriet hineingerathen möge.

1073. Ist die Hafenstrafse so kurz, dafs darin die Wellen wenig an Heftigkeit verlieren, so ist es gut, sie zu krümmen, und zwar so, dafs die Krümmung, nach dem Hauptflutstrome zu, hohl ist. Ist sie aber so lang, dafs sich die Wellen darin am Ende verlieren, z. B. etwa 3000 Fufs, so können die Hafendämme auch grade, und parallel sein. Zu kurz darf die Hafenstrafse immer nicht sein, weil bei heftigem Winde, etwa 900 Fufs (eine Kabeltau Länge) nöthig sind, um ein Schiff durch Anker festzuhalten. Unter 900 Fuſs sollte daher keine Hafenstraſse lang sein; der Hafen müſste denn sehr groſs und die Einfahrt sehr enge sein.

1074. Zum Schutz der Rheden müssen öfters Dämme gebaut werden. Diese Dämme müssen so liegen, daſs mit möglichst geringem Kostenaufwande, ein möglichst groſser Raum eingeschlossen werde; auſserdem müssen sie möglichst gleichlaufend mit dem Flutstrome liegen, damit sie weder zu stark angegriffen werden mögen, noch Wirbel und Widerströme erzeugen.

1075. Solche Dämme sollten immer wenigstens bis zu der Höhe der gewöhnlichen Springfluten aufgeführt werden. Ist das Ufer flach und dem herrschenden Seewinde ausgesetzt, so muſs der Damm dennoch wenigstens bis zur Höhe der täglichen Flut reichen, um die Wellen auf der Rhede zu mäſsigen, und ihren Zusammenhang mit den Wellen auſserhalb zu unterbrechen. Es ist um so mehr nöthig, den Damm (den Meerdamm oder die Mole) wenigstens bis zur Höhe der täglichen Flut aufzuführen, je kleiner die Rhede ist; besser noch ist es, ihn noch höher zu bauen, weil sonst die ankommenden Schiffe leicht in Gefahr sind, darauf zu stoſsen, indem man bei Stürmen nur dann noch früh genug wenden kann, wenn die zu vermeidenden Hindernisse zeitig genug wahrgenommen werden.

1076. Technisch wäre es immer am besten, die Dämme, welche eine Rhede einschlieſsen sollen, sehr hoch zu machen; aber die Kosten gestatten es meistens nicht. Daſs die Wellen auf der Rhede schon sehr gemäſsigt werden, wenn die Dämme um Ein Drittheil des Abstandes des Springflut- und des gewöhnlichen Ebbe-Spiegels über letzteren hervorragen, beweisen unter andern die sogar noch etwas tiefer liegenden Sandplatten vor der Rhede von Vliessingen und dem Maarsdiep. Übrigens ist leicht zu sehen, daſs, wenn die Krone eines Meerdammes so hoch liegt, daſs sie den tiefsten Punct übersteigt, den die Wellenthäler bei Stürmen erreichen, dadurch die Wellen zerrissen und geschwächt werden. Will man nur so hoch bauen, so muſs man auszumitteln suchen, wie hoch die Wellen an der Baustelle gehen, die Lage der Mole aber durch einzelne höhere Stellen von weitem kenntlich machen.

1077. In Meeren, welche keine, oder nur eine unbeträchtliche Flut haben, müssen die Molen immer wenigstens um einige Fuſs über den Wasserspiegel hervorragen, weil sie sonst für die Schiffe so gefährlich werden können wie Klippen *).

1078. Die Hafendämme müssen immer wenigstens bis zur Höhe der täglichen Flut reichen, weil sonst täglich der Flutstrom seitwärts über sie stürzen würde. Gewöhnlich baut man sie noch höher, und bis zu 10 Fufs über die tägliche Flut; was jedoch in der Regel überflüssig ist **).

1079. Die Böschung eines Meerdammes mufs vorzüglich flach, und aufsen wenigstens 4füfsig sein, damit die Gewalt der darauf auflaufenden Wellen gebrochen werde. Die Breite der Krone richtet sich hauptsächlich nach der Tiefe des Wassers. In 24 Fufs tiefem Wasser kann man der Krone etwa 36 Fufs Breite geben, und wenn die Lage ungünstig ist, und die Umstände nachtheilig sind, auch noch etwas mehr; in andern Tiefen, nach Verhältnifs. Die Krone mufs übrigens etwas abgerundet sein. An der Seite wo die Wellen nicht auslaufen, kann die Böschung etwas steiler sein ***).

Verschiedene Bauart der Hafendämme und Molen.

1080. Die ältesten Molen sind blofs von eingeworfenen Steinen aufgeführt. Diese Bauart ist auch von allen da die beste, wo das Wasser sehr tief ist, und grofse Steinblöcke ohne zu grofse Kosten zu haben sind, oder wo wenigstens der Bau mit Faschinen, nemlich mit Sinkstücken wegen Mangel an Strauch, nicht bedeutend wohlfeiler ist. Von den eingeworfenen Steinen müssen die kleinern in die Mitte des Dammes gebracht, und mit den gröfsern die Böschungen und die Krone bedeckt; werden auch müssen zwischen die grofsen Steine mitunter kleinere geworfen werden, damit möglichst wenig Höhlungen bleiben. Je

*) Die Lage der Molen wird übrigens durch die Stellung der Strand-Leuchten bezeichnet werden. Anm. d. Herausg.

**) Es kommt jedoch auf die verschiedenen Zwecke derselben an. Z. B. wenn sie zugleich zum Anlanden dienen sollen, oder zu einer Passage bei Stürmen für die Lootsen, oder um nach einem Leuchtthurme zu gelangen u. s. w., so müssen sie wohl höher sein. Anm. d. Herausg.

***) Die flache Lage der Böschung, worauf überall hauptsächlich die Festigkeit von Bauwerken an bewegten Gewässern beruht, ist vorzüglich den Bauwerken am Meere nothwendig, wegen der grofsen Gewalt der Wellen, die nicht allein ein Werk, welches keine breite Grundfläche hat, erschüttern, sondern auch nur durch die flache Lage des Ufers gebrochen werden können. Die flache Neigung des Strandes, da, wo er von den Wellen selbst gebildet ist, beweiset das Letztere deutlich. Anm. d. Herausg.

gröfser die Blöcke, noch mehr aber, je breiter sie gegen ihre Höhe sind, desto steiler kann die Böschung sein, wenigstens die innere *).

1081. In manchen Fällen hat man auch wohl Molen von Mauerwerk aufgeführt, und das Wasser entweder abgedämmt und ausgeschöpft, oder den Damm in Kasten gemauert.

1082. Auch hat man von Holz gebaut, nemlich entweder auf eingerammte Pfähle Schwellen gestreckt, also einen Pfahlrost gemacht, die Räume zwischen den Pfählen mit Steinen ausgefüllt, und auf dem Roste eine Mauer aufgeführt; oder man hat förmliche Kist-Werke, den gewöhnlichen Fangedämmen ähnlich, gemacht, und dieselben mit Steinen ausgefüllt.

1083. Endlich hat man Molen aus Sinkstücken gebaut, und die Böschungen und die Krone mit grofsen Steinen bedeckt **).

1084. Als Beispiel von Molen aus eingeworfenen Steinen, mögen die am sogenannten neuen Hafen zu Toulon erwähnt werden (Taf. XVIII. Fig. 127.). Zuerst wurden blofs Steine ins Wasser geschüttet. Anderthalb Fufs unter der Oberfläche des niedrigsten Wasserspiegels wurden die Steinschüttungen sorgfältig geebnet. Auf diese Fläche wurde ein Schwellenrost gelegt, dessen Kammern oder Fächer $2\frac{1}{2}$ Fufs im Quadrat grofs waren. Der Rost wurde theilweise, in Stücken von 50 bis 60 Fufs lang, auf dem Bauplatze zusammengesetzt, und diese Stücke dann in's Meer und auf die Steinmasse geschoben, und zwar so, dafs der Rost 15 Fufs von der äufsern Böschung entfernt blieb. Auf den Rost setzte man dann eine Mauer. Man hatte erst die Absicht, den Rost eine Zeitlang mit grofsen Steinen zu belasten, die Steine hernach wieder wegzunehmen, und dann erst die eigentliche Mauer aufzuführen. Allein dies ist unterblieben, und die Mauer hat sich deshalb ziemlich stark gesenkt. Die Mauer ist zum Schutz der dahinter liegenden Batterien bestimmt. Auf der Hafenseite ist gleichfalls eine niedrige Mauer auf einem Schwellroste erbaut.

*) Vorzüglich dürfen die Steine nicht rund, sondern müssen eckig sein. Wären sie kugelrund, so würde die Böschung aufserordentlich flach sein müssen, und der Damm dennoch nicht Stand halten. Anm. d. Herausg.

**) Die Bauart der Molen richtet sich, wie gewöhnlich, nach den Umständen, nach den Kosten und dem vorhandenen Material. Der Holzbau ist, wegen der Vergänglichkeit des Materials, offenbar am wenigsten dauerhaft. Anm. d. Herausg.

1085. Ein zweites Beispiel von Molen aus eingeworfenen Steinen, ist der Meerdamm vor dem Hafen zu Cette, 1671 erbaut (Taf. XVIII. Fig. 128.). Er ist 320 Toisen lang. An der Seite nach dem Hafen hat er ein 6 Fufs breites Banket, etwa 1 Fufs hoch über dem Meeresspiegel, welches aus 2 Fufs starken Werkstücken bestehet, und zum Ziehpfade dient. Nach dem Banket führen von der Krone des Dammes 18 Fufs breite, 20 Toisen von einander entfernte Treppen. Je zwischen zwei solchen stehen am Ziehpfade 3, an der Krone 2 Säulen zum Anbinden der Schiffe. Die Säulen bestehen aus Werkstücken von 2 Fufs im Durchmesser und 9 Fufs hoch. Davon stecken 6 Fufs in der Mauer, und die übrigen drei Fufs sind rund und haben eiserne Ringe, woran die Schiffe befestigt werden können.

1086. Dieser Damm, so wie ein anderer unweit davon, besteht aus grofsen und kleinen Steinstücken. Nach dem Meere zu hat man die gröfsten Steine geworfen, und nach dem Hafen die kleinsten; auf dieselben hat man wieder Kiesel geschüttet, damit die Schiffe nicht an den grofsen Steinen Schaden nehmen, und ohne Gefahr an den Damm anlegen können. Der aus dem Meere hervorragende Theil des Dammes ist an den Seiten von Werkstücken aufgemauert, welche in Cementmörtel versetzt sind, zu welchem Puzzolane genommen ist.

1087. Der untere, abwärts vom Flutstrome liegende Hafendamm bei Dünkirchen, besteht blofs aus eingeworfenen Steinen, und ist oben gepflastert; liegt aber unter der täglichen Flut, und also zu niedrig.

1088. Als Beispiel einer Mole ganz aus Mauerwerk, und auf einem Roste, können die alten Hafendämme an der Mündung des Adour, unterhalb Bayonne, dienen (Taf. XVIII. Fig. 129.). Wegen der hohen Flut war es nicht möglich, sie zwischen Fangedämmen zu bauen, weil dieselben 30 Fufs über die Ebbe hätten reichen müssen. Es wurden also zuerst zwei Reihen kieferner Pfähle von Pontons aus, so weit von einander eingeschlagen, dafs sie in die äufsersten Reihen der Rostpfähle zu stehen kamen, um hernach zugleich als solche benutzt werden zu können, und zwar 5 Fufs von einander. Auf diese Pfähle wurden Rammgerüste gelegt, und von denselben aus die übrigen Pfähle eingerammt. Von den Gerüsten aus wurden die Räume zwischen den Pfählen mit Steinen, bis auf einige Fufs über der Ebbe hoch, ausgefüllt; zwischen die grofsen Steinblöcke warf man Kiesel. Auf dieselbe Weise wurden auch die zweifüfsigen Böschungen gebildet.

1089. Nachdem die Wellen die Steinschüttung zusammengerüttelt und geebnet hatten, wurde der Raum zwischen den Grundpfählen, einige Fufs hoch, mit Bruchsteinen ausgemauert. Auf dieses Mauerwerk wurden Querschwellen gelegt, und 4 Zoll tief auf die Grundpfähle gezapft. Dann wurde oben, auf jede Reihe Grundpfähle, eine Reihe Längenschwellen gelegt, und zwei Zoll tief aufgezapft und angebolzt. Hierauf wurden die entstandenen Fächer bis auf 2 Fufs über die Längenschwellen hinauf ausgemauert, vor der äufsersten Pfahlreihe aber wurden grofse Steine in Verband gelegt, und durch eiserne Klammern mit einander verbunden, so dafs diese Steine das obere Ende der Böschung bildeten. Anfänglich wurden auf die Ausmauerung eichene Bohlen gelegt, und es wurde darauf weiter gemauert; man sah indessen bald, dafs dieses Verfahren nicht gut sei, und liefs nun die Bohlen weg. Die Quer- und Längenschwellen waren zu hoch gelegt worden. Das Holz kam täglich aus dem Wasser, und verfaulte daher bald. Die Steine wurden nun von Neuem, aber in Moos gesetzt, und alle Fugen damit verstopft. Belidor versichert, dafs solches guten Erfolg gehabt habe.

1090. Diese Hafendämme liegen an der Wurzel etwa 3 Fufs, und am Kopfe 6 Fufs über der Springflut. Im Jahre 1810 sind sie bedeutend beschädigt gewesen, haben aber reparirt und, einer davor befindlichen Sandbank wegen, um 1200 Toisen verlängert werden sollen.

1091. Wie zwischen Fangedämmen, oder auch in Kasten, Mauerwerk aufgeführt wird, ist in dem Abschnitte vom Brückenbau gesagt worden.

1092. Beispiele von Hafendämmen aus Holz, mit Steinen ausgefüllt, geben die Fig. 130. 131. 132. (Taf. XVIII.). Damit die Steine nicht aus dem Holzfachwerk herausfallen können, werden die Seiten mit Bohlen bekleidet. Man macht die Oberfläche solcher Dämme auch wohl schräg, wenn sie nicht etwa als Weg benutzt werden sollen. Sollen beide Seiten Böschung erhalten, so legt man auch wohl die Bebrückung auf Streben.

1093. Solche Werke sind aber, da sie grofsen Theils bald nafs, bald trocken werden, sehr vergänglich, und findet sich gar der Holzwurm ein, so müssen sie wohl schon nach 16 bis 20 Jahren erneuert und aufserdem sehr sorgfältig unterhalten werden; denn es darf nur Eine

Bohle los brechen, so fallen schon die kleinen Steine heraus, und die Wellen können grofse Löcher einwühlen. Sind sie untauglich geworden, so müssen entweder neue daneben angelegt werden, oder, wenn die örtlichen Umstände es nicht erlauben, wohl gar die neuen die Stelle der alten einnehmen, also diese ganz abgebrochen werden. Daher dürften Dämme von Faschinen, wenn dergleichen irgend zu haben sind, vorzuziehen sein.

1094. Durchsichtige Holzbauwerke müssen am Fufse durch eine Mauer, oder durch ein mit Steinen belegtes Faschinenwerk, gegen Unterspülung gedeckt werden. Sie sind den zuletzt erwähnten Bauen ähnlich, wenn die Bohlen und die Steine wegbleiben. Beispiele geben (Taf. XVIII. Fig. 133. 134. und Taf. XIX. Fig. 135. 136.).

1095. Molen und Hafendämme von Sinkstücken dürften am zweckmäfsigsten auf die Weise gebaut werden, wie es jetzt in Preufsischen Ostseehäfen geschieht.

Die Sinkstücke werden auf einer schiefen Ebene (§. 619.), oder auf einer Wippe (§. 620. 621.) verfertigt, und auf die dort angegebene Weise neben und über einander versenkt.

Ist die Mole, so weit sie von Sinkstücken aufgeführt werden soll, fertig, so wird sie mit grofsen Steinen bedeckt (Taf. XIX. Fig. 137.). Von der Mitte aus fällt die Krone, auf jeden Fufs Breite, 1 Zoll. Auf der Hafenseite mufs die Böschung so steil als möglich, jedoch nicht steiler als zweifüfsig sein. Auf der Seeseite wird sie flacher gemacht, und zwar wenigstens dreifüfsig, und wenn es die Baucasse erlaubt, noch flacher.

Die gröfseren Steine werden, je nachdem es nöthig ist, mit der Zweispitze und dem Schlägeleisen bearbeitet, damit sie einander in den Stofsfugen so bündig berühren als möglich.

1096. Aufserdem werden noch sogenannte Encaissements-Pfähle, wie bei allen Steinböschungen, geschlagen. Ihr Zweck ist, die Steine der Bekleidung einzuklemmen, und zu verhindern, dafs, wenn ja ein Stein herausgerissen werden sollte, der Schaden sich nicht über Ein Fach, oder Eine Kammer hinaus ausdehnen könne. Diese Pfähle sind etwa 9 Fufs lang, und 6 Zoll im Quadrat dick, und werden in Reihen, nach der Länge der Mole, 9 Fufs von Mitte zu Mitte von einander entfernt, gerammt, und zwar so, dafs in jeder Böschung zwei Reihen Pfähle unter dem Wasserspiegel bleiben, und eine Reihe darüber hinaus reicht, auch auf jede Kante der Krone und auf die Mitte derselben noch je eine Reihe trifft. Aufserdem werden, 12 Fuſs von Mitte zu Mitte von einander entfernt, Pfahlreihen eingerammt. Die Pfähle dürfen, nach der Länge der Reihen, nicht so weit auseinander stehen, daſs die Steine nicht je von der Mitte eines Pfahls bis zu der des folgenden reichten; also in der Regel nicht über 3 Fuſs; häufig nicht so weit, was von der Gröſse der Stein-Blöcke abhängt.

1097. Schlieſslich ist noch der Kasten, mit oder ohne Boden, die man, ohne Pfähle darunter zu schlagen, im Verbande versenkt, nachdem sie mit Steinen gefüllt worden sind, zu erwähnen. Da es sehr schwer ist, vorher den Grund gehörig zu ebenen, so gelingt dieser Bau öfter nicht. Denn wenn man die untersten Kasten (ohne Boden) auch an ihrem Fuſse, nach der durch Peilen ausgemittelten Gestalt des Grundes, worauf sie zu stehen kommen sollen, zuschneidet, oder einrichtet, so kann doch der Grund, schon während der Vollendung des Kastens, eine andere Gestalt bekommen haben, und dann bleiben hohle Stellen, die nachtheilig sind.

Vertiefung und Reinigung der Häfen.

1098. Das beste Mittel dazu sind Spülschleusen, von welchen in dem Abschnitte über Schleusenbau die Rede gewesen ist. Ihre Thore stehen während der Flut offen, damit sich der Spülbusen bis zu der Fluthöhe füllen könne, und werden zu Ende der Flut verschlossen. So bleiben sie bis gegen das Ende der Ebbe, so daſs das gesammelte Wasser so eben bis zum Wiedereintritt der Flut abflieſsen kann. Dies wird so oft wiederholt, als nöthig, um die Verschlämmung des Grundes des Hafens und der Hafenstraſse wegzuspülen.

1099. Daſs die Weite der Thore nach der Wassermenge, welche in der gegebenen Zeit ablaufen soll, eingerichtet werden müsse, und daſs man die nöthigen Formeln zur Berechnung der Öffnungen in Eytelweins „Handbuch der Mechanik und Hydraulik" finde, ist schon erwähnt. Reicht eine Thoröffnung von 18 bis 20 Fuſs weit, welches Maaſs nicht ohne Unbequemlichkeit überschritten werden kann, nicht hin, so macht man deren mehrere, und giebt den einzelnen Strömen die vortheilhafteste Richtung.

1100. Ist aber die Spülung nicht möglich, so bleibt nichts übrig, als den Grund auszubaggern. Von den dazu nöthigen Maschinen soll einiger hier erwähnt werden.

1101. Die Baggermaschine, deren man sich im Hafen von Toulon, und in andern Französischen Seehäfen bedient, ist in Belidors's „*Architectura hydraulica*" sehr vollständig beschrieben. Sie besteht (Taf. XIX. Fig. 138.) aus einem Ponton, von 53 (Pariser) Fuſs lang, 18½ Fuſs in der Mitte, und 14 Fuſs an den Enden breit; ferner aus zwei Laufrädern, das eine 22½, das andere 12 Fuſs im Durchmesser; endlich aus zwei Schaufeln, welche den Sand und Schlamm lösen und in die Höhe bringen, wenn die Räder, durch darin laufende Menschen, umgedreht werden.

1102. An der Welle des gröſsern Rades sind zwei Ketten befestiget, deren eine sich auf-, die andere abwickelt. Diese Ketten laufen erst wagerecht nach zwei Scheiben, die in zwei über das hintere Ende des Pontons hervorragenden, unter den Borden angebrachten, am Kopfe ausgescheerten Balken liegen, und von da nach den Schaufeln. An der Welle des kleinern Rades befinden sich zwei Taue, deren eines sich auf-, das andere abwickelt. Diese Taue gehen nach der hintern Seite der Schaufeln, und dienen, die Schaufeln so weit anzuziehen, daſs sie an der bestimmten Stelle in den Boden greifen. Jede Schaufel hat einen langen Stiel, der mit seinem obern Ende durch einen über den Bord hervorragenden Rahmen gehet. In dem letztern liegt an jeder Seite des Stiels, nach der Quere, eine Rolle, und gegen diese Rollen legt sich der Stiel abwechselnd beim Auf- und Niedergange der Schaufel.

1103. Während die Kette an der einen Seite angezogen wird, läſst man das Tau an der nemlichen Seite nach, bis die Schaufel die rechte Stelle im Grunde erreicht hat, und schlingt es dann vorläufig um einen hölzernen Knaggen, damit die Schaufel nicht auf der Oberfläche des Grundes hinweggleiten könne. Dies Letztere wird zugleich noch durch einen Arbeiter verhindert, der ein an das obere Ende des Stiels gebundenes, über die eine Rolle im Rahmen, nach unten in den Ponton laufendes Seil anzieht, und um einen Knaggen am Ständerwerke schlingt. Das Tau von der Welle des kleinen Rades wird dann nachgelassen, und das Seil angezogen; der Stiel der Schaufel tritt nun allmälig höher, kommt demnächst in senkrechte Lage, und kippt hierauf nach der entgegengesetzten Seite über, wo er sich an die zweite Rolle im Rahmen legt. Dann wird das Tau am obern Ende des Stiels nachgelassen, der Arbeiter, der es bis dahin gehalten hat, tritt an das hintere Ende des Pontons, und öffnet mit einem Haken die kleine Thür in der hintern Seite der Schaufel, sobald dieselbe ihren höchsten Stand erreicht hat, worauf der emporgehobene Sand und Schlamm in ein untergefahrnes Boot fällt. Hierauf wird die Thür der Schaufel, welche in einen Klinkhaken fällt, durch die Spitze am Haken, mit welchem sie geöffnet worden, wieder zugedrückt, und das Verfahren beginnt von Neuem. Der Ponton wird durch 4 Anker gehalten.

1104. Der Boden sowohl, als die Seitenwände der Schaufel, sind von Eisen; die Rückwand ist von Holz und nur mit Eisen beschlagen und an den Stiel befestiget. Der mittelste eiserne Stab ist am vordern Ende durch eine eiserne Platte verstärkt, damit die Schaufel, wenn der Boden hart ist, um so besser in denselben eingreifen könne. Die Thür in der Rückwand hängt in Gewinden, welche an einem Querstücke befestiget sind, und legt sich, wie gedacht, an einen am Boden befestigten Klinkhaken. Die Klinke wird durch eine Feder angedrückt, welche an eine der Schienen der Thür befestiget ist; die Feder wird beim Öffnen mit dem vorerwähnten Haken zurückgezogen.

1105. Die Schaufel faſst, wenn sie ganz voll ist, 12 Cubikfuſs Sand oder Schlamm. Besteht der Grund aus Schlamm oder Erde, und liegt 7 bis 8 Fuſs tief unter der Oberfläche des Wassers, so werden in einem Sommertage 8 bis 9, und in einem Wintertage 6 Cubictoisen mit einer solchen Maschine gefördert; aus 12 bis 15 Fuſs tiefem Wasser resp. 6—7 und $4\frac{1}{2}$ Cubictoisen, aus 25 bis 30 Fuſs tiefem Wasser resp. $4\frac{1}{2}$ bis 5 und 3 bis 4 Cubictoisen.

Im Jahre 1745 hat eine solche Maschine 10000 Livres zu erbauen gekostet.

1106. Die Baggermaschinen, deren man sich in Venedig zur Vertiefung der Schiffs-Fahrstraſsen bedient, befinden sich auf einem etwa 40 Fuſs langen, 23 Fuſs breiten Prahm. Auf dem Boden desselben steht eine lange, starke Schraubenspindel, welche sich, vermittelst eingesteckter Arme umdrehen läſst, aber nicht fortrücken kann. Diese Schraube gehet durch das hintere Ende eines groſsen Balanciers, der in der Mitte auf einer eisernen Welle ruhet, und an dessen vorderem Ende eine Schaufel an zwei Stangen und zwei Kloben hängt, von welchen letzteren ein Seil nach einer stehenden Welle im Prahme läuft, um durch Umdrehung um zwei Zapfen die Schaufeln, welche in den vorher erwähnten Stangen liegen, so drehen zu können, dafs die offene Seite sich nach unten kehrt und den gehobenen Schlamm in ein untergefahrenes Boot fallen läfst. Nach geschehener Ausleerung wird die Schaufel, vermittelst eines am obern Ende ihres Stiels befestigten Taues, wieder zurückgedreht; die Schraubenspindel wird umgedreht, so dafs sich das vordere Ende des Balanciers mit der Schaufel senkt, und dafs dieselbe Schlamm fast; dann wird die Schraubenspindel wieder zurückgedreht, um das vordere Ende des Balanciers zu heben, und mit ihm die Schaufel. Mit einer solchen Maschine sollen $4\frac{1}{8}$ Cubikklaftern Schlamm aus 12 bis 16 Fufs Tiefe, in Einer Stunde gehoben werden können; sie ist aber nicht zu empfehlen.

1107. Besser sind die in Holland gebräuchlichen sogenannten Modermühlen. Eine solche Modermühle ist ein Schaufelwerk, welches vermittelst eines Pferdegöpels in Bewegung gesetzt wird. An der verlängerten Sattelwelle befindet sich ein Kammrad. In dieses greift der obere Drehling einer stehenden Welle. In den untern, an der Welle befestigten Drehling greift ein Kammrad an einer langen liegenden Welle, an deren anderem Ende ebenfalls sich ein Kammrad befindet. Dies letztere wird wieder von dem Drehlinge einer stehenden Welle umgedreht, in welchen ein Stirnrad an der Göpelwelle greift.

1108. Durch die obere Sattelwelle werden die Schaufeln in den untern Kumt- oder den Schlammkasten in die Höhe gezogen, die untere Sattelwelle wird umgedreht, und dadurch wieder die Schaufeln in den obern, oder Laufkasten zurückgeführt. Der gehobene Schlamm fällt in ein abhängiges Gerinne, und gleitet durch dasselbe in ein untergefahrenes Boot. Die Schaufeln sind vorn von Eisen, und haben eiserne Stützstangen. Die Kette hat zwischen jeden zwei Schaufeln ein Gewinde, damit sie sich um die Sattelwelle biegen könne.

1109. An der Göpelwelle befindet sich oberhalb des erwähnten Stirnrades noch ein Drehling. Soll der Prahm, in welchem die Maschine stehet, fortgerückt werden, so wird ein Stirnrad an einer stehenden Welle an den Drehling gerückt, und dadurch die Welle umgedreht. Dann wickelt sich ein Tau auf dieselbe, welches an einen Anker, oder dergleichen, befestigt ist.

1110. Um das untere Ende des Schaufelwerkes hoch oder niedrig stellen zu können, ist eine liegende Welle mit einer Ziehscheibe über dem Verdeck des Prahms angebracht.

1111. Mit einer solchen Maschine werden täglich 11 bis 12 Tausend Cubicfufs Schlamm gehoben.

1112. Noch besser ist folgende Maschine, welche nach Perronet und Regemortes von de Lons oder de Lonce erfunden, nach Gauthey aber schon früher bei den Holländern in Gebrauch gewesen sein soll (Taf. XIX. Fig. 139.). Sie hat zwei Rollen oder Walzen unten, und eine Sattelwelle oben, um welche zusammen eine Kette gehet, an der, in gleichen Entfernungen, Kasten oder Eimer von durchlöchertem Eisenbleche befestiget sind, die vorn eine scharfe Kante haben, um besser in den Grund einzuschneiden. Die Zapfen der Walzen liegen in zwei Riegeln, und diese in vier Ruthen oder Hängesäulen. Die Welle wird von zwei Säulen getragen und hat 6 Seiten, von denen drei, Erhöhungen haben, welche in die Öffnung der platt liegenden Kettenglieder greifen. Die Säulen sind oberhalb an Riegeln befestiget, welche je zwei von den vier Säulen des Gerüstes, nach dessen Länge, mit einander verbinden. An jedem Riegel befinden sich zwei Biegel, durch welche die Ruthen wie durch Scheiden gehen. Durch Bolzen, welche durch Löcher in den Ruthen gehen, und auf deren Riegeln die Gerüste liegen, können die untern Riegel in jede beliebige Tiefe hinabgelassen werden. Finden die Eimer zu viel Widerstand, so heben sich die Ruthen. Die Bewegung der Maschine geschieht vermittelst einer Kurbelwelle an der sich ein Getriebe befindet, welches in ein Zahnrad an der Sattelwelle greift. Der gehobene Sand oder Schlamm fällt auf eine schiefe Klappe und dadurch auf den Boden des Gerüstes, von wo er weiter fortgeschafft wird.

1113. Müssen die Ruthen hinuntergelassen werden, so mufs man auch die Kette verlängern, und dies geschieht durch Einziehung von Gliedern. In festem Boden werden statt einiger Kasten Haken an die Kette befestiget, um dadurch den Boden aufzulockern. Zuweilen mufs man abwechselnd einen Eimer und einen Haken anbringen. Beide werden auf gleiche Weise an die Kettenglieder befestiget.

1114. Zuweilen liegen die Schwellen des Gerüstes unmittelbar auf dem Rüstboden; aber es ist besser, sie auf einen Wagen mit Rollen zu legen, oder wenigstens den untersten Schwellen Rollen zu geben.

1115. In festem Boden reifsen die Ketten leicht; man mufs sie dann stärker und nach Art der Uhrketten machen.

1116. Das Gerüst kann auch auf zwei mit einander verbundene Prahme gelegt werden.

1117. Sieben Mann haben, mit einer solchen Maschine, täglich 220 Cubicfufs Schlamm, 18 Fufs hoch gehoben.

1118. Die Beschreibung anderer, nach demselben Princip erbaueter Maschinen mufs dem mündlichen Vortrage vorbehalten bleiben *).

1119. Ist die Spülung möglich, aber für die Festigkeit des Grundes der Strom zu schwach, so kann man den Boden dadurch auflockern, dafs man einen Anker, dessen einer Arm lothrecht stehet, darauf fortzieht.

Von den Werften.

1120. Ein Werft ist ein dem Ufer nahe liegender, zum Schiffbau eingerichteter Platz. Um die Schiffe vom Werft in's Wasser bringen zu können, mufs die Stelle, wo das Schiff während des Baues stehet, eine angemessene Lage haben. Die Baustelle heifst, nach der Art ihrer Einrichtung, Stapel oder Helling.

1121. Die Art wie ein Schiff in's Wasser gelassen wird, oder wie man es vom Stapel laufen läfst, ist folgende.

1122. So lange am Schiffe gebauet wird, ruhet der Kiel auf Klötzen, deren mehr oder weniger übereinander, und der Länge nach auf den Kiel normal liegen. Diese Klötze heifsen Stapelblöcke. An beiden Seiten ist das Schiff durch eine Menge Streben unterstützt, von welchen die, so dem Kiele am nächsten sind, lothrecht, die entfernteren aber schräg stehen. Die Räume zwischen den 5 bis 7 Fufs von einander entfernten Stapelblöcken sind mit Holzstücken ausgefüllt, die mit der Breite des Schiffs gleichlaufend liegen, und deren Oberfläche mit der schiefen Ebene zwischen dem Schiffe und dem Wasser einerlei Neigung hat, die für Linienschiffe etwa $\frac{1}{24}$, für kleinere Schiffe wohl $\frac{1}{14}$ der Länge beträgt. Nachdem so viel Hölzer aufeinander gelegt worden sind, dafs die Oberfläche der dadurch gebildeten, 16 bis 18 Fufs breiten Unterlage, noch 18 Zoll unter der des Vorhellings liegt, werden darauf paarweise eingelassene, mit dem Kiele gleichlaufende Bauhölzer festgenagelt. Die äufsersten zwei Paare dieser Langhölzer liegen etwa um $\frac{1}{6}$ der gröfsten Breite des Schiffes vom Kiele

---

*) Wo dann auch wohl die durch Dampfmaschinen in Bewegung gesetzten Bagger des weitern werden beschrieben werden. Anm. d. Herausg.

entfernt, die übrigen je 1 Fuſs im Lichten auseinander. Auf diesen Langhölzern liegen wieder Querhölzer, und darauf liegt eine Bettung, welche aus mehreren Reihen von Bohlen besteht, die vom obersten Theile des Helling bis zum untersten am Wasser, parallel mit dem Kiele des Schiffes fortlaufen. Auf den genannten, glatt gehobelten Bohlen, muſs der Schlitten, worauf das Schiff ruhet, hinuntergleiten. Damit derselbe nicht von der Bettung seitwärts weichen könne, ist an jeder äuſsern Seite ein 6 Zoll starkes Stück Holz genagelt, welches einen Rand bildet.

1123. Der Schlitten wird wie folgt verfertigt. Auf jede Bettung wird einer von den Schlittenbalken gelegt. Bei Kriegsschiffen sind diese Hölzer in der Regel 160 Fuſs lang, 20 bis 22 Zoll im Quadrate stark. Ihre untere Seite ist glatt gehobelt, und, gleich der Oberfläche der Bettung, mit einer dicken Lage Talg oder Fett überzogen. Damit sich der Schlitten dem Kiele nicht nähern könne, werden zwischen Kiel und Schlittenbalken Riegel geschoben, die an einem Ende stumpf gegen den Kiel stoſsen, am andern aber, 18 Zoll lang, 3 Zoll tief in den Schlittenbalken eingelassen und darauf festgenagelt sind. Die Riegel in der Mitte des Kiels sind 6 Zoll im Quadrat stark; die äuſsern schwächer, aber 9 bis 10 Zoll breit, damit überall unter dem Schiffe noch etwas Platz bleibe. Damit aber aber auch die Schlittenbalken sich nicht vom Kiele entfernen können, wird auf der einen Seite jedes Schlittenbalkens, unter jedem Riegel, ein starker Ringbolzen angebracht. Durch diese Ringbolzen wird ein starkes Tau gezogen, welches im Zickzack unter dem Kiele durchläuft. Das oberste Ende jedes Schlittenbalkens ist mit einem starken Taue, welches durch einen Ringbolzen gehet, an eingerammte Pfähle befestiget; vor dem untersten Ende aber werden Knaggen festgenagelt, die nicht eher losgemacht werden, als in dem Augenblick, wo das Schiff in's Wasser gelassen werden soll.

1124. Auf die Schlittenbalken werden, 6 Fuſs von einander, die Schlittenständer gestellt, und zwar die hintersten lothrecht, die andern normal auf die schiefe Ebene. Die hintersten und die vordersten stoſsen unmittelbar gegen den Boden des Schiffs; die mittelsten unterstützen an jeder Seite ein langes Tragholz, welches dicht an den Bauch des Schiffs schlieſst. Die Füſse der Ständer haben kurze Blätter, die in die äuſsere Seite des Schlittenbalkens etwas eingelassen sind. Damit die Ständer oberhalb nicht ausweichen können, wird um jedes einander gegenüber liegende Paar ein neues $1\frac{1}{2}$ Zoll starkes Tau geschlungen, und unter den Kiel hindurch und so stark angezogen, daſs der Kiel etwas von den Stapelblöcken entfernt wird, und nicht mehr darauf ruht. Gegen die gröſsern Ständer werden Streben gestellt, und gegen ihr unteres Ende Knaggen auf die Schlittenbalken genagelt. Endlich werden die Köpfe der Ständer, nach der Länge des Schiffs, durch eine Bohle verbunden. Um hierauf das Schiff noch weiter von den Stapelblöcken zu entfernen, damit sie weggenommen werden können, schiebt man in jeden zwischen zwei Ständern befindlichen Raum Klötze, zwischen Schlittenbalken und Tragholz, und treibt dazwischen Keile, nachdem vorher Schiff und Schlitten gut gestützt worden sind. Auſser durch alle vorerwähnte Stützen und Taue am obern Ende, wird das Schiff noch hauptsächlich durch eine Stütze gehalten, die sich oben gegen den Hintersteven und unten gegen die Querhölzer stemmt, auf welchen die Bettung liegt.

1125. Ist nun alles bereit, so fängt man an, die Keile zwischen die Klötze zu treiben, und sobald die Wirkung davon sich zeigt, zuerst die unterste Reihe der Seitenstützen des Schiffs wegzunehmen. Mit dem Eintreiben der Keile wird jetzt etwas inne gehalten, damit sich alles erst wieder setzen könne. Dann beginnt man das Eintreiben der Keile von Neuem, und nimmt die gröſseren Seitenstützen gleichfalls weg, so wie die obersten Stapelblöcke unter dem Kiele; die letztern in der Mitte zuerst, wobei man diejenigen zerschneidet, oder zerspaltet, die sich nicht herausziehen lassen. Zuletzt werden die Stützen am Hintersteven weggenommen. Dann ruhet die ganze Last des Schiffs auf dem Schlitten, dessen Balken nur noch unten von den Knaggen und oben vom Tau gehalten werden. Die Knaggen werden weggenommen, und das Tau wird durchhauen, worauf sich das Schiff in Bewegung setzt, die sich nach und nach beschleunigt; es läuft mit dem Hintertheile in's Wasser und erhebt sich wieder, wobei es den Schlitten verläſst, indem es vom Wasser getragen wird.

1126. So verfahren die Franzosen, und mit geringen Abweichchungen auch die Spanier, Genueser und Neapolitaner; abweichender aber die Engländer, und zwar auf folgende Weise.

1127. An der nach dem Wasser zu abhängigen Stelle, auf welcher das Schiff gebauet werden soll, machen sie zuerst einen festen Grund von Hölzern. Auf diesen werden die Stapelblöcke gelegt, und das Schiff, wie bei den Franzosen, an den Seiten gestützt. Auf die Unterlage legt man die Bettungen von Bohlen, auf denen der Schlitten läuft.

1128. Der Schlitten besteht gleichfalls aus zwei Balken, deren äufsere Seiten um ein Drittheil der gröfsten Breite des Schiffs von einander entfernt sind. Auf diesen Balken stehen vorn und hinten Ständer, welche, zusammen mit den Armen oder Sparren (Spurs) und den Treibern (Drivers), das ganze Gewicht des Schiffs tragen. Die Arme sind lange Stützen, welche vorn und hinten mit Klauen auf den Schlittenbalken stehen, und daran gebolzt sind, deren oberer Theil aber nach der Form des Schiffs ausgearbeitet, und damit ebenfalls zusammen gebolzt ist. Die Treiber sind die äufsersten Arme, welche am Ende jedes Schlittenbalkens bei den Vorsteven stehen. Damit die Schlittenbalken sich nicht dem Kiele nähern können, werden zwischen ihnen und diesem, wie bei den Franzosen, Riegel eingesetzt. Die Ständer werden in der Mitte durch ein Riegelholz, oberhalb aber durch eine Bohle mit einander verbunden.

1129. Die Holländer bauen auf dem Lande nur den untern Theil ihrer Schiffe fertig, und lassen sie alsdann in's Wasser laufen. Das Übrige wird auf dem Wasser vollendet. Auf diese Weise ist die sich bewegende Masse, also auch der Stofs, den das Schiff vom Wasser empfängt, viel geringer, und seine Verbindungen können weniger auseinander weichen. Die Holländer brauchen ferner keinen Schlitten, bringen das Vordertheil des Schiffs zuerst in's Wasser, und verfahren übrigens wie folgt.

1130. Man legt zuerst auf Unterlagen den sogenannten Helling, eine Holzverbindung, welche eine flache Rinne bildet, damit die sogenannten Schmierkissen oder Schmierhölzer, welche darin, nach der Quere 1 bis 2 Fufs von einander entfernt, liegen, und genau in die Höhlung passen, nicht von dem Helling abgleiten können. Die einander berührenden Seiten der Schmierkissen und der Höhlung des Helling werden mit Fett überzogen. Nachdem die Kissen zwischen den Kiel und den Helling gelegt sind, werden die Klötze oder Hölzer, auf denen das Schiff während des Baues geruhet hat, unter dem Kiele herausgeschlagen. Werden nun hierauf nach und nach die Seitenstützen weggenommen, so ruhet das Schiff zuletzt nur noch auf den Schmierkissen, welche dann mit ihm auf dem Helling herabgleiten, nachdem das Tau, an welchem das Schiff hängt, gelöset, oder durchgehauen worden ist.

1131. Damit aber auch das Schiff nicht seitwärts fallen könne, werden an beiden Seiten des Helling, mit dem Kiele gleichlaufend, zwei lange Hölzer, welche bis zum Wasser reichen, auf die Unterlager gestreckt, und durch Stützen an der äufsern Seite gehalten. Diese Hölzer heifsen Schlagbetten. Sie werden stark geschmiert.

1232. Wird bei den Holländern das Schiff nicht auf einem Helling, sondern blofs auf Stapelblöcken gebauet, so wird es, eben wie auf einem Helling, von Seitenstützen gehalten. Ist es bis zum Ablaufen fertig, so treibt man Schmierplanken und Keile unter den Kiel, so dafs das Schiff hinten mehr als vorn in die Höhe gehoben wird. Die Schlagbetten werden wie vorhin gelegt. Vor den Stapelblöcken befindet sich gewöhnlich ein Helling, welcher bis in's Wasser reicht.

1133. Die Hamburger Schiffbauer verfahren eben so, nur dafs die Schiffe ganz fertig gebaut werden, bevor man sie in's Wasser läfst.

1134. Man bekommt eine ziemlich klare Ansicht von der Bewegung eines vom Stapel laufenden Schiffes aus den Erscheinungen, welche bei einer zu Rochefort vom Stapel gelaufenen Fregatte wahrgenommen wurden.

Die Schlittenbalken hatten eine Neigung von 13 Linien auf den Fufs Länge. Die Neigung der Bettung nahm aber zu bis auf 16 Linien auf den Fufs, zwischen dem Schiffe und dem Wasser. Die Fregatte war 150 Fufs lang, und ihr Gewicht wurde auf 660 Tonnen, oder 1320000 Pfund geschätzt. Aufserdem war sie mit 40000 Pfund Ballast beschwert und das Gewicht des Schlittens betrug ungefähr 60000 Pfund.

In dem Augenblicke, wo das Schiff der Wirkung seines Gewichts überlassen wurde, war die unterste Kante des Hinterstevens 10 Fufs vom Wasser entfernt. In den ersten 8 Secunden durchlief es nur einen Raum von 5 Zoll 9 Linien; in den nächsten 14 Secunden aber schon 2 Fufs 3 Zoll 6 Linien, und die Bewegung, obgleich noch sehr langsam, dauerte ununterbrochen fort; bald aber wurde die Beschleunigung merklich, und die Fregatte durchlief nun in den folgenden 17 Secunden einen Raum von 47 Fufs 8 Zoll 6 Linien, und endlich in den letzten 7 Secunden eine Strecke von 100 Fufs (Röding's „Wörterbuch d. Marine" B. I.).

1135. Um eine feste Ebene zu bekommen, auf welcher entweder die Unterlagen der Bettung, worauf der Schlitten abgleiten soll, oder blofs die des Vorhellings liegen können, macht man eine Mauer, von etwas über 200 Fuſs lang, so, daſs ihre Oberfläche $\frac{1}{24}$ bis $\frac{1}{14}$ Fuſs Neigung auf jeden Fuſs Länge hat, und daſs sie am untern Ende wenigstens 17 bis 18 Fuſs unter dem Wasserspiegel bleibt. Am untern Ende beträgt ihre Höhe etwa 4 Fuſs, woraus sich die Höhe am obern Ende ergiebt. Die Breite ist etwa 24 Fuſs. Eine solche Mauer kann zwischen Fangedämmen, auf einen Pfahl- oder Schwellenrost, oder auch mittelbar auf den Grund gesetzt werden, wenn derselbe fest genug ist. Man kann sie auch in Kasten aufführen, worüber das Nöthige im Abschnitte über Brückenbau vorgekommen ist.

1136. Muſs man Holz nehmen, so schlägt man Grundpfähle, legt darauf Quer- und Längenschwellen, füllt die Rostfelder mit Thon oder mit Mauerwerk aus, und legt auf die Längenschwellen einen Querbelag, worauf dann die Bettungen der Schlittenbalken, oder der Helling befestiget werden.

1137. Der eigentliche Stapel erhält der Kosten wegen kein Mauerwerk. Man verfährt mit ihm, wie in den vorigen Paragraphen erwähnt; nur wird der Belag etwas tiefer gelegt, damit die Stapelblöcke Platz finden.

1138. Die so gebildeten schiefen Ebenen dienen aber zugleich auch, Schiffe aus dem Wasser in's Trokene zu bringen, um sie zu repariren. Zu diesem Zwecke muſs am obern Ende des Stapels ein Räderwerk sich befinden, auf dessen letzte Welle sich ein Tau wickelt, welches um das Hintertheil des Schiffes geschlungen ist. Ein solches Räderwerk wird gewöhnlich durch die Kräfte von Thieren, oder auch von Menschen in Bewegung gesetzt (Taf. XIX. Fig. 140.).

1139. Weil das untere Ende eines Vorhellings oft weit über das Ufer hinaus reichen muſs, so verwahrt man dasselbe gewöhnlich mit einem Deckwerke, welches aus Faschinen mit Steinbedeckung, oder auch aus einer bloſsen Steinstürzung bestehen kann *).

Von den Docken.

1140. Eine Docke ist ein Wasserbehälter, in welchen Schiffe schwimmend ein- und ausgelassen werden können, und von welchem

*) Obgleich der Schiffsbau eine eigene weitläufige Kunst ist, und nicht für den Wasser- und Chaussée-Baumeister gehört, so werden dem letztern doch die obigen allgemeinen Kenntnisse vom Baue der Werfte und Stapel angenehm und nützlich sein.
Anm. d. Herausg.

das äufsere Wasser dergestalt abgehalten werden kann, dafs das nach geschehener Sperrung noch darin befindliche Wasser sich gänzlich wegschaffen läfst, so dafs das Schiff dann auf dem Boden feststehet, und dafs man von allen Seiten bequem zu demselben gelangen kann. Eine Docke ist daher im Wesentlichen nichts Anderes als eine Schleusenkammer, welche nur an einer Seite ein Thor hat, an der andern aber verschlossen ist; und fast ganz so sind auch die ersten Docken gebaut worden. Indessen bringt die Verschiedenheit des Zwecks einer Docke von dem einer Schleuse natürlich auch einige Abweichungen in der Bauart mit sich, von welchen Abweichungen die Rede sein soll. (M. s. Taf. XX. Fig. 141.)

1141. Eine Schleusenkammer mufs so lang, breit und tief sein als nöthig, um das durch dieselbe zu führende Schiff aufzunehmen. Dies ist auch der Fall der Docke; allein bei dieser dürfen die Wände sich dem Schiffe nur so weit nähern, dafs die Arbeiter, welche an den äufsern Seiten des Schiffs zu thun haben, überall noch Platz genug zu ihren Verrichtungen finden. Gegentheils müssen sie ihm wieder so nahe als möglich kommen, damit die zur Trockenlegung des Schiffs auf irgend eine Weise aus der geschlossenen Docke fortzuschaffende Wassermenge möglichst geringe sei; auch müssen sie so geformt sein, dafs die Stützen und Spreitzen zum Halten des trocken gelegten Schiffs so kurz als möglich sein können. Aus diesen beiden Gründen macht man die innere Seite der Umfassungsmauern einer Docke im Querschnitte nicht geradlinig; sondern man macht sogenannte Dockenbänke, von 5 bis 6 Fufs breit und etwa eben so hoch, so dafs sich der Querschnitt der Docke, dem des Schiffes ähnlich, von oben nach unten verengt.

1142. Da aber auch das Schiff noch etwa in der Mitte seiner Länge am breitesten ist, und nach dem Vor- und Hintersteven fast spitz zusammen läuft: so mufs die wagerechte Projection der Kanten der Dockenbänke nicht gerade, sondern krummlinig sein, etwa parallel mit den wagerechten Schnitten der Schiffe, für welche die Docke bestimmt ist. Da nun ein Schiff in jedem wagerechten und senkrechten Querschnitte eine andere Gestalt hat, so mufs man, wenn man eine Docke bauen will, zuvor eine genaue Kenntnifs von der Form der Schiffe sich verschaffen, für welche die Docke bestimmt ist. Zwischen den Kanten der Dockenbänke und den Aufsenseiten des Schiffs müssen wenigstens 2 bis 3 Fufs Raum bleiben.

1143. In einer Schleuse mufs ferner, zwischen dem tiefsten Punct des Schiffs und dem Boden (oder vielmehr dem untern Drempel), noch etwa 1 Fufs Raum bleiben. Um das Schiff in die Docke führen zu können, mufs dies zwar auch hier der Fall sein; allein hernach soll sich das Schiff, und zwar zunächst sein Kiel, auf den Boden setzen und von demselben fest unterstützt werden, während zugleich der Kiel überall zugänglich bleiben mufs, um ihn nöthigen Falls ausbessern zu können. Daher mufs der Boden der Docke nicht allein fest genug sein, um das Gewicht des Schiffs zu tragen, sondern er würde auch, wenn sich der Kiel unmittelbar darauf legte, nicht eine zusammenhängende Ebene bilden dürfen. Anstatt aber den Boden zu unterbrechen, legt man darauf Stapelblöcke; und da diese zusammen wenigstens 2 Fufs hoch sein müssen, damit man zum Kiele gelangen könne, so mufs der Boden noch um eben so viel tiefer unter diejenige Tiefe gelegt werden, die das bloſse Schwimmen des Schiffs erfordert. Den ganzen Boden so viel tiefer zu legen, wäre nachtheilig, theils wegen der gröfsern Breite des nicht mit Mauerwerk belasteten Theils desselben, theils wegen des Druckwassers, theils wegen der Vergröfserung des auszuschöpfenden Raums; was also so viel als möglich vermieden werden mufs.

1144. Der Kiel eines Schiffes, und die an demselben liegenden Theile seines Bauchs, bevor die Bauchstücke anfangen sich nach oben zu krümmen, sind etwa 8 Fufs breit und $3\frac{1}{2}$ bis 4 Fufs hoch. Vertiefte man den Boden der Docke nur auf jene Breite um jene Höhe, so hätte zwar der Kiel und der untere Theil des Schiffes Raum; allein man könnte immer noch nicht bequem dazu gelangen. Man senkt deshalb den Boden, auf etwa 12 Fufs breit, noch tiefer, so dafs man, indem auf den Boden der Vertiefung etwa 2 Fufs hohe Stapelblöcke gelegt werden, Raum genug bekommt, um zum Kiele zu gelangen. Diese Vertiefung ist die Kiel- oder Stapelrinne. Da die Stapelblöcke nicht durch die ganze Breite gehen, so kann neben denselben noch immer Wasser nach der Länge der Stapelrinne fliefsen, und zwar nach hinten und nach vorn, je nachdem der Boden der Stapelrinne sich nach der einen oder der andern Seite hin senkt, was davon abhängt, ob das Wasser während der Ebbezeit, durch Öffnungen, die zur Zeit der Flut geschlossen sind, nach dem Meere zu abfliefst, oder durch einen Canal nach dem Sumpfe eines Schöpfwerkes, z. B. einer Pumpen- oder Schaufel- oder Paternosterkunst oder dergleichen an der hintern Seite.

1145. Die Kielrinne mufs bis zum Vorboden der Docke gehen, also den Drempel durchschneiden. Hier wird sie aber nur so breit gemacht, dafs so eben der Kiel und der anliegende Theil des Bauchs des Schiffes hindurch kommen kann, was durch eine kleine Böschung der Seitenwände erlangt wird, und nur so tief, dafs ihr Boden mit der Oberfläche der Stapelblöcke in der Docke gleich hoch liegt.

1146. In den Thoren der Docke müssen stets Schlofsthüren oder Klappen sein, durch welche die Kielrinne, wenigstens während der Flutzeit, verschlossen werden kann.

1147. Die Schlagschwellen der Thore laufen daher bei einer Docke nicht, wie bei einer Schleuse, gegen einander, weil zwischen ihre nach der Mitte zu gekehrten Enden die Kielrinne hindurch gehet. Werden die Schlagschwellen aus Holz gemacht, so legen sie sich gegen zwei Frösche oder Binder, die auf beiden Seiten der Kielrinnne liegen, und diese stemmen sich gegen ein Mauerwerk hinter dem Thore. Wird der Drempel ganz aus Steinen gebaut, so macht man ihn wie gewöhnlich; nur mufs die Mauer zwischen dem Thore und dem innern Raume der Docke, die an die Stelle des Hinterbodens der Thorkammer tritt, stark genug sein, um dem hydrostatischen Drucke zu widerstehen.

1148. Die Seitenmauern müssen wenigstens so hoch sein, dafs der breiteste wagerechte Schnitt des Schiffs, wenn es auf den Stapelblöcken stehet, nicht über die Mauer hinaus reicht, damit es in dem genannten Schnitte noch gehörig gestützt werden könne. Findet aber vor der Docke Flut und Ebbe Statt, so werden die Mauern noch höher sein müssen, damit das Wasser, auch bei einer hohen Flut, nicht über die Mauern und die Thore in die leere Docke strömen könne.

1149. Da jedes Schiff in der Nähe des Vor- und des Hinterstevens mehr Masse hat, als gegen die Mitte des Kiels, so sinkt es an beiden Enden etwas tiefer ein, so dafs sich der Kiel, nach unten zu, etwas concav biegt. Man sagt dann: „das Schiff habe einen Katzenrücken aufgesteckt." Dies läfst sich zwar nie ganz vermeiden, aber doch grofsentheils, durch angemessene Vertheilung des Ballastes, und man braucht beim Legen der Stapelblöcke darauf nicht Rücksicht zu nehmen. Aber der Hintersteven sinkt auch immer noch tiefer als der Vordersteven, und zwar, selbst bei gehöriger Vertheilung des Ballastes, an 3 Fuſs, bei groſsen Kriegsschiffen. Im Allgemeinen liegt die untere Seite des Kiels so, daſs sie um den 55sten Theil der Länge gegen den Horizont geneigt ist; wenigstens kann sie durch Vertheilung des Ballastes in diese Lage gebracht werden. Deshalb legt man die Stapelblöcke so, daſs ihre Oberfläche in eine Ebene fällt, die vom Thore an, nach der Länge der Docke, auf 55 Fuſs lang 1 Fuſs steigt.

1150. Um von einer Dockenbank leicht auf die andere gelangen zu können, macht man mehrere Treppen.

1151. Die Docke wird entweder durch ein Stemmthor, oder durch ein Pontonthor verschlossen. Die Stemmthore sind von denen einer gewöhnlichen Schleuse nicht unterschieden, nur daſs sie, wegen der gröſsern Höhe des dagegen drückenden Wassers, stärker sein müssen. Sie öffnen sich nach auſsen, weil, wenn die Docke leer ist, das Wasser von Auſsen nach Innen drückt, und bekommen zu gröſserer Sicherheit noch Streben an der innern Seite, die sich theils gegen die Seitenmauern, theils gegen den Boden stemmen. Ist Flut und Ebbe vor der Docke, und ihr Abstand etwa 17 Fuſs, so legt man den Boden der Stapelrinne mit der Ebbe gleich hoch; ist der Abstand geringer, so muſs man den Boden um eben so viel tiefer legen, die Docke müſste denn für kleinere Schiffe bestimmt sein.

1152. Das Thor wird bei der Ebbe geöffnet; die Docke füllt sich dann bis zur Fluthöhe, und das in dieselbe zu bringende Schiff kann einlaufen. Bei der folgenden Ebbe wird das Thor verschlossen, und der Wiedereintritt des Wassers in die Docke abgeschnitten; das sich sammelnde Wasser aber wird bei jeder Ebbezeit durch Öffnungen der Schloſsthüren, welche die Kielrinne während der Flut verschlieſsen, abgelassen, so daſs dann kein Ausschöpfen des Wassers nöthig ist. Ist aber der Unterschied zwischen Flut und Ebbe nicht hinlänglich, so bleibt nichts übrig, als das Thor, nachdem das Schiff eingelaufen ist, zu schlieſsen, und das Wasser durch Maschinen aus der Docke zu schaffen, z. B. durch Pumpen, die durch Pferde in Bewegung gesetzt werden, oder durch eine Dampfmaschine. Soll das Schiff wieder auslaufen, so muſs die Docke durch Umlaufe gefüllt werden, um an der innern Seite der Thore Gegendruck hervorzubringen und sie öffnen zu können.

1153. Ein Pontonthor besteht aus einem Schiffsgefäfse, dessen Längendurchschnitt, nach der Höhe, ein häufig unterhalb mit einem Kreisabschnitt verbundenes Trapez ist, und welches mit seinen Giebel-Enden in Falze der Seitenmauern greift. Da das Ponton im Boden kürzer ist als oben, so läfst es sich, unbelastet, wo sein Boden nur wenig unter der Oberfläche des Wassers liegt, zwischen die geböschten Seitenmauern führen und so stellen, dafs seine Giebelseiten auf die Falze treffen. Belastet man hierauf das Ponton nach und nach mit Steinen, oder andern Massen, die specifisch schwerer sind als Wasser, so sinkt es hinunter und greift in die Falze. Den Boden macht man etwas abhängig nach der Docke zu; der Boden der Thorkammer mufs einen Absatz hinter dem Ponton bekommen, gegen welchen sich dieser, wie gegen einen Anschlag stemmen kann. Nach Herstellung des Pontons wird er herausgenommen; es steigt in die Höhe, und kann wieder fortgeführt werden.

1154. Solcher Pontons hält man mehr als eines vorräthig, und macht auch mehrere Falze; theils um, wenn das eine während der Reparatur eines Schiffs beschädigt werden sollte, ein anderes anbringen zu können, theils um für kleinere Schiffe den innern Raum der Docke verkürzen und die auszuschöpfende Wassermenge verringern zu können. Aufserdem macht man auch noch Falze, um Balken einlassen, und zwischen denselben einen Fangedamm herstellen zu können, im Fall etwas an dem vordern Theile der Docke selbst auszubessern nöthig sein sollte.

1155. Das Ponton kann ganz einfach mit Blättern, Knieen und Gurtungen, Boden und Borden von Bohlen erbaut werden. Zur Verstärkung der Wände gegen den Wasserdruck kann man oben, quer über, Balken legen, die sogleich zur Bebrückung dienen können, wenn die Belastung des Pontons ein- oder ausgeladen werden soll; innerhalb setzt man Spreitzen und Streben. Ein gröfseres Pontonthor ist Taf. XXI. Fig. 142. dargestellt.

1156. Um bei einem etwanigen Brande am Schiffe die Docke schnell mit Wasser füllen zu können, macht man auch wohl, wo Flut und Ebbe ist, hinter oder neben der Docke einen Behälter, welcher, nachdem er bei der Flut gefüllt worden, verschlossen und mit der Docke durch Kanäle mit Schützen verbunden wird.

1157. Bei der Fundamentirung einer Docke verfährt man wie bei einer Schleuse, in so fern sich Fangedämme machen lassen, und der umschlossene Raum ausgefüllt werden kann. Indessen ist es auch möglich, eine ganze Docke in einem einzigen Kasten zu bauen, wie es z. B. in den Jahren 1774 bis 1778 zu Toulon geschehen ist. Zu dem Ende liefs der Erbauer Groignard einen 300 (Pariser) Fufs langen, 95 Fufs breiten, 33 Fufs hohen Kasten, auf einem Flosse von 320 Fufs lang, 112 Fufs breit und $6\frac{1}{2}$ Fufs hoch zusammensetzen und, nachdem dieser Kasten mit dem Flosse so weit versenkt war, dafs er zum Schwimmen kam, das letztere darunter hervorziehen, und den Boden des Kastens hernach bis auf 30 Fufs tief unter der Oberfläche des Wassers versenken.

1158. Die unterste Lage des Flosses bestand aus 258 Stück 60 bis 90 Fufs langen, 20 bis 30 Zoll im Durchmesser starken, unbehauenen Stämmen, die einander berührten. Quer über denselben lagen 23 Reihen Balken, von 40 bis 60 Fufs lang und 20 bis 24 Zoll im Quadrat stark, und so, dafs die Oberfläche aller Reihen von Balken, deren je zwei oder drei über einander lagen, in Eine Ebene, 4 Fufs über der Oberfläche der Stammlage fielen. Die untersten Querbalken waren mit Tauen an die Stammlage befestiget, und daran wieder die obern durch Zwingen.

1159. In jedes der 22 Felder wurden drei Reihen leere Tonnen, jede Reihe zu 26 Stück, gelegt, und aufserhalb an jede der beiden äufsersten Reihen Querbalken zwei Reihen, also zusammen 1820 Tonnen. Über je drei neben einander liegende Tonnen wurden unten ausgerundete, oberhalb ebene Bauhölzer, nach der Länge des Flosses gelegt, und mit Tauen festgebunden. Über diesen Hölzern lag wieder auf den Querbalken eine Bohlendecke, welche zum Bauplatz diente.

1160. Auf die Bohlendecke waren, auf 4 Fufs Höhe, Klötze, nach Art der Stapelblöcke, über einander gelegt. Auf diesen Reihen von Blöcken lag der Boden des Kastens, der auf ähnliche Art, wie beim Brückenbau beschrieben, construirt war, nur dafs er durch eine wasserdichte Balkenwand nach der Länge, und drei andern nach der Breite, in 8 Theile getheilt war; damit nicht etwa durchdringendes Wasser sich über den ganzen Boden verbreiten konnte. Die Scheidewände konnten, nach Vollendung des Baues, in den einzelnen Abtheilungen weggenommen werden. Eben so waren die Umfassungswände eingerichtet. Von den letztern ist jedoch nur die hintere Wand, und zwar mit Schwierigkeit weggenommen worden. Die übrigen sind stehen geblieben.

1161. Um das Flofs unter dem Kasten hervorziehen zu können, wurden darauf so viele Kasten mit eisernen Kugeln gesetzt (und zwar über den Querbalken-Reihen) als nöthig, damit die Spundlöcher der Tonnen so eben etwas unter Wasser kamen. Die Spunde konnten vermittelst Seile, die für jede halbe Reihe Tonnen zu einem einzigen sich vereinigten, von Fahrzeugen aus, neben dem Flofs, alle zugleich aufgezogen werden, wodurch sich das Flofs senkte, und der Kasten darüber, von demselben getrennt, nun schwamm. Damit aber das Flofs sich auch nicht etwa zu tief senken konnte, war es an Taue gebunden, welche von Pontons aus gehalten, und beliebig angezogen oder nachgelassen werden konnten.

1162. Als der Kasten, durch seine Belastung nach und nach auf den vorher geebneten Grund gekommen war, wurden in denselben etwa 100000 Centner Steine mehr, als sein Boden in der Folge zu tragen hatte, geladen, welche Belastung hernach wieder herausgenommen wurde. Um den ganzen Umfang des Kastens wurden 120 Pfähle, mit einem 25 Centner schweren Rammklotz eingeschlagen; sie drangen jedoch, bei 12 Fufs Fallhöhe des Klotzes, nur 10 Fufs tief ein; so sehr war der Grund schon zusammengeprefst (Wiebekings „Wasserbaukunde").

Von den Leuchtfeuern.

1163. Theils um dem Schiffer bei Nacht gefährliche Stellen von weitem kenntlich zu machen, theils um ihm die sichere Fahrbahn nach einer engen Hafenstrafse zu zeigen, sind Leuchtfeuer nöthig, d. h. Feuer, die auf hohen Puncten während der Nacht angezündet werden, und die stark genug sein müssen, um aus bedeutenden Entfernungen gesehen zu werden.

1164. Befindet sich an der Stelle, wo ein Leuchtfeuer nöthig ist, eine Anhöhe, hinreichend hoch über der Oberfläche des Meeres, so darf man auf dieser Anhöhe nur ein Feuer unterhalten. Ist aber der Strand flach, so mufs man eine künstliche Erhöhung, d. h. einen Thurm, zu dem Leuchtfeuer bauen.

1165. Auf die Construction der Leuchtthürme selbst kommt es hier nicht an, da sie auf denselben Regeln beruhet, nach welchen jeder Thurm, allenfalls auf schlechtem Grunde, erbaut wird. Es ist blofs als Abweichung zu bemerken, dafs je zwei einander berührende, wagerecht durchlaufende Mauerschichten mit einander verbunden werden müssen, sobald der Thurm der Wirkung der Meereswellen ausgesetzt ist. Solches geschieht, theils durch lothrecht stehende eiserne Anker, theils durch steinerne Dübel, wie es Smeaton bei dem berühmten Leuchtthurme auf dem Eddystone gemacht hat.

1166. Dieser Leuchtthurm, bei dessen Bau fast alle Schwierigkeiten sich vereinigten, die bei Leuchtthürmen vorkommen können (die einzige des schlechten Baugrundes ausgenommen, denn der Baugrund bestand hier aus Felsen), ist im wagerechten Durchschnitte kreisrund; sein lothrechter Querschnitt durch die Achse wird durch krumme, nach Aufsen hohle Linien begrenzt, theils um die Gewalt der anschlagenden Wellen etwas zu mindern, was aber doch wenig der Fall sein möchte, theils um die Grundfläche zu vergröfsern, was allerdings zweckmäfsig ist. Der Durchmesser des wagerechten Schnitts ist oben 15 Fufs (Englisch), und da, wo der Thurm aus dem Felsen emporsteigt, 25 bis 26 Fufs. Nähere Nachricht von diesem Thurme findet man in: Woltmann's „Beiträgen zur Hydraulischen Architectur," Band III., S. 254.; in Wiebekings „Wasserbaukunde," Band II. S. 181., und in Smeaton's „*A Narrative of the Building auda Description of the Eddystone Lighthouse with Stone.*"

1167. Das Feuer im Leuchtthurm, dessen Licht von weitem gesehen werden soll, kann auf verschiedene Art hervorgebracht werden. Man brennt Erstlich Steinkohlen (selten noch Holz), oder Zweitens Kerzen, oder Drittens Lampen (bei welchen beiden letzten Arten von Feuer man auch wohl Reverbèren anbringt), oder Viertens Gas (wovon erst seit Kurzem die Rede ist) *).

1168. Ein blofses Kohlenfeuer, und dann auch wohl die ganze Anlage, nennt man Bluse. Es ist dazu, wenn das Feuer frei auf einer Anhöhe brennt, nur ein aus gufseisernen Stäben bestehender Kasten nöthig, dessen Boden einen Rost hat, und auf dessen obern Rand gekrümmte Eisenbleche gelegt werden, um ihn zu schonen.

1169. Brennt das Feuer aber auf einem Thurme, wo es in der Regel mit einem Gehäuse umgeben ist, welches möglichst viel Glasfenster haben mufs, so kann man den Feuerkasten in einen Heerd mit Rost

*) Das Gaslicht ist wohl ohne Zweifel seiner Intensität wegen auch zu Seeleuchten jedem andern Lichte vorzuziehen. Anm. d. Herausg.

verwandeln. Es mufs dann für starken Luftzug gesorgt werden. Der Heerd mufs hoch genug gegen die Sohlbänke der Fenster liegen.

1170. Über Lichter, Lampen und Gas ist im Allgemeinen nichts Besonderes zu bemerken. Nur ist zu gedenken, dafs man auch vorgeschlagen, aber den Vorschlag nur selten ausgeführt hat, das Leuchtfeuer abwechselnd zu bedecken und wieder sichtbar zu machen, damit der Schiffer aus der Dauer der Sichtbarkeit und der Unsichtbarkeit des Feuers erkennen möge, welches Leuchtfeuer er eben sehe. Solche Leuchtfeuer heifsen Blinkfeuer. Das Gerüst, welches die Lichter oder Lampen trägt, oder auch ein beweglicher Schirm mit Öffnungen, wird durch ein Uhrwerk umgedreht.

1171. Ein einzelnes Leuchtfeuer kann dem Schiffer nie vollständig die Richtung nach dem Hafen angeben. Daher sollten wenigstens zwei Leuchtfeuer, deren Lage genau bekannt gemacht werden mufs, brennen, was auch an manchen Orten der Fall ist*).

1172. Die Höhe der Leuchtfeuer über dem Wasser mufs um so gröfser sein, je weiter die Feuer vom Schiffe aus müssen gesehen werden können. Sie wird aus der Krümmung der Erde, mit Berücksichtigung der Strahlenbrechung gefunden. Die Höhe mufs von der niedrigsten Ebbe an gerechnet werden**). Auf dem Leuchtthurm zu Havre befinden sich die Lampen 380 Fufs über der Meeresfläche; in dem Thurme zu Eddystone 80 Fufs; auf Spurnpoint 80 Fufs, wo noch ein anderes Feuer, 56 Fufs hoch, daneben hängt.

1173. Neben solchen feststehenden Leuchtthürmen können auch andere als beweglich anzusehende Leuchtfeuer, die Woltmann Blusenmaschinen nennt, nöthig sein, zumal wenn das Ufer veränderlich ist. Bei Spurnpoint wurde aus diesem Grunde eine solche Blusenmaschine, die nur interimistisch gebraucht worden war, vollständig hergestellt. Ihr Licht befindet sich, wie vorhin bemerkt, 56 Fufs hoch über dem Grunde.

---

*) Wenn das Leuchtfeuer so liegt, dafs die Fahrt in allen Richtungen nach demselben hin, wenigstens bis zu einer gewissen Entfernung vom Feuer, die der Schiffer aus der Stärke des Lichts schätzen kann, sicher ist, so ist auch ein einzelnes Leuchtfeuer zureichend. Anm. d. Herausg.

**) Jedoch mufs auch die Leuchte stark genug sein. Denn ein zu schwaches Licht sieht man aus grofser Entfernung nicht, selbst wenn es von der Krümmung der Erde nicht verdeckt wird, zumal wenn die Luft neblig ist.

Anm. des Herausg.

Ein Schwengel, der vermittelst einer wagerecht liegenden eisernen Welle auf einem Schwengelstuhle sich bewegt, trägt an seinem Ende den Feuerkorb, der an einer wagerechten Welle hängt, und durch sein eigenes Gewicht fortwährend mit seinem obern Rand in wagerechter Lage sich erhält. An das hintere Ende des Schwengels ist ein Tau befestiget, welches sich auf eine Welle wickelt, die vermittelst einer Kurbel an ihrem Ende, durch einige Arbeiter leicht umgedreht werden kann. Etwas unterhalb des Feuerkorbes ist eine Schirmhaube, auf welche die etwa durchfallenden brennenden Kohlen und die Schlacken abgleiten; die Maschine stehet auf Mauerwerk, und kann, wenn ein solches auf einer andern Stelle aufgeführt wird, leicht verlegt werden (Taf. XXI. Fig. 143.).

1174. Von den Laternen auf Leuchtthürmen ist die auf dem Eddystone eine der merkwürdigsten, und kann zum Muster dienen (Taf. XXI. Fig. 144.). Auf der Oberfläche des Mauerwerkes des Thurmes liegt ein Schwellwerk von Eisen, welches ein reguläres Achteck in einem Kreise, von etwa 10 Fufs (Englisch) Durchmesser, bildet, und aus etwa 4 Zoll breiten, 1 Zoll starken eisernen Stäben bestehet, die in den Winkeln des Achtecks stumpf zusammenstofsen. Auf den Schwellen stehet, in jedem Winkel, ein eiserner Ständer, von etwa 3 Zoll dick, recktwinkelig auf die Länge der Schwelle gemessen, hinten etwa 2 Zoll, vorn 4 Zoll breit. Auf dem hinter dem Ständer übrig bleibenden Theile der Breite der Schwellen liegen eiserne Winkel von 1 Zoll breit, welche mit Schrauben auf den Schwellen befestiget sind. In diesen Winkelstücken befinden sich etwa $1\frac{1}{4}$ Zoll lange Einschnitte, deren Boden nach der Aufsenseite zu etwas geneigt ist, und in diese greifen die Haken von 8 lothrechten Stäben, welche auf der einen Seite der Mauer über dem Gange um den Thurm frei herunter gehen, in die Mauer des eigentlichen Thurms laufen, und als Anker dienen. Die Ständer haben oben und unten etwa 3 Zoll breite, 6 Zoll lange, 2 Zoll im Durchschnitt hohe Klauen auf jeder Seite. Durch jede Klaue gehen zwei Schrauben in Muttern, unten in die Schwellen darunter, und oben in einen achteckigen Rahmen darüber, der gleichfalls aus acht 4 Zoll breiten, 1 Zoll hohen eisernen Stäben bestehet. Auf dem Rahmen steht das Dachgespärre, aus eisernen Stäben, welches eine Kuppel bildet, und mit Blech bedeckt ist. Die Ständer und die Klauen bilden Anschläge, von etwa $\frac{3}{4}$ Zoll breit, an welche die kupfernen Fensterrahmen festgeschraubt sind. Jedes der 8 Fenster hat 9 Scheiben nach der Höhe, 3 nach der Breite, und ist im Lichten etwa 9 Fuſs hoch, $3\frac{1}{4}$ Fuſs breit.

1175. Die Lichte stehen auf zwei eisernen, wagerecht liegenden Ringen, deren einer $6\frac{1}{3}$ Fuſs, der andere $3\frac{1}{4}$ Fuſs äuſsern Durchmesser hat. Auf dem groſsen Ringe stehen 16, auf dem kleinen 8 Lichte, in gleichen Entfernungen. Der kleinere Ring ist eben so schwer als der gröſsere, und beide hängen an Seilen, die über Rollen laufen, und halten so einander im Geichgewicht. Der Zugang von frischer Luft wird durch mehrere, unterhalb der Laterne angebrachte Öffnungen, die man nach Gefallen öffnen und verschlieſsen kann, erhalten. Der Rauch aus der Küche und den Öfen, in den untern Stockwerken des Thurms, wird durch eine 7 Zoll weite Röhre durch die Spitze des Daches geführt; um diese Röhre liegt noch eine andere, weitere, durch welche der Dampf von den Lichten abziehet.

1176. Die Laterne des Leuchtthurms auf dem Spurnpoint ist fast eben so eingerichtet, nur ist sie zehneckig, die Fensterrahmen sind von Eichenholz und das Leuchtfeuer wird mit Steinkohlen unterhalten. Deshalb ist in einem Heerde auf dem Kuppelgewölbe, welches den gemauerten Theil des Thurms schlieſst, ein kreisrunder, 15 Zoll (Englisch) im Lichten weiter Rost angebracht, der von einem 3 bis 4 Zoll im Quadrate starken, aus 8 Stücken bestehenden Rande umgeben ist, dessen Boden, aus 8 Stäben bestehend, herausgenommen werden kann (Taf. XXI. Fig. 145.). Unter dem Roste ist der Heerd offen und bildet eine Röhre, durch welche die Asche in einen Behälter, in dem darunter folgenden Stockwerke des Thurms, fällt, dessen Boden mit Steinen belegt ist, und dessen Seitenwände aus Eisen bestehen. Nach dem obern Ende dieses Behälters führen 8 Röhren, bis zur Auſsenseite des Thurms; die zur Ernährung des Feuers erforderliche Luft und der Luftzug wird hinreichend erhalten, weil die Luft im Aschen-Behälter durch die glühende Asche fortwährend hinreichend erhitzt wird. Zur Fortschaffung der Asche ist eine Röhre vorhanden, und auſserdem noch eine andere, etwas weitere, durch welche die Kohlen in Kübeln, vermittelst einer Kurbelwelle, in die Höhe gezogen werden.

1177. Das Leuchtfeuer auf Christiansöe befindet sich auf dem Dache eines unten breiten Thurmes, und ist ein Drehfeuer. Die Laterne ist von den vorigen nicht wesentlich verschieden (Taf. XXI. Fig. 146.).

An eine stehende Welle sind drei wagerechte hölzerne Arme befestiget, welche 9 Hohlspiegel halten, deren jeder 4 Fufs im Durchmesser hat, und aufserdem drei wagerechte eiserne Arme, deren jeder eine Lampe, im gemeinschaftlichen Brennpuncte von je drei Hohlspiegeln, trägt. Die Hohlspiegel sind aus Kupferblech, parabolisch geformt, polirt, zwei Mal vergoldet und an hölzerne Gestelle befestigt. Jede Lampe hat drei 1 Zoll breite, bandförmige, baumwollene Dochte. Späterhin sind die Lichte etwas verändert worden.

1178. Die stehende Welle, mit den Lampen und den Reverbèren, wird durch ein Uhrwerk umgedreht, früher in 6 Minuten, (jetzt in 3 Minuten Ein Mal.

1179. An der Mündung des kurischen Haffs, bei Memel, ist im Jahre 1796 ein Leuchtthurm erbaut worden. Die Beschreibung davon findet man in der „Sammlung nützlicher Aufsätze und Nachrichten, die Baukunst betreffend." Jahrg. 1799. Band III.

1180. Für nördlichere Gegenden, z. B. für Schweden, scheinen Kohlenfeuer vorzuziehen, weil Kerzen, oder Lampen, den innern Raum der Laterne nicht so stark erwärmen, dafs sich nicht im Winter starkes Eis an die Fensterscheiben ansetzen sollte, welches die Wirkung des Lichts bedeutend schwächt.

1181. Den einlaufenden Schiffen müssen zuweilen auch am Tage Zeichen gegeben werden, besonders über die Wassertiefe, die sie zu erwarten haben. Dazu dienen grofse hölzerne Dreiecke, welche an hochstehenden Säulen auf- und abgezogen werden können, und die mit hellen abweichenden Farben, z. B. hochroth und weifs, angestrichen sind *).

---

*) Von den neuerdings auch an den Preufsischen Küsten erbauten Leuchtthürmen, vom Gebrauch und der Einrichtung der Leuchtspiegel, und überhaupt von diesem Gegenstande, so wie auch von andern Gegenständen des Hafenbaues wäre noch Manches zu bemerken, was aber die gegenwärtige kurze Übersicht zu weit ausdehnen würde. Anm. d. Herausg.

20.

Beantwortung der Preisfrage, wie das Y am Pampus bei Amsterdam durch einen mit Schleusen versehenen Deich abzudämmen sei.

(Schluſs der Abhandlung von No. 18. im vorigen Hefte.)

(Von *A. F. Goudriaan*, General-Inspector des Waterstaats im Königreiche der Niederlande.)

Dritter Abschnitt.

Erfordernisse des Abschlusses des Y, Anzahl der Schleusen, Stelle der Abdämmung, u. s. w.

§. 37.

Wir haben bei Beantwortung der zwei ersten Puncte der Frage in §. 13. vorläufig als Bedingung vorausgesetzt, daſs der Deich, durch welchen das Y abgedämmt werden soll, hinreichende Schleusen erhalte und unmittelbar an die Mündung des Y gelegt werde.

Jetzt wollen wir, nach Anleitung der Frage und unserer Eintheilung (§. 2.)

a) untersuchen, welches die Zahl und Weite der Schleusen für das Bedürfniſs der Auswässerung und Schiffahrt werde sein müssen,

b) beweisen, daſs die Abdämmung am besten an die Mündung des Y gelegt werde, um so viel als möglich dem dritten und vierten Puncte der Frage zu genügen.

§. 38.

Für die Schleusen in dem neuen Y-Deiche läſst sich weder die Zahl noch der ganze Querschnitt der jetzt in den Y-Deichen befindlichen Schleusen zum Maaſsstabe nehmen; es muſs vielmehr ein anderer passenderer Bestimmungsgrund gesucht werden. Denn erstlich sind mehrere gegenwärtige Schleusen keinesweges für die Auswässerung, sondern allein für die Schiffahrt bestimmt, wie z. B. die Stadt Amsterdam am Y viele Schleusen hat, welchen noch jetzt das abflieſsende Wasser allein durch eine groſse Amstelschleuse zuströmen muſs, und zweitens wird den auswässernden Schleusen von Amstelland und Nordholland das Wasser durch lange und beschränkte Canäle zugeführt, wie §. 27. bemerkt, wie es z. B. bei der Rheinländischen Schleuse bei Zwanenburg der Fall ist, wogegen die Schleusen in der Abdämmung des Y einen geräumigen unmittelbaren Zu- und Abfluſs haben würden, so daſs also die Umstände bei den vorhandenen und den neu anzulegenden Schleusen gänzlich verschieden sind.

§. 39.

Nach genauer Erwägung scheint es keinen bessern Maaſsstab für die Schleusen zu geben, als wenn man die Zahl der Wassermühlen, welche das auszuschöpfende Wasser auf die Busen mahlen, mit den jetzigen Einrichtungen am Rheinlandsbusen vergleicht, dessen Y-Schleusen sich mit den neuen Schleusen im Y-Damme fast in gleicher Lage befinden. Denn der geräumige Y-Busen, der unmittelbar hinter den Schleusen im Y-Damme befindlich sein wird, muſs wie das hinter den Schleusen von Zwanenburg befindliche Haarlemmer Meer betrachtet werden; wogegen der Südersee, auſserhab des Y-Dammes, dem offenen Y vor den Schleusen von Zwanenburg, hinsichtlich der Beförderung der Entlastung und Auswässerung, nicht allein vollkommen gleichkommt, sondern dasselbe, aus den im §. 27. aufgestellten Gründen, noch übertrifft. Was aus dieser Vergleichung folgen wird, kann also um so sicherer angenommen werden.

§. 40.

Auf den Rheinlandsbusen nun ergieſsen 268 Wassermühlen ihr Wasser und erhöhen dadurch den Wasserspiegel zuweilen in 24 Stunden um $\frac{1}{2}$ Zoll Rheinl. (S. das gedruckte Memoire „Betrachtung über das Haarlemmer Meer," von Klinkenborg und Goudriaan §. 23.)

Dieses aufgemahlene Wasser pflegte früher allein in das Y geschafft zu werden, und zwar durch 3 Schleusen bei Zwanenburg, zu Halfwege, und durch vier zu Sparendam, welche zusammen einen Querschnitt von 114,23 Quadrat-Ellen unter dem Amsterdammer Peil hatten.

Die Dimensionen der Schleusen sind folgende.

Namen der Örter.	Namen der Schleusen.	Weite im Lichten.	Tiefe der Schlagbalken unter dem Amsterdammer Peil.	Quer-Schnitt.
		Fuſs.	Fuſs.	Quadratfuſs.
Halfwege bei Zwanenburg	Ostschleuse	17,916	6,5415	117,189
	Mittelschleuse . . .	20,000	8,500	170,000
	Westschleuse . . .	18,187	9,1245	165,945
	Groſse Schleuse. .	24,9575	10,916	272,436
	Worrder Schleuse	20,000	9,833	196,666
	Kalk-Schleuse . .	19,916	8,0415	160,154
	Kleine Schleuse. .	11,500	6,416	73,784
				1156,183 oder

114,23 Quadrat-Ellen (9 Meter).

Durch diese Entlastung wird zufolge den Beobachtungen in den Jahren 1766 und 1767, der Busen im jährlichen Durchschnitt auf eine Höhe von 19½ Rheinl. Zollen unter A. P. gehalten, während der höchste Stand in jenen Jahren bis auf 9 Zoll, und der niedrigste auf 28 Zoll gekommen waren *).

§. 41.

Bei diesen Erfahrungen ist zu bemerken,

daſs auf den Schermeer-Busen in Nordholland mahlen . . . . 163 Wassermühlen **).

Auſserdem stehen noch . . . . 51 - -
auf Raaxmaats-Busen, welche zusammen 13 Streichmühlen auf Schermeers-Busen haben, die das Wasser aufmahlen, weil dasselbe nicht durch die Seeschleusen bei Aartswoude geschafft werden kann.

Auf den Busen von Amstelland werden gegenwärtig ausgemahlen, etwa . . . . 100 - -

Zusammen 314 Wassermühlen,

welche mit den obigen . . . . 268 - -

von Rheinland, zusammen ausmachen . . 582 Mühlen.

---

*) S. das Verzeichniſs der täglichen mittleren Wasserhöhen im Y, in der Nordsee und im Rheinlands-Busen, Beilage Litt. D. zu dem mehr erwähnten Memoire von Klinkenburg und Goudriaan.

**) S. die oben bemerkte Nachricht der committirten Räthe in Westfriesland und dem Norderquartier vom 29sten Juli 1791, und den beigefügten Rapport. S. 27.

§. 42.

Zur Entlastung von diesem Wasser hat Schermeer-Busen am Y 5, und der Bann von Westzaan 3 Schleusen mit einer Profilöffnung unter A. P. von ungefähr . . . . 87 Quadrat-Ellen *),
und 6 Schleusen am Südersee von . . . . . 114 - -

Amstellands-Busen wird entlastet durch die große Amstelschleuse zu Amsterdam von 133 - -
so wie auch noch durch einen Duiker in der Achtergragt und zwei Öffnungen in dem kleinen Wehre unter der Brücke bei der Wasserpforte, desgleichen durch die Yperschlooter Schleuse, die zusammen eine Öffnung von . . . . 40 - -
haben.

Ferner durch die neue Schleuse im Dimerdamm (die außerhalb der Abschließung bleiben sollte) von . . . . 17 - -

Desgleichen auch, gelegentlich, durch die Schleusen von Muiden und Weesp auf die Vecht, und mithin durch die Muider-Schleuse.

Aus dieser Lage der Schleusen erhellet, daß die obigen 314 Wassermühlen auf dem Nordholländischen und Amstellands-Busen, das Wasser großen Theils nicht in das Y, sondern unmittelbar in den Südersee selbst schaffen **).

§. 43.

Um bei den neuen Schleusen im Y-Damm nicht zu gering zu rechnen, wollen wir alle Mühlen in die Vergleichung aufnehmen, gleich als wenn alles von ihnen aufgemahlene Wasser auf den Y-Busen gestürzt werden müßte. Da nun die 268 Wassermühlen von Rheinlands-Busen das aufgemahlene und von den hohen Gründen abfließende Wasser auf das Y entlasten können, durch ein Gesammt-Profil der Schleusen-Öffnungen von 114,23 Quadrat-Ellen, so müssen auch die 582 Wasser-

---

*) Es wird bei dieser Angabe auf die ganze Weite der Schleusen gerechnet und für die Verengung durch die Wachtthüren nichts abgezogen.

**) Nemlich mit völlig 131 Quadrat-Ellen Querschnitt auf den Südersee gegen 250 Quadrat-Ellen auf das Y. Auch wird jetzt von den 268 Wassermühlen von Rheinland das Wasser zum Theil durch die Katwyksche Auswässerung vom Y abgezogen, und unmittelbar in die Nordsee gebracht.

mühlen zusammen im Verhältnifs das Wasser durch die Schleusen im Y-Damm gemächlich abführen können, durch ein Profil von 248 Quadrat-Ellen, nemlich:

268 Mühlen: 114,23 Quadrat-Ellen = 582 Mühlen: 248 Quadrat-Ellen.

Wenn man nun die Auswässerungsschleusen, wie es aus mehreren Gründen zweckmäfsig scheint, 3 bis $3\frac{1}{2}$ Elle tief legt, so würde die gesammte Breite der Schleusen $\frac{248}{3\frac{1}{2}} = 70{,}86$ oder 71 Ellen sein müssen.

Giebt man an jeder Schleuse eine Breite wie die der grofsen Schleuse zu Sparendam, von etwa 8 Ellen, so würden 9 Schleusen-Öffnungen erforderlich sein, welche in 3 bis 4 Schleusen vertheilt werden können, je nachdem man jede derselben mit 3 oder 2 Öffnungen machen, und denen, welche zur Durchfahrt dienen sollen, eine gröfsere Weite und Tiefe als den übrigen geben will.

§. 44.

Man darf der Richtigkeit dieser Bestimmung wohl vertrauen, da sie auf unbezweifelten Thatsachen beruht, die alle Unsicherheit heben, welche sonst übrig bleiben und in folgenden Umständen liegen würden:

1. In der Schätzung der Wassermenge, welche die Mühlen mit einem gegebenen Mühlenwinde aufmahlen können.

2. In der Zahl der Stunden, auf welche man die Dauer eines solchen Windes in 24 Stunden setzen kann.

3. In der Menge des von dem aufgemahlenen, durch die Quellung der Deiche bei hohen Busen wieder zurückdringenden Wassers.

4. Im Vermögen der Auswässerungs-Schleusen bei dem veränderlichen und durch die Winde bestimmten Fallen der Ebben u. s. w.

Nimmt man z. B. das Vermögen einer gewöhnlichen Wurfrads-Mühle, die bei einem starken Mühlenwinde 4 Fufs hoch aufmahlt, zu 280 Tonnen, oder 45 Cubic-Ellen in der Minute an, und 20 Stunden Mahlzeit auf 24 Stunden: so würde der Busen von Rheinland in dieser Zeit durch 268 Mühlen auf 30,000 Morgen etwas über 2 Zoll erhöhet werden müssen, während nach Beobachtungen die wirkliche Erhöhung nur $\frac{1}{2}$ Zoll in 24 Stunden beträgt. Dieser grofse Unterschied kann nur daher kommen, dafs die Mühlenwinde, welche 280 Tonnen aufmahlen, lange nicht 20 Stunden in 24 mit gleicher Kraft wehen, und dafs von dem aufgemahlenen Wasser ein grofser Theil wieder durch die Deiche zurückquillt, was bei hohem Wasserstande im Busen oft so bedeutend ist, daſs die Mühlen nur bloſs das Quellwasser wegschaffen, das Busenwasser aber durchaus nicht erhöhen *).

Alle diese Unsicherheiten werden vermieden, wenn man von der Erfahrung ausgeht, daſs nach §. 27. die Schleusen in weniger günstiger Lage und mit gleichem Profile, auf den Busen von Rheinland einen mittleren Wasserstand von 19½ Zoll unter A. P. haben hervorbringen können, welcher niedrige Wasserstand auf dem Y nicht nöthig ist, sobald sich Rheinland, als Oberbusen, der Streichmühlen bedienen will.

Da nun vermöge der Vergleichung mit der aufgestellten Erfahrung und den niedrigeren Ebben an der Y-Mündung, mit Grunde vorausgesetzt werden kann, daſs der Y-Busen dennoch oft auf eine für Rheinland sehr leidliche Peilhöhe, mit dem Haarlemmer Meere gleich hoch stehen werde, so werden sich schon bei der mindesten Anwehung aus diesem Meere, die das Wasser auf dem Y vor den Rheinlandschen-Schleusen forttreibt, alsobald die Schleusen auf dem abgeschlossenen Y öffnen, was dann bei Windstillen ganz zum Vortheile des Rheinlands-Busen sein wird, so wie auch, bei der Wiederherstellung in das Niveau, der dadurch erhöhete Y-Busen gegen den Rheinlands-Busen sinken wird, wenn während derselben keine Auswässerung durch die Auſsenschleusen Statt gehabt hat.

§. 45.

Noch stärker würde unter günstigen Umständen, wenn vor den Schleusen im Y-Damm auſsergewöhnlich niedrige Ebben statt finden und das Wasser fortgewehet wird, das im Y versammelte Wasser durch eine Öffnung der Schleusen, die mehr als die doppelte der Rheinlands-Schleusen ist, in den Südersee ausströmen, und also diese günstige Gelegenheit, besonders der Anfang derselben, mit mehr als doppeltem Vermögen benutzt werden können. Selbst noch mehr Wasser, als gegenwärtig die Rheinlands-Schleusen, würden die Y-Schleusen ausströmen, so lange das Gefälle bei denselben durch die Senkung der Oberfläche des Y oder auf andere Weise nicht bis auf ¼ des ganzen Gefälles vermindert ist.

Denn, wird das ganze Gefälle durch 4, das Viertheil also durch 1, der Querschnitt der Rheilandschen Schleusen durch 1, der Querschnitt der Y-Damm-Schleusen also durch 2 ausgedrückt, so ist die Aus-

*) S. die oben erwähnte Nachricht der committirten Räthe u. s. w. Seite 22.

strömung der erstern $1\sqrt{4}=2$, und die der letztern $2\sqrt{1}=2$; und um die Ausströmung dieser Schleusen mit der der gegenwärtigen Rheinlands-Schleusen gleich zu machen, braucht das Gefälle nur $\frac{1}{4}$ von dem Gefälle der Rheinlands-Schleusen zu sein.

Dann der Y-Busen eine Oberfläche hat von .	10,000	Morgen,
die Oberfläche von Rheinland aber gewöhnlich berechnet wird zu	30,000	- -
die von Nordholland zu	2760	- -
und die von Amstelland nur zu	600	- -

so würde sich der Theil der Oberfläche des Y, der bei dieser Gelegenheit unter den Busenstand von Rheinland abgelaufen wäre, nach Schliefsung der Aufsenschleusen, gröfstentheils aus diesem Busen füllen. Dadurch würde sich der Rheinlands-Busen jedesmal um mehr als ein Drittheil der Höhe der Anfüllung des Y erniedrigen, weil nemlich der Ablauf der so viel kleineren Busen von Nordholland und Amstelland zu dieser Anfüllung nur wenig beiträgt, und um so weniger, da diese Busen auch schon zu gleicher Zeit bis auf den niedrigen Wasserstand vor ihren Schleusen, unmittelbar in den Südersee sich entlasten.

§. 46.

Um das Obige noch durch ein Beispiel näher zu erläutern, wollen wir die gröfste Auswässerung berechnen, welche eine der vier Hauptschleusen-Gänge von Rheinlands-Busen bei der Abdämmung des Y, mit der vorbestimmten Weite der Schleusen, gehabt haben würde, und sehen, ob dagegen bei der offenen Gemeinschaft der Rheinlands-Busen gesenkt worden ist.

Ich nehme die Auswässerung während 108 Stunden zwischen dem 19ten und 23sten Februar 1795 an*), durch welche der Busen von Rheinland 5 Rheinl. Zoll gesenkt wurde, und wähle diesen Schleusengang deshalb, weil der Rheinlands-Busen, oder das Haarlemmer Meer, sich zu der Zeit 12 Zoll unter A. P. befand, und also eine Höhe hatte, die desto sicherer mit dem gewöhnlichen Stande des Y oder über demselben, nach dessen Abdämmung, gleich gestellt werden kann.

---

*) Das Verzeichnifs der Beobachtungen dieser Auswässerungs-Periode, die zu Zwanenburg von Stunde zu Stunde gemacht sind, befinden sich am Schlusse dieser Abhandlung.

Die Schleusen wurden den 19ten Februar Morgens zwischen 6 und 7 Uhr geöffnet, und das Y war bis 11 Uhr von 12 auf 21 Rheinl. Zoll unter A. P. gesunken; so daſs das Gefälle der Ausströmung 9 Zoll Rheinl. betrug. Um 2 Uhr nach Mitternacht war das Y 27 Zoll Rheinl. unter dem A. P. gefallen, welches ein Gefälle von 15 Zoll Rheinl. für die Ausströmung gab. Das mittlere Gefälle in diesen ersten 20 Stunden betrug $8\frac{3}{4}$ Rheinl. Zoll *).

Mit diesem Gefälle von $8\frac{3}{4}$ Zoll, oder 0,729 Fuſs $= H$, würden bei einem Wasserstande auf dem Schlagbalken der Schleusen von 9,148 Fuſs **) $= h$, durch dieselbe, auf eine Gesammtbreite von 72 Ellen, oder 229,334 Fuſs $= b$, in der Stunde t, oder 3600 Secunden, eine Masse von 33,955000 Cubikfuſs Wasser $= M$ ausströmen.

Obiges ist nach der bekannten Formel:
$M = abt(\frac{2}{3}H + h)\sqrt{H} =$ 33955000 Cubic-Fuſs oder 1049420 Cub.-Ellen berechnet, $a = 5$ gesetzt ***).

Die Oberfläche des Y-Busens beträgt mit der von Nordholland und Amstelland zusammen 133600 Morgen, jeder von 8509 Quadrat-Ellen, also 113680240 Quadrat-Ellen. Die Oberfläche von Rheinlands-Busen, zu 30000 Morgen von 8509 Quadrat-Ellen angenommen, würde 255270000 Quadrat-Ellen sein.

Daher würden die oben berechneten Schleusengänge in Einer Stunde den Busen des Y u. s. w. um

$$\frac{1049420}{113680240} = 0{,}009231, \text{ oder beinahe } 9\tfrac{1}{4} \text{ Streep (Linien),}$$

erniedrigen, wogegen das Wasser auſserhalb der Schleusen am 19ten Februar in den ersten 20 Stunden 15 Zoll, oder 395 Streep gefallen war,

---

*) Man bekommt diese Mittelzahl, wenn man die Summe der Gefälle, die in jeder Stunde beobachtet sind, durch die Zahl der Beobachtungen dividirt; diese Mittelzahl ist für den gegenwärtigen Zweck hinreichend. Eine genauere Berechnung würde, wegen des gröſseren Gefälles, welches bei den Schleusen in dem neuen Abschlieſsungs-Damme an der Y-Mündung vorausgesetzt werden muſs, eine gröſsere Ausfluſsmasse und also ein noch vortheilhafteres Resultat, als die Mittelzahl geben.

**) Nemlich auf 24 Zoll unter A. P. gerechnet, obgleich diese Tiefe zu Anfange des Ausflusses gröſser ist.

***) S. Eytelweins Handbuch der Mechanik §. 100. Der Coefficient 5 ist bei verschiedenen Versuchen und Beobachtungen im Groſsen passender für die Ausströmung von Schleusen gefunden worden, welche nicht mit langen Canälen verbunden sind, sondern wie hier einen geräumigen Zu- und Abfluſs des Wassers inner- und auſserhalb haben.

so daſs es, wenn das Fallen regelmäſsig gewesen wäre, in jeder Stunde $\frac{395}{20}$, oder beinahe 20 Streep, gesunken sein würde; mithin würde dann das Auſsenwasser dem Fallen des abgeschlossenen Y vorausgegangen sein, wenn auch während dieser Zeit die Rheinlands-Schleusen nicht ausgeströmt hätten, wodurch das Y während der Auswässerung zum Theil wieder würde angefüllt worden sein.

Da nun das offene Y in den ersten 5 Stunden 9 Zoll oder 235 Streep gesunken war, so kann man sicher annehmen, daſs die Schleusen in dem Y-Damme während 15 von den ersten 20 Stunden, mit dem mittleren Gefälle von ungefähr $8\frac{3}{4}$ Rheinl. Zollen, oder mehr, die obige Masse während einer Stunde fortgeschafft haben würden, also in den ersten 20 Stunden $15 \times 1049420, = 15741300$ Cubic-Ellen. Dies ist eine Wassermenge, welche den Busen von Rheinland bereits um $\frac{15741300}{25527000} = 0{,}06166$ Ellen, oder 62 Streep, oder beinahe $2\frac{1}{2}$ Zoll Rhein., senkt. Und wenn nun die Oberfläche des Y unterdessen so viel gesunken wäre, daſs auf dem niedrigen Stande von 27 Rheinl. Zollen unter A. P. nur $8\frac{3}{4}$ Zoll Gefälle übrig blieb, so würde die Oberfläche alsdann $27 - 8\frac{3}{4} = 18\frac{1}{4}$ Zoll unter A. P. gestanden haben, d. h., $6\frac{1}{4}$ Zoll niedriger als beim Anfange *). Hätte nun auch der Busen von Rheinland in dieser Zeit nicht ausgewässert, und wäre auch selbst nach jenen 20 Stunden die Schleusen-Auswässerung beendigt gewesen, so würde doch die Anfüllung von diesen $6\frac{1}{4}$ Zoll dem Busen von Rheinland völlig den dritten Theil, oder 2 Zoll abgenommen haben, wogegen der Y-Busen dadurch 4 Zoll gestiegen wäre, und es würde also $\frac{2}{7}$ von demjenigen bewirkt sein, was bei der offenen Gemeinschaft in 108 Stunden erreicht wird. Aber das Auſsenwasser ist in den folgenden 88 Stunden noch auf dem niedrigen Stande von 21 bis 25 Zoll unter A. P. geblieben, und hat während dieser Zeit auf den Rheinlands-Busen ein mittleres Gefälle von 7,41 Zoll Rheinl. hervorgebracht **);

*) So würde auch diese Senkung auſser dem Zuflusse von Rheinland Statt gehabt haben, weil $9\frac{1}{4}$ Streep (Millimeter) in der Stunde, in 15 Stunden zu 139 Streep, oder über $5\frac{1}{4}$ Zoll Rheinl. ausreicht. Um so viel geringer die Senkung auf dem Y durch die Ausströmung vom Rheinland gewesen wäre, um so viel würde das Gefälle bei den Schleusen gröſser, also die Ausströmung stärker gewesen sein, als es die Berechnung giebt.

**) Nach dem einfachen Mittel aus den Gefällen wie vorhin. Nach einer genaueren Berechnung aus den Summen der Werthe von $(\frac{2}{3}H + h)\sqrt{H}$ für jede Stunde würde das mittlere Gefälle für die 88 Stunden 8,88 Zoll, und während der ersten 20 Stunden 8,27 Zolle gewesen sein.

also würde der Y-Busen bei der Auswässerung durch die Aufsen-Schleusen und durch den Zuflufs der Rheinlands-Schleusen gewissermafsen in einem beständigen Stand von Durchströmung gekommen sein, in welchem Zustande das Gefälle durch das doppelte Profil der Aufsenschleusen sich so vertheilt haben würde, dafs sich davon $\frac{1}{5}$ bei den Aufsenschleusen, und $\frac{4}{5}$ bei den Rheinlands-Schleusen befand.

Denn, wenn das ganze Gefälle $= a$, das Gefälle bei den Schleusen $= x$, und das Gefälle bei der Rheinlandsschleuse $= y$ heifst, so ist die erforderliche Geschwindigkeit für die betreffenden Profile:

$$\sqrt{x} = \tfrac{1}{2}\sqrt{y}.$$

Aber $x + y = a$, also $y = a - x$; also

$$\sqrt{x} = \tfrac{1}{2}\sqrt{a - x},$$

und folglich

$$x = \tfrac{1}{5}a = \frac{7{,}41}{5} = 1{,}48 \text{ Zoll}.$$

Wenn man die Rechnung nach der obigen Formel auf das Gefälle von $1\frac{1}{2}$ Zoll oder 0,122 Fufs anwendet, so findet man, dafs bei demselben die Aufsenschleusen in der Stunde 13310000 Cubicfufs oder 411257 Cubic-Ellen fortschaffen können, also in 88 Stunden noch ausgeströmt haben würden $411257 \times 88 = 36119061 6$, folglich über 36 Millionen Cubic-Ellen Wasser. Durch diese Masse würde der Rheinlands-Busen um 0,14177 Streep, oder $5\frac{1}{2}$ Zoll Rheinl. gesenkt werden.

Wäre also zu jener Zeit der neue Y dann mit seinen Schleusen nach unserer Angabe vorhanden gewesen, so würde durch denselben eine Wassermasse abgelaufen sein, welche den Rheinlands-Busen um $2\frac{1}{2} + 5\frac{1}{2} = 8$ Zoll gesenkt haben würde, während derselbe jetzt, bei der offenen Gemeinschaft des Y mit dem Südersee, nur um 5 Zoll entlastet worden ist.

§. 47.

Will man noch ein Beispiel der stärksten Aufmahlung haben, in der Voraussetzung, dafs das Wasser von allen Mühlen auf den Y-Busen gebracht würde, so erinnere man sich, dafs der Busen von Rheinland gewöhnlich zu 30,000 Morgen angenommen wird.

Nun haben die 268 Wassermühlen von Rheinland, der Erfahrung nach, diesen Busen in 24 Stunden nie mehr als um $\frac{1}{2}$ Zoll Rheinl. erhöht, also würde der Y-Busen mit dem von Nordholland und Amstelland, von 13360 Morgen, durch 314 Wassermühlen in 24 Stunden erhöht

werden können, etwa um . . . . 34 Streep *),
wozu das Wasser von 268 Mühlen von **Rheinland**, mit auf
den Y-Busen gebracht, noch liefern würde . . . . . . 29 - -

Zusammen 63 Streep.

Da wir nun aber gesehen haben, dafs mit $8\frac{3}{4}$ Rheinl. Zoll Gefälle die Schleusen das Vermögen hatten, den Busen in Einer Stunde um $9\frac{1}{4}$ Streep zu senken, so würde mit einem bleibenden Gefälle von $8\frac{3}{4}$ Zoll die gröfste aufgemahlene Erhöhung von 24 Stunden in etwa $6\frac{1}{2}$ Stunden ausströmen können, oder in 13 Stunden, wenn die Ebbe unter das Binnenwasser fällt, und bei der Fluth wieder bis zu dieser Höhe steigt.

Diese 13 Stunden werden nun in den zwei Ebben Eines Tages gefunden werden, wenn das Binnenwasser so steht, dafs die Ebbe während $3\frac{1}{4}$ Stunden unter dasselbe herabsinkt, und während $3\frac{1}{4}$ Stunden die Fluth die vorige Höhe wieder erreicht.

Diese Voraussetzung dürfte wohl durch einen Stand von $8\frac{3}{4}$ Zoll über der Ebbe bei den Schleusen im Y-Damme wirklich erfüllt werden, weil dieser Stand ungefähr mit der halben Höhe der Fluth übereinkommt. Wenn also die Ebben vor den Schleusen im Y-Damme bis auf ungefähr 20 Zoll unter A. P. fallen, so würde der Wasserstand im Y beinahe $20 - 8\frac{3}{4}$ also noch $11\frac{1}{4}$ Zoll unter jenem Peil bleiben können, um in den zwei Ebben Eines Tages alles Wasser, welches 582 Wassermühlen in den Busen gebracht haben, selbst alsdann bequem fortzuschaffen, wenn alle Mühlen mit aller Kraft arbeiten und das Wasser allein auf das Y ausmahlen.

§. 48.

Auf diese Weise glaube ich mit so vieler Sicherheit, als nach der Natur der Sache möglich ist, in Rücksicht des dritten Punctes der Frage zur Genüge erwiesen zu haben:

„dafs die oben bestimmte Weite der Schleusen-Öffnungen völlig hin-
„reichend sein wird, das Wasser, welches durch die mehr oder min-
„der wirkenden Auswässerungs-Schleusen von **Nordholland**, **Rhein-**
„**land** und **Amstelland** in das Y gebracht wird, bequem durch
„zu lassen."

*) Denn es verhalten sich

	13360 Morgen	: 30000 Morgen	= 13 Streep : 29,2 Streep
und	268 Wassermühlen	: 314 Wassermühlen	= 29,2 Streep : 34,2 Streep.

Wir wollen nun noch sehen, wie die Hindernisse der Schiffahrt möglichst vermieden werden können.

§. 49.

Die Schiffahrt wird, nach meiner Meinung, möglichst aller Hindernisse enthoben werden, wenn sich zwischen zwei Schiffahrts-Schleusen ein hinreichend großes Bassin (Hafen) befindet, um alle Beurtschiffe, welche in derselben Stunde abfahren, oder mit derselben Fluth ankommen, aufzunehmen. Das Local dazu ist auf der Carte (Taf. XV. Fig. 2. im vorig. Hefte) gezeichnet.

Nemlich:

Erstlich, im Düngerdammer Außenpolder, der Ydorn genannt, am Y-Munde, wo der Hafen fast ohne Kosten hervorgebracht werden kann, weil er die Erde zum neuen Y-Deiche liefert.

Zweitens, wenn man die Insel Marken mit dem festen Lande verbindet, und die Ausmündung des Canals an den Leuchtthurm dieser Insel legt, um, wie es zufolge §. 36. das Interesse der Schiffahrt erfordert, die Fahrt durch die Seegaten von Vlie und Terschelling beizubehalten und unabhängig vom Nordholländischen Canal und Pampus bis in das Y gelangen zu können; so wird ein Theil des Canals zwischen der Schleuse und dem Polder Y-Damme bei *d*, so wie der Außenschleuse in der Insel Marken bei *g* abgesondert werden können, der geräumig genug sein wird, alle zu gleicher Zeit zu erwartende Schiffe aufzunehmen.

Wenn nun zu der Zeit, wo die zugleich abfahrenden Beurtschiffe bei den Schleusen ankommen, die Außenschleuse geschlossen und die Binnenschleuse geöffnet wird, so werden die Schiffe ohne besondere Durchschleusung in das Bassin, oder den Canal nach innen fahren, und darauf, wenn die Binnenschleuse geschlossen und die Außenschleuse geöffnet wird, alle nacheinander in See stechen können.

Zur Beschleunigung der Ausgleichung der Wasserstände in den großen Schleusen-Bassins würde es rathsam sein, diese Schleusen mit sogenannten Tol- oder Fächerthüren *) einzurichten, weil dann auch die nach der Schließung der Binnenschleusen noch ankommenden Fahrzeuge durch dieselben noch besonders in den Canal oder Hafen durchgeschleuset wer-

*) Diese Art Schleusen-Thüren sind vom General-Inspector Blanken-Jansz erfunden, und lassen sich auch während der Fluth öffnen. Anm. d. Übers.

Man findet eine Beschreibung derselben im 1sten Bande des Archiv's der Baukunst des Herausgebers dieses Journals; Berlin 1816. Anm. d. Herausg.

den können, ohne daſs sie den andern bereits innerhalb befindlichen Schiffen hinderlich fallen, oder sie in der Reise aufhalten, was auch umgekehrt für die bei derselben Fluth aus der See ankommenden Schiffe gilt.

Das groſse Bassin zwischen der Schleuse in dem Ydorn-Polder, und der in der Insel Marken, wird, wenn es mit der Ebbe abgelaufen ist, auch dazu dienen können, während der Fluth alles Wasser der Auſsenschleusen, was mit dem Einschleusen hereinkommt, ohne merkliche Erhöhung aufzunehmen, wodurch bei den Binnenschleusen nur ein geringes Gefälle entstehen, und von diesem Schleusenwasser nur sehr wenig nach dem Y gebracht werden würde.

§. 51.

Hierdurch wird der Forderung des vierten Puncts der Frage genügt, indem bei ungünstigem Wetter die Auſsenschleuse bei der Ankunft eines Fahrzeuges aus der See geöffnet werden, und das Schiff sofort in das groſse Schleusen-Bassin durchgelassen werden kann, wo es vollkommen sicher ist.

§. 51.

Um vollends den vierten Punct der Frage zu beantworten, und zu zeigen, daſs die angemessenste Stelle der beabsichtigten Abdämmung wirklich der Auſsenmund des Y sei, erinnern wir zuerst an das, was bei Beantwortung des zweiten Punctes der Frage §. 32.—34. gesagt ist, nemlich was von der noch bestehenden Stromrinne im Pampus nach der Abschlieſsung zu erwarten sein werde. Es geht daraus hervor, daſs die theilweise unvermeidliche Zunahme der Untiefen auf den Pampus und im Y auſserhalb der Schleusen um so weniger behindert werden, je weiter die Abdämmung nach Auſsen gelegt und je kleiner der Inbusen vor der Schleuse gemacht werden kann.

Je kleiner dieser Inbusen ist, desto mehr wird der Wellenschlag zur längeren Instanderhaltung einer fahrbaren Tiefe thun, und die schleunige Aufschlickung verhindern. Je gröſser der Inbusen dagegen durch Zurücklegung des Deichs nach Amsterdam hinauf gemacht wird, desto eher und stärker wird auch die Aufschlickung vor den Schleusen zu befürchten sein. Dieser Inbusen würde dem ehemaligen hintern Theile des Wykermeeres gleich werden, welcher bereits seit der sogenannten Überdeichung abgeschnitten und in Polderland verwandelt worden ist, wogegen z. B. der Horniker-Hop noch heutiges Tages die binnenländische Schiffahrt zuläſst.

Dagegen würde wieder durch eine mehr nach innen gerückte Lage des Y-Dammes, der Nutzen rücksichtlich der Sicherung der alten Y-Deiche vermindert werden.

Diese wenigen Bemerkungen reichen meines Erachtens hin, um es auſser Zweifel zu setzen, daſs die Abdämmung möglichst nach Auſsen gebracht werden muſs, in sofern es ohne zu groſse Kosten geschehen kann.

§. 52.

Es wird nun leicht zu zeigen sein, daſs die Abdämmung an der in der Carte mit *A* bezeichneten Stelle, an der Mündung des Y, mit den nemlichen, oder mit wenig mehr Kosten ausgeführt werden kann, als näher bei Amsterdam; denn die mehre Länge des Deiches an der Mündung wird von der geringeren mittleren Tiefe des daselbst abzudämmenden Profils hinreichend aufgewogen.

Der Inhalt des Querprofils der Dämme und die Kosten derselben nehmen beinahe im Verhältniſs des Quadrats ihrer Tiefen zu *). Daher würde ein Damm mit der halben mittleren Tiefe eines anderen, beinahe viermal die Länge des letzteren haben können, ohne mehr zu kosten.

Wenn man nun die drei Profile nach den auf der Carte gezogenen Linien *a*, *d* und *e*, welche bei der Abdämmung hauptsächlich in Betracht kommen, vergleicht, so findet man, daſs das Profil *a*, binnenwärts von Schellingwalde nach dem Paardenhook, eine Breite hat von 1266 Ellen (Meter) und eine mittlere Tiefe von 3,73 Ellen; das Profil *d*, vom Leuchtthurm auf dem Diemer-Polder hat eine Breite von 2200 Ellen und eine mittlere Tiefe von 2,84 Ellen; und das Profil *e*, vom Leuchtthurm auf dem Diemer-Deich, auſserhalb der Diemerdammer-Schleuse, eine Breite von 3550 Ellen und eine mittlere Tiefe von 2,74 Ellen.

Nun ist für das Profil

$$a)\quad 1266 \times 3{,}73^2 = 17614$$
$$d)\quad 2200 \times 2{,}84^2 = 17744$$
$$e)\quad 3550 \times 2{,}74^2 = 26652.$$

*) Dieses Verhältniſs würde nicht bloſs beinahe, sondern genau richtig sein, wenn die Querprofile des Dammes ganz gleichförmig und gleichartig wären. Die Abweichung von der Gleichförmigkeit auf der einen Seite, und die mehreren Kosten der Sinkstücke aus Buschwerk, in gröſserer Tiefe, auf der andern, können aber das Verhältniſs einigermaſsen ändern.

Daher sind die Kosten der Abdämmung in *a* denen in *d* beinahe gleich; die in *e* fast um die Hälfte höher. Die Kosten von *a* und *d* verhalten sich ungefähr wie 18:27 oder 2:3 *).

Hieraus folgt dann nun, daſs der Vorzug der äuſseren Abdämmung am Y-Munde beim Leuchtthurm, quer über nach dem Diemer-Polder, durch öconomische Rücksichten nicht vermindert wird, und daſs also diese Richtung in beiderlei Beziehungen zu empfehlen sein dürfte. Die nochmehr nach Auſsen liegende Richtung *e* ist zwar an sich noch besser, kostet aber um die Hälfte mehr, weshalb dazu nicht zu rathen ist.

Inzwischen dürfte, welche von beiden Richtungen vom Polder beim Leuchtthurm ausgehend auch gewählt werden mag, der Forderung der Frage genügt und gezeigt worden sein, daſs jeden Falls die Stelle zur Abdämmung am Auſsenmunde beim Leuchtthurm jeder mehr binnenwärts gelegenen Stelle vorgezogen werden muſs.

§. 53.

Bei der Berechnung der Bau-Kosten des einen oder des anderen Vorschlages wird man nach meiner Meinung zuförderst annehmen müssen, daſs der Deich unter Wasser einen Grundschlag haben muſs, der, so weit es nöthig ist, auf beiden Seiten mit Reis-Sinkstücken aufgeführt wird, und bis zur Höhe der Fluth eine Berme bekommt, wie es die Profilzeichnung (Taf. XVI. im vorig. Hefte) darstellt.

Ferner ist zu bemerken, daſs der gegenwärtige Waterlandsche Deich in dieser Gegend eine Höhe von 1 bis 2 Fuſs über den höchsten wahrgenommenen Sturmfluthen, und auf dieser Höhe eine Kappenbreite von 11 bis 19 Fuſs, und Dossirungen von der $2\frac{1}{2}$ bis 3maligen Höhe hat **).

Bei dem neuen Deiche hat man die Höhe zu 4 Ellen über A. P. oder 1,47 Meter = 4,7 Fuſs Rheinl. über den höchsten Sturmfluthen angenommen, mit einer Kappenbreite von 6 Ellen (19 Fuſs) und einer dreifüſsigen Dossirung, welche so auf dem Grundschlage (Basis) ausläuft, daſs derselbe auf der Höhe des Amsterdammer Peils, also der gewöhn-

---

*) In den Richtungslinien *b* und *c* sind die Producte folgende:
b) mittlere Tiefe $3{,}26^a \times$ die Breite $1676 = 17612$,
c) - - - - $3{,}09^a \times$ - - - $1808 = 17263$,
also beinahe gleich mit den Profilen in *a* und *d*.

**) Der Waterlandsche Deich hat zufolge der letzten zehnjährigen Messung beim Ydorn-Polder eine Höhe über A. P. von 9 bis 10 Fuſs. Die beobachtete höchste Sturmfluth war in dieser Gegend 8 Fuſs über A. P., also lag die Kappe 1 bis 2 Fuſs über der Sturmfluth.

lichen täglichen Meeresfluth, eine platte Berme von 5 Ellen übrig läfst. Die Reis-Sinkstücke erhalten auf beiden Seiten des Deiches unter Wasser eine mittlere Dossirung von etwa der 4maligen Höhe, aber an dem Theile, den man zum letzten Schlusse übrig läfst, nach Verhältnifs etwas mehr, an den übrigen Theilen etwas weniger, als die mittlere Dossirung *).

Nach diesen Bestimmungen würde die mittlere Anlage des Sinkwerks auf 2,84 Ellen mittlere Tiefe sein: $2{,}84 \times 4 \times (2 + 40) = 62{,}72$ oder 63 Ellen, und der Inhalt des Grundschlages unter der ordinairen Fluth, auf die laufende Elle, $\frac{(63 + 40) \times 2{,}84}{2} = 146$ Cubic-Ellen, wovon die Hälfte von 73 Cubic-Ellen Reis-Sinkwerk und die andere Hälfte Erde sein mufs.

	Gulden.	Cents.	Gulden.
Die Cubic-Elle **) Reiswerk kostet 2 Gulden 50 Cents beträgt für 73 Cubic-Ellen, auf die laufende Elle	182	50	
Zu jeder Cubic-Elle ist zum Versenken $\frac{1}{8}$ Last (500 Pfund) Ziegelschutt nöthig; beträgt für 73 Cubic-Ellen $9\frac{1}{8}$ Last (zu 4000 Pfd. jede), zu 4 Gulden die Last,	36	50	
73 Cubic-Ellen Erde zu Wasser anzufahren zu 66 Cents ($13\frac{1}{5}$ Stüver Holländ.); hiezu kommen 14 Cents ($2\frac{4}{5}$ Stüver) oder $\frac{1}{5}$ bis $\frac{1}{6}$ für das Sinken und Einkrimpen der Erde; es kommt also die Cubic-Elle auf 80 Cents (16 Stüver Holländ.) zu stehen; beträgt für 73 Cubic-Ellen	58	40	
Also kostet die laufende Elle des Deich-Grundschlages unter dem Amsterdammer Peil	227	40	
Thut für 2200 Ellen Deich			610280
		Bis hieher	610280

*) Man wird nicht übersehen, dafs wegen der geringen Höhe der täglichen Meeresfluth im Y, während der Arbeit im Sommer, nur wenig Überfall über den Damm Statt finden kann, und dafs bei der Vereinigung mit der Insel Marken das Wasser an beiden Seiten beinahe gleich hoch auffluthen wird.

**) Die Niederländische Elle (oder was einerlei ist, der Französische Meter) ist 3 Fufs 2 Zoll $2\frac{677}{1000}$ Linien Rheinl. lang. Nimmt man sie, der Kürze wegen, zu 3 Fufs 2 Zoll Rheinl. Werk- oder Duodecimalmaafs an, so hält die Cubic-Elle 54872 Cubic-Zoll Rheinl., oder $31\frac{304}{1728}$ Cubic-Fufs Rheinl., also etwa $31\frac{1}{6}$ Cubic-Fufs. Hiernach läfst sich der Preis einer Schachtruthe Rheinl. von 144 Cubic-Fufs, oder einer Cubic-Ruthe von 1728 Cubic-Fufs, oder Pütt von 1600 Cubic-Fufs Rheinl. berechnen. Der Holländische Gulden hat 20 Stüber oder Mariengroschen, wovon 36 einen Reichsthaler Conventionsgeld ausmachen. Der Gulden hat nach der neuen Eintheilung 100 Cents. Anm. d. Übers.

	Gulden.	Cents.	Gulden.
Bis hieher . . .			610280
Der Deichkörper über dem Grundschlage (oder der Basis unter der ordinairen Fluth) ist im Mittel $\frac{6+30}{2}=18$ breit und 4 Ellen hoch; macht 72 Cubic-Ellen Erdwerk. Solches über den Damm anzufahren, mit 80 Cents Zulage für das Sinken, die laufende Elle	57	63	
Thut auf 2200 Ellen			126720
Dieser Deichkörper muſs, auſser über den Damm, auch über die Dürgerdammer- und Diemer-Polder fortgesetzt und an die beiderseitigen Banndeiche angeschlossen werden, wodurch der Deich über A. P. eine Länge von 4000 Ellen bekommt, wovon 1800 über die Polderlande aufzukarren, die Cubic-Elle, mit Sinken und Besoden, 30 Cents (6 Stüver Holländ.), für 72 Cubic-Ellen	21	60	
kosten, und für 1800 laufende Ellen			38880
Die äuſsere Dossirung des Deiches mit 12 Quadrat-Ellen Steindecke zu bedecken erfordert $3\frac{1}{4}$ Last Steinschutt zu 4 Gulden	13	—	
4 Last Dornicksche Steine zu 11 Gulden *)	44	—	
Die Steine auszuladen und zu setzen . . .	5	—	
Macht für die auslaufende Elle	62	—	
und auf 2200 Ellen Länge, die der Deich auſserhalb der Polderlande haben würde, ...			136400
In den Damm gehören nach §. 43. zur Waserlösung 3 Schleusen, jede mit 3 Öffnungen von circa 8 Ellen weit und $3\frac{1}{2}$ Elle tief unter A. P., macht eine Gesammtweite von 72 Ellen (229 Fuſs 4 Zoll). Jede Schleuse wird nach der Erfahrung ungefähr kosten 250000 Guld.			
Also 3 Schleusen			750000
Bis hieher			1662280

*) 4 Last Doornicksche Steine thun auf 2200 Ellen 8800 Lasten, die, wenn es nöthig wäre, nebenbei auch dazu dienen könnten, während der Arbeit die obersten Lagen der Reis-Sinkstücke einstweilig noch mehr zu belasten, worauf sie, nach der Schlieſsung, zu obengenanntem Zwecke gebraucht werden könnten. (Nimmt man an, daſs der Cubic-Fuſs Stein etwa 150 Pfund wiegt, so wiegt die Cubic-Elle, oder 31 Cubic-Fuſs, 4650 Pfund, und es gehen 26 bis 27 Cubic-Fuſs auf die Last von 4000 Pfund.) Anm. d. Übers.

	Gulden.	Gulden.
Bis hieher		1662280
Die beiden Schiffahrts-Schleusen, welche nach §. 49. in dem Polder Ydorn liegen müssen, nemlich die eine an dem Aufsenmund des Bassins und die andere an dem Binnenmund desselben, würden für grofse Kauffahrthei-Schiffe etwa 12 Ellen weit und 4,3 Ellen tief, und um den Beurt- und Binnen-Schiffen vom Südersee eine besondere Durchschleusung zu gewähren, wenigstens 54 Ellen (172 Fufs Rheinl.) lang sein müssen. Eine solche Schleuse würde nach der Erfahrung kosten.	300000	
Und also 2 dergleichen *)		600000
Für Seehöfde und kurze Deiche an der Aufsenmündung der Aufsenschleuse ist zu rechnen		50680
Der Binnen-Hafen, oder das Bassin, entsteht durch Gewinnung des zur Abdämmung nöthigen Erdreichs nach §. 49. ohne Kosten. In sofern nun zur Umdeichung, Ausschöpfung u. s. w. noch einige Nebenkosten nöthig sein möchten, nehme man dafür an		20000
Zum Ankauf von Grundstücken		26000
Es würden also die Kosten der entworfenen Abschliefsung des Y mit Schleusen und Hafen-Bassin berechnet werden müssen auf die Summe von		2358960.

§. 54.

Da wir in §. 36 den grofsen Nutzen für den Seehandel, den ein von der Fahrbahn auf dem Pampus unabhängiger Zugang zum Y haben würde, gezeigt haben, so wollen wir auch noch die Kosten des Canals zur Schiffahrt vom Aufsenmunde des Y bis zum Leuchtthurm auf der Insel Marken berechnen, so wie er auf der Carte (Taf. XV.) mit punctirten Linien angegeben ist,

*) Da die Schiffahrts-Schleusen auch nebenbei zur Auswässerung mit dienen können, so kann man eine von den drei Auswässerungsschleusen als überflüssig betrachten. Wir glauben indefs, dafs es rathsam sei, diese Schleuse aufserdem doch noch zu bauen, damit bei Reparaturen der Schleusen, die Weite für die Wasserlösung nicht vermindert werden dürfe, ungerechnet den Vortheil, dafs sie auch zur Auswässerung beim Übermaafs von Wasser gebraucht werden kann.

Dieser Canal, welcher vom Binnenhafen an im Ydorn-Polder in *C*, bis an den Waterlandschen Deich in *D*, der Insel Marken gegenüber, gegraben werden müfste, und dann durch die Insel selbst nach *EF*, mufs für die regelmäfsige Durchfahrt der gröfsten Kauffahrthei-Schiffe, im Boden 14 Ellen (44 Fufs 7 Zoll Rheinl.) breit und 4,3 Ellen (13 Fufs 8 Zoll) unter dem niedrigen Wasserstande tief sein; die beiden Ufer müssen 3füfsige Dossirung haben, je nachdem die Beschaffenheit des Untergrundes ist.

Dies Profil würde auf jede laufende Elle 108 Cubic-Ellen Erdarbeit erfordern, die zu 32 Cents ($6\frac{2}{5}$ Stüver) gerechnet werden können, so dafs die laufende Elle 34 Fl. 50 Cents kosten würde, und mithin der ganze Canal von ungefähr 12000 Ellen . . . . 414000 Gulden.

Die Reisbermen, welche an beiden Seiten als Anlage oder Grundschlag der Deiche zur Vereinigung der Insel Marken mit dem festen Walle in *DE* gemacht werden müfsten, müssen *), im Mittel jede 8 Ellen breit und nach der mittleren Tiefe des Goldsee's bei Marken 2 Ellen hoch sein; thut für die laufende Elle 64 Cubic-Ellen zu 2 Fl. 50 Cents . . . . 160 Fl.
für 8 Last Ziegelschutt . . . . 32 -
zusammen 192 Fl.,
also auf 1600 Ellen, als dem Abstande der Insel vom Festlande, ... 307200 - -

Bis hieher 721200 Gulden.

---

*) Nach Einsendung dieser Abhandlung hat es mir bei näherer Überlegung geschienen, dafs man auch den nördlichen Seedeich *DE* des Vereinigungs-Canals ganz füglich in die nördliche Pegellinie der Goldsee, welche auf der Carte mit *K* bezeichnet ist, legen könne. Hierdurch würde

a) die mögliche fernere Aufschlickung des genannten Goldsee's mit verhindert werden.

b) Es würde die Gelegenheit gegeben werden, die Schiffahrt nach der Stadt Monnikendam im Stande zu erhalten und zu verbessern.

c) Ein Busen von völlig 900 Bunders (1 Bunder ist 200 Quadrat-Ruthen Rheinl.) würde hervorgebracht werden, worin noch eine ansehnliche Menge von Busenwasser auch in der Nähe der grofsen Schleusen von Marken sich sammeln könnte, und also die niedrigen Ebben auf diesem Puncte, zufolge §. 27. und 45., desto mehr für die Auswässerung benutzt werden könnten, während

d) in diesem Busen bei passenden Gelegenheiten temporair und hier unschädlich, das Fluthwasser eingelassen und aufgehalten werden könnte, um bei gewöhnlichen Ebben, sowohl für die Ausfahrt der Schleusen am Y, als für die von Marken, zwischen den Leitdämmen, zum Spühlen und Ausreinigen gebraucht zu werden.

Bis hieher 721200 Gulden.

Die Anlage der Deiche, 26 Ellen zwischen den Reisbermen, also beide 52 Ellen breit, enthält auf 2 Ellen Dicke, oder Höhe, 104 Cubic-Ellen, und auf 1600 Ellen lang zusammen 166400 Cubic-Ellen. Der Transport aus dem Canale oder durch die Modderprahmen aus Amsterdam kostet zu 30 Cents (6 Stüver) die Cubic-Elle*) 49920 - -

Zu dem Deichkörper über diesen Anlagen gehören noch 72 Cubic-Ellen in jedem Deiche, thut 144 Cubic-Ellen, und auf 1600 Ellen Länge 230400 Cubic-Ellen, wie oben, anzufahren zu 30 Cents (6 Stüver) . . . . . 69120 - -

Für 1600 Ellen Steindossirung, in sofern sie nöthig ist, zu 50 Gulden die laufende Elle, ... 80000 - -

In dem Aufsenpolder und auf der Insel Marken liefert die bereits berechnete Ausgrabung des Canals die Erde zu den Deichen, welche dort keiner Steindossirung bedürfen werden.

Bis hieher 920240 Gulden.

*) Wenn man den Canal vor der Abschliefsung durch die Insel Marken ziehen will, und die vorläufige Schleuse im Waterlandschen-Deiche bei *i* erst gebaut wird, um den Amsterdammer Modderprahmen Zugang zwischen den Reisbermen der zwischen Marken und dem festen Lande anzulegenden Leitdämmen zu verschaffen, so wird die Erde zur Ausführung dieser Deiche nicht mehr kosten als das Schiffslohn der Modderprahmen von Buiksloot auf den vorhandenen, oder, wenn es nöthig ist, leicht zu vereinigenden Fahrten bis Marken.

Die Stadt Amsterdam pflegt jährlich ungefähr 100000 Schachten, oder 440000 Cubic-Ellen auszumoddern, welcher Modder auf gleiche Weise, wie mit dem von Volewyk geschieht, auf den Reisbermen ausgeladen werden könnte, und wodurch in einem Jahre mehr als der Grundschlag des Deiches geschafft werden könnte. In drei Jahren würde die zur Aufführung der Deiche nöthige Erde auf den Grundlchlag gebracht sein. Da nun der Modder, wenn er zu festem Klai wird, auf den dritten Theil zusammenschwindet, so würde die Anfuhr in 3 Jahren 440000 Cubic-Ellen festen Klai liefern, wovon zur Ausführung der Deiche zwischen Marken und dem festen Lande 166400 + 230400 = 396800 Cubic-Ellen nöthig sind. Schon hat die Stadt Amsterdam die Bürger-Plätze für den Modder in und bei dem Diemer- und Bylmer-Meere suchen müssen, weshalb die Modder-Prahme vom Y, durch die ganze Stadt, bis auf die Amstel mit Stangen fortgeschoben werden müssen, ehe sie an die Zugleine kommen können. Viel bequemer würden sie durch die Schleusen von Buiksloot und in den Waterlandschen Deichen bei *i* bis zwischen die Reisbermen vor dem Canale bei Marken gebracht werden, worauf auch bei der Berechnung dieses Postens Bedacht genommen ist.

Bis hieher	920240 Gulden.
Eine Schiffahrts-Schleuse in der Canal-Mündung der Insel Marken	300000 - -
Für Aufsenhöfde und Leitdämme	158000 - -
Zum Land-Ankauf	43200 - -
Für die Versetzung der vier Wassermühlen von Waterland, die an dem Ryperkolke stehen, über den Canal, durch welchen sie abgeschnitten werden. . . .	30000 - -
Dadurch würde Waterland den Vortheil bekommen, mit diesen Mühlen auf einen niedrigen Busen mahlen zu können, was mehr, als diese Kosten werth ist.	
Sollten die Behörden von Waterland es verlangen, so würden zwei einzelne Durchfahrts-Schleusen in die Durchschnitte des Waterlandschen Deiches gelegt werden müssen, zu 80000 Gulden	160000 - -
so dafs die Kosten, um die Fahrt bis in den Inbusen beim Leuchtthurm der Insel Marken durchzuziehen, sich belaufen würden auf	1611440 Gulden.

Wenn man nun diese Fahrt gleichzeitig, oder vor der Abschliefsung ausführen wollte, so würde die Aufsenschleuse im Ydornpolder nach viel kleineren Maafsen, und blofs der Binnenfahrt auf dem Südersee angemessen, gebaut werden können, welches die Kosten derselben bis auf den dritten Theil vermindert, so dafs 200000 Gulden erspart werden und alsdann die Kosten der Abdämmung mit den Schleusen am Y sich nur

auf	2158960 Gulden
belaufen würden. Hierzu die Kosten des Canals durch Marken.	1611440 - -
thut an Kosten der Ausführung des ganzen Planes . .	3770400 Gulden.

§. 55.

Diese, an sich allerdings grofse Summe, ist im Vergleich mit den Vortheilen, die wir davon im §. 14. bis 29. nachgewiesen haben, doch nur für mäfsig zu erachten, und wird in einigen Jahren durch jene Vorheile reichlich ersetzt werden. In der Note zu §. 14. haben wir uns eine Übersicht jener Vortheile, nach Gelde geschätzt, bis auf diesen Punct der Vergleichung vorbehalten.

In §. 11. ist gesagt, daſs die Stadt Amsterdam allein zur Unterhaltung der nöthigen Tiefe auf der Modderbank und innerhalb der Stadt jährlich 138000 Gulden anzuwenden pflegt, welche also zu 5 Proc. zum Capital gerechnet schon eine Summe von . . . . . 2760000 Gulden ausmachen.

Und wirklich erhellet aus den Rechnungen, daſs in 19 Jahren allein für diesen Artikel die Summe von . . . . 2627710 Gulden bezahlt worden ist.

Um diese beständigen Ausgaben zu ersparen, ist der Vorschlag gemacht und berathen worden, die Modderbank vor Amsterdam mit einem hohen Seedeich zu umgeben. Dieser Deich würde aber nach dem Entwurfe mehr als die doppelte Länge des Abschluſsdammes am Y-Munde bekommen, weshalb auch die Kosten desselben eben so viel und mehr betragen würden, als die Kosten der Abschlieſsung des Y, zusammen mit denen der Durchziehung des Canals durch die Insel Marken. Durch die Abschlieſsung wird aber nicht allein der Zweck des ersten Projects, sondern überdies noch ein unvergleichbar gröſserer Vortheil erreicht, so daſs die Ausgaben in der That nur als gering zu betrachten sind, wenn man sie an die Abschlieſsung des Y, statt an die Umdeichung der einzelnen Modderbank wendet.

Auſser was die Vortheile der Instanderhaltung der vorhandenen, oder einmal hervorzubringenden Tiefe des Fahrwassers im Y betrifft, ist in §. 21. bemerkt worden, daſs für die Verbesserung der Deiche, welche nothwendig sein würden, wenn das Y nicht abgeschlossen werden sollte, schon bloſs um einen Theil des Westzaaner Seedeichs gehörig zu verstärken, bereits bezahlt worden ist . . . . 100000 Gulden,
und für die bereits ausgeführten 12000 Ellen Stein-Dossirungen und Deich-Erhöhungen wenigstens . . . . 720000 - -
Gleichwohl ist diese Länge noch nicht der fünfte Theil der sämmtlichen Y-Deiche, und die Verbesserung also noch ins Unbestimmte fortzusetzen nöthig. Diese Ausgaben können aber durch die Abschlieſsung gänzlich erspart werden.

Ferner kostet die gewöhnliche Unterhaltung der vorhandenen Deiche und Seewehren jährlich ungefähr 30000 Gulden, die, wie vorhin zu Capital gerechnet, geben 600000 - -

Bis hieher 1420000 Gulden.

Bis hieher 1420000 Gulden.

Fast nicht zu berechnen ist ferner nach §. 23. und 24. der Vortheil des beständigen Flottliegens der Schiffe in Rücksicht ihrer Dauerhaftigkeit und Sicherheit. Wenn man als Beispiel zur Erläuterung annimmt, daſs ein groſses Kauffahrthei-Schiff 200000 Gulden zu erbauen kostet, und bei seiner jetzigen Dauer 20 Reisen machen kann, so wird der Theil der Baukosten, oder die Abnutzung, die für jede Reise berechnet werden muſs, 10000 Gulden betragen. Ein jedes solches Schiff wird also für jede Reise, die dasselbe durch beständiges Flottliegen **mehr** wie jetzt aushalten kann, 10000 Gulden ersparen, und für 100 auf diese Art ersparte Reisen werden dem Seehandel gewonnen werden . . . . 1000000 - -

Zusammen 2420000 Gulden.

Dieses mag hinreichen, die Wichtigkeit der Vortheile der Abschlieſsung des Y zu zeigen.

Wie will man aber auſserdem noch den Vortheil zu Gelde anschlagen, der entstehen würde, wenn die bebaueten Plätze und Packkeller in Amsterdam nach §. 22. *) gegen Überschwemmung gesichert wären; oder wenn die Auswässerung nach §. 27. verbessert würde? wie ferner der Vortheil des Aufhörens der Durchquellung der Deiche, und der Erfrischung des Trinkwassers für das Vieh nach §. 28 und 29.?

Auſser der oben berechneten Summe und auſser allen diesen Vortheilen kommen endlich noch die dauerhafte Instanderhaltung der Tiefe auf dem Y hinzu, dessen gänzliche Verlandung sonst unvermeidlich sein würde.

§. 56.

Es bleibt nun noch übrig, in Bezug auf den dritten Punct der Frage zu zeigen:

„Welchen Einfluſs die Abdämmung des Y auf die eventuelle Austrocknung des **Haarlemmer**-Meeres haben dürfte."

Diese Untersuchung wird nach dem bereits Gesagten leicht sein.

---

*) In sofern die Keller auſser der Wasserkehrung liegen, und die Schiffe sich innerhalb der entworfenen Umdeichung der Modderbank befinden, würde allerdings die Sicherung gegen das Volllaufen der Keller und das Flottliegen der Schiffe auch durch den Plan der Umdeichung von **Amsterdam** erreicht werden.

§. 57.

Zuvörderst ist klar, dafs die Abschliefsung des Y die Austrocknung des Haarlemmer-Meeres in hohem Grade befördern würde, und dafs die Ringdeiche rund um dasselbe nicht das Übermaafs von Höhe und Stärke über die Ringdeiche der gewöhnlichen vorhandenen Austrocknungen nöthig haben werden, welche sonst wegen der Nähe des Y und des Rheinlandschen Y-Deiches und in Verhältnifs mit der grofsen Ausdehnung des Meeres erforderlich ist.

Besonders in dem Falle, wenn der Rheinlandsche Y-Deich einmal wieder durchbräche, und den Meerdeichen dann nicht so viel Höhe über den andern Deichen der Austrocknungs-Anstalten gegeben wäre, dafs das Inundations-Wasser während der hohen Seefluth nicht eher über die umliegenden Ländereien fliefsen könnte, als bis die Meerdeiche überlaufen, würde der Durchbruch des Rheinlandschen Y-Deiches auch einen Durchbruch des Haarlemmer-Deiches sicher nach sich ziehen, und dies ausgebreitete Meer wieder volllaufen. Alsdann würde es wieder in einen Wasserplatz, wie vor der Austrocknung, verwandelt werden, wodurch bei dem ersten Sturmwinde, wegen der Ausdehnung und Tiefe dieses Meeres, die niedrig stehenden Gebäude und untersten Mühlen mit einem Male vernichtet werden könnten u. s. w., so dafs wahrscheinlich die Wiederaustrocknung aufgegeben werden müfste.

Diese Gefahr verschwindet gänzlich, wenn durch die Abdämmung des Y der Rheinlandsche Y-Deich bis an den Y-Mund den hohen Fluthen entzogen wird, weil alsdann beim unerwarteten Durchbruche der aufserhalb der Abdämmung bleibenden Deiche, das einströmende Wasser einen so geräumigen Busen vor sich findet, dafs die nur wenige Stunden dauernde hohe Fluth bald wieder auf die gewöhnliche Fluthhöhe gesunken sein wird, so dafs Zeit zur Dichtung der Deiche bleibt, ehe die Meerdeiche in Gefahr kommen.

Wäre nun unter diesen Umständen nie Durchbruch am Haarlemmer-Meere auch noch möglich, so würde doch nur das in dem umliegenden Busen eingeschlossene Wasser bis zur Tiefe der Ringschlooten einströmen können, welches Wasser, über das ausgedehnte Meer verbreitet, nur eine geringe Inundation hervorbringen würde, und wobei man überdiefs die Einströmung durch Abdämmung der Zufuhr-Canäle rasch hemmen und allen ferneren Schaden verhüten könnte.

§. 58.

Zweitens würden durch die Abdämmung des Y die Bedenken gehoben werden, die von Seiten Rheinlands gegen die Austrocknung des Meeres und die Verkleinerung des Busens aufgestellt worden sind, weil der Y-Busen nach §. 44. dieser Heemraadschaft auf alle Fälle Gelegenheit geben würde, sich durch Streichmühlen von geringer Aufmahlung, und folglich von grofsem Vermögen, vom Wasser zu befreien, falls sie dieser Hülfe noch bedürfen sollte.

§. 59.

Drittens würde der Y-Busen die Nothwendigkeit aufhören machen, hinter den Schleusen von Halfwege das Spierings-Meer als Sammelbusen beizubehalten, was bei den frühern Austrocknungs-Entwürfen stets, und wie ich glaube mit Recht gefordert wurde; denn das abgeschlossene Y würde ein viel gröfserer Sammel-Busen sein.

Das Mit-Einschliefsen des Spierings-Meeres würde bei der Austrocknung nicht allein die Kosten der Umdeichung vermindern, sondern auch die Oberfläche des einzudeichenden Landes vermehren, und daher doppelt vortheilhaft für die Unternehmung sein, da überdies die Ausmahlung und Trockenmachung durch den niedrigen Stand des Y-Busens sehr erleichtert werden würde.

§. 60.

Viertens endlich würde, wie wir bereits §. 27. angemerkt haben, die Abschliefsung des Y das trocken gemachte Meer zugleich mit Rheinland, Amstelland und Nordholland, falls es nöthig sein sollte, in die Lage bringen, sich eine Auswässerung direct in die Nordsee durch das Wykermeer zu verschaffen, auf gleiche und noch erfolgreichere Weise, wie gegenwärtig bei Katwyk. Im Falle der Einpolderung des Wykermeeres würde in demselben ein geräumiger Canal in der gehörigen Richtung vorbehalten werden müssen, welcher zur freien Zuleitung des Wassers dienen würde, und nur durch Polder- und Busen-Kaden (Dämme) von dem trockenen Lande geschieden werden dürfte.

§. 61.

Wir haben nun zusammengenommen zur Beantwortung der durch die Holländische Gesellschaft der Wissenschaften aufgestellten Frage zu zeigen gesucht:

Auf den ersten Punct §. 5. bis 16.:

Dafs die Tiefe des Y durch Abschliefsung desselben zu conserviren möglich sein würde, und dafs ohne die Abschliefsung die gänzliche Verlandung des Y zu befürchten sei.

Dafs aus der Abschliefsung aufserdem noch ansehnliche Vortheile erwachsen; nemlich:

Die Ersparung der Ausmodderungskosten, zu welchen allein die Stadt Amsterdam in 19 Jahren 2627710 Gulden verwendet hat. (S. §. 11. 16. und 55.)

Die Ersparung der Kosten der aufserdem nöthigen Fortsetzung der Erhöhung und Verstärkung von beinahe 68000 Ellen Seedeich und die Sicherung gegen den Überlauf aller bebauten Aufsendeichs-Gründe (§. 18. bis 22.).

Die Sicherung und Verlängerung der Dauerhaftigkeit der Schiffe durch beständiges Flottliegen (§. 23. bis 25.).

Die Verbesserung und Sicherung des Entwässerns von Amstelland, Rheinland und Nordholland (§. 26. bis 27.).

Die Vermeidung des Durchquellens der Y-Deiche, und das dadurch erleichterte Trockenhalten der Ländereien; so wie die Erfrischung des Trinkwassers für das Vieh, etc. (§. 28.).

Auf den zweiten Punct:

Dafs von der Abdämmung des Y kein nachtheiliger Einflufs auf die Strömungen, Ebben und Fluthen im Südersee zu erwarten sei (§. 31.).

Mit Beziehung auf den Pampus sind in §. 32. bis 36. die Mittel nachgewiesen worden, die Schiffahrt auf dem Südersee so viel als möglich zu verbürgen, und den Gebrauch der Seegaten beim Vlie und Terschelling für den Seehandel desto mehr zu sichern.

Auf den dritten Punct:

Dafs die in den Abschlufsdamm zu legenden Schleusen, nach Berechnungen, die auf Erfahrung gegründet sind, 248 Quadrat-Ellen unter Amsterdammer Peil weit sein müssen (§. 38. bis 47.).

Hiebei haben wir in §. 49. nachgewiesen, wie die Schiffahrt so viel als möglich von Hindernissen befreiet werden könne, und haben bemerkt, dafs die Schiffahrts- oder Kastenschleusen, neben den Auswässerungs-Schleusen, zugleich dazu dienen sollen, im Fall eine der letzten abgedämmt werden müfste, die Auswässerung nicht unterbrechen zu dürfen, indem die Kastenschleusen als Übermaaſs dann ebenfalls zur Auswässerung dienen können.

Auf den vierten Punct:

Daſs die passendste Stelle zur Abdämmung an der Ausmündung des Y sei (§. 51. bis 52.).

In §. 50 ist bemerkt, daſs hier die Schiffe auch bei ungünstigem Wetter sicher werden durchgeschleuset werden können.

Die Kosten belaufen sich für die Abschlieſsung des Y-Mundes mit Zubehör nach (§. 53.) auf . . . . 2358960 Gulden,
und um die Schiffahrt vom Pampus gänzlich unabhängig zu machen nach (§. 54.) auf . . . . 1611440 - - ,
also die gesammten Kosten, wenn aus den angeführten Gründen alles auf einmal ausgeführt wird, auf . . . 3970400 Gulden,
welche Summe mit den dadurch zu erreichenden Vortheilen in §. 55. verglichen worden ist.

Endlich,

Auf den fünften Punct:

Daſs die Abdämmung des Y auf die Austrocknung des Haarlemmer-Meeres den vortheilhaftesten Einfluſs haben werde, indem solches

a) dadurch vielmehr gesichert werden und nicht nöthig haben würde, sich höher und stärker, als alle andere dasselbe umgebenden Austrocknungs-Anstalten, einzudeichen (§. 37.):

b) die Schwierigkeiten die von Seiten Rheinlands gegen die Verkleinerung des Busens gemacht sind, gehoben werden würden (§. 58.):

c) zum Vortheile der Austrocknungs-Anlage das Spieringsmeer mit eingeschlossen werden könne (§. 59.).

Daſs endlich Rheinland, Amstelland und Nordholland die Begünstigung und Versicherung der Auswässerung theile, welche durch die Abdämmung des Y erreicht wird (§. 60.), wie die Erwägung dieses Einflusses am Schlusse der aufgestellten Frage gefordert wird.

Ich schlieſse diesen Aufsatz mit dem Wunsche, daſs meine Bemühungen irgend etwas beitragen mögen: die Sicherheit des Landes und die dauerhafte Erhaltung des Handels und der Schiffahrt längs dem Y zu befördern.

Verzeichnifs der Beobachtungen der aufsergewöhnlichen Wasserlösungen durch die Rheinlandschen Schleusen zu Halfwege vom 19ten bis zum 23ten Februar 1795.

1759 Februar.	Stunden.		Höhe des Busens unter Amsterd. Peil.	Höhe des Y unter Amsterdammer Peil.	Gefälle womit das Wasser durch die Schleusen strömt.	Winde.	Kräfte.
19.	Morgens	6	12	12	0	N. O.	4
		7	—	14	2	—	—
		8	—	17	5	—	—
		9	—	20	8	N. O.	6
		10	—	—	8	—	—
		11	—	21	9	—	—
	Mittags	12	—	—	9	—	—
	Nachmittag	1	—	20	8	—	—
		2	—	19	7	—	—
		3	—	18	6	—	—
		4	—	17	5	—	—
		5	—	16	4	—	—
		6	—	18	6	—	—
		7	—	20	8	—	—
		8	—	22	10	—	—
		9	—	24	12	—	—
		10	—	25	13	—	—
		11	—	—	13	—	—
20.	Mitternacht	12	12	—	13	N. O.	6
		1	—	26	14	—	—
		2	—	27	15	—	—
		3	—	—	15	—	—
		4	—	25	13	—	—
		5	—	22	10	—	—
		6	—	20	8	—	—
		7	—	—	8	—	—
		8	—	—	8	—	8
		9	—	21	9	—	—
		10	—	—	9	—	—
		11	—	22	10	—	—
	Mittags	12	—	—	10	—	8
		1	—	—	10	—	—
		2	—	—	10	—	—
		3	—	—	10	—	—
		4	—	—	10	—	8
		5	13	22	9	—	6
		6	—	23	10	—	—
		7	—	—	10	—	—
		8	—	—	10	—	—
		9	—	—	10	N. O.	4
		10	13	24	11	—	—
		11	—	—	11	—	—
21.	Mitternacht	12	13	25	12	—	—
		1	14	25	11	S. O.	4
		2	—	—	11	—	—
		3	—	—	11	—	—
		4	—	—	11	—	—
		5	15	—	10	—	—
		6	—	23	8	—	—
		7	—	24	9	—	—
		8	—	25	10	-	—
		9	15	25	10	S. O.	4
		10	15	25	10	S. O	4
		11	—	—	10	O.	4

1795 Februar.	Stunden.		Höhe des Busen unter A. P.	Höhe des Y unter A. P.	Gefälle womit das Wasser durch die Schleusen strömt.	Winde.	Kräfte.
	Mittags	12	—	—	10	—	—
		1	—	26	11	—	—
		2	—	—	11	—	—
		3	—	—	11	—	—
		4	—	25	10	—	—
		5	—	24	9	—	—
		6	—	23	8	—	—
		7	—	22	7	—	—
		8	—	—	7	—	—
		9	—	23	8	—	—
		10	—	24	9	—	—
		11	16	—	8	—	—
22.	Mitternacht	12	—	—	8	N. O.	4
		1	16	24	8	—	—
		2	—	—	8	—	—
		3	—	23	7	—	—
		4	—	22	6	—	—
		5	—	—	6	—	—
		6	17	—	5	—	—
		7	—	—	5	—	—
		8	—	—	5	—	—
		9	—	—	5	—	—
		10	—	23	6	—	—
		11	—	—	6	—	—
	Mittags	12	—	24	7	N. O.	4
		1	17	24	7	—	—
		2	—	—	7	O.	—
		3	—	23	6	—	—
		4		22	5	—	—
		5	—	23	6	—	—
	Abends	6	—	22	5	—	—
		7	—	—	5	—	—
		8	—	—	5	—	—
		9	—	—	5	S. O.	4
		10	—	—	5	—	—
		11	—	—	5	—	—
23.	Mitternacht	12	—	—	5	—	—
		1	17	22	5	—	—
		2	—	—	5	—	—
		3	—	—	5	—	—
		4	—	—	5	S.	2
		5	—	21	4	—	—
		6	—	20	3	—	—
		7	—	—	3	—	—
		8	—	—	3	—	—
		9	—	19	2	—	—
		10	—	—	2	—	—
		11	—	20	3	—	—
	Mittags	12	17	21	4	—	—
		1	17	21	4	S.	2
		2	—	21	4	—	—
		3	—	—	4	—	—
		4	—	20	3	—	—
		5	—	19	2	—	—
		6	17	17	0	S.	2

Zusammen 108 Stunden.

Die Höhe des Busens war bei stillem Wetter vor der Eröffnung der Schleuse 12 Zoll, und nach Eröffnung derselben 5 Zoll. Also die Senkung 5 Zoll.

21.

Einfaches Mittel, gesprungene und baufällig gewordene Gewölbe zu repariren und zu erhalten.

Von dem Königl. Bau-Inspector, Herrn *Rimann* zu Wohlau in Schlesien.

Jüngern Baumeistern wird es vielleicht nicht unwillkommen sein, auf ein einfaches practisches Mittel aufmerksam gemacht zu werden, durch welches gesprungene, den Einsturz drohende Gewölbe, nach vorheriger genauer Erwägung der speciellen Verhältnisse, wiederum in Stand gesetzt und noch eine lange Reihe von Jahren erhalten werden können.

Bei diesem Verfahren kommt es zuvörderst darauf an, sorfältig die Ursachen zu ermitteln, welche die Baufälligkeit des Gewölbes herbeigeführt haben. Liegen dieselben in einer durchaus fehlerhaften Construction, in der Unhaltbarkeit der Materialien, in schlechter Arbeit, oder in der Baufälligkeit des ganzen Gebäudes: so ist allerdings die hier vorgeschlagene Methode, solche Gewölbe herzustellen, nicht anwendbar. Hat man sich jedoch überzeugt, daſs jene Ursachen nicht vorhanden sind, sondern daſs nur vorübergegangene Veranlassungen, z. B. eine ungleiche Senkung des Fundaments, die ihre Endschaft erreicht hat, zu starke Belastung des Gewölbes, und andere nicht fortwirkende, oder doch zu beseitigende Entstehungs-Ursachen die Schuld haben: so wird dem Gewölbe, durch vorsichtiges Schlieſsen sämmtlicher Risse, oder Trennungen vermittelst hölzerner Keile, die erforderliche Haltbarkeit wiedergegeben werden können.

Die Keile werden aus gesundem, wohl ausgetrocknetem, eichenem Holze, so lang als das Gewölbe dick, verfertigt, im Backofen gedörrt, und unmittelbar vor dem Gebrauch in Wasser eingetaucht; das Eintreiben derselben muſs durch einen behutsamen und zuverlässigen Maurer geschehen.

In folgenden Fällen ist dieses Verfahren bei der Reparatur baufälliger Gewölbe von mir angewendet worden:

Die im Jahre 1740 sehr dauerhaft und schön erbaute katholische Kirche zu Städtel Leubus, deren mittleres oder Hauptschiff mit einem Halbzirkelgewölbe von 30 Fuſs Spannung überwölbt ist, soll, eingezogenen Nachrichten zufolge, schon mehrere Jahre vollendet gewesen sein, als der, über 150 Fuſs hohe, sehr schwerfällige Kirchthurm an dem einen Giebel, und zwar von Grund aus, angebaut und mit der Giebelmauer und den vorhandenen Verzahnungen verbunden worden ist.

Das Setzen der starken Thurm-Mauern, welches bei den Kirchen-Mauern schon früher erfolgt war, zeigte seine nachtheilige Wirkung dadurch, daſs, ungefähr zehn Fuſs von der Giebelmauer ab, und parallel mit derselben, ein Riſs quer durch das Gewölbe des Hauptschiffs entstand, den ich im Jahre 1818 fast vier Zoll weit fand.

Schon hatten sich mehrere Ziegel des Gewölbes abgelöset und waren herunter gefallen. Die unter dem Riſs befindliche Orgel hatte man mit einem Mantel von Brettern bedecken müssen, um sie gegen Beschädigungen zu schützen, und das Orgelchor konnte nur noch mit Lebensgefahr betreten werden.

Der Riſs wurde nun von oben und unten mit eichenen Keilen verschlossen, und darauf der Putz wieder hergestellt. Es sind seit jener Zeit bereits 12 Jahre verflossen, und es hat sich nicht die mindeste Spur des Risses wieder eingefunden.

Das gothische Gewölbe über dem Presbyterium der gewiſs dreihundert Jahr alten katholischen Kirche zu Stephansdorf bei Neumark*) wurde im Jahre 1826 gänzlich baufällig. Die nach allen Richtungen sichtbaren Trennungen des Gewölbes nahmen bedeutend zu, und über dem Altare war der Einsturz so drohend, daſs der Geistliche nur noch mit Lebensgefahr vor dasselbe treten konnte, weshalb man schon Anstalten machte, das Presbyterium von der übrigen Kirche abzusondern.

Nach dem Gutachten mehrerer Baumeister wurde die Baufälligkeit der Mangelhaftigkeit des Fundaments zugeschrieben, und es wurde nothwendig erachtet, daſs baufällige Gewölbe abzutragen, einen neuen Dachstuhl über dem Presbyterium und eine neue Balkendecke anzubringen, welches Unternehmen nicht unter 500 Rthl. auszuführen gewesen wäre.

---

*) Es befinden sich in dieser Kirche drei kostbare bemerkenswerthe Denkmäler der Vorzeit, deren Beschreibung ich in den Schlesischen Provinzialblättern liefern werde. Das sehenswertheste steht in der Sacristei, und ist das Grabmal eines Ritters, von Schindler. Der Ritter steht in Lebensgröſse, geharnischt und gewappnet, doch mit entblöſstem Haupte, auf seinem Sarge. Die Statue ist von Bronze gut gearbeitet, und von bedeutendem Metallwerthe.

Bei näherer Untersuchung, die man von mir verlangte, fand sich indessen nicht die mindeste Mangelhaftigkeit des Fundaments und der Widerlags-Mauern. Das ganze Gebäude zeigte sich in einem vollkommen haltbaren Zustande, und verspricht noch eine sehr lange Dauer. Ich konnte deshalb dem erwähnten Gutachten nicht beitreten, und ordnete die Herstellung des Gewölbes mit eichenen Keilen an, welche auch alsbald mit geringen Kosten geschahe; und seit 4 Jahren ist noch nicht die geringste Spur von Sprüngen oder wiederkehrender Baufälligkeit des Gewölbes über dem Presbyterium wahrzunehmen.

Der höchst nachtheilige Gebrauch, unmittelbar an den Wänden der Landkirchen Leichen zu beerdigen *), und durch tiefe Gräber die Festigkeit der Fundamente zu verletzen, hat nur zu oft schon die vorzeitige Baufälligkeit hölzerner und steinerner Land-Kirchen herbeigeführt, und es wäre auch noch in dieser Beziehung wohl endlich Zeit, jenen übelen Gebrauch nicht mehr zu gestatten.

*) Hierüber mein Aufsatz: Vorschläge zur Verhütung der vorzeitigen Baufälligkeit der Land-Kirchen, pag. 539. des Juni-Stücks der Schlesischen Provinzial-Blätter, Jahrgang 1822.

22.

Fragment über den zerstörenden Einfluſs der Insecten auf die Dauer der Bauhölzer.

(Von dem Königl. Bau-Inspector, Herrn *Rimann* zu Wohlau in Schlesien.)

Man hört im technischen Leben, wenn von der schlechten Beschaffenheit des Holzwerkes in einem Gebäude die Rede ist, sehr häufig den Ausdruck: „das Holz ist wurmfressig, oder der Holzwurm ist darin."

Abgesehen davon, daſs dieser Ausdruck unrichtig ist, weil nicht Würmer, sondern Insecten, das weiche oder durch Länge der Zeit morsch gewordene Holzwerk zerbohren und zerstören, so ist der Gegenstand auch von so entschiedener Wichtigkeit im Bauwesen, daſs es wohl der Mühe werth ist, sorgfältige Untersuchungen darüber anzustellen, und möglichst zu ermitteln: wie dem nachtheiligen Einflusse der Insecten auf die Dauer des Holzwerks vorgebeugt oder entgegengewirkt werden könne. Was ich über diesen Gegenstand erfahren oder bemerkt habe, gebe ich hier, mit dem Wunsche, daſs erfahrene Baumeister in dieser Zeitschrift mich widerlegen, oder meine Ansichten berichtigen und verbessern möchten.

Das Insect, welches zuvörderst in Betracht kommt, ist der Borkenkäfer (*Dermesthes typographus Lin.*). Er lebt häufig, in einem groſsen Theile von Europa, in der Rinde der Nadelhölzer, worin er sich labyrinthische Gänge macht und seine Verwandlung vollendet. Werkleute nennen ihn den groſsen Holzwurm, und stehen in der Meinung, daſs er zuerst in die Rinde komme, später aber das Holz selbst zerbohre, welches jedoch nicht der Fall ist, indem er den Stamm selbst niemals angreift, und höchstens seine äuſseren Theile auf der Oberfläche durch kennbare Spuren seiner Gänge verletzt *). Gleichwohl ist dieser Käfer

*) Siehe: Angestellte Versuche über die Nutzbarkeit des auſser der Wadelzeit gefällten kiefernen und fichtenen Bauholzes, nach Lage der bei der Königl. Regierung zu Breslau befindlichen Acten, und nach eigener Erfahrung aufgesetzt durch den Regierungs-Rath Manger, im Juni-Stück pag. 514., und meine Bemerkungen darauf, im September-Stück pag. 214. der Schlesischen Provinzial-Blätter, Jahrgang 1831.

den Nadelholz-Waldungen sehr gefährlich; denn er schadet dem Wachsthum und der Gesundheit der Bäume, weil er das Schutzmittel, das ihnen die Natur gegen die Einwirkungen des Frostes und der Hitze verliehen hat, beschädigt und unwirksam macht. Der Borkenkäfer gedeiht vorzüglich:

Erstens. Wenn die Saftbewegung stockt, und das Treiben der Säfte nicht mehr nach den Extremitäten des Baumes, sondern nach der Rinde seine Richtung nimmt. Dies geschieht z. B. beim Raupenfraſs, und erfahrene Forstmänner behaupten, daſs sich der Borkenkäfer hier so schnell vermehre und die Rinde der abgefressenen Bäume so zerbohre, daſs dadurch den Holzungen mehr Schaden erwächst als durch den Raupenfraſs selbst *).

Zweitens. Wenn Bauhölzer in den heiſsen Frühlings- oder Sommertagen unabgerindet liegen bleiben. Die darin enthaltenen Säfte können alsdann nicht verdunsten, sondern verstocken, und das Holz wird weich und blau (schwarzgrau). Dies ist der erste Grad der eingetretenen Fäulniſs. Einen Theil der Baumsäfte saugen die Sonnenstrahlen in die Rinde, welche dadurch ebenfalls weicher und schwammiger wird, was die Operationen des Borkenkäfers, dessen Larve oder erste Verwandlung man, wenn die Rinde abgelöset wird, in ihrer ganzen Vollkommenheit sehen kann, sehr erleichtert und seine Vermehrung begünstigt.

Diejenigen Insecten, welche den Stamm oder das Holz selbst angreifen, zerbohren und zerfressen, gehören zum Geschlecht der Bohrkäfer (*Ptinus*). Die mir bekannt gewordenen Arten desselben sind: der Holzbohrer (*Ptinus pertinax Lin.*), den man in alten Weiden (*Salix*), in kiefernem und fichtenem Holze gewahr werden kann; der Adlerträger (*Ptinus imperialis Lin.*), den ich in alten, erlenen oder elsenen Hausgeräthen, ins Besondere in Stühlen angetroffen habe, und der Dieb (*Ptinus fur Lin.*), den jeder Besitzer einer Schmetterling- oder Käfer-Sammlung, wo er groſse Verwüstungen anrichtet, und woraus man ihn durch Camphor zu vertreiben sucht, kennen gelernt haben wird. Die Verwahrungskasten einer solchen Sammlung mögen noch so genau geschlossen oder verwahrt sein: so weiſs dieser Käfer dennoch hineinzukommen; ein Beweis, daſs auch das Holz von ihm durchbohrt wird.

---

*) Eine weitere Ausführung darüber findet man in „C. W. Hennert, Königl. Preuſs. Ober-Forst-Rath, Über Raupenfraſs und Windbruch. 4. Leipzig 1798." Die daselbst gegebene Beschreibung des Borkenkäfers ist von naturgetreuen Abbildungen begleitet.

Es hat seine Richtigkeit, daſs in der Regel das Holzwerk durch Alter morsch und weich geworden sein und sich seiner Vergänglichkeit nähern muſs, ehe der Bohrkäfer seine Zerstörungen beginnt und darin wahrzunehmen ist. Doch sieht man auch nicht selten in neuerem Bauholze, in Bohlen und Brettern, die Spuren seiner Zerstörungen; allein nur immer im Splint des Holzes, und mehrentheils nur dann, wenn es, wie früher erwähnt, in der Rinde verstockt und blau (schwarzgrau) geworden ist. Den härtern Theil des Holzes, den Kern, greift der Bohrkäfer nicht an*).

Eben wie ein bewährtes Vertilgungs-Mittel des Bohrkäfers noch nicht entdeckt ist, indem der von mehreren Naturforschern hierzu vorgeschlagene Alaun und Arsenik gefährlich und unzureichend ist, so giebt es auch kein directes Mittel, denselben abzuhalten **). Der Bohrkäfer verschont keine Holz-Art. Er dringt ins weidene, wie ins Ebenholz, sobald es weich und morsch genug für seine Kräfte geworden ist***).

Das Verfahren, das Holz gegen das vorzeitige Verfaulen oder Morschwerden zu schützen, wozu hauptsächlich das Fällen auſser der Saftbewegung, das baldige Abrinden oder Beschlagen der gefällten Bauhölzer, und ein vollkommen ausgetrockneter Zustand desselben bei dem Verbrauch anzuempfehlen sein würde, ist auch als Schutzmittel gegen den Bohrkäfer zu betrachten.

Bekanntlich bedürfen Bretter ein volles Jahr, ehe sie, bei der zweckmäſsigsten Behandlung, vollkommen ausgetrocknet sind. Während dieser

---

*) Im vorigen Sommer brannte ein von Schrotholz gebautes Bürgerhaus in der Stadt Raudten ab; jedoch wurde ein groſser Theil der Wände und des Gebälkes erhalten. Mehrere Inschriften besagten, daſs das Haus im Jahre 1653 gebaut worden war, und mithin 178 Jahre gestanden hatte. Eine genaue Untersuchung der Balken und Schrothölzer überzeugte mich, daſs selbige vollkommen gesund, ohne die geringste Fäulniſs oder Spur des Bohrkäfers, sich erhalten hatten, und noch zu einer langjährigen Dauer geeignet waren, zugleich aber auch, daſs sie, wie das Hirnholz bewies, aus dem Kerne sehr alten, vielleicht 200jährigen kiefernen Holzes gezimmert waren.

**) Herr Medicinal-Rath Dr. Dietrich zu Glogau hat schwarze Seife, Vitriol-Säure, Camphor, Arsenik, Chlorkalk, Abkochung von Sadelbaum, Quassia und Mehreres, jedoch vergeblich versucht, um den Bohrkäfer aus dem von ihm ergriffenen Hausgeräthe zu vertreiben.

***) Neuerdings macht im Januar-Stück der diesjährigen Schlesischen Provinzial-Blätter ein Ungenannter unter den provinziellen Mittheilungen bekannt, daſs er den Holzwurm, welcher ein Jahr lang in einem seiner Möbel seine zerstörenden Operationen getrieben, endlich dadurch zerstört habe, daſs er das Holzwerk dieses Hausgeräths mit Terpenthin-Spiritus getränkt habe. Nach Verlauf Eines Jahres sei noch keine Spur wieder von dem Dasein des Wurms zu bemerken gewesen.

Zeit, und wenn sie länger aufbewahrt werden sollen, müssen sie in möglichst trocknen und luftigen Orten, auf Bodenräumen und unter vollständiger Bedachung untergebracht werden. Fehlt man dagegen und verwahrt Bretter in feuchten, dem Zugange der Luft entbehrenden, oder gar der vollkommenen Austrocknung entgegen wirkenden Räumen, so hat man mit Gewifsheit den Zutritt des Bohrkäfers zu gewärtigen.

Tischler, welche dauerhafte Arbeiten liefern, hauen den Theil des Holzes oder der Bretter weg, welcher vom Bohrkäfer ergriffen worden ist; bei den Zimmer-Arbeiten kann jedoch nicht immer so genau darauf gesehen werden, und es werden daher oft genug Dielen verbraucht, worin die Bohrlöcher des Bohrkäfers schon sichtbar sind und von Jahr zu Jahr sich vermehren.

Schliefslich habe ich noch desjenigen Insects zu gedenken, welches unter dem Namen Bücherlaus (*Termes pulsatorium Lin.*), in Bibliotheken, und auch im Holzwerk, grofsen Schaden anrichtet. Diesem kleinen Thierchen, welches zur siebenten Ordnung der Insecten (*Aptera*) gehört, schreibt man, wiewohl sehr zweifelhaft, das Klopfen in den Wänden zu, was im gemeinen Leben Todtenuhr genannt wird.

Aus den vorstehenden Erfahrungen habe ich die feste Überzeugung gewonnen:

1) dafs kieferne und fichtene Bauhölzer, welche durch Raupenfrafs entlaubt oder entnadelt worden sind, keine lange Dauer gewähren, weil eine Stockung der Säfte Statt gefunden hatte, und ein gewisser Grad der Fäulnifs eingetreten war, ehe das Holz abgestämmt wurde,

2) dafs das baldige Abrinden oder Bewaldrechten der Bauhölzer im Frühling oder Sommer nicht verabsäumt werden dürfe, weil durch die Verstockung der Säfte unter der Rinde das Holz weicher und der Zutritt des Bohrkäfers dadurch erleichtert wird,

3) dafs das Abtrocknen und Aufbewahren der Schnitthölzer, als Bohlen, Bretter, Latten u. s. w., vorsichtig geschehen müsse, und feuchte Aufbewahrungs-Orte zu vermeiden sind, um den Bohrkäfer abzuhalten.

4) dafs diejenigen Verbandstücke eines Gebäudes, welche auf immer dem Zugange der Luft und Sonne entzogen werden, als z. B. die Balken, besonders gut ausgetrocknet sein müssen, weil sie sonst vor der Zeit morsch werden und dann dem Bohrkäfer den Eintritt verstatten.

Bei den im 2ten Heft 5ten Bandes pag 105. enthaltenen „Nachrichten von den Steinbrüchen in Schlesien" sind folgende Berichtigungen und Zusätze nöthig:

Seite 105. Zeile 5. v. o. st. technologische Beschreibung l. topographische Beschreibung
— — — 1. v. u. st. abwechselten l. abwechseln
— 108. — 26. v. o. st. zu Röversdorff l. bei Röversdorff
— 109. — 9. v. o. st. In dem Städtchen Zobten sieht man l. In dem Städtchen Zobten am dortigen Kirchhof sieht man
— 110. — 5. v. o. st. Neupirch l. Neukirch
— — — 11. v. u. st. entstehen l. anstehen
— — — 4. v. u. st. Grünowitz l. Gränowitz
— — — 4. v. u. st. Laubener l. Laubaner
— 111. — 12. v. u. st. Tannowitz l. Tarnowitz
— 114. — 11. v. o. st. Volgersdorff l. Volpersdorf
— — — 2. v. u. st. Lubin l. Lubie
— — — 8. v. u. st. Pziedkowitz l. Dziedkowitz
— — — 25. v. o. st. Priewkowitz l. Dziewkowitz
— 117. 118 und 119. Zeile 1. v. o. st. Kalksteinbruch l. Steinbruch
— 117. Zeile 14. v. o. st. Ober-Nieder-Leisersdorf l. Ober- und Nieder-Leisersdorf
— 117. — 18. v. u. st. Grofs-Jänowitz l. Klein-Jänowitz
— — — 25. v. o. st. Lauber. Goldentreum l. Lauban. Goldentraum
— 118. — 14. v. o. st. Täpliroda l. Töpliwode
— — — 21. v. o. st. Belensdorf l. Belmsdorf
— — — 24. v. o. st. Geiersdorf l. Giersdorf
— 117. nach Zeile 6. v. o. ist hinzuzufügen: Hartevorwerk. Sandstein
— — Zeil. 15. v. u. st. Blumen l. Mertschütz Thonschiefer am Burgberge

---

Anm. Einige Anzeigen von Büchern u. A. müssen wegen Mangel an Raum auf die folgenden Hefte verschoben werden.

Inhaltsverzeichniſs des vierten Hefts fünften Bandes.

Berlin, gedruckt bei G. Reimer.

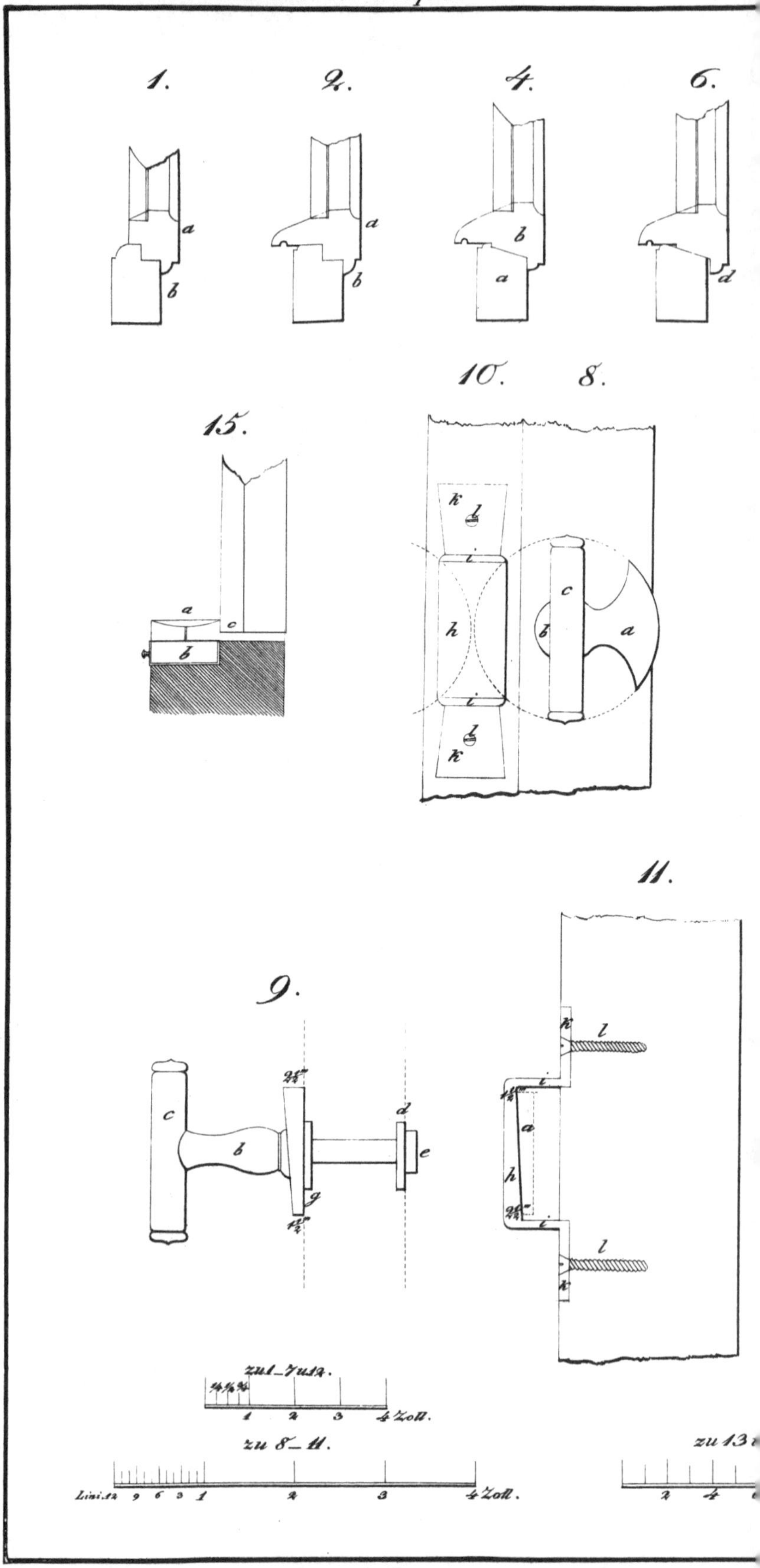
1.
2.
4.
6.
10.
8.
15.
11.
9.
zu 1 – 7 u. 14.
1 2 3 4 Zoll.
zu 8 – 11.
Lini. 12 9 6 3 1 2 3 4 Zoll.
zu 13

Taf. I.

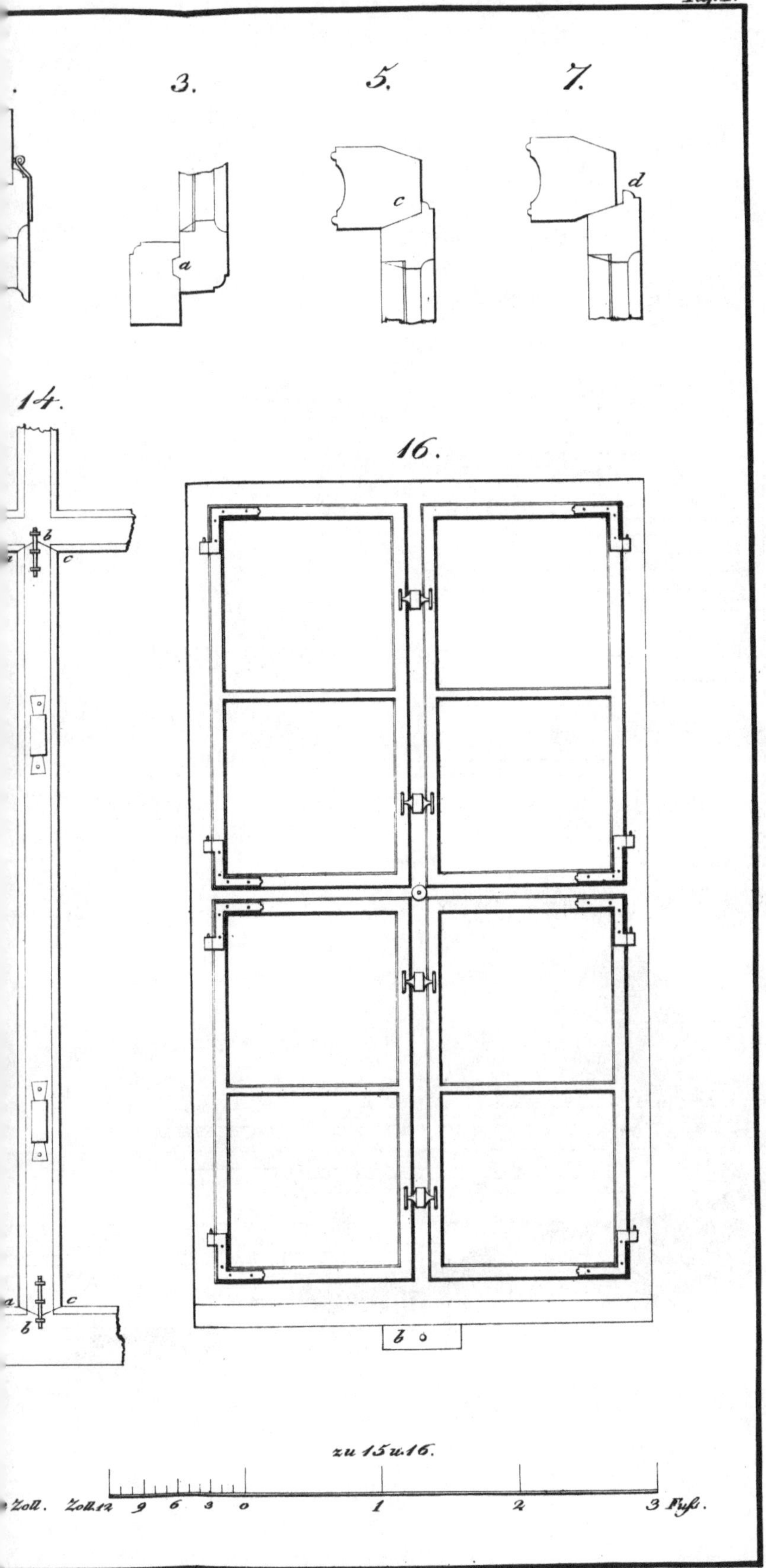

H. Plötsch sculp.

116.

115.

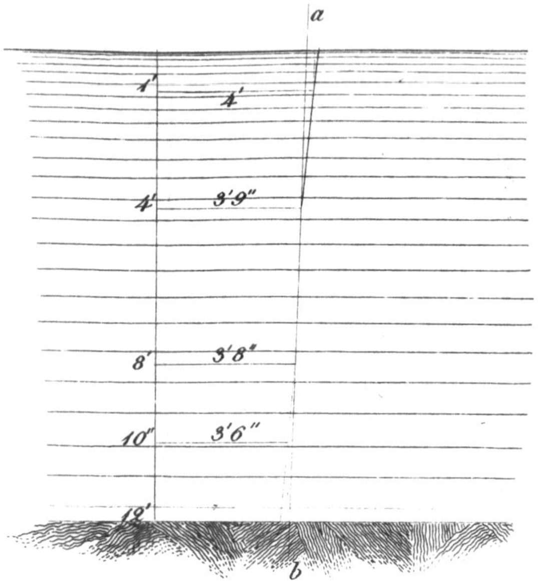

117.

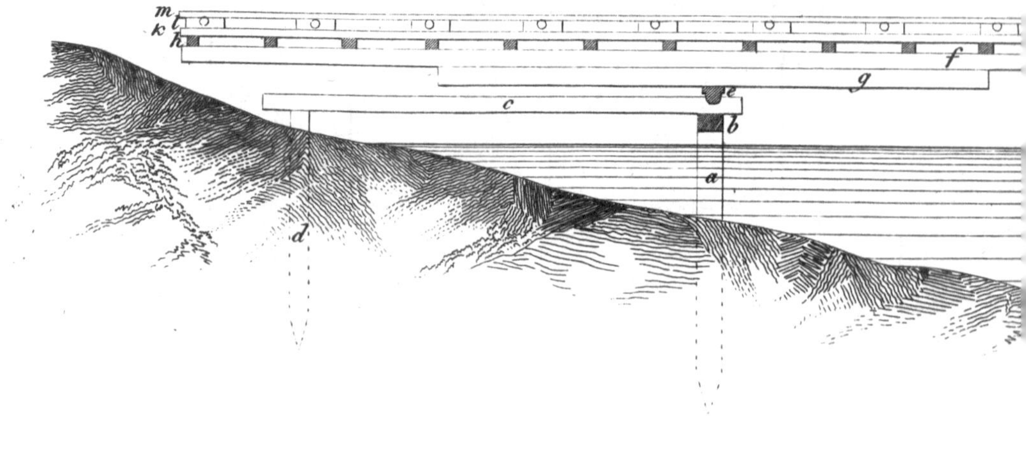

Taf. II.

118.

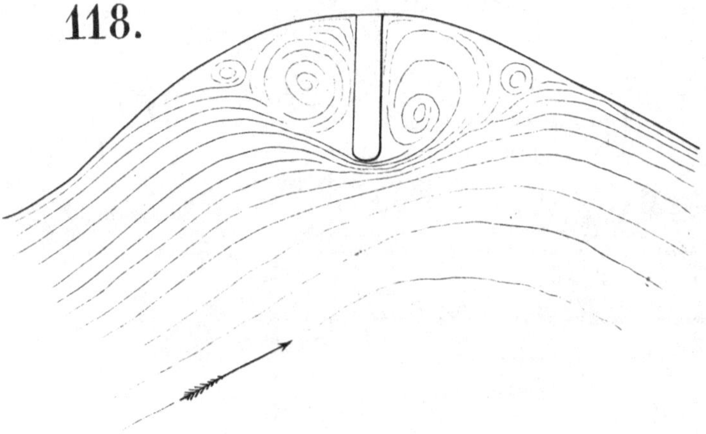

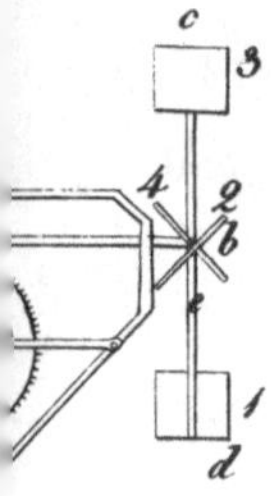

119.

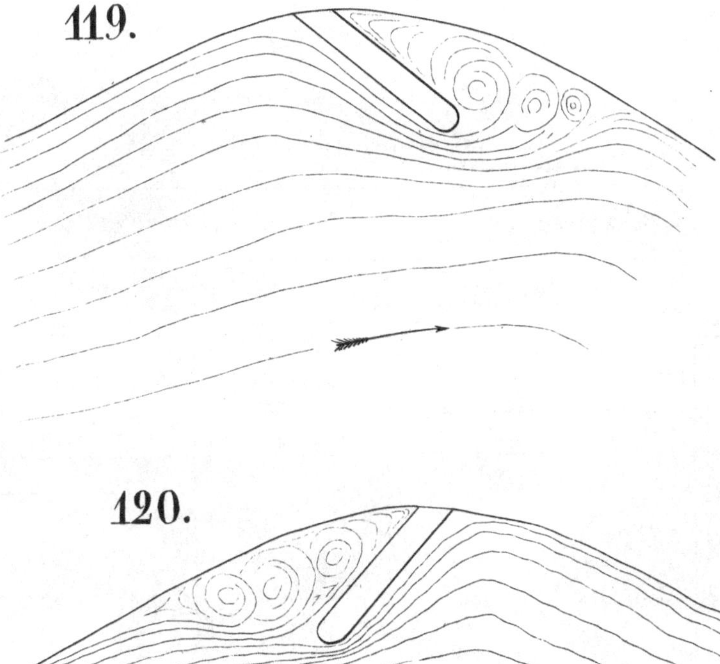

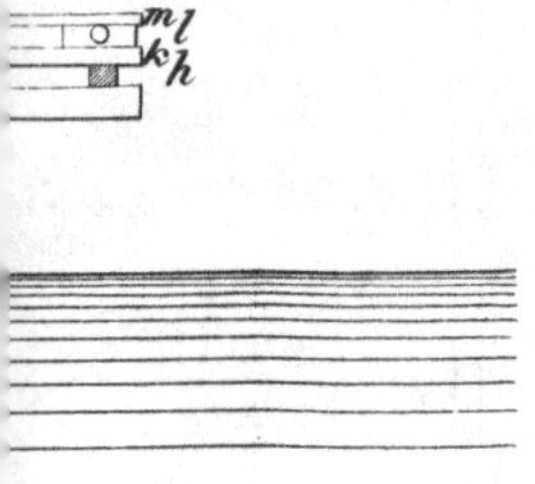

120.

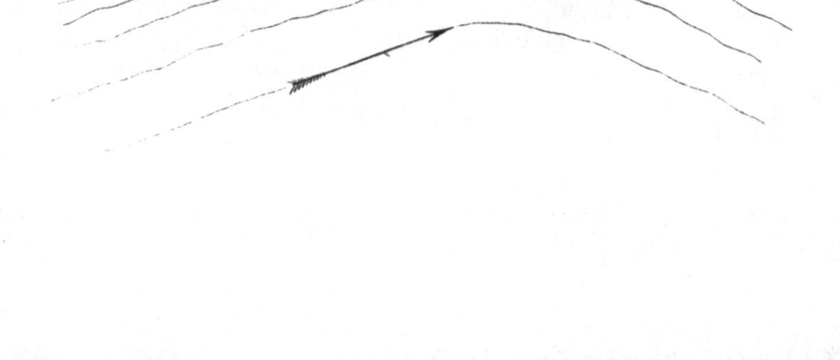

Wibel gez.

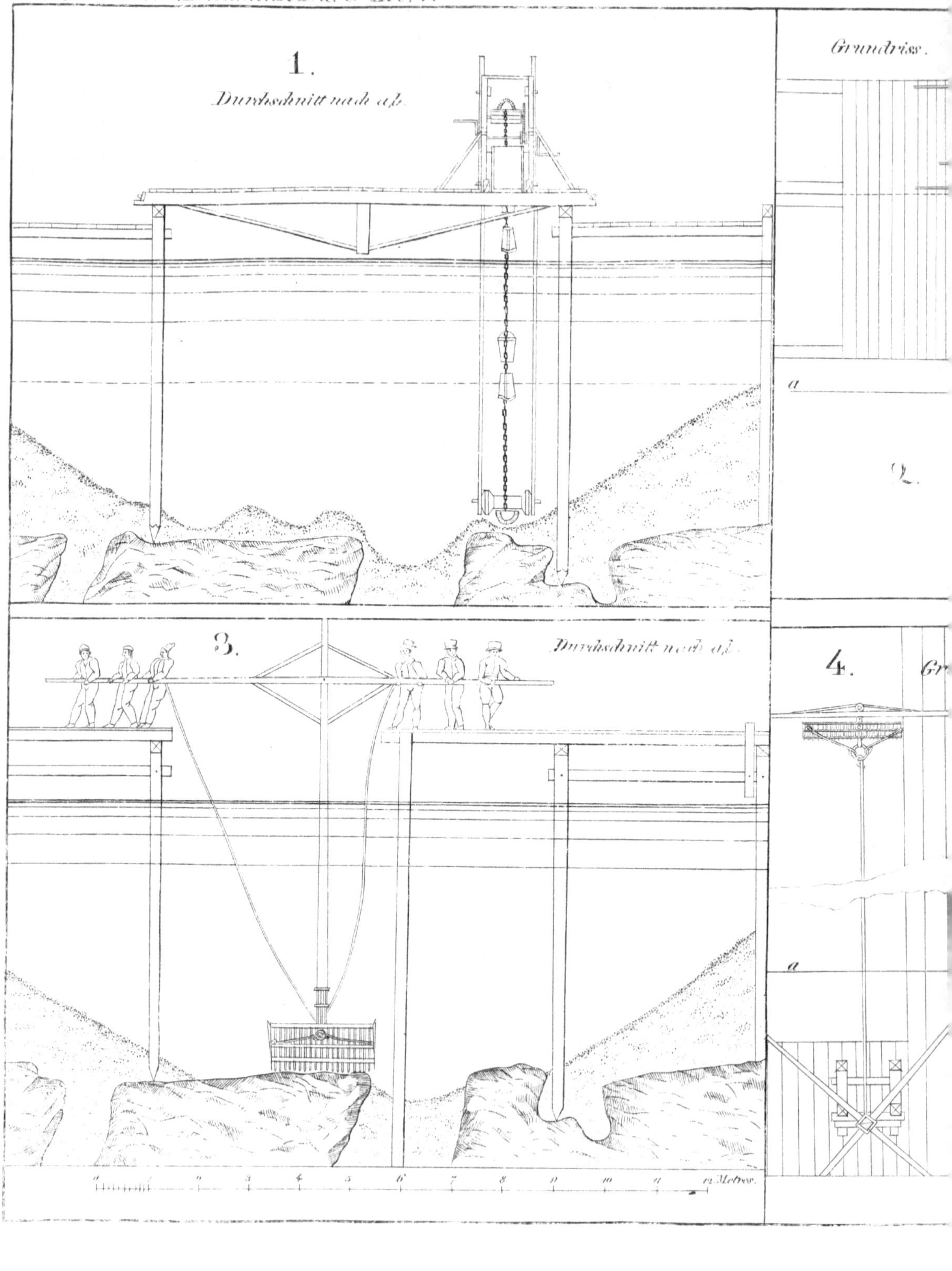
1.
Durchschnitt nach a,b.
Grundriss.
a
2.
3.
Durchschnitt nach a,b.
4.
Gr
a
0 1 2 3 4 5 6 7 8 9 10 11 12 Metres.

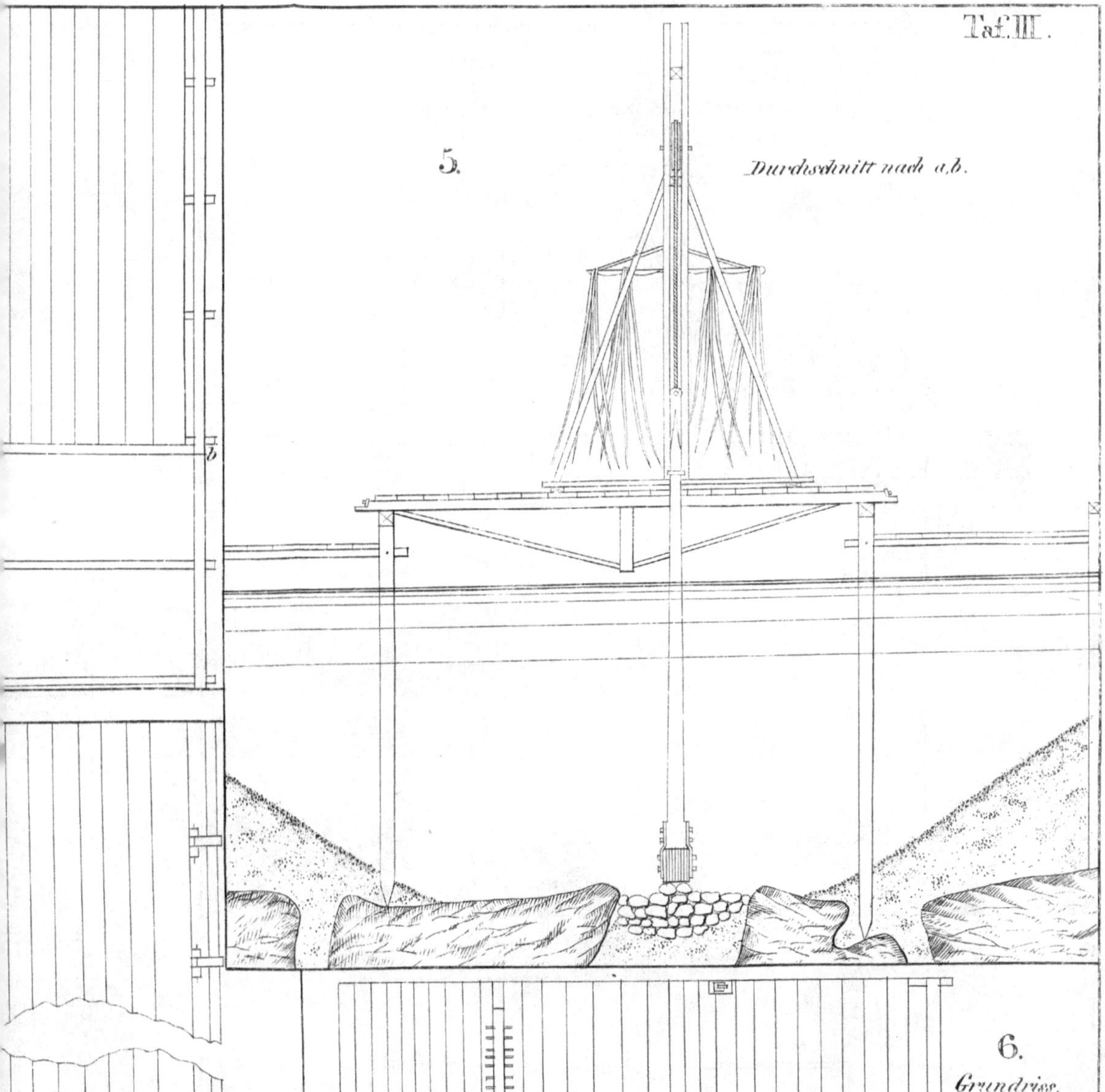
5.
Durchschnitt nach a, b.
b
b
6.
Grundriss.
a
b

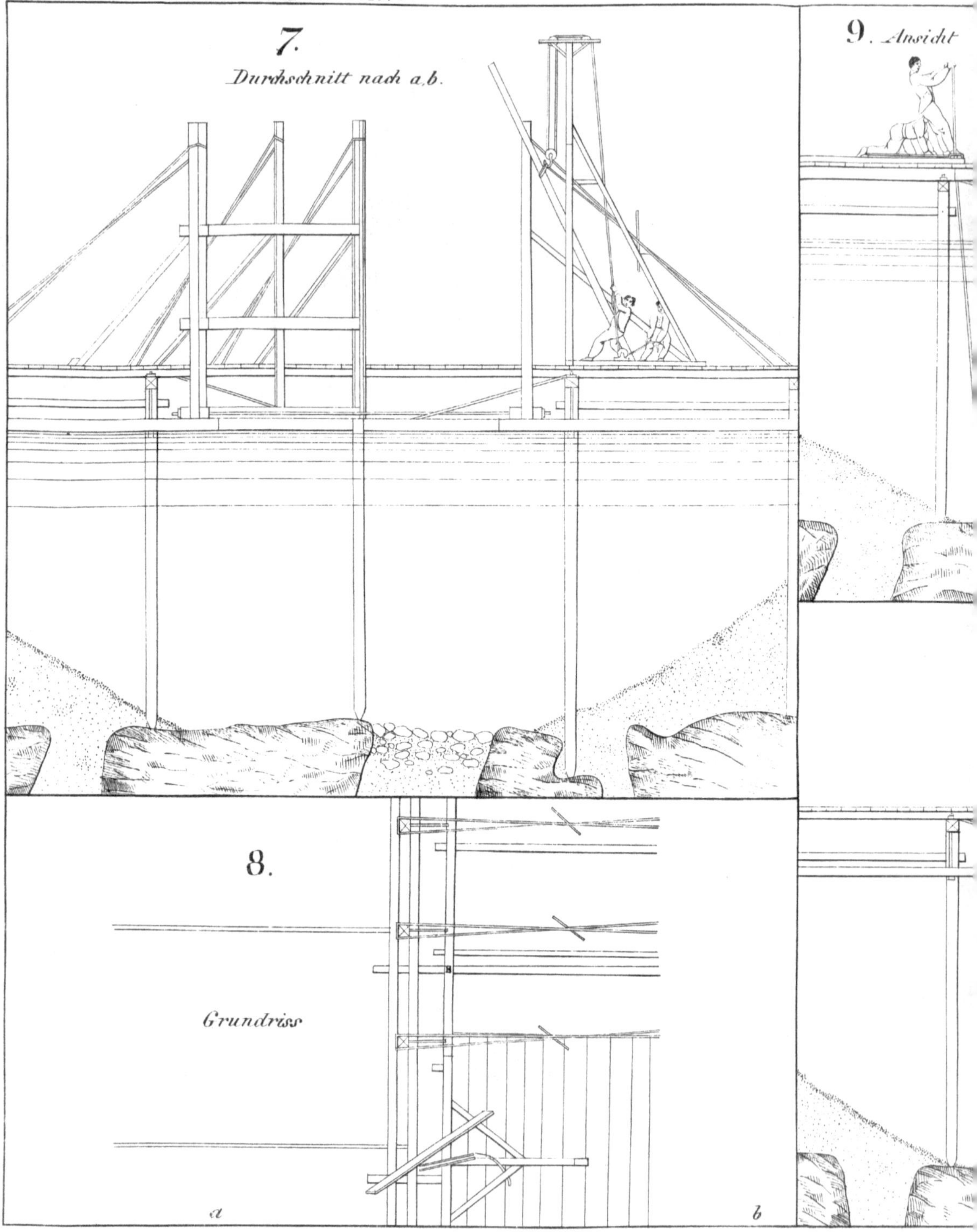
7.
Durchschnitt nach a, b.
8.
Grundriss
a
b
9. Ansicht

Taf IV.

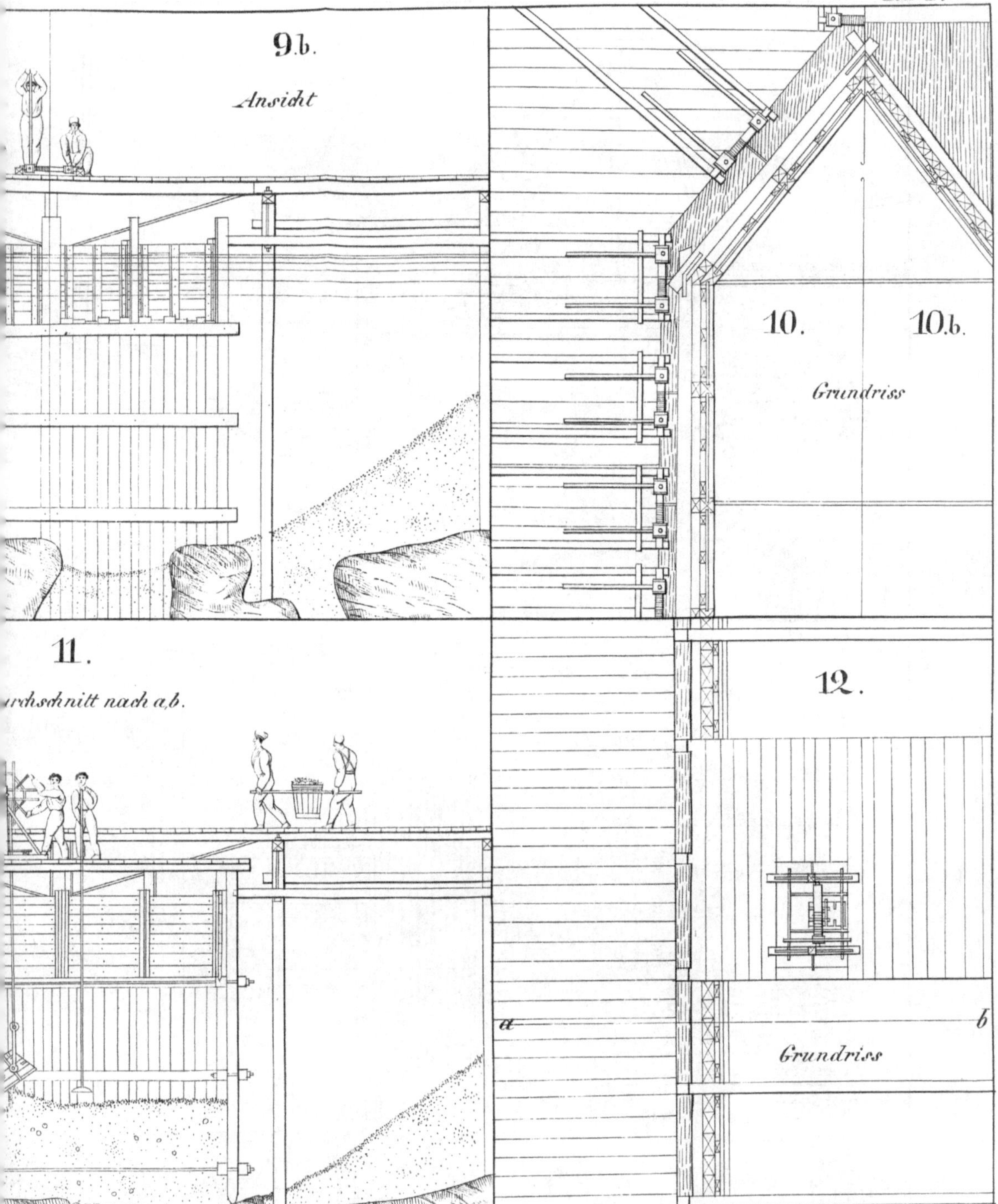
9.b.
Ansicht
10.
10.b.
Grundriss
11.
rchschnitt nach a,b.
12.
a
b
Grundriss

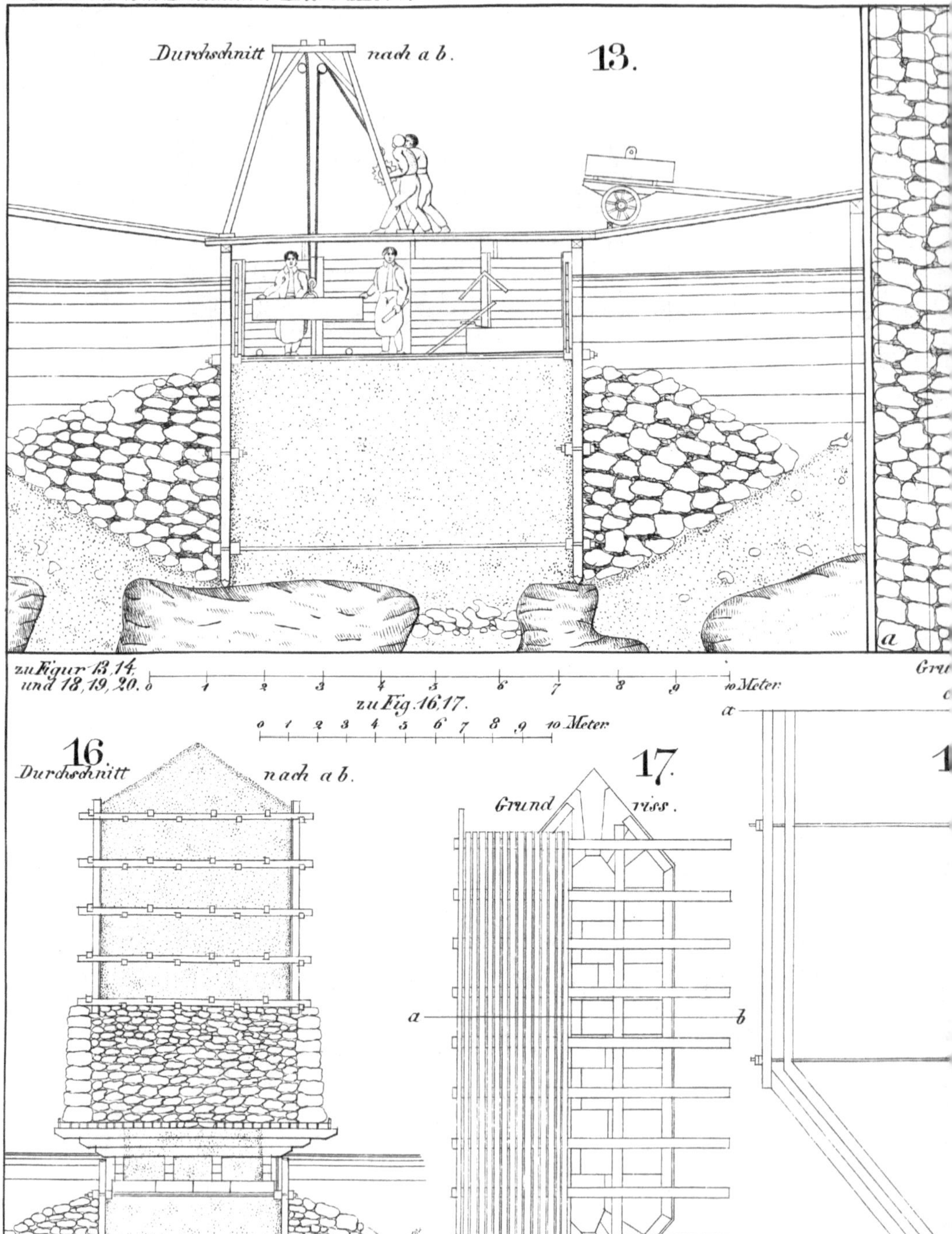
13.
Durchschnitt nach a b.
a
zu Figur 13, 14, und 18, 19, 20.
0 1 2 3 4 5 6 7 8 9 10 Meter.
zu Fig. 16, 17.
0 1 2 3 4 5 6 7 8 9 10 Meter.
16.
Durchschnitt nach a b.
17.
Grundriss.
a
b
Gru
c
a
d

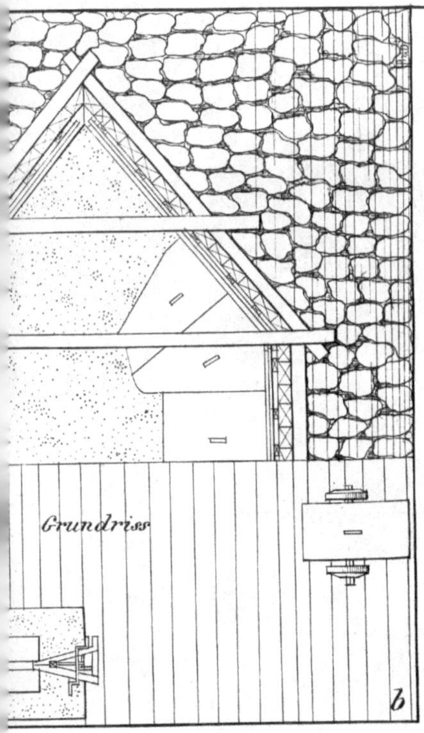

15.

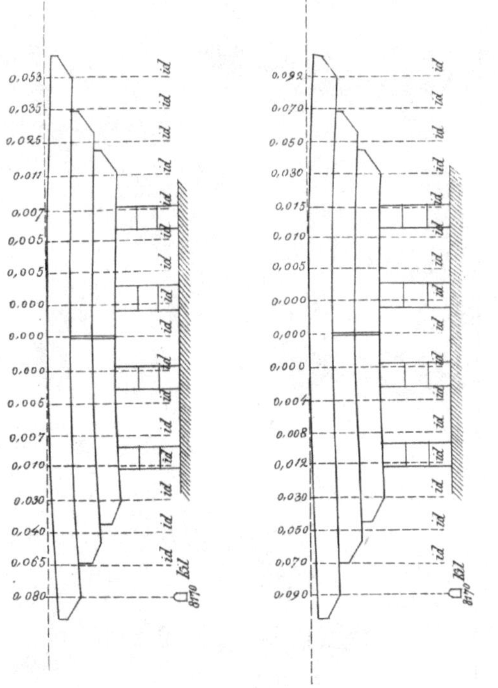

zu Fig. 15.

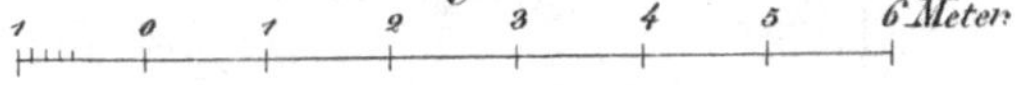

Durchschnitt nach cd.

19.

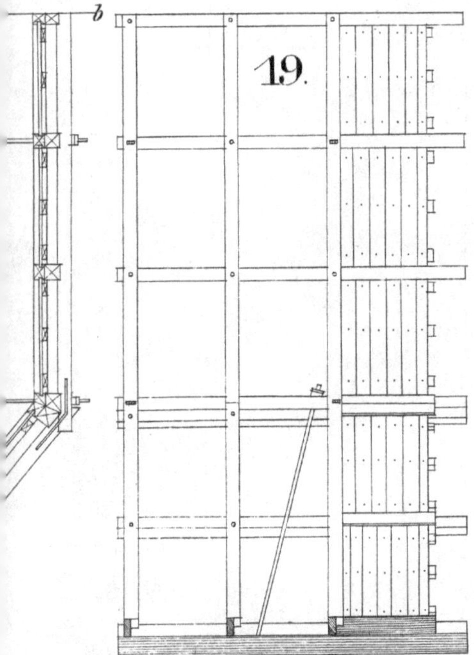

20.

Durchschnitt nach a b.

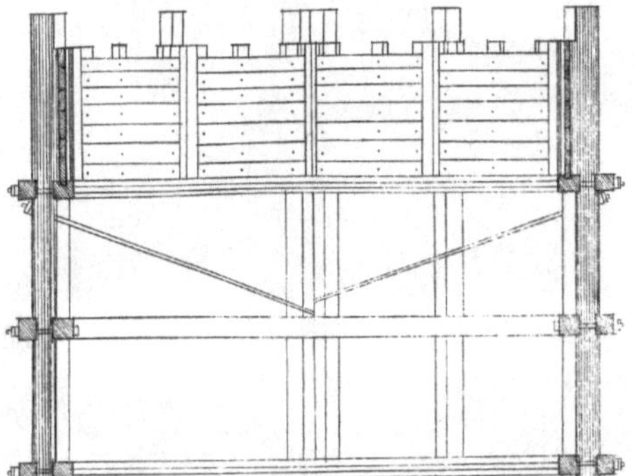

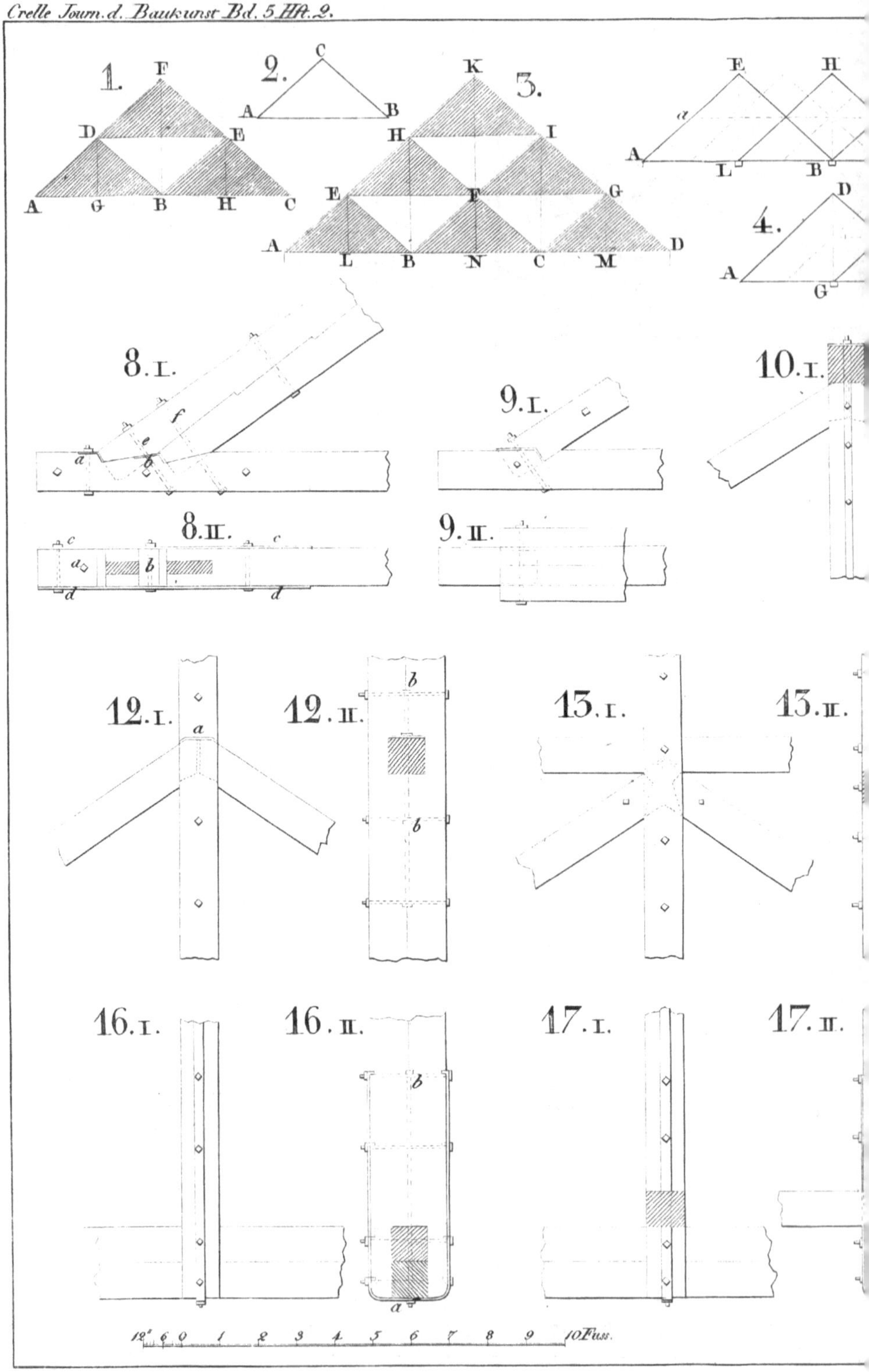

1.
2.
3.
4.
8. I.
8. II.
9. I.
9. II.
10. I.
12. I.
12. II.
13. I.
13. II.
16. I.
16. II.
17. I.
17. II.
12″ 6 0 1 2 3 4 5 6 7 8 9 10 Fuss.

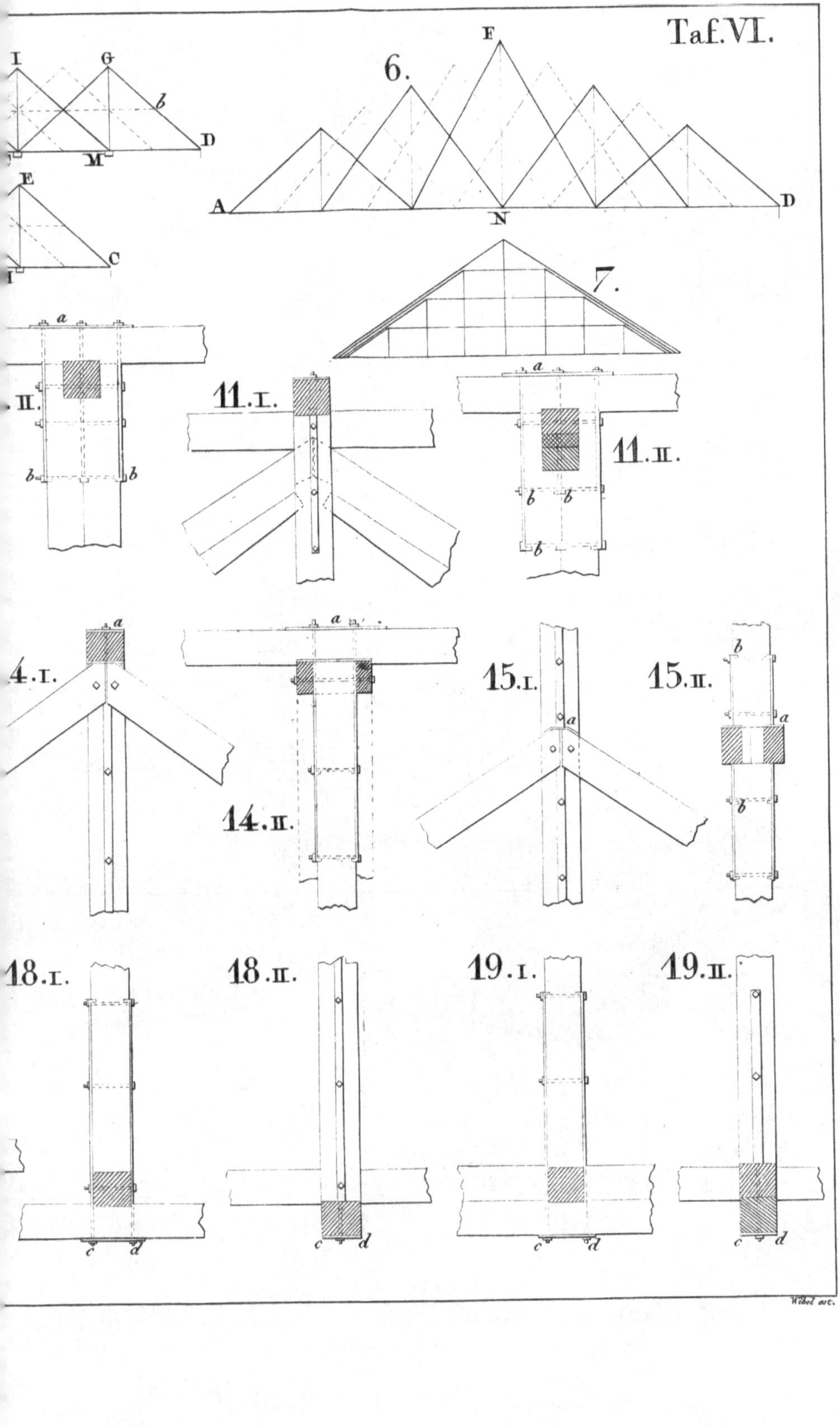

Wibel sc.

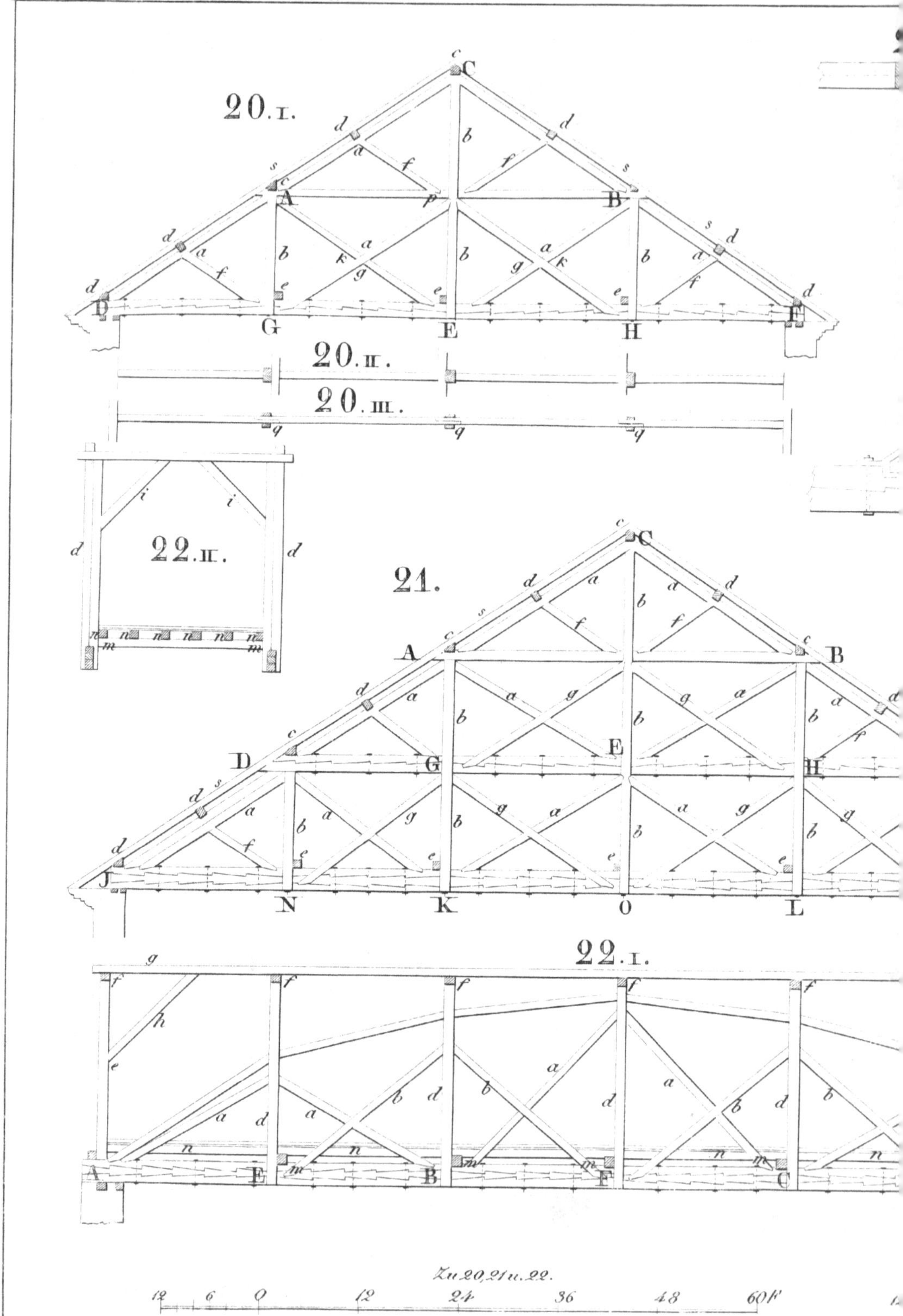
20.I.
20.II.
20.III.
22.II.
21.
22.I.
Zu 20, 21 u. 22.
12 6 0 12 24 36 48 60F'

Taf. VII.

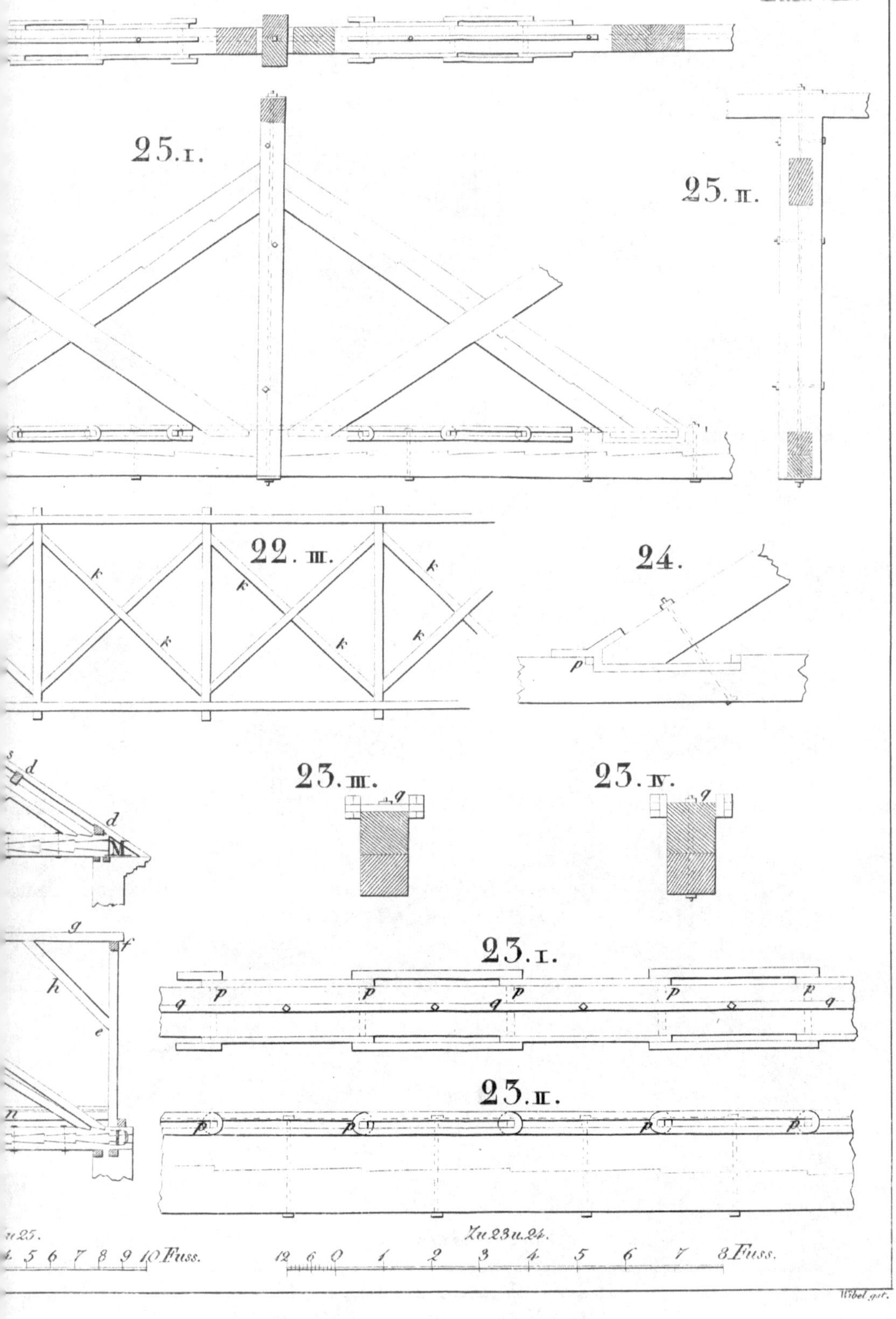

Wibel gst.

26.

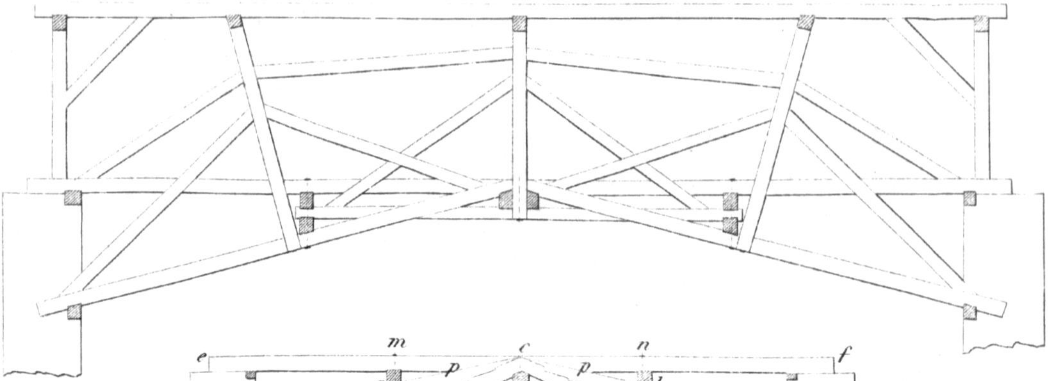

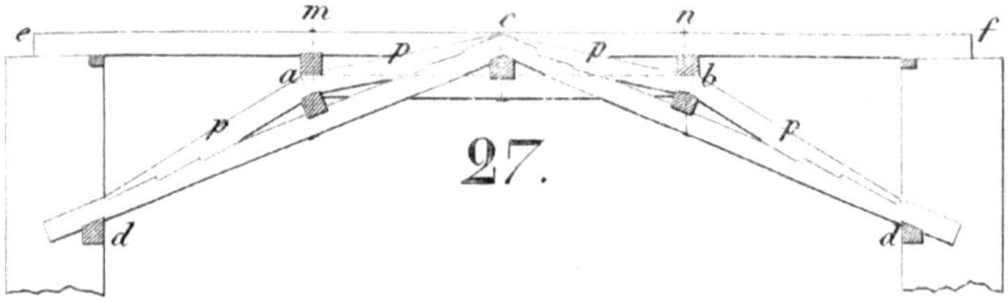

27.

29.

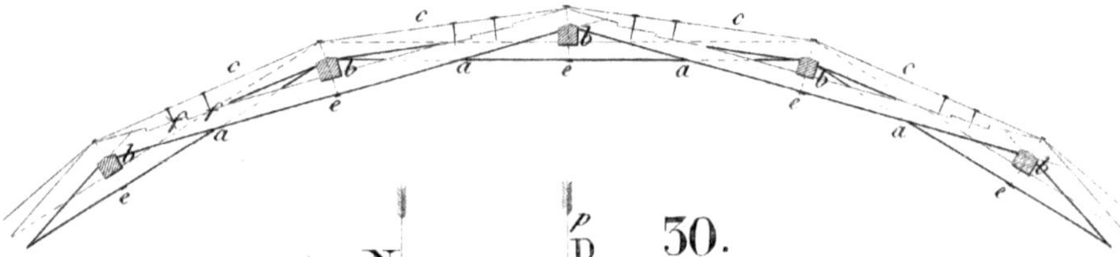

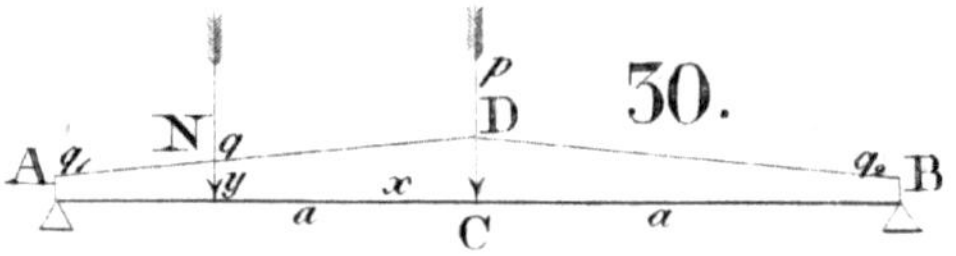

30.

31. I.

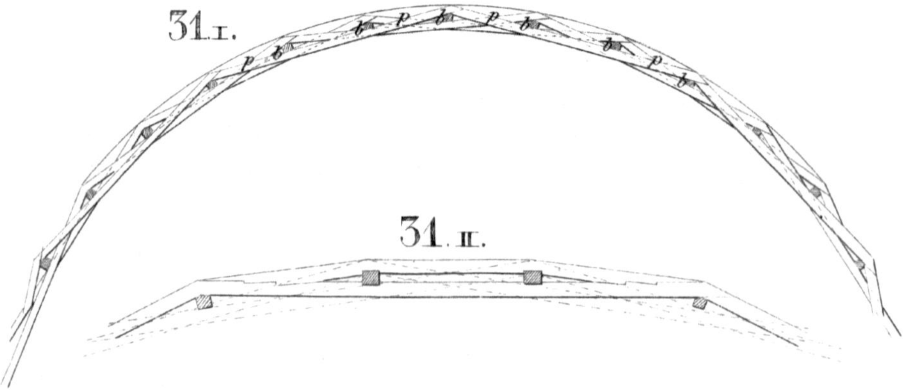

31. II.

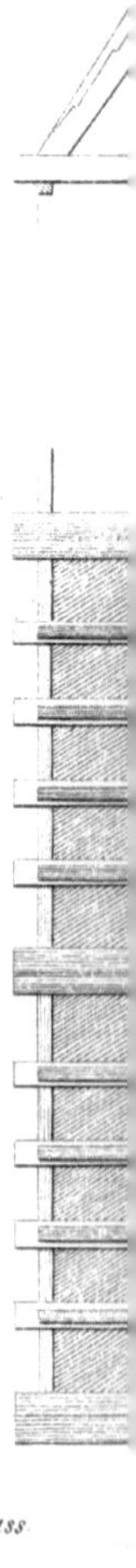

Zu 26, 27, 28, 29, 30, 31 II.

Taf. VIII.

28. I.

28. II.

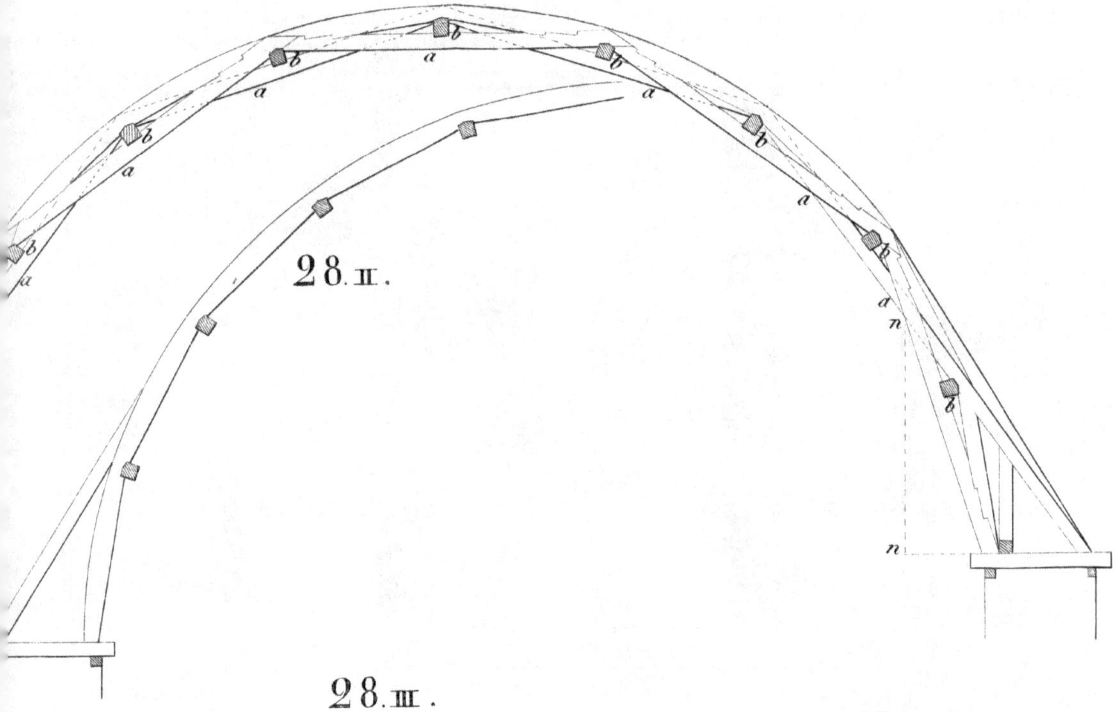

28. III.

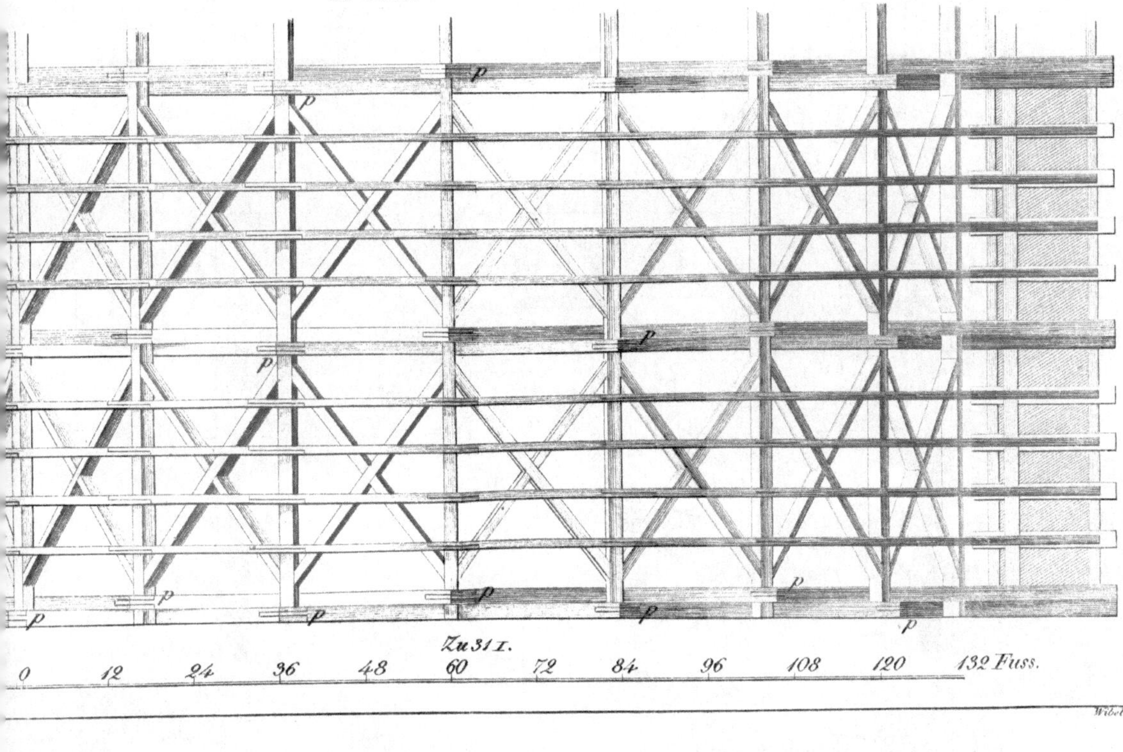

Wibel gst.

Taf. IX.

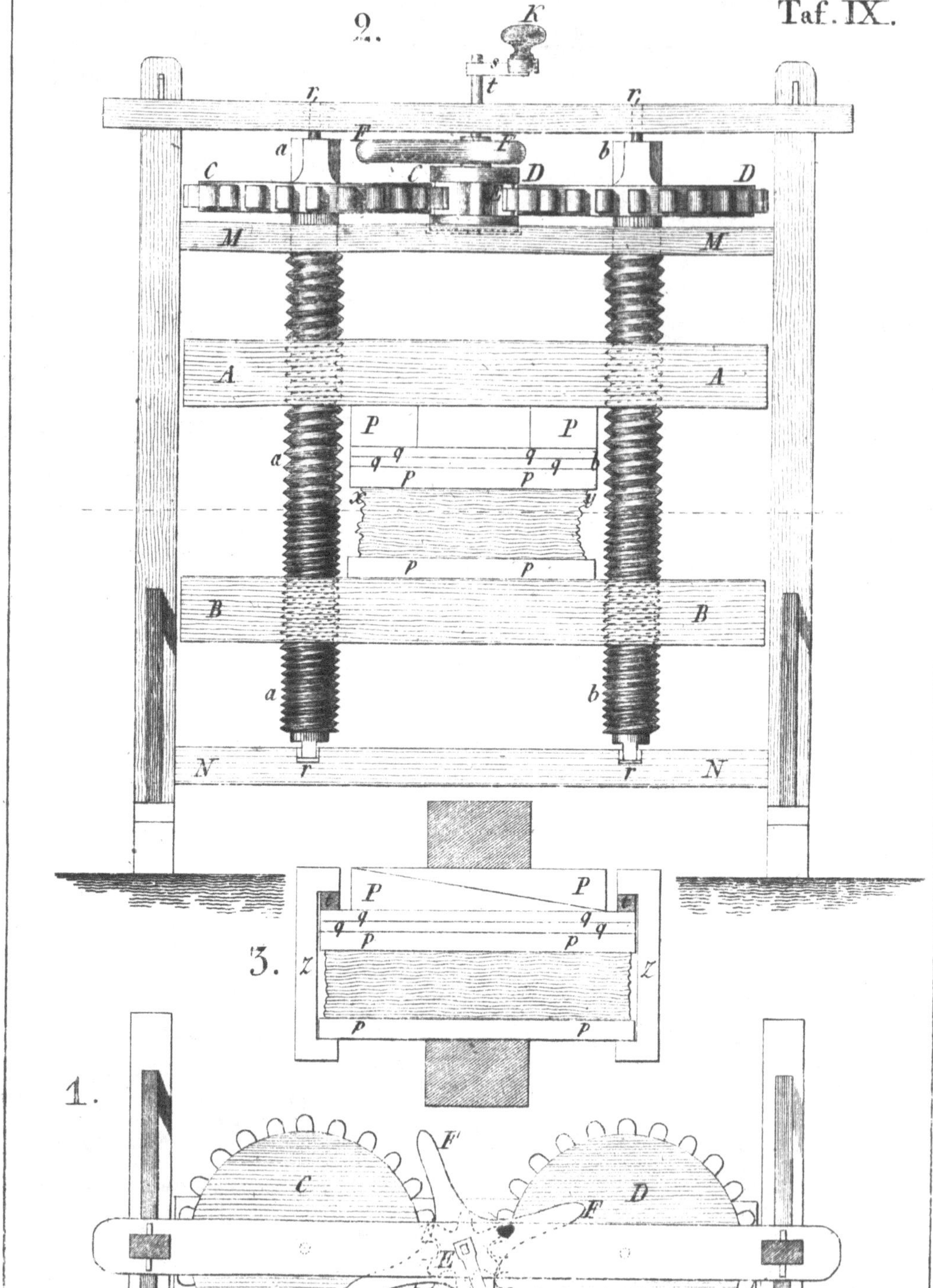

Wibel gest.

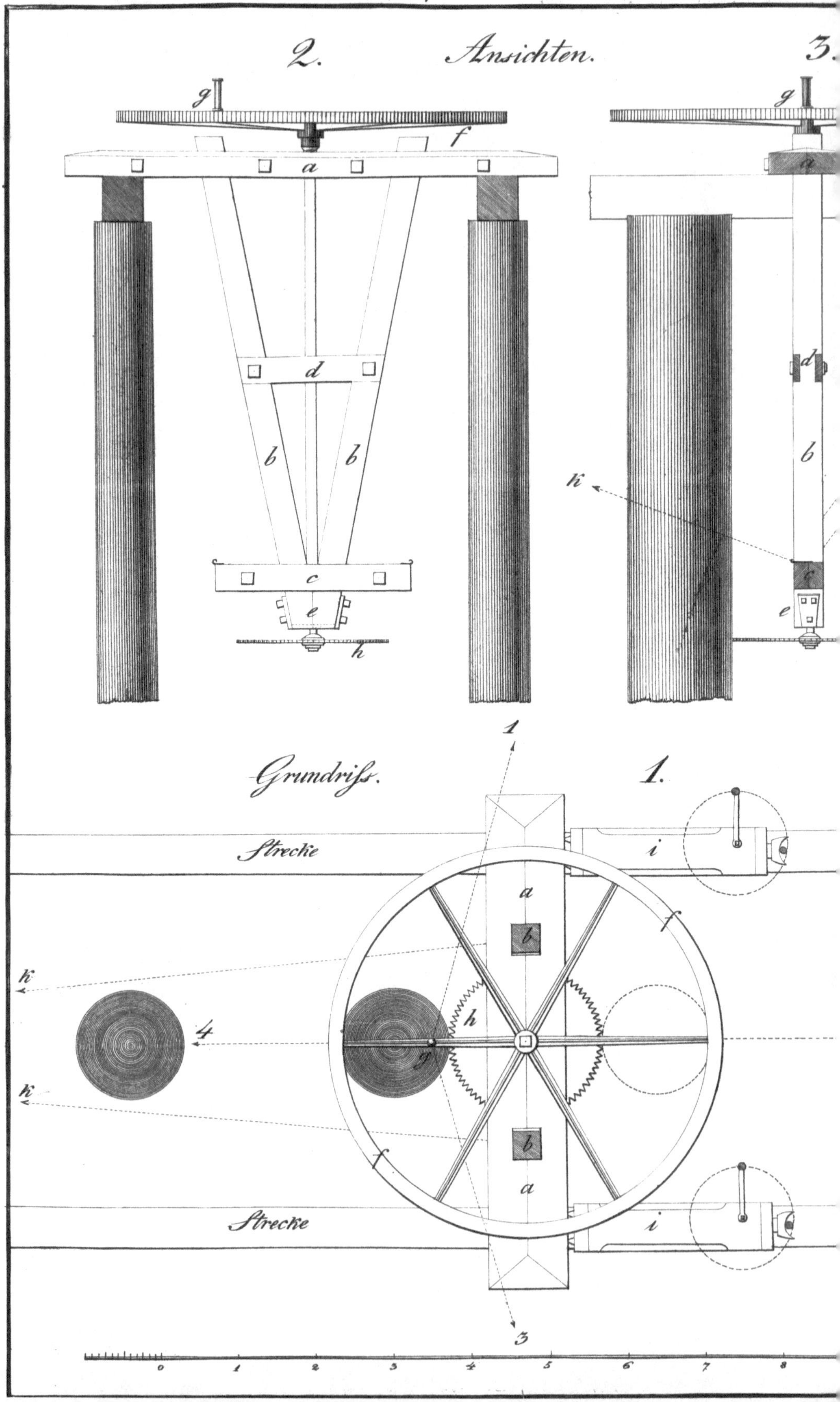
2.
Ansichten.
3.
g
f
a
d
b
b
c
e
h
k
Grundriss.
1.
Strecke
i
f
4
Strecke
i
1
3
0
1
2
3
4
5
6
7
8

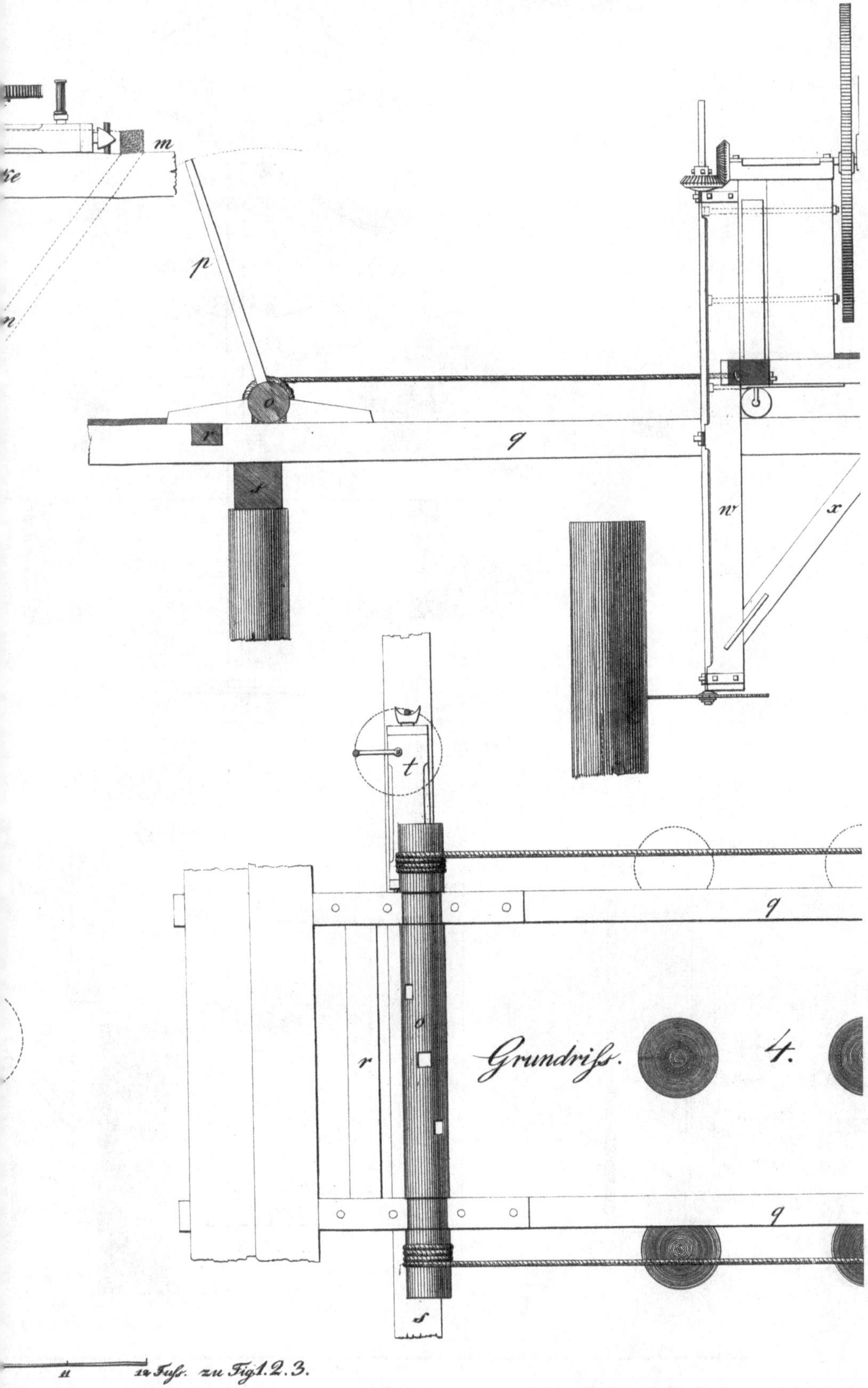

m
ke
p
n
o
r
q
s
w
x
t
o
r
q
q
s
Grundriſs.
4.
11
12 Fuſs. zu Fig. 1. 2. 3.

5. Ansichten. 6.

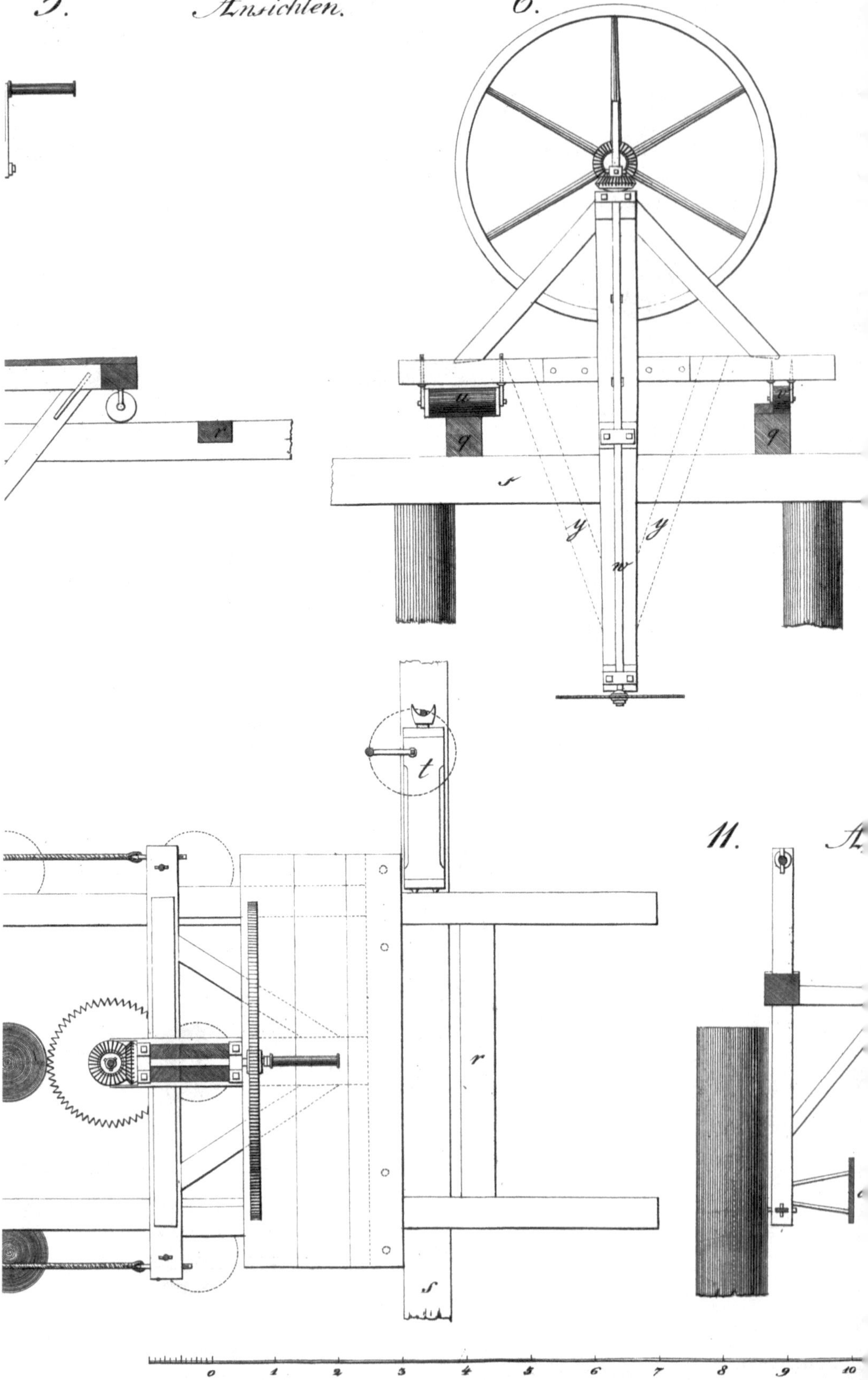

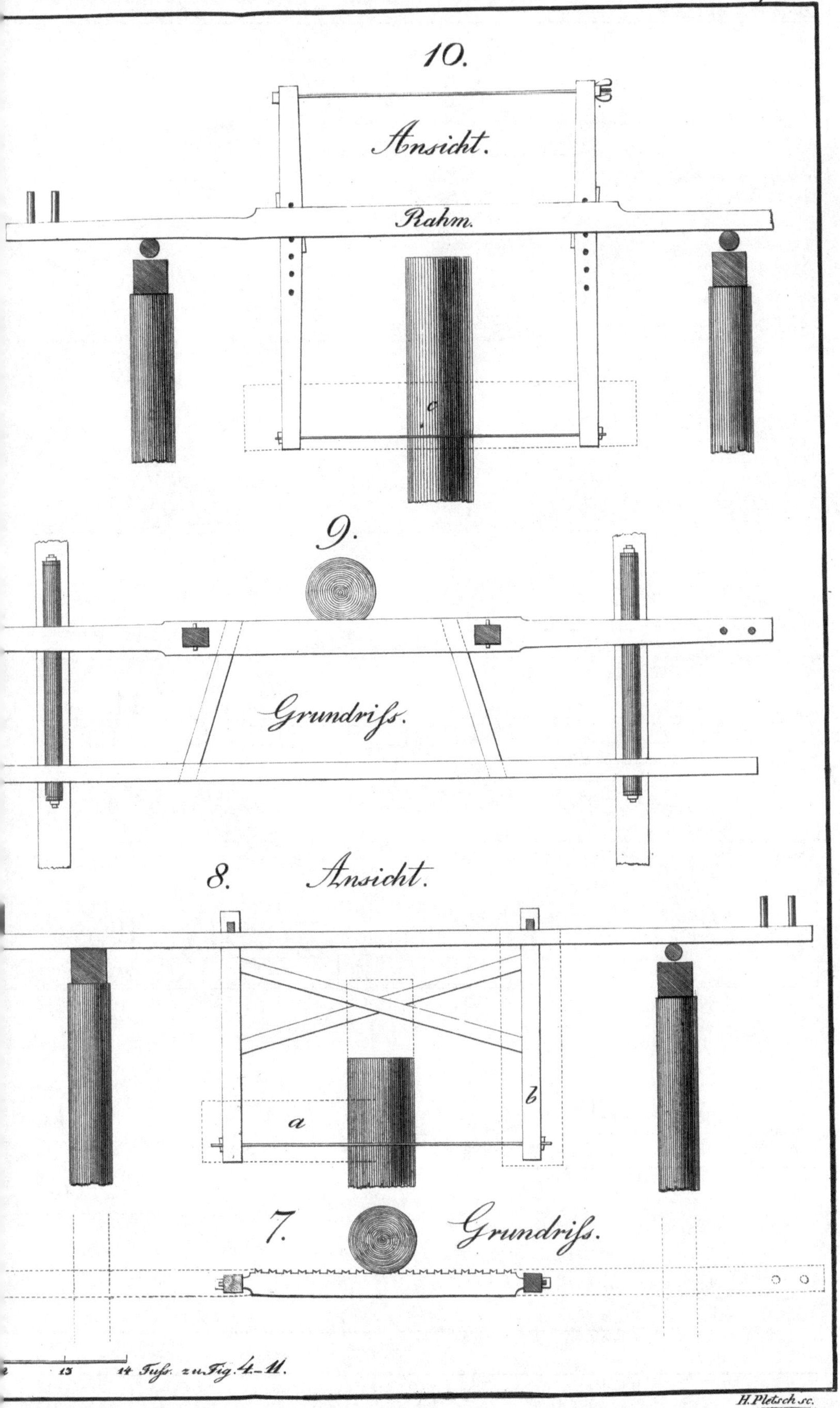
10.
Ansicht.
Rahm.
c
9.
Grundriss.
8.
Ansicht.
b
a
7.
Grundriss.
13
14 Fuss. zu Fig. 4–11.

H. Pletsch sc.

1.

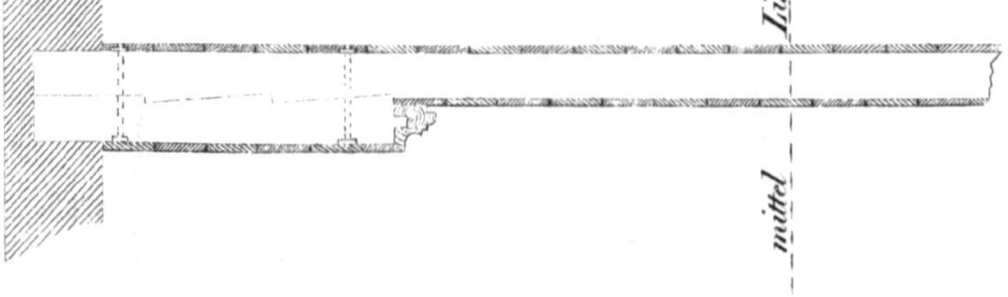

2.

3.

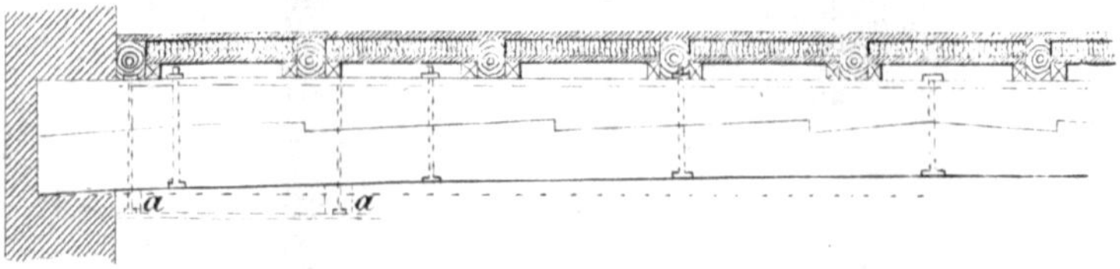

4.

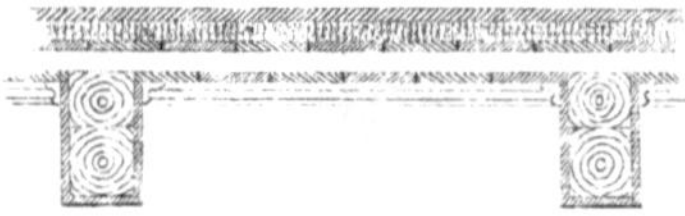

5.

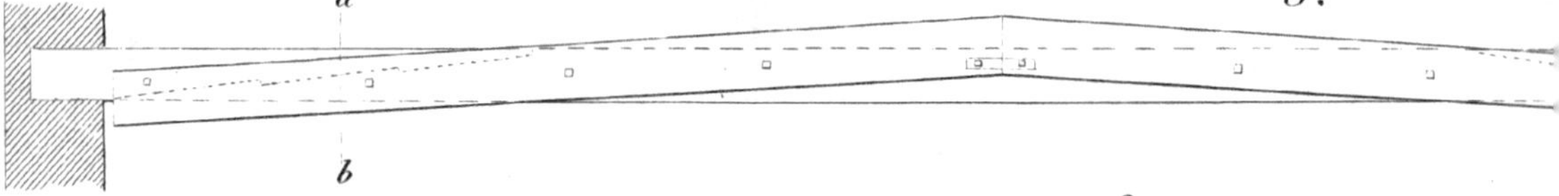

6.

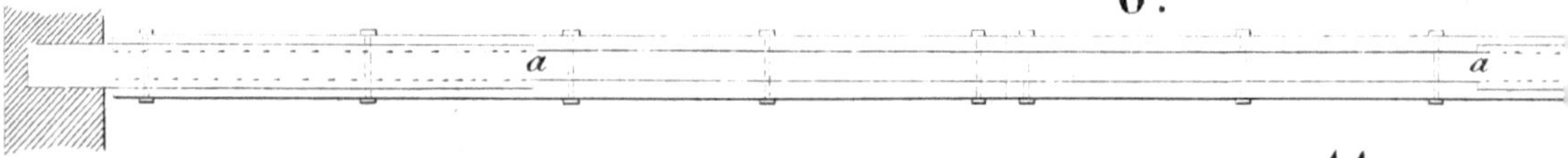

11.

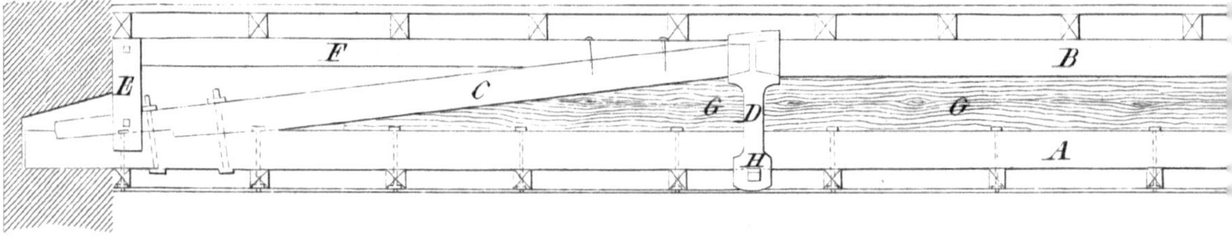

12.

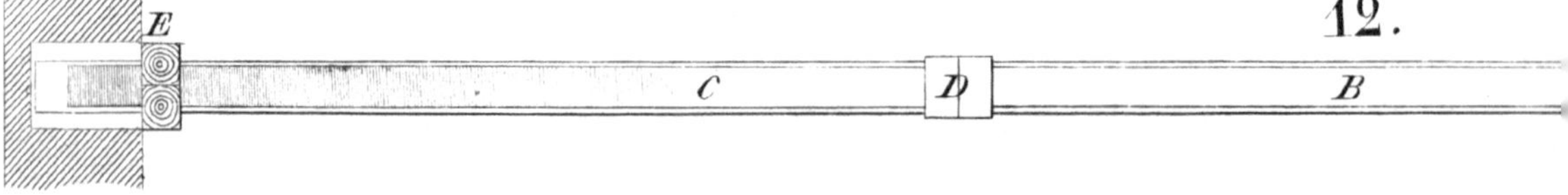

20.

21.

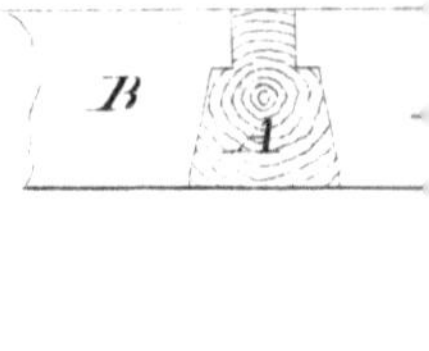

Taf. XI.

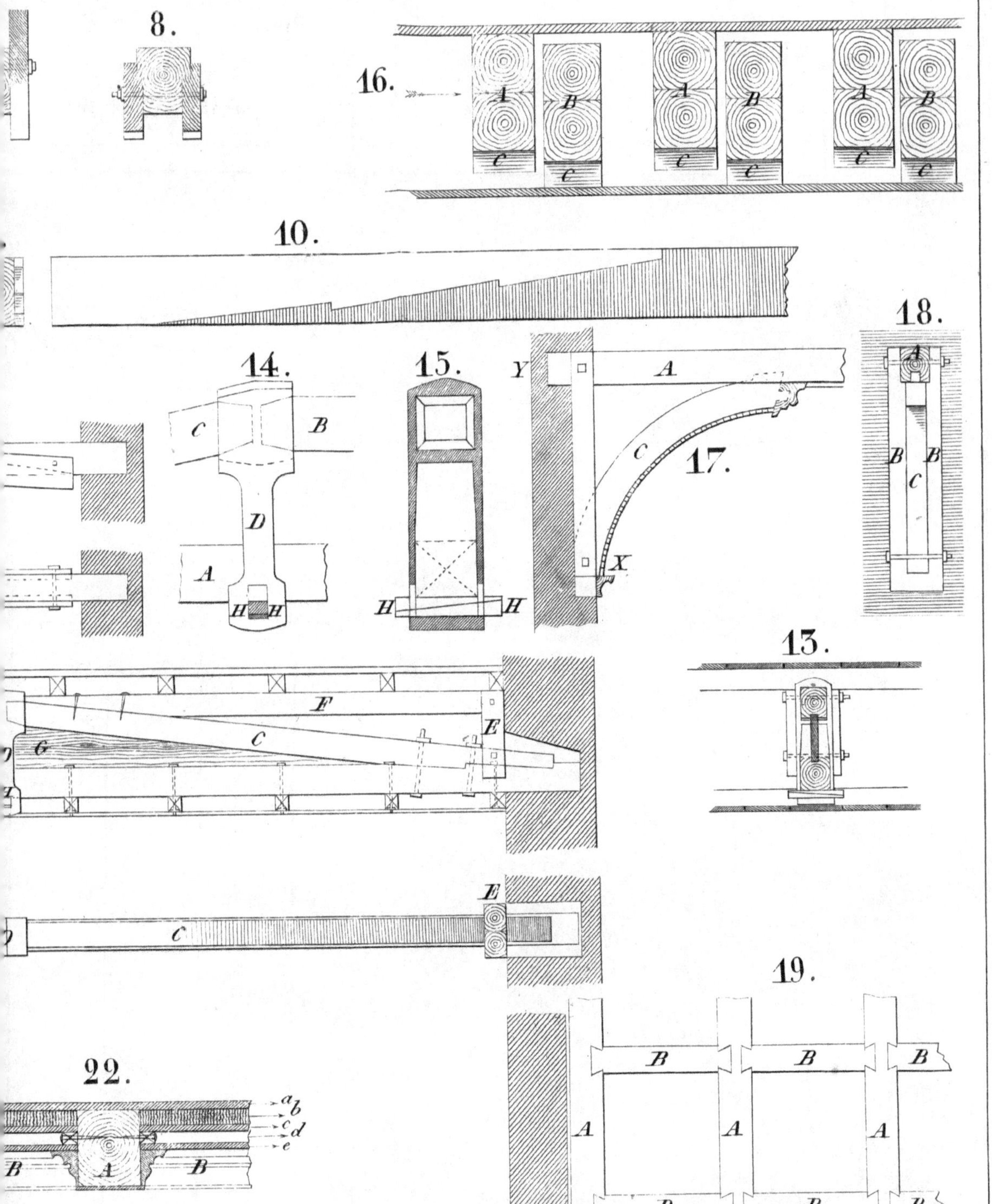

Wibel gst.

23.

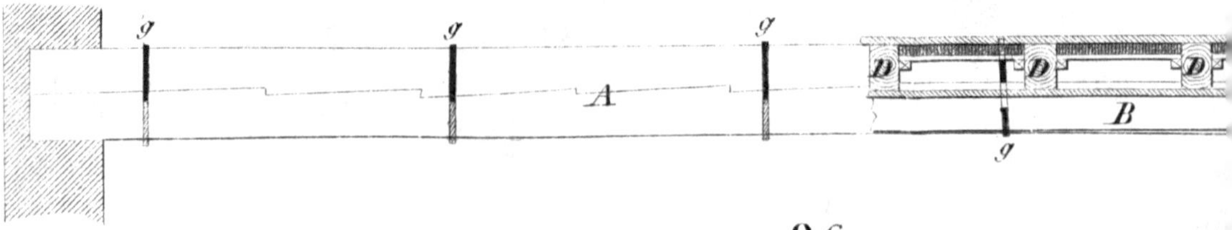

26.

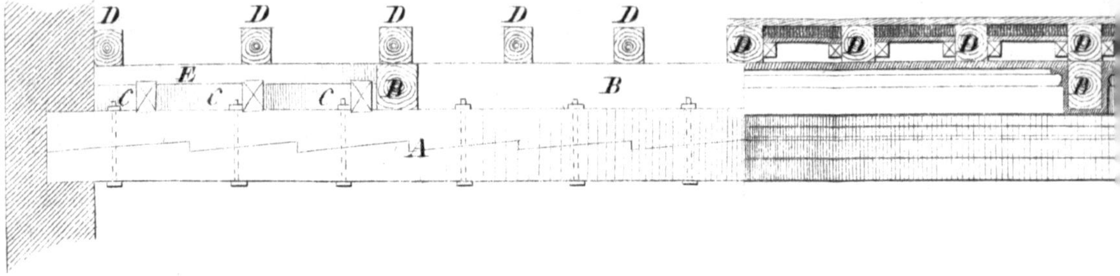

27.

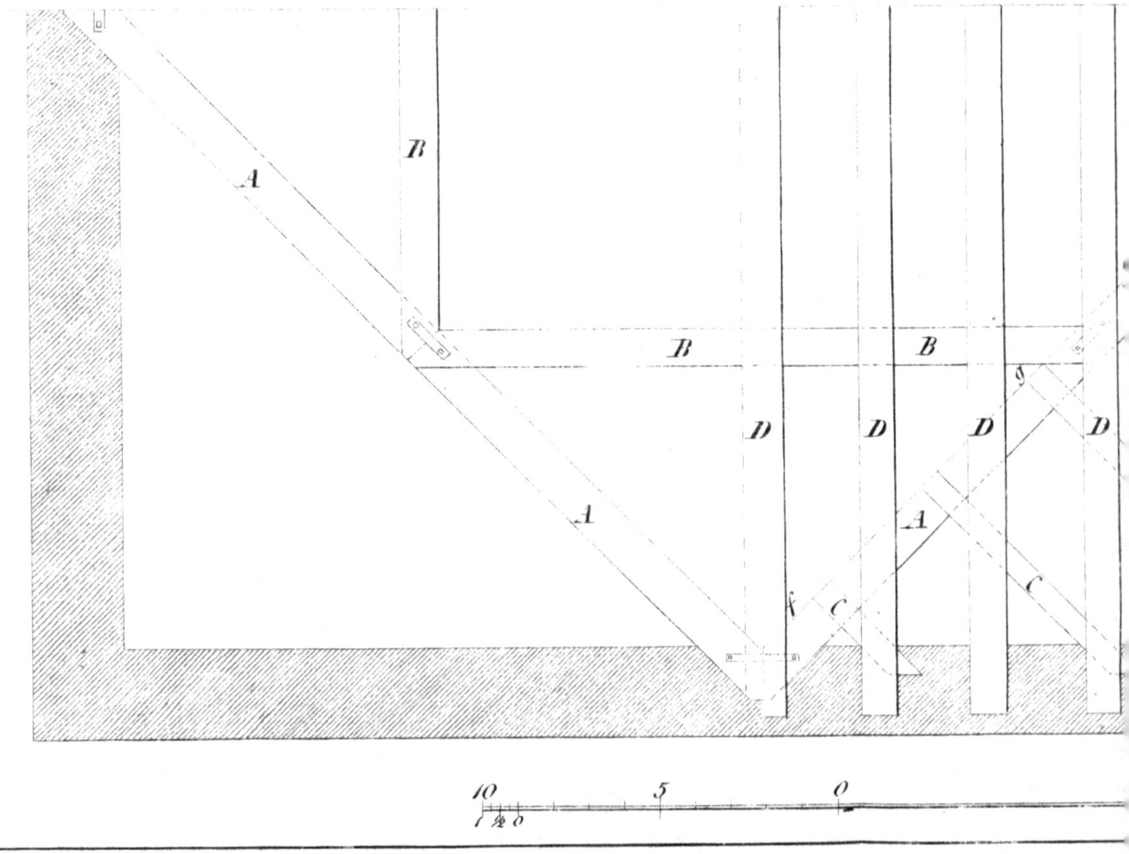

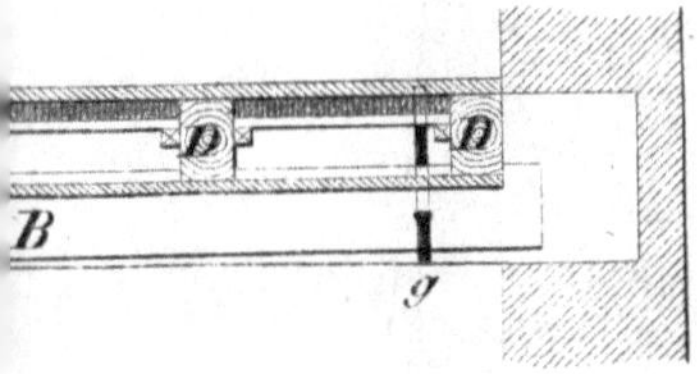

24.

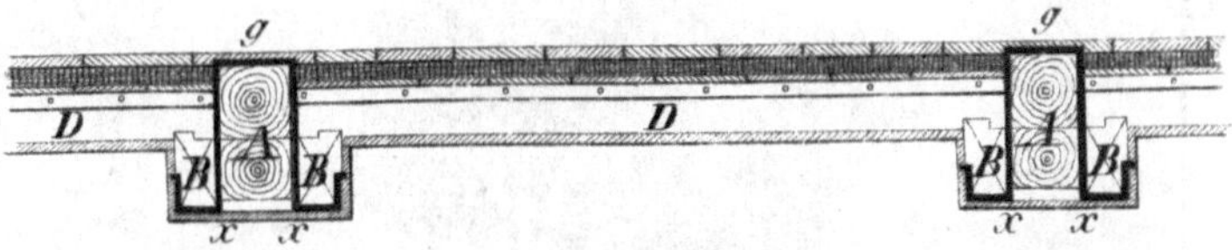

25.

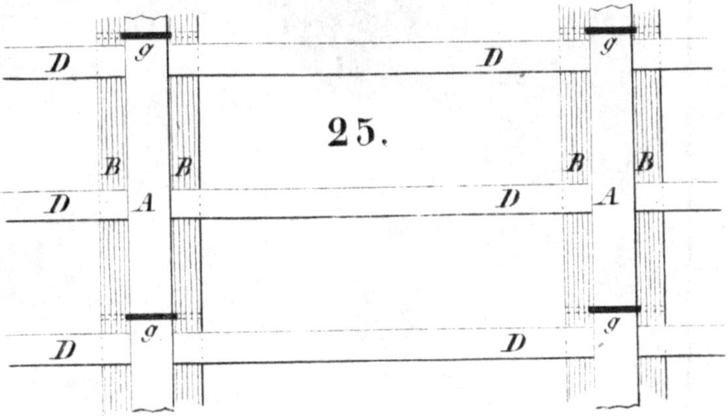

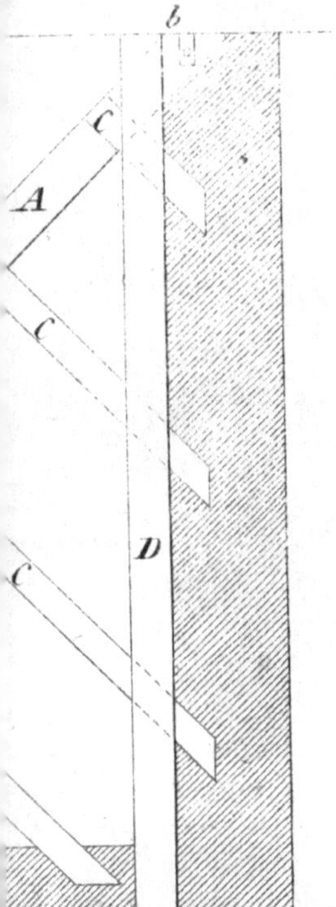

28.

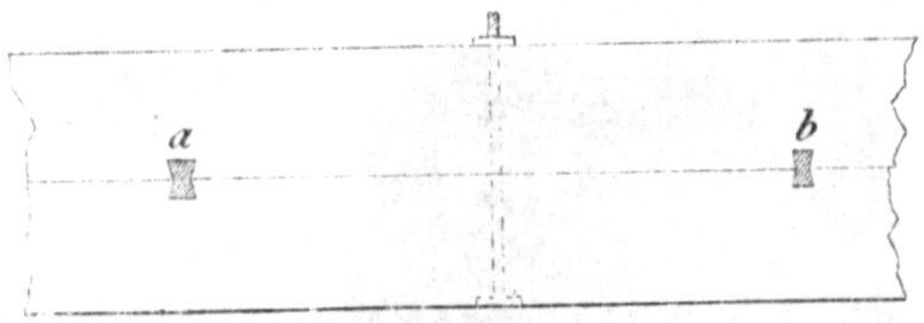

zu 28.

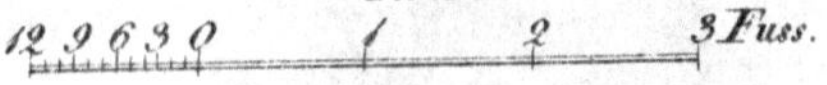

28. A.

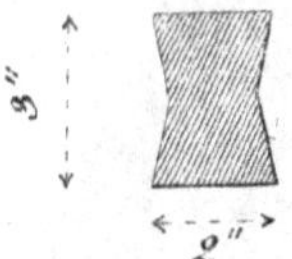

28. C.

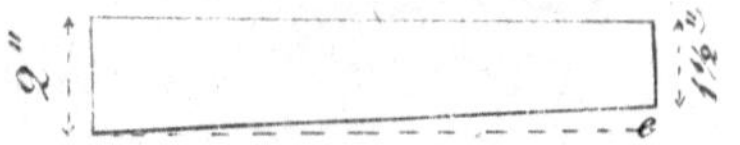

28. B.

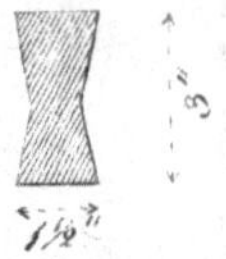

zu 28 A B C.

Wibel gez.

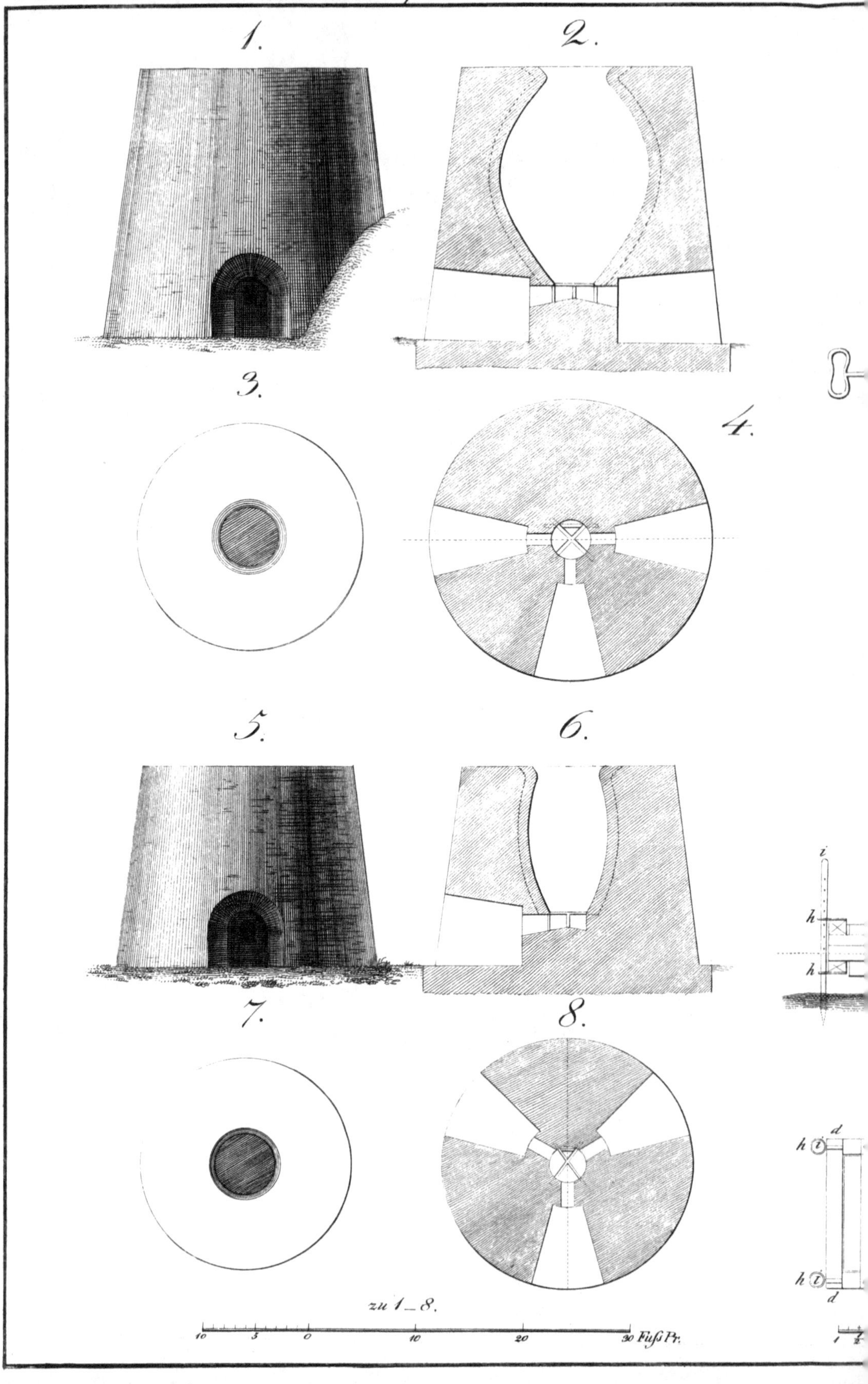
1.
2.
3.
4.
5.
6.
7.
8.
i
h
h
d
h
h
d
zu 1_8.
10 5 0 10 20 30 Fuſs Pr.

2.

9.

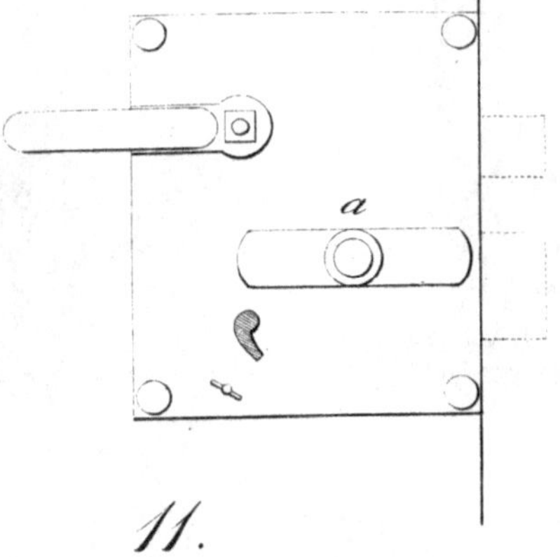

10.

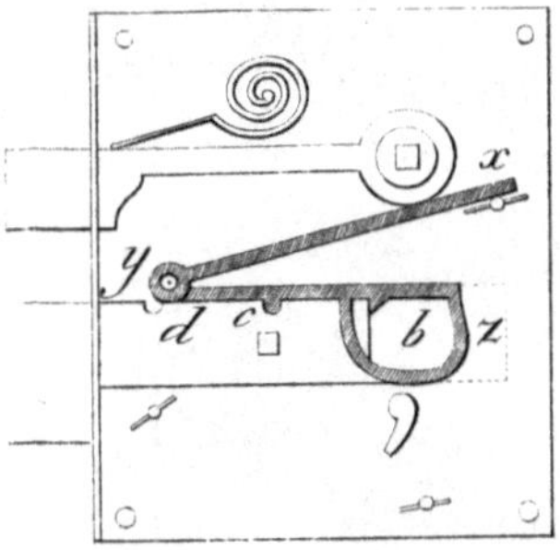

11.

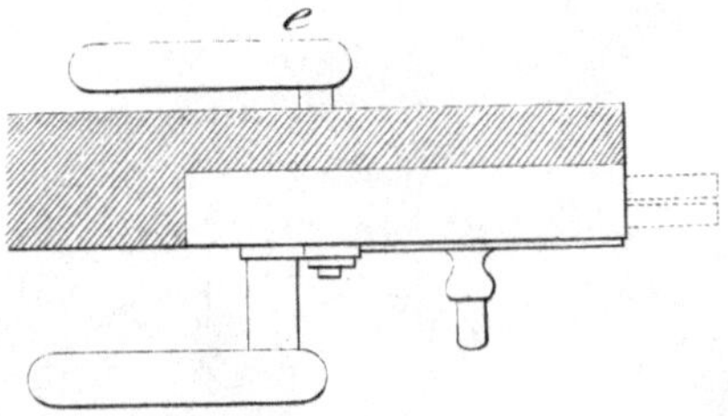

15.

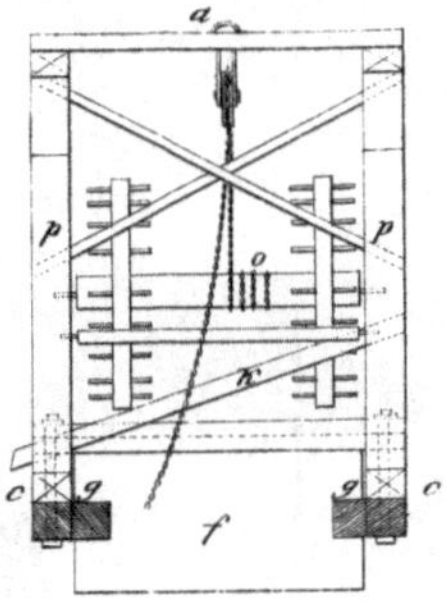

13.

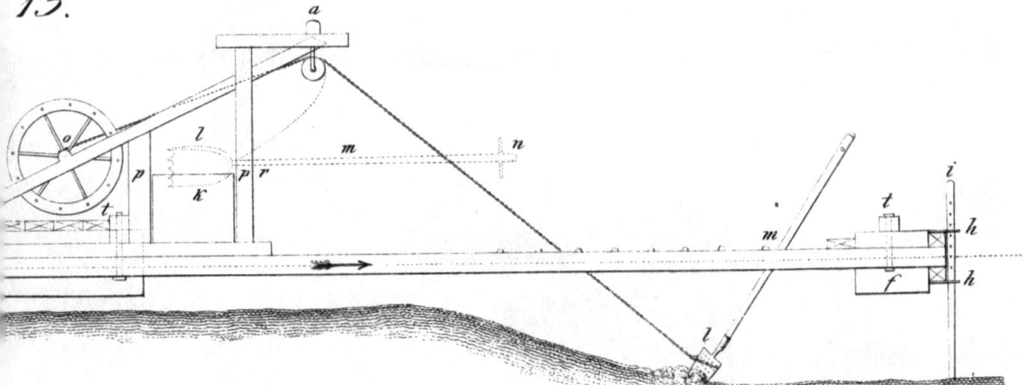

14.

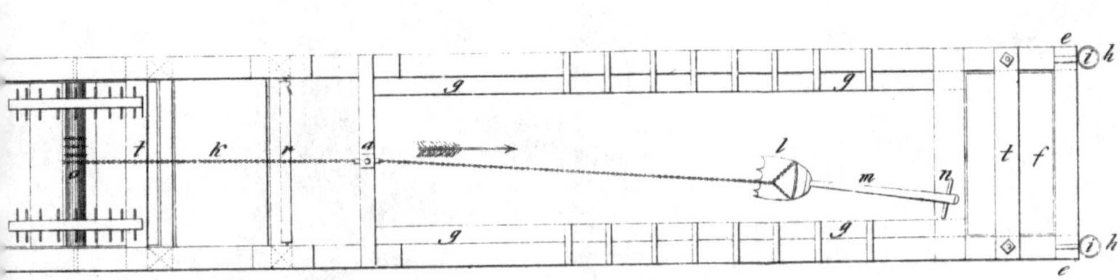

9_12.

3 4 5 6 Zoll Pr.

zu 13_15.

0 1 2 3 4 5 Metres.

H. Pletsch gest.

1. Fichten

2. Fichten

6. Fichten

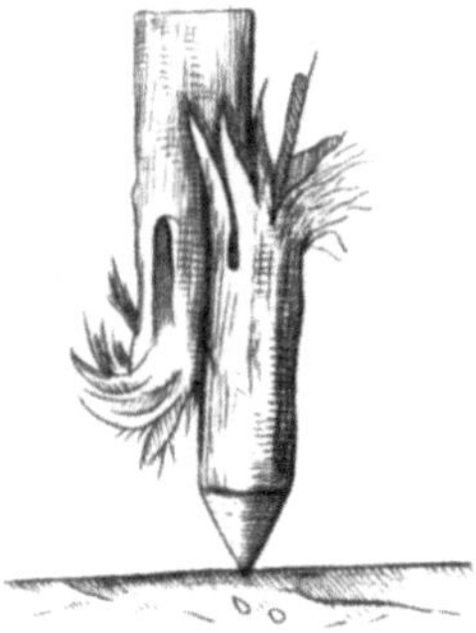

7. Eichen

11. Eichen

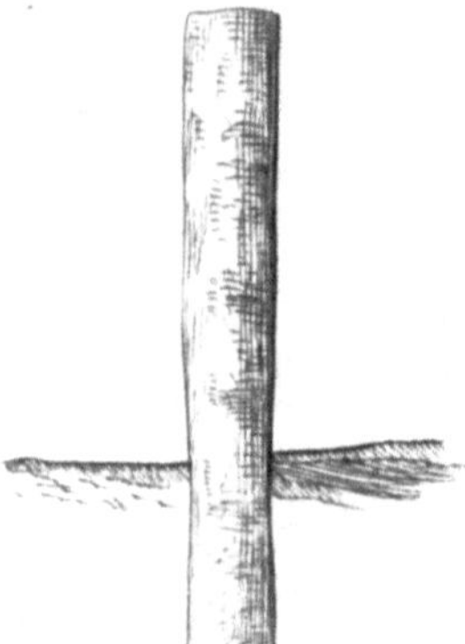

12. Eichen

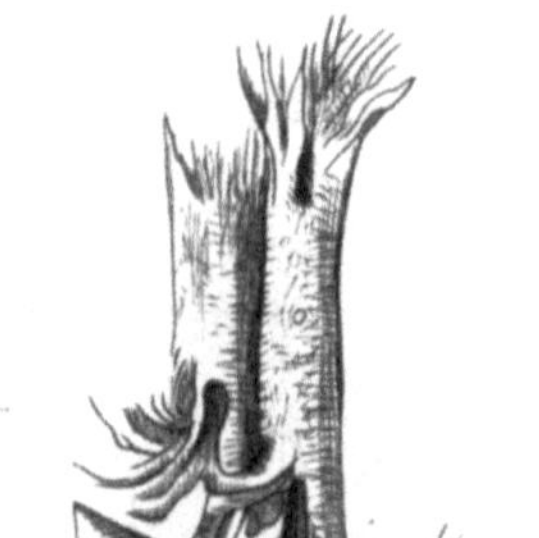

13.

Taf. XIV.

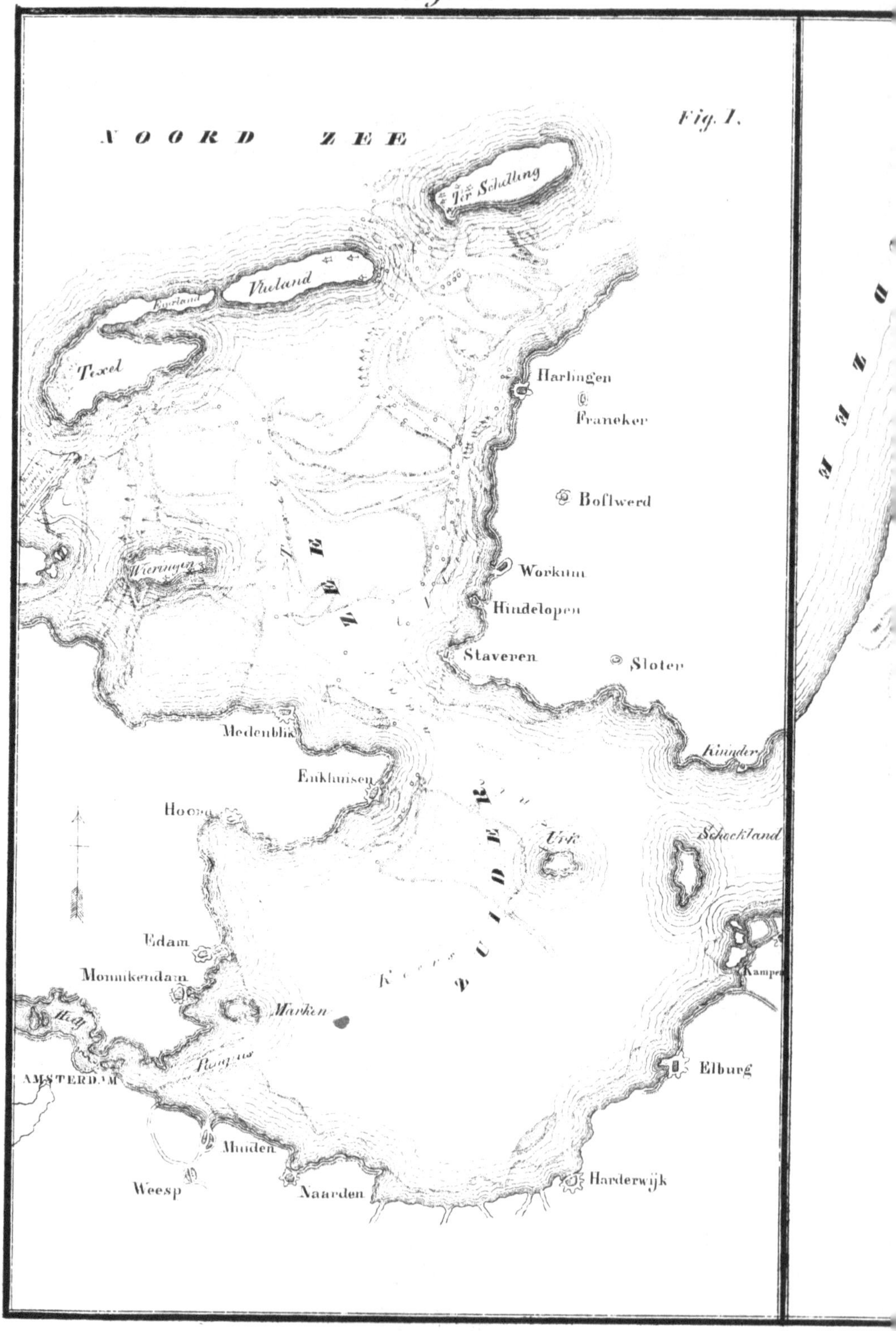
Fig. 1.
NOORD ZEE
Ter Schelling
Vlieland
Eierland
Texel
Wieringen
Harlingen
Franeker
Bolswerd
Workum
Hindelopen
Staveren
Sloter
Medenblik
Enkhuisen
Hoorn
Kinder
Urk
Schockland
ZUIDER ZEE
Edam
Monnikendam
Marken
Kampen
Pampus
AMSTERDAM
Elburg
Muiden
Weesp
Naarden
Harderwijk

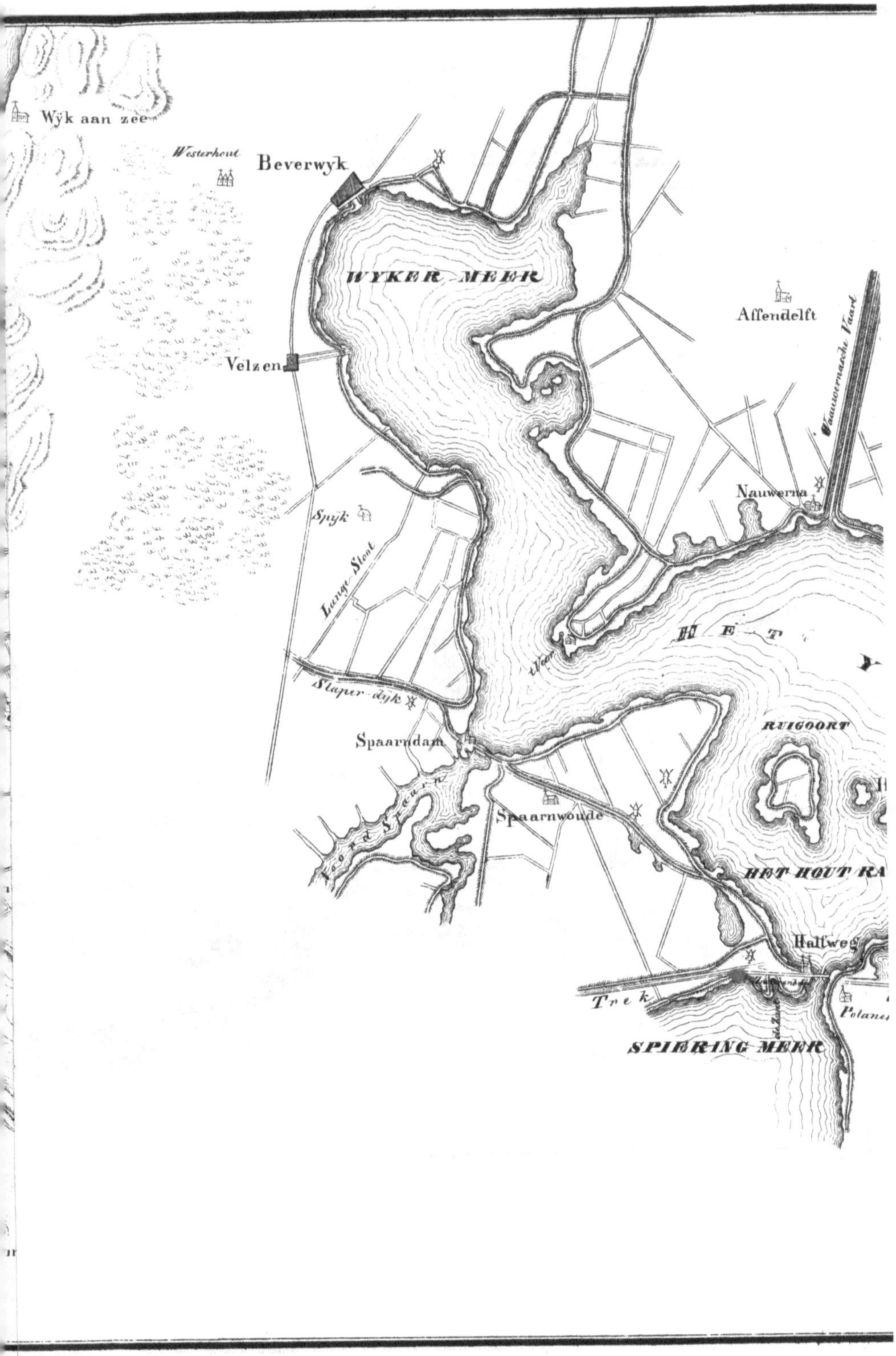

Wÿk aan zee
Westerhout
Beverwyk
WYKER MEER
Affendelft
Velzen
Nauwerna
Spÿk
Lange Sloot
H E T
Y
Slaper-dÿk
Spaarndam
RUIGOORT
Spaarnwoude
HET HOUT RA
Halfweg
Trek
SPIERING MEER

Fig. a, b, c, und I bis VIII

sind Profilzeichnungen vom Y nach den Richtungslinien die auf der Karte gezogen, und n
Die dunkel schraffirte Linie stellt den Boden von 1674 vor. Die hell schraffirte Linie den Bo

Profilzeichnung von dem entworfenen Abschluss-Deiche an der Mündung

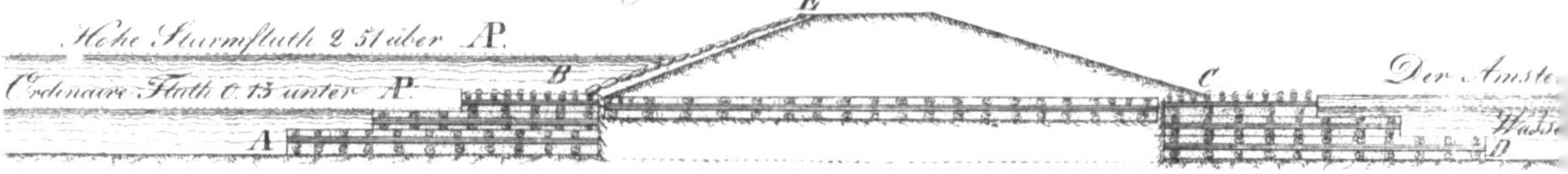

A.B.C.D. Reissinkstücke zu beiden Seiten am Fusse des Deiches. B.C. Reisbett oder Deckstück gegen den Wassers während der Arbeit, in dessen Mitte künftig bei der Aufführung des Deichkörpers ein Thei wird, um die Erde vollkommen mit einander zu verbinden. B.E. Steindossirung.

Profilzeichnung von einem der Leit-Deiche zur Vereinigung der Insel Marken mit de

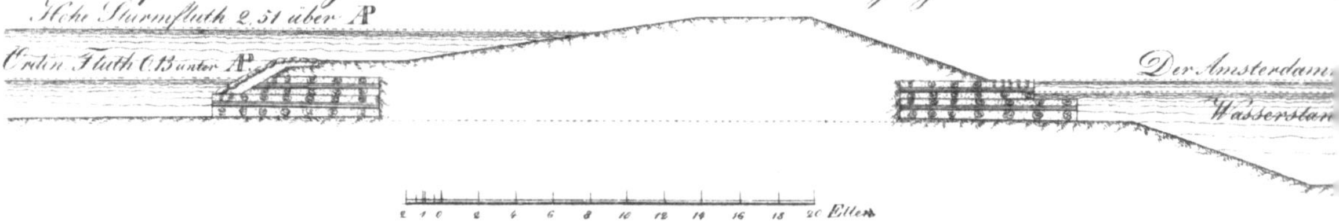

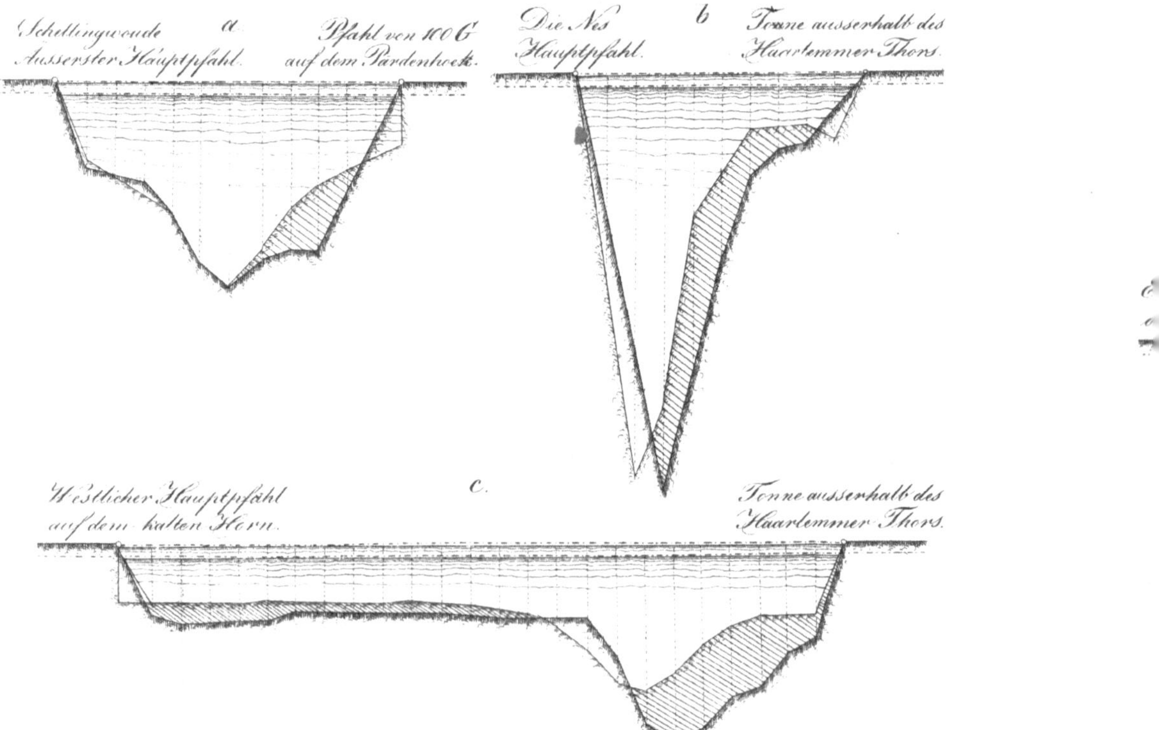

...menden Nummern in der dabei gefügten Tafel durch doppelt angegebene Tiefen bestimmt sind.
...beide auf dem Eise an denselben Punkten gemessen und gepegelt.

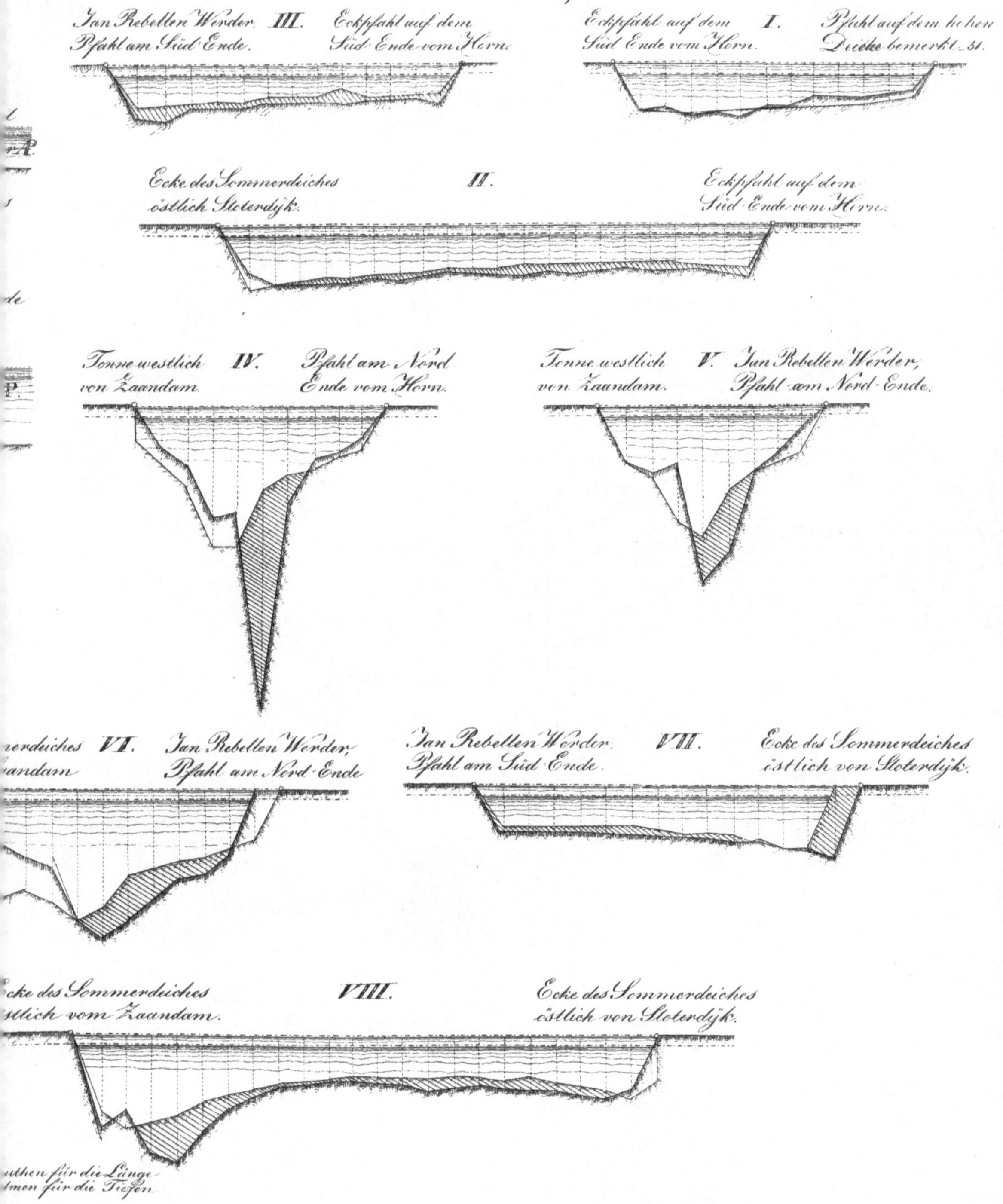

Kolibri 360 GmbH
Ferdinand-Jühlke-Straße 7
99095 Erfurt, Deutschland
produktsicherheit@kolibri360.de